OpenGL超级宝典（第7版）

OpenGL®
SuperBible, *Seventh Edition*

[美] 格雷厄姆·塞勒斯（Graham Sellers）
[美] 小理查德·赖特（Richard S. Wright, Jr.） ◎ 著
[美] 尼古拉斯·海梅尔（Nicholas Haemel）
颜松柏 薛陶 张林苹 ◎ 译

人 民 邮 电 出 版 社
北 京

图书在版编目（CIP）数据

OpenGL超级宝典 ：第7版 /（美）格雷厄姆·塞勒斯著 ；（美）小理查德·赖特，（美）尼古拉斯·海梅尔著 ；颜松柏，薛陶，张林苹译. -- 北京 ：人民邮电出版社，2020.10（2024.1重印）
ISBN 978-7-115-54570-1

Ⅰ. ①O… Ⅱ. ①格… ②小… ③尼… ④颜… ⑤薛… ⑥张… Ⅲ. ①图形软件 Ⅳ. ①TP391.412

中国版本图书馆CIP数据核字(2020)第144546号

版权声明

◆ 著　　[美] 格雷厄姆·塞勒斯（Graham Sellers）
　　　　[美] 小理查德·赖特（Richard S. Wright, Jr.）
　　　　[美] 尼古拉斯·海梅尔（Nicholas Haemel）
　译　　颜松柏　薛　陶　张林苹
　责任编辑　胡俊英
　责任印制　王　郁　焦志炜

◆ 人民邮电出版社出版发行　　北京市丰台区成寿寺路 11 号
　邮编　100164　　电子邮件　315@ptpress.com.cn
　网址　https://www.ptpress.com.cn
　涿州市般润文化传播有限公司印刷

◆ 开本：787×1092　1/16
　印张：32.75　　　　2020 年 10 月第 1 版
　字数：836 千字　　　2024 年 1 月河北第 10 次印刷

著作权合同登记号　图字：01-2016-2079 号

定价：139.80 元

读者服务热线：(010)81055410　印装质量热线：(010)81055316
反盗版热线：(010)81055315
广告经营许可证：京东市监广登字 20170147 号

内容提要

本书是 OpenGL 及 3D 图形编程的经典入门指南，涵盖了使用 OpenGL 进行编程所需要的主要知识。

本书内容分 3 部分。第一部分介绍经典 OpenGL 绘图的基础知识，涉及管线、数学知识、数据、着色器和程序等；第二部分着重介绍 OpenGL 的一些高级功能，涉及顶点处理与绘图命令、基元处理片段处理与帧缓冲、计算着色器、高级数据管理、管线监控等；第三部分介绍一些实战技巧，涉及渲染技巧、高性能的 OpenGL、调试和稳定性等。

本书适合希望系统学习 OpenGL 的读者阅读，经验丰富的 OpenGL 程序员也能从中获益。本书既可以作为学习 OpenGL 的教材，也可以作为随时查阅的参考手册。

序　言

在 OpenGL 兴起的早期，像 Reality Engine 2 这种最高端的 SGI 系统售价 80000 美元，每秒可以渲染 200000 个带纹理的三角形，或者每帧渲染 3333 个三角形，频率为 60 Hz。当时的 CPU 处理速度比较慢，其频率大约为 100 MHz，每渲染一个三角形大约需要 500 个 CPU 周期，因此很容易受到图形限制，API 反映出指定几何体的唯一方法就是立即模式。此外，还存在展示静态几何体的列表，这更容易受到图形限制。

如今 OpenGL 已不再年轻，可以运行 OpenGL 的高端 GPU 成本大约为 1000 美元，在关于 GPU 产品的基本描述中甚至不会再出现每秒渲染三角形数量的信息，但是这个数字已超过 60 亿。如今 GPU 已能每秒进行上万亿次浮点计算和几百 GB/s 的带宽。CPU 的处理速度也变得更快：4 核，频率大约为 3 GHz，每秒 200 吉次浮点运算，内存带宽约为 20 GB/s。因此，早期每个三角形占用 500 个 CPU 周期，现在只占用 0.5 个周期。即使我们可以完美地利用所有 4 核，也只会分配给每个三角形微不足道的 2 个 CPU 周期！

所有这一切都表明硬件图形性能的增长已超过传统 CPU 性能增长好几个数量级，其影响非常明显。CPU 不仅经常成为图形性能的限制因素，还有一个针对不同假设集而设计的 API。

关于 OpenGL 的好消息是它也在不断发展。首先，它添加了顶点数组，以便将 CPU 中低开销的单个绘图命令放大为许多 GPU 工作。我们又添加了实例以进一步增加工作量，但这是一种有限的工作放大形式，因为我们并不希望在基本渲染中存在同一对象的多个实例。

认识到必须以某种方式规避 API 中新出现的限制后，OpenGL 的设计者开始扩展接口以尽可能多地从接口中移除 CPU 副开销。“无绑定”扩展系列允许 GPU 直接引用缓冲区和纹理，而不用通过驱动程序中昂贵的绑定调用。持久化映射允许应用程序在 GPU 引用的同时在内存上进行绘制。这听起来很危险，但是允许应用程序管理内存危险可以减轻驱动程序的巨大负担，并且允许使用更简单、更有针对性的机制。稀疏纹理数组允许应用程序以类似但低开销的方式管理纹理内存。最后，添加多次绘制和多次间接绘制意味着 GPU 可以生成用于绘制的缓冲区，从而使 CPU 有更多空闲可以做其他工作。

OpenGL 中的所有升级都在 AZDO（接近零驱动开销）的保护伞下松散地集成起来，其中大部分已经被合并到核心 API 中。如果想使用 API 渲染尽可能多的内容，而不用担心 CPU 或驱动的开销，OpenGL 仍有很大的改进空间。这些功能需要执行更多的操作才能使用，但结果将会很棒！该版本的 OpenGL 超级宝典包含许多使用 AZDO 特性的新示例，并为如何解除 CPU 限制提供了良好的指导。特别是，你将学习到使用零拷贝、合理栅栏和无绑定的好方法。

——卡斯 • 埃弗里特（Cass Everitt）

奥克卢斯公司

关于作者

格雷厄姆·塞勒斯（Graham Sellers）是一位典型的极客。他的家人在他六岁生日之前买了第一台计算机（BBC B 型机）。在他的父母熬了一整夜对电脑进行编程以演奏“生日快乐”歌以后，他就着了迷并决心弄清楚这个机器是如何工作的。先是基本编程，然后是汇编语言。他第一次真正接触到图形是在 1990 年初通过“demos”，然后是通过 Glide，最后是 1990 年年末的 OpenGL。Graham 拥有英国南安普顿大学的工程硕士学位。

目前，Graham 是 AMD 的软件架构师。他在 OpenGL ARB 上代表 AMD，并为许多扩展和核心 OpenGL 规范做出了贡献。在此之前，他是爱普生的团队负责人，为嵌入式产品实现了 OpenGL-ES 和 OpenVG 驱动程序。Graham 在计算机图形和图像处理领域拥有多项专利。当他不做 OpenGL 相关工作时，他喜欢对旧的视频游戏控制台进行反汇编和逆向工程（只是为了看看它们是如何工作的以及它们可以做些什么）。Graham 来自英格兰，现在他和妻子以及两个孩子住在佛罗里达州的奥兰多。

致　谢

首先，感谢本书的读者。我最大的成就感来自于读者可能会从这本书中受益，这也是我写这本书的原因。很感激你们能阅读本书，希望你们能够从中获得我讲解的全部内容。

感谢我的妻子 Chris，在这本书三个版本的编写过程中，她允许我隐身在我的办公室里。她陪伴着我工作，并在我取得进展（有时缓慢而痛苦）时为我欢呼。没有她，我不可能做到这一点。还要感谢我的孩子 Jeremy 和 Emily，你们问“你在做什么，爸爸？”时我总是回答“工作”，但你们从未曾抱怨。

感谢我的合作者 Ricard 和 Nick。虽然我单独完成了这个版本，但由于你们的贡献，你们的名字也将出现在封面上。非常感谢 Matí as Goldberg，他在短时间内对本书进行了严格的技术审查。

再次感谢 Laura Lewin 和 Olivia Basegio 以及 Pearson 团队，让我随心所欲，随时删除任意文件和文档。我并不总是能很好地执行计划，而是喜欢压力，并擅长拖延。很感激你们对我的包容。

——格雷厄姆·塞勒斯（Graham Sellers）

前　　言

本书既适用于通过 OpenGL 学习计算机图形学的人，也适用于那些可能已经了解图形学但是想学习 OpenGL 的人。本书面向的读者包括计算机科学、计算机图形学或游戏设计专业的学生，专业的软件工程师，或者只是爱好者和有兴趣学习新事物的人。我们首先假设读者对计算机图形和 OpenGL 一无所知。但是，读者需要熟悉 C++计算机编程。

阅读本书只需要尽可能少的参考资料及非常少的相关知识。这本书通俗易懂，如果你从头开始并按顺序阅读，应该能够很好地理解 OpenGL 如何工作以及如何在应用程序中有效地使用它。阅读并理解本书的内容后，你将能够阅读和学习更高级的计算机图形学研究论文，并能够根据它们涵盖的原理在 OpenGL 中实现它们。

本书的目标不是涵盖 OpenGL 各个特性的方方面面，即不会详细介绍规范中的每个函数或者是每一个可以传递给命令的值。本书旨在使读者产生对 OpenGL 的扎实理解，介绍基础知识，并探索一些更高级的功能。读完本书之后，读者应该能够方便地在 OpenGL 规范中查找更多细节内容，在自己的机器上尝试使用 OpenGL，并使用扩展（主规范不需要但能够增强 OpenGL 功能的额外特性）。

本书架构

本书分为 3 个部分。在第一部分“基础知识”中，我们解释了什么是 OpenGL 以及它如何连接到图形管道；同时给出了最少的工作示例，这些示例足以展示 OpenGL 的每个部分，而不需要对整个系统的任何其他部分（如果有的话）有太多了解。我们也为三维计算机图形学背后的数学知识奠定了基础，并描述了 OpenGL 如何管理为用户提供出色体验的应用程序所需的大量数据。我们还描述了着色器的编程模型，它构成了 OpenGL 应用程序的核心部分。

在第二部分“深入探索”中，我们介绍了一些 OpenGL 的功能，使用这些功能则需要用户对图形管道的多个部分有所了解，并且可能会引用第一部分中提到的概念。这使我们能够深入学习更复杂的主题，而无需掩盖细节或告诉你跳过本章继续阅读找出真正有用的东西。通过再次学习 OpenGL 系统，我们能够深入研究数据离开 OpenGL 的每个部分时都去了哪里，因为你已经（至少简要地）了解了它们的目的地。

最后，在第三部分“实战演练”中，我们将更深入地介绍图形管道，学习一些更高级的主题，并提供一些使用 OpenGL 多种功能的示例。我们提供了很多实现多种渲染技术的工作示例，以及有关 OpenGL 最佳实践和性能考虑的一系列建议，最后对 OpenGL 在几个流行平台（包括移动设备）上的应用进行了概述。

在第一部分，我们通过 OpenGL 打开入口，供读者体验接下来会发生的事情，然后讲解了在阅读本书的其余部分时需要用到的至关重要的基础知识。第一部分包含以下章节。

- 第 1 章“OpenGL 简介”，简要介绍了 OpenGL，包括其起源、历史和现状。
- 第 2 章“我们的第一个 OpenGL 程序”，直接进入 OpenGL，并展示了如何使用本书提供的源代码创建一个简单的 OpenGL 应用程序。
- 第 3 章“管线”，更仔细地研究 OpenGL 及其各种组件，更详细地介绍每个组件，并将其添加到前一章中提供的简单示例中。
- 第 4 章“3D 图形中的数学”，介绍了对于有效使用 OpenGL 和创建有趣的 3D 图形应用程序至关重要的数学基础知识。
- 第 5 章“数据”，提供了管理 OpenGL 使用和生成的数据所需的工具。
- 第 6 章“着色器和程序”，更深入地研究现代图形应用程序操作的基础——着色器。

在第二部分中，我们将更详细地介绍第一章中介绍的几个主题，更深入地研究 OpenGL 的每个主要部分，同时示例应用程序也开始变得更加复杂和有趣。第二部分包含以下章节。

- 第 7 章“顶点处理与绘图命令”，介绍了 OpenGL 的输入以及如何决定将何种语义应用于用户提供的原始数据的机制。
- 第 8 章“基元处理”，介绍了 OpenGL 中的一些高级概念，包括连接信息、高阶曲面和曲面细分。
- 第 9 章“片段处理与帧缓冲”，介绍 OpenGL 如何将高阶 3D 图形信息转换为 2D 图像，以及应用程序如何确定屏幕上对象的外观。
- 第 10 章“计算着色器”，阐释了应用程序不仅仅是利用 OpenGL 生成图形，还可以利用现代图形卡中隐藏的令人难以置信的计算能力。
- 第 11 章“高级数据管理”，讨论与管理大型数据集、高效加载数据以及在加载后对该数据的随机访问相关的主题。
- 第 12 章“管线监控”，展示了 OpenGL 执行命令的方式，包括执行命令需要的时长以及生成的数据量。

在第三部分，基于阅读本书前两部分所获得的知识基础上，来构建涉及 OpenGL 多个方面的示例应用程序。此外还介绍了构建大型 OpenGL 应用程序并在多个平台上部署的实用性问题。第三部分包括 3 章。

- 第 13 章“渲染技巧”，介绍了 OpenGL 用于图形渲染的几个应用，包括光线模拟、艺术方法甚至一些非传统技术。
- 第 14 章“高性能的 OpenGL”，深入探讨了从 OpenGL 中获得最高性能的相关主题。

- 第 15 章“调试和稳定性”，提供有关如何使应用程序正常运行以及如何调试程序问题的建议和提示。

最后的附录用于展示本书中使用的工具和文件格式，以及不同版本的 OpenGL 支持的各种功能，并列出了引入了这些功能的扩展程序，以及一些 OpenGL 资源的链接。

该版本中的新内容

在本书中，我们对第六版进行了扩展，以涵盖 OpenGL 在 4.4 版本和 4.5 版本中引入的新功能和主题。在之前的版本中，我们没有介绍扩展功能（这些功能完全是可选的，而不是 OpenGL 核心的必备部分），因此遗漏了许多有趣的主题。自本书第六版发布以来，其中一些扩展应用已经相当普遍；因此，我们决定介绍 ARB 和 KHR 扩展。Khronos（OpenGL 管理机构）批准的扩展也是本书的一部分。

在上一个版本的基础上，我们扩展了本书的应用程序框架并添加了新章节和附录，这些章节和附录提供了进一步的见解并涵盖了新主题。AZDO（接近零驱动程序开销）特性作为本书一部分扩展支持的重要功能，是一种使用 OpenGL 的方法，产生非常低的软件开销，却具有相应的高性能。该特性包括持久性贴图和无边框纹理。

为了介绍新内容，我们决定删除有关平台细节的章节，其中包括每个平台的窗口系统绑定，同时删除的还有对 Apple Mac 平台的官方支持。该版本中几乎所有的新内容都需要使用 OpenGL 4.4 或 4.5 中引入的新特性，或最新的 OpenGL 扩展。在撰写本书时，OS X 不支持这些特性。目前暂未看到 Apple 会进一步投资 OpenGL 的计划，因此我们鼓励读者远离该平台。为了支持多个平台，我们建议使用跨平台工具包，例如优秀的 SDL 或 glfw 库。事实上，本书的框架建立在 glfw 之上，它工作得很好。

本书包括几个新的示例应用程序，包括新功能的演示、纹理压缩器、文本绘制、使用距离字段的字体渲染、高质量纹理过滤和使用 OpenMP 的多线程程序。我们还试图解决自上一版本出版以来读者提交的所有勘误和反馈。

希望你喜欢本书。

关于构建示例

读者可以从 openglsuperbible 网站下载与本书配套的示例代码，将压缩包解压，然后按照 HOWTOBUILD.TXT 文件中的说明，根据计算机操作系统下的指令进行操作。本书的源代码已在 Microsoft Windows（需要 Windows 7 或更高版本）和 Linux（几个主要发行版）上构建和测试。建议读者安装任何可用的操作系统更新，并从显卡制造商处获取最新的图形驱动程序。

读者可能会注意到本书中打印的源代码与源文件中的源代码之间存在一些细微差别。这可能有许多原因。

- 本书以 OpenGL 4.5（这是撰写本书时的最新版本）为基础。书中的示例是在 OpenGL 4.5

在目标平台上可用的前提下编写的。但是，在实际操作中，最新、最好的图形驱动程序和平台可能并不可用。

因此，我们可能对示例应用程序进行了少量修改，以允许它们在早期版本的 OpenGL 上运行。

- 本书最终付印之前，示例应用程序被打包并发布到网上可能已经过了几个月。在那段时间里，我们发现了改进的机会，无论是发现新的错误、平台依赖性还是优化。Web 上最新版本的源代码将会对这些发现进行修正和调整，因此将与本书中印刷的版本略有不同。
- 本书文本中的列表与 Web 包中的示例应用程序不一定是一一对应的。一些示例程序演示了不止一个概念，有些在本书中则没有涉及，有些本书中列出的示例在示例程序包中并没有对应的示例应用程序。大多数情况下，书中列出了示例与实例程序包中的对应关系。建议读者仔细查看示例应用程序包，因为它包含了本书中可能未提及的一些小宝藏。

来自出版社的小提示

由于图像本身的性质，本书印刷版中的一些图形色彩较暗淡。为了辅助读者阅读，彩色的 PDF 图片可以从异步社区下载。

资源与支持

本书由异步社区出品，社区（https://www.epubit.com/）为你提供相关资源和后续服务。

配套资源

本书提供配套资源，要获得该配套资源，请在异步社区本书页面中点击 配套资源 ，跳转到下载界面，按提示进行操作即可。注意，为保证购书读者的权益，该操作会给出相关提示，要求输入提取码进行验证。

提交勘误

作者和编辑尽最大努力来确保书中内容的准确性，但难免会存在疏漏。欢迎你将发现的问题反馈给我们，帮助我们提升图书的质量。

当你发现错误时，请登录异步社区，按书名搜索，进入本书页面，点击“提交勘误”，输入勘误信息，点击“提交”按钮即可。本书的作者和编辑会对你提交的勘误进行审核，确认并接受后，你将获赠异步社区的 100 积分。积分可用于在异步社区兑换优惠券、样书或奖品。

扫码关注本书

扫描下方二维码，你将会在异步社区微信服务号中看到本书信息及相关的服务提示。

与我们联系

我们的联系邮箱是 contact@epubit.com.cn。

如果你对本书有任何疑问或建议，请你发邮件给我们，并请在邮件标题中注明本书书名，以便我们更高效地做出反馈。

如果你有兴趣出版图书、录制教学视频，或者参与图书翻译、技术审校等工作，可以发邮件给我们；有意出版图书的作者也可以到异步社区在线提交投稿（直接访问 www.epubit.com/selfpublish/submission 即可）。

如果你是学校、培训机构或企业，想批量购买本书或异步社区出版的其他图书，也可以发邮件给我们。

如果你在网上发现有针对异步社区出品图书的各种形式的盗版行为，包括对图书全部或部分内容的非授权传播，请你将怀疑有侵权行为的链接发邮件给我们。你的这一举动是对作者权益的保护，也是我们持续为你提供有价值的内容的动力之源。

关于异步社区和异步图书

“异步社区”是人民邮电出版社旗下 IT 专业图书社区，致力于出版精品 IT 技术图书和相关学习产品，为作译者提供优质出版服务。异步社区创办于 2015 年 8 月，提供大量精品 IT 技术图书和电子书，以及高品质技术文章和视频课程。更多详情请访问异步社区官网 https://www.epubit.com。

“异步图书”是由异步社区编辑团队策划出版的精品 IT 专业图书的品牌，依托于人民邮电出版社近 30 年的计算机图书出版积累和专业编辑团队，相关图书在封面上印有异步图书的 LOGO。异步图书的出版领域包括软件开发、大数据、AI、测试、前端、网络技术等。

异步社区

微信服务号

目　　录

第一部分　基础知识

第二部分 深入探索

第三部分　实战演练

PART

1

第一部分　基础知识

CHAPTER

01

第1章 OpenGL简介

本章内容

- 什么是图形管线，以及OpenGL如何与其产生关联。
- OpenGL的起源以及它是如何演变为今天的样子的。
- OpenGL中的一些基本概念。

本书主要介绍了OpenGL。OpenGL是一种接口，应用程序可通过它来访问和控制其所在运行设备的图形子系统。它所在的运行设备可以是一个高端图形工作站，也可以是商用台式机、电子游戏机甚至是一台智能手机。将接口标准化到一个子系统可以增强可移植性，并且可以使软件开发者集中精力创作高品质的产品、制作更有趣的内容，以及保证应用程序的整体性能，而不是一直纠结于承载这些应用程序的平台的细节。这些标准接口被称为应用程序编程接口（API），OpenGL是其中之一。本章简要介绍了OpenGL，介绍了它如何与底层图形子系统关联，以及OpenGL的起源和演化史。

1.1 OpenGL和图形管线

生成一个高效能高容量的产品通常需要两种因素：可伸缩性（scalability）和并行性（parallelism）。在工厂中可通过生产线来实现。比如，一名工人在安装汽车引擎时，另一名工人可同时安装车门，还有一名可同时安装车轮。通过将产品的生产阶段重叠，各阶段由专注于一项任务的熟练技术人员执行，因此各阶段更高效，整体生产力也随之提高。同样，若要在同一时间制造多辆汽车，工厂可组织多名工人同时安装多个部件，这样多辆汽车可以同时运作在生产线上，每辆车都处在完工的不同阶段。

计算机图形也是同样的道理。OpenGL接收程序发出的命令，然后发送给底层图形硬件，硬件再高效快速地产生预期结果。硬件上可能有多个命令排队等待执行[该状态称为“正在处理”（in flight）]，某些甚至已完成一部分。这些命令的执行过程会发生重叠，因此一个处于后续阶段的命令可能与另一个处于前期阶段的命令同时运行。此外，计算机图形处理通常由很多非常相似的重复性任务组成（例如计算一个像素应该是什么颜色），并且这些任务彼此独立，即一个像素的着色结果与另外一个像素没有任何关系。就好像一个汽车车间可同时制造多辆汽车，OpenGL 可将工作分解然后利用其基础元素并行（in parallel）完成。通过管线（pipelining）和并行（parallelism）组合，现代图形处理器可实现超乎想象的性能。

OpenGL 的目的是在应用程序和底层的图形子系统之间提供一个抽象层（abstraction layer），而该子系统通常是由一个或多个自定义、高性能处理器组成的硬件加速器，具有专用内存、显示输出等。该抽象层可以使应用程序不必知道是谁制作了图形处理器（或图形处理单元[GPU]），它的工作方式以及性能。当然，应用程序是可以判断这些信息的，但关键是并不需要。

OpenGL 的设计原则是必须在抽象层过高和过低之间取得平衡。一方面，抽象层必须隐藏不同制造商产品之间（或同一制造商的不同产品之间）的差异和系统相关特性，例如屏幕分辨率、处理器架构、安装的操作系统等。

另一方面，抽象层必须允许程序员获得底层硬件的访问权限并进行充分利用。如果 OpenGL 呈现过高的抽象层次，则它很容易创建符合模型的程序，但很难使用未包含的图形硬件的高级特性。有一些软件应用了高层次抽象的样式，如游戏引擎，为了使基于它构建的游戏访问新的图形硬件特性，通常需要对引擎做出相对较大的改变。如果抽象层次过低，则应用程序需要担心其运行系统的架构特性。低层次抽象在电子游戏机中比较普遍，但对于必须支持移动手机、个人电脑甚至高性能专业图形工作站等设备的图形库并不适合。

随着技术发展，针对计算机图形开展的研究越来越多，最佳实践也处于探索过程中，瓶颈和要求也在不断变化，因此 OpenGL 也必须不断变化以适应时代需求。

大多数 OpenGL 实现所依赖的图形处理单元，当前最新发展水平可进行多达每秒万亿次浮点运算、具有数吉字节内存，拥有数百上千吉字节每秒的接入速率，并且可以驱动多个几百万像素高频刷新的显示器。GPU 也超级灵活，能够处理与图形毫无关联的任务，比如物理模拟、人工智能，甚至音频处理。

目前的 GPU 由大量小型可编程处理器组成，这些处理器被称为光影核心（shader core），其运行的迷你程序称为着色器（shader）。每个核心的吞吐量相对较低，在一个或多个时钟周期内处理着色器的一条指令，并且一般缺少高级的特性，比如乱序执行、分支预测、超标量发射等等。但是，每个 GPU 可能包含几十到几千个核心，这些核心聚在一起可完成巨量工作。图形系统被分解为多个阶段（stage），每个阶段用一个着色器或者固定函数（fixed-function）、可配置的处理块表示。图 1.1 展示了一个精简的图形管线示意图。

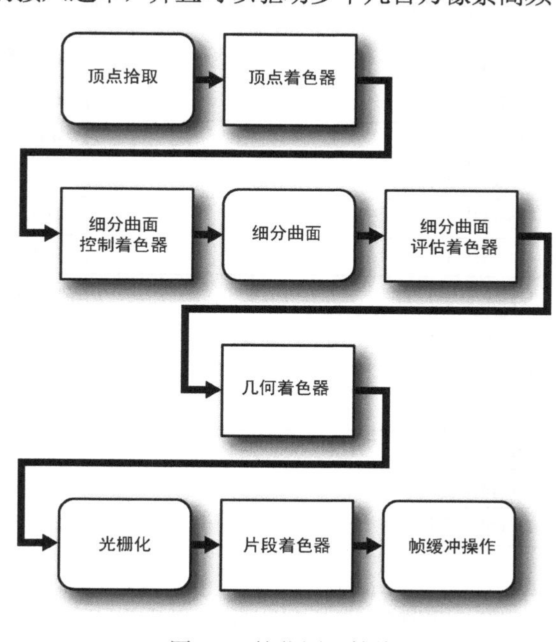

图 1.1　简化图形管线

图 1.1 中，圆角框表示固定函数（fixed-function）阶段，而方角框表示可编程阶段，即它们会执行用

户提供的着色器。实际上，部分或全部固定函数阶段可能也会以着色器代码来实现，只不过不是用户提供的代码，而通常是 GPU 制造商提供的，包括部分驱动器、固件或其他系统软件。

1.2 OpenGL 的起源和演化

OpenGL 起源于美国硅图公司（Silicon Graphics Inc.，SGI）及其 IRIS GL。GL 表示（现在依然表示）"图形库"，在很多 OpenGL 文件中，你可以看到术语"the GL"，表示其源自这一时期的"特定图形库"。硅图公司曾经是一家高端图形工作站制造商[1]，它所制造的工作站曾经非常昂贵，并且使用专有图形 API。而其他制造商当时在制造更便宜的解决方案，以期能够运行于其他厂商的 API 并彼此兼容。20 世纪 90 年代初期，SGI 意识到可移植性的重要性，并决定清理 IRIS GL，移除 API 中与特定系统相关的部分，并且将其作为开放标准发布，任何用户都无须缴纳专利使用费进行实现。

OpenGL 的最初版本发布于 1992 年，标名为 OpenGL 1.0。同年，SGI 成立了 OpenGL 架构评审委员会（ARB），最初的成员包括 Compaq、DEC、IBM、Intel 以及 Microsoft 等公司。很快，Hewlett-Packard、Sun Microsystems、Evans & Sutherland 和 Intergraph 等公司也加入了该委员会。OpenGL ARB 是设计、控制并且制订 OpenGL 规范标准的主体，现在它是 Khronos Group 的一部分，Khronos Group 是由多家公司组成的监督很多开放标准制订情况的一家较大的联合机构。其中一些原始成员可能已经退出商业市场或者被其他公司收购合并，有的退出了 ARB，离开了图形领域或开展其他业务。其中一些发展至今，有的更换了名称，有的曾作为实体参与 20 多年前 OpenGL 最初版本的开发。

目前（截至 2014 年 8 月），OpenGL 已发行有 19 个版本。版本号和发布时间见表 1.1。本书讲述了 OpenGL 规范 4.5 版，书中多数示例需要最新的驱动器和硬件来运行。

表 1.1　OpenGL 版本和发布日期

版本	发布日期
OpenGL 1.0	1992 年 1 月
OpenGL 1.1	1997 年 1 月
OpenGL 1.2	1998 年 3 月
OpenGL 1.2.1	1998 年 10 月
OpenGL 1.3	2001 年 8 月
OpenGL 1.4	2002 年 7 月
OpenGL 1.5	2003 年 7 月
OpenGL 2.0	2004 年 9 月
OpenGL 2.1	2006 年 7 月
OpenGL 3.0	2008 年 8 月
OpenGL 3.1	2009 年 3 月

1 硅图，或更准确地称为 SGI，现在依然存在，但是于 2009 年宣布破产。而它的资产和品牌被 Rackable Systems 收购，该公司接手 SGI 的名称但并不活跃在高端图形市场。

续表

版本	发布日期
OpenGL 3.2	2009 年 8 月
OpenGL 3.3	2010 年 3 月
OpenGL 4.0	2010 年 3 月[1]
OpenGL 4.1	2010 年 7 月
OpenGL 4.2	2011 年 8 月
OpenGL 4.3	2012 年 8 月
OpenGL 4.4	2013 年 7 月
OpenGL 4.5	2014 年 8 月

OpenGL 核心模式

在前沿技术的开发中，20 年时间显得非常漫长。1992 年，顶尖的 Intel CPU 是 80486，当时数学协处理器还可以选择，奔腾也尚未发明出来（或至少还没有发布）。苹果电脑还在使用摩托罗拉 68K 处理器，1992 年下半年才开始用 PowerPC 处理器。在家用计算机上使用高性能图形加速还不太常见。如果没有一台高性能图形工作站，那你并不想使用 OpenGL。软件渲染主宰世界，Future Crew 的 Unreal 示例赢得 Assembly 的 1992 年示例比赛。对于一台家用计算机，最多只能实现某些基本填充的多边形或者精灵渲染能力。1992 年的家用计算机 3D 图形最新发展状况见图 1.2。

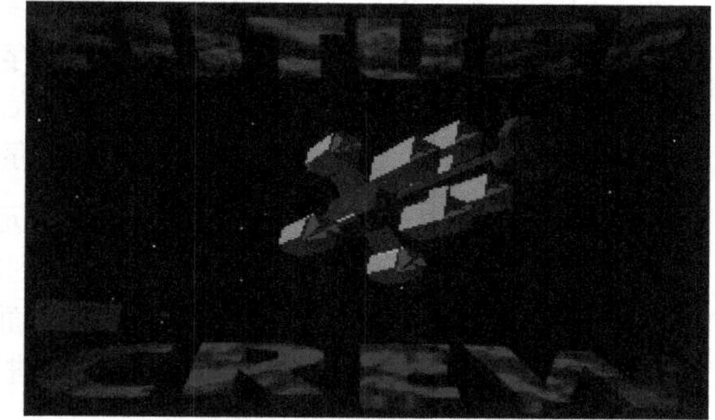

图 1.2 Future Crew 的 1992 年演示—Unreal

随着时间的推移，图形硬件的价格下降，性能逐渐提高，以及可用于家用计算机的廉价加速插件板和电子游戏机性能提升，某些价格实惠的处理器搭载了新功能并植入 OpenGL 中。这些功能绝大部分源自 OpenGL ARB 成员提议的扩展（extensions）。某些扩展之间相互作用，以及与 OpenGL 现有功能相互作用，而有一些则不能。同时，更新更好的激发图形系统性能的手段被发明出来，它们都被植入 OpenGL 中，于是有多种方案实现同一功能。

长期以来，ARB 在向后兼容上花了很大力气，现在仍然如此。但是，这种向后兼容代价巨大。

最佳实践已经改变，在 20 世纪 90 年代中期性能优良的图形硬件并不能很好地适应如今的图形处理器架构。明确新的功能如何与旧的传统功能交互并不容易，而且多数情况下干净地引入一个新功能到 OpenGL 几乎不可能。对于实现 OpenGL 来说，这也变成了一项艰巨的任务，它导致驱动程序更容易出错，而且图形厂商也需要花费巨大的精力来维护所有的传统功能，而这些功能对图形技术的发展和变革没有任何用处。

鉴于这些原因，2008 年，ARB 决定将 OpenGL 规范变更为两种模式（profile）。一个是现

1 没错，同时发布两个版本！

代核心（core）模式，这种模式删除了大量传统功能，仅留下目前图形硬件可实际加速的功能。该规范比另一版规范兼容（compatibility）模式少几百页[1]。兼容模式保留了 1.0 版开始的所有 OpenGL 版本的向后兼容性。因此，1992 年编写的软件应编译现代图形卡并在其上运行，且如今的性能比程序最初诞生时高出千倍。

该兼容模式允许软件开发商保持传统应用程序并增加新功能，而无须放弃多年的努力来切换至新的 API。

但是，多数 OpenGL 专家强力推荐在新应用程序开发中使用核心模式。特别是在一些平台上，只有使用 OpenGL 核心模式才能使用较新功能；其他方面，即使应用不经过任何修改，甚至只使用核心档案的功能，使用 OpenGL 核心模式的应用也会比兼容模式快，除非请求兼容模式。最后，如果某一功能仅存在于兼容模式中，但不存在于 OpenGL 核心模式内，这很可能是有原因的，因此本书不建议使用此功能。本书将仅讲述 OpenGL 的核心模式，这是本书最后一次提及兼容模式。

1.3 基元、管线和像素

如前所述，OpenGL 的模型就好比一条生产线，或管线。该模型内的数据流通常是单一路径的，程序调用的命令形成数据进入管线开端，然后流经一个个阶段直到管线末端。沿此路径，着色器或管线内的其他固定函数块可以从缓存（buffer）或纹理单元（texture）拾取更多数据，这些缓存和纹理单元用于储存渲染期间所用信息的结构。管线的某些阶段也可能将数据存入这些缓存或纹理单元，使应用程序可读取或保存数据，甚至对发生的情况进行反馈。

在 OpenGL 中，基本的渲染单元称为基元（primitive）。OpenGL 支持多种基元，但基本的三种可渲染基元为点、线和三角形。我们看到的屏幕上渲染的所有东西都是（可能染色的）点、线和三角形的集合。应用一般会把复杂的表面分解成许多三角形，然后发送给 OpenGL，通过一个叫作光栅器（rasterizer）的硬件加速器进行渲染。相对来说，三角形是非常容易绘制的。由于多边形、三角形通常是凸形，因此很容易制定并遵循填充原则。凹形多边形总能分解成两个或多个三角形，因此硬件天然地支持直接渲染三角形，并且依赖其他子系统[2]将复杂几何形体拆解为三角形。

光栅器是专门用来将三维形式的三角形转换为一系列需要在屏幕上进行渲染的像素的硬件。

点、线以及三角形分别是由一个、两个或者三个顶点集合组成的。一个顶点（*vertex*）就是一个坐标空间内的一个点。对于三维坐标系来说，图形管线拆分为两个主要部分。第一部分是前端（front end），处理顶点和基元，最后把它们组成为点、线和三角形传递给光栅器。这个过程被称为基元组装。经过光栅器处理之后，几何图形已经从本质上的向量被转变成大量独立的像素。这些都是交给后端（back end）处理的，包括深度测试和模板测试、片段着色、混合以及更新输出图像。

---

1 核心模式规范的篇幅仍然很大，超过了 800 页。

2 有时候这些子系统更多的是硬件模块，有时候又是软件上所应用驱动器的函数。

通过阅读本书，我们会了解到如何应用 OpenGL，如何创建缓存和纹理单元并与程序关联，如何编写着色器来处理数据，以及如何配置 OpenGL 的固定函数块来实现想要的功能。OpenGL 其实是一大串互相依存的非常简单的概念。拥有坚实的基础以及对 OpenGL 系统的整体了解非常重要，接下来的几个章节，希望能对读者学习 OpenGL 有所帮助。

1.4 总结

这一章我们简单介绍了 OpenGL 并大致了解了它的起源、历史、状态和方向。我们已经了解了 OpenGL 管线以及本书的主要内容，并学习了一些将会贯穿本书的专业术语。在接下来的几个章节中，我们会创建第一个 OpenGL 程式，并逐渐深入 OpenGL 管线的各个阶段，并打下一些数学基础，这些数学知识在计算机图形世界非常有用。

CHAPTER

02

第2章　我们的第一个OpenGL程序

本章内容

- ✦ 如何创建并编译着色器代码。
- ✦ 如何使用 OpenGL 绘图。
- ✦ 如何使用本书的应用框架来初始化程序并进行清理。

在本章中，我们将介绍本书中几乎所有示例都会涉及的一个简单的应用框架，并介绍如何利用本书的应用框架创建主窗口，以及如何渲染简单图形。同时我们还会了解到极简单的 GLSL 着色器的组成，如何编译，以及怎样用它来渲染简单的点。本章展示了最初的 OpenGL 三角形。

2.1 创建简单的应用

为了介绍本书其余部分用到的应用框架，我们将从非常简单的示例应用开始。当然，若要编写大型 OpenGL 程序，则不需要使用框架，事实上，我们也并不推荐，因为它实在太过简单。但是，它确实带来了一些简化效果，使我们可以更快地编写 OpenGL 代码。

通过将 `sb7.h` 纳入源代码，从而将应用框架带入应用程序中。这是一个 C++头文件，它定义了一个名为 sb7 的命名空间，该命名空间中包含一个名为 sb7::aplication 的应用类的声明，我们可以从其中衍生出应用示例。该框架还包含有许多工具函数和一个名为 vmath 的简单数学库帮助我们解决 OpenGL 中涉及的数字运算。

为了创建一个应用程序，我们简单地纳入 `sb7.h`，从 `sb7::application` 衍生一个类别，并在源文件中纳入 `DECLARE_MAIN` 宏示例。这个宏定义了应用程序的主入口点，创建了类的实例（此类型作为一个参数传入宏）并调用该实例的 `run()` 方法，实现应用程序的主循环。

反过来，该框架执行某些初始化，首先调用 `startup()` 方法，再调用循环中的 `render()` 方法。默认实现中，两种方法都定义为空的虚拟函数。在衍生类中覆盖 `render()` 方法并在其内部编写绘图代码。应用框架负责创建一个窗体、处理输入，以及展示渲染结果。第一个示例的完整源代码见清单 2.1，其输出见图 2.1。

清单 2.1　我们的第一个 OpenGL 应用

```
// Include the "sb7.h" header file
#include "sb7.h"

// Derive my_application from sb7::application
class my_application : public sb7::application
{
public:
    // Our rendering function
    void render(double currentTime)
    {
        // Simply clear the window with red
        static const GLfloat red[] = { 1.0f, 0.0f, 0.0f, 1.0f };
        glClearBufferfv(GL_COLOR, 0, red);
    }
};

// Our one and only instance of DECLARE_MAIN
DECLARE_MAIN(my_application);
```

清单 2.1 中示例简单地将屏幕清除为红色，并引入了我们的第一个 OpenGL 函数，**glClearBufferfv()**。**glClearBufferfv()** 的原型是

```
void glClearBufferfv(GLenum buffer,
                     GLint drawBuffer,
                     const GLfloat * value);
```

所有 OpenGL 函数均从 gl 前缀开始，遵循一些命名约定，如对某些参数类型进行编码作为函数名称的后缀。即使在那些不直接支持重载的语言中，也可以实现一种有限的重载（overloading）形式。在本例中，后缀 fv 表示该函数使用一组向量（v）浮点（f）值，在 OpenGL 中数组（在类似 C 的语言中通过指针进行引用）和向量可互换使用。

glClearBufferfv() 函数告诉 OpenGL 清除第一个参数指定的缓存（本例中 GL_COLOR）为其第三个参数的指定值。第二个参数 drawBuffer 在有多个输出缓存可清除的情况下使用。因为此处只使用一个，且 drawBuffer 是一个从零开始的索引值，本例中只需将其设置为 0。我们在此使用数组 red 来存储颜色，它包含四个浮点值，依次代表红、绿、蓝以及透明度。

顾名思义，红、绿和蓝是三原色。透明度是一个颜色的第四个组成部分，常用来表示一个片段的不透明度（opacity）。将透明度设置为 0 会使得片段完全透明，设置为 1 则使得它完全不透明。透明度值也可以储存在输出图像中，并在 OpenGL 计算的某些部分使用，即使我们根本看不到它。可以看到，我们将红色和透明度值都设置为 1，而其他值设置为 0，这表示一个不透明的红色。该应用的运行结果见图 2.1。

图 2.1　我们的第一个 OpenGL 应用的输出

这个初始应用并不十分有趣[1]，因为它做的所有事情就是把窗口填充为实心红色。我们注意到 render() 函数接收一个参数 currentTime。该参数表示从应用开始运行以来经过的秒数，我们可以用它来创建一个简单的动画。本例中，我们可以用它来改变清除窗体所用的颜色。经过修改后的 render() 函数[2]见清单 2.2。

清单 2.2 随着时间赋予颜色

```
// Our rendering function
void render(double currentTime)
{
    const GLfloat color[] = { (float)sin(currentTime) * 0.5f + 0.5f,
                              (float)cos(currentTime) * 0.5f + 0.5f,
                              0.0f, 1.0f };
    glClearBufferfv(GL_COLOR, 0, color);
}
```

现在，我们的窗口颜色从红色变成黄色、橙色、绿色，然后再变回到红色。虽然仍然不是很有趣，但至少在做点什么了。

2.2 使用着色器

正如我们在第 1 章提到过的，OpenGL 通过以固定函数作为“胶水”连接多个叫作着色器的小程序来工作。当我们绘图时，图形处理器执行着色器并将它们的输入/输出在管线中串联起来，直到像素[3]创建完成。不管要绘制点什么，我们都至少需要编写一对着色器。

OpenGL 着色器以 OpenGL 着色语言（GLSL）编写。该语言源于 C 语言，但随着时间推移有所修改以更好地适应在图形处理器上运行。如果你熟悉 C 语言，那么学习 GLSL 并不困难。该语言的编译器内置在 OpenGL 中。着色器的源代码放入到着色器对象（shader object）中并进行编译，然后多个着色器对象链接在一起形成一个程序对象（program object）。每个程序对象都可以包含一个或多个着色器阶段的多个着色器。OpenGL 的着色器阶段包括顶点着色器、细分曲面控制和评价着色器、几何着色器、片段着色器和计算着色器。最基本的管线配置只有一个顶点着色器[4]（或者是一个运算着色器），但如果想在显示屏上看到图形，还需要一个片段着色器。

清单 2.3 显示了我们的第一个顶点着色器，其中第一行，我们用“#version 450 core”声明想要着色器编译器使用着色语言的 4.5 版本。值得注意的是关键字 core 表示我们只想用 OpenGL 核心模式所支持的特性。

接下来声明 main 函数，也就是着色器开始执行之处。这与正常的 C 语言程序相同，唯一不同的是 GLSL 着色器的 main 函数没有参数。main 函数内，我们赋值给 gl_Position，它是连接着色器至 OpenGL 其余部分的纽带。所有以 gl_开始的变量都是 OpenGL 的一部分，并使

1 如果你正在阅读本书的黑白版，那么本示例就特别无趣了！

2 如果你正在将此代码复制到你的示例中，则你需要纳入<math.h>以得到 sin()和 cos()的声明区。

3 事实上，还有很多 OpenGL 的应用实例完全没有创建像素，本书会在后面介绍。现在，我们就来绘制一些图片。

4 如果我们在管线中并不包含顶点着色器时尝试绘制一些东西，则结果不能预料，几乎可以肯定并不是我们所希望的结果。

着色器相互连接或将其连接至 OpenGL 中固定函数的不同部分。顶点着色器中，gl_Position 表示顶点的输出位置。

分配的值（vec4(0.0, 0.0, 0.5, 1.0)）正好将顶点放置在 OpenGL 裁剪空间（clip space）中间，该空间是 OpenGL 管线下一阶段的坐标系统。

清单 2.3　我们的第一个顶点着色器

```
#version 450 core

void main(void)
{
    gl_Position = vec4(0.0, 0.0, 0.5, 1.0);
}
```

片段着色器见清单 2.4。这是一个非常简单的示例，也是从#version 450 core 声明开始，然后用 out 关键字来声明 color 作为一个输出变量。片段着色器中，输出变量的值会发送到窗口或屏幕。在 main 函数中，它将一个常数赋值给输出。默认状态下，该值直接显示到屏幕上，是四个浮点值的一个向量，四个浮点值分别表示红、绿、蓝以及透明度，与 **glClearBufferfv()** 的参数相同。该着色器中，我们设置的值为 vec4(0.0, 0.8, 1.0, 1.0)，呈青色。

清单 2.4　我们的第一个片段着色器

```
#version 450 core

out vec4 color;

void main(void)
{
    color = vec4(0.0, 0.8, 1.0, 1.0);
}
```

有了顶点着色器和片段着色器，就可以对它们进行编译并链接到一个程序中，由 OpenGL 运行。这与以 C++或其他类似语言编写的程序编译和链接，以产生可执行文件的方式类似。将着色器链接在一起成为一个程序对象的代码见清单 2.5。

清单 2.5　编译一个简单的着色器

```
GLuint compile_shaders(void)
{
    GLuint vertex_shader;
    GLuint fragment_shader;
    GLuint program;

    // Source code  for vertex shader
    static const GLchar * vertex_shader_source[] =
    {
        "#version 450 core                                          \n"
        "                                                           \n"
        "void main(void)                                            \n"
        "{                                                          \n"
        "    gl_Position = vec4(0.0, 0.0, 0.5, 1.0);                \n"
        "}                                                          \n"
    };

    // Source code  for fragment shader
    static const GLchar * fragment_shader_source[] =
    {
```

```
        "#version 450 core                                    \n"
        "                                                     \n"
        "out vec4 color;                                      \n"
        "                                                     \n"
        "void main(void)                                      \n"
        "{                                                    \n"
        "    color = vec4(0.0, 0.8, 1.0, 1.0);                \n"
        "}                                                    \n"
    };

    // Create and compile vertex shader
    vertex_shader = glCreateShader(GL_VERTEX_SHADER);
    glShaderSource(vertex_shader, 1, vertex_shader_source, NULL);
    glCompileShader(vertex_shader);

    // Create and compile fragment shader
    fragment_shader = glCreateShader(GL_FRAGMENT_SHADER);
    glShaderSource(fragment_shader, 1, fragment_shader_source, NULL);
    glCompileShader(fragment_shader);

    // Create program, attach shaders to it, and link it
    program = glCreateProgram();
    glAttachShader(program, vertex_shader);
    glAttachShader(program, fragment_shader);
    glLinkProgram(program);

    // Delete the shaders as the program has them now
    glDeleteShader(vertex_shader);
    glDeleteShader(fragment_shader);

    return program;
}
```

清单 2.5 中引入了一些新的函数。

- **glCreateShader()** 创建一个空的着色器对象，可随时接收源代码并进行编译。
- **glShaderSource()** 将着色器源代码传递给着色器对象，以便保留该源代码的副本。
- **glCompileShader()** 对着色器对象中包含的任何源代码进行编译。
- **glCreateProgram()** 创建一个程序对象，我们可将着色器对象附加到该对象。
- **glAttachShader()** 将一个着色器对象附加到一个程序对象中。
- **glLinkProgram()** 将所有附加到程序对象的着色器对象链接在一起。
- **glDeleteShader()** 删除一个着色器对象。一旦着色器链接到一个程序对象，程序将包含二进制代码，并不再需要着色器。

清单 2.3 和清单 2.4 中的着色器源代码作为常数字符串包含在我们的程序中并传递给 **glShaderSource()** 函数，该函数复制这些字符串到由 **glCreateShader()** 创建的着色器对象中。着色器对象储存源代码副本，调用 **glCompileShader()** 时，该着色器对象将 GLSL 着色器源代码编译为一种中间二进制表示形式，同样储存在着色器对象中。该程序对象表示链接的可执行文件，我们将使用该可执行文件进行渲染。使用 **glAttachShader()** 将着色器附加到程序对象中，然后调用 **glLinkProgram()** 将各对象一起链接到可在图形处理器上运行的代码中。将着色器对象附到程序对象中可创建一个对着色器的引用，然后可以删除该着色器对象，因为只要有需要，该程序对象将保存该着色器的内容。清单 2.5 中的 compile_shaders 函数返回新创建的程序对象。

调用此函数时，我们需要将返回的程序对象保存在某个位置以便用来绘图。此外，我们真的不希望在每次想调用该程序对象时都重新编译整个程序。因此，我们需要一种在程序启动时只调用一次的函数。sb7 应用框架提供了 application::startup() 函数，我们可在示例应用中调用该函数并用来执行任何一次性设置任务。

绘图前需要做的最后一件事是创建顶点数组对象（vertex array object，VAO），表示 OpenGL 管线顶点获取阶段的对象，用于向顶点着色器提供输入。由于现在顶点着色器没有任何输入，因此我们不需要做太多工作。但是我们需要创建 VAO，这样才能使用 OpenGL 绘图。为了创建 VAO，我们调用 OpenGL 函数 **glCreateVertexArrays()**，并调用 **glBindVertexArray()** 将该函数绑定到我们的上下文中。

它们的原型如下：

```
void glCreateVertexArrays(GLsizei n,
                          GLuint * arrays);

void glBindVertexArray(GLuint array);
```

顶点数组对象维护所有与 OpenGL 管线输入相关的状态。我们将把 **glCreateVertexArrays()** 和 **glBindVertexArray()** 调用添加到 startup() 函数中。随着对 OpenGL 了解的深入，我们会越来越熟悉这种模式。OpenGL 中很多事物都是用对象（如顶点数组对象）来表示的。我们使用创建函数（如 **glCreateVertexArrays()**）来创建这些对象，并用一个绑定函数（如 **glBindVertexArray()**）将这些对象绑定到上下文中使 OpenGL 获悉我们要使用这些函数。

清单 2.6 中，我们重写了 sb7::application 类的 startup() 成员函数，并将初始化代码放入其中。再次提醒一下，与 render() 相同，startup() 函数在 sb7::application 中被定义为一个空的虚拟函数并且由 run() 函数自动调用。我们在 startup() 中调用 compile_shaders 并将生成的程序对象储存到应用类的 rendering_program 成员变量中。当应用运行完成后，我们应当将这些资源清理干净。所以我们还重写了 shutdown() 函数，并删除启动时创建的程序对象。就像在处理完着色器对象后调用 **glDeleteShader()** 一样，我们在处理完程序对象后调用 **glDeleteProgram()**。在 shutdown() 函数中调用 **glDeleteVertexArrays()** 函数，删除在 startup() 函数中创建的顶点数组对象。

清单 2.6 创建程序成员变量

```
class my_application : public sb7::application
{
public:
    // <snip>

    void startup()
    {
        rendering_program = compile_shaders();
        glCreateVertexArrays(1, &vertex_array_object);
```

```
        glBindVertexArray(vertex_array_object);
    }

    void shutdown()
    {
        glDeleteVertexArrays(1, &vertex_array_object);
        glDeleteProgram(rendering_program);
        glDeleteVertexArrays(1, &vertex_array_object);
    }

private:
    GLuint  rendering_program;
    GLuint  vertex_array_object;
};
```

现在我们有了一个程序，需要执行其中的着色器并开始在屏幕上实际绘制些图形。我们修改 render() 函数，调用 **glUseProgram()** 来指示 OpenGL 使用程序对象进行渲染，然后再调用第一个绘图命令 **glDrawArrays()**。更新后的清单见清单 2.7。

清单 2.7 渲染一个点

```
// Our rendering function
void render(double currentTime)
{
    const GLfloat color[] = { (float)sin(currentTime) * 0.5f + 0.5f,
                              (float)cos(currentTime) * 0.5f + 0.5f,
                              0.0f, 1.0f };
    glClearBufferfv(GL_COLOR, 0, color);

    // Use the program object we created earlier for rendering
    glUseProgram(rendering_program);

    // Draw one point
    glDrawArrays(GL_POINTS, 0, 1);
}
```

glDrawArrays() 函数向 OpenGL 管线发送顶点。此函数的原型为

```
void glDrawArrays(GLenum mode,
                  GLint first,
                  GLsizei count);
```

每一个顶点都会执行顶点着色器（清单 2.3 中的着色器）。**glDrawArrays()** 的第一个参数是 mode 参数，该参数指示 OpenGL 我们想要渲染何种图元。因为我们只想绘制一个点，所以本例中指定为 GL_POINTS。第二个参数（first）与本例无关，因此设置为 0。最后一个参数是要渲染的顶点的个数。每个点用一个顶点表示，所以我们指示 OpenGL 只渲染一个顶点，于是只有一个点被渲染出来。程序的运行结果见图 2.2。

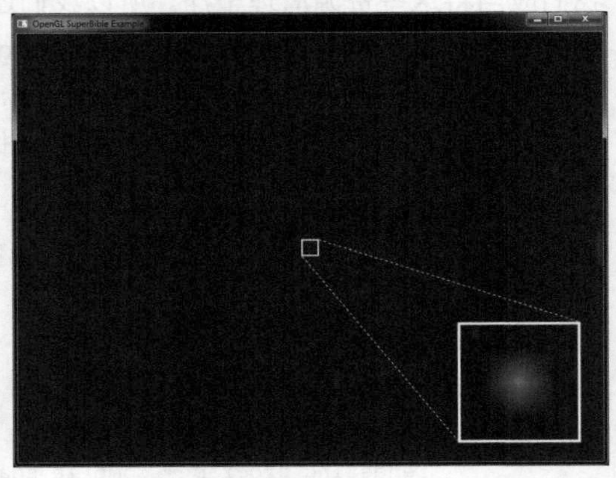

图 2.2 渲染我们的第一个点

如我们所见，窗口中间有一个小点。为了便于观察，我们放大这个点，并将其显示在图像右下角的插图中。至此已经完成了第一次 OpenGL 渲染。虽然它并不令人印象深刻，但它为我们之后进行更

有趣的渲染打好了基础，而且它证明了我们的应用框架和第一个非常简单的着色器可以正常工作。

为了更清楚地看到这个点，我们可以让 OpenGL 将它画得大一点，大于一个像素，可以调用 **glPointSize()** 函数来达成此目的，函数原型为

```
void glPointSize(GLfloat size);
```

该函数将点的直径设置为在 size 中指定的像素大小，可以用于此点的最大值是由定义实现的。后面的章节会深入讨论这个话题以及 OpenGL 常用功能之外的话题，但现在我们依赖于一个事实：OpenGL 保证支持的点的最大尺寸至少为 64 像素。通过将如下代码

```
glPointSize(40.0f);
```

添加到清单 2.7 中的渲染函数中，可将各点的直径设为 40 像素。输出见图 2.3。

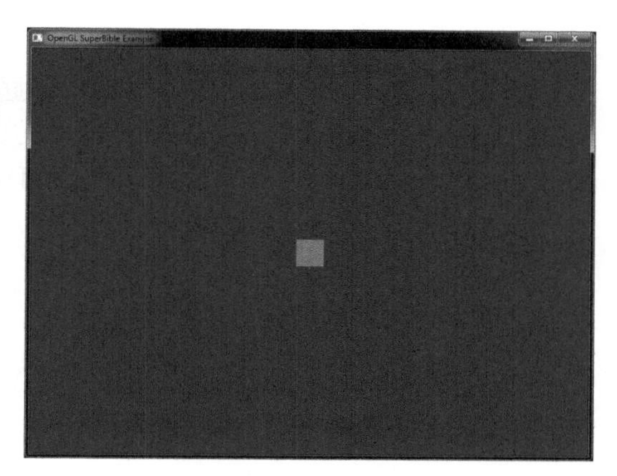

图 2.3　将我们的第一个点绘制得大一点

2.3 绘制我们的第一个三角形

仅仅绘制一个点并不会令人印象深刻（即使这个点真的很大），我们提到过 OpenGL 支持许多不同的基元类型，最重要的是点、线和三角形。在示例中，我们通过将 GL_POINTS 记号传递到 **glDrawArrays()** 函数来绘制一个点。我们实际想做的是绘制线或三角形。我们本可以将 GL_LINES 或 GL_TRIANGLES 传递到 **glDrawArrays()**，但有一个问题，清单 2.3 中的顶点着色器将每个顶点都放在同一个位置，即裁剪空间的中间。对于点来说，OpenGL 会分配绘点区域。但对于线和三角形，同一位置如果有两个或更多顶点，则会造成基元退化（degenerate primitive），即线的长度为零，或三角形的面积为零。如果尝试用这个着色器绘制点以外的其他任何东西，则无法实现，因为所有基元都退化了。

若要修正这一问题，我们需要修改顶点着色器来为每个顶点分配不同的位置。

幸运的是，GLSL 的顶点着色器包含一个名为 gl_VertexID 的特殊输入，它是此时正在被处理的顶点的索引。gl_VertexID 输入从 **glDrawArrays()** 的 first 参数给定的值开始计算，并且每次向上计算一个顶点直到 count 个顶点（**glDrawArrays()** 的第三个参数）。该输入是 GLSL 提供的众多内置变量（built-in variable）中的一个，表示 OpenGL 生成的数据或应该在着色器中生成并提供给 OpenGL 的数据（前面提到过的 gl_Position 也是内置变量的一个示例）。我们可以使用该索引来为每个顶点分配不同的位置（见清单 2.8）。

清单 2.8　在一个顶点着色器中生成多个顶点

```
#version 450 core

void main(void)
{
```

```
    // Declare a hard-coded array of positions
    const vec4  vertices[3] = vec4[3](vec4( 0.25, -0.25, 0.5, 1.0),
                                      vec4(-0.25, -0.25, 0.5, 1.0),
                                      vec4( 0.25,  0.25, 0.5, 1.0));

    // Index into our array using gl_VertexID
    gl_Position = vertices[gl_VertexID];
}
```

通过使用清单 2.8 中的着色器，可以根据每个顶点 gl_VertexID 的值分配不同的位置。数组 vertices 中的点形成一个三角形，如果将传递到 **glDrawArrays()** 的渲染函数从 GL_TRIANGLES 修改为 GL_POINTS，如清单 2.9 所示，则可以得到图 2.4 中的图像。

清单 2.9　渲染一个三角形

```
// Our rendering function
void render(double currentTime)
{
    const GLfloat color[] = { 0.0f, 0.2f, 0.0f, 1.0f };
    glClearBufferfv(GL_COLOR, 0, color);

    // Use the program object we created earlier for rendering
    glUseProgram(rendering_program);

    // Draw one triangle
    glDrawArrays(GL_TRIANGLES, 0, 3);
}
```

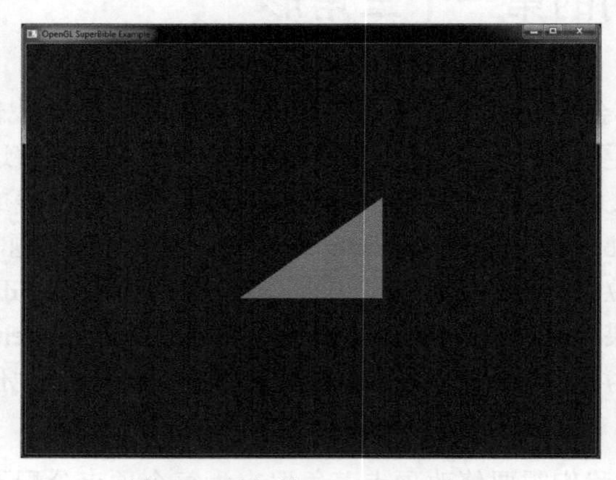

图 2.4　最初的 OpenGL 三角形

2.4 总结

本章介绍了第一个 OpenGL 程序的构成。接下来我们将了解如何从应用向着色器传递数据、如何将输入传递到顶点着色器、如何在各着色器阶段之间传递数据，以及其他内容。

本章中，我们简单了解了 sb7 应用框架、编译一个着色器、清理窗口以及绘制点和三角形，还了解到如何用 **glPointSize()** 函数改变点的大小，并且学习了第一个绘图指令 **glDrawArrays()**。

CHAPTER

03

第3章 管线

本章内容

- ✦ OpenGL 管线各阶段的作用。
- ✦ 如何将着色器连接到固定函数管线阶段。
- ✦ 如何创建一个程序同时使用图形管线的每个阶段。

本章中，我们将从始至终全面介绍 OpenGL 管线，详述每个阶段，包括固定函数块和可编程着色器块。通过上一章的学习，我们已经对顶点着色器和片段着色器阶段有了大致了解。但是，我们构造的应用只是在一个固定位置绘制一个三角形。如果想要使用 OpenGL 渲染任何有趣的东西，我们必须了解更多关于管线的知识以及可以用它来完成的所有任务。本章介绍了管线的每个部分，将它们彼此连接起来，并为每个阶段提供一个示例着色器。

3.1 向顶点着色器传递数据

顶点着色器是 OpenGL 管线中的第一个可编程（programmable）阶段，也是图形管线中唯一的必需阶段。但是，顶点着色器开始运行之前，先运行一个叫作顶点获取（*vertex fetching*）的固定函数阶段，有时也叫作顶点拉取（vertex pulling）。该阶段自动向顶点着色器提供输入。

顶点属性

在 GLSL 中，向着色器中输入和输出数据的机制为用 `in` 和 `out` 储存限定符声明全局变量。第 2 章已简要介绍了 `out` 限定符，清单 2.4 中使用该限定符来从片段着色器中输出颜色。OpenGL 管线开始时，我们用关键字 `in` 为顶点着色器输入数据。各阶段之间，`in` 和 `out` 可用于形成着色器之间的管道，并在它们之间传递数据。我们很快会了解这一过程。现在，思考一下对顶点着色器输入的数据，以及如果我们用 `in` 储存限定符声明一个变量会发生什么。该限定符标明此变量是输入顶点着色器的数据，意思是这个变量本质上是 OpenGL 图形管线的一个输入数据。

这个变量由固定函数顶点获取阶段自动填充，即顶点属性（vertex attribute）。

顶点属性表示顶点数据引入 OpenGL 管线的手段。若要声明一个顶点属性，则需要在顶点着色器中用 in 储存限定符声明一个变量。示例见清单 3.1，其中将变量 offset 声明为一个输入顶点属性。

清单 3.1　顶点属性声明

```
#version 450 core

// 'offset' is an input vertex attribute
layout (location = 0) in vec4 offset;

void main(void)
{
    const vec4  vertices[3] = vec4[3](vec4( 0.25, -0.25, 0.5, 1.0),
                                      vec4(-0.25, -0.25, 0.5, 1.0),
                                      vec4( 0.25,  0.25, 0.5, 1.0));

    // Add 'offset' to our hard-coded vertex position
    gl_Position = vertices[gl_VertexID] + offset;
}
```

清单 3.1 中，我们添加变量 offset 作为顶点着色器的输入。由于它是管线内输入第一个着色器的数据，因此会在顶点获取阶段自动填充。可以通过用顶点属性函数 **glVertexAttrib*()** 多个变量中的一个来指示本阶段用什么来填充该变量。在本例中，**glVertex Attrib4fv()** 的原型如下：

```
void glVertexAttrib4fv(GLuint index,
                       const GLfloat * v);
```

此处的参数 index 用于引用属性，v 表示输入属性的新数据的指针。你可能已经注意到 offset 属性声明中的 layout(location = 0) 代码，这是一个布局限定符（layout qualifier），可用来将顶点属性的位置（location）设置为零。该位置是我们将传递到 index 中指代属性的值。

每当调用其中一个 **glVertexAttrib*()** 函数时（有许多这类函数），都会更新传递到顶点着色器的顶点属性的值。我们可使用该方法使一个三角形具有动画效果。清单 3.2 展示了一个更新的渲染函数版本，该版本更新了每帧中 offset 的值。

清单 3.2　更新顶点属性

```
// Our rendering function
virtual void render(double currentTime)
{
    const GLfloat color[] = { (float)sin(currentTime) * 0.5f + 0.5f,
                              (float)cos(currentTime) * 0.5f + 0.5f,
                              0.0f, 1.0f };
    glClearBufferfv(GL_COLOR, 0, color);

    // Use the program object we created earlier for rendering
    glUseProgram(rendering_program);

    GLfloat attrib[] = { (float)sin(currentTime) * 0.5f,
                         (float)cos(currentTime) * 0.6f,
```

```
                           0.0f, 0.0f };

    // Update the value of input attribute 0
    glVertexAttrib4fv(0, attrib);

    // Draw one triangle
    glDrawArrays(GL_TRIANGLES, 0, 3);
}
```

当使用清单 3.2 中的渲染函数运行程序时，三角形将以平滑椭圆形围绕窗口运动。

3.2 在阶段之间传递数据

目前为止，我们了解了如何通过用关键字 in 创建顶点属性向顶点着色器传递数据、如何通过读取和编写内置变量与固定函数块建立通信，如 gl_VertexID 和 gl_Position，以及如何用关键字 out 从片段着色器输出数据。但是，也可以用同样的关键字 in 和 out 在各着色器阶段之间发送数据。就像在片段着色器中用关键字 out 创建编写颜色值的输出变量一样，我们也可以用关键字 out 在顶点着色器中创建一个输出变量。在一个着色器中写入输出变量的一切内容，都将发送给后续阶段以关键字 in 声明的类似名称的变量。例如，如果顶点着色器用关键字 out 声明一个名为 vs_color 的变量，则该变量会在片段着色器阶段与一个以关键字 in 声明的名为 vs_color 的变量匹配（假设它们之间没有其他阶段）。

如果将清单 3.3 中的简单顶点着色器进行修改，将 vs_color 作为输出变量，并相应修改简单片段着色器，将 vs_color 作为输入变量，如清单 3.4 所示，则可以从顶点着色器向片段着色器传递数值。然后，该片段将简单地输出从顶点着色器传递来的颜色，而不是输出一个硬编码值。

清单 3.3　带一个输出的顶点着色器

```
#version 450 core

// 'offset' and 'color' are input vertex attributes
layout (location = 0) in vec4  offset;
layout (location = 1) in vec4  color;

// 'vs_color' is an output that will be sent to the next shader stage
out vec4 vs_color;

void main(void)
{
    const vec4 vertices[3] = vec4[3](vec4( 0.25, -0.25, 0.5, 1.0),
                                     vec4(-0.25, -0.25, 0.5, 1.0),
                                     vec4( 0.25,  0.25, 0.5, 1.0));

    // Add 'offset' to our hard-coded vertex position
    gl_Position = vertices[gl_VertexID] + offset;

    // Output a fixed value for vs_color
    vs_color = color;
}
```

如清单 3.3 所示，我们将第二个输入声明为顶点着色器 color（这次在位置 1），并将它的值写入 vs_output 输出。然后这个值由清单 3.4 中的片段着色器获取并写入帧缓存。这样一来我们可以将颜色从顶点属性［可以使用 glVertexAttrib*() 设置］一直传递到顶点着色器、片段着色器和帧缓存。最后，我们就可以绘制不同颜色的三角形了！

清单 3.4　带一个输入的片段着色器

```
#version 450 core

// Input from the vertex shader
in vec4 vs_color;

// Output to the framebuffer
out vec4  color;

void main(void)
{
    // Simply assign the color we were given by the vertex shader to our output
    color = vs_color;
}
```

接口块

每次声明一个接口变量可能是在着色器阶段之间传递数据的最简单的方式。但是，多数重要应用中，我们很可能想要在各阶段之间传递大量不同的数据段，包括数组、结构和其他复杂排列的变量。为了达成此目的，我们可以将大量变量集合为一个接口块（*interface block*）。接口块的声明与结构声明类似，只是接口块是根据其输入着色器或从着色器输出，使用关键字 in 或 out 进行声明。接口块定义示例见清单 3.5。

清单 3.5　带一个输出接口块的顶点着色器

```
#version 450 core

// 'offset' is an input vertex attribute
layout (location = 0) in vec4  offset;
layout (location = 1) in vec4  color;

// Declare VS_OUT as an output interface block
out VS_OUT
{
    vec4  color;    // Send color to the next stage
} vs_out;

void main(void)
{
    const vec4  vertices[3] = vec4[3](vec4( 0.25, -0.25, 0.5, 1.0),
                                      vec4(-0.25, -0.25, 0.5, 1.0),
                                      vec4( 0.25,  0.25, 0.5, 1.0));

    // Add 'offset' to our hard-coded vertex position
    gl_Position = vertices[gl_VertexID] + offset;

    // Output a fixed value for vs_color
    vs_out.color = color;
}
```

值得注意的是清单 3.5 中的接口块同时拥有一个块名称（大写的 VS_OUT）和一个实例名称（小写的 vs_out）。接口块在各阶段间通过块名称匹配（本例中为 VS_OUT），但在着色器中则以实例名称引用。因此，修改片段着色器以使用接口块将得到清单 3.6 中的代码。

清单 3.6 带一个输入接口块的片段着色器

```
#version 450 core

// Declare VS_OUT as an input interface block
in VS_OUT
{
    vec4  color;     // Send color to the next stage
} fs_in;

// Output to the framebuffer
out vec4 color;

void main(void)
{
    // Simply assign the color we were given by the vertex shader to our output
    color = fs_in.color;
}
```

通过块名称匹配接口块，但允许块实例在各着色器阶段使用不同的名称有两个重要的意义。第一，我们可以在每个阶段用不同的名称表示块，进而避免产生混淆，如在片段着色器中使用 vs_out。第二，在某些着色器阶段之间跨越时，如顶点着色器阶段和细分曲面着色器阶段或几何着色器阶段，可使接口从单个条目变为数组。值得注意的是，接口块仅用于在着色器阶段之间移动数据，但是不能使用这些接口块将输入集合到顶点着色器中，或将来自片段着色器的输出集合在一起。

3.3 细分曲面

细分曲面是将高阶基元（OpenGL 中称为贴片[patch]）分解为许多更小、更简单的基元进行渲染的过程，例如拆分为多个三角形。OpenGL 包含一个固定功能的、可配置的细分曲面引擎，可将多个四边形、三角形和线分解为大量更小的点、线或三角形，这些点、线或三角形可由管线中常规光栅硬件直接使用。从逻辑上讲，细分曲面阶段位于 OpenGL 管线中的顶点着色阶段之后，主要由三部分组成：细分曲面控制着色器、固定函数细分曲面引擎和细分曲面评估着色器。

3.3.1 细分曲面控制着色器

三个细分曲面阶段中的第一个是细分曲面控制着色器（TCS，有时也简称为控制着色器）。此着色器从顶点着色器获取输入数据，主要负责完成两项任务，确定即将发送到细分曲面引擎的细分曲面级别，以及生成数据发往细分曲面评估着色器，该着色器会在出现细分曲面时开始运行。

OpenGL 中细分曲面的工作原理是将高阶面，也就是所谓的贴片（patch）分解成点、线或三角形。每个贴片都由多个控制点（control point）组成。每个贴片的控制点数量可通过调用 **glPatchParameteri()** 进行设置，其中 pname 设置为 GL_PATCH_VERTICES 以及 value 设置为构建每个贴片将用到的控制点数量。**glPatchParameteri()** 的原型是

```
void glPatchParameteri(GLenum pname,
                       GLint value);
```

每个贴片的默认控制点数量是 3 个。因此，如果这正好是想要的结果（如示例应用所示），那么完全不需要调用该函数。形成一个贴片可用到的最多控制点数是根据实现定义的，但至少有 32 个。

开始细分曲面时，顶点着色器在每个控制点运行一次，而细分曲面控制着色器在控制点组上成批运行，每批运行量与每个贴片的顶点数量一致。也就是说，顶点被用作控制点，顶点着色器的结果将成批传递到细分曲面控制着色器作为其输入数据。每个贴片的控制点数量可以更改，因此细分曲面控制着色器输出的控制点数量与其使用的控制点数量不同。控制着色器生成的控制点数量使用控制着色器源代码中的输出配置限定符设置。这种配置限定符大致如下：

```
layout (vertices = N) out;
```

其中，N 表示每个贴片的控制点数量。控制着色器负责计算输出控制点的值，并为产生的贴片设置细分曲面因子，发送到固定函数细分曲面引擎。输出细分曲面因子写入 gl_TessLevelInner 和 gl_TessLevelOuter 内置输出变量，而其他任何在管线中传递的数据将正常写入用户定义的输出变量中（使用关键字 out 或特殊内置数组 gl_out 声明的变量）。

清单 3.7 展示了一个简单的细分曲面控制着色器。该着色器利用 layout（顶点=3）out; 配置限定符将输出控制点数量设置为 3 个（与默认输入控制点数量相同），并将输入数据复制到输出数据（使用内置变量 gl_in 和 gl_out），以及将内、外细分曲面级别设置为 5。控制点数量越多，产生的细分输出数据越密集；控制点数量越少，产生的细分输出数据越粗糙。将细分曲面因子设置为 0 会造成整个贴片被丢弃。

内置输入变量 gl_InvocationID 被用作输入 gl_in 和 gl_out 数组的索引。该变量包含贴片内控制点的以零为基础的索引，该贴片正在被当前调用的细分曲面控制着色器处理。

清单 3.7 我们的第一个细分曲面控制着色器

```
#version 450 core

layout (vertices = 3) out;

void main(void)
{
    // Only if I am invocation 0 ...
    if (gl_InvocationID == 0)

    {
        gl_TessLevelInner[0] = 5.0;
        gl_TessLevelOuter[0] = 5.0;
        gl_TessLevelOuter[1] = 5.0;
        gl_TessLevelOuter[2] = 5.0;
    }
```

```
    // Everybody copies their input to their output
    gl_out[gl_InvocationID].gl_Position =
        gl_in[gl_InvocationID].gl_Position;
}
```

3.3.2 细分曲面引擎

细分曲面引擎是 OpenGL 管线的固定功能部分，主要接收以贴片为代表的高阶面并将这些面分解为更简单的基元，比如点、线或三角形。细分曲面引擎接收贴片之前，细分曲面控制着色器会处理传入的控制点并设置分解贴片使用的细分曲面因子。细分曲面引擎生成输出基元后，细分曲面评估着色器会获取表示这些基元的顶点。细分曲面引擎负责生成调用细分曲面评估着色器所需的参数，然后该着色器会使用这些参数来转换生成的基元，并准备好对它们进行光栅化。

3.3.3 细分曲面评估着色器

固定功能细分曲面引擎开始运行后会产生大量输出顶点，表示其生成的基元。这些顶点将传递给细分曲面评估着色器。细分曲面评估着色器（TES，也简称为评估着色器）对细分曲面单元产生的每个顶点运行调用。如果细分曲面级别较高，细分曲面镶嵌评估着色器将运行很多次。为此，我们需要小心应付复杂的评估着色器和高细分曲面级别。

清单 3.8 展示了细分曲面评估着色器，该着色器接收细分曲面单元运行清单 3.7 中的控制着色器后生成的输入顶点。着色器的开头是一个设置细分曲面模式的配置限定符。本示例中，我们选择模式为三角形。`equal_spacing` 和 `cw` 等其他限定符表示应沿细分多边形边缘等距生成新的顶点，以及应使用顺时针顶点环绕顺序生成三角形。我们将在第 8 章“细分曲面”部分介绍其他可能的选择。

着色器的其余部分像顶点着色器一样对 `gl_Position` 进行赋值。该着色器使用另外两个内置变量的内容来计算这个值。其中一个变量是 `gl_TessCoord`，即细分曲面单元所生成顶点的重心坐标（barycentric coordinate）。另一个变量是 `gl_Position`，即结构数组 `gl_in[]` 的成员。这与写入清单 3.7 中细分曲面控制着色器的 `gl_out` 结构匹配。该着色器主要实现直通细分曲面。也就是说，细分曲面的输出贴片与原始、传入三角形贴片形状完全相同。

清单 3.8 我们的第一个细分曲面评估着色器

```
#version 450 core

layout (triangles, equal_spacing, cw) in;

void main(void)
{
    gl_Position = (gl_TessCoord.x * gl_in[0].gl_Position +
                   gl_TessCoord.y * gl_in[1].gl_Position +
                   gl_TessCoord.z * gl_in[2].gl_Position);
}
```

为了查看细分曲面单元的结果，我们需要告诉 OpenGL 仅绘制结果三角形的轮廓。我们将

调用 **glPolygonMode()** 函数来达成此目的，函数原型为

```
void glPolygonMode(GLenum face,
                   GLenum mode);
```

其中 face 参数指明了我们想要影响的多边形类型。因为我们想要影响所有东西，所以将其设置为 GL_FRONT_AND_BACK。稍后会解释其他模式。mode 表明我们想要渲染多边形的方式。由于我们想要以线框模式进行渲染（即直线），因此将其设置为 GL_LINE。

利用细分曲面和清单 3.7 和清单 3.8 中两个着色器渲染的第一个三角形的结果见图 3.1。

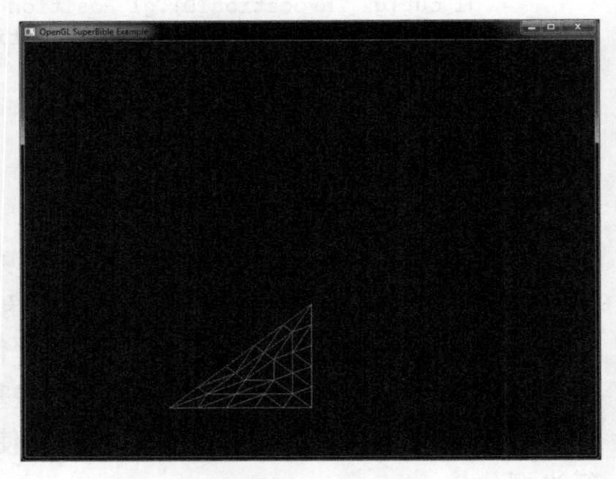

图 3.1 我们的第一个细分三角形

3.4 几何着色器

理论上几何着色器是前端的最后一个着色器阶段，在顶点和细分曲面阶段之后，光栅器之前。几何着色器对每个基元运行一次，可以访问构成该处理基元的所有输入顶点数据。几何着色器在着色器各阶段也较为独特，它能够以编程的方式增减流经管线的数据量。细分曲面着色器也能增减管线工作量，但只能通过设置贴片的细分曲面水平间接实现。相比之下几何着色器包含 EmitVertex() 和 EndPrimitive() 两个函数，可间接生成顶点发送到基元装配和光栅化。

几何着色器的另一个独特之处在于其可改变管线中间基元模式。例如，这些几何着色器可将三角形作为输入数据，并产生一组点或线作为输出数据，甚至从独立的点创建三角形。几何着色器示例见清单 3.9。

清单 3.9 我们的第一个几何着色器

```
#version 450 core

layout (triangles) in;
layout (points, max_vertices = 3) out;

void main(void)
{
    int i;

    for (i = 0; i < gl_in.length(); i++)
    {
        gl_Position = gl_in[i].gl_Position;
        EmitVertex();
    }
}
```

清单 3.9 所示着色器也是一种简单的直通着色器，将三角形转化为点以便我们可以看到它们的顶点。第一个配置限定符表明几何着色器期望输入数据为三角形。第二个配置限定符指示 OpenGL 此几何着色器将生成点，且每个着色器将产生的点数最多为三个。main 函数中，一个

循环遍历 gl_in 数组的所有成员，其长度通过调用其.length()函数来确定的。

事实上我们知道该数组的长度为 3，因为我们正在处理三角形且每个三角形有三个顶点。几何着色器的输出再次与顶点着色器的输出一致。特别是，我们写入 gl_Position 来设置生成的顶点的位置。然后调用 EmitVertex()，该函数在几何着色器的输出中生成一个顶点。几何着色器在着色器末尾自动调用 EndPrimitive()，因此本例中无须明确调用该函数。运行此着色器将产生三个顶点并渲染为三个点。

将此几何着色器插入简单细分三角形示例中就会得到图 3.2 所示的输出。为了创建此图形，我们通过调用 **glPointSize()**将点的大小设为 5.0。因此这些点很大，且可清楚辨识。

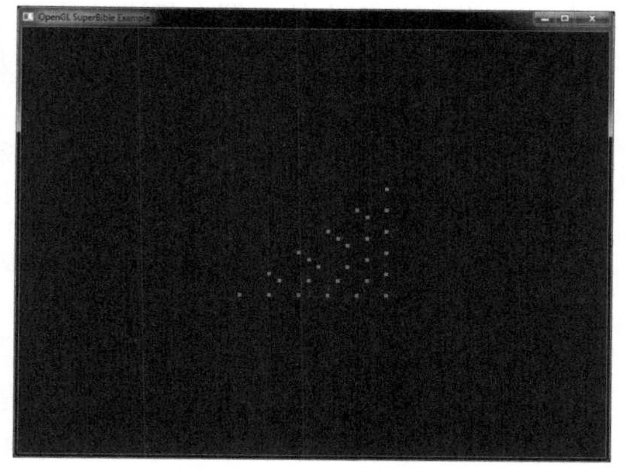

图 3.2　添加几何着色器后的细分三角形

3.5 基元装配、裁剪和光栅化

管线前端运行后（包括顶点着色、细分曲面和几何着色），管线的固定功能部分会执行一系列任务，这些任务获取顶点表示的场景并将其转化为一系列像素，这些像素又需要着色并写入屏幕。此过程的第一步是基元装配，即将顶点集聚为线和三角形。点也会进行基元装配，但在该例中这一过程微不足道。

一旦各顶点构成基元后，就会针对可显示区域进行裁剪（clipped），此可显示区域通常是窗口或屏幕，但也可以是较小的视口（viewport）区域。最后，基元中判定为潜在可见的各部分会发送到一个名为光栅器的固定功能子系统。该子系统会判断哪些像素会被基元（点、线或三角形）覆盖并将此像素清单发送到下一阶段，即片段着色。

3.5.1 裁剪

由于顶点存在于管线的前端，其所处位置就是裁剪空间（*clip space*）。裁剪空间是可用于表示位置的众多坐标系中的一个。

你可能已经注意到，我们写入顶点、细分曲面和几何着色器中的 gl_Position 变量是 vec4 型的，且通过写入它生成的位置都是四分量向量。这就是齐次（homogeneous）坐标。该齐次坐标系用于投影几何，因为很多数学问题在齐次坐标空间中比常规笛卡儿坐标空间中简单。齐次坐标比相应笛卡儿坐标多一个分量，这就是将三维位置向量表示为四分量变量的原因。

虽然前端的输出是四分量齐次坐标，但裁剪发生在笛卡儿坐标空间中。因此，为了从齐次坐标转化为笛卡儿坐标，OpenGL 执行了透视分割（perspective division），即将所有位置四分量用最后一个 w 分量进行分割。这样就可以将顶点从齐次坐标空间投影到笛卡儿坐标空间，保持

w 为 1.0。目前为止的所有示例中，gl_Position 的 w 分量全部设置为 1.0，因此这一分割没有任何效果。稍后讨论投影几何时我们将讨论将 w 设置为 1.0 以外的值有什么影响。

投影分割后产生的位置在标准化设备空间（normalized device space）中。OpenGL 中，可见的标准化设备空间区域是 x 轴和 y 轴上从−1.0 到 1.0 以及 z 轴上从 0.0 到 1.0 的体积。用户可以看到此区域内包含的任何几何图形，其范围外的一切应被丢弃。此体积的六面由三维空间的平面组成。因为一个平面将一个坐标空间分为两部分，该平面两侧的体积称为半空间（half-space）。

在将基元传递到下一阶段前，OpenGL 通过判断各基元顶点在平面哪一侧而执行裁剪。每个平面都有一个“外侧”和一个“内侧”。如果一个基元的所有顶点都在一个平面“外侧”，则这个基元就要被丢弃。如果基元的所有顶点都在平面的“内侧”（也就是在可视体积内），则这个基元就原封不动地传递下去。若基元只是部分可见（意思是它们与其中一个平面交叉），则应进行特别处理。更多细节详见第 7 章的 7.4 节。

3.5.2 视口转换

裁剪后，几何图形的所有顶点坐标都在 x 轴和 y 轴的−1.0 到 1.0 区域内。而在 z 轴上，该顶点位于 0.0 到 1.0 区域内，也就是已知的标准化设备坐标。但是，我们正在绘制的窗口坐标通常[1]是从左下的（0, 0）到（$w-1, h-1$），其中 w 和 h 分别表示窗口的像素宽度和高度。

为了将几何图形放置于窗口中，OpenGL 将应用视口变换（viewport transform）功能，即将缩放和偏移应用到顶点的标准化设备坐标中，以将这些顶点移动到窗口坐标（window coordinate）中。要应用的缩放和偏移由视口边界确定，可以通过调用 **glViewport()** 和 **glDepthRange()** 进行设置。它们的原型如下：

```
void glViewport(GLint x, GLint y, GLsizei width, GLsizei height);
```

和

```
void glDepthRange(GLdouble nearVal, GLdouble farVal);
```

此转换形式如下：

$$\begin{pmatrix} x_w \\ y_w \\ z_w \end{pmatrix} = \begin{pmatrix} \frac{p_x}{2} x_d + o_x \\ \frac{p_y}{2} y_d + o_y \\ \frac{f-n}{2} z_d + \frac{n+f}{2} \end{pmatrix}$$

其中，x_w、y_w 和 z_w 是顶点在窗口空间内的结果坐标，x_d、y_d 和 z_d 是顶点在标准化设备空间内的传入坐标，p_x 和 p_y 是以像素为单位的视口宽度和高度，n 和 f 是 z 坐标内的近平面距离和远

1 可更改坐标规定，如此一来（0, 0）起点位于窗口左上角，与其他图形系统所用规定相匹配。

平面距离。最后，o_x、o_y 和 o_z 表示视口原点。

3.5.3 剔除

进一步处理三角形之前，可选择使其经过一个称为剔除（culling）的阶段，该阶段可确定三角形是面向观察者还是背向观察者，并根据计算结果决定是否实际进行绘制。如果三角形面向观察者，则视为正面（front-facing），否则视为背面（back-facing）。通常会抛弃背面三角形，因为当对象封闭时，任何背面三角形都会其他被正面三角形隐藏。

为了判定三角形是正面还是背面，OpenGL 将判定其在窗口空间内的有向（*signed*）面积。一种判定三角形面积的方法是取两边的叉积。方程式为

$$a = \frac{1}{2}\sum_{i=0}^{n-1} x_w^i y_w^{i\oplus 1} - x_w^{i\oplus 1} y_w^i$$

其中，x_w^i 以及 y_w^i 是三角形第 i 个顶点在窗口空间内的坐标，而 $i\oplus 1$ 是（$i+1$）相对于 3 的模。如果面积为正向，则三角形视为正面；如果面积为负向，则视为背面。可通过调用 **glFrontFace()** 函数来反转计算结果的含义，其中 dir 设为 GL_CW 或 GL_CCW（其中 CW 和 CCW 分别表示顺时针和逆时针）。这称为三角形的绕序（winding order），顺时针或逆时针表示三角形顶点出现在窗口空间内的顺序。绕序默认设为 GL_CCW，表示顶点顺序为逆时针的三角形为正面，顶点顺序为顺时针的三角形为背面。如果绕序设为 GL_CW，则在用于剔除过程前 a 的含义也会相反。图 3.3 形象地展示了这一情况。

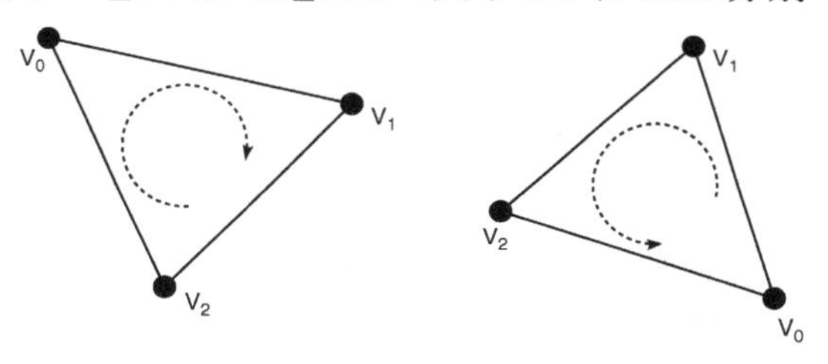

图 3.3 顺时针（左）和逆时针（右）绕序

一旦三角形的方向被确定，则 OpenGL 可丢弃正面、背面或甚至两种类型的三角形。默认情况下，OpenGL 会渲染所有三角形，无论是背面还是正面。若要启用剔除，可调用 **glEnable()** 函数，其中 cap 设为 GL_CULL_FACE。启用剔除后，OpenGL 将默认剔除背面三角形。若要改变剔除的三角形类型，可调用 **glCullFace()** 函数，其中 face 设为 GL_FRONT、GL_BACK 或 GL_FRONT_AND_BACK。

由于点和线没有几何面积[1]，因此这种方向计算并不适用，所以本阶段不能对点和线进行剔除。

3.5.4 光栅化

光栅化是指判断哪些片段可被线或三角形等基元覆盖的过程。有很多种算法可以实现这一过程，但对于三角形，多数 OpenGL 系统都会采用基于半空间的算法，因为这种算法可以很好地适用于并行实现。简单来说，OpenGL 将在窗口坐标内为三角形设定界限框，并对其中所有片段进行测试以判断片段在三角形内还是三角形外。为了做到这一点，OpenGL 会将三角形的

1 很显然，一旦渲染到屏幕上，点和线就有了面积，否则我们不能看到它们。但是这个面积是人为造成的，不能直接根据顶点计算。

三条边视作一个半空间，将窗体分割为两部分。

位于所有三条边内部的片段视为在三角形内，而位于三边任一边外部的片段视为在三角形外。由于判断一个点位于线段哪一边的算法相对简单，而且只与线的端点位置以及测试点的位置有关，因此许多测试都可以同时进行，从而可进行大规模并行。

3.6 片段着色器

片段[1]着色器是 OpenGL 图形管线的最后一个可编程阶段。该阶段负责确定各片段的颜色，然后将片段发送到帧缓存，以便合成到窗口中。光栅器处理基元后，会产生一个需要着色的片段列表并将此清单传递到片段着色器。到这一步，管线的工作量会有一个爆炸性增长，每个三角形都可能产生几百、几千甚至几百万个片段。

第 2 章中清单 2.4 列出了第一个片段着色器的源代码。它是一个非常简单的着色器，只声明一个输出数据，并为其指定一个固定值。实际应用中，片段着色器通常会更复杂，并需要进行光照、应用材质甚至判断片段深度相关的诸多计算。片段着色器的可用输入数据为几个内置变量，例如 gl_FragCoord，它包含窗体内片段的位置。可用这些变量来为每个片段生成独特的颜色。

清单 3.10 提供了一个从 gl_FragCoord 函数生成其输出颜色的着色器。图 3.4 显示了在安装该着色器的情况下运行我们原来的单个三角形程序的输出。

清单 3.10　从片段位置得出颜色

```
#version 450 core

out vec4  color;

void main(void)
{
    color = vec4(sin(gl_FragCoord.x * 0.25) * 0.5 + 0.5,
                 cos(gl_FragCoord.y * 0.25) * 0.5 + 0.5,
                 sin(gl_FragCoord.x * 0.15) * cos(gl_FragCoord.y * 0.15),
                 1.0);
}
```

可以看到，图 3.4 中每个像素的颜色现在都是其位置的函数，而且生成了简单的屏幕对齐模式。清单 3.10 的着色器在输出中创建了此棋格样式。

gl_FragCoord 变量是片段着色器可用的内置变量之一。但是，像其他着色器阶段一样，我们可自行定义片段着色器的输入，即根据光栅化之前最后一个阶段的输出进行填充。例如，如果我们有一个简单的程序，其中只有一个顶点着色器和片段着色器，则我们可从片段着色器向顶点着色器传递数据。

片段着色器的输入与其他着色器阶段的输入略有不同，OpenGL 会在渲染的基元中进行插值（interpolate）。

---

1 片段（fragment）用于描述可能最终确定像素最终颜色的元素。由于深度或模板测试、混合和多次取样（本书随后会有所涉及）等其他许多因素的影响，像素的最终颜色可能不是特定调用片段着色器产生的颜色。

图 3.4 清单 3.10 的结果

为了进行演示，我们取清单 3.3 中的顶点着色器并对其进行改进，来为每个顶点赋予不同的、固定的颜色，如清单 3.11 所示。

清单 3.11 带一个输出的顶点着色器

```
#version 450 core

// 'vs_color' is an output that will be sent to the next shader stage
out vec4  vs_color;

void main(void)
{
    const vec4  vertices[3] = vec4[3](vec4( 0.25, -0.25, 0.5, 1.0),
                                      vec4(-0.25, -0.25, 0.5, 1.0),
                                      vec4( 0.25,  0.25, 0.5, 1.0));
    const vec4  colors[] = vec4[3](vec4( 1.0, 0.0, 0.0, 1.0),
                                   vec4( 0.0, 1.0, 0.0, 1.0),
                                   vec4( 0.0, 0.0, 1.0, 1.0));

    // Add 'offset' to our hard-coded vertex position
    gl_Position = vertices[gl_VertexID] + offset;

    // Output a fixed value for vs_color
    vs_color = color[gl_VertexID];
}
```

可以看到，在清单 3.11 中，我们添加了另一个包含颜色的常量数组并使用 `gl_VertexID` 索引，将其内容写入 `vs_color` 输出。清单 3.12 中，我们对简单的片段着色器进行了修改，纳入相应输入并将其值写入输出。

清单 3.12 从片段位置得出颜色

```
#version 450 core

// 'vs_color' is the color produced by the vertex shader
in vec4 vs_color;

out vec4 color;

void main(void)
```

```
{
    color = vs_color;
}
```

使用此新着色器的结果见图 3.5。我们可以看到，颜色在三角形上平滑地变化。

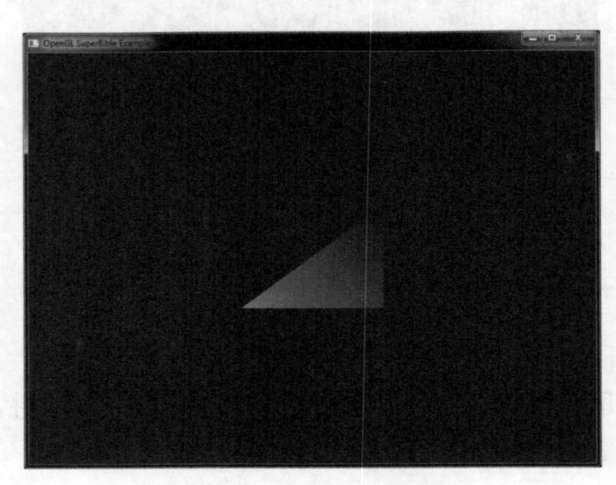

图 3.5 清单 3.12 的结果

3.7 帧缓存运算

帧缓存是 OpenGL 图形管线的最后一个阶段。该缓存可以表示屏幕的可见内容，以及用于储存除颜色外每个像素值的其他内存区域。在大多数平台上，这表示我们可以在桌面（或者如果我们的应用覆盖了屏幕，则可能是整个屏幕）上看到的窗口，属于操作系统（或更准确地说是窗口系统）。窗口系统提供的帧缓存即默认缓存，但如果我们想要渲染到屏幕外的区域，则可提供自己的缓存。帧缓存存储的状态包括片段着色器所产生的数据应该写入的位置、数据的格式等信息。状态保存在帧缓存对象（framebuffer object）中。像素操作状态也被视为帧缓存的一部分，但不按照帧缓冲对象储存。

像素运算

片段着色器产生输出后，片段写入窗口前会经历一些步骤，如判断它是否属于窗口。我们可在应用程序中打开或关闭这些步骤。首先是剪裁测试（scissor test），即根据我们可定义的矩形对片段进行测试。如果片段在矩形内，则被进一步处理；如果在矩形外，则被丢弃。

接下来是模板测试（stencil test）。这一步骤将我们的应用提供的参照值与模板缓存的内容进行比较，该缓存为每个像素储存一个[1]值。模板缓存的内容没有特别的意义，可用于任何目的。

模板测试后是深度测试（depth test）。深度测试是比较片段 z 坐标和深度缓存（depth buffer）内容的操作。深度缓存是一个内存区域，与模板缓存一样都是帧缓存的一部分，为每个像素储

1 使用多重采样（multi-sampling）技术后，帧缓存可为每个像素储存多个深度、模板或颜色值。本书后面会详细介绍。

存一个值，缓存内包含每个像素的深度（与到观察者的距离有关）。

一般情况下，深度缓存值的范围是从 0 到 1，其中 0 表示深度缓存中最近的点，1 表示最远的点。为判断某个片段是否比同一位置已渲染的其他片段更近，OpenGL 可将该片段的窗口-空间坐标的 z 分量与已在该深度缓存内片段的值进行比较。如果该值比已经在缓存内的值小，则片段可见。本测试的含义也可以改变。比如，我们可以命令 OpenGL 使 z 坐标大于、等于或不等于深度缓存内容的片段通过。深度测试的结果也会影响 OpenGL 对模板缓存的行为。

然后，片段颜色被发送至混合或逻辑运算阶段，具体阶段取决于帧缓存是否被视为能储存浮点值、标准值或整数值。如果帧缓存的内容为浮点整数值或标准整数值，则进行混合。混合是 OpenGL 的一个高度可配置阶段，本书会有专门的章节进行详细介绍。

简而言之，OpenGL 能够使用大量函数来根据片段着色器的输出和帧缓冲器当前的内容等分量计算新的值回写到帧缓存。如果帧缓存含有未格式化的整数值，则可对着色器的输出和当前帧缓存内的值进行逻辑与（AND）、或（OR）和异或（XOR）等逻辑运算，以生成新的值回写到帧缓存。

3.8 计算着色器

本章前几节介绍了 OpenGL 的图形管线（graphics pipeline）。OpenGL 还包括计算着色器（compute shader）阶段，这一阶段几乎可视为一个独立的管线，独立于其他以图形为主的阶段运行。

计算着色器是一种了解系统中图形处理器计算能力的方式。与以图形为中心的顶点、细分曲面评估着色器、几何着色器和片段着色器不同，计算着色器本身可视为一种特殊的、单一阶段的管线。每个计算着色器执行一个称为工作项（work item）的工作单位，这些工作项反过来又可组合成称为全局工作组（local workgroup）的多个群组。这些工作组的集合可被输入 OpenGL 的计算管线进行处理。

除一些内置变量用来指示着色器的工作项目外，计算着色器没有任何固定输入或输出。计算着色器执行的所有处理均由着色器本身明确写入内存，而不是由后续管线阶段使用。清单 3.13 介绍了一个非常基础的计算着色器。

清单 3.13　一个什么也不干的计算着色器

```
#version 450 core

layout (local_size_x = 32, local_size_y = 32) in;

void main(void)
{
    // Do nothing
}
```

在其他方面，计算着色器与 OpenGL 中其他着色器阶段一样。若要编译一个计算着色器，可利用 GL_COMPUTE_SHADER 来创建一个着色器对象，用 **glShaderSource()** 引用 GLSL 源代码，然后用 **glCompileShader()** 进行编译，再用 **glAttachShader()** 和 **glLinkProgram()** 将其

链接到程序。结果得到一个有已编译的计算着色器程序对象，可启动为我们工作。

清单 3.13 中的着色器指示 OpenGL 全局工作组的大小为 32×32 个工作项，但是随后将不执行任何操作。若要创建一个有实际作用的计算着色器，我们需要对 OpenGL 有更多的了解。

3.9 使用 OpenGL 扩展

目前为止，本书展示的所有示例都建立在 OpenGL 核心功能的基础上。但是，OpenGL 最大的优点是可以被硬件制造商、操作系统供应商，甚至是工具和调试器发布商扩展和增强。扩展对 OpenGL 的功能有诸多不同的影响。

扩展就是为 OpenGL 核心版本增加一些功能。所有扩展清单可在 OpenGL 网站的 OpenGL 扩展注册表[1]中查看。这些扩展作为与特定版本 OpenGL 规范的差异清单编写，并标记了具体 OpenGL 版本。那意味着如果扩展的文本介绍了支持扩展，那么核心 OpenGL 规范应该怎样更改。但是，常用且有用的扩展通常会“升级”至核心版本 OpenGL 中，因此，如果我们运行的是最新版、最强大版本的 OpenGL，则不会遭遇很多有趣的内容不包含在核心模式内的窘境了。升级到每个 OpenGL 版本的完整扩展清单以及其功能简介见附录 C“OpenGL 功能和版本”。

扩展主要有三大类：供应商、EXT 和 ARB。供应商扩展在一个供应商硬件上编写和执行。特定供应商的首字母缩写通常也包含在扩展名内，比如，“AMD”表示 Advanced Micro Devices，或“NV”表示 NVIDIA。也有可能一个特定供应商扩展有不止一家供应商支持，尤其是在该扩展被广泛接受后。EXT 扩展由两家或多家供应商共同编写，通常是作为特定供应商扩展发展的，但如果另一家供应商也对实现此扩展有兴趣，则其可以与原作者合作略微修改后生成 EXT 版本。ARB 扩展是 OpenGL 的官方部分，这些扩展受到 OpenGL 管理机构架构评审委员会（ARB）批准，通常由多数或全部主要硬件供应商支持，并且也可能是从供应商或 EXT 扩展发展而来。

这种扩展过程听起来可能使人困惑。现在已经有数百扩展可用，但新版的 OpenGL 通常是从程序员发现有用的扩展构建而来。这样，每个扩展都可能得到重用。优秀的扩展被提升至核心模式中，而不那么有用的则不在考虑范围内。这种“自然选择”过程有助于确保只有最有用最重要的新功能才纳入 OpenGL 核心版本中。

计算机中 OpenGL 实现支持扩展的有效工具为Realtech VR的OpenGL Extensions Viewer，可在 Realtech VR 网站上免费下载（见图 3.6）。

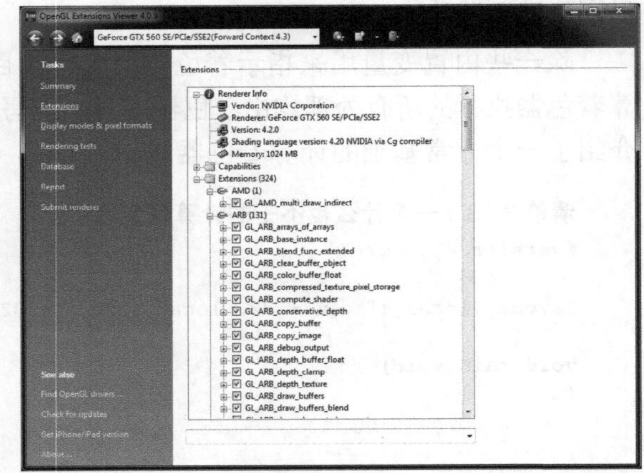

图 3.6 Realtech VR 的 OpenGL Extensions Viewer

1 查看 OpenGL 扩展注册表。

使用扩展增强 OpenGL

使用任何扩展之前，**必须**确保应用程序运行的 OpenGL 实现支持这种扩展。

若要了解 OpenGL 支持哪些扩展，可使用两种函数。首先，若要判断支持扩展的数量（number），可以用 GL_NUM_EXTENSIONS 参数调用 **glGetIntegerv()** 函数。接下来，可调用以下函数查找出支持的所有扩展的名称

```
const GLubyte* glGetStringi(GLenum name,
                            GLuint index);
```

需要将 GL_EXTENSIONS 作为 name 参数传递，并在 index 中传递一个介于 0 到所支持扩展数减 1 的值。该函数将扩展的名称以字符串返回。若要查看是否支持某个特定扩展，可简单查询扩展的数量，然后遍历每个支持的扩展，并将其名称与查询的名称相比较。本书的源代码提供了一个简单的函数来完成这一操作。**sb7IsExtensionSupported()**，原型为

```
int sb7IsExtensionSupported(const char * extname);
```

该函数在<sb7ext.h>头文件中进行声明，接收扩展的名称，如果当前 OpenGL 上下文支持这个扩展，则该函数会返回一个非零值，如果不支持，则返回一个零值。在使用扩展之前，应用程序应始终检查是否支持要使用的扩展。

扩展通常通过四种不同的组合方式添加到 OpenGL 中。

- 通过简单地移除 OpenGL 规范中的一些限制，将之前不合法的东西变为合法。
- 添加令牌或对可作为参数传递到现有函数的值的范围进行扩展。
- 扩展 GLSL 以增加功能、内置函数、变量或数据类型。
- 添加全新的功能到 OpenGL。

第一种情况中，以前认为错误的事情现在认为是对的，除开始使用最新允许的行为（当然是在确定支持扩展的情况下）外，我们的应用无须做任何事。同样，第二种情况中，我们可在相关函数中开始使用新的标记值，前提是已经有了这些值。记号值在扩展规范中，因此如果系统的头文件中不包含这些值，我们可在规范中进行查找。

若要启用 GLSL 中的扩展，首先必须在着色器开头添加一行，指示编译器我们需要这些功能。例如，若要启用 GLSL 中假设的 GL_ABC_foobar_feature 扩展，则需要在着色器开头添加以下内容：

```
#extension GL_ABC_foobar_feature : enable
```

上述内容指示编译器我们想要在着色器中使用扩展。如果编译器知道该扩展，则会允许我们编译着色器，即使底层硬件不支持该功能。如果是这种情况，编译器应该在发现该扩展实际正在被使用时发出警告。一般情况下，GLSL 的扩展会添加预处理器标记来指示它的存在。例如，GL_ABC_foobar_feature 就暗示其包含

```
#define GL_ABC_foobar_feature 1
```

这意味着我们可以使用以下代码

```
#if GL_ABC_foobar_feature
    // Use functions from the foobar extension
#else
    // Emulate or otherwise work around the missing functionality
#endif
```

这样我们可以有条件地根据底层 OpenGL 实现是否支持扩展功能，来编译或执行扩展的部分功能。如果着色器确实需要某个扩展的支持，没有扩展就不能工作，则可添加如下更肯定的代码：

```
#extension GL_ABC_foobar_feature : require
```

如果 OpenGL 实现不支持 GL_ABC_foobar_feature 扩展，则不能编译着色器，且会报告包含#extension 指令这一行的错误。实际上，GLSL 扩展是可选功能，应用程序必须[1]提前告诉编译器它想要使用的扩展。

下面将介绍向 OpenGL 引入新功能的扩展。多数平台上，我们不能直接访问 OpenGL 驱动器，且扩展功能也不会神奇地出现在应用程序中供我们调用，而是必须向 OpenGL 驱动器请求一个函数指针（function pointer）来表示想调用的函数。函数指针通常声明为两部分：第一部分是函数指针类型的定义，第二部分为函数指针变量本身。例如以下代码：

```
typedef void
(APIENTRYP PFNGLDRAWTRANSFORMFEEDBACKPROC) (GLenum mode,
                                           GLuint id);
PFNGLDRAWTRANSFORMFEEDBACKPROC glDrawTransformFeedback = NULL;
```

这一代码声明了 PFNGLDRAWTRANSFORMFEEDBACKPROC 类型作为接收 GLenum 和 GLuint 参数的指针。接下来，代码声明了 glDrawTransformFeedback 变量作为本类型示例。实际上，在许多平台上，**glDrawTransformFeedback()**函数的声明就是这样的。这看起来很复杂，但好在以下头文件包含已注册的 OpenGL 扩展引入的所有函数原型、函数指针类型和标记值的声明：

```
#include <glext.h>
#include <glxext.h>
#include <wglext.h>
```

这些文件可在 OpenGL 扩展注册表网站找到。glext.h 头文件既包含标准 OpenGL 扩展又包含许多特定供应商 OpenGL 扩展，wglext.h 头文件包含大量 Windows 特定扩展，glxext.h 头文件包含 X 特定定义（X 表示 Linux 和许多其他 UNIX 变种和实现使用的窗口系统）。

查询扩展函数地址的方法实际上具有平台特异性。本书的应用程序框架将这些错综复杂的事物包装到一个便利的函数中，该函数在<sb7ext.h>头文件中声明。**sb7GetProcAddress()**

1 实际上，许多实现都默认支持某些扩展中包含的功能，且不需要我们的着色器包含这些指令。但是，如果我们依赖这种行为，则我们的应用很可能不能在其他 OpenGL 驱动器上工作。因为有这种风险，所以我们应该始终明确启用我们计划使用的扩展。

函数的原型为：

```
void * sb7GetProcAddress(const char * funcname);
```

其中，funcname 表示我们要使用的扩展函数的名称。如果支持该函数的话，返回的值就是函数的地址，反之就返回 NULL。即使 OpenGL 返回我们要使用的扩展函数的有效函数指针，也并不表示该扩展是存在的。有时候，同一个函数存在于多个扩展中，有时候供应商提供的驱动程序只带有部分扩展实现。所以，我们始终要利用官方机制或 **sb7IsExtensionSupported()** 函数来确保支持扩展。

3.10 总结

本章对 OpenGL 的图形管线作了简单介绍。我们简单了解了每个主要阶段，并创建了一个涉及每个阶段的程序，虽然并没有做什么让人印象深刻的事。本书忽略不提 OpenGL 的一些有用特征，以期在比较短的篇幅内实现从零到能够渲染。我们同时还了解了如何利用扩展增强 OpenGL 的管线和功能，其中一些内容在后面的实例中也会用到。在后面的章节中，我们将了解更多有关计算机图形和 OpenGL 的基础知识，然后我们会重温管线部分，深入了解本章主题，并对本章未介绍的一些 OpenGL 可实现的功能进行讲解。

CHAPTER

04

第4章 3D图形中的数学

本章内容

- ✦ 什么是向量，以及为什么要了解向量。
- ✦ 什么是矩阵，以及为什么要更认真地了解矩阵。
- ✦ 如何使用矩阵和向量移动几何图形。
- ✦ OpenGL 对于模型视图的约定和投影矩阵。

目前为止我们已经学习了如何绘制 3D 点、线和三角形，并编写过几个简单的着色器，通过未修改方式传递硬编码的顶点数据。为了将一系列图形转换到连续的场景中，必须将它们相对于其他图形和观察者进行排列。在本章中，我们将在坐标系中移动各种形状和对象。在场景中放置并定向对象是 3D 图形程序员至关重要的能力。我们可以发现，围绕原点描绘对象的维度，然后将对象变换到目标位置是很方便的。

4.1 本章是在讲令人生畏的数学课吗

在大多数有关 3D 图形编程的书籍中，本章的内容应该是枯燥的数学知识。但是，不用紧张，我们会用比较容易接受的方式来讲述这些原理。

我们的着色器会执行的基本数学运算之一是坐标转换，归结起来就是矩阵与向量相乘，以及矩阵与矩阵相乘。对象和坐标转换的关键是 OpenGL 程序员常用的两个矩阵。为了使读者熟悉这些矩阵，本章对计算机图形原理的两种极端进行了平衡。其中一个极端是“请在阅读本章前复习一下线性代数的内容”。另一个极端则是“学习制作 3D 图形不必通晓那些复杂的数学公式”。但两者我们都不是完全赞同。

事实上，我们不需要懂得高深的 3D 图形数学知识，就像我们每天开车但不需要了解汽车机械学以及内燃机原理一样。但我们最好对自己的车有足够的了解，以便能够意识到需要经常更换机油、定期向油箱加油以及在轮胎磨损后进行更换。这些知识可以使我们成为有责任心（并且安全）的车主。如果想成为可靠且有能力的 OpenGL 程序员，也可参照此标准。我们至少应该有一定的基础知识，才能知道可以做些什么，以及哪些工具最适合这项工作。如果是初学者，你会发现经过实践后，逐渐可以理解矩阵和向量，也能更直观、更有效地在实践中应用本章介绍的各种概念。

因此，即使我们还没有能力在脑海中默算出两个矩阵相乘的积，也要明白什么是矩阵以及它们对于 OpenGL 处理来说意味着什么。但是在我们重新翻开尘封的线性代数课本（每个人都有，对吧），不要担心：sb7 库中有一个名为 vmath 的组件，其中包含大量有用的类和函数，可以用来表示以及操作向量和矩阵。这些类和函数可直接与 OpenGL 结合使用，与我们编写着色器所用 GLSL 语言的语法和外观非常相似。虽然我们不需要进行所有的矩阵和向量操作，但仍需了解它们是什么以及怎样应用。看吧，鱼与熊掌是可以兼得的！

4.2 3D 图形数学速成课

首先，我们不会假装会解释所有需要了解的重要问题的架势，甚至都不会试图涵盖所有应该了解的问题。本章只介绍真正需要了解的一些内容。如果你已经是一个数学高手，应该直接开始学习标准 3D 转换的章节。不仅仅是因为你已经知道我们将要讨论的内容，还因为多数数学高手，由于没有提供足够的空间来讨论他们喜爱的齐次坐标空间而感到不快。想象一下自己正在参加一档电视真人秀，我们必须从一个充满鳄鱼的沼泽里逃生。要知道多少 3D 数学知识才能生存？这就是接下来两节将要介绍的内容——3D 数学生存技能。鳄鱼才不会关心我们是不是真的了解齐次坐标空间。

4.2.1 向量

OpenGL 的主要输入为顶点，顶点有很多属性，通常包括位置。基本上，一个顶点就是 *xyz* 坐标空间内的一个位置，而且这个空间内给定的位置恰恰是由一个且只由一个 *xyz* 三元组定义。然而，一个 *xyz* 三元组可以用一个向量表示（事实上，单纯从数学角度来讲，一个位置其实同时也是一个向量——这里我们只讨论主要问题）。对 3D 几何图形进行操作时，向量可能是唯一最重要的基础概念。3 个值（*x*、*y* 和 *z*）组合在一起表示两个重要的值：方向和大小。

图 4.1 展示了空间中任意选取的一个点，以及空间中从坐标系原点到该点标的一条带箭头的线段。构建三角形时，该点可视为一个顶点，而带箭头的线段则可视为向量。向量首先是空间中从原点到该点的方向。OpenGL 中，我们总是用向量来表示带方向的量。例如，*x* 轴表示向量（1, 0, 0），表明沿 *x* 方向前进一个单位，*y* 和 *z* 方向不动。向量也表示我们如何指示前进的方向，例如摄像机指向哪个方向或我们要向哪个方向移动以便避开鳄鱼？

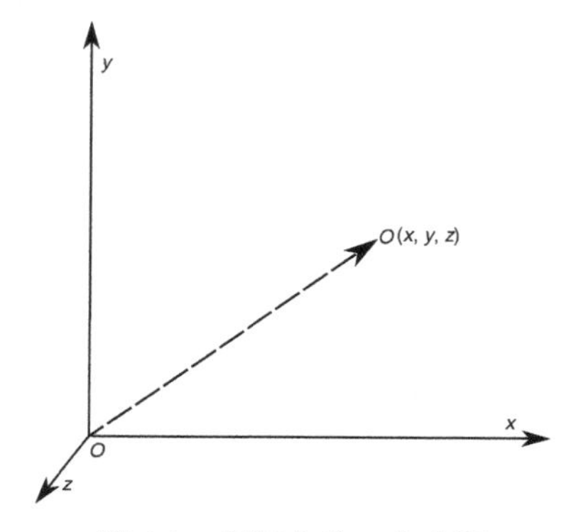

图 4.1 空间中的一个点既表示顶点又表示向量

向量是 OpenGL 运算的基础，因此不同大小的向量在 GLSL 中属于第一类，且皆有命名，如 vec3 和 vec4（分别表示三元和四元向量）。

向量可代表的第二个量为大小。一个向量的大小就是该向量的长度。对于 *x* 轴向量（1, 0, 0）来说，其长度就是 1，我们把长度为 1 的向量称为单位向量（unit vector）。如果一个向量不是单位向量，而我们将其调整到 1 的过程就称为归一化。归一化一个向量就是调整该向量使其长度变为 1，而该向量就称为已归一化。若我们只想表示一个方向而不表示大小，单位向量就很重要。同样，如果向量长度出现在我们使用的等式中，那么当这些长度为 1 时，等式就变得简单得多！当然，大小也很重要，例如，大小可以指示我们需要沿指定方向移动多远，即我们需要离鳄鱼多远。

向量（和矩阵）是 3D 图形中非常重要的概念，甚至在 GLSL（我们编写着色器所用的语言）中也是最重要的。然而，在 C++等语言中，情况并非如此。为了能在 C++程序中也使用向量和矩阵，本书源代码中的 vmath 库含有多个类，可表示与 GLSL 类似相对应的向量和矩阵。例如，vmath::vec3 可表示一个三分量的浮点向量（*x, y, z*），vmath::vec4 表示一个四分量的浮点向量（*x, y, z, w*），以此类推。

新增 *w* 坐标使向量成为齐次坐标（homogeneous）向量，通常设为 1.0。*x*、*y* 和 *z* 值通过除以 *w* 来进行缩放，而除以 1.0 则本质上不改变 *xyz* 的值。vmath 中的类实际上是模板类，其类型定义表示一般类型，如单精度和双精度浮点值以及带符号和无符号整数变量。vmath::vec3 与 vmath::vec4 简单定义如下：

```
typedef Tvec3<float> vec3;
typedef Tvec4<float> vec4;
```

声明一个三分量向量非常简单：

```
vmath::vec3 vVector;
```

如果在源代码中加入 using namespace vmath;，甚至可写为

```
vec3 vVector;
```

但是，在这些示例中，我们会明确使用 vmath:: 命名空间来限定 vmath 库的使用。所有 vmath 类定义了若干构造函数和拷贝运算符，这意味我们可以声明和初始化向量如下：

```
vec3 vmath::vVertex1(0.0f, 0.0f, 1.0f);
vec4 vmath::vVertex2 = vec4(1.0f, 0.0f, 1.0f, 1.0f);
vec4 vmath::vVertex3(vVertex1, 1.0f);
```

现在声明一个三分量顶点数组，例如生成一个三角形：

```
vec3 vmath::vVerts[] = { vmath::vec3(-0.5f, 0.0f, 0.0f),
                         vmath::vec3( 0.5f, 0.0f, 0.0f),
                         vmath::vec3( 0.0f, 0.5f, 0.0f) };
```

这看起来类似于第 2 章 2.3 节介绍的代码。vmath 库还包括许多数学相关的函数并且重写其类的大多数运算符，以允许对向量和矩阵进行相加、相减、相乘、转置等操作。

我们需要注意的是不要过分忽略第四个分量 *w*。绝大多数情况下我们通过顶点位置指定一个几何图形时，只需储存一个三分量顶点并将其发送给 OpenGL。对于许多方向向量，如曲面法向量（用于进行光照计算），三分量向量是足够的。

然而，我们很快就要开始研究矩阵，并进行 3D 顶点变换，必须将该顶点与一个 4 × 4 变换矩阵相乘。规则是我们必须将一个四分量向量与一个 4 × 4 矩阵相乘；如果使用三分量向量乘以 4 × 4 矩阵，那么我们就会被鳄鱼吃掉！

更多详细的解释请见后文。基本上，如果我们准备在向量上进行矩阵运算，则很多情况下都需要四分量向量。

4.2.2 常见向量运算符

向量支持诸多运算，比如加、减、一元求反等。这些运算符对每个分量进行计算得出与输入同样大小的向量。vmath 向量类重写了加、减、一元求反运算符以及其他几个运算符，以提供此功能。因此，我们可用以下代码：

```
vmath::vec3 a(1.0f, 2.0f, 3.0f);
vmath::vec3 b(4.0f, 5.0f, 6.0f);
vmath::vec3 c;

c = a + b;
c = a - b;
c += b;
c = -c;
```

不过向量还有很多运算，在接下来的几个小节我们会从数学角度进行解释。这些运算也同样在 vmath 库中进行了实现，下文将对此进行概述。

点乘

向量可通过简单的加、减运算进行缩放，也可以通过对 *xyz* 分量单独进行缩放。不过，还有一种只能在两个向量之间进行，这种有趣且有用的运算称为点乘（dot product），有时也称为内乘（inner product）。两个（三分量）向量之间的点乘运算将返回一个标量（仅一个值），表示两个向量之间的夹角的余弦与其长度的积。如果两个向量都是单位长度，则返回的值介于−1.0 与 1.0 之间，等于其夹角的余弦。当然，若要得到两个向量之间的实际夹角，我们需要取结果的反余弦或逆余弦。点乘普遍用于照明计算，漫反射照明计算中的两个向量分别是表面法向量和一个指向光源的向量。

本书将于第 13 章 13.1 节中详述此类着色器代码。

图 4.2 展示了两个向量 **V1** 和 **V2**，以及两个向量的夹角 θ。

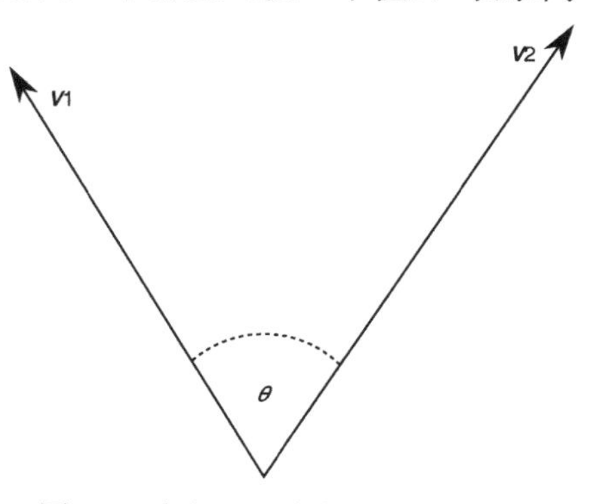

图 4.2 点积：两个向量夹角的余弦

两个向量 **V1** 和 **V2** 的点积数学计算方式为

$$\boldsymbol{V1} \times \boldsymbol{V2} = \boldsymbol{V1}.x \times \boldsymbol{V2}.x + \boldsymbol{V1}.y \times \boldsymbol{V2}.y + \boldsymbol{V1}.z \times \boldsymbol{V2}.z$$

vmath 库中有一些函数使用点积运算。我们可通过 vmath::dot 函数或向量类的 dot 成员函数得到两个向量的点乘结果。

```
vmath::vec3 a(...);
vmath::vec3 b(...);

float c = a.dot(b);
float d = dot(a, b);
```

如前文所述，一组单位向量之间的点乘结果是其夹角的余弦值（介于-1.0 和+1.0 之间）。使用稍高级的函数 vmath::angle 可得到两个向量夹角的弧度值。

```
float angle(const vmath::vec3& u, const vmath::vec3& v);
```

叉乘

另一种在两个向量之间进行的数学运算为叉乘（cross product），有时也称为向量乘（vector product）。两个向量之间的叉乘结果是垂直于这两个向量所构成平面的第三个向量。两个向量 $\boldsymbol{V1}$ 和 $\boldsymbol{V2}$ 的叉乘定义为

$$\boldsymbol{V1}\times\boldsymbol{V2}=\|\boldsymbol{V1}\|\|\boldsymbol{V2}\|\sin(\theta)\boldsymbol{n}$$

其中，$\boldsymbol{n}$ 表示垂直于 $\boldsymbol{V1}$ 和 $\boldsymbol{V2}$ 的单位向量。意思就是，如果我们归一化叉乘结果，则可得到该平面的法向量。如果 $\boldsymbol{V1}$ 和 $\boldsymbol{V2}$ 都是单位长度，且已知相互垂直，则我们无须归一化该结果，因为结果也是单位长度。图 4.3 展示了两个向量 $\boldsymbol{V1}$ 和 $\boldsymbol{V2}$，以及两个向量的叉乘结果 $\boldsymbol{V3}$。

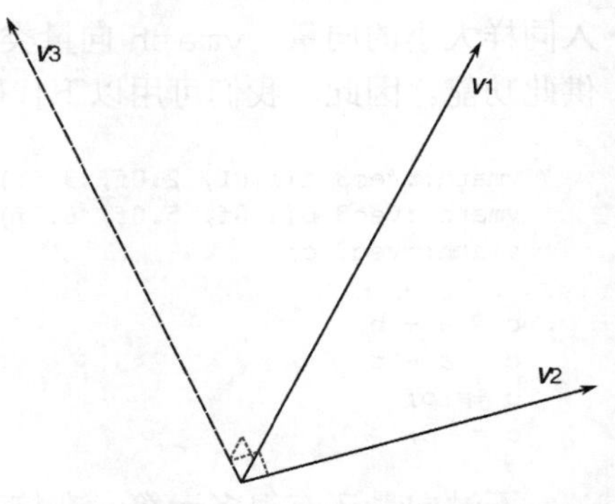

图 4.3 叉乘运算可返回一个新的向量，该向量垂直于原来两个向量构成的平面

两个三分量向量 $\boldsymbol{V1}$ 和 $\boldsymbol{V2}$ 的叉乘运算可表示为

$$\begin{bmatrix} \boldsymbol{V3.x} \\ \boldsymbol{V3.y} \\ \boldsymbol{V3.z} \end{bmatrix} = \begin{bmatrix} \boldsymbol{V1.y}\cdot\boldsymbol{V2.z}-\boldsymbol{V1.z}\cdot\boldsymbol{V2.y} \\ \boldsymbol{V1.z}\cdot\boldsymbol{V2.x}-\boldsymbol{V1.x}\cdot\boldsymbol{V2.z} \\ \boldsymbol{V1.x}\cdot\boldsymbol{V2.y}-\boldsymbol{V1.y}\cdot\boldsymbol{V2.x} \end{bmatrix}$$

再次提醒，vmath 库中的部分函数会对两个向量进行叉乘运算并返回结果向量，即一个三分量向量类的成员函数以及一个全局函数。

```
vec3 a(...);
vec3 b(...);

vec3 c = a.cross(b);
vec3 d = cross(a, b);
```

不同于点乘，叉乘中的向量顺序非常重要。图 4.3 中，$\boldsymbol{V3}$ 是 $\boldsymbol{V2}$ 和 $\boldsymbol{V1}$ 的进行叉乘得到结果。如果把 $\boldsymbol{V1}$ 和 $\boldsymbol{V2}$ 的顺序调换，$\boldsymbol{V3}$ 就会指向相反的方向。叉乘的应用非常广泛，包括找到三角形表面法线和构造变换矩阵。

向量的长度

前面已经介绍过，向量既有方向又有大小。一个向量的大小也就是该向量的长度。可利用以下等式得到一个三分量向量的大小：

$$Length(v)=\sqrt{v.x^2+v.y^2+v.z^2}$$

这可以概括为向量各分量平方和的平方根[1]。在二维空间中，这就是简单的毕达哥拉斯定理（勾股定理）：直角三角形斜边的平方等于其余两边的平方和。该定理可以扩展到任意维度，vmath 库中有多种函数可进行相应计算。

```
template <typename T, int len>
static inline T length(const vecN<T,len>& v) { ... }
```

反射和折射

计算机图形常见的运算为计算反射和折射向量。给定一个入射向量 R_{in} 以及一个表面的法向量 N，我们希望知道 R_{in} 的反射方向（$R_{reflect}$），并且给定一个特定的折射率 η，可得出 R_{in} 的折射方向。

我们在图示 4.4 中演示了这一情况，其中不同值的 η 对应的折射向量表示为 $R_{refract,\eta_1}$ 到 $R_{refract,\eta_4}$。

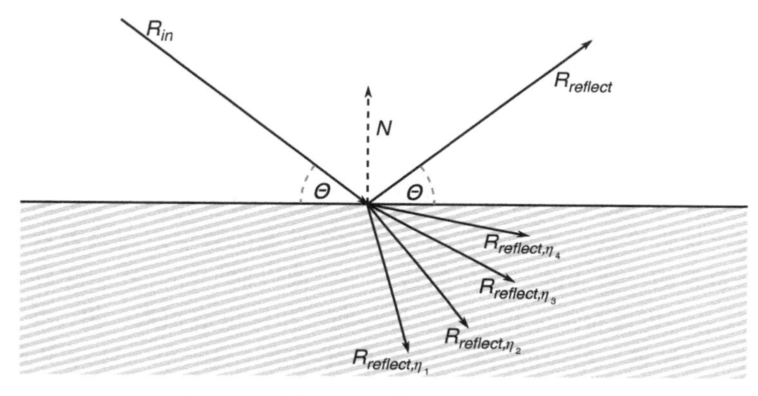

图 4.4 反射和折射

虽然图 4.4 展示的是二维系统，但我们感兴趣的是三维系统中的计算（毕竟这是一本有关 3D 图形的书）。计算 $R_{reflect}$ 的数学等式为：

$$R_{reflect} = R_{in} - (2N \cdot R_{in})\, N$$

计算给定 η 值的 $R_{refract}$ 的数学等式为：

$$k = 1 - \eta^2\,(1 - (N \cdot R)^2)$$

$$R_{refract} = \begin{cases} 0.0 & 若\ k < 0.0 \\ \eta R - (\eta(N \cdot R) + \sqrt{k})N & 若 k \geqslant 0.0 \end{cases}$$

为了得到想要的结果，R 和 N 都必须是单位长度向量（即在使用前应进行归一化）。两个 vmath 函数 `reflect()` 和 `refract()` 实现了这些等式。

4.2.3 矩阵

矩阵不仅仅是指好莱坞《黑客帝国》系列电影，还是一种功能非常强大的数学工具，它可以极度简化求解变量之间有复杂关系的方程或方程组的过程。与图形程序设计人员密切相关的

1 一个向量各分量的平方和等于其与自身的点乘运算结果。

一个常见示例是坐标转换。

比如，如果空间中有一个点（由 *x,y,z* 坐标表示），将其围绕任意点沿任意方向旋转一定角度后，我们想要确定该点的位置，则需要用到矩阵。为什么？因为新的 *x* 坐标不仅取决于旧 *x* 坐标和其他旋转参数，而且还取决于 *y* 和 *z* 坐标的值。这种变量和解之间的依赖关系正是矩阵擅长的一类问题。对于有数学背景的《黑客帝国》（*The Matrix*）影迷来说，"matrix" 一词真是绝佳的片名。

从数学角度讲，矩阵无非就是一系列数字以统一的行和列排列好；用程序设计术语来说就是二维数组。矩阵不一定是呈正方形，但每一行的元素数量必须相同，每一列的元素数量也要相同。下面列举了其中一种矩阵。这个矩阵并没有特殊含义，仅仅为了演示矩阵结构。值得注意的是，矩阵也可以只有一行或一列。单行或单列数字可以更为简单地称为向量。事实上，我们可以将某些矩阵看作一组列向量。

$$\begin{bmatrix} 1 & 4 & 7 \\ 2 & 5 & 8 \\ 3 & 6 & 9 \end{bmatrix} \begin{bmatrix} 0 & 42 \\ 1.5 & 0.877 \\ 2 & 14 \end{bmatrix} \begin{bmatrix} 1 \\ 2 \\ 3 \\ 4 \end{bmatrix}$$

"矩阵" 和 "向量" 是我们在 3D 图形编程文献中经常会看到的两个重要术语。处理这些量时，我们还会看到 "标量" 这一术语。标量只是一个普通的数字，用来表示一个大小或者一个具体的数量（一个熟悉的、普通的、简单的数字……像以前一样，我们注意到并将此术语添加到词汇表中）。矩阵之间可以相乘或相加，也可与向量和标量值相乘。将一个点（以向量表示）与一个矩阵（表示一个转换）相乘可得到一个新的转换点（另一个向量）。矩阵变换可能看起来比较复杂，但其实并不难理解。因为理解矩阵变换是许多 3D 任务的基础，我们应该尝试熟悉矩阵变换。幸运的是只需略懂就足以让我们前进并且使用 OpenGL 做很多不可思议的事情。随着时间的推移，并且通过一定的实践和研究，我们就能掌握这种数学工具。

同时，就像前面讲过的向量一样，我们会从 vmath 库中找到很多有用的矩阵函数和功能。读者可以在本书源代码文件夹的 vmath.h 文件中找到这个库的源代码。该 3D 数学库大大简化了本章和后面章节中的许多任务。这个库的一个特点是它没有很聪明和高度优化的代码，因此具有高度可移植性且易于理解。我们还会发现它有很类似 GLSL 的语法。

在使用 OpenGL 进行 3D 编程的任务中，我们可普遍使用的矩阵大小分别是：2 × 2、3 × 3 以及 4 × 4。vmath 库有诸多 GLSL 定义的矩阵数据类型可匹配这些大小，例如

```
vmath::mat2 m1;
vmath::mat3 m2;
vmath::mat4 m3;
```

与 GLSL 相同，vmath 库中的矩阵类定义了常用的运算符，例如加、减、一元求反、乘、除，以及构造函数和相关的运算符。再次强调，vmath 库中的矩阵类是使用模板构造的，并且包含有单、双精度浮点类型以及有符号、无符号整数矩阵类型定义。

4.2.4 矩阵构造和运算符

OpenGL 并不是将 4 × 4 矩阵表示为一个浮点值的二维数组，而是将它表示为 16 个浮点值

的单个数组。默认情况下，OpenGL 使用列优先（column-major）或列为主（column-primary）矩阵布局。也就是说，在 4 × 4 矩阵中，前 4 个元素表示矩阵第一列，后 4 个元素表示第二列，以此类推。这种方法与很多数学库都有所不同，这些数学库均是采用二维数组方法。例如，OpenGL 采用的是下面两个例子中的第一个：

```
GLfloat matrix[16];  // Nice OpenGL-friendly matrix

GLfloat matrix[4][4]; // Not as convenient for OpenGL programmers
```

OpenGL 也可使用第二种选择，但是第一种是更有效的表示方式。很快我们就会解释这是为什么。这 16 个元素表示 4×4 矩阵，如下所示。当数组元素逐个遍历矩阵列时，我们称之为列优先（column-major）矩阵顺序。在内存中，4×4 的二维数组形式（前面代码中的第二种）以行优先（row-major）顺序布局。在数学术语中，这两种形式的矩阵互为转置矩阵。

$$
\begin{bmatrix}
A_{00} & A_{10} & A_{20} & A_{30} \\
A_{01} & A_{11} & A_{21} & A_{31} \\
A_{02} & A_{12} & A_{22} & A_{32} \\
A_{03} & A_{13} & A_{23} & A_{33}
\end{bmatrix}
$$

在内存中以列优先顺序表示上述矩阵可得到下列数组：

```
static const float A[] =
{
    A00, A01, A02, A03, A10, A11, A12, A13,
    A20, A21, A22, A23, A30, A31, A32, A33
};
```

相反，以行优先顺序表示则可得到下列数组：

```
static const float A[] =
{
    A00, A10, A20, A30, A01, A11, A21, A31,
    A20, A21, A22, A23, A30, A31, A32, A33,
};
```

真正的神奇之处在于这 16 个值可代表空间中的一个具体位置，以及 3 条坐标轴相对于观察者的方向。要解释这些数字并不难。这 4 列各代表一个四分量向量[1]。为了使本书更容易理解，我们重点关注前 3 列向量的前 3 个元素。第四列向量包含变换坐标系原点的 x、y 和 z 值。

前 3 列的前 3 个元素仅为方向向量，表示 x 轴、y 轴和 z 轴在空间中的方向（此时的向量表示一个方向）。对于大多数情况，这 3 个向量始终互为 90° 角，且通常是单位长度（除非我们同时使用了缩放或剪切）。当这几个向量为单位长度时，（如果你想在朋友面前卖弄一下）数学上称为标准正交（orthonormal），如果不是单位长度，则称为正交（orthogonal）。图 4.5 展示了 4 × 4 转换矩阵，其中高亮部分表示其分量。注意矩阵的最后一行除了最后一个元素为 1 外，其余数字全部为 0。

$$
\begin{bmatrix}
\alpha_{0,0} & \alpha_{1,0} & \alpha_{2,0} & \beta_0 \\
\alpha_{0,1} & \alpha_{1,1} & \alpha_{2,1} & \beta_1 \\
\alpha_{0,2} & \alpha_{1,2} & \alpha_{2,2} & \beta_2 \\
0.0 & 0.0 & 0.0 & 1.0
\end{bmatrix}
$$

图 4.5 一个表示旋转和平移的 4×4 矩阵

图 4.5 所示矩阵的左上 3×3 子矩阵表示旋转或方向，而矩阵的最后一清单示平移或位置。

1 实际上，vmath 库内部将矩阵表示为其自身向量类的数组，其中每个向量表示矩阵的一列。

最奇妙的是，如果有一个包含新坐标系位置和方向的 4×4 矩阵，然后将该矩阵与原来坐标系中的一个向量（表示为一个列矩阵或向量）相乘，则会得到一个转换到新坐标系的新向量。因此，空间中任何位置以及目标方向都可以由一个 4×4 矩阵唯一定义，且如果用一个对象的所有向量乘以该矩阵，则可将整个对象转换到空间中的给定位置和方向！

此外，如果用一个矩阵将对象从一个空间转换到另一空间，则可利用另一矩阵转换该对象的所有向量点，并再次将它们转换到另一坐标空间内。给定矩阵 A 和 B 以及向量 v，我们知道

$$A\cdot(B\cdot v)$$

等于

$$(A\cdot B)\cdot v$$

这一关系成立是因为矩阵乘法具有结合性，符合结合律。神奇之处就在于：通过将表示转换的矩阵相乘，并在最终乘积中使用结果矩阵，从而将所有转换集合到一起。

场景或对象的最终结果在很大程度上取决于建模转换的顺序，对于平移和旋转来说尤其如此。我们可以将此作为矩阵乘法结合性和交换性规则的结果。

我们可以任何组合转换序列，因为矩阵乘法具有结合性；但矩阵在乘法中出现的顺序很重要，因为矩阵乘法并不具备交换性。

图 4.6（a）展示了一个正方形先沿 z 轴旋转然后沿转换后的 x 轴平移的过程，图 4.6（b）展示了同一个正方形先沿 x 轴平移然后沿 z 轴旋转的过程。最后这两个正方形的位置产生了差异，因为每一次转换都是相对于上一次转换进行的。在图 4.6（a）中，正方形先相对于原点旋转，而图 4.6（b）中的正方形平移之后再相对于平移后的原点旋转。

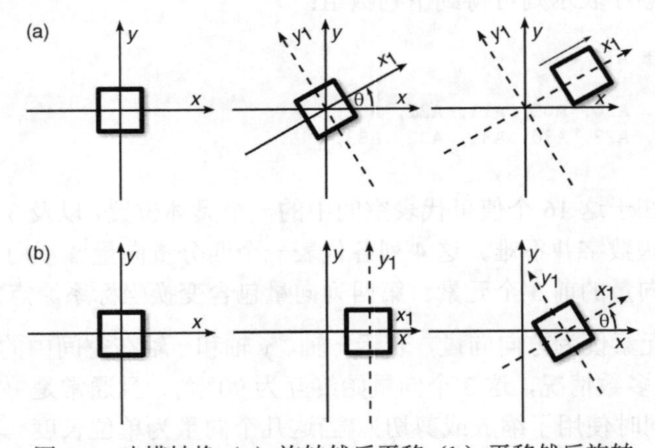

图 4.6 建模转换（a）旋转然后平移（b）平移然后旋转

4.3 了解转换

仔细想想就会知道，大多数 3D 图像其实并不真正是 3D 的。我们使用 3D 概念和术语描述物体，然后这些 3D 数据被“压扁”到 2D 计算机屏幕上。我们称这个将 3D 数据“压扁”到 2D

数据的过程为投影（projection）。顶点处理过程中发生的所有转换类型（正交或透视）都可称为投影，但投影只是 OpenGL 的其中一种变换类型。

我们还可以利用转换旋转、移动甚至拉伸、收缩和扭曲对象。

4.3.1 OpenGL 中的坐标空间

一系列转换可以表示为一个矩阵，且与该矩阵相乘可有效将一个向量从一个坐标空间移动到另一坐标空间。OpenGL 编程常用到几个坐标空间。从指定顶点到顶点出现在屏幕上的时间内会发生任意次数的几何转换，但最常见的是建模、视图和投影。本节将介绍 3D 计算机图形中最常用的坐标空间（见表 4.1）以及在这些空间中移动向量所用的转换。

从一个空间向另一个空间移动坐标的矩阵通常以相关空间来命名。例如，将一个对象的顶点从模型空间转换到视图空间的矩阵通常称为模型—视图矩阵。

表 4.1　　3D 图形常用坐标空间

坐标空间	表示什么
模型空间	相对局部原点的位置，有时也称为对象空间（object space）
世界空间	相对全局原点的位置（即在世界坐标中的位置）
视图空间	相对观察者的位置，有时也称为摄像机（camera）或眼睛空间（eye space）
裁剪空间	投影到非线性齐次坐标后顶点的位置
标准化设备坐标（NDC）空间	顶点坐标被其自身的 w 分量分割后称为 NDC 中的顶点坐标
窗口空间	顶点相对于窗口原点的像素位置

对象坐标

通常大多数顶点数据都生成于对象空间（*object space*），通常也称为模型空间（*model space*）。对象空间中，顶点的位置为相对于局部原点的位置。例如一个太空船模型，其原点可能在某个符合逻辑的地方，比如太空船机头尖部、重心或飞行员所坐的位置。3D 建模程序中，回到原点并充分缩小后应该可看到整个太空船。模型的原点通常是可以围绕其旋转模型，以将模型调整到一个新的位置。如果将原点设在模型之外就很不合理，因为围绕该点旋转对象时会伴随较大程度的平移和旋转。

世界坐标

另一个常见的坐标空间是世界空间，即相对于一个固定、全局的原点储存坐标的空间。继续以太空船为例，该原点是一个运动场的中心或附近星球等固定物体。世界空间中所有对象都存在于一个共同框架中，通常这就是进行照明计算和物理计算的空间。

视图坐标

贯穿本章的一个重要概念是视图坐标，通常也称为摄像机（camera）或视点（eye）坐标。无论发生何种转换，视图坐标是相对于观察者的视角而言的（因此可以描述为“摄像机”和“视点”坐标），我们可将其视为“绝对”坐标。因此，视点坐标表示虚拟固定坐标系，可作为公共参照系。

图 4.7 从两个不同视点展示了视图坐标系。左图中的视图坐标表示场景观察者所见内容（即垂直于监视器）。右图中的视图坐标系稍稍进行了旋转，因此可以更好地观察 z 轴的位置关系。从观察者的角度来看，x 轴和 y 轴的正方向分别指向右和上。z 轴的正方向从原点指向观察者，而 z 轴的负方向则从观察者指向屏幕内部。屏幕位于 z 轴坐标处 0。

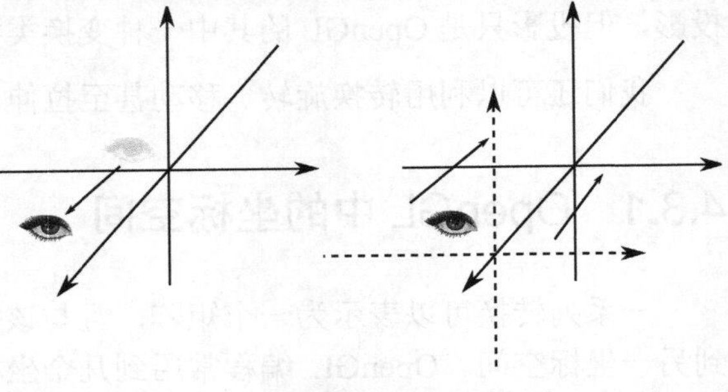

图 4.7 两个视角的视图坐标

用 OpenGL 进行 3D 绘图时，我们会用到笛卡儿坐标系。如果不进行任何变换，则所用坐标系与上述视图坐标系相同。

裁剪和标准化设备空间

裁剪空间是一种坐标空间，OpenGL 会在该空间内进行裁剪。当顶点着色器写入 gLPosition 后，该坐标就会被视为位于裁剪空间内，且始终为四维齐次坐标。退出裁剪空间后，顶点的四个分量会除以 w 分量。显然，之后 w 会等于 1.0。如果相除之前 w 不是 1.0，则 w 的倒数会有效缩放 x、y 和 z 分量。这会造成透视缩短和投影的效果。相除的结果被认为存在于该标准化设备坐标空间（NDC 空间）内。显然，如果获得的裁剪空间坐标 w 分量为 1.0，则裁剪空间和 NDC 空间是相同的。

4.3.2 坐标转换

如上所述，可通过将坐标的向量表示与转换矩阵（transformation matrix）相乘，从而将坐标从一个空间移动到另一个空间。转换用于操作模型以及其内部的特定对象，将对象移动到特定空间，然后旋转并缩放这些对象。

图 4.8 展示了 3 种我们最常用于对象的建模转换。图 4.8（a）展示了平移，其中对象沿指定轴移动。

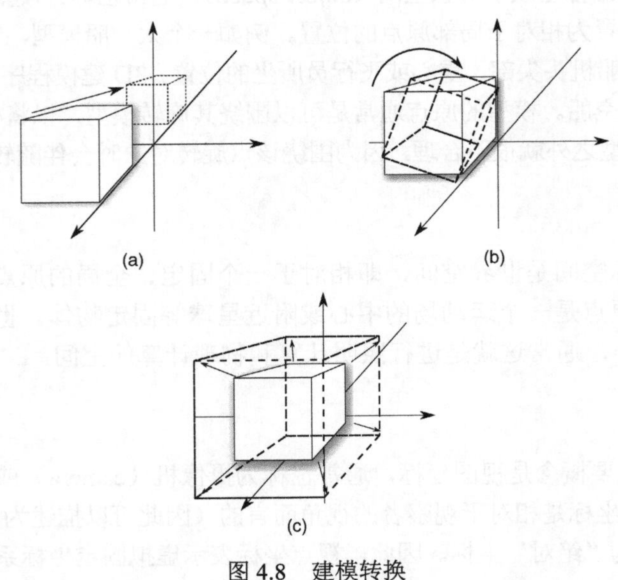

图 4.8 建模转换

图 4.8（b）展示了旋转，其中对象绕着指定轴线旋转。图 4.8（c）展示了缩放效果，其中对象的尺寸增加或减少指定量。缩放可以不均衡（各种尺寸可以有不同的缩放量），因此我们可利用缩放来收缩和拉伸对象。

每个标准转换都可表示为一个矩阵，我们可将其与顶点坐标相乘以计算其转换后的位置。接下来几个小节会从数学角度讨论这些矩阵的构造，其中用到 vmath 库中提供的函数。

单位矩阵

在开始尝试使用转换矩阵之前，我们需要熟悉许多重要的转换矩阵类型，第一个是单位矩阵。如下所示，单位矩阵中的数字除一条对角线上是 1 外，其余全是 0。

4 × 4 单位矩阵如下所示：

$$\begin{bmatrix} 1.0 & 0.0 & 0.0 & 0.0 \\ 0.0 & 1.0 & 0.0 & 0.0 \\ 0.0 & 0.0 & 1.0 & 0.0 \\ 0.0 & 0.0 & 0.0 & 1.0 \end{bmatrix}$$

顶点与单位矩阵相乘的结果等于与 1 相乘的结果，所以结果不变。

$$\begin{bmatrix} 1.0 & 0.0 & 0.0 & 0.0 \\ 0.0 & 1.0 & 0.0 & 0.0 \\ 0.0 & 0.0 & 1.0 & 0.0 \\ 0.0 & 0.0 & 0.0 & 1.0 \end{bmatrix} \begin{bmatrix} v.x \\ v.y \\ v.z \\ v.w \end{bmatrix} = \begin{bmatrix} 1 \cdot v.x + 0 \cdot v.y + 0 \cdot v.z + 0 \cdot v.w \\ 0 \cdot v.x + 1 \cdot v.y + 0 \cdot v.z + 0 \cdot v.w \\ 0 \cdot v.x + 0 \cdot v.y + 1 \cdot v.z + 0 \cdot v.w \\ 0 \cdot v.x + 0 \cdot v.y + 0 \cdot v.z + 1 \cdot v.w \end{bmatrix} = \begin{bmatrix} v.x \\ v.y \\ v.z \\ v.w \end{bmatrix}$$

使用单位矩阵绘制的对象不可转换，这些对象位于原点（最后一列），x、y 和 z 轴定义为与视图坐标中的轴相同。

显然，2×2 矩阵、3×3 矩阵和其他维度的矩阵都存在单位矩阵，且对角线上的数字都是 1。所有单位矩阵都是正方形的，不存在非正方形的单位矩阵。每个单位矩阵都是其自身的转置矩阵。可以用如下 C++代码生成 OpenGL 单位矩阵：

```
// Using a raw array:
GLfloat m1[] = { 1.0f, 0.0f, 0.0f, 0.0f,          // X Column
                 0.0f, 1.0f, 0.0f, 0.0f,          // Y Column
                 0.0f, 0.0f, 1.0f, 0.0f,          // Z Column
                 0.0f, 0.0f, 0.0f, 1.0f };        // W Column

// Or using the vmath::mat4 constructor:
vmath::mat4 m2{ vmath::vec4(1.0f, 0.0f, 0.0f, 0.0f),     // X Column
                vmath::vec4(0.0f, 1.0f, 0.0f, 0.0f),     // Y Column
                vmath::vec4(0.0f, 0.0f, 1.0f, 0.0f),     // Z Column
                vmath::vec4(0.0f, 0.0f, 0.0f, 1.0f) };   // W Column
```

vmath 库中也有一些简便函数可构造单位矩阵。每个矩阵类都有一个静态成员函数，可生成相应维度的单位矩阵：

```
vmath::mat2 m2 = vmath::mat2::identity();
vmath::mat3 m3 = vmath::mat3::identity();
vmath::mat4 m4 = vmath::mat4::identity();
```

我们在第 2 章 2.3 节中使用的第一个顶点着色器是一个直通着色器。该着色器不能转换顶点，只能将硬编码的数据在默认坐标系中原封不动地传递，且未对顶点应用矩阵。我们也可以将所有顶点和单位矩阵相乘，但这只是浪费时间且毫无意义的操作。

平移矩阵

平移矩阵就是简单地将顶点沿一条或多条轴移动。图 4.9 展示了将一个立方体沿 y 轴向上平移十个单位。

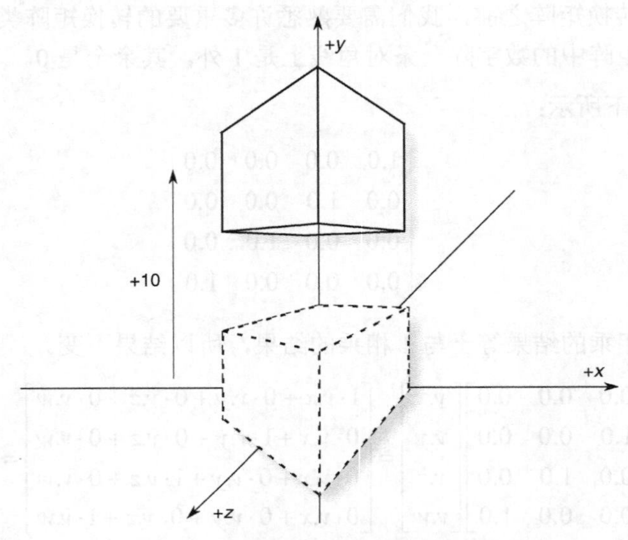

图 4.9 一个立方体在正 y 方向平移十个单位

4 × 4 平移矩阵的公式如下：

$$\begin{bmatrix} 1.0 & 0.0 & 0.0 & t_x \\ 0.0 & 1.0 & 0.0 & t_y \\ 0.0 & 0.0 & 1.0 & t_z \\ 0.0 & 0.0 & 0.0 & 1.0 \end{bmatrix}$$

其中，t_x、t_y 和 t_z 分别表示 x、y 和 z 轴上的平移。平移矩阵的结构揭示了在 3D 图形中需要使用四维齐次坐标表示位置的原因之一。设位置向量为 v，其 w 分量为 1.0。乘以上述平移矩阵得出

$$\begin{bmatrix} 1.0 & 0.0 & 0.0 & t_x \\ 0.0 & 1.0 & 0.0 & t_y \\ 0.0 & 0.0 & 1.0 & t_z \\ 0.0 & 0.0 & 0.0 & 1.0 \end{bmatrix} \begin{bmatrix} v_x \\ v_y \\ v_z \\ 1.0 \end{bmatrix} \begin{bmatrix} v_x + t_x \\ v_y + t_y \\ v_z + t_z \\ 1.0 \end{bmatrix}$$

可以看到，t_x、t_y 和 t_z 添加到了 v 的分量中，于是就产生了平移。如果 v 的 w 分量不是 1.0，则用此矩阵进行平移会导致 t_x、t_y 和 t_z 缩放相应值，影响转换输出。在实际应用中，位置向量几乎总是使用 w 分量（最后一个）为 1.0 的四分量向量来编码，而方向向量可以使用三分量向

量或者 w 分量为 0 的四分量向量编码。所以一个四分量的方向向量与一个平移矩阵相乘并不会改变什么。vmath 库中有两个函数可使用 3 个独立分量或一个 3D 向量构建一个 4 × 4 的平移矩阵：

```
template <typename T>
static inline Tmat4<T> translate(T x, T y, T z) { ... }

template <typename T>
static inline Tmat4<T> translate(const vecN<T,3>& v) { ... }
```

旋转矩阵

若围绕 3 条坐标轴中的任一条或任意向量旋转对象，则必须使用旋转矩阵。旋转矩阵的形式取决于我们想要围绕其进行旋转的轴。若要围绕 x 轴旋转，可使用

$$R_x(\theta)=\begin{bmatrix}1.0 & 0.0 & 0.0 & 0.0\\ 0.0 & \cos\theta & \sin\theta & 0.0\\ 0.0 & -\sin\theta & \cos\theta & 0.0\\ 0.0 & 0.0 & 0.0 & 1.0\end{bmatrix}$$

其中，$R_x(\theta)$表示围绕 x 轴旋转 θ 角度。同样，若要围绕 y 轴或 z 轴旋转，可使用

$$R_y(\theta)=\begin{bmatrix}\cos\theta & 0.0 & -\sin\theta & 0.0\\ 0.0 & 1.0 & 0.0 & 0.0\\ \sin\theta & 0.0 & \cos\theta & 0.0\\ 0.0 & 0.0 & 0.0 & 1.0\end{bmatrix} \quad R_z(\theta)=\begin{bmatrix}\cos\theta & -\sin\theta & 0.0 & 0.0\\ \sin\theta & \cos\theta & 0.0 & 0.0\\ 0.0 & 0.0 & 1.0 & 0.0\\ 0.0 & 0.0 & 0.0 & 1.0\end{bmatrix}$$

将这 3 个矩阵相乘可得到一个复合转换矩阵，然后在一次矩阵—向量乘法运算中绕其中一条轴进行指定量旋转。用到的矩阵为

$$R_z(\psi)R_y(\theta)R_x(\phi)=\begin{bmatrix}c_\theta c_\psi & c_\phi s_\psi + s_\phi s_\theta c_\psi & s_\phi s_\psi - c_\phi s_\theta c_\psi & 0.0\\ -c_\theta c_\psi & c_\phi c_\psi - s_\phi s_\theta s_\psi & s_\phi c_\psi + c_\phi s_\theta s_\psi & 0.0\\ s_\theta & -s_\phi c_\theta & c_\phi c_\theta & 0.0\\ 0.0 & 0.0 & 0.0 & 1.0\end{bmatrix}$$

其中，s_ψ、s_θ和 s_φ 分别表示 ψ、θ 和 φ 的正弦值，而 c_ψ、c_θ和 c_φ 分别表示 ψ、θ 和 φ 的余弦值。如果这看起来太吓人，不用担心，vmath 函数可以帮助你：

```
template <typename T>
static inline Tmat4<T> rotate(T angle_x, T angle_y, T_angle_z);
```

也可以通过指定该向量的 x、y 和 z 值来围绕任意轴进行旋转。要看到旋转轴，只需要从原点到（x,y,z）点画一条线。vmath 库还包括可以生成角—轴表示法的矩阵的代码：

```
template <typename T>
static inline Tmat4<T> rotate(T angle, T x, T y, T z);
```

```
template <typename T>
static inline Tmat4<T> rotate(T angle, const vecN<T,3>& axis);
```

vmath::rotate 函数的这两个重载生成一个旋转矩阵，第一个表示绕 x、y 和 z 参数指定的向量旋转 angle 度，第二个表示绕向量 v 旋转 angle 度。代码示例中，我们绕 x、y 和 z 参数指定的向量进行了旋转。旋转角度是沿逆时针方向以度数进行衡量并以参数 angle 指定。最简单的情况就是仅围绕坐标系的基本轴（x、y 或 z）旋转。

以下代码创建了一个旋转矩阵，即顶点绕（1,1,1）指定的任意轴旋转 45°，如图 4.10 所示。

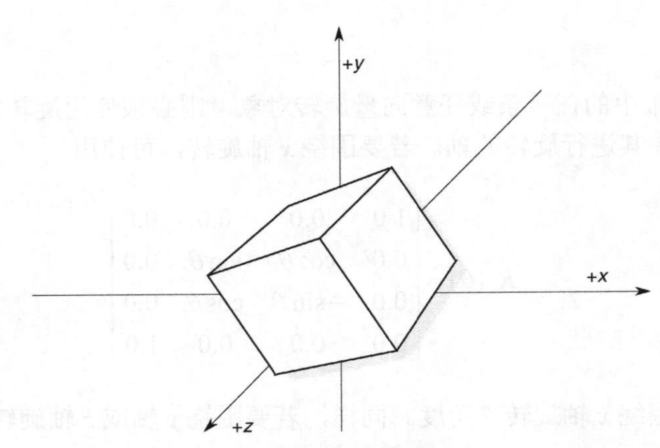

图 4.10 一个绕任意轴旋转的立方体

```
vmath::mat4 rotation_matrix = vmath::rotate(45.0, 1.0, 1.0, 1.0);
```

注意本例中度数的使用。此函数将角度转化为弧度，因为与计算机不同，许多程序员更喜欢以角度来进行思考。

欧拉角

欧拉角是表示空间中方向的 3 个角[1]的集合。每个角代表围绕 3 个正交向量中的一个进行旋转，这些向量界定了我们的框架（如 x 轴、y 轴和 z 轴）。矩阵转换的顺序非常重要，因为以不同顺序执行转换（如旋转）将产生不同的结果。这是因为矩阵乘法不可具有交换性。因此，给定一组欧拉角，我们应该先绕 x 轴，再绕 y 轴，然后绕 z 轴旋转，还是应该以相反顺序旋转，甚至先绕 y 轴旋转？事实上，只要结果一致，顺序并不重要。

以 3 个角的集合表示方向有一定的好处。例如，这种方式比较直观，如果想要将角连接到用户界面，这种表示法非常适用。另一个好处是这样做便于进行角的插值计算，在各点构建旋转矩阵，且在最终动画中可以看到流畅、连续的运动。不过，欧拉角也有一个很严重的缺陷——万向节死锁（gimbal lock）。

当旋转某一角度导致一条轴与另一条轴平行时，就会发生万向节死锁。任何围绕两条共线轴的进一步旋转都会导致模型产生相同的转换，进而在系统中失去一个维度的自由。因此，欧

1 在三维框架中。

拉角不适合级联变换或累积旋转。

为了避免这一情况，我们可以用 vmath::rotate 函数取一个旋转角度和一个旋转轴。当然，如果一定要用欧拉角的话，也可以采用 x 轴、y 轴和 z 轴将 3 个旋转累加起来，但最好用角一轴表示旋转，或用四元数（quaternion）表示转换，根据需要将它们转换成矩阵。

缩放矩阵

最后的“标准”转换矩阵是缩放矩阵。缩放转换通过沿 3 条轴以指定因子扩大或收缩所有顶点来改变对象的大小。缩放矩阵具有以下形式：

$$\begin{bmatrix} s_x & 0.0 & 0.0 & 0.0 \\ 0.0 & s_y & 0.0 & 0.0 \\ 0.0 & 0.0 & s_z & 0.0 \\ 0.0 & 0.0 & 0.0 & 1.0 \end{bmatrix}$$

其中，s_x、s_y 和 s_z 分别表示 x 轴、y 轴和 z 轴上的缩放因子。利用 vmath 库创建缩放矩阵的方法与创建平移或旋转矩阵相同。可利用以下三种函数构建矩阵：

```
template <typename T>
static inline Tmat4<T> scale(T x, T y, T z) { ... }

template <typename T>
static inline Tmat4<T> scale(const Tvec3<T>& v) { ... }

template <typename T>
static inline Tmat4<T> scale(T x) { ... }
```

第一个函数以 x、y 和 z 参数给定的值在 x 轴、y 轴和 z 轴上独立缩放。第二个函数功能相同，但是用三分量向量而不是 3 个独立参数表示缩放因子。最后一个函数在 3 个维度上以相同的 x 进行缩放。缩放并不需要均衡，我们可以沿不同方向伸展和收缩对象。例如，图 4.11 所示为一个 10×10×10 的立方体沿 x 和 z 两个方向进行缩放后的结果。

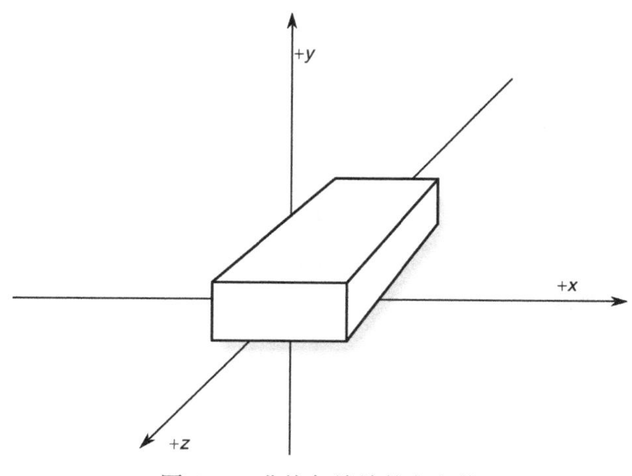

图 4.11　非均匀缩放的立方体

4.3.3 连接转换

我们已经了解到坐标转换可以用矩阵表示，向量从一个空间到另一个空间的转换只需要进行一次简单的矩阵—向量乘法运算。一系列矩阵相乘可得到一系列转换。我们并不需要在每次矩阵—向量相乘后保存中间向量。相反，我们通常更倾向于先将一组相关转换的矩阵相乘得出一个可以表示整个转换序列的矩阵。该矩阵可用于直接将向量从源坐标空间转换到目标坐标空间。

值得注意的是，顺序很重要。用 vmath 或 GLSL 编写代码时，我们需要将矩阵与向量相乘，并以相反的顺序解读转换序列。

例如，以下代码序列：

```
vmath::mat4 translation_matrix = vmath::translate(4.0f, 10.0f, -20.0f);
vmath::mat4 rotation_matrix = vmath::rotate(45.0f,
                                            vmath::vec3(0.0f, 1.0f, 0.0f));
vmath::vec4 input_vertex = vmath::vec4(...);
vmath::vec4 transformed_vertex = translation_matrix *
                                 rotation_matrix *
                                 input_vertex;
```

此代码首先将一个模型绕 y 轴旋转 45°（使用 rotation_matrix 函数），然后沿 x 轴平移 4 个单位，沿 y 轴平移 10 个单位，沿 z 轴负方向平移 20 个单位（使用 translation_matrix 函数）。如此，该模型置于某一特定方向后移动到位。反向解读这一转换序列即反转运算顺序（旋转然后平移），将此代码重新编写为以下内容：

```
vmath::mat4 translation_matrix = vmath::translate(4.0f, 10.0f, -20.0f);
vmath::mat4 rotation_matrix = vmath::rotate(45.0f,
                                            vmath::vec3(0.0f, 1.0f, 0.0f));
vmath::mat4 composite_matrix = translation_matrix * rotation_matrix;
vmath::vec4 input_vertex = vmath::vec4(...);
vmath::vec4 transformed_vertex = composite_matrix *
                                 input_vertex;
```

其中，composite_matrix 是通过将平移矩阵和旋转矩阵相乘得到的，这一复合矩阵表示旋转然后平移。该矩阵可用于转换任意数量的顶点或其他向量。如果有多个顶点需要转换，这样做可大大加快我们的计算速度。现在每个顶点只需要进行一次矩阵—向量乘法运算，不需要两次。

需要注意的是，我们很容易会像编码一样从左到右读取（或编写）转换序列。如果将平移和旋转矩阵按顺序相乘，则在转换时先移动模型原点；然后绕新的原点进行旋转操作，这样做可能会使模型飞到天边去吧！

4.3.4 四元数

一个四元数是一个四维量，在某些方面与复数类似。四元数有一个实部和 3 个虚部（复数只有一个虚部）。正如复数有一个虚部 i，四元数的 3 个虚部分别为 i、j 和 k。

从数学角度讲，一个四元数 q 可表示为

$$q = (x + yi + zj + wk)$$

四元数的这些虚部与复数的虚部性质相近。特别是

$$i^2 = j^2 = k^2 = ikj = -1$$

同时，i、j 和 k 中任意两个的乘积等于另一个数，因此

$$i=jk$$

$$j=ik$$

$$k=ji$$

鉴于这一点，我们认为可以将两个四元数照如下方式相乘。

$$q_1 = (x_1 + y_1\, i + z_1\, j + w_1\, k)$$

$$q_2 = (x_2 + y_2\, i + z_2\, j + w_2\, k)$$

$$\begin{aligned} q_1\, q_2 = {} & x_1\, x_2 - y_1\, y_2 - z_1\, z_2 - w_1\, w_2 + \\ & (x_1\, y_2 + y_1\, x_2 + z_1\, w_2 - w_1\, z_2\,)i + \\ & (x_1\, z_2 - y_1\, w_2 + z_1\, x_2 + w_1\, y_2\,)j + \\ & (x_1\, w_2 + y_1\, z_2 - z_1\, y_2 + w_1\, x_2\,)k \end{aligned}$$

与复数的乘法运算规则相同，四元数的乘法也不具有交换性。四元数的加法和减法定义为简单的向量加减，只需要将对应的分量加减即可。诸如一元求反和大小等其他函数与四分量向量表现一致。虽然四元数是一个四分量实体，但通常将四元数表示为一个标量实部和一个三分量向量虚部。这种表示法通常写作

$$q = (r, \vec{v}\,)$$

本书的重点不是讲解高深的数学知识，而是探讨计算机图形、OpenGL 等有趣的内容，关于四元数的介绍就到这里。

旋转函数需要一个角度以及一个旋转轴。我们可以将这两个量表示为一个四元数，角度填到实部，轴填到向量部，生成一个四元数表示一个绕任意轴的旋转。

用一系列四元数相乘可得到一系列旋转，生成一个最终的四元数表示所有旋转。虽然可以创建一组矩阵表示绕着各个笛卡儿轴进行旋转，然后将它们相乘，但这种方法容易产生万向节死锁。如果我们用一系列四元数进行同样的操作，则不会发生万向节死锁。为了便于编码，`vmath` 包含有 `vmath::quaternion` 类，实现了这里描述的大部分功能。

4.3.5　模型—视图转换

在一个简单的 OpenGL 应用中，最常见的转换之一是将模型从模型空间转换到视图空间进行渲染。实际上，我们先把这个模型移动到世界空间（即相对于世界坐标的原点放置模型），然后从世界空间移动到视图空间（相对观察者放置模型）。此过程确定了场景的视野据点。默认情

况下，透视投影中的观察点为原点（0,0,0），俯视负 z 轴方向（进入监视器或屏幕）。这个观察点相对于视点坐标系移动以提供一个特定的视野据点。当观察点位于原点时，透视投影中，在正 z 轴上绘制的对象位于观察者后面。但是在正交投影中，假设观察者在正 z 轴无限远处，且可以看到视景体内的一切。

因为这一转换将顶点从模型空间（有时也称为对象空间）直接带入视图空间且有效绕过世界空间，因此通常称为模型-视图转换，而实现这一转换的矩阵称为模型视图矩阵。

模型转换本质上是把对象放入世界空间中。每个对象都可能有自己的模型转换，一般包括一系列缩放、旋转和平移操作。模型空间中多个顶点位置与模型转换相乘的结果就是世界空间中的位置集。有时这种转换也称为模型-世界转换。

通过视图转换，我们可将观察点置于任何位置并且看向任何方向。确定视图转换就好像在一个场景中放置摄像机和设置朝向。最重要的是我们必须在其他建模转换前应用视图转换，因为视图转换会相对视点坐标系移动当前工作坐标系。之后进行的所有转换都是基于修改后的新坐标系进行的。从世界空间将坐标移动到视图空间的转换有时也称为世界—视图转换。

通过将模型—世界和世界—视图转换矩阵相乘会得到模型视图矩阵（即将坐标从模型空间转换至视图空间的矩阵）。这样做有几个好处：首先，我们的场景中可能有很多模型，每个模型有很多顶点，用一个综合转换将模型移动到视图空间比前文所述先移动到世界空间再移到视图空间更加有效；第二个好处是单精度浮点数的数值精度更高，世界很大，世界空间中进行的计算会根据顶点距世界原点的距离而有不同的精度，在视图空间中进行相同的计算，则精度取决于顶点距观察者的远近，我们需要对于近的对象应用比较高的精度，而对于远的对象应用比较低的精度。

观察矩阵

如果在一个已知位置占据一个视野据点，且有想要观察的对象，则我们会希望将虚拟摄像头放在那个位置然后朝向正确的方向。为了正确定位摄像机方向，我们还需要知道哪个方向向上，否则摄像机会围绕正向轴旋转。即使从技术上来讲摄像机会指向正确的方向，但多数情况下肯定不是我们想要的结果。所以，给定一个原点、一个目标点、一个我们认为是向上的方向，然后构造一系列转换（理想的情况将它们合并为一个矩阵），则该矩阵表示将摄像机指向正确方向的旋转以及将原点移动到摄像机中心的平移。该矩阵被称为观察矩阵（lookat matrix），它完全可以根据目前为止我们在本章介绍的数学知识来构造。

首先，两个位置相减可得到将一个点从第一个位置移动到第二个位置的一个向量，而归一化该向量结果可以得到其方向。因此，如果我们取一个目标点的坐标减去摄像机位置，然后归一化得到的向量，则可以生成一个表示从摄像机到目标点视图方向的新向量。我们称之为正向（forward）向量。

然后取两个向量的叉积，则会得到一个垂直于两个输入向量（呈直角）的向量。现在我们得到了两个向量，刚计算出的正向向量和表示向上方向的向上向量。取这两个向量的叉积可以得到与它们垂直的第三个向量并且指向摄像机的侧面，我们称之为侧向向量。但是，向上和正向向量并不一定相互垂直，我们需要另一个正交向量来构建旋转矩阵。若要获得该向量，我们只需要重复这一过程——取正向向量和侧向向量的叉积得到第三个向量，该向量即垂直于这两个向量，表示相对于摄像机方向向上（up）。

这 3 个向量都是单位长度，且互相垂直，因此形成一组标准正交基向量表示视图框架。利用这 3 个向量，我们可以构建一个旋转矩阵，将标准笛卡儿坐标基准中的点移动到摄像机基准中。以下数学式中，e 表示眼睛（或摄像机）位置，p 表示目标点，u 表示向上向量。

首先，构建正向向量 f：

$$f = \frac{p - e}{\|p - e\|}$$

其次，取 f 和 u 的叉积来构建侧向向量 s：

$$s = f \times u$$

再次，构建摄像机参照中新的向上向量 u'：

$$u' = s \times f$$

最后，构建一个旋转矩阵，表示重新定向至新构建的标准正交基：

$$R = \begin{bmatrix} s.x & u'.x & f.x & 0.0 \\ s.y & u'.y & f.y & 0.0 \\ s.z & u'.z & f.z & 0.0 \\ 0.0 & 0.0 & 0.0 & 1.0 \end{bmatrix}$$

若要将对象转换到摄像机框架中，我们不仅需要准确确定一切方向，还需要将原点移到摄像机位置，即将得到的向量向摄像机位置的负方向平移。构造平移矩阵时，只需要简单地将偏移量放到该矩阵最右侧的列。

$$T = \begin{bmatrix} s.x & u'.x & f.x & -e.x \\ s.y & u'.y & f.y & -e.y \\ s.z & u'.z & y.z & -e.z \\ 0.0 & 0.0 & 0.0 & 1.0 \end{bmatrix}$$

最后，即可得到观察矩阵 T。

如果觉得该过程太复杂， vmath 库中有一个函数可以用来构建该矩阵：

```
template <typename T>
static inline Tmat4<T> lookat(const vecN<T,3>& eye,
                              const vecN<T,3>& center,
                              const vecN<T,3>& up) { ... }
```

vmath::lookat 函数构建的矩阵可作为摄像机矩阵，表示摄像机位置和方向的矩阵的基准，即视图矩阵。

4.3.6 投影转换

投影转换在模型—视图转换后用于顶点。该投影实际上明确了视景体并确定了裁剪平面。

裁剪平面是 3D 空间中的平面方程，用来判定观察者是否能看到几何图形。更具体地说，投影转换明确了一个完成的场景（所有建模都完成后）如何投影成屏幕上的最终图像。

下面我们对正交投影和透视投影进行更深入的了解。

正交投影（或平行投影）中，所有多边形都是根据指定尺寸精确绘制在屏幕上的。线和多边形直接用平行线映射到 2D 屏幕上，也就是说无论事物距离有多远，绘出的大小都一样，只是"压扁"到屏幕上。这种投影主要用于渲染二维图像，如设计图中的前视图、俯视图、侧视图或者文本、显示屏幕上的菜单等二维图形。

透视投影展示的场景则更真实，与设计图不同。透视投影的特点是透视缩短，这使得同样大小的对象在远处看起来比在近处看起来小。对于观察者来说，3D 空间中的平行线并不始终平行。例如一条铁轨的轨道是平行的，但如果使用透视投影，则看起来会在远处某一点相交。透视投影的好处是不需要指定这些线在哪里相交或远处的对象应该有多小。我们只需要用模型—视图转换指定场景，然后应用透视投影矩阵。

图 4.12 比较了两个不同场景中的正交和透视投影。可以发现左边的正交投影中，远离观察者的方块大小似乎并没有发生变化。但是，右边的透视投影中，距离观察者越远的方块越小。

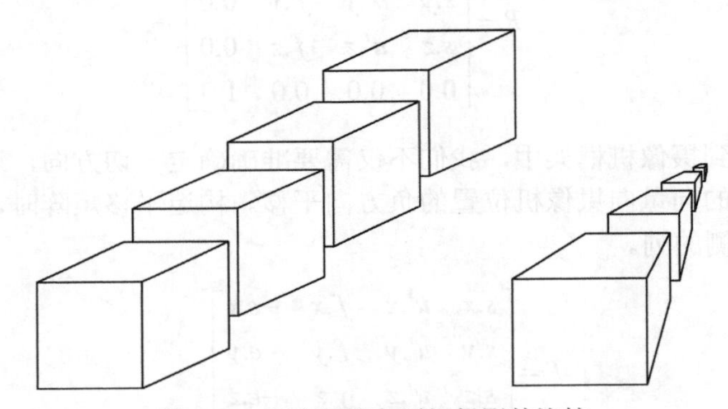

图 4.12　正交投影与透视投影的比较

正交投影主要用于 2D 绘图，方便准确对应像素和绘图单元；还可以将正交投影用于示意图、文本或 2D 图形应用；或者在渲染深度相比距视点的距离来说很小时，用正交投影进行 3D 渲染。透视投影用于渲染包括完全开放空间或对象的场景，这些场景需要应用透视缩短。在大多数情况下，透视投影主要应用于 3D 图形。实际上使用正交投影观察一个 3D 对象看起来会很奇怪。

透视矩阵

一旦顶点位于视图空间内，我们需要将其移动到裁剪空间中，就会用到投影矩阵，包括透视投影或正交投影（或其他投影）。常用的透视矩阵为平截头体矩阵（frustum matrix）。平截头体矩阵是一种投影矩阵，产生透视投影，其裁剪空间为矩形平截头体形状，即一种去除顶端的矩形锥。其参数为与远近平面的距离和左、右、上、下裁剪平面的世界空间坐标。平截头体矩阵的形式如下：

$$\begin{bmatrix} \frac{2 \cdot near}{right - left} & 0.0 & \frac{right + left}{right - left} & 0.0 \\ 0.0 & \frac{2 \cdot near}{top - bottom} & \frac{top + bottom}{top - bottom} & 0.0 \\ 0.0 & 0.0 & \frac{near + far}{near - far} & \frac{2 \cdot near \cdot far}{near - far} \\ 0.0 & 0.0 & -1.0 & 0.0 \end{bmatrix}$$

vmath 中用到的函数为 vmath::frustum：

```
static inline mat4 frustum(float left,
                           float right,
                           float bottom,
                           float top,
                           float n,
                           float f) { ... }
```

构建透视矩阵的另一常见方法为直接指定视野为一个角度（用度表示）、长宽比（通常由窗口宽度除以其高度获得）以及远近平面的视图空间位置。

这在某种程度上更容易指定，仅产生对称平截头体。但这就是我们想要的。vmath 中用到的函数为 vmath::perspective：

```
static inline mat4 perspective(float fovy /* in degrees */,
                               float aspect,
                               float n,
                               float f) { ... }
```

正交矩阵

如果想要在场景中使用正交投影，则可以构建一个（更简单的）正交投影矩阵。简单来讲，正交投影矩阵就是一个缩放矩阵，将视图空间坐标线性映射到裁剪空间坐标中。构建正交投影矩阵所用参数为视图空间内的左、右、上、下场景边界坐标，以及远近平面的位置。矩阵形式为

$$\begin{bmatrix} \frac{2}{right - left} & 0.0 & 0.0 & \frac{left + right}{left - right} \\ 0.0 & \frac{2}{top - bottom} & 0.0 & \frac{bottom + top}{bottom - top} \\ 0.0 & 0.0 & \frac{2}{near - far} & \frac{near + far}{far - near} \\ 0.0 & 0.0 & 0.0 & 1.0 \end{bmatrix}$$

vmath 中可用来构建此矩阵的函数为 vmath::ortho：

```
static inline mat4 ortho(float left,
                         float right,
                         float bottom,
```

```
                  float top,
                  float near,
                  float far) { ... }
```

4.4 插值、直线、曲线和样条

插值（Interpolation）表示寻找一系列已知点之间的值的过程。穿过点 A 和点 B 的直线的公式如下：

$$P=A+t\vec{D}$$

其中，P 是直线上的任一点，D 是 A 到 B 的向量：

$$\vec{D}=(B-A)$$

因此该方程可写为

$$P=A+t(B-A) \text{ 或}$$

$$P=(1-t)A+tB$$

显然，当 t 为0时，P 等于 A；当 t 为1时，P 等于 $A+B-A$，即 B。直线见图4.13。

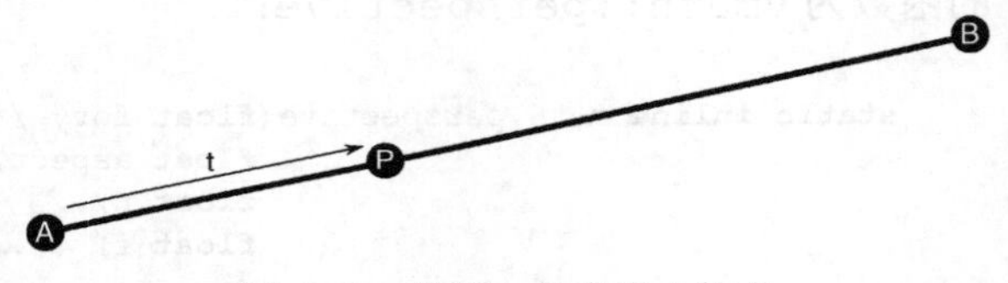

图4.13 找到一条直线上的点

如果 t 介于0.0和1.0之间，则 P 最终将位于 A 和 B 之间。若 t 不在此范围内，则 P 会位于直线两端之外。我们应能通过平滑地改变 t 值将 P 点从 A 移到 B 或从 B 移到 A。这个过程被称为线性插值（linear interpolation）。A 和 B（以及由此得到的 P）可以是任意维度的值，例如，这些值可以是标量值、图形上的二维值、3D空间中的三维坐标值和颜色等，甚至可以是更高维度的量，比如矩阵、数组甚至一幅图像。很多情况下，线性插值并没有特殊意义（比如在两个矩阵间做线性插值通常不会得出有意义的结果），但角度、位置以及其他坐标值一般能很好地使用插值计算。

线性插值是图形中比较常见的运算，GLSL甚至有专门针对此运算的内置函数mix：

```
vec4  mix(vec4 A, vec4  B, float t);
```

mix函数有许多版本，采用不同的向量或变量维数作为 A 和 B 输入，采用标量或匹配向量作为 t。

4.4.1 曲线

如果只是想沿两点之间的直线移动物体，只需要运用线性插值。但是，现实世界中，对象沿平滑曲线移动，并平滑地加减速。我们可以用三个或以上控制点（control points）表示一条曲线。大多数曲线有3个以上控制点，其中两个点构成两个端点，其他的控制点确定曲线的形状。图4.14展示了一条简单的曲线。

图4.14所示曲线有3个控制点 A、B 和 C。A 和 C 表示曲线的两个端点，B 确定了曲线的

形状。如果将 A 和 B 用一根直线连接起来，将 B 和 C 用另一根直线连接起来，则可以在两条直线上用简单的线性插值寻找一对新的点 D 和 E。现在，给定这两个点，我们同样可以用一根直线将它们连接起来，然后沿着它做插值计算寻找一个新的点 P。当我们改变插值参数 t 时，点 P 将会从 A 到 D 沿一个平滑的曲线路径移动。

以数学方式表达为：

$$D = A + t(B - A)$$

$$E = B + t(C - B)$$

$$P = D + t(E - D)$$

将 D 和 E 进行代换并做一些小的计算，可以得到如下等式：

$$P = A + t(B - A) + t((B + (t(C - B))) - (A + t(B - A)))$$

$$P = A + t(B - A) + tB + t^2 (C - B) - tA - t^2 (B - A)$$

$$P = A + t(B - A + B - A) + t^2 (C - B - B + A)$$

$$P = A + 2t(B - A) + t^2 (C - 2B + A)$$

可以看出这是关于 t 的二次方程式，其所描绘的曲线是二次贝塞尔曲线（quadratic Bézier curve）。在 GLSL 中用 mix 函数可以轻松实现二次贝塞尔曲线，我们所需要做的就是将之前的两个插值计算结果再次做线性插值（混合）。

```
vec4 quadratic_bezier(vec4 A, vec4 B, vec4 C, float t)
{
    vec4 D = mix(A, B, t);        // D = A + t(B - A)
    vec4 E = mix(B, C, t);        // E = B + t(C - B)

    vec4 P = mix(D, E, t);        // P = D + t(E - D)

    return P;
}
```

通过添加第四个控制点，如图 4.15 所示，我们可以将方程阶数增加 1 并得到一个三次贝塞尔曲线（cubic Bézier curve）。

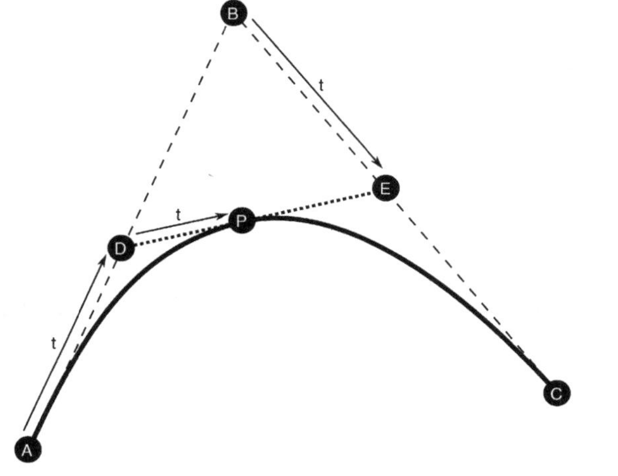

图 4.14　一条简单的贝塞尔曲线

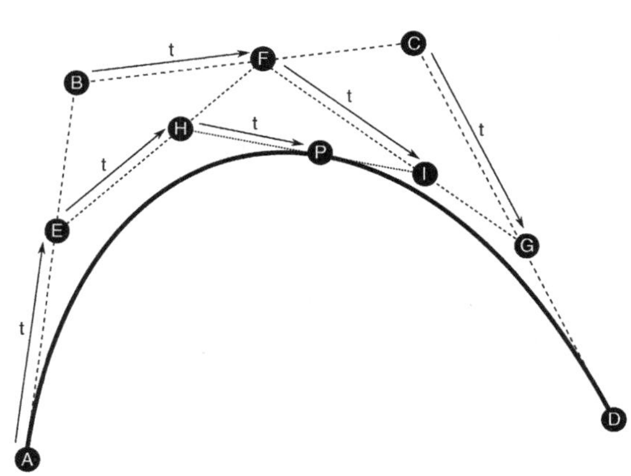

图 4.15　三次贝塞尔曲线

现在，我们就拥有 4 个控制点 A、B、C 和 D。构造曲线的过程与二次贝塞尔曲线类似。我们从 A 到 B 连一条直线，从 B 到 C 连一条直线，再从 C 到 D 连一条直线。在这 3 条直线上做插值计算得到 3 个新的点 E、F、G。使用这 3 个点，我们又分别从 E 到 F，从 F 到 G 连一条直线，然后对这两条直线做插值计算得出点 H 和 I，再从 H 到 I 连一条直线并做插值计算找到最终点 P。于是有以下算式：

$$E = A + t(B - A)$$
$$F = B + t(C - B)$$
$$G = C + t(D - C)$$
$$H = E + t(F - E)$$
$$I = F + t(G - F)$$
$$P = H + t(I - H)$$

这些方程看起来并不陌生，点 E、F 和 G 形成一条二次贝塞尔曲线，我们正是用它来插值计算最终点 P。如果将 E、F、G 代入到 H 和 I 的等式中，然后将 H 和 I 代入到 P 的等式中，经过一系列展开计算之后将得到一个包含 t^3 的三次方程，因此得名三次贝塞尔曲线)（cubic Bézier curve）。我们可以再次使用 GLSL 中的线性插值函数 mix 来轻松实现这个等式：

```
vec4 cubic_bezier(vec4 A, vec4 B, vec4 C, vec4 D, float t)
{
    vec4 E = mix(A, B, t);        // E = A + t(B - A)
    vec4 F = mix(B, C, t);        // F = B + t(C - B)
    vec4 G = mix(C, D, t);        // G = C + t(D - C)

    vec4 H = mix(E, F, t);        // H = E + t(F - E)
    vec4 I = mix(F, G, t);        // I = F + t(G - F)

    vec4 P = mix(H, I, t);        // P = H + t(I - H)

    return P;
}
```

正如三次贝塞尔曲线的方程结构“包含”二次曲线方程，因此代码也是这样来实现。事实上，我们可以将这些曲线叠加在一起，使用其中一条曲线的代码来构建下一条曲线。

```
vec4 cubic_bezier(vec4 A, vec4 B, vec4 C, vec4 D, float t)
{
    vec4 E = mix(A, B, t);       // E = A + t(B - A)
    vec4 F = mix(B, C, t);       // F = B + t(C - B)
    vec4 G = mix(C, D, t);       // G = C + t(D - C)

    return quadratic_bezier(E, F, G, t);
}
```

既然得到了这种模型，则可以进一步拓展来得到更高阶的曲线。例如，五次贝塞尔曲线（拥有 5 个控制点）可以实现如下：

```
vec4 quintic_bezier(vec4 A, vec4 B, vec4 C, vec4 D, vec4 E, float t)
{
    vec4 F = mix(A, B, t);       // F = A + t(B - A)
    vec4 G = mix(B, C, t);       // G = B + t(C - B)
    vec4 H = mix(C, D, t);       // H = C + t(D - C)
```

```
    vec4 I = mix(D, E, t);      // I = D + t(E - D)

    return cubic_bezier(F, G, H, I, t);
}
```

这种叠加理论上可以无限应用于任意数目的控制点。然而在实际应用中，通常不会应用于具有 4 个以上控制点的曲线，而是使用样条（spline）。

4.4.2 样条

一个样条实际就是一条长的曲线，由几条短的曲线组成（如贝塞尔曲线），这些短的曲线确定了样条的形状。其中表示各个短曲线端点的控制点至少被各个线段共享[1]，通常内部控制点中的一个或多个点也在邻近线段间以某种方式共享或联系起来。按照这种方式可将任意数量的曲线连接起来，进而形成任意长的路径。图 4.16 展示了一条曲线。

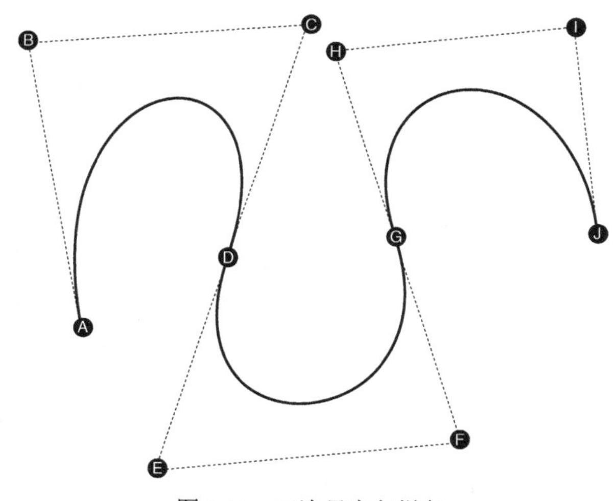

图 4.16 三次贝塞尔样条

图 4.16 中，曲线由从 A 到 J 的 10 个控制点确定，形成 3 条三次贝塞尔曲线。第一条曲线由 A、B、C 和 D 界定，第二条与第一条共用 D 并进一步由 E、F 和 G 界定，第三条与第二条共用 G，然后由 H、I 和 J 界定。这种样条即为三次贝塞尔样条，因为它是由一系列三次贝塞尔曲线构成的，也可以叫作三次 B-样条（cubic B-spline），对于掌握足够图形知识的人来说这应该是很熟悉的一个术语。

若要沿样条插值计算点 P，我们可简单地将样条分割为 3 个区域，使得 t 的范围从 0.0 到 3.0。在 0.0 到 1.0 之间，沿第一条曲线进行插值计算，从 A 移动到 D；在 1.0 到 2.0 之间，沿第二条曲线进行插值计算，从 D 移动到 G；当 t 在 2.0 到 3.0 之间时，沿 G 到 J 之间的曲线进行插值计算；所以 t 的整数部分决定了插值的曲线段，而 t 的小数部分用来在对应的曲线段上做插值计算。我们可以随意缩放 t。如果取 0.0 到 1.0 之间的值乘以曲线上的线段数量，我们可继续使用最初的 t 值范围，无论曲线上有多少个控制点。

1 这些控制点将曲线连在一起构成了样条，这些点称为焊接点（weld），它们之间的控制点则是绳结（knot）。

如下代码会沿着一条有10个控制点的三次贝塞尔样条（有3段）进行一个向量的插值计算：

```
vec4 cubic_bspline_10(vec4 CP[10], float t)
{
    float f = t * 3.0;
    int i = int(floor(f));
    float s = fract(t);

    if (t <= 0.0)
        return CP[0];

    if (t >= 1.0)
        return CP[9];

    vec4 A = CP[i * 3];
    vec4 B = CP[i * 3 + 1];
    vec4 C = CP[i * 3 + 2];
    vec4 D = CP[i * 3 + 3];

    return cubic_bezier(A, B, C, D, s);
}
```

如果使用样条确定对象的位置或方向，就会发现必须要谨慎选择控制点位置以保证移动平滑流畅。插值点 P 值的变化率（即它的速度）是曲线方程关于 t 的微分。如果该函数是不连续的，则 P 会突然改变方向，对象也会出现跳跃。而且，P 的速度变化率（其加速度）是关于 t 的样条方程的二阶导数。如果加速度曲线不平滑，则 P 会突然加速或减速。

有连续一阶导数的函数称为 C^1 连续，同理，有连续二阶导数的曲线称为 C^2 连续。贝塞尔曲线段既是 C^1 连续又是 C^2 连续，但为了保证样条各焊接点也是连续的，需要确保每段是从上一段结束的位置、移动方向和变化率开始的。在某个特定方向的行进速率为速度，因此与其为样条分配任意控制点外，还不如为每个焊接点分配速度。如果在曲线段焊接点的每一侧用相同的速度进行计算，则会得到一个样条函数，该函数既是 C^1 连续，又是 C^2 连续。

如果回过头再看图4.16就会发现曲线上没有绳结，而且曲线非常漂亮平滑地穿过各焊接点（D 和 G 点）。现在再来看一下焊接点每侧的控制点，比如 D 点旁边的 C 和 E 点。C 和 E 构成一条直线并且 D 处于中间。事实上我们可以将 D 到 E 之间的线段称为在 D 处的速度，或 $\vec{V}_D$。给定 D 点（焊接点）的位置以及 D 处的曲线速度 $\vec{V}_D$，然后可计算 C 和 E：

$$C = D - \vec{V}_D$$

$$E = D + \vec{V}_D$$

同理，如果 $\vec{V}_A$ 表示在 A 处的速度，则可计算 B：

$$B = A + \vec{V}_A$$

所以，我们应该能够发现给定三次B-样条焊接点的位置和速度后可省略其他所有控制点，并在对每个控制点求值时进行快速计算。以这种方式（一组焊接点位置和速度）表示的三次B-样条称为三次厄尔密样条（cubic Hermite spline），有时也称为cspline，在构造平滑、自然的动画时cspline是一个非常有用的工具。

4.5 总结

本章中我们了解到使用 OpenGL 创建 3D 场景的一些重要数学概念。即使我们还不能处理矩阵，也知道什么是矩阵，如何用矩阵执行不同的转换，以及如何构造和操作表示观察者和视口属性的矩阵。本章还介绍了如何将对象放入场景中，以及如何在屏幕上查看它们；同时介绍了引用框架这一强大的概念，操作框架并将它们转为转换并不复杂。

最后，本章介绍了 vmath 库的使用，全书都会有所涉及。这个库是完全由可移植的 C++ 语言编写的，并提供了可以与 OpenGL 一起使用的各种数学函数和辅助的便利工具包。

本章我们完全没有涉及任何一个新的 OpenGL 函数。如果你认为数学只是公式和计算，你可能完全没注意到本章主要讲数学。

对于是否能够使用 OpenGL 渲染 3D 对象和世界来说，向量和矩阵及其相关应用非常重要。但是，值得注意的是，OpenGL 没有向我们强加任何特定数学约定，其本身也没有提供任何数学功能。如果使用不同的 3D 数学库，甚至自己创建一个库，我们还是会发现自己是按照本章操作几何图形和 3D 世界的模式来进行的。

CHAPTER

05

第5章　数据

本章内容

- ✦ 如何创建缓冲和纹理来存储程序可以访问的数据。
- ✦ 如何使 OpenGL 自动提供顶点属性值。
- ✦ 如何从着色器访问纹理和缓冲。

目前为止的示例中，我们直接在着色器中用硬编码数据，或者将值逐个传递到着色器中。虽然这能够充分演示 OpenGL 管线构造，但很难代表现代图形编程。新型的图形处理器设计为流处理器，可以吞吐大量的数据。每次向 OpenGL 传递几个值的做法非常低效。为了方便 OpenGL 储存和访问数据，我们采用两种主要的数据存储形式——缓冲和纹理。本章首先介绍缓冲，缓冲是一种线性无类型块数据，可以看作普通的内存块。接下来介绍纹理，纹理通常用于储存多维数据，如图像或其他数据类型。

5.1　缓冲

OpenGL 中，缓冲是指内存的线性分配，有很多种用途。缓冲以名称（name）表示，这些名称本质上是 OpenGL 用来识别它们的不透明句柄。开始使用缓冲前，必须由 OpenGL 保留一些名称然后用这些名称来分配内存并将数据存储在内存中。分配给缓存对象的内存叫作它的数据库（data store）。缓存的数据库就是 OpenGL 储存其数据的位置。可以使用 OpenGL 命令将数据存放在缓存内，也可以映射（map）缓存对象，这意味着你可以获得一个指针，应用程序可使用这个指针来直接写入（或直接读取）缓存。

若得到一个缓冲的名称，则可以通过将它绑定（binding）到缓存绑定点并附加到 OpenGL 环境中。绑定点有时也称为靶点（target），这些术语可以互换使用[1]。OpenGL 中有很多缓存绑

1 合并靶点（target）和绑定点（binding point）在技术上并不正确，因为一个靶点可能有多个绑定点。但是，多数情况下人们都能清楚理解其真正含义。

定点，尽管绑定到它们的缓存是相同的，但每个绑定点都有不同的用途。例如我们可以用缓存的内容自动提供顶点着色器的输入，储存着色器将用到的变量值，或作为着色器储存其生成的数据的位置。我们甚至还可以同时将同一个缓冲用于多个目的。

5.1.1 创建缓冲和分配内存

在要求 OpenGL 分配内存之前，需要创建一个缓存对象表示该分配。与 OpenGL 中大多数对象一样，缓存对象以 GLuint 变量表示，该变量通常称为其名称（name）。可以使用 **glCreateBuffers()** 函数创建一个或多个缓存对象，函数原型为：

```
void glCreateBuffers(GLsizei n, GLuint* buffers);
```

glCreateBuffers() 的第一个参数 n 是要创建的缓存对象数量。第二个参数 buffers 是用来储存缓存对象名称的一个或多个变量的地址。如果只需要创建一个缓存对象，则将 n 设置为 1，buffers 设置为单个 GLuint 变量的地址。如果我们需要一次创建多个缓存，则只需要将 n 设为该数量，buffers 设为至少 n 个 GLuint 变量的数组开头。

OpenGL 会假定数组足够大且会向指定的指针写入该数量的缓存名称。

从 **glCreateBuffers()** 返回的每个名称都表示一个缓存对象。可以通过调用 **glBindBuffer()** 将缓存对象绑定到当前 OpenGL 环境中，函数原型为：

```
void glBindBuffer(GLenum target, GLuint buffer);
```

在实际使用缓存对象之前，需要分配这些对象的数据库（*data store*），这是缓存对象表示的内存的另一术语。使用缓存对象分配内存所用到的函数包括 **glBufferStorage()** 和 **glNamedBufferStorage()**。它们的原型如下：

```
void glBufferStorage(GLenum target,
                     GLsizeiptr size,
                     const void* data,
                     GLbitfield flags);
void glNamedBufferStorage(GLuint buffer,
                          GLsizeiptr size,
                          const void* data,
                          GLbtifield flags);
```

第一个函数作用于绑定到 target 指定绑定点的缓存对象；第二个函数直接作用于 buffer 指定的缓存。其余参数在两种函数中的作用相同。size 参数指定存储区域的字节大小。data 参数用于将一个指针传递给想要用来初始化缓存的任何数据。如果该值为 NULL，则与缓存对象关联的储存将首先被取消初始化。最后一个参数 flags 用于指示 OpenGL 我们将如何使用缓存对象。

一旦使用 **glBufferStorage()** 或 **glNamedBufferStorage()** 函数为缓存对象分配存储空间后，就不能重新分配或指定该对象，这种分配被认为是不可变的。明确地说，缓存对象的数据库内容可以改变，但它的大小或使用标志不可改变。如果需要调整缓存的大小，则需要删除它后创建一个新的缓存，然后为其设置新的存储。

这两种函数最有趣的参数是 flags 参数。这应为 OpenGL 提供足够的信息来分配符合预期目的的内存，并使 OpenGL 就缓存的存储要求作出明智的决策。flags 是 GLbitfield 类型，表示它是一个或多个位的组合。我们可设置的标志见表 5.1。

表 5.1 缓冲存储标志

标志	说明
GL_DYNAMIC_STORAGE_BIT	缓存内容可直接更新
GL_MAP_READ_BIT	缓冲数据库可映射以便读取
GL_MAP_WRITE_BIT	缓冲数据库可映射以便写入
GL_MAP_PERSISTENT_BIT	缓冲数据库可持久映射
GL_MAP_COHERENT_BIT	缓冲映射图是连贯的
GL_CLIENT_STORAGE_BIT	如果其他条件都满足，则优先选择将储存放在本地客户端（CPU）而不是服务器（GPU）

表 5.1 中列出的标志看起来有点过于简洁，可能需要更多的解释。特别是一些标志的缺失会影响到 OpenGL，某些标志只能与其他标志的组合使用，这些标志的指定会影响到我们之后对缓存的处理。我们在此会对这些标志进行简要的解释，在之后涉及深层次的功能时再深入了解它们的含义。

首先，GL_DYNAMIC_STORAGE_BIT 标志用于指示 OpenGL 我们打算直接更新缓存的内容，可能在每次使用这些数据时都要更新一次。如果没有设置这一标志，OpenGL 将假设我们不需要变更缓存内容，然后可能将数据放在不太容易访问的地方。如果没有设置这一位元，则不能使用诸如 **glBufferSubData()** 等命令来更新缓存内容，但是能够使用其他 OpenGL 命令直接从 GPU 中写入。

映射标志 GL_MAP_READ_BIT、GL_MAP_WRITE_BIT、GL_MAP_PERSISTENT_BIT 和 GL_MAP_COHERENT_BIT 指示 OpenGL 我们是否计划映射缓冲数据库以及怎样映射。映射是指从应用程序中获取一个指针的过程，该指针表示缓存的底层数据库，我们可以在应用程序中使用它。

例如只有分别指定 GL_MAP_READ_BIT 或 GL_MAP_WRITE_BIT 标志时，才可以映射缓存进行读取或写入访问。当然，如果希望映射读写缓存，则可以同时指定两者。

如果指定 GL_MAP_PERSISTENT_BIT，则此标志指示 OpenGL 我们希望映射缓存，并在调用其他绘制命令时使其保持映射状态。如果不设置这一位元，则在绘制命令中使用缓存时，OpenGL 会将其置于不映射的状态。进行持久映射（peristent map）可能会牺牲掉部分性能，因此除非真的有此需求，否则最好不要设置这一标志。最后的 GL_MAP_COHERENT_BIT 标志会指示 OpenGL 我们希望与 GPU 密切共享数据。如果不设置该位元，则需要在将数据写入到缓存时后告诉 OpenGL，即使我们并没有取消这个缓冲的映射。

清单 5.1 创建并初始化缓冲

```
// The type used  for names in OpenGL is GLuint
GLuint buffer;

// Create a buffer
glCreateBuffers(1, &buffer);

// Specify the data store parameters for the buffer
```

```
glNamedBufferStorage(
            buffer,             // Name of the buffer
            1024 * 1024,        // 1 MiB of space
            NULL,               // No initial data
            GL_MAP_WRITE_BIT); // Allow map for writing

// Now bind it to the context using the GL_ARRAY_BUFFER binding point
glBindBuffer(GL_ARRAY_BUFFER, buffer);
```

在执行清单 5.1 中的代码后，buffer 中就会包含一个缓存对象的名称，该名称已被初始化用以表示我们选定数据的 1 兆字节的存储。使用 GL_ARRAY_BUFFER 靶点引用缓存对象提示 OpenGL，我们计划使用此缓存来存储顶点数据，但之后仍可以使用该缓存并将其绑定到其他靶点。有几种方法可以将数据放入缓存对象中。我们已经注意到在清单 5.1 中将 NULL 指针作为第三个参数传递给 **glNamedBufferStorage()**。如果我们提供一个指向某些数据的指针，这些数据将用于初始化缓存对象。然而使用这个指针我们只能将初始数据存储在缓存中。

另一种将数据存入缓存的方法是将此缓存交给 OpenGL 并指示 OpenGL 复制数据。使用此方法，我们可在缓存初始化后动态更新其内容。

为此，我们调用 **glBufferSubData()** 或 **glNamedBufferSubData()**，传递要放入缓冲中的数据大小，其在缓存中的偏移量，以及指向应放入缓存中的内存中的数据指针。**glBufferSubData()** 和 **glNamedBufferSubData()** 声明如下：

```
void glBufferSubData(GLenum target,
                     GLintptr offset,
                     GLsizeiptr size,
                     const GLvoid * data);
void glNamedBufferSubData(GLuint buffer,
                          GLintptr offset,
                          GLsizeiptr size,
                          const void * data);
```

若要使用 **glBufferSubData()** 更新缓冲对象，必须告诉 OpenGL 我们想要以这种方式来放入数据。为此，需要在 **glBufferStorage()** 或 **glNamedBufferStorage()** 中的 flags 参数中增加 GL_DYNAMIC_STORAGE_BIT。正如 **glBufferStorage()** 和 **glNamedBufferStorage()** 函数，**glBufferSubData()** 函数作用于绑定到 target 指定绑定点的缓冲；而 **glNamedBufferSubData()** 作用于 buffer 指定的缓冲对象。清单 5.2 展示了如何将清单 5.1 中最初使用的数据放入缓存对象，这是自动为顶点着色器提供数据的第一步。

清单 5.2　用 glBufferSubData() 更新缓冲的内容

```
// This is the data that we will place into the buffer object
static const float data[] =
{
     0.25, -0.25, 0.5, 1.0,
    -0.25, -0.25, 0.5, 1.0,
     0.25,  0.25, 0.5, 1.0
};

// Put the data into the buffer at offset zero
glBufferSubData(GL_ARRAY_BUFFER, 0, sizeof(data), data);
```

另一种将数据放入缓存对象的方法是向 OpenGL 请求一个由缓存对象表示的指针放入内存，

然后自行拷贝数据。这就是所谓的映射缓冲。清单 5.3 展示了如何使用 **glMapNamed Buffer()** 函数实现这一目的。

清单 5.3 用 **glMapNamedBuffer()** 映射缓冲的数据库

```
// This is the data that we will place into the buffer object
static const float data[] =
{
     0.25, -0.25, 0.5, 1.0,
    -0.25, -0.25, 0.5, 1.0,
     0.25,  0.25, 0.5, 1.0
};

// Get a pointer to the buffer's data store
void * ptr = glMapNamedBuffer(buffer, GL_WRITE_ONLY);

// Copy our data into it...
memcpy(ptr, data, sizeof(data));

// Tell OpenGL that we're done  with the pointer
glUnmapNamedBuffer(GL_ARRAY_BUFFER);
```

正如 OpenGL 中许多其他缓冲函数，此函数也有两个版本，其中一个作用于绑定到当前环境中某一靶点的缓存，另一个直接作用于指定名称的缓存。它们的原型如下：

```
void *glMapBuffer(GLenum target,
                  GLenum usage);
void *glMapNamedBuffer(GLuint buffer,
                       GLenum usage);
```

若要取消对缓存的映射，可调用 **glUnmapBuffer()** 或 **glUnmapNamedBuffer()** 函数，详见清单 5.3。它们的原型如下：

```
void glUnmapBuffer(GLenum target);
void glUnmapNamedBuffer(GLuint buffer);
```

如果在调用该函数时，还没有准备好所有数据，则映射缓存非常有用。比如，我们可生成数据或从文件读取数据。如果要使用 **glBufferSubData()**（或传递给 **glBuffer Data()** 的初始指针），则必须生成数据或读取数据到临时内存中，然后让 OpenGL 再次复制本数据到缓冲对象中。如果要映射一个缓存，可直接读取文件内容到映射的缓存中。当我们要取消映射时，如果 OpenGL 可以避免拷贝该数据，则它不会拷贝。无论我们使用 **glBufferSubData()** 还是使用 **glMapBuffer()** 以及一份详细的副本将数据放入缓存对象，现在该函数都包含了一份 data[] 副本，我们可用其作为数据源来为顶点着色器提供数据。

glMapBuffer() 和 **glMapNamedBuffer()** 函数有时候也略显笨拙。它们映射整个缓存，但除 usage 参数外，并不提供任何有关要执行的映射操作类型的信息。甚至该参数只是作为提示而已。

一个更人性化的方法是调用 **glMapBufferRange()** 或者 **glMapNamedBufferRange()**，它们的原型为：

```
void *glMapBufferRange(GLenum target,
                       GLintptr offset,
                       GLsizeiptr length,
                       GLbitfield access);
```

```
void *glMapNamedBufferRange(GLuint buffer,
                            GLintptr offset,
                            GLsizeiptr length,
                            GLbitfield access);
```

正如 **glMapBuffer()** 和 **glMapNamedBuffer()** 函数，这些函数也有两个版本，其中一个作用于当前绑定的缓存，另一个作用于直接指定的缓存对象。这些函数并不是映射整个缓存对象，而是只映射特定范围内的缓存对象。这一范围可使用 `offset` 和 `length` 参数进行指定。`parameter` 包含了一些标志，指示 OpenGL 应如何进行映射。这些标志可以是表 5.2 中所列标志位的组合。

表 5.2　缓冲-映射标志

标志	说明
GL_MAP_READ_BIT	缓冲数据库可映射以便读取
GL_MAP_WRITE_BIT	缓冲数据库可映射以便写入
GL_MAP_PERSISTENT_BIT	缓冲数据库可持久映射
GL_MAP_COHERENT_BIT	缓冲映射图是连贯的
GL_MAP_INVALIDATE_RANGE_BIT	告知 OpenGL 我们不再关心指定范围内的数据
GL_MAP_INVALIDATE_BUFFER_BIT	告知 OpenGL 我们不再关心整个缓冲范围内的任何数据
GL_MAP_FLUSH_EXPLICIT_BIT	我们保证告诉 OpenGL 在映射范围内修改的数据
GL_MAP_UNSYNCHRONIZED_BIT	告诉 OpenGL 我们会自己执行所有的同步

正如可以传递给 **glBufferStorage()** 的标志位，这些标志位也可以控制 OpenGL 的某些高级功能。而且在某些情况下，这些标志位能否正确使用取决于其他 OpenGL 功能。不过这些标志位并非提示，且 OpenGL 将强制要求正确使用它们。如果想要从缓存中读取，则应设置 GL_MAP_READ_BIT；如果想要写入缓存，则应设置 GL_MAP_WRITE_BIT。读写映射范围而不设置相应标志位是错误的。GL_MAP_PERSISTENT_BIT 和 GL_MAP_COHERENT_BIT 标志的含义与 **glBufferStorage()** 中有相同名称的标志类似。在指定存储和请求映射时，这四个标志位必须匹配。也就是说，如果要使用 GL_MAP_READ_BIT 标志映射缓存以便读取，则在调用 **glBufferStorage()** 时必须同时指定 GL_MAP_READ_BIT 标志。

后面的章节介绍同步基元时会深入介绍其余标志。但是由于 **glMapBufferRange()** 和 **glMapNamedBufferRange()** 提供的额外控件和更强的约束，通常更倾向于调用这些函数而不是 **glMapNamedBuffer()**（或 **glMapBuffer()**）。我们应该养成使用这些函数的习惯，即使并不会用到它们的任何高级功能。

5.1.2 填充以及拷贝数据到缓冲

使用 **glBufferStorage()** 为缓存对象分配储存空间后，下一步可能是以已知数据填充缓存。无论是使用 **glBufferStorage()** 的初始 `data` 参数，还是使用 **glBufferSubData()** 来将初始数据放入缓存，或是使用 **glMapBufferRange()** 获取指向缓存的数据库的指针并用应用程序填充它，都需要将缓存置于一个已知的状态才能有效地应用它。如果要放入缓存的数据是一个常数值，则调用 **glClearBufferSubData()** 或 **glClearNamedBuffer SubData()** 可能更有效，其原型为：

```
void glClearBufferSubData(GLenum target,
                          GLenum internalformat,
                          GLintptr offset,
                          GLsizeiptr size,
                          GLenum format,
                          GLenum type,
                          const void * data);

void glClearNamedBuffeSubData(GLuint buffer,
                              GLenum internalformat,
                              GLintptr offset,
                              GLsizeiptr size,
                              GLenum format,
                              GLenum type,
                              const void * data);
```

这些函数将指针指向包含要清除缓存对象的值的变量，然后按照 internalformat 指定的格式进行转换，并将转换后的数据复制到 offset 和 size 指定的缓存数据库范围内，两者均以字节为单位。format 和 type 会告诉 OpenGL data 所指向数据的相关信息。format 可以是 GL_RED、GL_RG、GL_RGB 或 GL_RGBA，分别用于指定一通道、两通道、三通道或四通道数据。同时，type 应表示各分量的数据类型。例如，它可以是 GL_UNSIGNED_BYTE 或 GL_FLOAT，分别用来指定无符号字节或浮点数据。OpenGL 支持的最常见类型及相应的 C 数据类型见表 5.3。

一旦数据发送到 GPU 后，我们完全有可能想要在多个缓存之间共享该数据，或将结果从一个缓存复制到另一个缓存。OpenGL 提供了一种简便的方法，即利用 **glCopyBufferSubData()** 和 **glCopyNamedBufferSubData()** 指定涉及的缓冲，以及要使用的大小和偏移量。

```
void glCopyBufferSubData(GLenum readtarget,
                         GLenum writetarget,
                         GLintptr readoffset,
                         GLintptr writeoffset,
                         GLsizeiptr size);
```

表 5.3 基本 OpenGL 类型记号及其相应的 C 类型

类型记号	C 类型
GL_BYTE	GLchar
GL_UNSIGNED_BYTE	Gluchar
GL_SHORT	Glshort
GL_UNSIGNED_SHORT	Glushort
GL_INT	Glint
GL_UNSIGNED_INT	Gluint
GL_FLOAT	Glfloat
GL_DOUBLE	GLdouble

```
void glCopyNamedBufferSubData(GLuint readBuffer,
                              GLuint writeBuffer,
                              GLintptr readOffset,
                              GLintptr writeOffset,
                              GLsizeiptr size);
```

对于 **glCopyBufferSubData()**，readtarget 和 writetarget 是我们想要在它们之间拷贝数据的两个缓存所绑定的靶点。它们可以是绑定到任意可用缓存绑定点的缓存。但是，由于缓存绑定点每次只能绑定一个缓存，因此无法在两个都绑定到 GL_ARRAY_BUFFER 靶点的缓存之间进行拷贝。因此，在进行拷贝时，需要选择两个靶点绑定缓存，而这会影响 OpenGL 的状态。

为了解决这一问题，OpenGL 提供了 GL_COPY_READ_BUFFER 和 GL_COPY_WRITE_BUFFER 靶点。专门添加这些靶点以便我们将数据从一个缓存拷贝到另一个缓存，且不会产生任何意外的副作用。因为这些靶点没有用于 OpenGL 中的其他地方，所以我们可以将读写缓存绑定到这些绑定点，且不会影响其他缓存靶点。

或者，我们可以使用 **glCopyNamedBufferSubData()** 形式，直接接收两个缓存的名称。当然，我们可以为 readBuffer 和 writeBuffer 指定相同的缓存以在同一缓存对象中的两个偏移之间拷贝数据区域。但要注意，拷贝的区域不能重叠，因为在本例中，拷贝的结果是未定义的。可以将 **glCopyNamedBufferSubData()** 看作缓存对象的 C 函数 memcpy 的一种形式。

readoffset 和 writeoffset 参数会指示 OpenGL 在源缓存和目标缓存中读写数据的位置，size 参数则指示副本大小。需确保正在读取和写入的范围在缓存范围内，否则拷贝会失败。

我们注意到 readoffset、writeoffset 和 size 的类型是 GLintptr 和 GLsizeiptr。这些类型是整数类型的特殊定义，它们都至少可以存放一个指针变量。

5.1.3 使用缓冲为顶点着色器提供数据

第 2 章 2.3 节中简要介绍了顶点数组对象（VAO），解释了 VAO 是如何表示顶点着色器的输入数据的，不过我们并没有将任何实际数据输入到顶点着色器，而是以硬编码的数据数组取代。

第 3 章介绍了顶点属性（vertex attribute）的概念，但只是讨论了如何改变其静态值。尽管顶点数组对象为我们存储这些静态属性值，但它其实可以做更多的事。在进一步探索之前，需要创建一个顶点数组对象来存储我们的顶点数组状态并将其绑定到上下文，才能使用这个顶点数组对象：

```
GLuint vao;
glCreateVertexArrays(1, &vao);
glBindVertexArray(vao);
```

现在我们已经创建并绑定了 VAO，可以开始填充其状态了。与在顶点着色器中使用硬编码数据不同，我们可完全依赖顶点属性值，并要求 OpenGL 使用存储在我们提供的缓存对象中的数据自动填充它。每个顶点属性从绑定到多个顶点缓存绑定（vertex buffer binding）之一的缓存获取数据。若要设置顶点属性来引用缓存的绑定，可调用 **glVertexArrayAttribBinding()** 函数：

```
void glVertexArrayAttribBinding(GLuint vaobj,
                                GLuint attribindex,
                                GLuint bindingindex);
```

glVertexArrayAttribBinding()函数指示 OpenGL，当名为 vaobj 的顶点数组对象被绑定后，attribindex 中指定的该索引的顶点属性应从 bindingindex 绑定的缓存中获取数据。

为使 OpenGL 获知我们的数据在哪个缓存对象中以及数据在该缓存对象中的位置，可以用**glVertexArrayVertexBuffer()**函数将一个缓存绑定到其中一个顶点缓存绑定。我们用**glVertexArrayAttribFormat()**函数来描述数据的布局和格式，最后通过调用**glEnableVertexAttribArray()**来启用属性的自动填充。**glVertexArrayVertexBuffer()**的原型是：

```
void glVertexArrayVertexBuffer(GLuint vaobj,
                               GLuint bindingindex,
                               GLuint buffer,
                               GLintptr offset,
                               GLsizei stride);
```

其中，第一个参数是要修改其状态的顶点数组对象。第二个参数 bindingindex 是顶点缓存的索引，与发送到 **glVertexArrayAttribBinding()**的参数一致。buffer 参数指定要绑定的缓存对象的名称。

最后两个参数 offset 和 stride 是指示 OpenGL 属性数据在缓存对象中的位置。Offset 表示第一个顶点数据开始的位置，而 stride 则表示每个顶点之间的距离。两者均以字节为单位。

接下来我们使用 **glVertexArrayAttribFormat()**，其原型为：

```
void glVertexArrayAttribFormat(GLuint vaobj,
                               GLuint attribindex,
                               GLint size,
                               GLenum type,
                               GLboolean normalized,
                               GLuint relativeoffset);
```

glVertexArrayAttribFormat()的第一个参数也是我们正在修改其状态的顶点数组，attribindex 是顶点属性的索引。我们可以定义很多属性作为顶点着色器的输入，然后按照它们的索引来引用它们，如第 3 章 3.1 节的“顶点属性”部分所述。size 表示存储在缓存中的每个顶点的分量数量，而 type 表示数据的类型，通常是表 5.3 中列出的其中一种类型。

normalized 参数指示 OpenGL 缓存中的数据是否应该标准化（缩放到 0.0 到 1.0 之间）后再传递给顶点着色器，还是应该将其单独保留并按原样传递。对于浮点数据，该参数将被忽略，但对于 GL_UNSIGNED_BYTE 或 GL_INT 等整数数据类型，这一参数很重要。比如，若 GL_UNSIGNED_BYTE 数据被标准化，那么在传递到顶点着色器的浮点输入之前会除以 255（一个无符号字节所能表达的最大值），因此着色器会看到输入属性值为 0.0～1.0。但是，如果数据没有标准化，只是转换为浮点值，那么着色器将接收到 0.0～255.0 的数字，尽管顶点着色器的输入数据包含浮点数据。

stride 参数指示 OpenGL 在一个顶点数据起点和下一个顶点数据起点之间有多少字节，但我们可将此参数设置为 0，以便 OpenGL 根据 `size` 和 `type` 值进行计算。最后，`relativeoffset` 是指特定属性数据起点处顶点数据的偏移量。这一切看似很复杂，但计算缓存对象中位置的伪代码相当简单。

```
location = binding[attrib.binding].memory + // Start of data store in memory
           binding[attrib.binding].offset + // Offset of vertex attribute in buffer
           binding[attrib.binding].stride * vertex.index + // Start of *this* vertex
           vertex.relative_offset;          // Start of attribute relative to vertex
```

最后，**glEnableVertexAttribArray()** 以及相反的 **glDisableVertexAttribArray()** 的原型为：

```
void glEnableVertexAttribArray(GLuint index);
```

启用顶点属性后，OpenGL 将根据 **glVertexArrayVertexBuffer()** 和 **glVertexArrayAttribFormat()** 提供的格式与位置信息向顶点着色器提供数据。禁用属性时，顶点着色器将具有通过调用 **glVertexAttrib*()** 提供的静态信息。

清单 5.4 展示了如何用 **glVertexArrayVertexBuffer()** 和 **glVertexArrayAttribFormat()** 配置顶点属性。值得注意的是，我们在设置偏移、跨度和格式信息后还会调用 **glEnableVertexArrayAttrib()**。这一函数指示 OpenGL 使用缓冲中的数据填充顶点属性，而不是使用我们通过 **glVertexAttrib*()** 函数提供的数据来填充。

清单 5.4　设置顶点属性

```
// First, bind a vertex buffer to the VAO
glVertexArrayVertexBuffer(vao,                    // Vertex array object
                          0,                      // First vertex buffer binding
                          buffer,                 // Buffer object
                          0,                      // Start from the beginning
                          sizeof(vmath::vec4));   // Each vertex is one vec4

// Now, describe the data to OpenGL, tell it where it is, and turn on automatic
// vertex fetching for the specified attribute
glVertexArrayAttribFormat(vao,                    // Vertex array object
                          0,                      // First attribute
                          4,                      // Four components
                          GL_FLOAT,               // Floating-point data
                          GL_FALSE,               // Normalized - ignored for floats
                          0);                     // First element of the vertex

glEnableVertexArrayAttrib(vao, 0);
```

执行清单 5.4 后，OpenGL 会使用从 **glVertexArrayVertexBuffer()** 绑定到 VAO 的缓存中读取的数据使填充顶点着色器中的第一个属性。

我们可以修改顶点着色器，使其仅使用其输入的顶点属性，而不是硬编码的数组。更新的着色器见清单 5.5。

清单 5.5　在顶点着色器中使用属性

```
#version 450 core

layout (location = 0) in vec4  position;
```

```
void main(void)
{
    gl_Position = position;
}
```

相比第 2 章所示的着色器，清单 5.5 的着色器简单得多。其中删除了数据的硬编码数组，但也有其他加强，例如该着色器可以为任意数量的顶点所用。我们可以将数以百万计的顶点数据放入缓存对象中并使用一个命令来绘制，如调用 **glDrawArrays()**。

如果使用缓冲对象中的数据来填充顶点属性，则可以调用 **glDisableVertexAttribArray()** 来再次禁用该属性，其原型为：

```
void glDisableAttribArray(GLuint index);
```

一旦禁用了该顶点属性，它就会恢复为静态并将我们用 **glVertexAttrib*()** 指定的值传递给着色器。

使用多个顶点着色器输入数据

如前文所述，OpenGL 可以向顶点着色器提供数据，以及使用放置在缓存对象中的数据。我们还可以为顶点着色器声明多个输入数据，并为每个输入指定一个可用于引用它的唯一位置。将这些组合起来就意味着 OpenGL 可以同时为多个顶点着色器输入提供数据。顶点着色器的输入声明见清单 5.6。

清单 5.6　为一个顶点着色器声明两个输入

```
layout (location = 0) in vec3  position;
layout (location = 1) in vec3  color;
```

如果有一个链接程序对象的顶点着色器有多个输入，则可以通过调用以下函数来确定这些输入的位置：

```
GLint glGetAttribLocation(GLuint program,
                          const GLchar * name);
```

其中，program 是包含顶点着色器的程序对象的名称，name 是顶点属性的名称。清单 5.6 的声明示例中，将"position"传递到 **glGetAttribLocation()** 会得到 0，而传递"color"会得到 1。传递非顶点着色器输入名称的内容会使 **glGetAttribLocation()** 返回−1。当然，如果始终为着色器编码中的顶点属性指定位置，那么 **glGetAttribLocation()** 应返回指定的内容。如果没有在着色器编码中指定位置，那么 OpenGL 将分配位置，这些位置将由 **glGetAttribLocation()** 返回。

有两种方法可以将顶点着色器输入与应用数据相关联，一种是独立属性（*separate attribute*），另一种是交错属性（interleaved attribute）。如果是独立属性，则这些属性可位于不同的缓存中或至少在同一缓存中的不同位置。比如，若要向两个顶点属性提供数据，则要创建两个缓存对象，调用 **glVertexArrayVertexBuffer()** 将每个对象绑定到不同的顶点缓存绑定点，然后指定调用 **glVertexArrayAttribBinding()** 时所用两个顶点缓存绑定点的两个索引。或者，可以不同的偏移将数据放在同一缓存内，调用 **glVertexArrayVertexBuffer()** 将其绑定到一个顶点缓存绑定点，然后调用 **glVertexArrayAttribBinding()** 绑定两个属性，将同一绑定索引传递给各属性。清单 5.7 展示了这一方法。

清单 5.7　多个独立顶点属性

```
GLuint buffer[2];
GLuint vao;

static const GLfloat positions[] = { ... };
static const GLfloat colors[] = { ... };

// Create the vertex array object
glCreateVertexArrays(1, &vao)

// Get create two buffers
glCreateBuffers(2, &buffer[0]);

// Initialize the first buffer
glNamedBufferStorage(buffer[0], sizeof(positions), positions, 0);

// Bind it to the vertex array - offset zero, stride = sizeof(vec3)
glVertexArrayVertexBuffer(vao, 0, buffer[0], 0, sizeof(vmath::vec3));

// Tell OpenGL what the format of the attribute is
glVertexArrayAttribFormat(vao, 0, 3, GL_FLOAT, GL_FALSE, 0);

// Tell OpenGL which vertex buffer binding to use  for this attribute
glVertexArrayAttribBinding(vao, 0, 0);

// Enable the attribute
glEnableVertexArrayAttrib(vao, 0);

// Perform similar initialization for the second buffer
glNamedBufferStorage(buffer[1], sizeof(colors), colors, 0);
glVertexArrayVertexBuffer(vao, 1, buffer[1], 0, sizeof(vmath::vec3));
glVertexArrayAttribFormat(vao, 1, 3, GL_FLOAT, GL_FALSE, 0);
glVertexArrayAttribBinding(vao, 1, 1);
glEnableVertexAttribArray(1);
```

两个独立属性示例中，我们都使用了紧凑的数据数组为两种属性提供数据，这实际上是数组结构（SoA）数据。我们有一组紧凑的、独立的数据数组，但也可以用结构数组（AoS）数据形式。来看以下结构如何表示单个顶点：

```
struct vertex
{
    // Position
    float x;
    float y;
    float z;

    // Color
    float r;
    float g;
    float b;
};
```

现在顶点着色器有两个输入（位置和颜色），在一个结构中交错在一起。显然，如果将这些结构组成一个数组，则数据是一个 AoS 结构。若要调用 **glVertexArrayVertexBuffer()** 表示这一点，必须使用 stride 参数。stride 参数会指示 OpenGL 每个顶点数据相距多少字节。如果将它设置为 0，那么 OpenGL 会对每个顶点使用相同的数据。但是，若要使用上文声明的 vertex 结构，则可以简单地将 stride 参数设置为 sizeof(vertex)，就可以解决一切问题。清单 5.8 展示了执行此操作的代码。

清单 5.8 多个交错顶点属性

```
GLuint vao;
GLuint buffer;

static const vertex vertices[] = { ... };

// Create the vertex array object
glCreateVertexArrays(1, &vao);

// Allocate and initialize a buffer object
glCreateBuffers(1, &buffer);
glNamedBufferStorage(buffer, sizeof(vertices), vertices, 0);

// Set up two vertex attributes - first positions
glVertexArrayAttribBinding(vao, 0, 0);
glVertexArrayAttribFormat(vao, 0, 3, GL_FLOAT, GL_FALSE, offsetof(vertex, x));
glEnableVertexArrayAttrib(0);

// Now colors
glVertexArrayAttribBinding(vao, 1, 0);
glVertexArrayAttribFormat(vao, 1, 3, GL_FLOAT, GL_FALSE, offsetof(vertex, r));
glEnableVertexArrayAttrib(1);

// Finally, bind our one and only buffer to the vertex array object
glVertexArrayVertexBuffer(vao, 0, buffer);
```

执行清单 5.8 中的代码可以绑定顶点数组对象，并开始从与其绑定的缓存中获取数据。

使用 **glVertexArrayAttribFormat()** 设置顶点格式信息后，可以进一步调用 **glVertexArrayAttribBinding()** 来改变绑定的顶点缓存。如果想要渲染存储在不同缓存中但顶点格式相似的多个几何图形，只需要调用 **glVertexArrayAttribBinding()** 来切换缓存并开始绘制。

从文件载入对象

可以看到，我们可以在一个顶点着色器中使用大量顶点属性。随着各种技术不断发展，我们通常可以使用四到五个顶点属性，甚至更多。用数据填充缓存以提供所有属性，然后设置顶点数组对象以及所有顶点属性指针是一项繁重的工作。而且，直接在应用程序中编码几何数据并不可行，只有最简单的模型才能这样做。因此，将模型数据存储在文件中并将其加载到应用程序中非常有意义。模型文件有很多格式，多数建模程序都支持好几种常见格式。

本书中我们设计了一个简单的对象文件定义，叫作.SBM 文件，它存储了我们需要的信息，又不至于太简单或者太复杂。该格式的完整文件编制见附录。sb7 框架还包含该模型格式的加载程序 sb7::object。

若要载入一个对象文件，需要先创建 sb7::object 示例，然后调用它的 load 函数，具体代码如下：

```
sb7::object my_object;

my_object.load("filename.sbm");
```

此操作成功执行后，该模型就会载入 sb7::object 示例，然后可以对其进行渲染。载入过程中，该类会创建并设置对象的顶点数组对象，然后配置模型文件中包含的所有顶点属性。该类还包括 render 函数，该函数绑定对象的顶点数组对象并调用相应绘制命令。例如，调用

```
my_object.render();
```

使用当前的着色器渲染对象的一个副本。在本书其余部分的诸多示例中，我们将简单地使用这个对象加载器来加载对象文件（其中一些文件也包含在本书源代码中）并渲染它们。

5.2 统一变量

虽然并不是真正的存储形式，但统一变量是将数据放入着色器并将其连接到应用的一种重要方式。我们已经了解到如何使用顶点属性将数据传递到顶点着色器，以及如何使用接口块在各阶段之间传递数据。统一变量使我们可以直接将数据从应用程序传递到着色器阶段。统一变量有两种形式，根据其声明方式而有所不同。第一种是在默认区块中声明的统一变量；另一种是一致区块，该区块的值储存在缓存对象中。我们接下来会对两者进行讨论。

5.2.1 缺省区块统一变量

虽然每个顶点的位置、曲面法线、纹理坐标等都需要属性，但统一变量允许我们在一次完整的基元批处理甚至更长的阶段内，将相同（即一致）的数据传递到着色器。对于顶点着色器来说，一个最常见的统一变量是转换矩阵。我们在顶点着色器中使用转换矩阵来操作顶点位置和其他向量。任何着色器变量都可以指定为统一变量，统一变量可以存在于任何着色器阶段（但本章我们只讨论顶点和片段着色器）。

创建一个统一变量只需要简单地把关键字 uniform 放在变量的声明之前即可：

```
uniform float fTime;
uniform int iIndex;
uniform vec4 vColorValue;
uniform mat4 mvpMatrix;
```

统一变量始终存在，并且不能使用着色器代码进行赋值。但我们可以在声明时以下列方式初始化它们的默认值：

```
uniform int answer = 42;
```

如果在多个着色器阶段声明同一统一变量，那么每个阶段都会涉及该统一变量相同的值。

排列我们的统一变量

编辑着色器并链接到程序对象后，我们可以使用 OpenGL 定义的多个函数之一来设置着色器的值（假设我们不希望使用着色器定义的默认值）。正如顶点属性，这些函数也可以根据它们

在程序对象中的位置来指代统一变量。通过使用位置配置限定符（layout qualifier），可以在着色器编码中指定统一变量的位置。执行此操作时，OpenGL 会尝试将指定的位置分配给着色器中的统一变量。这种位置配置限定符大致如下：

```
layout (location = 17) uniform vec4  myUniform;
```

注意，统一变量的位置配置限定符与用作顶点着色器输入的限定符之间存在相似之处。本示例中，myUniform 会被分配到位置 17。如果没有在着色器编码中为统一变量指定位置，那么 OpenGL 将自动分配这些变量的位置。可以调用 **glGetUniformLocation()** 函数来获取分配的位置，其原型为：

```
GLint glGetUniformLocation(GLuint program,
                           const GLchar* name);
```

该函数返回一个带符号整数，表示 program 指定的程序中 name 命名的变量位置。比如若要获得名为 vColorValue 的统一变量的位置，则需要编写以下代码：

```
GLint iLocation = glGetUniformLocation(myProgram, "vColorValue");
```

上例中，将"myUniform" 传递给 **glGetUniformLocation()** 会返回值 17。如果事先知道统一变量的位置，因为我们在着色器中为其分配了位置，则不需要找到它们，也可以避免调用 **glGetUniformLocation()**。本书推荐这种做法。

如果 **glGetUniformLocation()** 返回的值是-1，则表示无法在程序中找到统一变量名称。应该注意的是，即使着色器编译正确，如果统一变量没有直接在至少一个附加的着色器中使用，那么其名称还是有可能在程序中“消失”，即使在着色器源代码中为它明确分配了位置。不必担心统一变量会被优化掉，但如果声明一个统一变量然后又不用，则编译程序会直接忽略它。另外，着色器变量要区分大小写，因此在检索其位置时必须正确使用大小写。

设置统一变量

OpenGL 在着色器语言和 API 中支持多种数据类型。为了传递数据，OpenGL 有多种函数可以用来设置统一变量的值。单个标量或矢量的数据类型可以使用 **glUniform*()** 函数的如下各种变形进行设置。

例如，着色器中声明的下列 4 个变量：

```
layout (location = 0) uniform float fTime;
layout (location = 1) uniform int iIndex;
layout (location = 2) uniform vec4  vColorValue;
layout (location = 3) uniform bool bSomeFlag;
```

若要在着色器中找到并设置这些值，C/C++代码如下：

```
glUseProgram(myShader);
glUniform1f(0, 45.2f);
glUniform1i(1, 42);
glUniform4f(2, 1.0f, 0.0f, 0.0f, 1.0f);
glUniform1i(3, GL_FALSE);
```

注意，我们使用 **glUniform*()** 的整数版本来传递 bool 值。布尔值同样可以作为浮点值来传递，其中 0.0 表示 false，其他非零值表示 true。

glUniform*() 函数还有一种接收指针的形式，可能传递给一组值。

这些形式均以字母 v 结束，表明它们使用一个向量，并获取一个 count 值表示每个包含 *x* 个分量的数组中有多少元素，其中 *x* 表示函数名称末尾的数字。比如，假设统一变量有 4 个分量：

```
uniform vec4 vColor;
```

C/C++中，我们可以将它表示为一组浮点值：

```
GLfloat vColor[4] = { 1.0f, 1.0f, 1.0f, 1.0f };
```

但这是一个由四个值组成的数组，因此将其传递到着色器的代码显示如下：

```
glUniform4fv(iColorLocation, 1, vColor);
```

现在，假设着色器中有一个颜色值数组：

```
uniform vec4 vColors[2];
```

那么在 C++中，我们可以使用以下代码表示并传递该数据：

```
GLfloat vColors[4][2] = { { 1.0f, 1.0f, 1.0f, 1.0f } ,
                          { 1.0f, 0.0f, 0.0f, 1.0f } };
...
glUniform4fv(iColorLocation, 2, vColors);
```

设置一个浮点统一变量的简单代码如下：

```
GLfloat fValue = 45.2f;
glUniform1fv(iLocation, 1, &fValue);
```

最后来看如何设置矩阵统一变量。着色器矩阵数据类型只有单精度和双精度浮点类型，因此得到的变量也更少。若要在统一变量矩阵中设置这些值，则需要调用 **glUniformMatrix*()*** 命令。

在所有这些函数中，count 变量表示存储在指针参数 m 中的矩阵数量（可以使用矩阵数组）。如果矩阵已经以列优先（OpenGL 偏爱的方式）存储，那么布尔标志 transpose 设置为 GL_FALSE。将该值设置为 GL_TRUE 可以在将矩阵拷贝到着色器时对其进行变换。如果使用的矩阵库采用行优先矩阵布局，这就非常有用（比如，其他某些图形 API 使用行优先次序，而且我们想要使用为其中之一设计的库）。

5.2.2 一致区块

最终，我们要编写的着色器都会变得非常复杂。其中一些将需要使用大量的常量数据，而使用统一变量将这些数据传递给着色器会十分低效。如果应用程序中有很多着色器，则需要为每个着色器设置统一变量，这意味着需要调用各种 **glUniform*()** 函数，还需要记录各个统一变量的变化情况。每个对象以及每一帧都会发生变化，而对于整个应用程序，则可能只需要初始化一次。这意味着我们需要在不同的场合更新不同的统一变量（这使得应用难以维护），或者每次都更新所有统一变量（会影响应用效果）。

为了降低 **glUniform*()** 的调用成本，更加容易地更新大量统一变量，也为了能更容易地在不同应用程序之间共享一系列的统一变量，可通过 OpenGL 将一组统一变量组合为一致区块（uniform block）并将整个区块存储在缓存对象中。此缓存对象与之前介绍过的缓存对象一样。我们可通过改变缓存绑定或覆写绑定缓存的内容快速设置整组统一变量。也可以在更改程序时保持缓存绑定，而新的程序可以获取当前一系列统一变量的值。这种功能就称为统一变量缓存对象（UBO）。事实上，目前为止我们使用过的统一变量都存在于默认区块中。在着色器全局范围内声明的任何统一变量最后都存放于默认一致区块中。我们无法将默认区块存放入统一变量缓存对象中，需要创建至少一个有名称的一致区块。

为了声明将存入一个缓存对象中的一系列统一变量，需要在着色器中使用一个命名的一致区块。这看起来很像第 3 章 3.2 节的“接口块”部分介绍的接口块（Interface Block），但一致区块使用的关键字是 `uniform` 而不是 `in` 或者 `out`。清单 5.9 展示了着色器中一致区块的代码形式。

清单 5.9　一致区块声明示例

```
uniform TransformBlock
{
    float scale;                    // Global scale to apply to everything
    vec3  translation;              // Translation in X, Y, and Z
    float rotation[3];              // Rotation around X, Y, and Z axes
    mat4 projection_matrix;         // A generalized projection matrix to apply
                                    // after scale and rotate
} transform;
```

这段代码声明了一个名为 `TransformBlock` 的一致区块，还声明了一个名为 `transform` 的区块。在着色器内，可使用该区块的实例名 `transform` 来指代该区块的成员（例如 `transform.scale` 或 `transform.projection_matrix`）。但若要在缓冲对象中设置支持该区块的数据，则需要了解该区块成员的位置以及区块的名称 `TransformBlock`。如果希望该区块拥有多个实例，每个实例都有各自的缓存，则可以将 `transform` 设置为一个数组。该区块的成员在各区块内所处的位置相同，但在着色器内可以引用该区块的多个实例。如果希望使用数据填充该区块，则在区块内查询各成员的位置非常重要，下文将对此进行讨论。

构建一致区块

通过命名的一致区块在着色器中存取的数据可存储于缓存对象中。通常由应用程序使用 **glBufferData()** 和 **glMapBuffer()** 等函数向缓存对象填充数据。问题是，缓存中的数据应该是什么样的？实际上有两种可能性，可经过权衡后选择任意一种。

第一种方法是使用标准、共识的数据布局。这意味着我们的应用程序只需将数据拷贝到缓存中，并假定一致区块内的成员都有特定的位置，我们甚至可以事先将数据存储在磁盘上，然后从磁盘直接读取到用 **glMapBuffer()** 映射的缓存中。标准布局可能会在一致区块内的各成员间留有一定空间，使得缓存会比需要的大，并且这种便捷可能会损失一些性能。尽管如此，几乎所有情况下都能安全使用标准布局。

另一种方法是由 OpenGL 决定将数据存放在哪里。这样可生成最有效的着色器，但也意味着我们的应用程序需要清楚将数据放在哪里才能便于 OpenGL 读取。采用这种方案，存储在统一变量缓存中的数据就会以共享的布局排列。这种布局是默认布局，也是我们并未明确请求 OpenGL 执行其他操作时得到的结果。利用这种 shared 布局，缓存中的数据根据 OpenGL 确定的最佳运行性能和最佳着色器访问进行布局。有时这种布局可以使着色器实现更高的性能，但应用程序的工作量可能会增加。

之所以叫作 shared 布局，是因为尽管 OpenGL 已经在缓存内排列了数据，共享一致区块同一声明的多种程序和着色器之间的这种排列是相同的。因此，我们可对任何程序使用同一缓存对象。若要使用 shared 布局，应用程序必须确定一致区块成员在缓存对象内的位置。

首先，我们会介绍标准布局（standard layout），也就是我们推荐用于着色器的布局（即使并不是默认布局）。为了指示 OpenGL 我们想要使用标准布局，需要使用配置限定符声明该一致区块。利用标准配置限定符 `std140` 声明的 `TransformBlock` 一致区块见清单 5.10。

清单 5.10　利用 std140 布局声明一致区块

```
layout(std140) uniform TransformBlock
{
    float scale;             // Global scale to apply to everything
    vec3  translation;       // Translation in X, Y, and Z
    float rotation[3];       // Rotation around X, Y, and Z axes
    mat4 projection_matrix;  // A generalized projection matrix to
                             // apply after scale and rotate
} transform;
```

一旦声明一致区块使用标准或 `std140` 布局，该区块的各成员就会在缓存内占用预设置的空间量，并以按照一组规则预测的偏移量开始。下文总结了这组规则。

在缓存中占用 N 个字节的任何类型都开始于该缓存中的 N 字节边界处。这意味着 `int`、`float` 和 `bool` 等标准 GLSL 类型（均为 32 位或 4 字节长）都会开始于 4 字节倍数处。这种长度为 2 的向量则总是开始于 $2N$ 字节边界处。例如，`vec2` 在内存中占用 8 个字节长，总是开始于 8 字节边界处。三元或四元向量总是开始于 $4N$ 字节边界处；`vec3` 和 `vec4` 类型开始于 16 字节边界处。标量或向量类型数组（例如 `int` 或 `vec3` 数组）的每个成员总是从相同规则定义的边界处开始，但该边界总是四舍五入到 `vec4`。这意味着除 `vec4`（和 $N \times 4$ 矩阵）外的任何数组都不是紧凑的，而是在各元素之间有一定空隙。

矩阵本质上被看作较短的向量数组，而矩阵数组被当作较长的向量数组。最后，结构体和结构体数组还有额外的打包要求，整个结构体开始于它的最长成员的边界处，而这个边界四舍五入为 `vec4` 的长度。

应特别注意 `std140` 布局和打包规则之间的差异，这些打包规则通常取决于 C++（或其他应用程序语言）编译器。尤其是一致区块中的数组并不一定都是紧凑的。这意味着我们不能在一致区块中创建一个 `float` 数组并仅仅只是从 C 数组中将数据拷贝过来，因为 C 数组中的数据会被打包，而一致区块中的则不会。

这一切听起来很复杂，但其逻辑明确，支持大量图形硬件有效地实现统一变量的缓存对象。回到 `TransformBlock` 示例，我们可以通过上述规则计算出区块的各个成员在缓冲对象内的偏移量。清单 5.11 展示了一个一致区块的声明，并附有各个成员的偏移量。

清单 5.11　一致区块及偏移示例

```
layout(std140) uniform TransformBlock
{
// Member                     base alignment  offset   aligned offset
   float scale;            // 4                0        0
   vec3   translation;     // 16               4        16
   float rotation[3];      // 16               28       32 (rotation[0])
                           //                           48 (rotation[1])
                           //                           64 (rotation[2])

   mat4 projection_matrix; // 16               80       80 (column 0)
                           //                           96 (column 1)
                           //                           112 (column 2)
                           //                           128 (column 3)
} transform;
```

原始 ARB_uniform_buffer_object 扩展规范中完整演示了各种类型的对齐。

在使用 std140 布局时还可以在着色器代码中直接指定一致区块内各成员的偏移量。当然这种情况下我们仍需遵循 std140 布局的对齐规则，但可以在成员之间留一些空白以及声明乱序成员。使用 offset 配置限定符来指定一致区块内成员的偏移量。示例见清单 5.12。

清单 5.12　用户指定偏移的一致区块

```
layout(std140) uniform ManuallyLaidOutBlock
{
    layout (offset = 32) vec4      foo;    // At offset 32 bytes
    layout (offset = 8) vec2       bar;    // At offset 8 bytes
    layout (offset = 48) vec3      baz;    // At offset 48 bytes
} myBlock;
```

在清单 5.12 中，我们注意到区块中的第一个成员 foo 声明为从区块的偏移 32 处开始。这没什么问题，因为 32 是 16（vec4 的大小）的倍数，符合 foo 类型的对齐要求。bar 开始于偏移 8 处，这也满足 vec2 型变量的对齐要求。但它在内存中是在 foo 之前的，因为我们并没有按照顺序指定这些成员。接下来，我们在偏移 48 处声明 baz。虽然 baz 是一个 vec3 变量，但必须在 16 字节边界处对齐。

我们还可以明确使数据类型在它们原始对齐边界的整数倍处对齐。为此，我们使用 align 配置限定符。这与 offset 配置限定符的用法类似，但只要符合该成员的对齐要求，只需要将成员推送到指定对齐边界的下一个倍数处。align 限定符可用于整个区块以强制所有成员对齐到指定边界处。我们可以同时使用 align 和 offset 将成员推送到大于或者等于其指定值的下一个偏移处，且这一偏移是区块对齐边界的倍数。

清单 5.13 中，我们使用对齐边界 16 重新声明了 ManuallyLaidOutBlock 一致区块。这符合 vec4 和 vec3 型的要求，因此 foo 和 baz 偏移不受影响。但是，bar 的原始对齐边界只有 8 字节，并不是 16 的倍数。因此，baz 将在指定对齐边界（也就是 16）后的下一个 16 字节边界处对齐。

清单 5.13　用户指定对齐的一致区块

```
layout (std140, align = 16) uniform ManuallyLaidOutBlock
{
   layout (offset = 32) vec4      foo;    // At offset 32 bytes
   layout (offset = 8) vec2       bar;    // At offset 16 bytes
   layout (offset = 48) vec3      baz;    // At offset 48 bytes
} myBlock;
```

当然，通过使用 shared 布局，我们可以选择将一切交由 OpenGL 完成，且这样做得到的布局可能比 std140 更有效，但这可能并不值得付出额外努力。

如果要使用 shared 布局，可以确定 OpenGL 分配给区块成员的偏移量。一致区块的每个成员都有一个索引，用于引用该成员以便在区块内找到其大小和位置。要获取一致区块成员的索引，可调用

```
void glGetUniformIndices(GLuint program,
                         GLsizei uniformCount,
                         const GLchar ** uniformNames,
                         GLuint * uniformIndices);
```

利用此函数，只需调用一次 OpenGL 就能得到大量统一变量的索引，甚至是程序中所有统一变量的索引，哪怕这些索引是不同区块的成员。它接收要获取索引值的统一变量的个数（uniformCount）、一个统一变量名称的数组（uniformNames），并最终将这些索引存放在一个数组（uniformIndices）中。清单 5.14 展示了如何获取 TransformBlock 各个成员的索引值，之前已声明过这些索引。

清单 5.14 获取一致区块成员的索引

```
static const GLchar * uniformNames[4] =
{
    "TransformBlock.scale",
    "TransformBlock.translation",
    "TransformBlock.rotation",
    "TransformBlock.projection_matrix"
};
GLuint uniformIndices[4];

glGetUniformIndices(program, 4, uniformNames, uniformIndices);
```

运行此代码后，一致区块的 4 个成员的索引会存在于 uniformIndices 数组中。获得这些索引后就可以使用它们来查找缓存内区块成员的位置。为此，需调用以下代码

```
void glGetActiveUniformsiv(GLuint program,
                           GLsizei uniformCount,
                           const GLuint * uniformIndices,
                           GLenum pname,
                           GLint * params);
```

该函数可提供具体一致区块成员的诸多信息。我们感兴趣的信息是缓存内成员的偏移量，数组跨度（对于 TransformBlock.rotation）以及矩阵跨度（对于 TransformBlock.projection_matrix）。

这些值告诉我们将数据放在缓冲内的位置，以便使其显示在着色器中。我们可以将 pname 分别设置为 GL_UNIFORM_OFFSET、GL_UNIFORM_ARRAY_STRIDE 和 GL_UNIFORM_MATRIX_STRIDE 来从 OpenGL 获得这些值。清单 5.15 展示了代码形式。

清单 5.15 获取一致区块成员的信息

```
GLint uniformOffsets[4];
GLint arrayStrides[4];
GLint matrixStrides[4];
glGetActiveUniformsiv(program, 4, uniformIndices,
```

```
                    GL_UNIFORM_OFFSET, uniformOffsets);
glGetActiveUniformsiv(program, 4, uniformIndices,
                    GL_UNIFORM_ARRAY_STRIDE, arrayStrides);
glGetActiveUniformsiv(program, 4, uniformIndices,
                    GL_UNIFORM_MATRIX_STRIDE, matrixStrides);
```

运行清单 5.15 中的代码后，uniformOffsets 包含 TransformBlock 区块的成员偏移量，arrayStrides 包含数组成员（目前仅限于旋转）的偏移量，matrixStrides 包含矩阵成员（仅限于 projection_matrix）的偏移量。

可找到的其他关于一致区块成员的信息包括统一变量的数据类型，在内存中占用的字节大小，以及区块中数组和矩阵相关的布局信息。我们需要其中一些信息来初始化具有更复杂类型的缓存对象，尽管我们在编写着色器时，应该已经了解成员的大小和类型。其他可接受的 pname 值以及返回数据值见表 5.4。

表 5.4　通过 **glGetActiveUniformsiv()** 查询的统一变量参数

pname 值	返回的值
GL_UNIFORM_TYPE	统一变量的数据类型（GLenum）
GL_UNIFORM_SIZE	数组大小（以 GL_UNIFORM_TYPE 为单位）。如果统一变量并不是数组，则该值始终为 1
GL_UNIFORM_NAME_LENGTH	统一变量的长度（字符）
GL_UNIFORM_BLOCK_INDEX	统一变量所属区块的索引
GL_UNIFORM_OFFSET	区块内统一变量的偏移量
GL_UNIFORM_ARRAY_STRIDE	数组相邻元素之间的间隔（字节）。如果统一变量并不是数组，则该值为 0
GL_UNIFORM_MATRIX_STRIDE	列优先矩阵的每个列首元素间的字节间隔或行优先矩阵的每个行首元素间的字节间隔。如果统一变量并不是矩阵，则该值为 0
GL_UNIFORM_IS_ROW_MAJOR	若统一变量为行优先矩阵，则输出数组各元素为 1；若为列优先矩阵或不是矩阵，则该值为 0

如果我们感兴趣的统一变量只是一个简单的类型，如 int、float、bool，或是这些类型的向量（vec4 等），则我们需要的只是该变量的偏移量。一旦我们了解统一变量在缓存内的位置，则可将偏移量传递到 **glBufferSubData()** 以在适当的位置载入数据，或者直接在代码中使用偏移量以便在内存中组装缓存。在此我们演示了后一种情况，因为这能再次强调统一变量是存储在内存中的，就像顶点信息可以存储在缓存中。这也意味着减少了对 OpenGL 的调用次数，有时这会带来更高的性能。在下面的示例中，我们在应用程序的内存中组装好数据，然后使用 **glBufferSubData()** 将其加载到缓存。或者，可以使用 **glMapBufferRange()** 获取指向缓存内存的指针，并直接将数据组装到该内存中。

我们从 TransformBlock 区块中最简单的 scale 统一变量开始设置。该统一变量是一个单精度浮点数，它存储于 uniformIndices 数组的第一个元素中。清单 5.16 展示了如何设置该单精度浮点数的值。

清单 5.16　在一致区块中设置单精度浮点数

```
// Allocate some memory for our buffer (don't forget to free it later)
unsigned char * buffer = (unsigned char *)malloc(4096);
```

```
// We know that TransformBlock.scale is at uniformOffsets[0] bytes
// into the block, so we can  offset our buffer pointer by that and
// store the scale there.
*((float *)(buffer + uniformOffsets[0])) = 3.0f;
```

接下来，我们可初始化 TransformBlock.translation 的数据。这是一个 vec3，意味着它由内存中紧凑的 3 个浮点值组成。若要更新，则我们需要做的就是找到向量第一个元素的位置，并从此处开始在内存中存储 3 个连续的浮点数。详见清单 5.17。

清单 5.17　获取一致区块成员的索引

```
// Put three consecutive GLfloat values in memory to update a vec3
((float *)(buffer + uniformOffsets[1]))[0] = 1.0f;
((float *)(buffer + uniformOffsets[1]))[1] = 2.0f;
((float *)(buffer + uniformOffsets[1]))[2] = 3.0f;
```

现在我们再来处理 rotation 数组。这里我们也可以使用 vec3，但在本例中，我们使用三元数组来演示 GL_UNIFORM_ARRAY_STRIDE 参数的使用。若使用 shared 布局，则数组定义为由一个实现定义的间隔隔开的序列，其单位为字节。这意味着我们必须将数据存放在由 GL_UNIFORM_OFFSET 和 GL_UNIFORM_ARRAY_STRIDE 定义的缓存内相应位置，如清单 5.18 的代码片段所示。

清单 5.18　指定一致区块中数组的数据

```
// TransformBlock.rotations[0] is at uniformOffsets[2] bytes into
// the buffer.Each element of the array is at a multiple of
// arrayStrides[2] bytes past that.
const GLfloat rotations[] = { 30.0f, 40.0f, 60.0f };
unsigned int offset = uniformOffsets[2];

for (int n = 0; n < 3; n++)
{
    *((float *)(buffer + offset)) = rotations[n];
    offset += arrayStrides[2];
}
```

最后我们设置 TransformBlock.projection_matrix 的数据。一致区块中的矩阵和向量数组表现极为相似。

对于列优先的矩阵（默认情况）来说，矩阵的每一列被当作一个向量，该向量的长度即矩阵的高度。同样，行优先的矩阵也被当作一个向量数组对待，只是数组的每一个元素将是矩阵的一行。就像正常的数组一样，矩阵的每个列（或行）的起始偏移量由实现定义的量定义。可以通过将 GL_UNIFORM_MATRIX_STRIDE 参数传递至 **glGetActiveUniformsiv()** 进行查询。矩阵的每列可使用类似于初始化 vec3 TransformBlock.translation 所用代码来初始化。设置代码详见清单 5.19。

清单 5.19　在一致区块中设置矩阵

```
// The first column of TransformBlock.projection_matrix is at
// uniformOffsets[3] bytes into the buffer.The columns are
// spaced matrixStride[3] bytes apart and are essentially vec4s.
// This is the source matrix - remember, it's column major.
const GLfloat matrix[] =
{
    1.0f, 2.0f, 3.0f, 4.0f,
    9.0f, 8.0f, 7.0f, 6.0f,
```

```
        2.0f, 4.0f, 6.0f, 8.0f,
        1.0f, 3.0f, 5.0f, 7.0f
};

for (int i = 0; i < 4; i++)
{
    GLuint offset = uniformOffsets[3] + matrixStride[3] * i;
    for (j = 0; j < 4; j++)
    {
        *((float *)(buffer + offset)) = matrix[i * 4 + j];
        offset += sizeof(GLfloat);
    }
}
```

查询偏移量和间距的方法适用于所有布局。对于 shared 布局来说，这是唯一的方法。但这种方法并不是很方便，我们可以看到，若要在缓存中正确布局数据，需要用到大量的代码。这就是我们建议使用标准布局的原因。标准布局使我们可以根据一套规则来确定数据在缓存中的位置。这套规则规定了 OpenGL 支持的不同数据类型的大小和对齐方式，且适用于所有 OpenGL 实现，因此我们使用时不需要查询任何内容（但如果要查询偏移量和间距，结果也一定是正确的）。即使有时会牺牲一点着色器性能，但从中节省出的代码复杂性和应用性能则说明这种方式是完全值得的。

无论选择何种打包模式，都可以将充满数据的缓存绑定到程序的一致区块。在此之前，我们需要检索该一致区块的索引。程序中每个一致区块都有一个分配了编译程序的索引。一个程序可用的一致区块数有固定上限，任何给定的着色器阶段中可用的一致区块数也有上限。我们可调用 **glGetIntegerv()** 获取这些上限，GL_MAX_UNIFORM_BUFFERS 参数获取单个程序的上限，或者用 GL_MAX_VERTEX_UNIFORM_BUFFERS、GL_MAX_GEOMETRY_UNIFORM_BUFFERS、GL_MAX_TESS_CONTROL_UNIFORM_BUFFERS、GL_MAX_TESS_EVALUATION_UNIFORM_BUFFERS 或 GL_MAX_FRAGMENT_UNIFORM_BUFFERS 分别获取顶点着色器、几何着色器、细分曲面控制着色器、细分曲面评估和片段着色器上限。若要获取程序中一致区块的索引，可调用

```
GLuint glGetUniformBlockIndex(GLuint program,
                              const GLchar * uniformBlockName);
```

该函数会返回命名一致区块的索引。在一致区块声明示例中，uniformBlockName 应为 "TransformBlock"。有一系列缓冲绑定点可以用来绑定缓冲来为一致区块提供数据。绑定缓存和一致区块大致需要两个步骤。为一致区块赋予绑定点，然后将缓存绑定到绑定点，将缓存与一致区块配对。这样就可以在不改变缓存绑定的情况下切换不同的程序，而新的程序可自动看到固定统一变量集。与此相比，默认区块中的统一变量值只是针对每一个程序的。即使两个程序中的统一变量具有相同的名称，它们的值也必须分别进行设置，而且一旦当前程序发生变化，它们的值也将变化。

若要为一致区块赋予绑定点，可调用

```
void glUniformBlockBinding(GLuint program,
                           GLuint uniformBlockIndex,
                           GLuint uniformBlockBinding);
```

其中，program 是我们正在修改的一致区块所在的程序。uniformBlockIndex 是我们

要赋予绑定点的一致区块索引，可调用 **glGetUniformBlockIndex()** 获取。UniformBlock Binding 是一致区块绑定点的索引。一个 OpenGL 实现具有绑定点数量上限，可调用具有 GL_MAX_UNIFORM_BUFFER_BINDINGS 参数的 **glGetIntegerv()** 确定该上限值。

或者，可以直接在着色器代码中指定一致区块的绑定索引。为此，再次使用配置限定符，本次关键词为 binding。例如，向绑定 2 分配 TransformBlock 区块时，可将其声明为

```
layout(std140, binding = 2) uniform TransformBlock
{
    ...
} transform;
```

注意，binding 配置限定符可以与 std140（或其他）限定符同时指定。在着色器源代码中指定绑定不需要调用 **glUniformBlockBinding()**，甚至不需要确定应用程序中区块的索引，因此这通常是赋予区块位置最好的方法。

一旦在程序中为一致区块分配绑定点后，无论是通过 **glUniformBlockBinding()** 函数还是通过配置限定符，都可以将缓存绑定到相同的绑定点，以在一致区块中显示缓存中的数据。为此，需调用

```
glBindBufferBase(GL_UNIFORM_BUFFER, index, buffer);
```

其中，GL_UNIFORM_BUFFER 指示 OpenGL 我们将会把缓存绑定到其中一个统一变量缓存绑定点；index 是绑定点的索引，且应匹配我们在着色器中指定的索引或调用 **glUniformBlock Binding()** 时 uniformBlockBinding 中指定的索引；buffer 是我们想要绑定的缓存对象的名称。值得注意的是，index 并非一致区块（**glUniformBlockBinding()** 中 uniformBlockIndex）的索引，而是统一变量缓存绑定点的索引。这是一个很常见的错误，且容易被忽略。

绑定点与一致区块索引的配对详见图 5.1。

图 5.1 中介绍了具有 3 个一致区块（Harry、Bob,和 Susan）和 3 个缓冲对象（A、B 和 C）的程序。Harry 被分配到绑定点 1，缓存 C 绑定到绑定点 1，因此 Harry 的数据来自缓存 C。

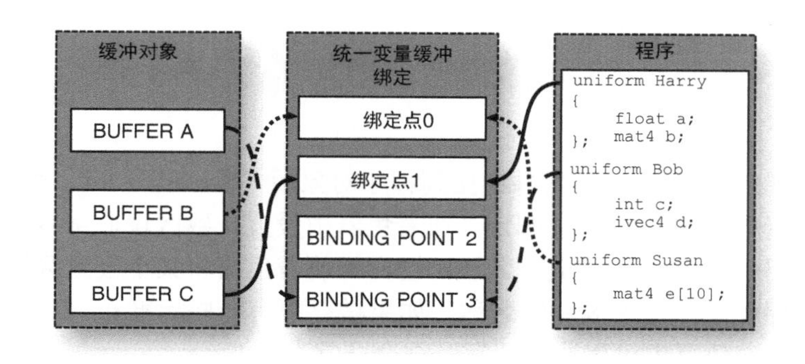

图 5.1 绑定缓存与一致区块到绑定点

同样，Bob 被分配到绑定点 3，该绑定点绑定了缓存 A，因此 Bob 的数据来自缓存 A。最后，Susan 被分配到绑定点 0，而缓存 B 被绑定到绑定点 0，因此 Susan 的数据来自缓冲 B。

注意，绑定点2并没有使用。这没关系，绑定了缓存，但程序并不使用它，这种现象很正常。

设置此绑定关系的代码很简单，见清单5.20。

清单5.20 为一致区块指定绑定

```
// Get the indices of the uniform blocks using glGetUniformBlockIndex
GLuint harry_index = glGetUniformBlockIndex(program, "Harry");
GLuint bob_index   = glGetUniformBlockIndex(program, "Bob");
GLuint susan_index = glGetUniformBlockIndex(program, "Susan");

// Assign buffer bindings to uniform blocks, using their indices
glUniformBlockBinding(program, harry_index, 1);
glUniformBlockBinding(program, bob_index, 3);
glUniformBlockBinding(program, susan_index, 0);

// Bind buffers to the binding points
// Binding 0, buffer B, Susan's data
glBindBufferBase(GL_UNIFORM_BUFFER, 0, buffer_b);
// Binding 1, buffer C, Harry's data
glBindBufferBase(GL_UNIFORM_BUFFER, 1, buffer_c);
// Note that we skipped binding 2
// Binding 3, buffer A, Bob's data
glBindBufferBase(GL_UNIFORM_BUFFER, 3, buffer_a);
```

如果已经用binding配置限定符在着色器代码中为一致区块设置了绑定，则清单5.20中可不必再调用**glUniformBlockBinding()**。

此方法详见清单5.21。

清单5.21 一致区块绑定配置限定符

```
layout (binding = 1) uniform Harry
{
    // ...
};

layout (binding = 3) uniform Bob
{
    // ...
};

layout (binding = 0) uniform Susan
{
    // ...
};
```

编辑包含清单5.21声明的着色器并链接到程序对象后，Harry、Bob和Susan一致区块将被设置为与执行清单5.20后相同的绑定。在着色器中设置一致区块非常有用。首先，这样可减少应用程序中调用OpenGL的次数。其次，这样可使着色器将某个一致区块与特定绑定点绑定起来，且应用程序无须知道该区块的名称。如果缓存中有一些标准布局数据，但我们想使用不同的名称在不同的着色器中引用这个缓存，这会非常有用。

一致区块常用于区分稳态和瞬态。通过使用标准惯例来为所有程序设置绑定，我们可在更改程序时继续保留缓存绑定。比如，如果是相对固定的状态（如投影矩阵、视口大小、其他每帧变化或几帧变化一次的东西），则可将该信息存放在一个缓存中，并将该缓存绑定到绑定点0。然后，如果将所有程序的固定状态绑定设置为0，无论何时使用**glUseProgram()**切换程序对象，该统一变量都会在该缓存中，始终可用。

假设我们有一个模拟各种材质（如布料或金属）的片段着色器，则可将此材质参数放在另一个缓存中。在着色各种材质的程序中，将包含有材料参数的一致区块绑定到绑定点 1。

每个对象将维护一个含有其曲面参数的缓存对象。渲染每个对象时，该对象会使用共用的材质着色器，只需将其参数绑定到缓存绑定点 1。

一致区块最后一个明显的优势是这些区块可以非常大。可调用 **glGetIntegerv()** 并传递 GL_MAX_UNIFORM_BLOCK_SIZE 参数来确定一致区块的最大尺寸。此外，我们可以调用 **glGetIntegerv()** 并传递 GL_MAX_UNIFORM_BLOCK_BINDINGS 参数来获取从一个程序可访问的一致区块数量。OpenGL 保证一致区块至少为 64k 大小，我们至少可以在一个程序中引用 14 个区块。

再次引用上段的示例，我们可将应用程序用到的所有材质的所有特性打包成一个大的一致区块，该区块中含有一个大的结构数组。在场景中渲染对象时，我们只需要在想要使用的材质数组内传递索引即可。例如可通过静态顶点属性或传统一致变量来实现这一目的。这种方式比更换缓存对象内容或更改对象间统一变量缓存绑定快得多。我们甚至可以使用一个绘图命令渲染多个不同材质的表面组成的对象。

5.2.3 使用统一变量转换几何图形

在第 4 章中，我们学习了如何构建表示几种常见转换（包括缩放、平移和旋转）的矩阵，以及如何使用 sb7::vmath 库处理繁重工作。我们还了解了如何将矩阵相乘以生成复合矩阵来表示整个转换序列。给定一个目标点以及相机位置和方向，我们就可以构建一个矩阵，将对象转换到观察者的坐标空间内。同时，我们还能构建多个矩阵来呈现屏幕上的透视和正交投影。

此外，本章我们还了解了如何从缓存对象向顶点着色器提供数据，以及如何通过统一变量将数据传递到着色器（无论是默认一致区块还是统一变量缓存）。接下来我们会将这些信息结合在一起，构建一个程序，它所做的不仅仅是传递未转换的顶点。

我们会采用经典的旋转立方体来举例。我们将创建几何图形来表示位于原点的单位立方体并将其存放在缓存对象中。

然后，我们将使用顶点着色器对其应用一系列转换，以将其移动到世界空间中。我们将构建一个基础的视图矩阵，将模型与视图矩阵相乘生成模型视图矩阵，然后创建透视转换矩阵，表示相机的部分属性。最后，我们使用统一变量将这些内容传递到一个简单的顶点着色器并在屏幕上绘制此立方体。

首先，我们用顶点数组对象设置立方体的几何结构。使用的代码详见清单 5.22。

清单 5.22 建立立方体的几何结构

```
// First create and bind a vertex array object
glGenVertexArrays(1, &vao);
glBindVertexArray(vao);

static const GLfloat vertex_positions[] =
{
    -0.25f,  0.25f, -0.25f,
```

```
        -0.25f, -0.25f, -0.25f,
         0.25f, -0.25f, -0.25f,

         0.25f, -0.25f, -0.25f,
         0.25f,  0.25f, -0.25f,
        -0.25f,  0.25f, -0.25f,

        /* MORE DATA HERE */

        -0.25f,  0.25f, -0.25f,
         0.25f,  0.25f, -0.25f,
         0.25f,  0.25f,  0.25f,

         0.25f,  0.25f,  0.25f,
        -0.25f,  0.25f,  0.25f,
        -0.25f,  0.25f, -0.25f
};

// Now generate some data and put it in a buffer object
glGenBuffers(1, &buffer);
glBindBuffer(GL_ARRAY_BUFFER, buffer);
glBufferData(GL_ARRAY_BUFFER,
             sizeof(vertex_positions),
             vertex_positions,
             GL_STATIC_DRAW);
// Set up our vertex attribute
glVertexAttribPointer(0, 3, GL_FLOAT, GL_FALSE, 0, NULL);
glEnableVertexAttribArray(0);
```

接下来我们需要在每一帧计算立方体的位置和方向，并计算表示位置和方向的矩阵。我们也能简单地通过在 z 轴方向平移来构建相机矩阵。构建矩阵后，我们可将其相乘，然后作为统一变量传递给顶点着色器。使用的代码详见清单 5.23。

清单 5.23　为旋转立方体构建模型视图矩阵

```
float f = (float)currentTime * (float)M_PI * 0.1f;
vmath::mat4 mv_matrix =
    vmath::translate(0.0f, 0.0f, -4.0f) *
    vmath::translate(sinf(2.1f * f) * 0.5f,
                     cosf(1.7f * f) * 0.5f,
                     sinf(1.3f * f) * cosf(1.5f * f) * 2.0f) *
    vmath::rotate((float)currentTime * 45.0f, 0.0f, 1.0f, 0.0f) *
    vmath::rotate((float)currentTime * 81.0f, 1.0f, 0.0f, 0.0f);
```

投影矩阵可在窗口大小改变时重建。`sb7::application` 框架提供了一个名为 onResize 的函数，用于调整大小。如果我们重写这一函数，则窗口大小改变时会调用该函数，然后我们就可以创建投影矩阵。我们可在渲染循环中将其载入统一变量。如果窗口大小改变，还需要调用 **`glViewport()`** 来更新视口。一旦将所有矩阵都放进统一变量中，就可以使用 **`glDrawArrays()`** 函数绘制立方体的几何图形。更新投影矩阵所用代码见清单 5.24，其余渲染循环部分代码见清单 5.25。

清单 5.24　更新旋转立方体的投影矩阵

```
void onResize(int w, int h)
{
    sb7::application::onResize(w, h);
    aspect = (float)info.windowWidth / (float)info.windowHeight;
    proj_matrix = vmath::perspective(50.0f,
```

```
                                        aspect,
                                        0.1f,
                                        1000.0f);
}
```

清单 5.25　旋转立方体的渲染循环

```
// Clear the framebuffer with dark green
glClearBufferfv(GL_COLOR, 0, sb7::color::Green);

// Activate our program
glUseProgram(program);

// Set the model-view and projection matrices
glUniformMatrix4fv(mv_location, 1, GL_FALSE, mv_matrix);
glUniformMatrix4fv(proj_location, 1, GL_FALSE, proj_matrix);

// Draw 6 faces of 2 triangles of 3 vertices each  = 36 vertices
glDrawArrays(GL_TRIANGLES, 0, 36);
```

在实际渲染任何东西之前，我们需要编写一个简单的顶点着色器来使用给定的矩阵转换顶点位置，并传递颜色信息，这样立方体就不仅仅是平面图形。

顶点着色器见清单 5.26，片段着色器见清单 5.27。

清单 5.26　旋转立方体的顶点着色器

```
#version 450 core

in vec4 position;

out VS_OUT
{
    vec4 color;
} vs_out;

uniform mat4 mv_matrix;
uniform mat4 proj_matrix;

void main(void)
{
    gl_Position = proj_matrix * mv_matrix * position;
    vs_out.color = position * 2.0 + vec4(0.5, 0.5, 0.5, 0.0);
}
```

清单 5.27　旋转立方体的片段着色器

```
#version 450 core

out vec4 color;

in VS_OUT
{
    vec4 color;
} fs_in;

void main(void)
{
    color = fs_in.color;
}
```

几帧应用结果见图 5.2。

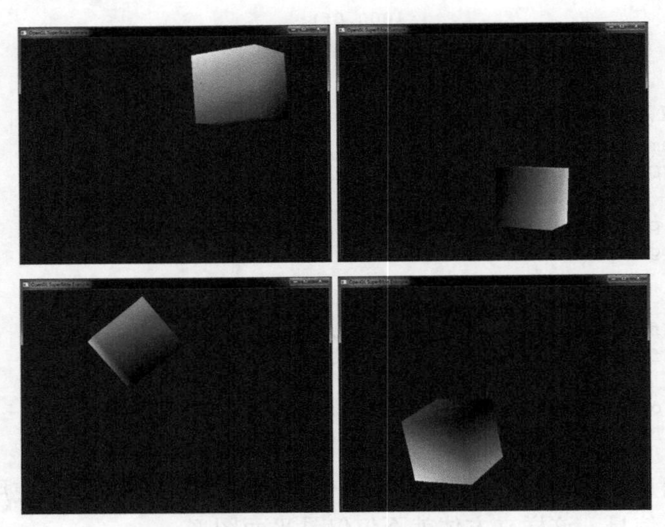

图 5.2 旋转立方体应用的几帧示例

既然我们已经在缓存对象中构建了立方体几何图形，统一变量中也有了模型视图矩阵，那么就可以更新统一变量并在一帧内绘制立方体的多个副本了。在清单 5.28 中我们修改了渲染函数以便多次计算新的模型视图矩阵并反复绘制立方体。同时，由于计划在该例中渲染多个立方体，因此我们需要在渲染帧之前明确深度缓冲。虽然这里没有显示，但我们还修改了 startup 函数来支持深度测试并将深度测试函数设置为 GL_LEQUAL。使用修改后的程序进行渲染的结果见图 5.3。

清单 5.28 旋转立方体的渲染循环

```
// Clear the framebuffer with dark green and clear
// the depth buffer to 1.0
glClearBufferfv(GL_COLOR, 0, sb7::color::Green);
glClearBufferfi(GL_DEPTH_STENCIL, 0, 1.0f, 0);

// Activate our program
glUseProgram(program);

// Set the model-view and projection matrices
 glUniformMatrix4fv(proj_location, 1, GL_FALSE, proj_matrix);

// Draw 24 cubes...
for (i = 0; i < 24; i++)
{
    // Calculate a new model-view matrix for each  one
    float f = (float)i + (float)currentTime * 0.3f;
    vmath::mat4 mv_matrix =
        vmath::translate(0.0f, 0.0f, -20.0f) *
        vmath::rotate((float)currentTime * 45.0f, 0.0f, 1.0f, 0.0f) *
        vmath::rotate((float)currentTime * 21.0f, 1.0f, 0.0f, 0.0f) *
        vmath::translate(sinf(2.1f * f) * 2.0f,
                         cosf(1.7f * f) * 2.0f,
                         sinf(1.3f * f) * cosf(1.5f * f) * 2.0f);
    // Update the uniform
    glUniformMatrix4fv(mv_location, 1, GL_FALSE, mv_matrix);
```

```
    // Draw - notice that we haven't updated the projection matrix
    glDrawArrays(GL_TRIANGLES, 0, 36);
}
```

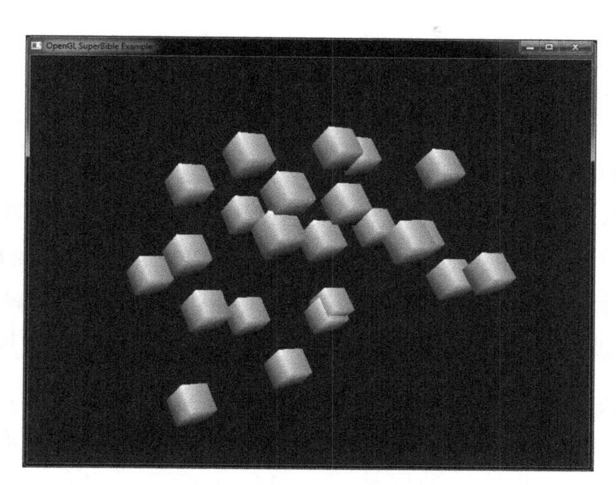

图 5.3 多个立方体

5.3 着色器存储区块

除了对一致区块提供缓存对象的只读访问外，缓存对象还可以用于使用着色器存储区块（shader storage block）的着色器的常规储存。这与一致区块的声明方式类似，且通过绑定一系列缓冲对象到其中一个有索引的 GL_SHADER_STORAGE_BUFFER 目标，以同样的方式进行支持。但一致区块和着色器存储区块最大的区别是，着色器能够写入着色器存储区块，甚至能在着色器存储区块的成员上执行原子操作（atomic operation）。着色器存储区块的大小上限更高。

若要声明着色器存储区块，只需要在着色器中声明一个区块，就像声明一致区块一样；但并不是用 uniform 关键字，而是使用 buffer 限定符。与一致区块相似，着色器存储区块支持 std140 打包配置限定符，同时也支持 std430[1]打包配置限定符，允许整数数组和浮点变量（和包含这些变量的结构）紧密打包（std140 布局中极度缺乏）。

这样内存使用效率更高，与 C++等语言编译程序生成的结构配置的结合更紧密。着色器存储区块声明示例见清单 5.29。

清单 5.29 着色器存储区块声明示例

```
#version 450 core

struct my_structure
{
    int         pea;
    int         carrot;
    vec4        potato;
};
```

1 **std140** 和 **std430** 打包配置是为着色语言版本而命名的——带有 GLSL 1.40 的 **std140** 是 OpenGL 3.1 的部分，带有 GLSL 4.30 的 **std430** 是利用 OpenGL 4.3 发布的版本。

```
layout (binding = 0, std430) buffer my_storage_block
{
    vec4            foo;
    vec3            bar;
    int             baz[24];
    my_structure    veggies;
};
```

着色器存储区块成员可以像其他任何变量一样引用。若要读取它们，则可以将它们作为函数的参数；若要向其写入数据，则只需要向其赋值。当在表达式中使用变量时，数据源将是缓存对象；当赋值变量时，数据将被写入缓存对象。我们可以使用 **glBufferData()** 等函数将数据放在缓存中，就像使用一致区块一样。由于缓存可以用着色器编写，如果调用 **glMapBufferRange()**，且将 GL_MAP_READ_BIT（或 GL_MAP_WRITE_BIT）作为访问模式，则可以读取着色器生成的数据。

着色器存储区块及其备用缓存对象比一致区块的优势更多。例如，着色器存储区块的大小没有限制。当然，如果大的过分，则 OpenGL 可能无法为我们分配内存，但实际上着色器存储区块大小并没有上限。同样，相比一致区块，std430 较新的打包规则支持更有效的打包方式和直接访问应用数据。但值得注意的是，由于一致区块对齐要求更严格，最小尺寸更小，一些硬件可能会以不同于着色器存储区块的方式处理一致区块，且在读取数据时效率更高。

清单 5.30 展示了如何在顶点着色器中使用着色器存储区块代替常规输入。

清单 5.30　用着色器存储区块代替顶点属性

```
#version 450 core

struct vertex
{
    vec4        position;
    vec3        color;
};

layout (binding = 0, std430) buffer my_vertices
{
    vertex      vertices[];
};

uniform mat4 transform_matrix;

out VS_OUT
{
    vec3        color;
} vs_out;

void main(void)
{
    gl_Position = transform_matrix * vertices[gl_VertexID].position;
    vs_out.color = vertices[gl_VertexID].color;
}
```

虽然着色器存储区块具有很多优势，几乎使一致区块和顶点属性显得多余，但我们应该知道，着色器存储区块非常灵活，使 OpenGL 难以真正优化对存储块的访问。例如，一些 OpenGL 实现可能能够更快地访问一致区块，因为它们的内容始终保持不变。同时，可能早在顶点着色器运行之前就为顶点属性读取输入数据，这使 OpenGL 的内存子系统能够保持同步。而读取着色器中间的顶点数据可能会使其运行速度减慢。

原子内存操作

除了简单的读写内存外，着色器存储区块还允许对内存执行原子操作（*atomic operation*）。原子操作是一段从内存读取的序列，可能会伴随对内存的写入，而写入必须不受干扰才能保证结果正确。假设两个着色器调用 m 表示的同一个内存位置执行 `m = m + 1;` 运算，每次调用将载入 m 表示的内存位置当前储存的值，再加 1，然后写回同一位置的内存。

如果执行同步调用，则会得到错误的内存值，除非可以将运算原子化。这是因为第一次调用从内存加载值，而第二次调用从内存读取同样的值。两次调用都将增加其值的副本，第一次调用将把增加的值写回内存，第二次调用将用其计算的相同递增值重写该值。如果同时运行两个以上调用，问题会更严重。

为了解决这一问题，原子操作可在其他调用有机会从内存读取数据之前，就完成读取-修改-写入循环以完成一次调用。理论上如果多个着色器调用在不同内存位置执行原子操作，则一切都会井然有序地运行，就像在着色器中写入最初的 `m = m + 1;` 代码。如果两个调用访问同一内存位置（称为资源竞争），那么这些调用就会被序列化，按顺序执行。为了对着色器存储区块成员执行原子操作，我们可调用表 5.5 所列的其中一个原子内存函数。

表 5.5　着色器存储区块上的原子操作

原子函数	行为
atomicAdd(mem, data)	从 mem 读取，添加到 data，结果写回 mem，然后返回最初存储在 mem 中的值
atomicAnd(mem, data)	从 mem 读取，用 data 运行逻辑与，结果写回 mem，然后返回最初存储在 mem 中的值
atomicOr(mem, data)	从 mem 读取，用 data 运行逻辑或，结果写回 mem，然后返回最初存储在 mem 中的值
atomicXor(mem, data)	从 mem 读取，用 data 运行逻辑异或，结果写回 mem，然后返回最初存储在 mem 中的值
atomicMin(mem, data)	从 mem 读取，确定获取的最小值和 data，结果写回 mem，然后返回最初存储在 mem 中的值
atomicMax(mem, data)	从 mem 读取，确定获取的最大值和 data，结果写回 mem，然后返回最初存储在 mem 中的值
atomicExchange(mem, data)	从 mem 读取，将 data 值写入 mem，然后返回最初存储在 mem 中的值
atomicCompSwap(mem, comp, data)	从 mem 读取，将获得的值与 comp 比较，如果相等，将 data 写入 mem，但始终返回最初存储在 mem 中的值

在表 5.5 中，所有函数均有整数（int）和无符号整数（uint）版本。整数版本的 mem 声明为 inout int mem；data 和 comp（atomicCompSwap）声明为 int data；int comp 和所有函数的返回值为 int。同样，对于无符号整数版本，所有参数使用 uint 声明，返回的函数类型为 uint。值得注意的是，浮点变量、向量或矩阵以及不是 32 位的整数值没有原子操作。表 5.5 所示的所有原子内存访问函数都返回在进行原子操作前内存中的值。着色器的多个调用尝试在同一时间同一位置进行原子操作时，这些调用会序列化，即依次运行。这意味着并不能保证我们能从原子内存操作得到特定的返回值。

同步存取内存

当只从缓存读取数据时，数据几乎是随时可用的，我们不需要担心着色器读取的顺序。但是当着色器开始向缓存对象写入数据时，无论是通过在着色器存储区块中写入变量还是通过明确调用可能写入内存的原子操作函数，我们都需要避免风险。

内存风险大致分为3种：

- 先写后读（RAW）风险，程序在刚刚写入内存后试图从内存位置读取数据时会发生此风险。根据系统架构，读写顺序可能会被重新排列，因此读取操作可能在写完之前被执行，进而导致原有数据返回应用程序中。
- 写后写（WAW）风险，程式在同一内存位置连续执行两次写入操作时会发生此风险。我们希望最后写入的数据会覆盖最先写入的数据，并成为最终保留在内存中的值。对于有的架构，这一点并不成立，某些情况下，程序编写的第一个数据实际上可能是最终保留在内存中的数据。
- 先读后写（WAR）风险，这种风险通常只发生在并行处理系统中（如图形处理器），当一个执行线程（如着色器调用）在另一线程认为已经从内存读取数据后执行对内存的写操作时会发生此风险。如果重新对这些操作排序，则执行读取的线程可能会意外得到第二个线程写入的数据。

由于运行 OpenGL 的系统具有较强的管线和平行特点，因此有大量机制可缓解和控制内存风险。如果没有这些功能，OpenGL 实现需要更加保守地对着色器重新排序且并行运行这些着色器。处理内存风险的主要工具为内存屏障（memory barrier）。

内存屏障基本上就相当于一个标记符，指示 OpenGL“如果准备重新排序，只要完成之前发送的命令，不要先执行后面的命令。”

可以将屏障插入应用代码（通过调用 OpenGL），也可以插入着色器。

在应用中使用屏障

插入屏障所用的函数为 **glMemoryBarrier()**，其原型为

```
void glMemoryBarrier(GLbitfield barriers);
```

glMemoryBarrier() 函数接收 GLbitfield 参数，而 barriers 允许我们指定哪些 OpenGL 内存子系统应该受制于屏障，哪些可以忽略此屏障并继续运行。屏障会影响 barriers 中指定类别的内存操作排序。如果我们想用一个大锤敲击 OpenGL，并同步所有内容，则可将 barriers 设为 GL_ALL_BARRIER_BITS。但有相当多定义的位元，我们可以将它们加在一起以更精确地确定需要同步的内容。例如：

- 使用 GL_SHADER_STORAGE_BARRIER_BIT 指示 OpenGL 我们希望允许在屏障完成之前运行的着色器执行任何访问（尤其是写入），然后才允许任何着色器访问屏障之后的数据。因此，如果我们从着色器向着色器存储缓存写入数据，然后用 barriers 中的

GL_SHADER_STORAGE_BARRIER_BIT 调用 **glMemoryBarrier()**，则在屏障后运行的着色器就会“看到”该数据。如果没有屏障，就无法保证这一系列操作过程。

- 在 barriers 中使用 GL_UNIFORM_BARRIER_BIT 指示 OpenGL 我们可能已向内存写入某些内容，可作为屏障之后的统一变量缓存，应等待以确保写入缓存的着色器已经完成，然后才允许将其作为统一变量缓存的着色器运行。例如，如果我们在一个着色器中使用一个着色器存储区块来写入缓存，然后希望稍后使用该缓存作为一个统一变量缓存，则可以设置该选项。
- 使用 GL_VERTEX_ATTRIB_ARRAY_BARRIER_BIT 确保 OpenGL 会等待向缓存写入的着色器完成，然后通过顶点属性将这些缓存作为顶点数据源。例如，如果我们通过一个着色器存储区块写入缓存，然后希望使用该缓存作为顶点数组的一部分，将数据输入后续绘图命令的顶点着色器中，则可以设置此选项。

控制 OpenGL 其他子系统着色器顺序的这类位元还有很多，在深入讨论这些子系统时会分别介绍这些位元。**glMemoryBarrier()**的重点是 barriers 中包含的项目为目标子系统，假设我们用来更新数据的机制是使用着色器来将其写入内存。

在着色器中使用屏障

就像我们可以在应用程序代码中插入内存屏障来控制着色器相对于应用程序执行的内存访问顺序，也可以将屏障插入着色器中阻止 OpenGL 按某种顺序而不是着色器代码指定的顺序读写内存。GLSL 基本内存屏障函数为

```
void memoryBarrier();
```

如果从着色器代码中调用 memoryBarrier()，则可能已经执行的内存读写将在此函数返回前完成。这意味着可安全读取刚写入的数据。如果没有屏障，则有可能我们在从刚写入的内存位置读取数据时，OpenGL 会返回旧数据而不是新数据！

为了更好地控制对哪些类型的内存访问进行排序，我们可以使用 memoryBarrier() 函数的一些更专业的版本。例如，memoryBarrierBuffer()命令对缓存的读写操作进行排序，但对其他操作不进行排序。我们将在讨论屏障函数保护的数据类型时介绍其他屏障函数。

5.4 原子计数器

原子计数器是一种特殊类型的变量，表示在多个着色器调用之间共享的存储。此存储由缓存对象支持，并在 GLSL 中提供函数来递增和递减存储在缓存中的值。这些操作的特别之处在于它们是原子的：就像使用着色器存储区块成员的等效函数一样（如表 5.5 所示），它们返回计数器修改前的原始值。与其他原子操作一样，如果两个着色器调用同时增加相同的计数，则 OpenGL 会使它们依次执行。其中一个着色器调用将接收到计数器的原始值，另一个会接收到原始值加 1，计数器的最终值将是原始值加 2。

此外，就像着色器存储区块原子一样，我们不能保证这些操作发生的顺序，因此同样不能保证接收任何特定值。

为了在着色器中声明原子计数器，可调用：

```
layout (binding = 0) uniform atomic_uint my_variable;
```

OpenGL 提供了许多绑定点，我们可将缓存绑定到这些点存储原子计数器的值。此外，每个原子计数器在缓存对象内存储都有一个特定的偏移量。缓存绑定索引和绑定到该绑定的缓存内的偏移量可用 `binding` 和 `offset` 配置限定符指定，这些限定符同样适用于原子计数器统一变量声明。例如，如果我们希望在绑定到原子计数器绑定点 3 的缓存内以偏移量 8 放置 `my_variable`，则可以编写以下代码：

```
layout (binding = 3, offset = 8) uniform atomic_uint my_variable;
```

若要向原子计数器提供内存，则可以将缓存对象绑定到 GL_ATOMIC_COUNTER_BUFFER 索引的绑定点。清单 5.31 展示了具体做法。

清单 5.31　设置原子计数器缓冲

```
// Generate a buffer name
GLuint buf;
glGenBuffers(1, &buf);
// Bind it to the generic GL_ATOMIC_COUNTER_BUFFER target and
// initialize its storage
glBindBuffer(GL_ATOMIC_COUNTER_BUFFER, buf);
glBufferData(GL_ATOMIC_COUNTER_BUFFER, 16 * sizeof(GLuint),
             NULL, GL_DYNAMIC_COPY);
// Now bind it to the fourth indexed atomic counter buffer target
glBindBufferBase(GL_ATOMIC_COUNTER_BUFFER, 3, buf);
```

在着色器内使用原子计数器之前，可先重置它。为此，可以调用 **glBufferSubData()** 并传递包含我们想要重置计数器值的变量地址；使用 **glMapBufferRange()** 映射缓冲并直接将值写入其中，或使用 **glClearBufferSubData()**。清单 5.32 展示了以上 3 种方法的示例。

清单 5.32　设置原子计数器缓冲

```
// Bind our buffer to the generic atomic counter buffer
// binding point
glBindBuffer(GL_ATOMIC_COUNTER_BUFFER, buf);
// Method 1 - use  glBufferSubData to reset an atomic counter
const GLuint zero = 0;
glBufferSubData(GL_ATOMIC_COUNTER_BUFFER, 2 * sizeof(GLuint),
                sizeof(GLuint), &zero);

// Method 2 - Map the buffer and write the value directly into it
GLuint * data =
    (GLuint *)glMapBufferRange(GL_ATOMIC_COUNTER_BUFFER,
                               0, 16 * sizeof(GLuint),
                               GL_MAP_WRITE_BIT |
                               GL_MAP_INVALIDATE_RANGE_BIT);
data[2] = 0;
glUnmapBuffer(GL_ATOMIC_COUNTER_BUFFER);

// Method 3 - use  glClearBufferSubData
glClearBufferSubData(GL_ATOMIC_COUNTER_BUFFER,
```

```
                    GL_R32UI,
                    2 * sizeof(GLuint),
                    sizeof(GLuint),
                    GL_RED_INTEGER, GL_UNSIGNED_INT,
                    &zero);
```

现在我们已经创建了一个缓存，并将其绑定到原子计数器缓存目标，并且在着色器中声明了一个原子计数器统一变量，可以开始计数了。首先，调用以下函数增加原子计数器

```
uint atomicCounterIncrement(atomic_uint c);
```

该函数可读取当前原子计数器的值，并加 1，将新值写回原子计数器，然后返回读取的原始值，并以原子方式执行所有操作。由于未定义着色器的不同调用的执行顺序，因此连续调用两次 atomicCounterIncrement 不一定会得到两个连续值。

接下来，调用以下函数减少原子计数器

```
uint atomicCounterDecrement(atomic_uint c);
```

该函数可读取当前原子计数器的值，并减 1，将新值写回原子计数器，然后返回计数器的新值。注意，这与 atomicCounterIncrement 相反。如果只调用一次着色器，且先调用 atomicCounterIncrement 后再调用 atomicCounterDecrement，则两个函数返回的值应该是相同的。

但多数情况下，会同时多次调用着色器。实践中两次调用不太可能接收到相同的值。

如果我们只是想知道原子计数器的值，则可调用

```
uint atomicCounter(atomic_uint c);
```

该函数只返回存储在原子计数器 c 中的当前值。

清单 5.33 举例说明了原子计数器的使用，展示了一个简单的片段着色器，该着色器每次执行原子计数器时都会递增一个原子计数器。这将产生在原子计数器中使用此着色器渲染的对象的屏幕空间区域。

清单 5.33 使用原子计数器计算面积

```
#version 450 core

layout (binding = 0, offset = 0) uniform atomic_uint area;

void main(void)
{
    atomicCounterIncrement(area);
}
```

我们可以看到清单 5.33 中的着色器并没有常规输出（out 存储标识符声明的变量），也不会在帧缓存中写入任何数据。事实上，我们在运行此着色器时会禁用对帧缓存的写入操作。若要关闭对帧缓存的写入操作，可调用

```
glColorMask(GL_FALSE, GL_FALSE, GL_FALSE, GL_FALSE);
```

若要重新打开对帧缓存的写入操作，可调用

```
glColorMask(GL_TRUE, GL_TRUE, GL_TRUE, GL_TRUE);
```

由于原子计数器存储在缓存中，因此现在可将原子计数器绑定到另一缓存目标，例如 GL_UNIFORM_BUFFER 缓存目标之一，并在着色器中检索其值。这样我们就可以使用原子计数器的值控制程序稍后会运行着色器的执行。清单 5.34 展示了着色器通过一致区块读取原子计数器结果，并将其作为计算输出颜色的一部分。

清单 5.34　在一致区块中使用原子计数器结果

```
#version 450 core

layout (binding = 0) uniform area_block
{
    uint    counter_value;
};

out vec4  color;

uniform float max_area;

void main(void)
{
    float brightness = clamp(float(counter_value) / max_area,
                             0.0, 1.0);

    color = vec4(brightness, brightness, brightness, 1.0);
}
```

当我们在清单 5.33 中执行着色器时，它只计算正在渲染的几何图形的面积。然后在清单 5.34 中显示该面积作为 area_block 一致缓存块的第一个也是唯一一个成员。我们把它除以最大期望面积，然后使用此结果作为更远的几何体的亮度。试想用这两个着色器渲染时会发生什么。如果一个对象靠近观察者，则它看起来更大，覆盖更大的屏幕区域，原子计数器的最终值将会更大。当对象远离观察者时，会显得更小，原子计数器不能达到这一高值。原子计数器的值将反映在第二个着色器的一致区块中，影响它所渲染的几何图形的亮度。

同步访问原子计数器

原子计数器表示缓存对象中的位置。当执行着色器时，它们的值很可能保留在图形处理器内部的专用内存中（例如，这使得它们比在着色器存储区块成员上执行简单的原子内存操作更快）。然而，当着色器运行完成时，原子计数器的值将被写回内存中。因此，增减原子计数器被认为是一种内存操作形式，容易受到本章前面描述的风险的影响。事实上，**glMemoryBarrier()** 函数支持与 OpenGL 管线其他部分对原子计数器的同步访问。调用

```
glMemoryBarrier(GL_ATOMIC_COUNTER_BARRIER_BIT);
```

可确保任何对缓存对象中的原子计数器的存取，都将反映着色器对该缓存的更新。当向缓存中写入某些内容时，应调用设置有 GL_ATOMIC_COUNTER_BARRIER_BIT 的 **glMemoryBarrier()**，我们希望写入操作反映于原子计数器的值中。如果用原子计数器在缓存中更新该值，然后用该缓存做其他事情，则加入 **glMemoryBarrier()** 的 barriers 参数中的位元应对应于该缓存的用途，而不一定包括 GL_ATOMIC_COUNTER_BARRIER_BIT。

同样，有一个叫作 memoryBarrierAtomicCounter() 的 GLSL memoryBarrier() 函数版本，可确保原子计数器上的操作在其返回之前完成。

5.5 纹理

纹理是一种结构化的存储形式，可供着色器读写。纹理通常用于存储图像数据，并有多种形式和布局。最常见的纹理布局是二维布局，但也可在一维或三维布局、数组形式（多个纹理堆叠在一起形成一个逻辑对象）、立方体等图形中创建纹理。纹理被表示为可以生成、绑定到纹理单元（texture unit）并操作的对象。若要使用纹理，我们首先需要调用 **glCreateTextures()** 要求 OpenGL 创建一些纹理。此时，我们得到的名称表示刚创建的纹理对象，可随时填充数据并绑定到上下文中使用。

5.5.1 创建并初始化纹理

完整创建纹理包括指定想要创建的纹理类型，然后告诉 OpenGL 我们想要在其中存储的图像的大小。清单 5.35 展示了如何使用 **glCreateTextures()** 创建新的纹理对象。使用 **glBindTexture()** 将其绑定到 GL_TEXTURE_2D 目标（几个可用纹理目标之一），然后使用 **glTexStorage2D()** 函数分配纹理的存储。

清单 5.35 生成、初始化和绑定纹理

```
// The type used  for names in OpenGL is GLuint
GLuint texture;

// Create a new 2D texture object
glCreateTextures(GL_TEXTURE_2D, 1, &texture);

// Specify the amount of storage we want to use  for the texture
glTextureStorage2D(texture,         // Texture object
                   1,               // 1 mipmap level
                   GL_RGBA32F,      // 32-bit floating-point RGBA data
                   256, 256);       // 256 x 256 texels

// Now bind it to the context using the GL_TEXTURE_2D binding point
glBindTexture(GL_TEXTURE_2D, texture);
```

比较清单 5.1 和清单 5.35，发现两者非常相似。两种情况下，我们都可以创建一个新的对象，为其包含的数据确定存储，然后将其绑定到一个可供 OpenGL 程序随时使用的目标中。对于纹理，我们使用的函数为 glTextureStorage2D()，它作为我们将要为其分配内存的纹理名称参数；Mip 映射中的所用层数，此处未使用（但稍后将解释）；纹理的内部格式（internal format）（此处我们选择 GL_RGBA32F，一种四通道浮点格式）；以及纹理的宽度和高度。我们调用此函数时，OpenGL 将分配足够的内存以存储具有上述维度的纹理。明确纹理的内存后，我们可将其绑定到上下文中使用。接下来，我们需要为纹理指定一些数据。为此，我们使用 **glTexSubImage2D()** 函数，详见清单 5.36。

清单 5.36 用 **glTexSubImage2D()** 更新纹理数据

```
// Define some data to upload into the texture
float * data = new float[256 * 256 * 4];

// generate_texture() is a function that fills memory with image data
generate_texture(data, 256, 256);

// Assume that "texture" is a 2D texture that we created earlier
glTextureSubImage2D(texture,          // Texture object
                    0,                // Level 0
                    0, 0,             // Offset 0, 0
                    256, 256,         // 256 x 256 texels, replace entire image
                    GL_RGBA,          // Four-channel data
                    GL_FLOAT,         // Floating-point data
                    data);            // Pointer to data

// Free the memory we allocated before - OpenGL now has  our data
delete [] data;
```

清单 5.36 中的代码运行后，OpenGL 会保留我们提供的原始纹理数据的副本，因此可以将应用程序的内存释放到操作系统中。

如果我们只是想将纹理初始化为一个固定值，则可使用 **glClearTexSubImage()**，其原型为

```
void glClearTexSubImage(GLuint texture,
                        GLint level,
                        GLint xoffset,
                        GLint yoffset,
                        GLint zoffset,
                        GLsizei width,
                        GLsizei height,
                        GLsizei depth,
                        GLenum format,
                        GLenum type,
                        const void * data);
```

对于 **glClearTexSubImage()**，任何纹理类型都能在 texture 中传递，纹理的维度是从我们传递的对象中推导出来的。level 明确了我们想要清除的 mip 贴图层；xoffset、yoffset 和 zoffset 提供了待清除区域的起始偏移量；width、height 和 depth 指定了区域的尺寸。format 和 type 参数的解释与 **glTexSubImage2D()** 完全相同，但 data 设置为单纹素数据，然后在整个纹理内复制。如果使用已知数据填充此纹理，或将纹理绑定到帧缓存以将其绘入，该命令不是特别有用；但如果准备将纹理作为着色器中的图像变量直接写入纹理，该命令会非常有用，稍后将进一步讨论。

5.5.2 纹理目标和类型

清单 5.36 中的示例展示了如何通过向 GL_TEXTURE_2D 指定的 2D 纹理目标绑定新名称来创建 2D 纹理。这只是可绑定纹理的多个目标之一，新的纹理对象采用其首先绑定的目标确定的类型。因此，纹理目标和类型通常可以互换使用。表 5.6 列举了可用的目标并介绍了该目标绑定新名称后将创建的纹理类型。

GL_TEXTURE_2D 纹理目标很可能就是最需要我们处理一个目标。这是我们的标准二维图

像，可以想象它表示一幅图片。利用 GL_TEXTURE_1D 和 GL_TEXTURE_3D 类型，我们可分别创建一维和三维纹理。1D 纹理和 2D 纹理一样，多数情况下高度为 1。

表 5.6 纹理目标和说明

纹理目标(GL_TEXTURE_*)	说明
1D	一维纹理
2D	二维纹理
3D	三维纹理
RECTANGLE	矩形纹理
1D_ARRAY	一维数组纹理
2D_ARRAY	二维数组纹理
CUBE_MAP	立方体贴图纹理
CUBE_MAP_ARRAY	立方体贴图数组纹理
BUFFER	缓冲纹理
2D_MULTISAMPLE	二维多重采样纹理
2D_MULTISAMPLE_ARRAY	二维数组多重采样纹理

但 3D 纹理可用于表示体积，且实际上具有三维纹理坐标。矩形纹理[1]是一种特殊的 2D 纹理，在着色器中的读取方式以及支持的参数有细微的差异。

GL_TEXTURE_1D_ARRAY 和 GL_TEXTURE_2D_ARRAY 类型表示聚合到单个对象中的纹理图像数组。本章后面会详细介绍。同样，立方体贴图纹理（通过将纹理名称绑定到 GL_TEXTURE_CUBE_MAP 目标创建）表示六个正方形图像的集合，构成一个立方体，可用于模拟照明环境。正如 GL_TEXTURE_1D_ARRAY 和 GL_TEXTURE_2D_ARRAY 目标表示 1D 和 2D 图像数组的 1D 和 2D 纹理，GL_TEXTURE_CUBE_MAP_ARRAY 目标表示立方体贴图数组纹理。

GL_TEXTURE_BUFFER 目标表示的缓存纹理是一种特殊的纹理类型，很像 1D 纹理，只是其存储实际由缓存对象表示。此外，其最大尺寸比 1D 纹理大得多，这一点不同于 1D 纹理。

OpenGL 说明书的最低要求是 65536 纹素，但实际上多数实现都支持创建更大的缓存，通常在几百兆字节范围内。缓存纹理没有过滤和 mip 贴图等 1D 纹理类型支持的一些特征。

最后，多重采样纹理类型 GL_TEXTURE_2D_MULTISAMPLE 和 GL_TEXTURE_2D_MULTISAMPLE_ARRAY 用于多采样抗锯齿（multisample antialiasing），这是一种提高图像质量的技术，尤其是线和多边形边缘的质量。

5.5.3 从着色器中纹理读取数据

一旦我们创建纹理对象并在其中存放数据后，就可以在着色器中读取该数据并将其用于着色片段。着色器中的纹理以采样器变量（sampler variable）形式存在，通过以取样器类型声明统一变量

1 在并非所有硬件都支持纹理时 OpenGL 就引进了矩形纹理，其尺寸并不是 2 的整数幂。现代图形硬件几乎都支持这一纹理，因此矩形纹理基本上变成了 2D 纹理的子集，不必优先于 2D 纹理使用。

与外界相连接。就像可以通过不同纹理目标创建和使用不同维度的纹理一样，GLSL 中可以使用相应采样器变量类型来分别表示它们。表示二维纹理的采样器类型为 sampler2D。若要访问着色器中的纹理，可以使用 sampler2D 类型创建统一变量，然后使用该统一变量的 texelFetch 内置函数和一组纹理坐标从纹理中读取。清单 5.37 展示了如何从 GLSL 中读取纹理。

清单 5.37　从 GLSL 中的纹理读取

```
#version 450 core

uniform sampler2D s;

out vec4 color;

void main(void)
{
    color = texelFetch(s, ivec2(gl_FragCoord.xy), 0);
}
```

清单 5.37 的着色器通过从内置变量 gl_FragCoord 获取的纹理坐标从统一变量采样器 s 读取数据。该变量是片段着色器的输入数据，具有正在窗口坐标中处理片段的浮点坐标。但 texelFetch 函数接收的是(0, 0)到纹理宽度和高度范围内的整数点坐标。

图 5.4　简单的纹理三角形

因此，我们从 gl_FragCoord 的 *x* 和 *y* 分量构建一个二分量整数向量（ivec2）。texelFetch 的第三个参数是纹理的 mip 贴图层。由于本例中纹理只有一层，因此我们将其设置为零。使用此着色器得到的三角形示例结果见图 5.4。

采样器类型

如前文所述，纹理的每个维度都有一个目标点用于绑定纹理对象，每个目标都有相应的采样器类型，用于在着色器中访问这些类型。表 5.7 列举了基本的纹理类型以及着色器中用来访问这些类型的采样器。

表 5.7　**基本纹理目标和采样器类型**

纹理目标	采样器类型
GL_TEXTURE_1D	sampler1D
GL_TEXTURE_2D	sampler2D
GL_TEXTURE_3D	sampler3D
GL_TEXTURE_RECTANGLE	sampler2Drect
GL_TEXTURE_1D_ARRAY	sampler1Darray
GL_TEXTURE_2D_ARRAY	sampler2Darray
GL_TEXTURE_CUBE_MAP	samplerCube
GL_TEXTURE_CUBE_MAP_ARRAY	samplerCubeArray
GL_TEXTURE_BUFFER	samplerBuffer
GL_TEXTURE_2D_MULTISAMPLE	sampler2DMS
GL_TEXTURE_2D_MULTISAMPLE_ARRAY	sampler2DMSArray

如表 5.7 所示，若要创建 1D 纹理并用于着色器，我们应为 GL_TEXTURE_1D 目标绑定一个新的纹理名称，然后在着色器中使用 sampler1D 变量读取。同样，对于 2D 纹理，我们可使用 GL_TEXTURE_2D 和 sampler2D；对于 3D 纹理，可使用 GL_TEXTURE_3D 和 sampler3D，以此类推。

GLSL 采样器类型 sampler1D、sampler2D 等表示浮点数据。也可以在纹理中存储有符号和无符号整数数据并在着色器中检索。为了表示包含有符号整数数据的纹理，需要在等效浮点采样器类型前面添加 i 前缀。同样，为了表示包含无符号整数数据的纹理，需要在等效浮点采样器类型前面添加 u 前缀。例如，包含有符号整数数据的 2D 纹理可用 isampler2D 变量类型表示，包含无符号整数数据的 2D 纹理可用 usampler2D 变量类型表示。

如清单 5.37 所示，我们使用 texelFetch 内置函数从着色器中读取纹理。实际上该函数有很多变形，因为它是重载函数。这说明该函数有多种版本，每种版本都有一组不同的函数参数。每个函数都取采样器变量作为第一个参数，各函数间的主要区别是采样器的类型。函数的其他参数取决于所用采样器的类型。尤其纹理坐标中的分量数量取决于采样器的维度，而函数的返回类型取决于采样器的类型（浮点、有符号或无符号整数）。

例如，以下为 texelFetch 函数的所有声明：

```
vec4  texelFetch(sampler1D s, int P, int lod);
vec4 texelFetch(sampler2D s, ivec2 P, int lod);
ivec4 texelFetch(isampler2D s, ivec2 P, int lod);
uvec4  texelFetch(usampler3D s, ivec3 P, int lod);
```

注意 texelFetch 版本采用 sampler1D 采样器类型时，其纹理坐标为一维 int P，但采用 sampler2D 的版本需要二维坐标 ivec2 P。我们也可以看到 texelFetch 函数返回的类型受到其采用的采样器类型影响。采用 sampler2D 采样器的 texelFetch 版本产生一个浮点向量，而采用 isampler2D 采样器的版本返回整数向量。这种重载类似于 C++等语言支持的重载类型。也就是说函数可以根据参数类型而不是返回类型重载，除非该返回类型由其中一个参数确定。

所有 texture 函数都返回一个四分量向量，无论该向量是浮点数还是整数，且与绑定到采样器变量所引用纹理单元的纹理对象格式不同。如果我们从含有少于四个通道的纹理读取数据，则绿色和蓝色通道的默认值为 0，透明度通道默认值为 1。如果着色器没有使用返回数据的一个或多个通道，着色器编译器可能会优化掉多余的代码。

我们可以用 GLSL 提供的其他一些函数获取更多有关采样器的信息。首先，textureSize 函数返回纹理的大小，同时被重载并返回不同维度结果，这主要取决于我们指定的参数。例如：

```
int textureSize(sampler1D sampler, int lod);
ivec2 textureSize(sampler2D sampler, int lod);
ivec3 textureSize(gsampler3D sampler, int lod);
```

与 texelFetch 函数一样，textureSize 函数也采用 lod 参数指定我们想要确定大小的 mip 贴图层。如果我们使用多重采样纹理（一种特殊的纹理，每个纹素具有多种颜色或样本），可调用以下函数了解其包含多少样本

```
int textureSamples(sampler2DMS sampler);
```

textureSamples 函数将纹理中的样本数量作为一个整数返回。再次说明，该函数存在多个重载版本对应不同的采样器类型，但所有版本都返回一个整数。

5.5.4 从文件载入纹理

我们简单举例说明了如何在应用程序中直接生成纹理数据。但这显然不适用于实际的应用程序，因为在实际应用程序中我们通常将图像存储在硬盘上或网络连接的另一端。我们可以选择将纹理转化成硬编码数组（有些工具可以实现）或者从应用程序的文件中载入纹理。

有很多图像文件格式可以存储压缩或非压缩图片，其中一些更适合照片，一些更适合线条图或文本。但很少有图像格式能够正确存储 OpenGL 支持的所有格式，表示 mip 贴图、立方体贴图等高级特性。其中一种格式是.KTX，或Khronos TeXture格式，主要用于储存几乎所有能够表示为OpenGL纹理的图案。事实上，.KTX 文件格式包含我们需要传递给包括 glTextureStorage2D()和glTextureSubImage2D()等纹理函数的绝大多数参数，以便直接在文件中载入纹理。

.KTX 文件标题的结构详见清单 5.38。

清单 5.38 .KTX 文件的标题

```
struct header
{
    unsigned char      identifier[12];
    unsigned int       endianness;
    unsigned int       gltype;
    unsigned int       gltypesize;
    unsigned int       glformat;
    unsigned int       glinternalformat;
    unsigned int       glbaseinternalformat;
    unsigned int       pixelwidth;
    unsigned int       pixelheight;
    unsigned int       pixeldepth;
    unsigned int       arrayelements;
    unsigned int       faces;
    unsigned int       miplevels;
    unsigned int       keypairbytes;
};
```

其中，identifier 含有一串字节，允许应用程序验证这是一个合法的.KTX 文件，endianness 包含一个已知值，该值根据其采用小端机或大端机创建文件而有所不同。gltype、glformat、glinternalformat 和 glbaseinternalformat 字段实际上是 GLenum 类型的原始值，将用于载入纹理。gltypesize 字段以字节为单位存储 gltype 类型一个数据元素的大小，用于防止文件的端序与载入文件的机器固有端序不一致，在这种情况下，纹理的每个元素必须在加载时交换字节。其余字段（如 pixelwidth、pixelheight、pixeldepth、arrayelements、faces 和 miplevels）则存储有关纹理尺寸的信息。最后，keypairbytes 字段用于允许应用程序储存标题后和纹理数据前的其他信息。此信息之后就是原始纹理数据。

因为.KTX 文件格式是专门为基于 OpenGL 的应用程序设计的，因此实际上编写代码以加载.KTX 文件非常简单。尽管如此，本书的源代码中也包含了.KTX 文件的基本加载程序。若要使用此加载程序，只需使用 **glGenTextures()** 为纹理保留一个新名称，然后与.KTX 文件名一起传递给加载程序。我们甚至可以省略纹理的 OpenGL 名称（或传递 0），这时加载程序将会调用 **glCreateTextures()** 函数。如果识别到 .KTX 文件，加载程序将会将该纹理绑定到相应目标并使用 .KTX 文件中的数据加载它。示例详见清单 5.39。

清单 5.39　载入 .KTX 文件

```
// Generate a name for the texture
glGenTextures(1, &texture);

// Load  texture from file
sb7::ktx::file::load("media/textures/icemoon.ktx", texture);
```

清单 5.39 看起来很简单，.KTX 载入程序为我们处理了所有细节。如果加载程序成功加载和分配纹理，则它将会返回我们所传入的纹理的名称（或它生成的纹理）；如果因为某些原因未能成功加载和分配，则会返回 0。如果想要使用纹理，则需要将其绑定到其中一个纹理单元。完成后，不要忘记调用 **glDeleteTextures()** 来删除 .KTX 加载程序返回名称的纹理。将清单 5.39 中加载的纹理应用于整个视口可产生如图 5.5 所示的图像。

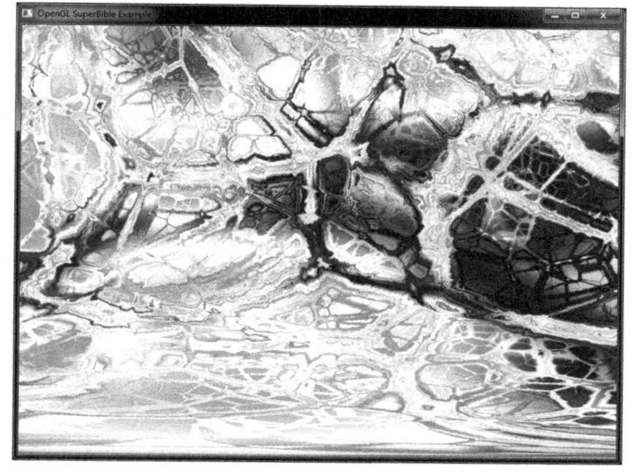

图 5.5　从 .KTX 文件载入的全屏纹理

纹理坐标

本章前面所列举的示例中，我们使用当前片段的窗口-空间坐标作为从纹理读取数据的位置。实际上我们可以使用任何想要使用的值，即使是在片段着色器中，这些值通常来自 OpenGL 通过每个基元顺利插入的其中一个输入。然后，顶点（也可能是几何着色器或细分曲面评估着色器）着色器将生成这些坐标的值。顶点着色器通常将从每个顶点输入提取纹理坐标并原封不动地传递下去。如果我们在片段着色器中使用多个纹理，就可以随意为每个纹理使用一组独特的纹理坐标，但对于许多应用程序，每个纹理将使用同一组纹理坐标。

接收一个纹理坐标然后将其传递到片段着色器的简单顶点着色器见清单 5.40，相应的片段着色器见清单 5.41。

清单 5.40　有一个纹理坐标的顶点着色器

```
#version 450 core

uniform mat4 mv_matrix;
uniform mat4 proj_matrix;

layout (location = 0) in vec4  position;
layout (location = 4) in vec2  tc;

out VS_OUT
{
    vec2  tc;
} vs_out;

void main(void)
{
```

```
    // Calculate the position of each  vertex
    vec4 pos_vs = mv_matrix * position;

    // Pass  the texture coordinate through unmodified
    vs_out.tc = tc;

    gl_Position = proj_matrix * pos_vs;
}
```

清单 5.41 所示着色器不仅作为顶点着色器生成的纹理坐标的输入，还会不均匀地缩放坐标。纹理的包装模式设置为 GL_REPEAT，这意味着纹理将在该对象上重复多次。

清单 5.41 有一个纹理坐标的片段着色器

```
#version 450 core

layout (binding = 0) uniform sampler2D tex_object;

// Input from vertex shader
in VS_OUT
{
    vec2  tc;
} fs_in;

// Output to framebuffer
out vec4  color;

void main(void)
{
    // Simply read from the texture at the (scaled) coordinates and
    // assign the result to the shader's output.
    color = texture(tex_object, fs_in.tc * vec2(3.0, 1.0));
}
```

通过传递每个顶点的纹理坐标，我们可以将纹理围绕在对象周围，然后在应用程序上离线生成纹理坐标，或由美工使用建模程序手动分配，并储存在一个对象文件中。如果将一个简单的棋盘状图案加载到纹理并将其应用于对象，就可以看到纹理是如何围绕对象的。示例详见图 5.6。左图为围绕着棋盘状图案的对象。右图为使用从文件加载的纹理的同一对象。

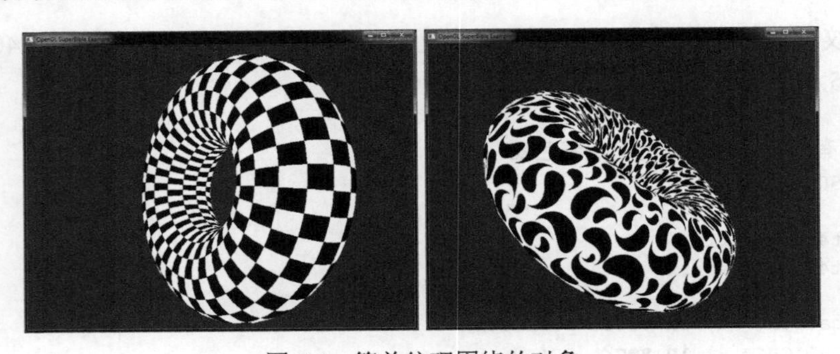

图 5.6 简单纹理围绕的对象

5.5.5 控制纹理数据的读取方式

OpenGL 在如何从纹理读取数据并将其返回到着色器方面非常灵活。通常，纹理坐标都是标准化坐标，即坐标范围为 0.0～1.0。通过 OpenGL 可以控制当提供的纹理坐标超出此范围时的情况。这称为采样器的包装模式（wrapping mode）。同时，我们可决定如何计算实际采样器之间的值，这称为采样器的过滤模式（filtering mode）。控制采样器包装和过滤模式的参数存储在采样器对象（sampler object）中。

若要创建一个或多个采样器对象，可调用

```
void glCreateSamplers(GLsizei n, GLuint * samplers);
```

其中，n 表示我们想要创建的采样器对象的数量，samplers 表示至少 n 个无符号整数变量的地址，将用来储存新创建的采样器对象的名称。

采样器对象操作方式与 OpenGL 中其他对象相同。设置采样器对象参数主要用到以下两个函数

```
void glSamplerParameteri(GLuint sampler,
                         GLenum pname,
                         GLint param);
```

和

```
void glSamplerParameterf(GLuint sampler,
                         GLenum pname,
                         GLfloat param);
```

注意，**glSamplerParameteri()** 和 **glSamplerParameterf()** 都将采样器对象名称作为第一个参数。我们需要绑定一个采样器对象来使用它，但本例中将其绑定到纹理单元。用来将采样器对象绑定到其中一个纹理单元的函数为 **glBindSampler()**，其原型为

```
void glBindSampler(GLuint unit, GLuint sampler);
```

glBindSampler() 并没有获取纹理目标，而是获取应该绑定采样器对象的纹理单元索引。采样器对象与绑定到给定纹理单元的纹理对象一起构成一组完整的数据和参数集，这些数据和参数主要用于根据着色器需求构建纹素。通过从纹理数据中分离纹理采样器的参数，可实现 3 个重要行为。

- 可将同一组采样参数用于大量纹理，不需要为每个纹理指定这些参数。
- 可更改绑定到纹理单元的纹理，不需要更新采样器参数。
- 可同时从具有多组采样器参数的相同纹理中读取数据。

虽然重要的应用程序可能会选择使用其自身的采样器对象，但每个纹理实际上都包含一个嵌入的采样器对象，该对象包含有采样参数，可在没有采样器对象绑定到相应纹理单元时将该参数应用于该纹理，我们可以将其作为纹理的默认采样参数。若要访问存储在纹理对象内的采样器对象，可调用

```
void glTextureParameterf(GLuint texture,
                         GLenum pname,
                         GLfloat param);
```

或

```
void glTextureParameteri(GLuint texture,
                         GLenum pname,
                         GLint param);
```

其中 texture 参数指定了我们想要存取其嵌入采样器对象的纹理，而 pname 和 parameter 具有与 **glSamplerParameteri()** 和 **glSamplerParameterf()** 相同的含义。

使用多个纹理

如果想要在一个着色器中使用多个纹理，需要创建多个采样器统一变量并将它们设置为引用不同的纹理单元，还需要同时绑定多个纹理到上下文。为了实现这一点，OpenGL 支持多个纹理单元。可调用包含 GL_MAX_COMBINED_TEXTURE_IMAGE_UNITS 参数的 **glGetIntegerv()** 查询支持的单元数量，例如

```
GLint units;
glGetIntegerv(GL_MAX_COMBINED_TEXTURE_IMAGE_UNITS, &units);
```

该函数会告知我们所有着色器阶段每次可访问的最大纹理单元数量。若要将纹理绑定到特定纹理单元，我们并不是像目前所做的那样调用 **glBindTexture()**，而是调用 **glBindTextureUnit()**，其原型为

```
void glBindTextureUnit(GLuint unit,
                       GLuint texture);
```

其中 unit 表示我们想要绑定的纹理单元的以零为基准的索引，而 texture 表示我们准备绑定的纹理对象的名称。例如，我们可执行以下操作绑定多个纹理：

```
GLuint textures[3];

// Create three 2D textures
glCreateTextures(3, GL_TEXTURE_2D, &textures);

// Bind the three textures to the first three texture units
glBindTextureUnit(0, textures[0]);
glBindTextureUnit(1, textures[1]);
glBindTextureUnit(2, textures[2]);
```

一旦将多个纹理绑定到上下文后，需要使着色器中的采样器统一变量引用不同单元。采样器（表示纹理和一组采样参数）由着色器中的统一变量表示。如果不初始化这些采样器，则它们会默认引用单元 0。如果是使用一个纹理的简单应用程序，这是可以接受的（我们会发现目前所举示例中该默认值可接受），但较复杂的应用程序中需要初始化统一变量以引用正确的纹理单元。为此我们可在着色器代码中使用 binding 配置限定符在编译着色器时初始化它的值。若要创建 3 个采样器统一变量，分别引用纹理单元 0、1 和 2，可编写

```
layout (binding = 0) uniform sampler2D foo;
layout (binding = 1) uniform sampler2D bar;
layout (binding = 2) uniform sampler2D baz;
```

编写此代码并将其链接到程序对象后，采样器 foo 将会引用纹理单元 0，bar 会引用 1，而 baz 会引用 2。在着色器代码中设置采样器直接引用的单元很方便，且不需要更改应用程序

的源代码。这是我们会在本书大多数采样器中使用的方法。

纹理过滤

纹理图中的纹素和屏幕上的像素之间几乎从来不存在一一对应关系。细心的程序员可以获得此结果，但也只有通过纹理化精心设计在屏幕上显示的几何图形[1]才能实现纹素和像素的对应。（实际上在 OpenGL 用于图像处理时经常会这样做。）因此，纹理图像在应用到几何曲面时总是被拉伸或收缩。由于几何体的方向性，在某物体的表面，给定的纹理甚至可以在一个维度上拉伸，同时在另一个维度上收缩。

目前所提供的示例中，我们一直在使用 texelFetch() 函数，该函数可以在特定整数纹理坐标处从选定的纹理获取一个纹素。显然，如果我们想要获取一个非整数的片段—纹素比率，这个函数就不会切割它。此时，我们需要更灵活的函数，该函数被简单地称为 texture()。与 texelFetch() 相同，这一函数也有几种重载原型：

```
vec4  texture(sampler1D s, float P);
vec4  texture(sampler2D s, vec2  P);
ivec4  texture(isampler2D s, vec2  P);
uvec4  texture(usampler3D s, vec3  P);
```

我们已经注意到，不同于 texelFetch() 函数，texture() 函数可接受浮点纹理坐标。每个维度中的 0.0～1.0 的范围都精确地映射到纹理上。显然，并非 0.0～1.0 范围内的每个可能的值都直接映射到一个纹理上，有时候该坐标会落在纹素之间，而且纹理坐标甚至还可能在 0.0～1.0 范围之外。后面的章节将介绍 OpenGL 如何接收这些浮点数并将其用于为着色器生成纹素值。

从拉伸或收缩的纹理图中计算颜色片段的过程称为纹理过滤（texture filtering）。拉伸纹理也叫作放大（magnification），收缩纹理也叫作缩小（minification）。利用采样器参数函数，OpenGL 可支持我们在放大和缩小的情况下分别设置构造纹素值的方法。这些条件称为过滤器（filter）。这两个过滤器的参数名称为 GL_TEXTURE_MAG_FILTER 和 GL_TEXTURE_MIN_FILTER，分别对应放大和缩小过滤器。现在我们可以从 GL_NEAREST 和 GL_LINEAR 两个基本纹理过滤器中进行选择，这两个过滤器分别对应最近邻和线性过滤。需要确保始终选择这两个过滤器中的一个用于 GL_TEXTURE_MIN_FILTER，如果没有 mip 贴图，默认过滤器设置不能生效（见下文“mip 贴图”部分）。

最近邻过滤是最简单且最快速的过滤方法。使用此方法，纹理坐标可根据纹理的纹素进行求值和绘制，无论坐标在哪个纹素内，该颜色都将用作片段纹理颜色。在信号处理术语中，这称为点采样（point sampling）。最近邻过滤最显著的特征就是当纹理被拉伸到特别大时所出现的大片斑驳状像素。示例详见图 5.7 左图。我们可以使用下面两个函数为放大和缩小过滤器设置纹理过滤器：

```
glSamplerParameteri(sampler, GL_TEXTURE_MIN_FILTER, GL_NEAREST);
glSamplerParameteri(sampler, GL_TEXTURE_MAG_FILTER, GL_NEAREST);
```

1 这种几何图在 2D 图形渲染中很常见，例如用户界面元素、文本等。

线性过滤比最近邻过滤需要更多的工作，但它所实现的效果往往值得这些额外的付出。在当今的商品硬件上，线性过滤所带来的额外成本可以忽略不计。线性过滤的工作原理并不是把最邻近的纹素应用到纹理坐标中，而是把这个纹理坐标周围的纹素的加权平均值应用到这个纹理坐标上（线性插值）。为了使此插值片段与纹素颜色完全匹配，纹理坐标需要位于纹素的中心。线性过滤最显著的特征就是当纹理被拉伸时所出现的“失真”图形。但失真通常使纹理看起来比最近邻过滤模式的锯齿块更真实，人工操作的痕迹更少。对比示例详见图 5.7 右图。我们可以使用以下代码简单设置线性过滤：

```
glSamplerParameteri(sampler, GL_TEXTURE_MIN_FILTER, GL_LINEAR);
glSamplerParameteri(sampler, GL_TEXTURE_MAG_FILTER, GL_LINEAR);
```

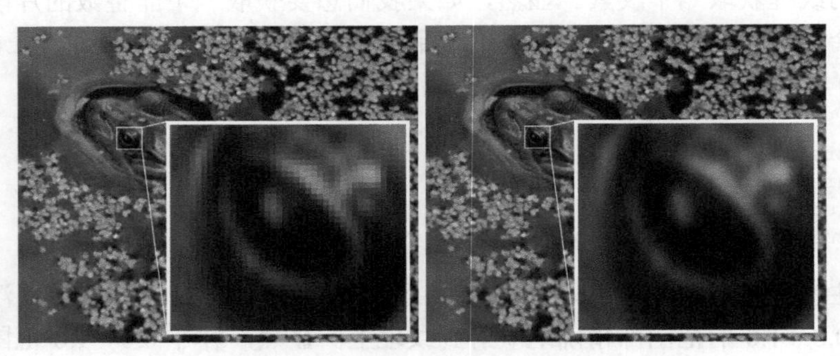

图 5.7　纹理过滤——最近邻（左）和线性（右）

从图 5.7 可以看出左图（使用了最近邻过滤）呈斑驳状和锯齿状，尤其是在高对比度区域；而右图的效果相对较平滑（只是有点模糊）。

mip 贴图

mip 映射是一种强大的纹理技术，不仅可以提高渲染性能，还可以改善场景的显示质量，常用于通过标准纹理映射处理两个问题。

第一个问题是一种称为闪烁（混叠伪影）的效果，当被渲染对象的表面和它所应用的纹理图像相比显得非常小时，就会出现这个问题。当纹理贴图上的采样区域在屏幕上移动，且与其大小不成比例时，就会产生一种波光粼粼的效果，这就是闪烁。尤其当相机和物体在移动的时候，这种负面效果更为明显。

第二个问题是性能问题，但与导致闪烁的情况相同。也就是说，虽然使用大量的纹理内存储存纹理，但能访问的区域很小，因为屏幕上相邻的片段访问的是纹理空间内断开的纹素。纹理越大，所造成的性能影响就越大，能够访问的区域就越小。

使用较小的纹理贴图可以轻松解决上述问题。但这种解决方法也产生了一个新的问题，靠近同一对象时，它必将被渲染得更大，而且小的纹理贴图将会被拉伸直到产生完全模糊或斑驳的纹理对象。使用 mip 映射就可以解决上述问题。mip 映射的名称源自拉丁语 multum in parvo，意思是“放置很多东西的小空间”。从本质上来说，我们不仅仅是把单个图像加载到纹理状态中，而是把一系列从大到小的图像加载到单个“mip 映射”纹理中，然后 OpenGL 使用一组新的过滤模式，为一个特定的几何图形选择最佳拟合纹理。在牺牲一些额外内存之后（可能还需要做更多的处理工作)，不仅可以消除闪烁效果，还可以同时降低处理远处物体的纹理的内存开销，并且还可以在需要时保持可用纹理的高分辨率版本。

mip 映射纹理由一系列纹理图像组成，每个图像的大小在每个轴的方向上都缩小一半，即像素缩小为原来的 1/4，场景见图 5.8。Mip 贴图层不一定呈方形，但尺寸依次减半，直到最后一个图像纹素为 1 × 1。其中一个维度达到 1 时，只在其他维度上继续减半。对于 2D 纹理，使用一组正方形的 Mip 贴图所要求的内存比不使用 Mip 贴图要多出三分之一。

图 5.8 一系列 mip 映射图像

mip 贴图层是通过 glTextureSubImage2D()决定的(2D 纹理)。level 参数指定了图像数据应用于哪个 mip 层。第一层为 0，然后是 1、2，以此类推。如果未使用 mip 映射，则通常使用 0。使用 glTextureStorage2D()分配纹理时(或对正在分配的纹理类型使用适当的函数)，可以在 levels 参数中设置包含在纹理中的层数。然后，可使用 mip 映射，将这些层显示在纹理中。同时还可以使用 GL_TEXTURE_BASE_LEVEL 和 GL_TEXTURE_MAX_LEVEL 纹理参数设置需要使用的基层和最大层来限制渲染过程中将用到的 mip 贴图层数。例如，如果想要指定只访问 0～4 mip 层，则可以调用 glTextureParameteri 两次：

```
glTextureParameteri(texture, GL_TEXTURE_BASE_LEVEL, 0);
glTextureParameteri(texture, GL_TEXTURE_MAX_LEVEL, 4);
```

mip 贴图过滤

mip 映射为 GL_NEAREST 和 GL_LINEAR 这两种基本纹理过滤模式带来了新的转折，为 mip 映射过滤模式提供 4 种排列。详见表 5.8。

表 5.8 纹理过滤器，包括 Mip 映射过滤器

常量	说明
GL_NEAREST	在 mip 基层上使用最近邻过滤
GL_LINEAR	在 mip 基层上使用线性过滤
GL_NEAREST_MIPMAP_NEAREST	选择最邻近的 mip 层，并执行最近邻过滤
GL_NEAREST_MIPMAP_LINEAR	在 mip 层之间使用线性插值并执行最近邻过滤
GL_LINEAR_MIPMAP_NEAREST	选择最邻近的 mip 层，执行线性过滤
GL_LINEAR_MIPMAP_LINEAR	在 mip 层之间使用线性插值并执行线性过滤，又称三线性过滤

仅用 glTextureSubImage2D()加载 mip 层本身并不能支持 mip 映射。如果纹理或相关采样器对象中的缩小过滤模式设置为 GL_LINEAR 或 GL_NEAREST，则会只使用基层纹理，其他的 mip 层将会被忽略。我们必须指定其中一个 mip 映射的过滤器，这样才能使用已加载的 mip 层，其常量形式为 GL_<FILTER>_MIPMAP_<SELECTOR>，其中<FILTER>指定了选中的 mip 层上使用的纹理过滤器，<SELECTOR>指定了如何选择 mip 层。例如，NEAREST 可选择最近的匹配 mip 层。为选择器使用 LINEAR 可在两个最近的 mip 层之间创建一个线性插值，然后选中的纹理过滤器会过滤该插值。

我们选择的过滤器会根据应用程序和当前性能要求有所不同。例如，GL_NEAREST_MIPMAP_NEAREST 可提供非常好的性能和低混叠（闪烁）伪影，但最近邻过滤的视觉效果通常会比较差。GL_LINEAR_MIPMAP_NEAREST 常用于应用加速，因为使用了质量较高的线性过滤器，在不同大小的 mip 层之间进行快速选择（最邻近）。注意，只能将 GL_<*>_MIPMAP_<*>过滤器模式用于 GL_TEXTURE_MIN_FILTER 设置，必须使用 GL_NEAREST 或 GL_NEAREST 设置 GL_TEXTURE_MAG_FILTER。

但将 NEAREST 用作 mip 贴图选择器（如上图两个示例）也会造成视觉伪影，效果依然不能令人满意。斜视视图中，我们通常可以看到从一个 mip 层向另一层的跨曲面过渡。它可以被看作是一条失真线或从一个细节层向另一层的急剧过渡。GL_LINEAR_MIPMAP_LINEAR 和 GL_NEAREST_MIPMAP_LINEAR 过滤器在 mip 层间执行额外插值以消除此过渡区，但也需要付出更大的处理代价。GL_LINEAR_MIPMAP_LINEAR 过滤器通常被称为三线性 mip 映射，虽然有其他更先进的图像过滤技术，但此过滤器能够产生很好的结果。实际上 GL_LINEAR_MIPMAP_NEAREST 和 GL_LINEAR_MIPMAP_LINEAR 之间的性能差异很少，鉴于后者提供的视觉效果更好，一般建议使用该模式，除非有特殊原因。

构建 mip 层

如前文所述，2D 纹理的 mip 映射所需纹理内存比仅加载基本纹理图像多三分之一左右，同时还需要更小的基本纹理图像用于加载。有时候这样做不太方便，因为程序员或软件的终端用户不一定可以使用更低分辨率的图像。虽然为纹理预先计算 mip 层可以产生非常好的结果，但是由 OpenGL 构建纹理非常方便，也很常见。使用 **glGenerateTextureMipmap()** 函数载入 0 层后，就可以为纹理构建所有 mip 层。

```
void glGenerateTextureMipmap(GLenum target);
```

texture 参数可表示 GL_TEXTURE_1D、GL_TEXTURE_2D、GL_TEXTURE_3D、GL_TEXTURE_CUBE_MAP、GL_TEXTURE_1D_ARRAY 或 GL_TEXTURE_2D_ARRAY 等纹理类型（稍后将介绍后面 3 种）。创建较小纹理的过滤器质量可能因每次实现各有不同。此外，快速构建 mip 贴图实际并不比加载预制 mip 贴图更快。这是性能关键型应用程序需要考虑的问题。若要得到较好的质量（以及为了保持一致），我们应该加载自己预先构建的 mip 贴图。在本书中 .KTX 文件载入程序支持从硬盘的 .KTX 文件中加载 mip 贴图。

mip 贴图实例

示例程序 tunnel 展示了本章介绍的 mip 映射，显示了视觉上不同的过滤和 mip 贴图模式。这一简单的程序在启动时加载 3 个纹理，然后在纹理间切换以渲染隧道。组成纹理的预过滤图像存储在含有纹理数据的 .KTX 文件中。隧道采用砖墙形式，地面和顶部所用材料不同。tunnel 输出见图 5.9，此时纹理缩小模式设置为 GL_LINEAR_MIPMAP_LINEAR。可以发现，随着隧道延伸越来越远，纹理变得越来越模糊。

图 5.9 用 3 个纹理和 Mip 映射渲染的隧道

纹理环绕

正常情况下，我们在 0.0 到 1.0 之间指定纹理坐标以在纹理贴图中绘制纹素。如果纹理坐标在此范围外，OpenGL 会根据采样器对象中指定的当前纹理环绕方式进行处理。可以调用 **glSamplerParameteri()** 分别为纹理坐标的每个组设置环绕方式，该函数的参数名称分别为 GL_TEXTURE_WRAP_S、GL_TEXTURE_WRAP_T 或 GL_TEXTURE_WRAP_R。可以将环绕模式设置为下列其中一个值：GL_REPEAT、GL_MIRRORED_REPEAT、GL_CLAMP_TO_EDGE 或 GL_CLAMP_TO_BORDER。

GL_TEXTURE_WRAP_S 的值影响 1D、2D 和 3D 纹理，GL_TEXTURE_WRAP_T 只影响 2D 和 3D 纹理，而 GL_TEXTURE_WRAP_R 只影响 3D 纹理。

GL_REPEAT 环绕模式只会使纹理在纹理坐标超过 1.0 的方向重复。对于每个整数纹理坐标，该纹理将反复重复。该模式可有效将小型平铺纹理应用到大型几何表面。完全无缝的纹理使单个纹理看起来更大，但纹理图像更小。GL_MIRRORED_REPEAT 模式与此类似，但随着纹理的每个分量超过 1.0，它就开始向纹理原点移动，直到达到 2.0，然后模式将在这一点重复。其他模式并不会重复，而是被“拉伸”，因此得名。

如果环绕模式的唯一含义是纹理是否重复，我们只需要重复和拉伸两个环绕模式。但纹理环绕模式对纹理贴图边缘的纹理过滤方式影响很大。GL_NEAREST 过滤对环绕模式没有任何影响，因为纹理坐标始终能在纹理贴图内捕获到某些特定纹素。但 GL_LINEAR 过滤器对计算后的纹理坐标周围的像素取平均值，这会使纹理贴图边缘的纹素产生问题。当环绕模式设置为 GL_REPEAT 时，这一问题可轻易解决。纹素样本只需要从下一行或下一列获取，重复向后环绕纹理的另一侧。这种模式非常适用于环绕在对象周围且在另一侧相交的纹理（如球体）。

拉伸纹理环绕模式提供了一组选项用于处理纹理边缘。对于 GL_CLAMP_TO_BORDER，所需纹素从纹理边框颜色中获取（可通过将 GL_TEXTURE_BORDER_COLOR 传递到 **glSamplerParameterfv()** 来设置）。GL_CLAMP_TO_EDGE 环绕模式强制对超出范围的纹理坐标沿最后一行或一列的有效纹素进行采样。

图 5.10 简单展示了不同纹理的环绕模式。用于纹理坐标 S 和 T 分量的模式相同。图中 4 个正方形所用纹理相同，但纹理环绕模式不同。纹理是一个简单的正方形，有九个箭头指向上方和右侧，顶部和右侧边缘有明亮的光带。

左上用的正方形所用模式为 GL_CLAMP_TO_BORDER。边框颜色为深色；很明显，当 OpenGL 耗尽纹理数据时，会转而使用深色。但左下角的正方形使用的是 GL_CLAMP_ TO_EDGE 模式。在这种情况下，亮带继续延伸至纹理数据顶部和右侧。

右下角的正方形使用 GL_REPEAT 模式绘制，该模式反复地环绕纹理。可以看到，箭头纹理有多个副本，所有箭头均指向同一方向。将其与图 5.10 右上角的正方形进行比较。该正方形采用 GL_MIRRORED_REPEAT 模式，可以看到，正方形上的纹理不断重复。但图像

图 5.10 纹理坐标环绕模式

第一个副本箭头是正确的，下一个副本被翻转过来，再下一个副本又是正确的，以此类推。

最后一种纹理重复模式为 GL_MIRROR_CLAMP_TO_EDGE，这是 GL_MIRRORED_REPEAT 和 GL_CLAMP_TO_EDGE 模式的一种混合体。GL_MIRROR_CLAMP_TO_EDGE 中，纹理坐标位于 0.0 和 1.0 之间；在 1.0 和 2.0 之间（以及 0.0 和-1.0 之间）按照 GL_MIRRORED_REPEAT 模式处理（纹理呈镜像重复）；超出此范围时拉伸至纹理边缘。

当纹理在某个点对称时，且我们希望其只能够镜像重复一次时，该模式非常有用。图 5.11 展示了该模式的实例。

图 5.11 GL_MIRROR_CLAMP_TO_EDGE 实例

在图 5.11 中，镜头光晕纹理是围绕其中心对称的，因此纹理中只需要储存此图像的四分之一。纹理在 *x* 和 *y* 维度上都呈镜像以创建完整图像。图 5.11 左图采用 GL_CLAMP_TO_BORDER 模式使纹理外部区域显示为黑色。图 5.11 右图使用 GL_MIRROR_CLAMP_TO_EDGE 模式在水平和垂直方向镜像图像以显示完整光晕。

5.5.6 数组纹理

前面我们已讨论过通过不同纹理单元可同时访问多个纹理。这非常有效，因为着色器可通过声明多个采样器统一变量同时访问多个纹理对象。实际上，我们可以通过使用名为数组纹理（array texture）的功能来进一步了解这一点。利用数组纹理，可将多个 1D、2D 或立方体映射图像加载到单个纹理对象中。在一个纹理中包含多个图像的概念并不新鲜。使用 mip 映射就能实现，因为每个 mip 级别都是一个不同的图像。也可使用立方体映射实现，立方体映射图的每个面都有其自己的图像，以及自己的 mip 层组。但利用纹理数组可以将整个数组的纹理图像绑定到一个纹理对象，然后在着色器中对它们进行索引，进而极大增加应用程序可用的纹理数据量。

多数纹理类型都有等效数组。我们可创建 1D 和 2D 数组纹理，甚至立方体映射图数组纹理。但我们不能创建 3D 数组纹理，因为 OpenGL 不支持此操作。与立方体映射图类似，数组纹理可有 mip 贴图。另一点值得注意的是，如果想要在着色器中创建一组采样器统一变量，用来索引该数组的值必须为统一变量。但是对于纹理数组，每次对纹理映射图的查找都来自不同的数组元素。为了区分纹理数组的元素和数组纹理的单个元素，这些元素通常被称为层（*layer*）。

我们可能想了解 2D 数组纹理和 3D 纹理（或 1D 数组纹理和 2D 纹理）之间的区别。最大的区别可能是数组纹理的层之间没有使用过滤。此外，一次实现支持的最大数组纹理层数可能比最大 3D 纹理更大。

加载 2D 数组纹理

若要创建一个二维数组，只需要创建一个新的纹理对象绑定到 GL_TEXTURE_2D_ARRAY 目标，使用 **glTexStorage3D()** 为其分配内存，然后调用一次或多次 **glTexSubImage3D()** 将图像加载到其中。注意纹理存储和数据函数的 3D 版本的使用。这些版本是必需的，因为传递到它们的 depth 和 *z* 坐标被解读为数组元素或层（*layer*）。加载 2D 数组纹理所用的简单代码详见清单 5.42。

清单 5.42　初始化数组纹理

```
GLuint tex;

glCreateTextures(GL_TEXTURE_2D_ARRAY1, &tex);

glTextureStorage3D(tex,
                   8,
                   GL_RGBA8,
                   256,
                   256,
                   100);

for (int i = 0; i < 100; i++)
{
    glTextureSubImage3D(tex,
                        0,
                        0, 0,
                        i,
                        256, 256,
                        1,
                        GL_RGBA,
                        GL_UNSIGNED_BYTE,
                        image_data[i]);
}
```

.KTX 文件格式支持数组纹理，因此本书的程序代码可直接从硬盘加载。只需要使用 sb7::ktx::file::load 从文件加载数组纹理。

为了演示纹理数组，我们创建了一个程序用来在屏幕上渲染大量卡通外星人。该例使用了数组纹理，其中每个纹理片段包含 64 个独立的外星人图像中的一个。数组纹理打包成一个.KTX 文件，名称为 alienarray.ktx，我们将其载入一个纹理对象。为了呈现外星人雨的效果，我们绘制了数百个四顶点三角形带的实例，每个实例都形成一个四边形。使用实例编号作为纹理数组的索引为每个四边形赋予不同的纹理，即使所有四边形都是用同一命令绘制的。此外我们使用统一变量缓存来存储应用设置的每个实例方向、*x* 偏移和 *y* 偏移。

在本例中，顶点着色器不使用顶点属性，完整实例见清单 5.43。

清单 5.43　外星人雨样本的顶点着色器

```
#version 450 core

layout (location = 0) in int alien_index;

out VS_OUT
{
```

```
    flat int alien;
    vec2 tc;
} vs_out;

struct droplet_t
{
    float x_offset;
    float y_offset;
    float orientation;
    float unused;
};

layout (std140) uniform droplets
{
    droplet_t droplet[256];
};
void main(void)
{
    const vec2[4] position = vec2[4](vec2(-0.5, -0.5),
                                     vec2( 0.5, -0.5),
                                     vec2(-0.5,  0.5),
                                     vec2( 0.5,  0.5));
    vs_out.tc = position[gl_VertexID].xy + vec2(0.5);
    float co = cos(droplet[alien_index].orientation);
    float so = sin(droplet[alien_index].orientation);
    mat2 rot = mat2(vec2(co, so),
                    vec2(-so, co));
    vec2 pos  = 0.25 * rot * position[gl_VertexID];
    gl_Position = vec4(pos.x + droplet[alien_index].x_offset,
                       pos.y + droplet[alien_index].y_offset,
                       0.5, 1.0);
}
```

顶点着色器中，顶点位置及其纹理坐标取自硬编码数组。我们计算了每个实例的旋转矩阵 rot，可以使外星人旋转。沿着纹理坐标 vs_out.tc，我们通过 vs_out.alien 将 gl_InstanceID（模数 64）的值传递到片段着色器。在片段着色器中，我们只使用传入的值从纹理取样并写入输出。片段着色器见清单 5.44。

清单 5.44　外星人雨样本的片段着色器

```
#version 450 core

layout (location = 0) out vec4 color;

in VS_OUT
{
    flat int alien;
    vec2 tc;
} fs_in;

layout (binding = 0) uniform sampler2DArray tex_aliens;

void main(void)
{
    color = texture(tex_aliens, vec3(fs_in.tc, float(fs_in.alien)));
}
```

注意清单 5.44 中我们是如何利用 vec3 纹理坐标从数组纹理进行取样的。该坐标是由 2D 纹理坐标构建的，而后者是从顶点着色器的输出以及整数[1]外星人索引插值计算的。

访问纹理数组

在片段着色器中（见清单 5.44），我们声明了 2D 数组纹理的采样器 sampler2DArray。为了对该纹理进行采样，我们使用了 texture 函数作为法向量，但传入一个三分量纹理坐标。纹理坐标的前两个分量 s 和 t 分量用作标准的二维纹理坐标。第三个分量 p 元素实际是纹理数组的整数索引。回想我们在顶点着色器中设置的这一索引，它将在 0 到 63 之间变化，每个外星人的值都不同。

外星人雨样本的完整渲染循环见清单 5.45。

清单 5.45 外星人雨样本的渲染循环

```
void render(double currentTime)
{
    static const GLfloat black[] = { 0.0f, 0.0f, 0.0f, 0.0f };
    float t = (float)currentTime;

    glViewport(0, 0, info.windowWidth, info.windowHeight);
    glClearBufferfv(GL_COLOR, 0, black);

    glUseProgram(render_prog);

    glBindBufferBase(GL_UNIFORM_BUFFER, 0, rain_buffer);
    vmath::vec4 * droplet =
        (vmath::vec4 *)glMapBufferRange(
                            GL_UNIFORM_BUFFER,
                            0,
                            256 * sizeof(vmath::vec4),
                            GL_MAP_WRITE_BIT |
                            GL_MAP_INVALIDATE_BUFFER_BIT);

    for (int i = 0; i < 256; i++)
    {
        droplet[i][0] = droplet_x_offset[i];
        droplet[i][1] = 2.0f - fmodf((t + float(i)) *
                                droplet_fall_speed[i], 4.31f);
        droplet[i][2] = t * droplet_rot_speed[i];
        droplet[i][3] = 0.0f;
    }
    glUnmapBuffer(GL_UNIFORM_BUFFER);

    int alien_index;
    for (alien_index = 0; alien_index < 256; alien_index++)
    {
        glVertexAttribI1i(0, alien_index);
        glDrawArrays(GL_TRIANGLE_STRIP, 0, 4);
    }
}
```

我们可以看到，渲染函数中一个绘制命令只有一个简单的循环。我们在每一帧中更新了用来储存每个雨滴值的 rain_buffer 缓存对象中的数据值。

然后，我们执行一个调用 **glDrawArrays()** 256 次的循环，绘制 256 个独立外星人。我们在循

1 是的，GLSL 希望数组纹理中索引浮点值，这很奇怪，但事实就是如此。

环的每次迭代中更新向顶点着色器的 alien_index 输入。注意，这里使用了 **glVertexAttrib*()** 的 **glVertexAttribI*()** 变形，因为我们对顶点着色器使用整数输入。外星人雨示例程序的最终输出见图 5.12。

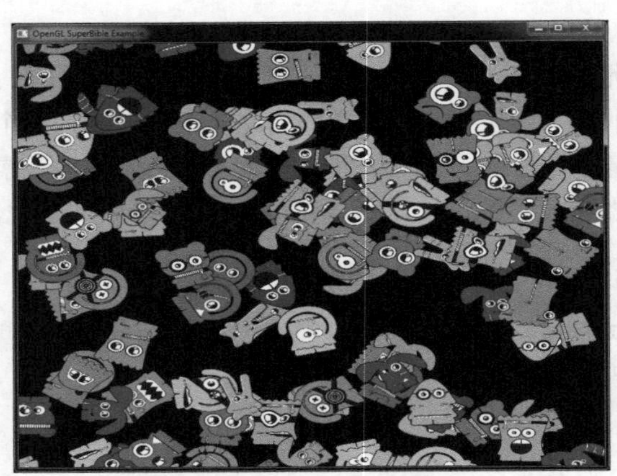

图 5.12　外星人雨样本的输出

5.5.7　在着色器中向纹理写入数据

纹理对象是诸多图像的集合，含有 mip 贴图链时支持过滤、纹理坐标环绕等等。OpenGL 不仅允许我们从具有这些特性的纹理中读取数据，还能直接在着色器中写入纹理。正如在着色器中使用采样器变量表示整个纹理和相关采样器参数（无论是来自采样器对象还是来自纹理对象本身）一样，也可以使用图像（image）变量表示纹理的单个图像。

图像变量的声明与采样器统一变量相同。不同的图像变量可表示不同的数据类型和图像维度。表 5.9 展示了 OpenGL 可用的图像类型。

表 5.9　图像类型

图像类型	说明
image1D	1D 图像
image2D	2D 图像
image3D	3D 图像
imageCube	立方体贴图
imageCubeArray	立方体映射数组图像
imageRect	矩形图像
image1DArray	1D 数组图像
image2DArray	2D 数组图像
imageBuffer	缓冲图像
image2DMS	2D 多重采样图像
image2DMSArray	2D 多重采样数组图像

首先，我们需要声明图像变量为统一变量，以便将其与图像单元（image unit）相关联。这种声明大致如下：

```
uniform image2D my_image;
```

一旦有了图像变量，我们就可以使用 imageLoad 函数从其中读取数据并使用 imageStore 函数写入数据。这两个函数都是重载的，也就是说每个函数都有多个版本对应不同的参数类型。image2D 类型的版本为

```
vec4 imageLoad(readonly image2D image, ivec2 P);
void imageStore(image2D image, ivec2 P, vec4 data);
```

imageLoad()函数将从 P 指定的坐标处的 image 读取数据并返回到着色器中。同样，imageStore()函数将获取我们在 data 中提供的值并将其存储在 P 处的 image 中。注意，P 为整数型（2D 图像情况下为整数向量）。这就像 texelFetch()函数一样，加载时不执行过滤，且过滤对于存储没有任何意义。P 的维度和函数的返回类型取决于 image 参数的类型。

与采样器类型相同，图像变量可以表示存储在图像中的浮点数据。

但是，我们也可以在图像中存储有符号和无符号整数数据，这种情况下的图像类型分别以 i 或 u 作为前缀（分别在 iimage2D 和 uimage2D 情况下）。当使用整数图像变量时，imageLoad 函数的返回类型以及 imageStore 的 data 参数数据类型也相应更改。例如我们有

```
ivec4 imageLoad(readonly iimage2D image, ivec2 P);
void  imageStore(iimage2D image, ivec2 P, ivec4 data);
uvec4 imageLoad(readonly uimage2D image, ivec2 P);
void  imageStore(uimage2D image, ivec2 P, uvec4 data);
```

若要为负载和储存操作绑定纹理，需要用 **glBindImageTexture()** 函数将其绑定到图像单元（image unit），其原型为

```
void glBindImageTexture(GLuint unit,
                        GLuint texture,
                        GLint level,
                        GLboolean layered,
                        GLint layer,
                        GLenum access,
                        GLenum format);
```

此函数看起来有很多参数，但它们都是不言自明的。首先，unit 参数是要将图像绑定到的图像单元的从零开始的索引。然后，texture 参数是使用 **glCreateTextures()** 创建并使用 glTextureStorage2D()（或使用的纹理类型的相应函数）分配内存的纹理对象的名称。level 指定要在着色器中访问的 mip 贴图层，基础层从零开始，并在图像中逐渐增加到 mip 贴图层数。

如果要将数组纹理的单个层绑定为常规 1D 和 2D 图像，layered 参数应设置为 GL_FALSE，此时 layer 参数指定该层的索引。否则 layered 应设置为 GL_TRUE，整个数组纹理层应绑定到图像单元（忽略 layer）。

最后，access 和 format 参数描述了如何使用图像中的数据。access 应是 GL_READ_ONLY、GL_WRITE_ONLY 或 GL_READ_WRITE 其中之一，分别表示只读、只写或读写图像。format 参数指定图像中应解读的数据格式。其中灵活性较大，唯一的要求是图像内部格式（glTextureStorage2D()中指定的格式）与 format 参数中指定的格式在同一类。表 5.10

列举了可接受的图像格式及其类别。

表 5.10 图像数据格式类

格式	类
GL_RGBA32F	4×32
GL_RGBA32I	4×32
GL_RGBA32UI	4×32
GL_RGBA16F	4×16
GL_RGBA16UI	4×16
GL_RGBA16I	4×16
GL_RGBA16_SNORM	4×16
GL_RGBA16	4×16
GL_RGBA8UI	4×8
GL_RGBA8I	4×8
GL_RGBA8_SNORM	4×8
GL_RGBA8	4×8
GL_R11F_G11F_B10F	(a)
GL_RGB10_A2UI	(b)
GL_RGB10_A2	(b)
GL_RG32F	2×32
GL_RG32UI	2×32
GL_RG32I	2×32
GL_RG16F	2×16
GL_RG16UI	2×16
GL_RG16I	2×16
GL_RG16_SNORM	2×16
GL_RG16	2×16
GL_RG8UI	2×8
GL_RG8I	2×8
GL_RG8	2×8
GL_RG8_SNORM	2×8
GL_R32F	1×32
GL_R32UI	1×32
GL_R32I	1×32
GL_R16F	1×16
GL_R16UI	1×16
GL_R16I	1×16
GL_R16_SNORM	1×16
GL_R16	1×16
GL_R8UI	1×8
GL_R8I	1×8
GL_R8	1×8
GL_R8_SNORM	1×8

从表 5.10 中我们可以看出 GL_RGBA32F、GL_RGBA32I 和 GL_RGBA32UI 格式属于同一

格式类（4×32），这意味着我们可采用一个内部格式为 GL_RGBA32F 的纹理，用 GL_RGBA32I 或 GL_RGBA32UI 图像格式将其一层绑定到图像单元。当我们存储到图像中时，源数据中适当数量的位将被截断并按原样写入图像。但如果我们想要从图像读取数据，还必须在着色器代码中用格式配置限定符（format layout qualifier）提供匹配的图像格式。

格式类为标记符(a)的 GL_R11F_G11F_B10F 格式以及格式类为标记符(b)的 GL_RGB10_A2UI 和 GL_RGB10_A2 具有其各自的特殊类。GL_R11F_G11F_B10F 与其他都不兼容，GL_RGB10_A2UI 和 GL_RGB10_A2 只能相互兼容。

不同图像格式对应的格式配置限定符见表 5.11。

表 5.11　　图像数据格式类

格式	格式限定符
GL_RGBA32F	rgba32f
GL_RGBA32I	rgba32i
GL_RGBA32UI	rgba32ui
GL_RGBA16F	rgba16f
GL_RGBA16UI	rgba16ui
GL_RGBA16I	rgba16i
GL_RGBA16_SNORM	rgba16_snorm
GL_RGBA16	rgba16
GL_RGB10_A2UI	rgb10_a2ui
GL_RGB10_A2	rgb10_a2
GL_RGBA8UI	rgba8ui
GL_RGBA8I	rgba8i
GL_RGBA8_SNORM	rgba8_snorm
GL_RGBA8	rgba8
GL_R11F_G11F_B10F	r11f_g11f_b10f
GL_RG32F	rg32f
GL_RG32UI	rg32ui
GL_RG32I	rg32i
GL_RG16F	rg16f
GL_RG16UI	rg16ui
GL_RG16I	rg16i
GL_RG16_SNORM	rg16_snorm
GL_RG16	rg16
GL_RG8UI	rg8ui
GL_RG8I	rg8i
GL_RG8_SNORM	rg8_snorm
GL_RG8	rg8
GL_R32F	r32f
GL_R32UI	r32ui
GL_R32I	r32i
GL_R16F	r16f

续表

格式	格式限定符
GL_R16UI	r16ui
GL_R16I	r16i
GL_R16_SNORM	r16_snorm
GL_R16	r16
GL_R8UI	r8ui
GL_R8I	r8i
GL_R8_SNORM	r8_snorm
GL_R8	r8

清单5.46展示了通过图像加载和存储从一个图像向另一图像复制数据的片段着色器，逻辑上可反向转换数据。

清单5.46　执行图像加载和储存的片段着色器

```
#version 450 core

// Uniform image variables:
// Input image - note use  of format qualifier because of loads
layout (binding = 0, rgba32ui) readonly uniform uimage2D image_in;
// Output image
layout (binding = 1) uniform writeonly uimage2D image_out;

void main(void)
{
    // Use fragment coordinate as image coordinate
    ivec2 P = ivec2(gl_FragCoord.xy);

    // Read from input image
    uvec4 data = imageLoad(image_in, P);

    // Write inverted data to output image
    imageStore(image_out, P, ~data);
}
```

显然，清单5.46中的着色器非常简单。但图像加载和存储的强大功能在于我们可以在一个着色器中处理任意数量的图像，且它们的坐标可以是任意的。这意味着片段着色器不仅限于写入帧缓存中的固定位置，而是能够写入图像中的任意位置，并且可使用多个图像统一变量写入多个图像。此外，任何着色器阶段都可向图像写入数据，而不仅是片段着色器。但是要注意这种力量也承担有很多责任。对于着色器来说，清理自己的数据是非常容易的——如果多个着色器调用写入图像中的同一个位置，那么除非使用原子（atomic），否则不能明确将会发生什么，下一节将在图像上下文中进行介绍。

图像上的原子操作

正如本章前面介绍过的着色器存储区块一样，我们可以对图像中储存的数据执行原子操作（atomic operation）。原子操作是一段读取、修改和写入序列，必须是不可分割的，才能保证获得预期结果。同样，就像在着色器存储区块成员上的原子操作，图像上的原子操作是使用GLSL中的大量内置函数执行的。这些函数详见表5.12。

表 5.12 图像上的原子操作

原子函数	行为
imageAtomicAdd	从 P 处 image 读取，添加到 data，结果写回 P 处的 image，然后返回最初存储在 P 处的 image
imageAtomicAnd	从 P 处 image 读取，用 data 运行逻辑与，结果写回 P 处 image，然后返回最初存储在 P 处 image 中的值
imageAtomicOr	从 P 处 image 读取，用 data 运行逻辑或，结果写回 P 处 image，然后返回最初存储在 P 处 image 中的值
imageAtomicXor	从 P 处 image 读取，用 data 运行逻辑异或，结果写回 P 处 image，然后返回最初存储在 P 处 image 中的值
imageAtomicMin	从 P 处 image 读取，确定获取的最小值和 data，结果写回 P 处 image，然后返回最初存储在 P 处 image 中的值
imageAtomicMax	从 P 处 image 读取，确定获取的最大值和 data，结果写回 P 处 image，然后返回最初存储在 P 处 image 中的值
imageAtomicExchange	从 P 处 image 读取，将 data 值写入 mem，然后返回最初存储在 P 处 image 中的值
imageAtomicCompSwap	从 P 处的 image 读取，将获得的值与 comp 比较，如果相等，将 data 写入 P 处的 image，并返回最初存储在 P 处的 image

对于表 5.12 中列出的所有函数，除 imageAtomicCompSwap 外，参数都是图像变量、坐标和一段数据。坐标的维度取决于图像变量的类型。

1D 图像使用一个整数坐标，2D 图像和 1D 数组图像采用 2D 整数向量（即 ivec2），而 3D 图像和 2D 数组图像采用 3D 整数向量（即 ivec3）。例如我们有

```
uint imageAtomicAdd(uimage1D image, int P, uint data);
uint imageAtomicAdd(uimage2D image, ivec2 P, uint data);
uint imageAtomicAdd(uimage3D image, ivec3 P, uint data);
```

ImageAtomicCompSwap 是一个独特的参数，它需要一个额外参数 comp，在内存中与现有内容进行比较。如果 comp 值与内存中已有的值相等，则会被 data 的值取代。imageAtomicCompSwap 的原型包括：

```
uint imageAtomicCompSwap(uimage1D image, int P, uint comp, uint data);
uint imageAtomicCompSwap(uimage2D image, ivec2 P, uint comp, uint data);
uint imageAtomicCompSwap(uimage3D image, ivec3 P, uint comp, uint data);
```

所有原子函数在执行操作前返回最初存储在内存中的数据。如果我们想要将数据添加到清单中，这就很有用。为此，我们只需要确定向清单添加多少项目，调用具有该元素数量的 imageAtomicAdd，然后在其返回的位置开始向内存写入新的数据。尽管我们不能将任意数字添加到原子计数器中（并且单个着色器支持的原子计数器数量通常不是很大），但我们可以使用着色器存储缓存执行相似操作。

写入的内存可以是着色器存储缓存或其他图像变量。如果包含“填充计数”变量的图像预初始化为 0，则尝试添加到清单中的第一个着色器调用会接收 0 作为位置并在其中写入，下一次调用会接收第一次添加的内容，再下一次调用会接收第三次添加的内容，以此类推。

原子的另一应用是在内存中构建链表等数据结构。若要从着色器构建链表，我们需要 3 块内存：第一块用来存储清单项目，第二块用来存储项目数，第三块为“头指针”，即清单中最后

项目的索引。我们还可以用着色器存储缓存来存储链表的项目，用原子计数器来存储当前项目计数，用图像来存储清单的头指针。若要向清单中添加项目，我们应按照以下步骤执行：

1. 增加原子计数器并检索之前的值，该值由 atomicCounterIncrement 返回。

2. 使用 imageAtomicExchange 将更新的计数器值与当前头指针交换。

3. 将数据存储到数据库中。各元素的结构都包括下一索引，我们可以使用之前步骤 2 中检索的头指针值进行填充。

如果“头指针”图像为帧缓存大小的 2D 图像，那么我们可以使用这种方法创建片段的逐像素清单。稍后我们会遍历此清单并执行任意操作。清单 5.47 所示的着色器演示了如何将片段添加到存储在着色器存储缓存中的链表，方法是通过使用 2D 图像存储头指针，使用原子计数器保持填充计数。

清单 5.47 在片段着色器中填充链表

```
#version 450 core
// Atomic counter for filled size
layout (binding = 0, offset = 0) uniform atomic_uint fill_counter;

// 2D image to store head  pointers
layout (binding = 0) uniform uimage2D head_pointer;

// Shader storage buffer containing appended fragments
struct list_item
{
    vec4        color;
    float       depth;
    int         facing;
    uint        next;
};

layout (binding = 0, std430) buffer list_item_block
{
    list_item item[];
};

// Input from vertex shader
in VS_OUT
{
    vec4  in;
} fs_in;
void main(void)
{
    ivec2 P = ivec2(gl_FragCoord.xy);

    uint index = atomicCounterIncrement(fill_counter);

    uint old_head = imageAtomicExchange(head_pointer, P, index);

    item[index].color = fs_in.color;
    item[index].depth = gl_FragCoord.z;
    item[index].facing = gl_FrontFacing ?1: 0;
    item[index].next = old_head;
}
```

我们注意到了 gl_FrontFacing 内置变量的使用。这是片段着色器的布尔输入，它的值是由第 3 章“基元装配、裁剪和光栅化”一节中描述的背面剔除阶段生成的。即使禁用了背面剔除，如果多边形为正面，此变量将仍然包含 true，否则包含 false。

执行此着色器之前，头指针图像明确为一个已知值，不可能是清单中的项目索引（如无符号整数的最大值），原子计数器被重置为 0。添加的第一个项目为项目 0，该值将写入头指针，其“下一个”索引将包含头指针图像的重置值。添加到清单的下一个值为索引 1，该索引将写入头指针，而之前的值（0）将写入“下一个”索引，以此类推。结果为头指针图像包含最后添加到清单的项目索引，每个项目包含添加的前一项目的索引。最后，项目的“下一个”索引将是最初用于明确头部图像的值，该值表明已到达清单末尾。

为了遍历清单，我们将从头指针图像加载第一个项目的索引，并从着色器存储缓存中读取。对于每一项目，我们只需遵循“下一个”索引，直到到达清单的末尾，或者直到已经遍历了最大的片段数（这可以防止我们意外地从清单的末尾跑出去）。示例详见清单 5.48 中的着色器。着色器遍历链表，为每个像素存储的片段保持深度的运行总数。正面基元的深度值添加到运行总数，背面基元的深度值从总数中减去。结果为凸形对象下方的总填充深度，可用于渲染体积和其他填充空间。

清单 5.48 在片段着色器中遍历链表

```
#version 450 core

// 2D image to store head pointers
layout (binding = 0, r32ui) coherent uniform uimage2D head_pointer;

// Shader storage buffer containing appended fragments
struct list_item
{
    vec4        color;
    float       depth;
    int         facing;
    uint        next;
};

layout (binding = 0, std430) buffer list_item_block
{
    list_item item[];
};

layout (location = 0) out vec4  color;

const uint max_fragments = 10;

void main(void)
{
    uint frag_count = 0;
    float depth_accum = 0.0;
    ivec2 P = ivec2(gl_FragCoord.xy);

    uint index = imageLoad(head_pointer, P).x;

    while (index != 0xFFFFFFFF && frag_count < max_fragments)
    {
        list_item this_item = item[index];

        if (this_item.facing != 0)
```

```
            {
                depth_accum -= this_item.depth;
            }
            else
            {
                depth_accum += this_item.depth;
            }

            index = this_item.next;
            frag_count++;
        }

    depth_accum *= 3000.0;

    color = vec4(depth_accum, depth_accum, depth_accum, 1.0);
}
```

用清单5.47和清单5.48中的着色器渲染的结果见图5.13。

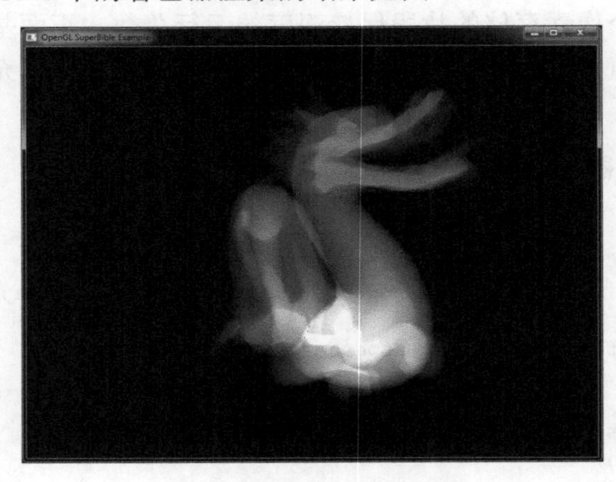

图5.13　解析的各片段链表

5.5.8　同步存取图像

由于图像代表了大部分内存区域，我们刚刚解释了如何从着色器直接写入图像，你可能已经猜到了，我们现在将解释可以用于同步访问该内存的内存屏障类型。与缓存和原子计数器一样，我们可调用

```
glMemoryBarrier(GL_SHADER_IMAGE_ACCESS_BIT);
```

当某些内容写入我们稍后想要从图像（包括其他着色器）中读取的图像时，我们应调用设置有 GL_SHADER_IMAGE_ACCESS_BIT 的 **glMemoryBarrier()**。

同样，GLSL memoryBarrier()函数的一个版本 memoryBarrierImage()，可确保着色器内部图像上的操作在其返回之前完成。

5.5.9　纹理压缩

纹理会占用大量的空间。现代游戏会在单层上使用1GB或更多的纹理数据。这是很多数据！

我们可以将数据放在哪里？纹理是制作丰富、真实和令人印象深刻的场景的重要部分，但如果我们不能将所有数据加载到 GPU 上，那么渲染就会很慢，甚至不能渲染。解决存储和使用大量纹理数据的一种方式是压缩数据。压缩纹理有两大好处。首先，它可以减少图像数据所需存储空间。虽然 OpenGL 支持的纹理格式通常不会有像 JPEG 格式一样高强度的压缩，但也确实节省了大量空间。其次（可能更为重要），由于图形处理器在从压缩纹理提取数据时需要读取更少的数据，因此使用压缩纹理时需要的内存带宽（memory bandwidth）更小。

OpenGL 支持大量压缩纹理格式。所有 OpenGL 实现都支持表 5.13 所列出的压缩方法。

表 5.13 本机 OpenGL 纹理压缩格式

格式（GL_COMPRESSED_*）	类型
RED	Generic
RG	Generic
RGB	Generic
RGBA	Generic
SRGB SRGB_ALPHA	Generic
RED_RGTC1	Generic
SIGNED_RED_RGTC1	RGTC
RG_RGTC2	RGTC
SIGNED_RG_RGTC2	RGTC
RGBA_BPTC_UNORM	RGTC
SRGB_ALPHA_BPTC_UNORM	BPTC
RGB_BPTC_SIGNED_FLOAT	BPTC
RGB_BPTC_UNSIGNED_FLOAT	BPTC
RGB8_ETC2	BPTC
	ETC2
SRGB8_ETC2	ETC2
RGB8_PUNCHTHROUGH_ALPHA1_ETC2	ETC2
SRGB8_PUNCHTHROUGH_ALPHA1_ETC2	ETC2
RGBA8_ETC2_EAC	ETC2
SRGB8_ALPHA8_ETC2_EAC	ETC2
R11_EAC	EAC
SIGNED_R11_EAC	EAC
RG11_EAC	EAC
SIGNED_RG11_EAC	EAC

表 5.13 所示前 6 种格式为 generic 类型，允许 OpenGL 驱动器决定使用哪种压缩机制。因此，驱动器可以使用最适合当前条件的格式。关键在于，选择是特定于实现的，虽然我们的代码可以在许多平台上工作，但是使用它们进行渲染的结果可能不同。

RGTC（红—绿纹理压缩）格式将纹理图像分为 4 × 4 个纹素块，使用一系列代码压缩每个块内的各通道。此压缩模式只适用于单通道和双通道有符号和无符号纹理，并且只适用于特定的纹素格式。我们不需要担心精确的压缩方案，除非计划编写压缩程序。注意，使用 RGTC 节省的空间是 50%。

BPTC（块分区纹理压缩）格式也将纹理分解为 4 × 4 个纹素的块，每个块表示内存中数据的 128 位元（16 字节）。这些块使用一个相当复杂的方案进行编码，该方案实质上包括一对端点和这两个端点之间的直线位置的形式。方案允许操作端点以生成各种值作为各纹素的输出。BPTC 格式能够压缩 8 位各通道标准化数据和 32 位各通道浮点数据。BPTC 格式的压缩率范围从 RGBA 浮点数据的 25%到 RGB 8 位数据的 33%不等。

Ericsson 纹理压缩（ETC2）和 Ericsson Alpha 压缩（EAC）[1]为低带宽格式，也[2]可用于 OpenGL ES 3.0。这些格式是为移动设备中非常低的像素位应用程序设计的，这些应用程序的内存带宽比台式机和工作站计算机中的高性能 GPU 要小得多。

我们的应用可能也支持其他压缩格式，如 S3TC[3]和 ETC1。在使用 OpenGL 不要求的格式之前，我们应该检查这些格式的可用性。最好的方式是检查是否支持相关扩展。例如，如果 OpenGL 的实现支持 S3TC 格式，则会公布 GL_EXT_texture_compression_s3tc 扩展字符串。

使用压缩

加载纹理时，可以要求 OpenGL 以某些格式压缩纹理，但强烈建议自己压缩纹理并将压缩后的纹理存储在文件中。如果 OpenGL 支持以选中的格式进行压缩，那么我们所要做的就是请求将内部格式作为压缩格式之一；OpenGL 将获取未压缩的数据，并在加载纹理图像时对其进行压缩。使用压缩纹理和未压缩纹理的方式并无实际区别。从纹理采样时，GPU 处理转换。创建纹理和其他图像所用的许多图像处理工具可支持我们直接将数据保存为压缩后的格式。

.KTX 文件格式可储存压缩后的数据，本书纹理加载程序将直接将压缩后的图像加载至应用程序中。我们可调用 **glGetTexLevelParameteriv()** 通过两个参数之一检查纹理是否被压缩。首先可以检查纹理的 GL_TEXTURE_INTERNAL_FORMAT 参数，并检查其是否为其中一个压缩格式。

为此，请在应用程序中保留已识别格式的查找表，或者调用 **glGetInternalFormativ()** 使用 GL_TEXTURE_COMPRESSED 参数。或者只需将 GL_TEXTURE_COMPRESSED 参数直接传递给 **glGetTexLevelParameteriv()**，如果纹理中包含压缩数据，则该参数将返回 GL_TRUE，否则返回 GL_FALSE。

使用非通用压缩内部格式加载纹理后，则可调用 **glGetCompressedTexImage()** 取回压缩图像。只需选择我们感兴趣的纹理目标和 mip 贴图层。由于我们可能不知道图像是如何压缩的或使用的是哪种格式，因此应检查图像大小以确保为整个表面留出足够的空间。可调用 **glGetTexParameteriv()** 和传递 GL_TEXTURE_COMPRESSED_IMAGE_SIZE 标记来执行此操作。

```
Glint imageSize = 0;
glGetTextureParameteriv(GL_TEXTURE_2D,
                        GL_TEXTURE_COMPRESSED_IMAGE_SIZE,
```

1 虽然这是官方缩写，但也存在用词不当，EAC 不仅能用于 alpha 压缩。

2 EAC 和 ETC2 格式添加到 OpenGL 4.3，旨在促进 API 的桌面版本和移动版本之间的融合。在编写时，几乎没有任何桌面 GPU 真正支持它们，大多数 OpenGL 实现都对我们提供的数据进行了解压，请谨慎使用。

3 S3TC 也是 DXT 格式的早期版本。

```
                          &imageSize);
void *data = malloc(imageSize);
glGetCompressedTextureImage(GL_TEXTURE_2D, 0, data);
```

如果我们想要自己加载压缩后的纹理图像，而不是使用本书的.KTX 加载程序，可调用 glTextureStorage2D()或 glTextureStorage3D()使用想要的压缩内部格式为纹理分配内存，然后调用 **glCompressedTextureSubImage()** 2D 或 **glCompressedTextureSubImage()** 3D 上传数据。此时，我们需要确保 xoffset、yoffset 和其他参数符合纹理格式的具体规则。尤其是多数纹理压缩格式都压缩纹素块。这些块通常为 4 × 4 大小的纹素。我们用 **glCompressedTexSubImage2D()** 更新的区域需要在块边界上对齐，以便这些格式生效。

共享指数

尽管共享指数纹理在技术上并不是真正意义上的压缩格式，但这些纹理允许我们在节省存储空间的同时使用浮点纹理数据。共享指数格式并非为每个 R、G 和 B 值存储指数，而是为整个纹素使用同一指数值。每个值的小数部分和指数部分存储为整数，然后在对纹理采样时进行组合。GL_RGB9_E5 格式使用 9 位存储每个颜色，5 位作为所有通道的公共指数。此格式将 3 个浮点值压缩成 32 位，这样可节约 67%的存储空间！若要使用共享指数，我们可直接从内容创建工具以此格式获得纹理数据，或编写一个转换器将浮动 RGB 值压缩为共享指数格式。

5.5.10 纹理视图

多数情况下当我们使用纹理时，会提前知道纹理的格式以及将用于什么目的，着色器会匹配其正在获取的数据。例如，期望从 2D 数组纹理读取数据的着色器可声明采样器统一变量为 sampler2DArray。同样，期望从整数格式纹理读取数据的着色器可声明相应采样器为 isampler2D。但有些时候我们创建和加载的纹理可能与着色器期望的纹理不匹配。此时我们可使用纹理视图（texture view）在新的纹理对象中重新使用纹理数据。主要有以下两种使用方式（当然可能更多）。

- 纹理视图可用于将一种纹理“假装”为另一种纹理。例如，我们可采用 2D 纹理创建视图，将其当作单层 2D 数组纹理。
- 纹理视图可用于将一种纹理对象中的数据假装为不同格式而不是实际存在于内存中的格式。例如，我们可采用一个内部格式为 GL_RGBA32F 的纹理（即每个纹素 4 个 32 位浮点分量）并创建视图，将其看作 GL_RGBA32UI（每个纹素 4 个 32 位无符号整数），以便得到单个位元纹素。

当然，我们可同时做这两件事，即用不同格式和不同类型创建纹理视图。

创建纹理视图

若要创建纹理视图，我们可使用 **glTextureView()** 函数，其原型为

```
void glTextureView(GLuint texture,
                   GLenum target,
                   GLuint origtexture,
```

```
                    GLenum internalformat,
                    GLuint minlevel,
                    GLuint numlevels,
                    GLuint minlayer,
                    GLuint numlayers);
```

第一个参数 texture 表示我们想要创建视图的纹理对象的名称。我们应该通过调用 **glGenTextures()** 获取此名称。接着，target 表示我们想要创建的纹理类型。这可以是任何纹理目标（GL_TEXTURE_1D、GL_TEXTURE_CUBE_MAP、GL_TEXTURE_2D_ARRAY 等），但必须与原始纹理类型兼容，原始纹理名称见 origtexture。不同目标之间的兼容性见表 5.14。

可以发现，对于多数纹理目标，我们至少可以创建具有相同目标的纹理视图。但缓冲纹理除外，因为它已经是缓冲对象的视图，我们只需将同一缓冲对象附加到另一缓存纹理以获取数据的另一视图。

internalformat 参数用于指定新纹理视图的内部格式。这必须与原始纹理的内部格式兼容。这点很难理解，我们稍后将进行解释。

表 5.14　纹理视图目标兼容性

如果 origtexture 为…(GL_TEXTURE_*)	我们可将其视图创建为…(GL_TEXTURE_*)
1D	1D 或 1D_ARRAY
2D	2D 或 2D_ARRAY
3D	3D
CUBE_MAP	CUBE_MAP, 2D, 2D_ARRAY 或 CUBE_MAP_ARRAY
RECTANGLE	RECTANGLE
BUFFER	无
1D_ARRAY	1D 或 1D_ARRAY
2D_ARRAY	2D 或 2D_ARRAY
CUBE_MAP_ARRAY	CUBE_MAP, 2D, 2D_ARRAY 或 CUBE_MAP_ARRAY
2D_MULTISAMPLE	2D_MULTISAMPLE 或 2D_MULTISAMPLE_ARRAY
2D_MULTISAMPLE_ARRAY	2D_MULTISAMPLE 或 2D_MULTISAMPLE_ARRAY

最后 4 个参数允许我们查看原始纹理数据的子集。minlevel 和 numlevels 参数分别指定视图中将包括的第一个 mip 贴图层和 mip 贴图层数。我们可据此创建纹理视图来表示另一个纹理整个 mip 贴图金字塔的一部分。例如，若要创建一个纹理只表示另一纹理的基础层（0 层），可将 minlevel 设置为 0，而 numlevels 设置为 1。若要创建一个视图表示十层纹理的 4 个最低分辨率 mip 贴图，我们可将 minlevel 设置为 6，而 numlevels 设置为 4。

同样，minlayer 和 numlayers 可用于创建数组纹理层的子集视图。例如，如果要创建数组纹理视图表示 20 层数组纹理的中间四层，可将 minlayer 设置为 8，numlayers 设置为 4。无论 minlevel、numlevels、minlayer 和 numlayers 参数选择何值，都必须与源纹理和目标纹理一致。例如，如果要创建非数组纹理视图表示一层数组纹理，则必须将 minlayer 设置为源纹理中实际存在的层，并将 numlayers 设置为 1，因为目标纹理没有任何层（或者只有一层）。

上文提到源纹理的内部格式和新纹理视图（internalformat 参数指定）必须互相兼容。为了实现兼容，两个格式必须是同一类。目前可用的几种类及其相应成员内部格式见表 5.15。

表 5.15 纹理视图格式兼容性

格式类	类成员
128 位	GL_RGBA32F、GL_RGBA32UI、GL_RGBA32I
96 位	GL_RGB32F、GL_RGB32UI、GL_RGB32I
64 位	GL_RGBA16F、GL_RG32F、GL_RGBA16UI、GL_RG32UI、GL_RGBA16I、GL_RG32I、GL_RGBA16、GL_RGBA16_SNORM
48 位	GL_RGB16、GL_RGB16_SNORM、GL_RGB16F、GL_RGB16UI、GL_RGB16I
32 位	GL_RG16F、GL_R11F_G11F_B10F、GL_R32F、GL_RGB10_A2UI、GL_RGBA8UI、GL_RG16UI、GL_R32UI、GL_RGBA8I、GL_RG16I、GL_R32I、GL_RGB10_A2、GL_RGBA8、GL_RG16、GL_RGBA8_SNORM、GL_RG16_SNORM、GL_SRGB8_ALPHA8、GL_RGB9_E5
24 位	GL_RGB8、GL_RGB8_SNORM、GL_SRGB8、GL_RGB8UI、GL_RGB8I
16 位	GL_R16F、GL_RG8UI、GL_R16UI、GL_RG8I、GL_R16I、GL_RG8、GL_R16、GL_RG8_SNORM、GL_R16_SNORM
8 位	GL_R8UI、GL_R8I、GL_R8、GL_R8_SNORM
RGTC1_RED	GL_COMPRESSED_RED_RGTC1、GL_COMPRESSED_SIGNED_RED_RGTC1
RGTC2_RG	GL_COMPRESSED_RG_RGTC2、GL_COMPRESSED_SIGNED_RG_RGTC2
BPTC_UNORM	GL_COMPRESSED_RGBA_BPTC_UNORM、GL_COMPRESSED_SRGB_ALPHA_BPTC_UNORM
BPTC_FLOAT	GL_COMPRESSED_RGB_BPTC_SIGNED_FLOAT、GL_COMPRESSED_RGB_BPTC_UNSIGNED_FLOAT

除了匹配彼此类的格式外，我们可始终使用与原始格式相同的格式创建纹理视图，甚至是表 5.15 中没有列出的格式。

创建纹理视图后，可以像使用其他新类型纹理一样使用它。例如，如果我们有 2D 数组纹理，并且为其中一层创建 2D 非数组纹理视图，可调用 **glTexSubImage2D()** 将数据放入该视图中，该数据最终将出现在数组纹理的相应层。或者可以创建一层 2D 数组纹理的 2D 非数组纹理视图并从着色器的 sampler2D 统一变量中访问该视图。同样也可以创建 2D 非数组纹理的一层 2D 数组纹理视图并从着色器的 sampler2DArray 统一变量中访问该视图。

5.6 总结

本章中我们学习了 OpenGL 如何处理图形渲染所需的大量数据。管线开始时，我们了解了如何使用缓存对象自动为顶点着色器提供数据，还讨论了将统一变量这种常数值传递到着色器的方法，首先使用缓存，然后使用默认统一变量区块（default uniform block）。此区块也是表示纹理、图像和存储缓存等的统一变量所在的位置；我们使用这些统一变量来展示如何直接使用着色器代码从纹理和缓存中读取图像以及向纹理和缓存写入图像。我们了解了如何获取纹理并假装其部分实际为不同类型的纹理，可能具有不同的数据格式；还学习了原子操作，它涉及现代图形处理器的大量并行特性。

CHAPTER

06

第6章 着色器和程序

本章内容

- OpenGL 着色语言基础。
- 如何辨别着色器是否编译，如果没有编译，是哪里出了问题。
- 如何检索和缓存已编译的着色器的二进制文件，并使用它们进行渲染。

到目前为止，本书介绍了 OpenGL 管线、编写简单的 OpenGL 程序以及部分渲染。我们已经了解了基本的计算机图形基础、部分 3D 数学等知识。现代图形应用程序将大部分时间用于执行着色器，而图形程序员则花大量时间编写着色器。在编写真正有吸引力的程序之前，我们需要了解着色器、OpenGL 编程模型以及图形处理器擅长的操作类型（以及它不擅长的操作类型）。本章将深入讲述 OpenGL 着色语言（也称为 GLSL）。我们将讨论其大量特性和细节，打下坚实的基础，将理论付诸实践。

6.1 语言概述

GLSL 很像 C 语言，语法和模型与 C 语言非常相似，但又有一些不同使得 GLSL 更适合图形和并行执行。C 语言和 GLSL 之间的主要区别之一是 GLSL 中的矩阵和向量类型非常重要。这意味着它们是语言的一部分。GLSL 和 C 语言的另一个主要区别在于 GLSL 设计为在大规模并行实现上运行，多数图形处理器会同时运行数千个着色器副本（或调用）。GLSL 对于这些实现类型也有诸多限制。例如，GLSL 中不允许使用递归，而且对浮点数的精度要求不像控制大多数 C 实现所用的 IEEE 标准那样严格。

6.1.1 数据类型

GLSL 支持标量和向量数据类型、数组和结构以及大量表示纹理和其他数据结构的不透明数据类型。

标量类型

GLSL 支持的标量数据类型为 32 位和 64 位浮点数据，32 位有符号和无符号整数以及布尔值。但是，GLSL 不支持 short、char 或字符串等 C 语言中其他的常用类型，也不支持大于 32 位的指针或整数类型。GLSL 支持的标量类型见表 6.1。

表 6.1 GLSL 中的标量类型

类型	定义
bool	布尔值，可以是 true 也可以是 false
float	IEEE-754 格式的 32 位浮点数
double	IEEE-754 格式的 64 位浮点数
int	32 位二补数有符号整数
unsigned int	32 位无符号整数

GLSL 处理有符号和无符号整数的方式与 C 程序一致。即有符号整数存储为二补数，范围为−2147483648 到 2147483647；无符号整数范围为 0 到 4294967295。如果将数字相加超出其范围，则这些数字就会环绕。

浮点数有效定义为符合 IEEE-754 标准。即 32 位浮点数有一个符号位，8 个指数位以及 23 个尾数位。如果数字为负，则设置符号位；如果数字为正，则清除符号位。8 个指数位表示−127 和+127 之间的数字，该数字通过与 127 相加而被偏置到 0～254 的范围内。尾数表示该数字的有效位数；这里有 23 位，加上第 24 位的一个隐含二进制数位 1。假设符号位为 s，指数位为 e，尾数位为 m，那么 32 位浮点数的实际值为

$$n = (-1)^s(1+\sum_{i=1}^{23} b_{-i}2^{-i})\times 2^{(e-127)}$$

同样，双精度数符合 IEEE-754 标准，有一个符号位，11 个指数位以及 52 个尾数位。符号位定义为 32 位浮点，指数表示−1022 到 1023 之间的值，第 52 位尾数表示数字的有效位，在第 53 位有一个隐含位 1。64 位双精度浮点数的实际值为

$$n = (-1)^s(1+\sum_{i=1}^{52} b_{-i}2^{-i})\times 2^{(e-1023)}$$

GLSL 不需要完全严格遵守 IEEE-754 标准。对于大多数操作，精度足够高且行为定义明确。但 NaN（非数字）值传播等部分操作，以及无穷大和非规范化数等行为中允许存在一定的偏差。但是，一般来说，编写依赖于 NaN 和无穷大的精确行为的代码并不是一个好主意，因为许多处理器在这些类型的值时表现很差。对于三角函数等内置函数，GLSL 给出了更多的余地。最后，GLSL 不支持异常。因此，如果进行数字除零等不合理操作，那么直到在着色器中看到非预期结果之前都不会发觉出现了问题。

向量和矩阵

GLSL 支持所有支持标量类型的向量以及单精度和双精度浮点类型的矩阵。向量和矩阵类型名称中包含其基本标量类型名称，但浮点向量和矩阵除外，这些向量没有修饰。表 6.2 展示

了 GLSL 中的所有向量和矩阵类型。

向量可由其他向量、单个标量、标量序列或相应标量和向量的组合构建，只要有足够的字段总数来填充目标。因此，以下皆为合理的构造函数：

```
vec3 foo = vec3(1.0);
vec3 bar = vec3(foo);
vec4 baz = vec4(1.0, 2.0, 3.0, 4.0);
vec4 bat = vec4(1.0, foo);
```

可以将向量当作数组来访问向量的分量。也就是说，

```
vec4 foo;
```

4 个分量可按如下方式访问：

```
float x = foo[0];
float y = foo[1];
float z = foo[2];
float w = foo[3];
```

表 6.2　GLSL 中的向量和矩阵类型

大小	标量类型				
标量	bool	float	double	int	unsigned int
2 元向量	bvec2	vec2	dvec2	ivec2	uvec2
3 元向量	bvec3	vec3	dvec3	ivec3	uvec3
4 元向量	bvec4	vec4	dvec4	ivec4	uvec4
2 × 2 矩阵	—	mat2	dmat2	—	—
2 × 3 矩阵	—	mat2x3	dmat2x3	—	—
2 × 4 矩阵	—	mat2x4	dmat2x4	—	—
3 × 2 矩阵	—	mat3x2	dmat3x2	—	—
3 × 3 矩阵	—	mat3	dmat3	—	—
3 × 4 矩阵	—	mat3x4	dmat3x4	—	—
4 × 2 矩阵	—	mat4x2	dmat4x2	—	—
4 × 3 矩阵	—	mat4x3	dmat4x3	—	—
4 × 4 矩阵	—	mat4	dmat4	—	—

或者，可以将向量当作具有代表其分量字段的结构进行访问。第一个分量可通过`.x`、`.s`或`.r`字段访问。第二个分量通过`.y`、`.t`或`.g`字段访问。第三个分量通过`.z`、`.p`或`.b`字段访问。最后，第四个分量通过`.w`、`.q`或`.a`字段访问。这看起来有点乱，但 *x*、*y*、*z* 和 *w* 常用于表示位置或方向；*r*、*g*、*b* 和 *a* 常用于表示颜色；*s*、*t*、*p*[1]和 *q*[2]用于表示纹理坐标。如果我们用 C 语言来编写向量的结构，则会有以下形式：

1 *p* 作为纹理坐标的第三个分量，因为已经使用 *r* 表示颜色。

2 *q* 作为纹理坐标的第四个分量，因为它在 *p* 后面。

```
typedef union vec4_t
{
  struct
  {
    float x;
    float y;
    float z;
    float w;
  };
  struct
  {
    float s;
    float t;
    float p;
    float q;
  };
  struct
  {
    float r;
    float g;
    float b;
    float a;
  };
} vec4;
```

但这还没结束，向量也支持调整（*swizzling*）或叠加字段成为其自身的向量。例如，foo（vec4）的前 3 个分量可通过编写 foo.xyz（或 foo.rgb 或 foo.stp）提取。强大之处在于我们还可以按照任意顺序指定这些字段，并且可以重复这些字段。

因此，foo.zyx 可产生三元向量，foo 的 *x* 和 *z* 字段可互换；foo.rrrr 可产生四元向量，其中每个字段中都有 foo 的 *r* 分量。注意，不能将概念不同的 *x*、*y*、*z* 和 *w* 字段与 *s*、*t*、*p* 和 *q* 或 *r*、*g*、*b* 和 *a* 字段混搭。例如，我们不能写成 foo.xyba。

在 GLSL 中，矩阵也是一级类型。在 GLSL 中，矩阵以向量的数组形式出现，该数组的每个元素（即向量）表示矩阵的一列。因为每个向量都可以当作数组来处理，因此矩阵的一清单现为一个数组，能有效支持将矩阵当作二维数组。例如，若我们将 bar 声明为 mat4 类型，那么 bar[0]是表示其第一列的 vec4，bar[0][0]为该向量的第一个分量（bar[0].x），bar[0][1]为第二个分量（相当于 bar[0].y），以此类推。bar[1]为第二列，bar[2]为第三列，以此类推。如果我们用 C 语言来编写，则形式如下：

```
typedef vec4 mat4[4];
```

+ 和 – 等标准运算符用于向量和矩阵。乘法运算符（*）用于两个分量形式的向量之间，两个矩阵之间或一个矩阵和一个向量之间的矩阵-矩阵或矩阵-向量乘法运算。用标量除以向量和矩阵的情况与预期一致。以分量形式执行其他向量对向量和矩阵的除法，因此要求两个运算对象为同一维度。

数组和结构

我们可构建数组和结构的集合类型，包括结构数组和数组结构。结构类型声明与 C++中相似。不同的是 GLSL 中没有 typedef 关键字，但 GLSL 中的结构定义像 C++中一样隐式地声明了一种新类型。只需要编写 struct my_structure;声明结构类型，其中 my_structure

表示声明的新结构类型的名称。

GLSL 中有两种方法声明数组。第一种类似于 C 或 C++中的语法，即将数组大小添加到变量名称中。以下为此类声明的示例：

```
float foo[5];
ivec2 bar[13];
dmat3 baz[29];
```

第二种语法为通过将大小添加到元素类型（element type）而不是变量名称来隐式地声明整个数组的类型。因此上述声明大致可写为：

```
float[5] foo;
ivec2[13] bar;
dmat3[29] baz;
```

对 C 语言程序员来说这可能有点奇怪。但这实际上是一种非常重要的特性，因为不需要 typedef 关键字就能隐式定义类型，而该关键字正是 GLSL 所缺少的。其中一个用例是声明一个函数返回以下数组：

```
vec4[4] functionThatReturnsArray()
{
  vec4[4] foo = ...

  return foo;
}
```

以这种形式声明数组类型也隐式地定义了数组的构造函数。这意味着我们可以编写：

```
float[6] var = float[6](1.0, 2.0, 3.0, 4.0, 5.0, 6.0);
```

但这种情况下 GLSL 的最新版本[1]也支持使用传统的 C 风格数组初始化程序语法：

```
float var[6] = { 1.0, 2.0, 3.0, 4.0, 5.0, 6.0 };
```

数组可以包括在结构中，我们可构建结构类型的数组（其本身就包含结构）。因此 GLSL 具有以下结构和数组定义：

```
struct foo
{
  int a;
  vec2 b;
  mat4 c;
};

struct bar
{
  vec3 a;
  foo[7] b;
};

bar[29] baz;
```

1 GLSL 4.20 版连同 OpenGL4.2 引进了花括号 {...} 风格的初始化程序清单。如果我们正在编写可能需要在早期 GLSL 版本中运行的着色器，那么可能需要通过构造来坚持隐式数组类型初始化。

在本代码中，baz 是一个包含 29 个 bar 实例的数组，其中包含 1 个 vec3 和 7 个 foo 实例，每个 foo 实例都包含一个 int、一个 vec2 以及一个 mat4。

数组还包含一个名为.length()的特殊方法[1]，可返回数组中元素的数量。这样可支持待构建的循环遍历数组内所有元素。值得注意的是，由于 GLSL 中的向量和数组之间存在二元性，因此.length()函数可作用于向量（自然给定向量的大小）。此外，由于矩阵是向量的基本数组，因此.length()在应用于矩阵时可给定其具有的列数。.length()函数的部分应用示例如下：

```
float a[10];                    // Declare an array of 10 elements
float b[a.length()];            // Declare an array of the same size
mat4 c;
float d = float(c.length());    // d is now 4
int e = c[0].length();          // e is the height of c (4)

int i;

// This loop iterates 10 times
for (i = 0; i < a.length(); i++)
{
  b[i] = a[i];
}
```

虽然 GLSL 不支持多维数组，但是它支持数组的数组。这意味着我们可以将数组类型放入数组——当索引到第一个数组中时，可以得到一个数组，又在该数组中索引，以此类推。例如：

```
float a[10];          // 'a' is an array of 10 floats.
float b[10][2];       // 'b' is an array of 2 arrays of 10 floats.
float c[10][2][5];    // 'c' is an array of 5 arrays of 2 arrays of 10 floats.
```

其中，a 表示规则的一维数组；b 看起来像二维数组但实际上是数组的一维数组，每个数组有 10 个元素。两者间有细微差别，如果我们编写 b[1].length()，则会得到 10。c 表示 5 个二元一维数组的一维数组，每个数组都是 10 个元素的一维数组。c[3].length()生成 2，c[3][1].length()生成 10。

6.1.2 内置函数

GLSL 中有数百个内置函数。其中多数用于处理纹理和内存，本书相应部分会详细介绍。本节将着重介绍仅用来处理数据的函数——基础数学、矩阵、数据及数据打包和解包函数。

术语

由于 GLSL 中的函数类型很多，该语言可支持函数重载（overloading），这意味着函数可以有多种定义，每个定义都有不同的参数集。GLSL 规范中使用了标准术语来对数据类型分组，以便更简洁地引用函数系列而不是枚举每个函数支持的全部类型。本书也会使用这些术语来表示类型组。以下列举了 GLSL 规范和本书中使用的术语：

- genType 表示单精度浮点标量或向量，或 float、vec2、vec3 或 vec4 其中之一。

1 GLSL 并不支持传统 C++意义上的成员函数，但此情况除外。

- genUType 表示无符号整数标量或向量，或 uint、uvec2、uvec3 或 uvec4 其中之一。
- genIType 表示有符号整数标量或向量，或 int、ivec2、ivec3 或 ivec4 其中之一。
- genDType 表示双精度浮点标量或向量，或 double、dvec2、dvec3 或 dvec4 其中之一。
- mat 表示单精度浮点矩阵，例如 mat2、mat3、mat4 或非方块矩阵形式。
- dmat 表示单精度浮点矩阵，例如 dmat2、dmat3、dmat4 或非方块矩阵形式。

内置矩阵和向量函数

前文已详细讨论过，向量和矩阵是 GLSL 中非常重要的一部分，+、-、*和/等内置运算符直接作用于向量和矩阵类型。但是 GLSL 还提供了大量专门处理向量和矩阵的函数。

matrixCompMult()函数对两个矩阵的分量形式执行乘法运算。记住，定义两个矩阵的*运算符在 GLSL 中执行传统的矩阵乘法运算。显然，matrixCompMult()的两个矩阵参数大小必须相同。

矩阵可使用内置 transpose()函数进行转置。如果我们转置一个非正方形矩阵，它的维度就会简单地互换。

为了求矩阵的逆矩阵，GLSL 为 mat2、mat3 和 mat4 类型及其双精度当量 dmat2、dmat3 和 dmat4 提供了 inverse()内置函数。但要注意，这样求矩阵的逆矩阵要付出的代价相当大。因此如果矩阵可能是常数，我们应在应用程序中计算其逆矩阵，并将其作为统一变量载入着色器。非正方形矩阵没有逆矩阵，因此 inverse()函数不支持此矩阵。同样，determinant()函数可计算正方形矩阵的行列式。病态矩阵并不存在行列式和逆矩阵，因此对此类矩阵调用 inverse()或 determinant()会得到未定义的结果。

outerProduct()函数执行两个向量的外积。这样有效将两个向量作为输入，第一个为 $1 \times N$ 矩阵，第二个为 $N \times 1$ 矩阵，然后将其相乘。结果得到 $N \times N$ 矩阵。

如果需要比较两个向量，有大量内置函数将以逐分量的形式执行此操作：lessThan()、lessThanEqual()、greaterThan()、greaterThanEqual()、equal()和 notEqual()。每个函数采用两个同样类型和大小的向量，应用其名称所示的操作，并返回一个与函数参数（即 bvec2、bvec3 或 bvec4）大小相同的布尔向量。该布尔向量的每个分量包含源参数中相应分量的比较结果。

给定一个布尔向量，可使用 any()函数测试其任何分量是否为 true；使用 all()函数确定所有分量是否为 true。也可以使用 not()函数反转布尔向量的值。

GLSL 提供了大量内置函数用于处理向量。包括返回向量长度的 length()函数，返回两点之间距离（与从一个点减去另一个点后得到的向量长度相同）的 distance()函数。

normalize()函数用一个向量除以其自身长度得到长度为 1 的向量，但与源向量所指方向相同。dot()和 cross()函数可分别用于找到两个向量的点积和叉积。

reflect()和 refract()函数接受一个输入向量和一个垂直于平面的法向量，并计算得到的反射和折射向量。refract()取折射率 *eta* 作为输入向量和法向量之外的参数。其中运用的数学原理见第 4 章 4.2.2 节的“反射和折射”部分。同样，faceforward()函数取一个输入向量和两个表面法向量。如果输入向量和第二个法向量之间的点积为负，则返回第一个法向量，否则返回第一个法向量的负值。从名称我们已经猜到该函数可用于确定平面相对于一个特定的观察方向是正面还是背面。第 3 章“管线”介绍了面向性。

内置数学函数

GLSL 支持许多内置函数执行数学运算和操作变量中的数据。常见数学函数包括 abs()、sign()、ceil()、floor()、trunc()、round()、roundEven()、fract()、mod()、modf()、min()和 max()。多数情况下这些函数作用于向量和标量，但在其他方面与 C 标准库中的对应函数操作类似。roundEven()函数在 C 语言中没有直接等效对应——此函数将其参数四舍五入至最接近的整数，但当小数部分为 0.5 时却四舍五入到最接近的偶数。即 7.5 和 8.5 都会四舍五入为 8，42.5 四舍五入为 42，43.5 四舍五入为 44。clamp()函数的两个隐式声明为

```
vec4 clamp(vec4 x, float minVal, float maxVal);
vec4 clamp(vec4 x, vec4 minVal, vec4 maxVal);
```

该函数将输入向量 x 拉伸到 minVal 和 maxVal 规定的范围内（可能为标量，也可能为向量）。例如，将 minVal 指定为 0.0，maxVal 指定为 1.0，会将 x 限制在 0.0～1.0 的范围内。这是数字常见的限制范围，图形硬件通常有此范围的特例，某些着色语言甚至包括专门将输入数据限制至此范围的内置函数。

还有一些特殊函数，包括 mix()、step()和 smoothstep()。其中 mix()将第三个输入数据作为权重因子执行两个输入数据之间的线性插值。可有效实现为

```
vec4 mix(vec4 x, vec4 y, float a)
{
    return x + a * (y - x);
}
```

这种运算在图形中很常见，因此是着色语言的内置函数，图形硬件可能具有直接实现此操作的特殊功能。

step()函数根据其两个输入数据生成一种阶跃函数（值为 0.0 或 1.0 的函数）。定义为

```
vec4 step(vec4 edge, vec4 x);
```

如果 x < edge 则返回 0.0，如果 x >= edge 则返回 1.0。

smoothstep()函数根据其第三个输入值位于前两个输入值之间的位置，在两个输入之间产生平滑渐变。定义为

```
vec4 smoothstep(vec4 edge0, vec4 edge1, vec4 x);
```

smoothstep()可有效实现为

```
vec4 smoothstep(vec4 edge0, vec4 edge1, vec4 x)
{
```

```
    vec4 t = clamp((x - edge0) / (edge1 - edge0), 0.0, 1.0);

    return t * t * (vec4(3.0) - 2.0 * t);
}
```

smoothstep()生成的形状为埃尔米特曲线，执行的运算为埃尔米特插值。曲线的一般形状见图 6.1。

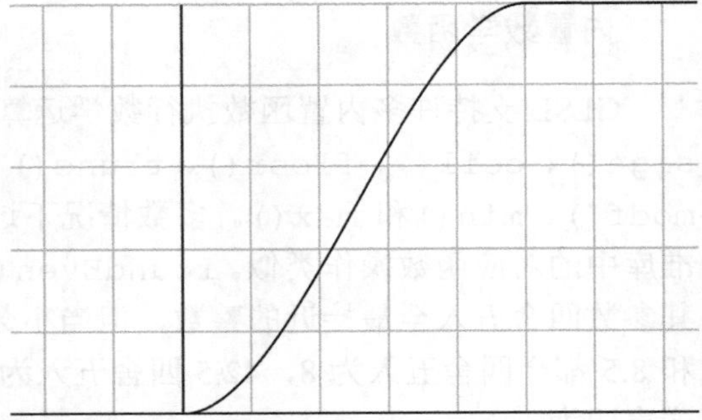
图 6.1　埃尔米特曲线形状

fma()函数执行积和熔加运算，即将前两个参数相乘然后加上第三个参数。此运算的中间结果精度通常比源运算对象更高，比直接在代码中编写这两种运算的结果精确度更高。某些图形处理器中，积和熔加函数可能比执行一系列乘法运算后进行单独加法运算更有效。

GLSL 中大部分数学函数都假定在大多数着色器代码中使用浮点数。但也有一些情况下可能使用整数。GLSL 还有一些函数设计用于对极大整数（或固定点）执行算术运算。特别是 uaddCarry()和 usubBorrow()，允许我们执行带进位的加法和带借位的减法运算，imulExtended()和 umulExtended()允许我们将一对 32 位有符号或无符号整数值相乘，生成 64 位结果作为另一对 32 位值。

除这些低级的运算功能外，GLSL 还支持 sin()、cos()和 tan()等所有预期三角函数；以及这些函数的反函数 asin()、acos()和 atan()等；这些函数的双曲线形式 sinh()、cosh()、tanh()、asinh()、acosh()和 atanh()等；还包括指数函数：pow()、exp()、log()、exp2()、log2()、sqrt()和 inversesqrt()。因为多数处理角度的 GLSL 函数以弧度为单位，尽管有时候以度为单位比较方便。GLSL 还包括 radians()函数（接收以度表示的角度，并将其转化为弧度）和 degrees()函数（接收以弧度表示的角度并将其转化为度）。

内置数据操作函数

除了执行实际处理工作的函数外，GLSL 还有许多内置函数使我们能够了解数据的内部结构。例如 frexp()函数可将浮点数拆分为尾数和指数部分，ldexp()可从提供的尾数和指数构建新的浮点数。这样可直接操作浮点数的值。

如果需要对浮点数进行更多控制，intBitsToFloat()和 uintBitsToFloat()可分别取有符号的无符号整数，并将其原始位元重新解释为 32 位浮点数。相反 floatBitsToInt()和 floatBitsToUint()取浮点数并分别将其作为有符号或无符号整数值传递回来。这 4 种函数允许我们直接将浮点数分解，打乱其位元顺序，然后重新组合。但在执行此操作过程中我们应注意，因为不是所有的位元组合都会形成有效的浮点数，很可能会生成 NaN（非数值）、非规格化数或无穷数。若要检验浮点数是否表现为 NaN 或无穷数，可调用 isnan()或 isinf()。

除能够将浮点数拆开后重新组合外，GLSL 还有大量函数用于获取浮点数向量并将其缩放到不同的位深度（如 8 位和 16 位值），然后打包成一个 32 位量。例如 packUnorm4x8()和

packSnorm4x8()函数将 vec4 值分别打包成 4 个无符号或有符号的 8 位整数值，然后将这 4 个 8 位值打包为一个 uint。而 unpackUnorm4x8()和 unpackSnorm4x8()函数则相反。packUnorm2x16()、packSnorm2x16()、unpackUnormx16()和 unpackSnorm16()函数为等效函数，处理 vec2 变量，将这些变量作为 16 位量打包和解包到 uint 中。

这些函数中的 norm 术语表示标准化。在这种情况下，标准化本质上是指缩放某一个值将其映射到新的范围。其中，无符号标准化数据的浮点值在 0.0～1.0 范围内，有符号标准化数据的浮点值在-1.0～1.0 范围内。输入范围的两个端点映射到输出范围的上下限。例如，对于无符号标准化 8 位数据，值为 0 的无符号字节对应浮点中的 0.0，值为 255（无符号 8 位数可表示的最大值）的无符号字节映射到 1.0。

packDouble2x32()和 unpackDouble2x32()函数对 double 变量执行类似的操作，packHalf2x16()函数对 16 位浮点数执行这些操作。应该注意的是，虽然数据可以以该格式存储在内存中，但 GLSL 并不直接支持 16 位浮点变量。相反，GLSL 可将这些数据解包为着色语言中可用的数据类型。

如果只想获取有符号或无符号整数位元的一个子集，可使用 bitfieldExtract()函数从无符号整数（或无符号整数向量）中提取指定块的位元。若函数的输入值为有符号整数，则结果为符号扩展的，否则为零扩展。操作此位元后，可使用 bitfieldInsert()函数将这些位元放回整数中。

GLSL 支持的其他位字段操作包括 bitfieldReverse()、bitCount()、findLSB()和 findMSB()函数，它们分别反转整数中位元子集的顺序、计算整数中设置位元数目，并查找出整数中设置的最低有效位或最高有效位的索引。

6.2 编译、链接和检查程序

每个 OpenGL 实现都有内置编译程序和链接程序，可将着色器代码编译为内部二元形式，并将其链接在一起，以便能够在图形处理器上运行。该过程可能会因各种原因失败，因此找出原因很重要。比如编译或链接阶段可能失败，即使成功，也许其他某个因素已经改变了程序的作用方式。

6.2.1 从编译程序获得信息

就这一点而言，本书中的所有着色器均是完美、经检验且没有故障的。我们只做了极少的错误检查（若有），并且假设一切都会正常运行。但现实世界中，至少在开发过程中，着色器很可能会出现故障、拼写错误或其他错误等。着色器编译程序有助于找出问题并解决问题。第一步就是确定着色器是否编译。设置着色器源代码并调用 **glCompileShader()**后，可以通过调用 **glGetShaderiv()**从 OpenGL 返回编译状态。此函数的原型为

```
void glGetShaderiv(GLuint shader,
                   GLenum  pname,
                   GLint * params);
```

其中，shader 是我们想要了解的着色器对象的名称，pname 是我们想要从着色器对象获取的参数，params 是 OpenGL 应放置结果的变量的地址。为确定着色器是否成功编译，可将 pname 设置为 GL_COMPILE_STATUS。如果着色器编译失败，则 params 指向的变量将设置为 0，如果编译成功则设置为 1。1 和 0 分别为 GL_TRUE 和 GL_FALSE 的数值，因此我们可以根据这些定义进行测试。

pname 可以传递到 **glGetShaderiv()** 的其他值包括：

- GL_SHADER_TYPE，返回着色器对象的类型（如 GL_VERTEX_SHADER 或 GL_FRAGMENT_SHADER）；
- GL_DELETE_STATUS，返回 GL_TRUE 或 GL_FALSE 以表明着色器对象是否调用了 **glDeleteShader()**；
- GL_SHADER_SOURCE_LENGTH，返回着色器对象相关源代码的总长度；
- GL_INFO_LOG_LENGTH，返回着色器对象中包含的信息日志的长度。

最后一个标记 GL_INFO_LOG_LENGTH 提示我们着色器对象中包含的信息日志的长度。日志生成于编译此着色器时。最初，日志是空的，但是当着色器编译程序解析和编译着色器时，会生成一个日志，日志中包含常规编译程序时熟悉的类似输出。可通过调用 **glGetShaderInfoLog()** 从着色器对象中获取此日志，其原型为

```
void glGetShaderInfoLog(GLuint shader,
                        GLsizei bufSize,
                        GLsizei * length,
                        GLchar * infoLog);
```

同样，shader 是我们想要获取其日志的着色器对象的名称。infoLog 应指向将日志写入其中的缓存。

缓存应足够大以便容纳整个日志，可通过 **glGetShaderiv()** 函数了解其大小。如果只关心日志前几行，则可将固定大小的缓存用于 infoLog。任何情况下使用的缓存大小应在 bufSize 范围内。实际写入 infoLog 的数据量将写入 OpenGL 中 length 指向的变量。清单 6.1 展示了如何从着色器对象获取日志。

清单 6.1　从着色器获取编译程序日志

```
// Create, attach source to, and compile a shader...
GLuint fs = glCreateShader(GL_FRAGMENT_SHADER);
glShaderSource(fs, 1, &source, NULL);
glCompileShader(fs);

// Now, get the info log length...
GLint log_length;
glGetShaderiv(fs, GL_INFO_LOG_LENGTH, &log_length);

// Allocate a string for it...
std::string str;
```

```
str.reserve(log_length);

// Get the log...
glGetShaderInfoLog(fs, log_length, NULL, str.c_str());
```

若着色器包含可能生成编译程序警告的错误或可疑代码，OpenGL 的着色器编译程序将在日志中告知我们。以下着色器包含刻意的错误：

```
#version 450 core

layout (location = 0) out vec4 color;

uniform scale;
uniform vec3  bias;

void main(void)
{
    color = vec4(1.0, 0.5, 0.2, 1.0) * scale + bias;
}
```

编译此着色器可在计算机上生成以下日志。我们可能在自己的机器上看到类似的信息：

```
ERROR:0:5: error(#12) Unexpected qualifier
ERROR:0:10: error(#143) Undeclared identifier: scale
WARNING:0:10: warning(#402) Implicit truncation of vector from
size:4 to size:3
ERROR:0:10: error(#162) Wrong operand types: no operation "+" exists
that takes a left-hand operand of type "4-component vector of vec4" and
a right operand of type "uniform 3-component vector of vec3" (or there
is no acceptable conversion)
ERROR: error(#273) 3 compilation errors.  No code generated
```

我们可以看到着色器信息日志中生成并记录了多个错误和一个警告。这种特殊编译程序的错误信息格式为 ERROR 或 WARNING，后面跟字符串索引（记住，**glShaderSource()** 允许将多个源字符串附加到一个着色器对象），然后跟行号。我们逐个来看这些错误：

```
ERROR:0:5: error(#12) Unexpected qualifier
```

着色器的第 5 行为：

```
uniform scale;
```

好像我们已经忘了 scale 统一变量的类型。我们可以通过为 scale 指定一种类型（假设为 vec4）来解决这个问题。下面的 3 个问题相同：

```
ERROR:0:10: error(#143) Undeclared identifier: scale
WARNING:0:10: warning(#402) Implicit truncation of vector from
size:4 to size:3
ERROR:0:10: error(#162) Wrong operand types: no operation "+" exists
that takes a left-hand operand of type "4-component vector of vec4" and
a right operand of type "uniform 3-component vector of vec3" (or there
is no acceptable conversion)
```

第一个表明 scale 为未定义标识符，即编译程序不知道 scale 是什么。这是因为第 5 行的一个错误：我们实际还没有定义 scale。接下来是一个警告，警告我们正在尝试将一个向量从四分量类型压缩为三分量类型。考虑到编译程序可能因为同一行另一个错误而混淆，这不是什么严重的问题。此警告表明没有+运算符版本可以添加 vec3 和 vec4。出现这个警告是因为即使我们已经指定 scale 为 vec4 类型，但 bias 被声明为 vec3，因此不能添加到 vec4 变量。可能的修复方法为将 bias 类型更改为 vec4。

如果我们对着色器使用已知的修复方法（见清单 6.1），则可以得到

```
#version 450 core

layout (location = 0) out vec4 color;

uniform vec4 scale;
uniform vec4 bias;

void main(void)
{
    color = vec4(1.0, 0.5, 0.2, 1.0) * scale + bias;
}
```

一旦编译了这个更新的着色器后，我们就成功了：调用 **glGetShaderiv()**，其中 pname 设置为 GL_COMPILE_STATUS，应返回 GL_TRUE，新的信息日志应该是空的，或者只是表示成功。

6.2.2 从链接程序获得信息

正如编译可能失败一样，程序链接也可能失败，或不能完全按照计划工作。在调用 **glCompileShader()**时编译程序将生成信息日志，而当调用 **glLinkProgram()**时，链接程序也能生成日志，我们可以通过日志查询了解发生了什么。同样，我们可以检索程序对象有几种属性，包括其链接状态、资源使用等。事实上，链接程序比编译着色器的状态更多。我们可以使用 **glGetProgramiv()**检索所有信息，其原型为

```
void glGetProgramiv(GLuint program,
                    GLenum  pname,
                    GLint * params);
```

注意，**glGetProgramiv()**与 **glGetShaderiv()**非常相似。第一个参数 program 是我们想要检索其信息的程序对象的名称。最后一个参数 params 是我们希望 OpenGL 写入该信息的变量地址。就像 **glGetShaderiv()**一样，**glGetProgramiv()**接受一个名为 pname 的参数，指示我们想要了解的关于程序对象的信息。程序对象的 pname 还有更多有效值，包括以下几个。

- GL_DELETE_STATUS，与着色器的相同属性一致，指示是否已为程序对象调用 **glDeleteProgram()**。
- GL_LINK_STATUS，与着色器的 GL_COMPILE_STATUS 特性类似，指示链接程序成功与否。
- GL_INFO_LOG_LENGTH 为程序返回信息日志长度。

- GL_ATTACHED_SHADERS 返回连接程序的着色器数量。
- GL_ACTIVE_ATTRIBUTES 返回程序中顶点着色器实际[1]使用的属性数量。
- GL_ACTIVE_UNIFORMS 返回程序使用的统一变量数量。
- GL_ACTIVE_UNIFORM_BLOCKS 返回程序使用的一致区块数量。

可调用 **glGetProgramiv()** 判断程序是否成功链接，其中 pname 设置为 GL_LINK_STATUS。如果 params 中返回 GL_TRUE，则表明链接成功。也可从程序获得信息日志，就像从着色器获得一样。为此，我们可以调用 **glGetProgramInfoLog()**，其原型为

```
void glGetProgramInfoLog(GLuint program,
                         GLsizei bufSize,
                         GLsizei * length,
                         GLchar * infoLog);
```

glGetProgramInfoLog() 的参数与 **glGetShaderInfoLog()** 参数的作用相同，只是我们没有使用 shader，而是使用 program（我们想要读取其日志的程序对象的名称）。详见清单 6.2 中的着色器。

清单 6.2 带外部函数声明的片段着色器

```
#version 450 core

layout (location = 0) out vec4 color;

vec3 myFunction();

void main(void)
{
    color = vec4(myFunction(), 1.0);
}
```

清单 6.2 声明了一个外部函数。这与 C 语言程序类似，函数的实际定义见单独的源文件。OpenGL 希望 myFunction 的函数体定义于附加到程序对象的其中一个片段着色器中（注意，我们可连接多个同一类型的着色器到同一程序对象并将其连接在一起）。调用 **glLinkProgram()** 时，OpenGL 会查看所有片段着色器寻找 myFunction 函数，如果没有找到此函数，就会生成一个链接错误。尝试将此片段着色器连接至程序对象会产生以下错误信息：

```
Vertex shader(s) failed to link, fragment shader(s) failed to link.
ERROR: error(#401) Function: myFunction() is not implemented
```

为了解决这一错误，可在清单 6.2 的着色器中增加 myFunction 主体，或另外连接一个片段着色器到含有该函数主体的同一程序对象。

6.2.3 单独程序

到目前为止，我们使用的所有程序都是单体（monolithic）程序对象。也就是说，这些对象

1 更准确地说编译程序认为顶点着色器使用的数量。

包含每个活动阶段的着色器。我们已经将一个顶点着色器、一个片段着色器甚至是细分曲面着色器或几何着色器连接到一个程序对象，然后调用 glLinkProgram() 来将程序对象链接到整个管线的其中一个代表中。这种链接允许编译程序执行级间优化，比如删除顶点着色器中生成的某些代码，这些代码不会在后续片段着色器使用。但这种方案会降低应用灵活性，还可能减弱性能。对于每一个顶点着色器、片段着色器以及其他着色器组合，需要有独特的程序对象，将所有这些程序连接起来要付出较大的代价。

例如，考虑只更改片段着色器的情况。对于单体程序，我们需要将同一顶点着色器连接至两个或多个不同的片段着色器，以为每个组合创建新的程序对象。如果有多个片段着色器和多个顶点着色器，那么现在每个着色器组合需要一个程序对象。随着我们加入更多的着色器和着色器阶段，这一问题会越来越严重。最后，可能会发生着色器组合爆炸，爆炸会激增数千个排列，甚至更多。

为了解决这一问题，OpenGL 支持在分离模式下链接程序对象。以这种方式链接的程序可以只包含管道中单个阶段或少数阶段的着色器。然后可将多个程序对象（每个对象代表 OpenGL 管线的一节）链接至程序管线对象（program pipeline object）并在运行时而不是在链接时进行匹配。连接至一个程序对象的着色器仍然可进行级间优化，但连接至程序管线对象的程序对象可以随意切换，性能成本相对较低。

若要在分离模式下使用程序对象，需要调用 **glProgramParameteri()** 在链接之前告诉 OpenGL 我们的计划，其中 pname 设置为 GL_PROGRAM_SEPARABLE，value 设置为 GL_TRUE。这样就告诉 OpenGL 不要删除其认为着色器未使用的任何输出。它还会布局内部数据，以便程序对象内的最后一个着色器可与具有相同输入布局的另一个程序对象内的第一个着色器通信。接着，我们需要用 **glGenProgramPipelines()** 创建程序管线对象，然后连接程序，表示想要使用的管线部分。为此，调用 **glUseProgramStages()**，传入程序管线对象的名称，指示使用哪些阶段的位字段，以及含有这些阶段的程序对象的名称。

清单 6.3 展示了使用两个程序设置程序管线对象，其中一个只含有一个顶点着色器，另一个只含有一个片段着色器。

清单 6.3 配置可分离程序管线

```
// Create a vertex shader
GLuint vs  = glCreateShader(GL_VERTEX_SHADER);

// Attach source and compile
glShaderSource(vs, 1, vs_source, NULL);
glCompileShader(vs);

// Create a program for our vertex stage and attach the vertex shader to it
GLuint vs_program = glCreateProgram();
glAttachShader(vs_program, vs);

// Important part - set the GL_PROGRAM_SEPARABLE flag to GL_TRUE *then* link
glProgramParameteri(vs_program, GL_PROGRAM_SEPARABLE, GL_TRUE);
glLinkProgram(vs_program);

// Now do the same with a fragment shader
GLuint fs = glCreateShader(GL_FRAGMENT_SHADER);
glShaderSource(fs, 1, fs_source, NULL);
```

```
glCompileShader(fs);
GLuint fs_program = glCreateProgram();
glAttachShader(fs_program, vs);
glProgramParameteri(fs_program, GL_PROGRAM_SEPARABLE, GL_TRUE);
glLinkProgram(fs_program);

// The program pipeline represents the collection of programs in use:
// Generate the name for it here.
GLuint program_pipeline;
glGenProgramPipelines(1, &program_pipeline);

// Now use the vertex shader from the first program and the fragment shader
// from the second program.
glUseProgramStages(program_pipeline, GL_VERTEX_SHADER_BIT, vs_program);
glUseProgramStages(program_pipeline, GL_FRAGMENT_SHADER_BIT, fs_program);
```

虽然这一简单示例只包含两个程序对象，每个对象中只包含一个着色器，但使用两个以上程序对象，或一个及以上程序对象包含有不止一个着色器时，其排列会更为复杂。

例如细分曲面控制和细分曲面评估着色器通常紧密耦合，因此如果没有其中一个，那么另一个也会失去意义。而且，通常在使用细分曲面时，很可能使用直通顶点着色器，在细分曲面控制着色器或细分曲面评估着色器中进行顶点着色器工作。这些情况下，将顶点着色器和两个细分曲面着色器结合在一个程序对象中就很有意义，但仍然使用可分离程序来快速切换片段着色器。

如果确实要创建一个简单的程序对象，其中只有一个着色器对象，则可以使用快捷方式，调用

```
GLuint glCreateShaderProgramv(GLenum type,
                              GLsizei count,
                              const char ** strings);
```

glCreateShaderProgramv() 函数采用我们想要编译的着色器类型（如 GL_VERTEX_SHADER 或 GL_FRAGMENT_SHADER）、源字符串数量以及指向字符串阵列的指针（就像 **glShaderSource()**），并将这些字符串编译到一个新的着色器对象中。然后，函数在内部将该着色器对象连接至新的程序对象，将其可分离参数设置为 TRUE，然后删除着色器对象，返回程序对象。然后我们就可以在程序管线对象中使用此程序对象。

一旦有了程序管线对象，并将多个着色器阶段编译进入多个程序对象并连接至该对象，则可调用 **glBindProgramPipeline()** 生成当前管线：

```
void glBindProgramPipeline(GLuint pipeline);
```

其中，pipeline 是我们想要使用的程序管线对象的名称。绑定程序管线对象后，其程序将用于渲染或计算。

接口匹配

GLSL 有一套特定的规则，指定了一个着色阶段的输出如何与下一阶段的相应输入相匹配。当我们将一组着色器链接到一个程序对象时，如果未能正确匹配，OpenGL 的链接程序将发出提示。

但是，若每个阶段使用独立程序对象，那么在切换程序对象时会匹配，这可能会造成程序

小故障甚至根本无法工作等各种影响。因此遵守这些规则以免发生此类问题是非常重要的，尤其是在使用独立程序对象时。

通常，如果名字和类型完全匹配，则一个着色器阶段的输出变量最终会连接到后续阶段的输入。限定条件下这些变量也必须匹配。对于接口块，接口两侧的块必须具有相同的成员，成员有相同的名称，以同一顺序声明。这同样适用于结构（用作输入和输出，或者接口块的成员）。如果接口变量是一个数组，那么数组中接口两侧应声明同等数量的元素。但细分曲面和几何着色器的输入和输出例外，它们在此过程中从单个元素变成了数组。

如果我们将多个阶段的着色器链接在一个程序对象中，OpenGL 可能会意识到不需要接口成员，且可以从着色器中删除。例如，若顶点着色器在特定输出中写入常量，然后片段着色器将该数据作为输入，OpenGL 就会从顶点着色器删除生成该常量的代码，而直接在片段着色器中使用该常量。使用独立程序时，OpenGL 不能这样做，必须考虑接口的每个有效和使用部分。

我们很难记住要在应用程序中的每个着色器中以相同方式为所有输入和输出变量命名，尤其是随着着色器数量的增多或越来越多的开发人员开始提供着色器。但我们可以使用 layout 限定符为一组着色器中的每个输入和输出分配位置。在可能的情况下，OpenGL 将使用每个输入和输出的位置来将其匹配在一起。这种情况下变量的名称就无关紧要了，只需要匹配类型和限定条件。

我们可以调用 **glGetProgramInterfaceiv()** 和 **glGetProgramResourceiv()** 查询程序对象的输入和输出接口，其原型为

```
void glGetProgramInterfaceiv(GLuint program,
                             GLenum programInterface,
                             GLenum pname,
                             GLint * params);
```

以及

```
void glGetProgramResourceiv(GLuint program,
                            GLenum programInterface,
                            GLuint index,
                            GLsizei propCount,
                            const Glenum * props,
                            GLsizei bufSize,
                            GLsizei * length,
                            GLint * params);
```

其中，program 是我们想要发现其接口特性的程序对象，programInterface 应为 GL_PROGRAM_INPUT 或 GL_PROGRAM_OUTPUT 以分别指定我们想要了解程序的输入或输出。

glGetProgramInterfaceiv() 的 pname 应为 GL_ACTIVE_RESOURCES，program 的独立输入或输出数量将写入 params 指向的变量中。然后可将此资源索引传递到 **glGetProgramResourceiv()** 的 index 参数中，以从该输入或输出清单中读取数据。**GlGetProgramResourceiv()** 调用一次函数返回多个属性，返回的属性数量在 propCount 中指定。props 是指定我们想要检索其特性的标记的数组。这些特性将写入数组中，数组地址由 params 指定，大小（元素量）由 bufSize 指定。如果 length 不是 NULL，那么实际属性数量将写入其指向的变量。

props 数组中的值可以是以下几个。

- GL_TYPE，返回 params 相应元素中的接口成员类型。
- GL_ARRAY_SIZE，如果为数组，返回接口数组长度，如果不是，返回零。
- GL_REFERENCED_BY_VERTEX_SHADER、GL_REFERENCED_BY_TESS_CONTROL_ SHADER、GL_REFERENCED_BY_TESS_EVALUATION_SHADER、GL_REFERENCED_ BY_GEOMETRY_ SHADER、GL_REFERENCED_BY_FRAGMENT_SHADER 和 GL_ REFERENCED_BY_ COMPUTE_SHADER，分别返回零或非零值，具体取决于顶点细分曲面控制着色器、细分曲面评估着色器、几何着色器、片段着色器或计算着色器阶段是否参考输入或输出。
- GL_LOCATION，返回具体着色器或 OpenGL 生成的 params 相应元素中输入或输出位置。
- GL_LOCATION_INDEX，仅在 programInterface 指定 GL_PROGRAM_OUTPUT 时使用；返回片段着色器输出数据的索引。
- GL_IS_PER_PATCH，提示我们细分曲面控制着色器输出或细分曲面评估着色器输入是否声明为贴片接口。

可通过调用函数 **glGetProgramResourceName()** 确定输入或输出的名称：

```
void glGetProgramResourceName(GLuint program,
                              GLenum programInterface,
                              GLuint index,
                              GLsizei bufSize,
                              GLsizei * length,
                              char * name);
```

其中 program、programInterface 和 index 的含义与其在 **glGetProgramResourceiv()** 中的含义相同，bufSize 表示 name 所指向缓存的大小。如果不是 NULL，那么 length 就指向其中写入名称实际长度的变量。例如，清单 6.4 展示了一个简单的程序，其输出的信息为程序对象的有效输出。

清单 6.4 输出界面信息

```
// Get the number of outputs
GLint outputs;
glGetProgramInterfaceiv(program, GL_PROGRAM_OUTPUT,
                        GL_ACTIVE_RESOURCES, &outputs);

// A list of tokens describing the properties we wish to query
static const GLenum props[] = { GL_TYPE, GL_LOCATION };

// Various local variables
GLint i;
GLint params[2];
GLchar name[64];
const char * type_name;

for (i = 0; i < outputs; i++)
{
    // Get the name of the output
    glGetProgramResourceName(program, GL_PROGRAM_OUTPUT, i,
                             sizeof(name), NULL, name);

    // Get other properties of the output
```

```
    glGetProgramResourceiv(program, GL_PROGRAM_OUTPUT, i,
                           2, props, 2, NULL, params);
    // type_to_name() is a function that returns the GLSL name of
    // type given its enumerant value
    type_name = type_to_name(params[0]);

    // Print the result
    printf("Index %d: %s %s @ location %d.\n",
           i, type_name, name, params[1]);
}
```

通过片段着色器的以下输出声明片段：

```
out vec4  color;
layout (location = 2) out ivec2 data;
out float extra;
```

清单 6.4 中的代码输出结果为：

```
Index 0: vec4 color @ location 0.
Index 1: ivec2 data @ location 2.
Index 2: float extra @ location 1.
```

注意，有效输出清单的显示顺序为其声明顺序。但是由于我们明确指定 data 为输出位置 2，因此 GLSL 编译程序返回并对 extra 使用位置 1。我们也能使用此代码准确判定输出的类型。虽然在应用程序中可以获取所有输出的类型和名称，但这种功能对于开发工具和调试程序非常有用，因为这些工具和程序可能不知道它们所用着色器的来源。

6.2.4 着色器子程序

即使各个程序在可分离模式下连接起来，但从性能角度来看，在程序对象之间进行切换的代价也相当大。作为替代方案，我们可选择使用子程序统一变量（subroutine uniform）。这种特殊类型的统一变量类似于 C 语言中的函数指针。若要使用子程序统一变量，我们需要声明一个子程序类型，一个或多个兼容子程序（本质上就是具有特殊声明格式的函数），然后在这些函数中“指向”子程序统一变量。示例详见清单 6.5。

清单 6.5 子程序统一变量声明

```
#version 450 core

// First, declare the subroutine type
subroutine vec4 sub_mySubroutine(vec4 param1);
// Next, declare a couple of functions that can be used as subroutines...
subroutine (sub_mySubroutine)
vec4 myFunction1(vec4 param1)
{
    return param1 * vec4(1.0, 0.25, 0.25, 1.0);
}

subroutine (sub_mySubroutine)
vec4 myFunction2(vec4 param1)
{
    return param1 * vec4(0.25, 0.25, 1.0, 1.0);
}
```

```
// Finally, declare a subroutine uniform that can be "pointed"
// at subroutine functions matching its signature
subroutine uniform sub_mySubroutine mySubroutineUniform;

// Output color
out vec4 color;
void main(void)
{
    // Call subroutine through uniform
    color = mySubroutineUniform(vec4(1.0));
}
```

当连接包含子程序的程序时，将为每个阶段的每个子程序分配一个索引。如果使用 430 版 GLSL 或更新版本（带有 OpenGL 4.3 的发布版本），则可以使用 `index` 配置限定符在着色器代码中分配索引。因此，可根据清单 6.5 声明如下子程序：

```
layout (index = 2)
subroutine (sub_mySubroutine)
vec4 myFunction1(vec4 param1)
{
    return param1 * vec4(1.0, 0.25, 0.25, 1.0);
}

layout (index = 1);
subroutine (sub_mySubroutine)
vec4 myFunction2(vec4 param1)
{
    return param1 * vec4(0.25, 0.25, 1.0, 1.0);
}
```

如果使用 430 之前版本的 GLSL，那么 OpenGL 会为我们分配索引，用户没有决定权。无论采用哪种方式，我们都能通过调用 **glGetProgramResourceIndex()** 找出这些索引：

```
GLuint glGetProgramResourceIndex(GLuint program,
                                 GLenum programInterface,
                                 const char * name);
```

其中，`program` 是包含子程序的链接程序的名称，`programInterface` 是 GL_VERTEX_SUBROUTINE、GL_TESS_CONTROL_SUBROUTINE、GL_TESS_EVALUATION_ SUBROUTINE、GL_GEOMETRY_SUBROUTINE、GL_FRAGMENT_SUBROUTINE 或 GL_COMPUTE_SUBROUTINE 其中一个，用于指示我们正在查询的着色器阶段；`name` 是子程序的名称。如果程序相应阶段未找到名为 `name` 的子程序，则此函数会返回 GL_INVALID_VALUE。

另一方面，在程序中给定子程序的索引后，可以通过调用 **glGetProgramResourceName()** 获取它们的名称：

```
void glGetProgramResourceName(GLuint program,
                              GLenum programInterface,
                              GLuint index,
                              GLsizei bufSize,
                              GLsizei * length,
                              char * name);
```

其中，program 是包含子程序的程序对象的名称，programInterface 是 **glGetProgramResourceIndex()** 接受的相同标记之一，index 是程序内子程序的索引，bufsize 是地址在 name 中的缓存的大小，length 是填充写入 name 中实际字符数的变量地址。

特殊程序阶段有效子程序的数量可通过调用 **glGetProgramStageiv()** 确定：

```
void glGetProgramStageiv(GLuint program,
                         GLenum shadertype,
                         GLenum pname,
                         GLint *values);
```

其中，program 是包含着色器的程序对象的名称，shadertype 表示我们正在查询的程序阶段。若要得到相关程序阶段有效子程序的数量，应将 pname 设置为 GL_ACTIVE_SUBROUTINES。结果写入变量中，并将变量地址放在 values 中。调用 **glGetActive SubroutineName()** 时，index 应小于此值，在 0 到 1 之间。

知道程序对象中子程序的名称后（因为编写了着色器或查询了名称），可通过调用 **glUniformSubroutinesuiv()** 设置这些子程序的值：

```
void glUniformSubroutinesuiv(GLenum shadertype,
                             GLsizei count,
                             const GLunit *indices);
```

此函数在有效程序中 shadertype 给定的着色器阶段设置 count 子程序统一变量，指向索引在 indices 所指向阵列中前几个 count 元素中的子程序。子程序统一变量与其他统一变量有以下几点不同。

- 子程序统一变量的状态存在于当前 OpenGL 语境中而不是程序对象中。当程序对象用于不同语境时，子程序统一变量在同一个对象中有不同的值。
- 调用 **glUseProgramStages()** 或 **glBindProgramPipeline()**，或者重新连接当前程序对象、使用 **glUseProgram()** 改变当前程序对象时，子程序统一变量的值将丢失。这意味着每次使用新的程序或新的程序阶段时需要重置这些值。
- 不能在程序对象的某个阶段改变子程序统一变量的子集值。**GlUniformSubroutinesuiv()** 从 0 开始设置 count 统一变量的值。任何超过 count 的统一变量都会取其之前的值。但要注意，我们并没有确定子程序统一变量的默认值，所以不设置就调用可能造成不好的后果。

本文示例中，连接程序对象后可运行以下代码确定子程序函数的索引，因为我们没有在着色器代码中为其分配明确的位置：

```
subroutines[0] = glGetProgramResourceIndex(render_program,
                                           GL_FRAGMENT_SHADER_SUBROUTINE,
                                           "myFunction1");
subroutines[1] = glGetProgramResourceIndex(render_program,
                                           GL_FRAGMENT_SHADER_SUBROUTINE,
                                           "myFunction2");
```

渲染循环见清单 6.6。

清单 6.6 子程序统一变量设置值

```
void subroutines_app::render(double currentTime)
{
    int i = (int)currentTime;
    glUseProgram(render_program);

    glUniformSubroutinesuiv(GL_FRAGMENT_SHADER, 1, &subroutines[i & 1]);

    glDrawArrays(GL_TRIANGLE_STRIP, 0, 4);
}
```

此函数使用简单的顶点着色器绘制四边形，该顶点着色器也连接至程序对象中。调用 **glUseProgram()** 设置当前程序后，会重置程序中唯一的子程序统一变量值。注意，更改当前程序后，所有子程序统一变量值都会“消失”。指向程序的子程序每秒都在变化。使用清单 6.5 所示片段着色器可将窗口渲染为红色 1 秒，然后蓝色 1 秒，再次红色，以此类推。

通常，我们可以认为设置一个子程序统一变量的值所用时间比更改一个程序对象所用的时间更短。因此，如果有几个类似的着色器，可将它们结合在一起，然后使用子程序统一变量选择在特定语境中使用哪种路径。甚至我们能够声明多个版本的 main() 函数（名称不同），创建可以指向这些版本的子程序统一变量，然后从实际 main() 函数中调用此变量。

6.2.5 程序二进制

编译并链接一个程序后，可要求 OpenGL 提供一个二进制对象表示程序的内部版本。将来某个时候，应用程序可将该二进制对象交还 OpenGL 并绕过编译器和链接器。如果要使用此功能，可以调用 **glProgramParameteri()**，其中 pname 设置为 GL_PROGRAM_BINARY_RETRIEVABLE_HINT，在调用 **glLinkProgram()** 前设置为 GL_TRUE。这就告诉 OpenGL 我们计划从其中获取此二进制数据，而 OpenGL 应保留该二进制数据并准备好传递给我们。

在从程序对象获取二进制数据之前，我们需要了解其长度并为其分配足够的内存以便存储它们。为此，我们可调用 **glGetProgramiv()**，并将 pname 设置为 GL_PROGRAM_BINARY_LENGTH。写入 params 的结果值就是我们需要为程序的二进制数据预留的字节数。

然后，可以调用 **glGetProgramBinary()** 获得该程序对象的二进制表现形式。**GlGetProgramBinary()** 的原型是：

```
void glGetProgramBinary(GLuint program,
                        GLsizei bufsize,
                        GLsizei * length,
                        GLenum * binaryFormat,
                        void * binary);
```

program 给定程序对象的名称后，此函数将会把该程序的二进制表现形式写入 binary 指向的内存中，并在 binaryFormat 写入一个标记表示该程序的二进制格式。以 bufsize 形式传递此内存区域大小，该内存区必须足够存储整个程序二进制对象，这就是需要先用 **glGetProgramiv()** 询问此二进制对象大小的原因。实际写入的字节数存储在变量中，变量地址在 length 中传递。此二进制对象的格式很可能是创建 OpenGL 驱动程序的供应商所独有的。但是，保留写入 binaryFormat 中的值非常重要，因为稍后我们需要将其连同此二进制对象的内容传递回 OpenGL 再次加载。清单 6.7 展示了如何从 OpenGL 检索程序二进制对象。

清单 6.7　得到程序二进制对象

```
// Create a simple program containing only a vertex shader
static const GLchar source[] = { ... };

// First create and compile the shader
GLuint shader;
shader = glCreateShader(GL_VERTEX_SHADER);
glShaderSource(shader, 1, suorce, NULL);
glCompileShader(shader);

// Create the program and attach the shader to it
GLuint program;
program = glCreateProgram();
glAttachShader(program, shader);

// Set the binary retrievable hint and link the program
glProgramParameteri(program, GL_PROGRAM_BINARY_RETRIEVABLE_HINT, GL_TRUE);
glLinkProgram(program);

// Get the expected size of the program binary
GLint binary_size = 0;
glGetProgramiv(program, GL_PROGRAM_BINARY_SIZE, &binary_size);

// Allocate some memory to store the program binary
unsigned char * program_binary = new unsigned char [binary_size];

// Now retrieve the binary from the program object
GLenum binary_format = GL_NONE;
glGetProgramBinary(program, binary_size, NULL, &binary_format, program_binary);
```

得到程序二进制对象后可将其保存到硬盘（可能需要压缩）中，并在下次程序启动时使用它。这样可节省开始渲染前编译着色器和链接程序所需的时间。程序二进制格式可能[1]为显卡供应商的特有格式，可能不方便在各设备间，甚至同一设备上的不同驱动程序间移植。这种功能目前并不是作为分配机制设计的，而是作为缓存机制设计的。

这看上去局限性很大，导致程序二进制没有太大用处，且只有如本书所述的相对简单的程序。但电子游戏等非常大型的应用中可能包含成千上万个着色器，且可以编译这些着色器的多种变体。许多电子游戏的启动时间很长，使用程序二进制文件来缓存编译后的着色器可大大节约时间。然而，困扰复杂应用的另一个问题是着色器的运行时间需要重新编译。

现代图形处理器支持 OpenGL 的大部分功能。但还有一些功能需要在着色器中进行某种程度的改善。应用程序编译着色器时，OpenGL 实现将假设大部分状态为最常见的情况，并假设是使用着色器的方式对其进行编译。如果所用方式并不是着色器默认编译处理的方式，那么 OpenGL 实现至少需要重新编译部分着色器以应对此变化。这可能造成执行应用程序时出现明显的故障。

为此，本书强烈建议编译着色器，并把 GL_PROGRAM_BINARY_RETRIEVABLE_HINT 设置为 GL_TRUE 链接程序，但是要多次使用着色器进行实际渲染后再获取二进制对象。这将使 OpenGL 实现重新编译其需要的着色器，并在一个二进制对象中存储每个程序的多个版本。下一次加载

1 可以想象可能会有一家或多家 OpenGL 供应商聚在一起以多方理解的扩展方式定义标准二进制格式。写作本书时这还没发生。

二进制对象，OpenGL 实现意识到需要特殊程序变体时，会发现我们传递的二进制块中已经进行了编译。

一旦我们准备好将程序二进制文件返回 OpenGL 后，可以对新的程序对象调用 **glProgramBinary()**，其中 `binaryFormat` 和 `length` 设置为从 **glGetProgramBinary()** 返回的值，并将数据加载到传递给 `binary` 的缓存内。这将用上次运行应用程序并查询此二进制对象时就会重新加载程序对象和其内包含的数据。如果 OpenGL 驱动程序未识别出我们传递给它的二进制对象，或因为某些原因不能加载该对象，那么 **glProgramBinary()** 调用就会失败。这种情况下，我们需要对着色器提供最初的 GLSL 源并重新编译。

6.3 总结

本章讨论了多种着色器及其工作方式，GLSL 编程语言，OpenGL 如何使用着色器，以及着色器在图形管线内的位置。至此我们应该已经充分了解了编写程序所需着色器的基本概念。同时也了解到如何从 OpenGL 获得二进制着色器以便应用程序缓存并存储这些着色器供后续使用。着色器不工作（开发应用程序过程中不可避免）时，我们应能从 OpenGL 获得信息并找到原因。稍加练习，再结合本书前几章的知识，我们应能够编写一些有趣的 OpenGL 程序。

PART

2

第二部分　深入探索

CHAPTER

07

第7章　顶点处理与绘图命令

本章内容

- ✦ 如何将应用数据导入图形管线正面。
- ✦ OpenGL 绘图命令及其参数。
- ✦ 转化几何结构如何导入应用窗口。

在第3章中，我们从头到尾遵循 OpenGL 管线，生成了一个简单的应用程序，该应用程序使用了一个示例来执行每个着色器阶段。我们展示了一个简单的计算着色器，它甚至什么也没有做！然而，这样做的结果是将一个细分三角形分解成若干点。我们也因此学习了一些 3D 计算机图形的数学函数，观察如何设置管线可以实现除画三角形外的其他功能，并深入了解了 OpenGL 着色语言（GLSL）。本章节将深入研究 OpenGL 管线前两个阶段——顶点组装与顶点着色。我们将学习如何构建绘图命令，如何使用这些命令向 OpenGL 管线发送作品以及最终如何在生成准备光栅化的基元。

7.1　顶点处理

OpenGL 管线的第一个可编程阶段（即可以为其编写着色器的阶段）是顶点着色器。运行着色器之前，OpenGL 将在顶点读取阶段获取顶点着色器的输入，我们将先对此阶段进行说明。顶点着色器负责设置顶点的位置[1]，并传递到管线的下一个阶段。它还可以设置更多进一步向 OpenGL 描述顶点的其他用户自定义输出与内置输出。

7.1.1　顶点着色器输入

除非跟前面的某些示例一样，配置不需要任何顶点属性，否则任何 OpenGL 图形管线的第一个步骤实际上都是顶点读取阶段。该阶段在顶点着色器之前运行，负责形成输入。你已引入

1 在某些情况下，可删除此内容。

glVertex AttribPointer()函数，我们也已解释过该函数是如何将缓存数据与顶点着色器输入关联的。现在我们将进一步阐述顶点属性。

在目前所提供的示例程序中，我们仅使用了一个顶点属性，并使用四分量浮点数据填充，与统一变量、统一变量块以及硬编码常量所用数据类型一致。然而，OpenGL 支持很多种顶点属性，并且每种属性均有自己的格式、数据类型、分量数量等等。此外，OpenGL 可以从其他缓存对象中读取每种属性的数据。**glVertexAttribPointer()**是一种很容易操纵的方式，几乎可以设置顶点属性的任何内容。但是，这种函数实际比 **glVertexAttribFormat()**、**glVertexAttribBinding()**和 **glBindVertexBuffer()**等一些较低级的函数更适合作为一种辅助函数使用。其原型为：

```
void glVertexAttribFormat(GLuint attribindex, GLint size,
                          GLenum type, GLboolean normalized,
                          GLuint relativeoffset);

void glVertexAttribBinding(GLuint attribindex,
                           GLuint bindingindex);

void glBindVertexBuffer(GLuint bindingindex,
                        GLuint buffer,
                        GLintptr offset,
                        GLintptr stride);
```

为了解这些函数是如何工作的，我们首先来考虑一个包含大量输入的顶点着色器片段。在清单 7.1 中，要注意使用位置布局限定符清楚地设置着色器代码中的输入位置。

清单 7.1 顶点属性声明

```
#version 450 core

// Declare a number of vertex attributes
layout (location = 0) in vec4 position;
layout (location = 1) in vec3 normal;
layout (location = 2) in vec2 tex_coord;
// Note that we intentionally skip location 3 here
layout (location = 4) in vec4 color;
layout (location = 5) in int material_id;
```

清单 7.1 中的着色器片段声明了五个输入：position、normal、tex_coord、color 和 material_id。接下来考虑使用数据结构代表顶点，在 C 语言中定义如下：

```
typedef struct VERTEX_t
{
    vmath::vec4     position;
    vmath::vec3     normal;
    vmath::vec2     tex_coord;
    Glubyte         color[3];
    int             material_id;
} VERTEX;
```

注意在 C 语言的顶点结构中混合使用 vmath 类型和普通的旧数据（针对颜色）。

第一个属性非常标准，是顶点的位置，表示为 4 分量浮点向量。为使用 **glVertexAttrib-Format()**函数描述此输入，我们将 size 设置为 4，type 设置为 GL_FLOAT。第二个属性为顶点几何结构的法向量normal，将传递给 **glVertexAttribFormat()**，其中size设置为3，type设置为GL_FLOAT。同样地，tex_coord可用作二维纹理坐标，可通过将size设置为2，type设置为GL_FLOAT来表示。

顶点着色器的颜色输入表示为**vec4**，但顶点结构的颜色属性实际是一个3字节的阵列。数据量（元素数量）与数据类型均不同。OpenGL可以转换数据并将数据读入顶点着色器。关联3字节的颜色属性与四分量顶点着色器输入时，调用 **glVertexAttribFormat()**，数据量设置为3，数据类型设置为GL_UNSIGNED_BYTE。通过这种方式生成归一化参数。无符号字节表示的数值范围为0～255。然而，这不是我们想要的顶点着色器。我们希望用0.0～1.0的数值代表颜色。如果要设置归一化到GL_TRUE，则OpenGL会自动使用输入的各个分量除以潜在的可表示的最大正值，完成归一化。

由于二进制补码数可代表的负值比正值更大，因此可以代表一个低于-1.0的数值（GLbyte、GLshort和GLint分别为-128、-32768和-2147483648）。大部分负值均经过特殊处理，归一化时均限制在浮点值-1.0。如果归一化设置为GL_FALSE，则直接将数值转换成浮点，并输入顶点着色器中。对于无符号字节数据（如颜色），其数值在0.0～255.0之间。

表7.1显示了类型参数可使用的标记及其对应的OpenGL类型和其可表示的值域。

表7.1中的浮点类型（GLhalf、GLfloat和GLdouble）无法进行归一化，因此无值域。GLfixed类型是一个特例，表示二进制小数点在位置16（半数）的32位定点数据，因此被作为一种浮点类型，无法进行归一化处理。

表7.1　顶点属性类型

类型	OpenGL 类型	值域
GL_BYTE	GLbyte	−128 to 127
GL_SHORT	Glshort	-32.768 to 32767
GL_INT	GLint	−2147483648 to 2147483647
GL_FIXED	GLfixed	−32768 to 32767
GL_UNSIGNED_BYTE	GLubyte	0 to 255
GL_UNSIGNED_SHORT	GLushort	0 to 65535
GL_UNSIGNED_INT	GLuint	4294967295
GL_HALF_FLOAT	GLhalf	
GL_FLOAT	GLfloat	
GL_DOUBLE	GLdouble	

除表7.1所示的标量类型外，**glVertexAttribFormat()** 还支持几种使用一个整数存储多个分量的压缩数据格式。OpenGL支持的两种压缩数据格式为GL_UNSIGNED_INT_2_10_10_10_REV和GL_INT_2_10_10_10_REV，二者均用压缩成一个32位的四分量表示。

GL_UNSIGNED_INT_2_10_10_10_REV格式向量的*x*、*y*和*z*分量分别有10位，w分量仅2位，全部看作无符号量。因此，*x*、*y*和*z*的值域分别为0～1023，w的为0～3。同样地，GL_INT_2_10_10_10_REV的*x*、*y*和*z*分别有10位，*w*有2位，但在此情形中，各分量均被看作带符号量。这意味着*x*、*y*和*z*值域为-512～511时，*w*的值域可能为-2～1。虽然这个看起来用处不大，但是很多用例中使用的三分量向量精度均高于 8 位（总计 24 位），但不要求精度达到 16 位（总计 48 位）。虽然剩余的 2 位可能比较浪费，但是每个分量精度达到 10 位正好满足需要。

指定一种压缩数据类型（GL_UNSIGNED_INT_2_10_10_10_REV 或 GL_INT_2_10_10_10_REV）时，Size 必须设置为 4 或特殊值 GL_BGRA。后者通过在输入数据中应用自动转换以倒置输入向量的 *r*、*g* 和 *b* 分量（等效于 *x*、*y* 和 *z* 分量）的次序。从而兼容以该次序储存的数据[1]而无须更改着色器。

最后，回到示例顶点声明，我们有 material_id 字段，它是一个整数。在本例中，由于我们想把一个整数值输入顶点着色器，因此将使用 **glVertexAttribFormat()** 的变体 **glVertexAttribIFormat()**，其原型为：

```
void glVertexAttribIFormat(GLuint attribindex,
                           GLint size,
                           GLenum type,
                           GLuint relativeoffset);
```

另外，attribindex、size、type 和 relativeoffset 参数分别表示属性索引、分量数、分量类型以及所设属性顶点的起点偏移。然而，你会发现缺失归一化参数。这是因为该版本的 **glVertexAttribFormat()** 仅适用于整数类型——必须是任意一种整数类型（GL_BYTE、GL_SHORT 或 GL_INT；其无符号对应量之一；或其压缩数据格式之一），且顶点着色器的整数输入从未进行归一化处理。因此，描述顶点格式的完整代码为：

```
// position
glVertexAttribFormat(0, 4, GLFLOAT, GL_FALSE, offsetof(VERTEX, position));

// normal
glVertexAttribFormat(1, 3, GL_FLOAT, GL_FALSE, offsetof(VERTEX, normal));

// tex_coord
glVertexAttribFormat(2, 2, GL_FLOAT, GL_FALSE, offsetof(VERTEX, texcoord));

// color[3]
glVertexAttribFormat(4, 3, GL_UNSIGNED_BYTE, GL_TRUE, offsetof(VERTEX, color));

// material_id
glVertexAttribIFormat(5, 1, GL_INT, offsetof(VERTEX, material_id));
```

设置好顶点属性格式后，需要设置 OpenGL 读取数据的缓存。回顾之前关于统一变量块的讨论及其如何映射到缓存就会发现，我们可以对顶点属性应用相似的逻辑。每个顶点着色器可以提供任意数量的输入属性（不超过实现定义的限值），OpenGL 可通过读取任何数量的缓存（不超过一个限值）为这些顶点着色器提供数据。某些顶点属性可以共享一个缓存空间；其他属性可能位于不同缓存对象中。我们并未分别指定各顶点着色器输入所使用的缓存对象，而是可以将输入集合在一起，并与一组缓存绑定点相关联。然后，更改绑定在其中一个绑定点上的缓存时，将更改应用至该绑定点所映射的所有属性提供数据的缓存。

为建立顶点着色器输入与缓存绑定点之间的映射，可以调用 **glVertexAttribBinding()**。

1 BGRA 排序常见于一些图像格式，是某些图形 API 的默认排序。

glVertexAttribBinding() 的第一个参数 attribindex 是顶点属性索引；第二个参数 bindingindex 是缓存绑定点索引。我们的示例将所有顶点属性存储在一个缓存内。为此，我们对每个属性只调用一次 **glVertexAttribBinding()**，并且每次将 bindingindex 参数设置为 0：

```
glVertexAttribBinding(0, 0);        // position
glVertexAttribBinding(1, 0);        // normal
glVertexAttribBinding(2, 0);        // tex_coord
glVertexAttribBinding(4, 0);        // color
glVertexAttribBinding(5, 0);        // material_id
```

然而，我们还可以建立更复杂的绑定方案。例如，假设我们想要将 position、normal 和 tex_coord 存储在一个缓存，color 存储在第二个缓存，material_id 存储在第三个缓存。我们可以进行如下设置：

```
glVertexAttribBinding(0, 0);        // position
glVertexAttribBinding(1, 0);        // normal
glVertexAttribBinding(2, 0);        // tex_coord
glVertexAttribBinding(4, 1);        // color
glVertexAttribBinding(5, 2);        // material_id
```

最后，需要将缓存对象绑定到该映射所使用的每个绑定点上。为此，我们调用 **glBindVertexBuffer()**。

该函数有 4 个参数：bindingindex、buffer、offset 和 stride。第一个是预期绑定缓存的缓存绑定点索引，第二个是待绑定缓存对象的名称。offset 是指偏移至顶点数据起点处的缓存的偏移量，stride 是缓存内每个顶点数据起点之间的字节距离。如果数据紧凑（即顶点之间无间隙），则只需将其设置为顶点数据的总空间［本例中为 **sizeof**(VERTEX)］；否则，需要在顶点数据容量基础上增加间隙容量。

7.1.2 顶点着色器输出

在顶点着色器确定如何处理顶点数据后，必须将数据发送至其输出。我们已经讨论了 gl_Position 内置输出变量，并且已经展示了如何使用可将数据传输至后续阶段的着色器创建其输出。除 gl_Position 外，OpenGL 还定义了更多输出变量，包括 gl_PointSize、gl_ClipDistance[] 以及 gl_CullDistance[]，并将这些变量集成到一个名为 gl_PerVertex 的接口块中。其声明为：

```
out gl_PerVertex
{
    vec4  gl_Position;
    float gl_PointSize;
    float gl_ClipDistance[];
    float gl_CullDistance[];
};
```

此外，gl_Position。gl_ClipDistance[]和 gl_CullDistance[]用于裁剪和剔除，本章后文将对此进行更为详细的介绍。另一个输出 gl_PointSize 用于控制可渲染的各点的尺寸。

可变点尺寸

OpenGL 默认使用一个片段绘制点。然而，如第 2 章 2.3 节所示，我们可以通过调用 **glPointSize()** 改变 **OpenGL** 绘制的点的尺寸。OpenGL 所绘制点的最大尺寸受实现限制，但至少有 64 像素。我们可以通过调用 **glGetIntegerv()** 查找 GL_POINT_SIZE_RANGE 的值来确定实际上限值。该函数将两个整数写入输出变量，从而确保指向一个含两个整数的数组。数组的第一个元素应为最小点尺寸（不超过 1），第二个元素应为最大点尺寸。

当然，将所有点设置为大斑点并不会产生特别吸引人的图像。为处理此问题，我们可以通过编程方式在顶点着色器（或前端的最后一个阶段）中设置点的尺寸。为此，需要将点直径期望值写入内置变量 gl_PointSize 中。一旦有能完成这项操作的着色器，则需告知 OpenGL 我们希望使用写入点尺寸变量的尺寸。为此，调用以下函数：

```
glEnable(GL_PROGRAM_POINT_SIZE);
```

此函数常用于根据一个点到观察者的距离确定点尺寸。当你使用 **glPointSize()** 函数设置点尺寸时，无论每个点的位置如何，其尺寸均相同。通过选择 gl_PointSize 的数值，我们可以实现任何想要的函数，单一绘图命令产生的点尺寸各不相同。这包括曲面细分评估着色器规定 point_mode 时在几何着色器内或通过曲面细分引擎生成的点。

以下公式常用于实现距离式点尺寸衰减，其中 d 是点与眼睛之间的距离，a、b 和 c 是二次方程式的可配置参数。你可将这些参数存储在统一变量中，并使用应用程序更新，或如果你想得到一组特定参数，可以在顶点着色器中把它们设置成常量。

例如，如果想得到常数尺寸，则需要将 a 设置成非零数值，b 和 c 设置成零。如果 a 和 c 为零，b 不为零，则点尺寸应随着距离线性缩小。同样地，如果 a 和 b 为零，但 c 不为零，则点尺寸应随着距离的平方缩小。

$$\text{size} = \text{clamp}\left(\sqrt{\frac{1.0}{a + b \times d + c \times d^2}}\right)$$

7.2　绘图命令

目前为止，我们仅使用一个绘图命令 **glDrawArrays()** 编写了每个示例。然而，OpenGL 包含很多绘图命令。虽然有些命令可能是另一些命令的组合，但是这些命令一般可分为索引命令/非索引命令和直接/间接命令。这些将在后面几个章节介绍。

7.2.1　索引绘图命令

glDrawArrays() 命令是一个非索引绘图命令。也就是说，按顺序发出顶点，而存储在缓存中并与顶点属性关联的任何顶点数据都只是按照顶点在缓存中的出现顺序输入顶点着色器。相反，索引绘图包括一个将各缓存中的数据存储成数组的间接步骤；该命令从另一个索引数组中读取数据，而不是按顺序索引到该数组中。读取索引后，OpenGL 使用其数值索引至数组。为执行索引绘图命令，你需要将缓存绑定到 GL_ELEMENT_ARRAY_BUFFER 目标。该缓存应包含待绘制顶点的索引。下一步，调用其中一个索引绘图命令，所有命令的名字中均包含 Elements。例如，**glDrawElements()** 是其中最简单的函数，其原型为

```
void glDrawElements(GLenum mode,
                    GLsizei count,
                    GLenum type,
                    const GLvoid * indices);
```

当调用 **glDrawElements()** 时，mode 与 type 在 **glDrawArrays()** 中的含义相同。type 指定用于存储索引的数据类型，可能是 1 字节索引的 GL_UNSIGNED_BYTE、16 字节索引的 GL_UNSIGNED_SHORT 或 32 字节索引的 GL_UNSIGNED_INT。虽然索引被定义为一种指针，但实际上被解释为偏移至目前绑定在 GL_ELEMENT_ARRAY_BUFFER 绑定点（存储第一个索引的位置）的缓存内。图 7.1 显示了如何通过 OpenGL 调用 **glDrawElements()** 指定索引。

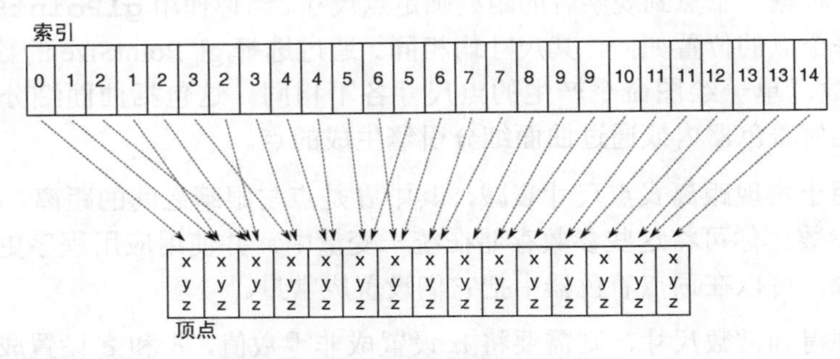

图 7.1　索引绘图中所使用的索引

glDrawArrays() 与 **glDrawElements()** 命令实际是 OpenGL 直接绘图命令所支持的完整功能的子集。最常用的 OpenGL 绘图命令子集见表 7.2；所有其他 OpenGL 绘图命令都可以用这些函数表达。

表 7.2　绘图类型矩阵

绘图类型	命令
直接、非索引	**glDrawArraysInstancedBaseInstance()**
直接、索引	**glDrawElementsInstancedBaseVertexBaseInstance()**
间接、非索引	**glMultiDrawArraysIndirect()**
间接、索引	**glMultiDrawElementsIndirect()**

回顾第 5 章中的旋转立方体示例，尤其是清单 5.22 中执行的几何设置。绘制一个立方体时，我们绘制 12 个三角形（立方体的每个面包括两个三角形），每个三角形使用 36 个顶点。然而，一个立方体实际仅有 8 个顶角，因此应只需要 8 个顶点的信息。我们可使用索引绘图大大减少顶点数量，尤其是具有很多顶点的几何结构。我们可重写清单 5.22 的设置代码，以便仅定义立方体的 8 个顶角，但也定义了一组 36 个顶点以便告知 OpenGL 针对每个三角形的每个顶点使用哪一个顶角。新的设置代码如清单 7.2 所示。

清单 7.2 设置索引立方体几何结构

```
static const GLfloat vertex_positions[] =
{
    -0.25f, -0.25f, -0.25f,
    -0.25f,  0.25f, -0.25f,
     0.25f, -0.25f, -0.25f,
     0.25f,  0.25f, -0.25f,
     0.25f, -0.25f,  0.25f,
     0.25f,  0.25f,  0.25f,
    -0.25f, -0.25f,  0.25f,
    -0.25f,  0.25f,  0.25f,
};

static const GLushort vertex_indices[] =
{
    0, 1, 2,
    2, 1, 3,
    2, 3, 4,
    4, 3, 5,
    4, 5, 6,
    6, 5, 7,
    6, 7, 0,
    0, 7, 1,
    6, 0, 2,
    2, 4, 6,
    7, 5, 3,
    7, 3, 1
};

glGenBuffers(1, &position_buffer);
glBindBuffer(GL_ARRAY_BUFFER, position_buffer);
glBufferData(GL_ARRAY_BUFFER,
             sizeof(vertex_positions),
             vertex_positions,
             GL_STATIC_DRAW);
glVertexAttribPointer(0, 3, GL_FLOAT, GL_FALSE, 0, NULL);
glEnableVertexAttribArray(0);

glGenBuffers(1, &index_buffer);
glBindBuffer(GL_ELEMENT_ARRAY_BUFFER, index_buffer);
glBufferData(GL_ELEMENT_ARRAY_BUFFER,
             sizeof(vertex_indices),
             vertex_indices,
             GL_STATIC_DRAW);
```

如清单 7.2 所示，代表立方体所需要的数据总量已大幅度减少，从 108 个浮点数据（36 个三角形*3 个分量/三角形，即 432 字节）减少至 24 个浮点数据（3 个分量各含 8 个顶角，即 72 字节）及 36 个 16 字节整数（另外 72 字节），总计 144 字节，代表减少三分之二。使用 vertex_indices 中的索引数据时，需要将缓冲绑定到 GL_ELEMENT_ARRAY_BUFFER 上，然后放入索引，就像对顶点数据所做的一样。在清单 7.2 中，我们在设置含有顶点位置的缓存后立即完成上述操作。

一旦获得一组顶点及其在内存中的索引，需要更改渲染代码使用 **glDrawElements()**（或其中一个最新版本）替代 **glDrawArrays()**。旋转立方体示例的新渲染循环如清单 7.3 所示。

清单 7.3 绘制索引立方体几何结构

```
// Clear the framebuffer with dark green
static const GLfloat green[] = { 0.0f, 0.25f, 0.0f, 1.0f };
```

```
glClearBufferfv(GL_COLOR, 0, green);

// Activate our program
glUseProgram(program);

// Set the model-view and projection matrices
glUniformMatrix4fv(mv_location, 1, GL_FALSE, mv_matrix);
glUniformMatrix4fv(proj_location, 1, GL_FALSE, proj_matrix);

// Draw 6 faces of 2 triangles of 3 vertices each = 36 vertices
glDrawElements(GL_TRIANGLES, 36, GL_UNSIGNED_SHORT, 0);
```

注意，我们仍在绘制 36 个顶点，但现在将使用 36 个 *indices* 索引至仅含有 8 个顶点的数组中。使用顶点索引与位置数据在两个缓存渲染和调用 **glDrawElements()** 的结果与图 5.2 所示相同。

基点

glDrawElements() 的第一个高级版本是 **glDrawElementsBaseVertex()**，它需要额外的参数，其原型为

```
void glDrawElementsBaseVertex(GLenum mode,
                              GLsizei count,
                              GLenum type,
                              GLvoid * indices,
                              GLint basevertex);
```

调用 **glDrawElementsBaseVertex()** 时，OpenGL 将从绑定在 GL_ELEMENT_ARRAY_BUFFER 缓存中读取顶点索引，添加 basevertex 到索引中，然后再索引至顶点数组。这样，你就可以在同一缓存中存储大量不同的几何结构，然后使用 basevertex 偏移至几何结构中。图 7.2 显示了如何添加基点到索引绘图命令的顶点中。

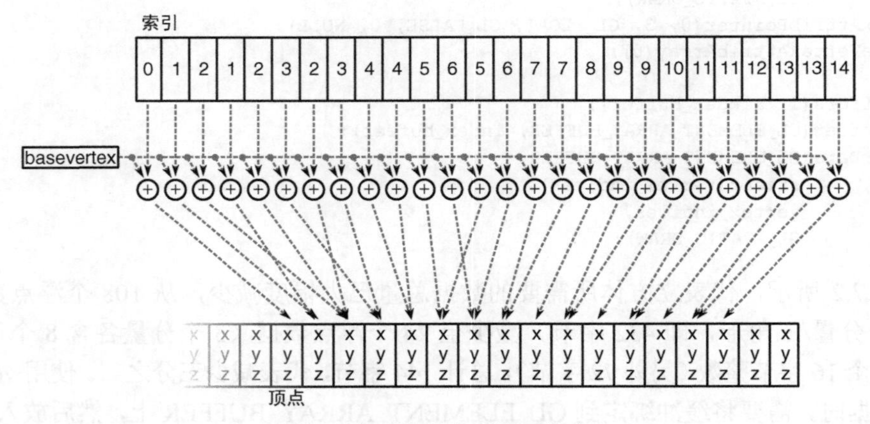

图 7.2　索引绘图中所使用的基点

如图 7.2 所示，将各顶点索引实际输入加法运算中，添加基点，然后由 OpenGL 读取基础顶点数据。显然，如果 basevertex 为零，则 **glDrawElementsBaseVertex()** 相当于 **glDrawElements()**。事实上，我们认为调用 **glDrawElements()** 等同于调用 basevertex 设置为零的 **glDrawElementsBaseVertex()**。

使用基元重启合并几何结构

很多工具对几何结构具有“条带化”功能。这些工具的基本理念是通过取“三角形集合”（即大量未连接的三角形集合）和尝试合并成一套三角形条带，可以改善性能。这样做的原因是各个三角形均用 3 个顶点表示，但是三角形条带将每个三角形的三个顶点减少至一个顶点（未计算条带中的第一个三角形）。通过将几何结构从三角形集合转变成三角形条带，可减少几何结构数据的处理量，从而提高系统运行速度。如果工具运行良好并生成了少量含有多个三角形的长条带，则一般情况下是有效的。衡量一种新的方法是否成功的标准是其是否能够在新的“stripifier”传递一些著名的模型，并将新工具产生的条带数量和平均长度与当前最先进的剥离器产生的条带数量和平均长度进行比较。

尽管有这些研究结果，但现实是可通过单次调用 **glDrawArrays()** 或 **glDrawElements()** 渲染集合，但除非使用待引入的功能，否则需要分别调用 OpenGL 渲染一套条带。

因此，在使用条带化几何结构的程序中，可能需要增加函数调用。此外，如果条带应用程序未完成好工作或如果模型本身不适合条带化，则可抵消起初使用条带所获得的任何性能增益。

此时有帮助作用的功能为基元重启。基元重启应用于 GL_TRIANGLE_STRIP、GL_TRIANGLE_FAN、GL_LINE_STRIP 和 GL_LINE_LOOP 几何结构类型。这是一种通知 OpenGL 条带（或扇形或循环）何时结束以及何时开始另一条带的方法。为指出几何结构中条带结束以及下一个条带开始的位置，将在元素数组中置入一个特殊标记作为保留值。OpenGL 从元素数组读取顶点索引时，它会检查此特殊索引值；无论何时遇到，OpenGL 均会结束当前条带，然后用下一个顶点开始新条带。默认禁用该模式，但可通过调用以下函数启用。

```
glEnable(GL_PRIMITIVE_RESTART);
```

以及通过以下函数禁用。

```
glDisable(GL_PRIMITIVE_RESTART);
```

启用基元重启模式时，OpenGL 在从元素数组缓存中读取数值时监视特殊索引值。遇到该数值时，即停止当前条带并开始新条带。设置 OpenGL 监视的索引时，请调用

```
glPrimitiveRestartIndex(index);
```

OpenGL 应注意索引指定的数值，并作为基元重启标志。由于该标志是顶点索引，因此最好使用基元重启和 **glDrawElements()** 等索引绘图函数。如果使用 **glDrawArrays()** 等非索引绘图命令，只需忽略基元重启索引。

基元重启索引的默认值为零。由于我们几乎可以确定这就是模型中所包含的实际顶点索引，因此无论何时使用基元重启模式，最好将重启索引设置成新数值。最好使用索引类型所代表的最大值（GL_UNSIGNED_INT 的为 0xFFFFFFFF，GL_UNSIGNED_SHORT 的为 OxFFFF，GL_UNSIGNED_BYTE 的为 0xFF，因为我们几乎可以确定不会将其用作顶点的有效索引。很多条带工具可以选择创建单独的条带，也可以创建包含重新启动索引的单个条带。条带工具可使用预设索引或输出创建条带版模型时所使用的索引（例如，大于模型顶点数量的索引）。你可能需要了解使用的是哪种选项以及使用 **glPrimitiveRestartIndex()** 函数将其设置为使用应用程序内的工具输出。基元重启功能如图 7.3 所示。

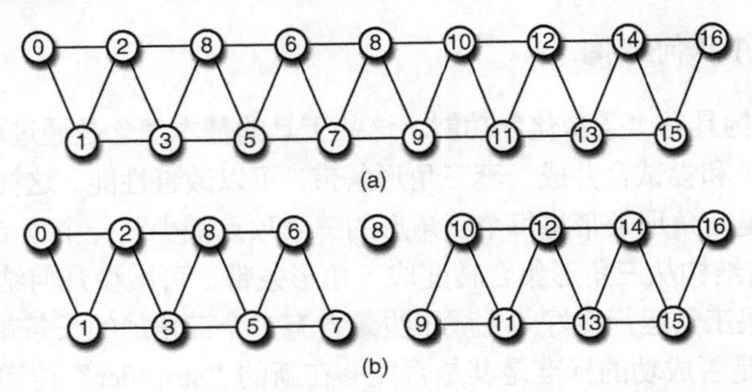

图 7.3 (a)无基元重启和(b)有基元重启的三角形条带

在图 7.3 中，用索引标记的顶点绘制三角形条带。对于图 7.3(a)，该条带由 17 个顶点组成，这些顶点可在一个连接条带中总共生成 15 个三角形。如图 7.3(b)所示，通过启用基元重启模式并将基元重启索引设置为 8，OpenGL 将第八个索引（其数值也是 8）识别为特殊重启标志，三角形条带终止于顶点 7。忽略顶点 8 的实际位置，因为 OpenGL 不会将其视为实际顶点的索引。下一个被处理的顶点（顶点 9）变成新三角形条带的开端。因此，当 17 个顶点仍然被发送至 OpenGL 时，结果是绘制了两个分别由 8 个顶点和 6 个三角形组成的三角形条带。

7.2.2 实例化

可能有时候你想要多次绘制同一对象。想象一支星际飞船队或一片草地，其中可能有数千个基本相同的几何结构集，实例之间只需稍加修改。一个简单的应用程序可能仅是循环遍历草坪上的所有草叶并分别渲染，其方式是对每片草叶调用一次 **glDrawArrays()**，可能每次迭代时还要更新一系列着色器统一变量。如果每片草叶由含四个三角形的一个条带组成，则代码可能如清单 7.4 所示。

清单 7.4 绘制同一几何结构多次

```
glBindVertexArray(grass_vao);
for (int n = 0; n < number_of_blades_of_grass; n++)
{
    SetupGrassBladeParameters();
    glDrawArrays(GL_TRIANGLE_STRIP, 0, 6);
}
```

一片草地里有多少片草叶？number_of_blades_of_grass 的值是多少？可能几千，也可能几百万。每片草叶都可能占据屏幕上的很小一块区域，代表草叶的顶点数量也可能非常小。显卡实际无须多费力就可渲染一片草叶，系统可能要花费大部分时间发送命令给 OpenGL 而不是实际绘制任何东西。OpenGL 通过实例化渲染来解决这个问题，这是一种要求 OpenGL 绘制同一几何结构的多个副本的方法。

实例化渲染是 OpenGL 提供的一种方法，用以说明你想要使用一个函数调用绘制同一几何结构多份。此功能可通过实例化渲染函数访问，例如

```
void glDrawArraysInstanced(GLenum mode,
                           GLint first,
                           GLsizei count,
                           GLsizei instancecount);
```

以及

```
void glDrawElementsInstanced(GLenum mode,
                             GLsizei count,
                             GLenum type,
                             const void * indices,
                             GLsizei instancecount);
```

除告知 OpenGL 渲染几何结构的 instancecount 副本外，这两种函数的运行方式类似于 **glDrawArrays()**和 **glDrawElements()**。常规非实例化版函数的前几个参数［**glDrawArraysInstanced()**的模式和计数，**glDrawElementsInstanced()**的模式、计数、类型和索引］的含义相同。调用其中一个函数时，OpenGL 只需绘制一次几何结构（例如将顶点数据复制到图形卡内存中），然后多次渲染相同顶点。

如果将 instancecount 设置为 1，则 **glDrawArraysInstanced()**和 **glDrawElementsInstanced()**将绘制几何结构的单个实例。显然，这相当于调用 **glDrawArrays()**或 **glDrawElements()**，但我们通常用另一种方法来说明这种等效性，即调用 **glDrawArrays()**相当于调用 **glDrawArraysInstanced()**，其中 instancecount 设置为 1；调用 **glDrawElements()**相当于调用 **glDrawElementsInstanced()**，其中 instancecount 设置为 1。如前所述，虽然调用 **glDrawElements()**也相当于调用 **glDrawElementsBaseVertex()**，其中 basevertex 设置为 0。事实上，有另一个结合 basevertex 和 instancecount 的绘图命令 **glDrawElementsInstancedBaseVertex()**。其原型为

```
void glDrawElementsInstancedBaseVertex(GLenum mode,
                                       GLsizei count,
                                       GLenum type,
                                       GLvoid * indices,
                                       GLsizei instancecount,
                                       GLint  basevertex);
```

因此，事实上，调用 **glDrawElements()**相当于调用 **glDrawElementsInstancedBaseVertex()**，其中 instancecount 设置为 1，basevertex 设置为 0。同样地，调用 **glDrawElementsInstanced()**相当于调用 **glDrawElementsInstancedBaseVertex()**，其中 basevertex 设置为 0。

最后，正如我们可以将 basevertex 传递至 **glDrawElementsBaseVertex()**和 **glDrawElementsInstancedBaseVertex()**，我们也可以将 baseinstance 参数传递至各版本的实例化绘图命令中。这些函数包括 **glDrawArraysInstancedBaseInstance()**、**glDrawElementsInstancedBaseInstance()**和特别长的 **glDrawElementsInstanced BaseVertexBaseInstance()**，均采用 basevertex 和 baseinstance 参数。既然已经介绍所有直接绘图命令，现在应该清楚这些命令均是 **glDrawArraysInstancedBaseInstance()**和 **glDrawElementsInstancedBaseVertexBaseInstance()**的子集，如果缺少它们，则假设 basevertex 和 baseinstance 为 0，instancecount 为 1。

如果这些函数所做的事是相同顶点复制多份发送到 OpenGL，就像 **glDrawArrays()**或 **glDrawElements()**已经调用到紧凑循环中，这并不是非常实用。事实上，使实例化渲染变得有用和十分强大的是用 GLSL 语言编写的特殊内置变量，其名称为 gl_InstanceID。gl_InstanceID

变量在顶点中就像一个静态整数顶点属性。将顶点的第 1 个副本发送给 OpenGL 时，gl_InstanceID 将为 0。然后，对于几何体的每个副本，它将递增一次，最终达到 instancecount -1。

glDrawArraysInstanced() 函数的运行方式与执行清单 7.5 中的虚拟代码非常相似。重申一下，这是虚拟代码，gl_InstanceID 并非实际顶点属性，你不能像清单所示那样进行设置。

清单 7.5 glDrawArraysInstanced() 的虚拟代码

```
// Loop over all of the instances (i.e. instancecount)
for (int n = 0; n < instancecount; n++)
{
    // Set the gl_InstanceID attribute - here gl_InstanceID is a C variable
    // holding the location of the "virtual" gl_InstanceID input.
    glVertexAttrib1i(gl_InstanceID, n);

    // Now, when we call glDrawArrays, the gl_InstanceID variable in the
    // shader will contain the index of the instance that's being rendered.
    glDrawArrays(mode, first, count);
}
```

同样地，**glDrawElementsInstanced()** 函数的运行方式与清单 7.6 中的虚拟代码相似。再次强调，这是虚拟代码，不会按书上所写的进行编译。

清单 7.6 Pseudocode for glDrawElementsInstanced()

```
for (int n = 0; n < instancecount; n++)
{
    // Set the value of gl_InstanceID
    glVertexAttrib1i(gl_InstanceID, n);

    // Make a normal call to glDrawElements
    glDrawElements(mode, count, type, indices);
}
```

当然，gl_InstanceID 并非实际顶点属性，你无法通过调用 **glGetAttribLocation()** 获得位置。gl_InstanceID 的值由 OpenGL 控制，就像在硬件中生成的一样，即在性能方面基本上是可以正常使用的。实例化渲染的效果来自于此变量的理想化使用以及实例化数组，随后将对此进行解释。

gl_InstanceID 的值可直接用作着色器函数的参数、纹理或统一变量数组等数据的索引。回到上文的草坪示例，思考如何使用 gl_InstanceID 才能使草坪不仅仅是同一点上长出的成千上万片相同的草叶。每片草叶都是由含有四个三角形的小三角形条带组成，共计六个顶点。使它们看起来不同比较困难。然而，采用一些着色器技巧，我们可以使每片草叶看起来完全不同，从而产生有趣的输出。这里我们不讨论着色器代码，但会简要介绍一些如何使用 gl_InstanceID 增加场景变化的想法。

首先，需要将每片草叶放在不同位置，否则它们会全部堆叠在一起。大致均匀地分布排列草叶。如果待渲染的草叶数量是 2 的幂，则可使用 gl_InstanceID 一半的位元来代表草叶的 *x* 坐标，另一半代表 *z* 坐标（地面落在 *x-z* 平面上，*y* 为高度）。在本例中，我们渲染 220 或 100 万多片草叶（实际为 1048576 片）。通过使用 10 个最低有效位（9～0）作为 *x* 轴，10 个最高有效位（19～10）作为 *z* 轴，我们将使用均匀草叶网格。图 7.4 所示为目前为止取得的成果。

均匀的草叶网格可能看起来有点平淡，就像一名特别细心的园丁手工种植每一片草叶。我们真正需要做的是将每一片草在方格内随机移动一定量。这会导致草地看起来不那么均匀。一种生成随机数量的方法是用种子值乘以一个大数字，取乘积结果的一个子集作为函数的输入。我们的目标不是在这里实现完美分布，因此这种简单生成器就可以胜任。通常情况下，使用这种算法，你会再次使用种子值作为随机数字生成器下一次迭代的输入。然而在该例中后面的可以直接使用 gl_InstanceID，因为我们实际是按照伪随机序列在 gl_InstanceID 之后生成后面的数字。通过重复迭代伪随机函数，我们可获得合理的随机分布。由于需要同时置换 x 与 z 方向，因此从 gl_InstanceID 中生成两个连续的随机数字，并用于置换平面内的草叶。图 7.5 所示为目前为止取得的成果。

图 7.4 实例化草坪的第一尝试

图 7.5 轻微混乱的草叶

此时，我们的草坪是均匀分布的，每片草叶上存在随机扰动。然而，所有草叶看起来是相同的。（实际上，我们使用同一随机数字生成器将略有差异的颜色分配给每片草叶，以便在图像上显示出来。）可以在草坪上应用一些变化，使每片草叶看起来略有差异。这是我们想要控制的对象，因此使用纹理保存草叶信息。

从 gl_InstanceID 直接生成网格坐标，然后生成一个随机数字，并置换 x-z 平面内的草叶，从而计算每片草叶的 x 和 z 坐标。该坐标对可用于查询 2D 纹理中的纹素，用户可输入任何想要输入的内容。使用纹理控制草叶的长度。可在纹理中输入一个长度参数（使用红色信道）并与草坪几何结构各顶点的 y 坐标相乘，以便生成更长或更短的草叶。纹理中的值 0 将生成一片非常短（或不存在）的草叶，值 1 将生成一些最大长度的草叶。现在可设计一个纹理，其中的每个纹素代表草坪一个区域内的草叶长度。

此时，草坪上的草叶是均匀分布的，你可以控制不同区域内的草叶长度。然而，草叶仍只是彼此缩放的副本。也许我们可以引入更多变化，例如根据纹理的另一参数围绕轴线旋转每片草叶。使用纹理的绿色信道存储草叶围绕 y 轴线旋转的角度，其中 0 代表无旋转，1 代表旋转 360°。只需要在顶点着色器中读取一个纹理，着色器的唯一输入仍是 gl_InstanceID。所有事情开始有了进展，见图 7.6。

我们的草坪看起来仍不够生动。草叶都笔直的，没有摆动。真实的草叶是随风摆动的，有东西在上面滚动时会被压平。我们需要草叶弯曲，并且想要控制这种弯曲行为。实际上可以使用参数纹理（蓝色通道）中的另一种信道控制弯曲系数。我们可以用它作为另一种角度，沿着 *x* 轴线旋转草叶，然后在绿色信道中应用此旋转。由此可实现根据纹理参数将草叶设置成弯曲状态。0 代表无弯曲（草叶笔直），1 代表草叶完全被压平。一般情况下，草叶将轻轻摆动，因此参数值较低。当草叶被压平时，数值可增大。

最后，我们可控制草叶的颜色。把草的颜色储存在一个大的纹理中是合乎逻辑的。例如，如果你想在运动场上画上线条、标志或招贴画，这可能是个好主意，但如果草地使用许多种绿色来绘制就相当浪费。相反，我们可为草叶制作 1D 纹理的调色板，并使用参数纹理中的最终信道（透明度信道）将索引存储到调色板中。调色板可从一端为毫无生机的枯草黄开始，另一端为郁郁葱葱的深绿色。现在，我们从参数纹理与所有其他参数中读取透明度通道，并使用该通道索引至 1D 纹理，称为依赖性纹理提取。最终草坪如图 7.7 所示。

图 7.6　草叶长度与方向控制

图 7.7　最终草坪

最终草坪约有 100 万片草叶，分布均匀，已应用长度、“平整度”、弯曲或摇摆方向以及颜色控制。注意，草叶之间的唯一差异着色器输入在于 gl_InstanceID，发送给 OpenGL 的几何结构总量为 6 个顶点，绘制草坪内所有草叶所需的代码总量为单次调用 **`glDrawArraysInstanced()`**。

可使用线性变形读取参数纹理，从而实现草坪各区域之间的平滑过渡，分辨率可能比较低。如果想要生成草叶随风摇曳或在大批军队行军穿过时被踩在脚下的效果，则每一两帧更新并上载新版本，然后渲染草叶，从而设置纹理动画。此外，由于 gl_InstanceID 用于生成随机数字，增加此变量的偏移，然后传递到随机数字生成器，从而使用同一着色器生成大量不同但预先确定的“随机”草叶。

自动获取数据

调用 **`glDrawArraysInstanced()`** 或 **`glDrawElementsInstanced()`** 等任意实例化绘图命令时，着色器应提供内置变量 gl_InstanceID，告知正在进行的实例，每个新增渲染几何结构实例的增量应为 1。实际上，即使未使用任意实例化绘图函数，这些函数也是可用的，只是在这些实例中为零。这意味着你可以使用相同的着色器进行实例化和非实例化渲染。

可以使用 gl_InstanceID 索引至与正在渲染的实例数量长度相同的数组中。例如，可使用该函数查询纹理中的纹素或索引至统一变量数组中。确实，我们实际上是将数组视为一个“实例化属性”，即读取正在渲染的实例的新属性值。OpenGL 可使用一种名为实例化数组的功能自动将此数据输入着色器中。使用实例化数组时，按常规方法声明着色器输入。输入属性的索引应该可以在调用 **glVertexAttribPointer()** 等函数时使用。一般情况下，每个顶点都会读取顶点属性，并向着色器中输入新数值。然而，要使 OpenGL 在每个实例中从数组读取一次属性，可调用

```
void glVertexAttribDivisor(GLuint index,
                           GLuint divisor);
```

将属性索引传递至索引函数，将除数设置为想要在从数组读取的每个新数值之间传递的实例数量。如果除数为零，则数组变成常规顶点属性数组，并从每个顶点读取一个新数值。然而，如果除数不为零，则每个除数实例都从数组中读取一次新数据。例如，如果除数设置成 1，则可从数组中获得各实例的新数值。如果除数设置为 2，则可获得每隔一个实例的新数值，以此类推。可混合并匹配除数，为每种属性设置成不同数值。例如，当要绘制一组具有不同颜色的对象时，可能需要此功能。参考清单 7.7 中的单一顶点着色器。

清单 7.7　单一顶点着色器及单点颜色

```
#version 450 core

in vec4 position;
in vec4 color;

out Fragment
{
   vec4 color;
} fragment;

uniform mat4 mvp;

void main(void)
{
    gl_Position = mvp * position;
    fragment.color = color;
}
```

一般情况下，应按顶点读取属性颜色，因此最终每个顶点的颜色会各不相同。该应用程序应提供一组颜色，其元素数量应与模型中的顶点数量相同。此外，并不是每个对象实例的颜色均不相同，因为着色器并不了解有关实例化的任何信息。我们可通过调用以下函数给实例化数组着色：

```
glVertexAttribDivisor(index_of_color, 1);
```

其中 index_of_color 是颜色属性所绑定的插槽索引。现在，每个实例将从顶点数组中读取新颜色值。特定实例中的每个顶点均应获取相同的颜色值，结果应该是每个对象实例均渲染成不同颜色。保存颜色数据的顶点数组尺寸与待渲染的索引数量相同。如果增加除数值，则从数组读取新数据的频率将越来越低。如果除数为 2，则每隔一个实例提供一个新颜色值；如果除数为 3，则每隔两个实例更新一次颜色；以此类推。

如果使用这个简单的着色器渲染几何结构，每个实例都将绘制在其他实例之上。我们需要更改每个实例的位置使每个实例均可见。为此我们可以使用另一个实例化数组。清单 7.8 显示的是针对清单 7.7 中的顶点着色器所做的简单修改。

清单 7.8 简单实例化顶点着色器

```
#version 450 core

in vec4 position;
in vec4 instance_color;
in vec4 instance_position;

out Fragment
{
    vec4 color;
} fragment;

uniform mat4 mvp;

void main(void)
{
    gl_Position = mvp * (position + instance_position);
    fragment.color = instance_color;
}
```

现在，我们已获得每个实例的位置及每个顶点的位置。可以在顶点着色器中将这些数据相加，然后乘以模型-视图-投影矩阵。可以通过调用以下函数将 instance_position 输入属性设置成实例化数组：

```
glVertexAttribDivisor(index_of_instance_position, 1);
```

重申一下，index_of_instance_position 是 instance_position 属性所绑定的位置索引。任何类型的输入属性都可以使用 **glVertexAttribDivisor()** 进行实例化。该示例很简单，只使用了一项平移（instance_position 中保存的值）。更高级的应用程序可使用矩阵顶点属性，或将一些变换矩阵打包输入统一变量，并在实例化数组中传递矩阵权重。例如，应用程序可使用此方法渲染一支姿势各不相同的军队，或朝不同方向飞驶的一支宇宙飞船舰队。

现在将该简单着色器连接到真实程序中。首先，在链接程序前按常用方法载入着色器。顶点着色器如清单 7.8 所示，片段着色器仅将 color 输入传递到对应输出，连接该输出的应用程序代码如清单 7.9 所示。在代码中，声明一些数据并加载到缓存，然后粘贴到顶点数组对象。其中一些数据用作单顶点位置，但剩余数据用作单实例颜色与位置。

清单 7.9 实例化渲染准备

```
static const GLfloat square_vertices[] =
{
    -1.0f,  -1.0f,  0.0f, 1.0f,
     1.0f,  -1.0f,  0.0f, 1.0f,
     1.0f,   1.0f,  0.0f, 1.0f,
    -1.0f,   1.0f,  0.0f, 1.0f
};

static const GLfloat instance_colors[] =
{
    1.0f, 0.0f, 0.0f, 1.0f,
    0.0f, 1.0f, 0.0f, 1.0f,
    0.0f, 0.0f, 1.0f, 1.0f,
    1.0f, 1.0f, 0.0f, 1.0f
};

static const GLfloat instance_positions[] =
```

```
{
    -2.0f, -2.0f, 0.0f, 0.0f,
     2.0f, -2.0f, 0.0f, 0.0f,
     2.0f,  2.0f, 0.0f, 0.0f,
    -2.0f,  2.0f, 0.0f, 0.0f
};

GLuint offset = 0;
glGenVertexArrays(1, &square_vao);
glGenBuffers(1, &square_vbo);
glBindVertexArray(square_vao);
glBindBuffer(GL_ARRAY_BUFFER, square_vbo);
glBufferData(GL_ARRAY_BUFFER,
             sizeof(square_vertices) +
             sizeof(instance_colors) +
             sizeof(instance_positions), NULL, GL_STATIC_DRAW);
glBufferSubData(GL_ARRAY_BUFFER, offset,
                sizeof(square_vertices),
                square_vertices);
offset += sizeof(square_vertices);
glBufferSubData(GL_ARRAY_BUFFER, offset,
                sizeof(instance_colors), instance_colors);
offset += sizeof(instance_colors);
glBufferSubData(GL_ARRAY_BUFFER, offset,
                sizeof(instance_positions), instance_positions);
offset += sizeof(instance_positions);

glVertexAttribPointer(0, 4, GL_FLOAT, GL_FALSE, 0, 0);
glVertexAttribPointer(1, 4, GL_FLOAT, GL_FALSE, 0,
                      (GLvoid *)sizeof(square_vertices));
glVertexAttribPointer(2, 4, GL_FLOAT, GL_FALSE, 0,
                      (GLvoid *)(sizeof(square_vertices) +
                                 sizeof(instance_colors)));

glEnableVertexAttribArray(0);
glEnableVertexAttribArray(1);
glEnableVertexAttribArray(2);
```

剩余步骤是设置 instance_color 和 instance_position 属性数组的顶点属性除数。

```
glVertexAttribDivisor(1, 1);
glVertexAttribDivisor(2, 1);
```

我们在顶点缓存中绘制了 4 个几何结构实例。每个实例由 4 个位置各不相同的顶点组成，也就是说每个实例的相同顶点在相同位置。然而，每个实例的所有顶点的 instance_color 和 instance_position 数值相同，为每个实例增加一个数值。渲染循环如下所示：

```
static const GLfloat black[] = { 0.0f, 0.0f, 0.0f, 0.0f };
glClearBufferfv(GL_COLOR, 0, black);

glUseProgram(instancingProg);
glBindVertexArray(square_vao);
glDrawArraysInstanced(GL_TRIANGLE_FAN, 0, 4, 4);
```

最终结果如图 7.8 所示。在图中，可以看出已经渲染了 4 个矩形。每个三角形的位置各不相同，颜色也不同。这项技术可扩展至成千上万甚至是几百万实例，现代图形硬件应能够顺利处理该问题。

具有实例化顶点属性时，可使用绘图命令的 baseInstance 参数，例如 *offset* 中分别从各自的缓存中读取数据的 **glDrawArraysInstancedBaseInstance()**。如果设置为零（或调用缺少此参数的任何函数），第一个实例的数据来自于数组起点。然而，如果设置为非零数值，则实例化数组内提供数据的索引将偏移该值。这与前文所述的 baseVertex 参数非常相似。

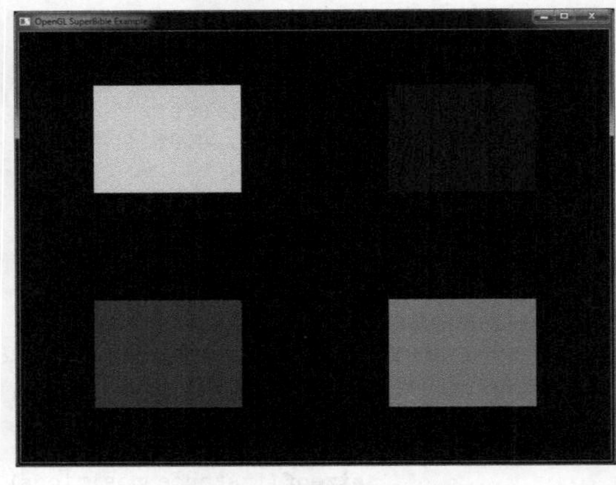

图 7.8 实例化渲染的结果

计算读取属性的索引时所使用的实际公式如下：

$$\left\lfloor \frac{instance}{divisor} \right\rfloor + baseInstance$$

在以下某些示例中，我们将使用 baseInstance 参数偏移至实例化顶点数组。

7.2.3 间接绘制

目前为止，我们仅介绍了直接绘图命令。在这些命令中，我们将顶点数量或实例数量等绘图命令参数直接传递给函数。然而，有一系列绘图命令允许将各绘图命令的参数存储在缓存对象中。因此，在应用程序调用绘图命令时，实际并不需要了解这些参数，只需要知道缓存中储存参数的位置。其可能性值得关注。

- 应用程序可提前甚至是离线生成绘图命令参数，然后载入缓存中并在绘图准备就绪时发送给 OpenGL。
- 使 OpenGL 在运行过程中生成参数，方法是执行缓存对象中储存这些参数的着色器，从而使 GPU 有效运行。
- 可使用 CPU 上的多个线程生成绘图命令参数。由于命令不是直接发送给 OpenGL，而是存储在缓存中以待稍后处理，因此使用多个线程完成此操作不会有任何问题。

OpenGL 有 4 项间接绘图指令。前两个指令有直接等效指令：**glDrawArraysInstancedBaseInstance()** 与 **glDrawArraysInstancedBaseInstance()** 相似，**glDrawElementsInstancedBaseVertexBaseInstance()** 与 **glDrawElementsIndirect()** 相似。间接函数的原型为

```
void glDrawArraysIndirect(GLenum mode,
                          const void * indirect);
```

以及

```
void glDrawElementsIndirect(GLenum mode,
                            GLenum type,
                            const void * indirect);
```

两个函数的模式是基元模式中的任意一种，如 GL_TRIANGLES or GL_PATCHES。**GlDraw**

ElementsIndirect() 的类型为待用指数类型（就像 **glDrawElements()** 的类型参数），应设置成 GL_UNSIGNED_BYTE、GL_UNSIGNED_SHORT 或 GL_UNSIGNED_INT。两个函数的间接函数被解释为偏移至 GL_DRAW_INDIRECT_BUFFER 目标上绑定的缓存对象，但是此地址的缓存内容根据所用函数而有所差异。**glDrawArraysIndirect()** 表示成 C 型结构定义时，缓存中的数据形式为

```
typedef struct {
    GLuint vertexCount;
    GLuint instanceCount;
    GLuint firstVertex;
    GLuint baseInstance;
} DrawArraysIndirectCommand;
```

glDrawElementsIndirect() 在缓存中的数据形式为

```
typedef struct {
    GLuint vertexCount;
    GLuint instanceCount;
    GLuint firstIndex;
    GLint  baseVertex;
    GLuint baseInstance;
} DrawElementsIndirectCommand;
```

调用 **glDrawArraysIndirect()** 可导致 OpenGL 表现得就像已经采用传递至 **glDrawArraysIndirect()** 的模式调用 **glDrawArraysInstancedBaseInstance()**，但是 count、first、instancecount 和 baseinstance 参数取自偏移为间接参数时存储在缓存对象中的 DrawArraysIndirectCommand 结构的 vertexCount、firstVertex、instanceCount 和 baseInstance 字段。

同样地，调用 **glDrawElementsIndirect()** 可导致 OpenGL 表现得就像已经调用 **glDrawElementsInstancedBaseVertexBaseInstance()**，直接传递的模式和类型参数，其中 count、instancecount、basevertex 和 baseinstance 参数取自储存在缓存中的 DrawElementsIndirectCommand 结构的 vertexCount、instanceCount、baseVertex 和 baseInstance。然而，这里的一个区别在于，firstIndex 参数以索引为单位，而非字节，因此通过乘以索引类型的尺寸形成已通过索引参数传递至 **glDrawElements()** 的偏移。

这样做虽然看起来很简单，但是使此项功能尤为强大的是这两项函数的多个版本。

```
void glMultiDrawArraysIndirect(GLenum mode,
                               const void * indirect,
                               GLsizei drawcount,
                               GLsizei stride);
```

以及

```
void glMultiDrawElementsIndirect(GLenum mode,
                                 GLenum type,
                                 const void * indirect,
                                 GLsizei drawcount,
                                 GLsizei stride);
```

这两项函数的运行与 **glDrawArraysIndirect()** 和 **glDrawElementsIndirect()** 非

常相似。然而，你可能注意到每个函数都有两项附加参数。两项函数基本执行相同操作，这两个函数在DrawArraysIndirectCommand或DrawElementsIndirectCommand结构数组的循环中执行与其非多变量相同的操作。drawcount指定了数组中的结构数量，stride指定了缓存对象中各结构起点之间的字节数量。如果stride为零，则认为数组紧凑。否则可在各结构之间插入其他数据，OpenGL遍历数组时会跳过该数据。

可以批量使用这些功能的绘图命令数量的实际上限仅取决于可用于存储这些命令的内存空间。drawcount参数理论上可达几十亿，但每个命令占16B或20B，10亿绘图命令会消耗20GB内存，每次运行可能要花费几秒甚至是几分钟。然而，在一个缓存中批量处理成千上万条绘图命令是完全合理的。鉴于此，可以使用多个绘图命令的参数预先加载缓冲对象，或在GPU上生成许多命令。如果使用GPU直接在缓存对象中生成绘图命令参数，则无须等待这些参数准备就绪即可间接调用使用这些参数的绘图命令，且参数无须在GPU与应用程序之间往返。

清单7.10显示了如何使用**glMultiDrawArraysIndirect()**的简单示例。

清单7.10　间接绘图命令的使用示例

```
typedef struct {
    GLuint vertexCount;
    GLuint instanceCount;
    GLuint firstVertex;
    GLuint baseInstance;
} DrawArraysIndirectCommand;

DrawArraysIndirectCommand draws[] =
{
    {
        42,   // Vertex count
        1,    // Instance count
        0,    // First vertex
        0     // Base instance
    },
    {
        192,
        1,
        327,
        0,
    },
    {
        99,
        1,
        901,
        0
    }
};

// Put 'draws[]' into a buffer object
GLuint buffer;

glGenBuffers(1, &buffer);
glBindBuffer(GL_DRAW_INDIRECT_BUFFER, buffer);
glBufferData(GL_DRAW_INDIRECT_BUFFER, sizeof(draws),
             draws, GL_STATIC_DRAW);

// This will produce 3 draws (the number of elements in draws[]), each
// drawing disjoint pieces of the bound vertex arrays
glMultiDrawArraysIndirect(GL_TRIANGLES,
```

```
                   NULL,
                   sizeof(draws) / sizeof(draws[0]),
                   0);
```

然而，仅仅批量处理 3 个绘图命令其实并没有多大意义。为显示间接绘图命令的实际能力，我们将绘制一个小行星带。该行星带将由 30000 个小行星组成。首先，我们将利用 sb7::object 类别在单个文件内储存多个网格的能力。当从硬盘加载文件时，将所有顶点数据载入一个缓存对象中并与单一顶点数组对象相关联。每个子对象均有一个起始顶点和大量顶点用于描述该对象。我们可通过调用 sb7::object::get_sub_object_info()从对象加载器中检索这些对象。.sbm 文件中的子对象总数量通过 sb7::object::get_sub_object_count()功能提供。所以，我们可以使用清单 7.11 所示的代码构建小行星带的间接绘图缓存。

清单 7.11　小行星的间接绘图缓冲设置

```
object.load("media/obj ects/asteroids.sbm");

glGenBuffers(1, &indirect_draw_buffer);
glBindBuffer(GL_DRAW_INDIRECT_BUFFER, indirect_draw_buffer);
glBufferData(GL_DRAW_INDIRECT_BUFFER,
             NUM_DRAWS * sizeof(DrawArraysIndirectCommand),
             NULL,
             GL_STATIC_DRAW);

DrawArraysIndirectCommand * cmd = (DrawArraysIndirectCommand *)
    glMapBufferRange(GL_DRAW_INDIRECT_BUFFER,
                     0,
                     NUM_DRAWS * sizeof(DrawArraysIndirectCommand),
                     GL_MAP_WRITE_BIT | GL_MAP_INVALIDATE_BUFFER_BIT);

for (i = 0; i < NUM_DRAWS;
{
    object.get_sub_object_info(i % ob)ect.get_sub_ob)ect_count(),
                               cmd[i].first,
                               cmd[i].count);
    cmd[i].primCount = 1;
    cmd[i].baseInstance = i;
}

glUnmapBuffer(GL_DRAW_INDIRECT_BUFFER);
```

接下来，需要确定如何告知顶点着色器正在绘制的是哪一个小行星。我们无法直接从着色器的间接绘图命令中获得此信息。然而，我们可以利用所有绘图命令实际均属于实例化绘图命令的事实，绘制一份对象副本即可视为绘制一个实例的命令。因此，我们可以设置实例化顶点属性，将间接绘图命令的 baseInstance 字段设置成该属性数组内我们想要传递到顶点着色器的索引，然后使用该数据实现我们的目的。在清单 7.11 中，注意将各结构的 baseInstance 字段设置成循环计数器。

然后，需要设置顶点着色器的对应输出。星号字段渲染器的输入声明如清单 7.12 所示。

清单 7.12　小行星的顶点着色器输入

```
#version 450 core

layout (location = 0) in vec4 position;
layout (location = 1) in vec3 normal;

layout (location = 10) in uint draw_id;
```

按照惯例，我们拥有位置和常规输入。然而，我们也使用了位于位置10的属性draw_id存储绘图索引。该属性将被实例化并与仅包含一个标识映射的缓存相关联。我们将使用sb7::object加载器的功能访问和修改其顶点数组对象，以便注入其他顶点属性。其代码如清单7.13所示。

清单7.13 单一间接绘图属性设置

```
glBindVertexArray(object.get_vao());

glGenBuffers(1, &draw_index_buffer);
glBindBuffer(GL_ARRAY_BUFFER, draw_index_buffer);
glBufferData(GL_ARRAY_BUFFER,
             NUM_DRAWS * sizeof(GLuint),
             NULL,
             GL_STATIC_DRAW);

GLuint * draw_index =
    (GLuint *)glMapBufferRange(GL_ARRAY_BUFFER,
                               0,
                               NUM_DRAWS * sizeof(GLuint),
                               GL_MAP_WRITE_BIT |
                               GL_MAP_INVALIDATE_BUFFER_BIT);
for (i = 0; i < NUM_DRAWS; i++)
{
    draw_index[i] = i;
}

glUnmapBuffer(GL_ARRAY_BUFFER);

glVertexAttribIPointer(10, 1, GL_UNSIGNED_INT, 0, NULL);
glVertexAttribDivisor(10, 1);
glEnableVertexAttribArray(10);
```

一旦设置了draw_id顶点着色器输入，我们即可使用该输入唯一地标识每个网格。如果不进行这一步，各个小行星只是位于原点的一块岩石。在本示例中，我们将根据draw_id在顶点着色器中直接创建方向和平移矩阵。完整的顶点着色器如清单7.14所示。

清单7.14 小行星带顶点着色器

```
#version 450 core

layout (location = 0) in vec4 position;
layout (location = 1) in vec3 normal;

layout (location = 10) in uint draw_id;

out VS_OUT
{
    vec3 normal;
    vec4 color;
} vs_out;

uniform float time = 0.0;

uniform mat4 view_matrix;
uniform mat4 proj_matrix;
uniform mat4 viewproj_matrix;

const vec4 color0 = vec4(0.29, 0.21, 0.18, 1.0);
const vec4 color1 = vec4(0.58, 0.55, 0.51, 1.0);
```

```
void main(void)
{
    mat4 m1;
    mat4 m2;
    mat4 m;
    float t = time * 0.1;
    float f = float(draw_id) / 30.0;

    float st = sin(t * 0.5 + f * 5.0);
    float ct = cos(t * 0.5 + f * 5.0);

    float ] = fract(f);
    float d = cos() * 3.14159);

    // Rotate around Y
    m[0] = vec4(ct, 0.0, st, 0.0);
    m[1] = vec4(0.0, 1.0, 0.0, 0.0);
    m[2] = vec4(-st, 0.0, ct, 0.0);
    m[3] = vec4(0.0, 0.0, 0.0, 1.0);

    // Translate in the XZ plane
    m1[0] = vec4(1.0, 0.0, 0.0,  0.0);
    m1[1] = vec4(0.0, 1.0, 0.0,  0.0);
    m1[2] = vec4(0.0, 0.0, 1.0,  0.0);
    m1[3] = vec4(260.0 + 30.0 *  d, 5.0 * sin(f * 123.123), 0.0, 1.0);

    m = m * m1;

    // Rotate around X
    st = sin(t * 2.1 * (600.0 + f) * 0.01);
    ct = cos(t * 2.1 * (600.0 + f) * 0.01);

    m1[0] = vec4(ct, st, 0.0, 0.0);
    m1[1] = vec4(-st, ct, 0.0, 0.0);
    m1[2] = vec4(0.0, 0.0, 1.0, 0.0);
    m1[3] = vec4(0.0, 0.0, 0.0, 1.0);

    m = m * m1;

    // Rotate around Z
    st = sin(t * 1.7 * (700.0 + f) * 0.01);
    ct = cos(t * 1.7 * (700.0 + f) * 0.01);

    m1[0] = vec4(1.0, 0.0, 0.0, 0.0);
    m1[1] = vec4(0.0, ct, st, 0.0);
    m1[2] = vec4(0.0, -st, ct, 0.0);
    m1[3] = vec4(0.0, 0.0, 0.0, 1.0);

    m = m * m1;

    // Non-uniform scale
    float f1 = 0.65 + cos(f * 1.1) * 0.2;
    float f2 = 0.65 + cos(f * 1.1) * 0.2;
    float f3 = 0.65 + cos(f * 1.3) * 0.2;

    m1[0] = vec4(f1, 0.0, 0.0, 0.0);
    m1[1] = vec4(0.0, f2, 0.0, 0.0);
    m1[2] = vec4(0.0, 0.0, f3, 0.0);
    m1[3] = vec4(0.0, 0.0, 0.0, 1.0);
```

```
    m = m * m1;

    gl_Position = viewproj_matrix * m * position;
    vs_out.normal = mat3(view_matrix * m) * normal;
    vs_out.color = mix(color0, color1, fract(j * 313.431));
}
```

在清单 7.14 所示的顶点着色器中，我们根据 draw_id 直接计算了小行星的方向、位置和颜色。首先，将 draw_id 转换成浮点并按比例缩放。然后，根据浮点值和时间统一变量值计算多个平移、缩放和旋转矩阵。这些矩阵被连接成一个模型矩阵 ***m***。先对位置进行模型矩阵变换，再进行视图投影矩阵变换。同时也对顶点法向量进行模型和视图矩阵变换。最后，通过在两种颜色（一种为巧克力褐色，另一种为桑迪灰色）之间插值计算顶点的输出颜色，从而确定小行星的最终颜色。在片段着色器中使用单一照明方案，给小行星营造一种立体感。

这个应用程序的渲染循环非常简单。首先，设置视图和投影，再通过调用 **glMultiDrawArraysIndirect()** 渲染所有模型。绘图模式如清单 7.15 所示。

清单 7.15　绘制小行星

```
glBindVertexArray(obj ect.get_vao());

if (mode == MODE_MULTIDRAW)
{
    glMultiDrawArraysIndirect(GL_TRIANGLES, NULL, NUM_DRAWS, 0);
}
else if (mode == MODE_SEPARATE_DRAWS)
{
    for (j = 0; j < NUM_DRAWS; j++)
    {
        GLuint first, count;
        object.get_sub_object_info(j % object.get_sub_object_count(),
                                   first, count);
        glDrawArraysInstancedBaseInstance(GLTRIANGLES,
                                          first,
                                          count,
                                          1, j);

    }
}
```

如清单 7.15 所示，我们先通过调用 object.get_vao()并将结果传递到 **glBindVertexArray()** 的方式绑定该对象的顶点数组对象。当模式为 MODE_MULTIDRAW 时，通过单次调用 **glMultiDrawArraysIndirect()** 绘制整个场景。然而，如果模式为 MODE_SEPARATE_DRAWS，则循环遍历所有加载的子对象，并通过加载到间接绘制缓存中的相同参数直接调用到 glDrawArraysInstancedBaseInstance()，并分别绘制各对象。

根据 OpenGL 的实现，单独的绘图模式可能慢得多。输出结果如图 7.9 所示。

图 7.9　小行星渲染方案的结果

在本示例中，使用典型的消费类显卡，30000 个独特[1]模型可达到 60 帧/秒，相当于每秒 180 万个绘图命令。每个网格的顶点数量约为 500 个，意味着每秒渲染接近 10 亿个顶点，可以肯定的是我们的瓶颈不是提交绘图命令的速度。

通过巧妙使用 draw_id 输入（或其他实例化顶点属性），可以渲染更有趣、变化更复杂的几何结构。例如，我们可使用纹理映射应用表面细节，在一个数组纹理中存储多个表面并通过 draw_id 选择纹理层。虽然本示例中使用 draw_id 直接计算顶点着色器中的转换矩阵，但也可以将大量矩阵输入统一变量块或着色器存储到缓存中，并使用 draw_id 创建索引，从而更好地控制应用程序对对象的放置。此外，间接绘图缓冲的内容也无需保持静态。事实上，我们使用多种技术直接在图形处理中生成内容，从而在无须应用程序介入的条件下实现真正的动态渲染。

7.3 变换顶点的保存

在 OpenGL 中，可将顶点、曲面细分评估或几何着色器的结果保存在一个或多个缓存对象中。这种特征也叫作变换反馈，实际是前端的最后一个阶段。它是 OpenGL 管线中的非程式化固定功能阶段，尽管如此，它仍然是高度可配置的。使用变换反馈时，将当前着色器管线最后阶段的一组特定属性输出（无论是顶点着色器、曲面细分评估着色器还是几何着色器）写入一组缓存中。

如果不存在几何着色器，则记录经顶点着色器甚至曲面细分评估着色器处理的各个顶点。如果存在几何着色器，则存储经 EmitVertex()函数生成的各个顶点，以便根据着色器的行为记录可变数量的数据。用于捕获顶点与几何着色器输出所使用的缓冲区叫作变换反馈缓存。使用变换反馈将数据输入缓存后，可通过 **glGetBufferSubData()** 等函数或使用 **glMapBuffer()** 映射到应用程序的地址空间内，再从中直接读取数据。它也可以用作后续绘图命令的数据源。在本章节的剩余部分，我们将前端的最后阶段称为顶点着色器。然而，要注意是否存在几何结构或曲面细分评估着色器，最后阶段是否是变换反馈保存输出的阶段。

7.3.1 使用变换反馈

为设置变换反馈，必须告知 OpenGL 我们想要记录的前端输出。前端最后阶段的输出有时被称为易变变量。告知 OpenGL 记录哪些数据的函数是 **glTransformFeedbackVaryings()**，其原型是

```
void glTransformFeedbackVaryings(GLuint program,
                                 GLsizei count,
                                 const GLchar * const * varying,
                                 GLenum bufferMode);
```

glTransformFeedbackVaryings() 的第一个参数是程序对象的名称。变换反馈易变变

1 本示例中的小行星并不具有实际唯一性，这些小行星是从一大批独特的岩石模型中挑选出来的，然后对各个小行星应用不同的缩放比例和颜色。相同缩放比例和颜色下发现两块形状相同的岩石的概率是非常小的。

量状态实际是程序对象的一部分。这意味着不同程序可记录不同的顶点属性集，即使这些属性集中使用的顶点着色器或几何着色器相同。第二个参数是待记录的输出（或易变变量）数量，也指第三个参数易变变量中提供地址的数组长度。第三个参数只是一个提供待记录易变变量名称的 C 样式字符串数组。这些是输出变量在顶点着色器中的名称，最后一个参数（bufferMode）指定了记录易变变量的模式必须是 GL_SEPARATE_ATTRIBS 或 GL_INTERLEAVED_ATTRIBS。如果 bufferMode 是 GL_INTERLEAVED_ATTRIBS，则将易变变量逐一记录到单个缓存中。如果 bufferMode 为 GL_SEPARATE_ATTRIBS，则将各易变变量记录到自身的缓存中。思考以下声明输出易变变量的顶点着色器代码段：

```
out vec4 vs_position_out;
out vec4 vs_color_out;
out vec3 vs_normal_out;
out vec3 vs_binormal_out;
out vec3 vs_tangent_out;
```

为指定 vs_position_out、vs_color_out 等易变变量写入一个交错的变换反馈缓冲，可在应用程序中使用以下 C 代码：

```
static const char * varying_names[] =
{
    "vs_position_out",
    "vs_color_out",
    "vs_normal_out",
    "vs_binormal_out",
    "vs_tangent_out"
};

const int num_varyings = sizeof(varying_names) /
                         sizeof(varying_names[0]);

glTransformFeedbackVaryings(program,
                            num_varyings,
                            varying_names,
                            GL_INTERLEAVED_ATTRIBS);
```

并非所有顶点（或几何）着色器都需要储存在变换反馈缓存中。可以将一部分顶点着色器输出保存在变换反馈缓存中，并将更多的输出发送到片段着色器用于插值。同样地，也可以将一些片段着色器中未使用的顶点着色器输出保存到变换反馈缓存中。正因为如此，曾经不活跃的顶点着色器输出（因为这些输出未被片段着色器使用）可能由于存储到变换反馈缓存中变活跃。因此，在通过调用 **glTransformFeedbackVaryings()** 指定一组新的变换反馈易变变量后，必须使用以下函数链接程序对象：

```
glLinkProgram(program);
```

如果你更改了变换反馈所捕获的易变变量集，则需要再次链接程序对象，否则你的更改不会产生任何影响。指定变换反馈易变变量并链接程序后，可按常规方法使用它。然而，在实际捕获任何信息之前，你需要创建一个缓存并将其绑定到一个有索引的变换反馈缓存绑定点上。当然，在能够将任何数据写入缓存之前，必须在缓存中为这些数据分配空间。分配空间而不指定数据时，调用

```
GLuint buffer;
glGenBuffers(1, &buffer);
glBindBuffer(GL_TARNSFORM_FEEDBACK_BUFFER, buffer);
glBufferData(GL_TRANSFORM_FEEDBACK_BUFFER, size, NULL, GL_DYNAMIC_COPY);
```

当你为缓存分配存储空间时，usage 参数存在许多可能的值，但 GL_DYNAMIC_COPY 可能是变换反馈缓存比较不错的选择。DYNAMIC 部分告诉 OpenGL 数据可能经常变换，但在每次更新之间可能会被使用几次。COPY 部分说明我们计划通过 OpenGL 功能（如变换反馈）更新缓存中的数据，然后将该数据返回到 OpenGL 中以便用于其他操作（如绘图）。

当将变换反馈模式指定为 GL_INTERLEAVED_ATTRIBS 时，所有这些储存的顶点属性都将被逐一写入一个缓存中。指定变换反馈数据应写入的缓存时，你需要将一个缓存绑定到其中一个有索引的变换反馈绑定点上。实际有多个 GL_TRANSFORM_FEEDBACK_BUFFER 绑定点可用于此目的，这些绑定点从概念上看是独立的，但与通用的 GL_TRANSFORM_FEEDBACK_BUFFER 绑定点相关。其示意图如图 7.10 所示。

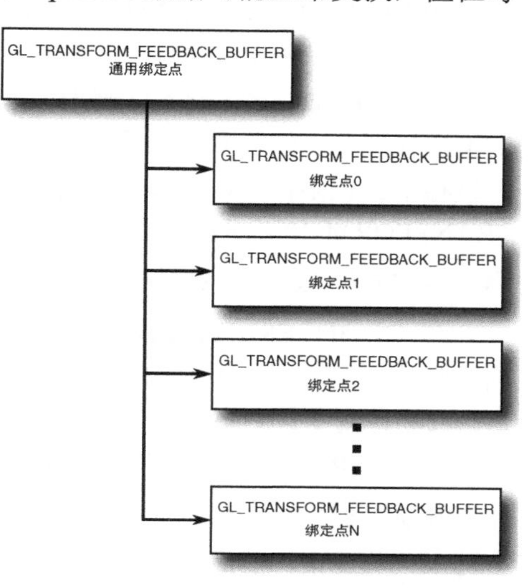

图 7.10　变换反馈绑定点的关系

将一个缓存绑定到任意一个有索引的绑定点时，调用

```
glBindBufferBase(GL_TRANSFORM_FEEDBACK_BUFFER, index, buffer);
```

如前所述，GL_TRANSFORM_FEEDBACK_BUFFER 告知 OpenGL 我们正在绑定一个缓存对象以便存储变换反馈的结果。

最后一个参数 buffer 是我们想要绑定的缓存对象的名称。附加参数 index 是 GL_TRANSFORM_FEEDBACK_BUFFER 绑定点的索引。注意，我们无法通过 **glBufferData()** 或 **glCopyBufferSubData()** 等函数直接处理 **glBindBufferBase()** 所提供的任何附加绑定点。然而，当你调用 **glBindBufferBase()** 时，实际是将缓存绑定到有索引的绑定点和通用绑定点上。因此，如果你在调用 **glBindBufferBase()** 后立即访问通用绑定点，则可使用附加绑定点分配缓冲空间。

较先进的 **glBindBufferBase()** 版本的为 **glBindBufferRange()**，其原型为：

```
void glBindBufferRange(GLenum target,
                       GLuint index,
                       GLuint buffer,
                       GLintptr offset,
                       GLsizeiptr size);
```

通过 **glBindBufferRange()** 函数，你可以将缓存绑定到索引绑定点，然而 **glBindBuffer()** 和 **glBindBufferBase()** 只能同时绑定整个缓存。前三个参数（target、index 和 buffer）的意义与 **glBindBufferBase()** 中的相同。offset 与 size 参数分别用于指定你想要绑定的缓冲段的起点和长度。你甚至可以将同一缓存的不同段同时绑定到不同的索引绑定点上。通过这种方式，可以在 GL_SEPARATE_ATTRIBS 模式中使用变换反馈，以便将输出顶点的各属性写入单个缓存的各段中。如果应用程序将所有属性打包到单个顶点缓存中并使用 **glVertexAttribPointer()** 将非零偏移指定到该缓存中，然后可以将变换反馈输出与顶点着色器输入进行匹配。

如果你通过使用 **glTransformFeedbackVaryings()** 的 GL_INTERLEAVED_ATTRIBS 参数指定将所有属性记录到单个变换反馈缓存中，则数据将被紧密压缩并写入绑定到第一个 GL_TRANSFORM_FEEDBACK_BUFFER 绑定点（索引为 0）的缓存中。然而，如果指定变换反馈模式为 GL_SEPARATE_ATTRIBS，顶点着色器的各输出应记录到各自的缓存中（如果使用了 **glBindBufferRange()** 则为缓冲段）。在这种情况下，你需要将多个缓存或缓冲段绑定成变换反馈缓存。索引参数必须比易变变量最大数量低 0～1，以便可使用变换反馈模式记录到各个缓存中。该限值取决于图形硬件和驱动器，可通过调用 **glGetIntegerv()** 以及 GL_MAX_TRANSFORM_FEEDBACK_SEPARATE_ATTRIBS 参数找到。该限值也适用于 **glTransformFeedbackVaryings()** 的计数参数。

在 GL_INTERLEAVED_ATTRIBS 模式下，可写入变换反馈缓存的独立易变变量数量并无固定限值，但可写入缓存的分量数量有上限。例如，可使用变换反馈写入缓存的 **vec3** 易变变量比 **vec4** 易变变量更多。同样，该限值取决于图形硬件，可通过使用 **glGetIntegerv()** 以及 GL_MAX_TRANSFORM_FEEDBACK_INTERLEAVED_COMPONENTS 参数找到。

如果需要，可以在变换反馈缓存中所存储的输出结构之间留出空隙。当你这样做时，OpenGL 将写入一些元素，然后跳过输出缓存的一些空间，再写入一些元素，以此类推，缓存中未使用的空间保持不变。为实现此结果，可增加其中一个“虚拟”易变变量名称（例如 gl_SkipComponents1、gl_SkipComponents2、gl_SkipComponents3 或 gl_SkipComponents4）在输出缓存中分别跳过一个、两个、3 个或 4 个分量的储存空间。

最后，可以将一组输出易变变量交错写入一个缓存，而将另一组属性写入另一个缓存中。为此，我们使用另一种特殊的“虚拟”易变变量名称 gl_NextBuffer，从而指示 **glTransformFeedbackVaryings()** 转向下一个缓存绑定指数。当使用 gl_NextBuffer 时，bufferMode 参数必须为 GL_INTERLEAVED_ATTRIBS。示例代码如下：

```
static const char * varying_names[] =
{
    "carrots",
    "peas",
    "gl_NextBuffer",
    "beans",
    "potatoes"
};

const int num_varyings = sizeof(varying_names) / sizeof(varying_names[0]);

glTransformFeedbackVaryings(program,
                            num_varyings,
                            varying_names,
                            GL_INTERLEAVED_ATTRIBS);
```

运行此代码并调用 **glLinkProgram()** 后，设置变换反馈阶段，将胡萝卜和豌豆写入第一个变换反馈缓存中，黄豆和土豆写入第二个缓存中。你甚至可以通过将第一个易变变量名称设置成 gl_NextBuffer 跳过第一个缓存绑定。

7.3.2 开始、暂停和停止变换反馈

绑定接收变换反馈结果的缓存后，立即调用以下函数激活变换反馈模式：

```
void glBeginTransformFeedback(GLenum primitiveMode);
```

现在，无论顶点何时通过 OpenGL 的前端，最后一个着色器的输出易变变量都将写入到变换反馈缓存中。函数 primitiveMode 的参数为 OpenGL 指出了预期的几何类型。可接受参数包括 GL_POINTS、GL_LINES 和 GL_TRIANGLES。当调用 **glDrawArrays()** 或其他 OpenGL 绘图函数时，基本几何类型必须与指定的变换反馈基本模式的类型相匹配，否则必须具有输出相应基本类型的几何着色器。例如，如果 primitiveMode 为 GL_TRIANGLES，则前端的最后一个阶段必须生成三角形。因此，如果有几何着色器，则必须输出 **triangle_strip** 基元；如果有曲面细分评估着色器（并且无几何着色器），则其输出模式必须是三角形；如果两者都没有，则必须调用 **glDrawArrays()** 及 GL_TRIANGLES、GL_TRIANGLE_STRIP 或 GL_TRIANGLE_FAN。变换反馈基本模式与绘图类型的映射如表 7.3 所示。

表 7.3　　　　primitiveMode 的取值

primitiveMode 的取值	可用绘图类型
GL_POINTS	GL_POINTS
GL_LINES	GL_LINES, GL_LINE_STRIP, GL_LINE_LOOP
GL_TRIANGLES	GL_TRIANGLES, GL_TRIANGLE_STRIP, GL_TRIANGLE_FAN

除表 7.3 所列的模式外，只要将曲面细分评估着色器或几何着色器（如果存在）设置成输出正确的基元类型，GL_PATCHES 即可用于绘图命令的模式参数。一旦激活变换反馈模式，OpenGL 即可选择的前端输出记录到变换反馈缓存中。可以通过调用以下函数暂时停止此记录：

```
void glPauseTransformFeedback();
```

当暂停变换反馈模式后，可通过调用以下函数重新启动该模式：

```
void glResumeTransformFeedback();
```

这时，OpenGL 会从变换反馈缓存中中断记录的位置开始继续记录前端输出。只要变换反馈不暂停，顶点就会记录到变换反馈缓存中，直到退出变换反馈模式或分配给变换反馈缓冲的空间耗尽。退出变换反馈模式时，可调用以下函数：

```
glEndTransformFeedback();
```

调用 **glBeginTransformFeedback()** 和 **glEndTransformFeedback()** 之间发生的所有渲染将导致数据被写入当前绑定的变换反馈缓存中。每次调用 **glBeginTransformFeedback()** 时，OpenGL 在绑定用于变换反馈的缓存起点开始写入数据，并覆盖原有数据。在变换反馈激活状态下，应注意调用 **glBeginTransformFeedback()** 和 **glEndTransformFeedback()** 之间不能更改变换反馈状态。例如，在变换反馈激活状态下，无法更改变换反馈缓存绑定，也无法调整或重新分配任何变换反馈缓存的大小。其中包括暂停变换反馈的情形，

即使在这些时间段内并未进行记录。

7.3.3 用变换反馈结束管线

在很多变换反馈应用中，我们很可能只想存储变换反馈阶段所生成的顶点，并不想绘制任何内容。由于变换反馈逻辑上位于 OpenGL 管线光栅化之前时，我们可以通过调用以下函数命令 OpenGL 关闭光栅化（以及随后的任何功能）：

```
glEnable(GL_RASTERIZER_DISCARD);
```

该操作可以防止 OpenGL 在执行变换反馈后对基元进行任何进一步的处理。结果是我们的顶点被记录在输出变换反馈缓存中，但实际未进行任何光栅化处理。为返回到光栅化操作，我们调用

```
glDisable(GL_RASTERIZER_DISCARD);
```

通过这种方式可禁用光栅化程序删除操作，启用光栅化。

7.3.4 变换反馈示例：实物模拟

在 springmass 示例中，我们构建了弹簧和质点网格的物理模拟。每个顶点代表一个重量，通过弹性系绳与附近的 1～4 个顶点相连接。示例将对顶点进行迭代，每个顶点用一个顶点着色器进行处理。本示例中使用了很多高级功能。除常规属性数组外，我们还使用纹理缓冲对象（TBO）保持顶点位置数据。将同一缓存同时绑定到 TBO 和与顶点着色器位置输入相关的顶点属性上，即可自由访问系统中其他顶点的当前位置。我们还使用整数顶点属性保持相邻顶点的索引。不仅如此，我们还使用变换反馈储存每次算法迭代之间的各个质点的位置与速度。

对于每个顶点，我们需要其位置、速度和质点数据。可以将位置和质点信息转换成一个顶点数组，将速度转换成另一个顶点数组。位置数组的每个元素实际上是一个 **vec4**，其中 x、y 和 z 分量分别包含顶点的三维坐标，w 分量包含顶点的重量。速度数组可以是一个单纯的 **vec3** 数组。此外，我们使用 **ivec4** 数组储存连接重量的弹簧信息。每个顶点有一个 **ivec4**，向量的 4 个分量分别包含连接至弹簧另一端的顶点索引。我们称之为连接向量。通过向量，可以将每个质点连接到其他 1～4 个质点上。为记录不存在连接的情况，我们将存储设置在连接向量分量的-1 点处（见图 7.11）。

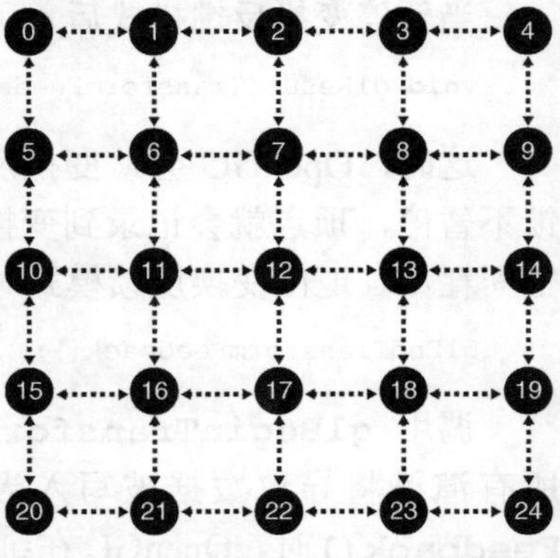

图 7.11 弹簧质点系统中的顶点连接

与顶点 12 相关的 **ivec4** 连接向量包含连接顶点的索引<7，13，17，11>。同样地，顶点 13 的连接向量包含<8，14，18，12>。顶点 12 与顶点 13 之间存在双向连接。网格边缘上的顶点并未连接其所有弹簧，因此顶点 14 有一个包含<9，-1，19，13>的连接向量。

注意：向量的 y 分量为-1，表明此处并无弹簧。

至于各个连接向量，我们存储所连接顶点的索引或指示不存在连接的-1。通过在各连接向量分量中存储-1，就可以将该顶点固定。无论受到何种力，向量位置均不会被更新。因此，我们可以固定某些顶点的位置，使结构保持原位。如果连接向量的分量均为-1，则只需将与该顶点相关的力设置为零，即可省略更新顶点位置和速度的计算。设置弹簧系统中各节点的位置和速度及连接向量的代码如清单 7.16 所示。

清单 7.16 弹簧质点系统顶点设置

```
vmath::vec4 * initial_positions = new vmath::vec4 [POINTS_TOTAL];
vmath::vec3 * initial_velocities = new vmath::vec3 [POINTS_TOTAL];
vmath::ivec4 * connection_vectors = new vmath::ivec4 [POINTS_TOTAL];

int n = 0;

for (j = 0; j < POINTS_Y; j++)
{
    float fj = (float)j / (float)POINTS_Y;
    for (i = 0; i < POINTS_X;
    {
        float fi = (float)i / (float)POINTS_X;

        initial_positions[n] = vmath::vec4((fi - 0.5f) * (float)POINTS_X,
                                           (fj - 0.5f) * (float)POINTS_Y,
                                           0.6f * sinf(fi) * cosf(fj),
                                           1.0f);
        initial_velocities[n] = vmath::vec3(0.0f);

        connection_vectors[n] = vmath::ivec4(-1);

        if (j != (POINTS_Y - 1))
        {
            if (i != 0)
                connection_vectors[n][0] = n - 1;

            if (j != 0)
                connection_vectors[n][1] = n - POINTS_X;

            if (i != (POINTS_X - 1))
                connection_vectors[n][2] = n + 1;

            if (j != (POINTS_Y - 1))
                connection_vectors[n][3] = n + POINTS_X;
        }
        n++;
    }
}

glGenVertexArrays(2, m_vao);
glGenBuffers(5, m_vbo);

for (i = 0; i < 2; i++)
{
    glBindVertexArray(m_vao[i]);

    glBindBuffer(GL_ARRAY_BUFFER, m_vbo[POSITION_A + i]);
    glBufferData(GL_ARRAY_BUFFER,
                 POINTS_TOTAL * sizeof(vmath::vec4),
                 initial_positions, GL_DYNAMIC_COPY);
```

```
        glVertexAttribPointer(0, 4, GL_FLOAT, GLFALSE, 0, NULL);
        glEnableVertexAttribArray(0);

        glBindBuffer(GL_ARRAY_BUFFER, m_vbo[VELOCITY_A + i]);
        glBufferData(GL_ARRAY_BUFFER,
                     POINTS_TOTAL * sizeof(vmath::vec3),
                     initial_velocities, GL_DYNAMIC_COPY);
        glVertexAttribPointer(1, 3, GL_FLOAT, GL_FALSE, 0, NULL);
        glEnableVertexAttribArray(1);

        glBindBuffer(GL_ARRAY_BUFFER, m_vbo[CONNECTION]);
        glBufferData(GL_ARRAY_BUFFER,
                     POINTS_TOTAL * sizeof(vmath::ivec4),
                     connection_vectors, GL_STATIC_DRAW);
        glVertexAttribIPointer(2, 4, GL_INT, 0, NULL);
        glEnableVertexAttribArray(2);
    }

    delete [] connection_vectors;
    delete [] initial_velocities;
    delete [] initial_positions;

    // Attach the buffers to a pair of TBOs
    glGenTextures(2, m_pos_tbo);
    glBindTexture(GL_TEXTURE_BUFFER, m_pos_tbo[0]);
    glTexBuffer(GL_TEXTURE_BUFFER, GL_RGBA32F, m_vbo[POSITION_A]);
    glBindTexture(GL_TEXTURE_BUFFER, m_pos_tbo[1]);
    glTexBuffer(GL_TEXTURE_BUFFER, GL_RGBA32F, m_vbo[POSITION_B]);
```

为更新系统，我们使用常规顶点属性运行顶点着色器，获取顶点着色器自身的位置和连接向量。然后使用连接向量的各个元素（也是一种常规顶点属性）在 TBO 中检索，查找向量所连接顶点的当前位置。初始化 TBO 的代码如清单 7.16 末尾所示。

对于每个已连接的顶点，着色器可计算到达该顶点的距离，从而计算顶点之间的虚拟弹簧拉伸长度。由此，可计算弹簧所施加的力，计算该顶点质点所产生的加速度并生成下一次迭代所使用的新位置和速度向量。听起来很复杂，但实际很简单这就是牛顿力学和胡克定律。

胡克定律为：

$$F = -kx$$

其中 F 为弹簧所施加的力，k 为弹簧常数（弹簧刚度），x 为弹簧拉伸长度。弹簧拉伸长度是静止长度的相对量。在我们的系统中，弹簧静止长度保持不变，并将该长度存储成统一变量。任意拉伸弹簧即可生成一个 x 正值，任意压缩弹簧即可生成一个 x 负值。弹簧瞬时长度仅指从弹簧一端到另一端的向量长度，即顶点着色器中的计算对象。

通过将线性力 F 与弹簧方向相乘获得力方向。我们引入变量 d，它表示弹簧标准方向：

$$\vec{F} = \vec{d}F$$

从而获得拉伸或压缩弹簧时质点所受到的力。如果我们只是对质点施加该力，则系统会产生振荡，并且因计算不精确最终导致不稳定。所有真实弹簧系统均有摩擦损失，可通过在力方程中加入阻尼进行建模。阻尼力根据以下方程确定：

$$\vec{F}_d = -c\vec{v}$$

其中 c 代表阻尼系数。理想情况下，我们会计算每根弹簧的阻尼力，但是对于这种简单的系统，只需根据质点速度计算单个力即可。此外，我们还使用各时间步长上的初始速度模拟此方程所要求的连续微分。在着色器中，通过计算阻尼力初始化 F ，再将各弹簧对质点所施加的力相加。最后，对系统施加重力时，将其当作向各质点再施加一次力。重力是一个一般向下作用的恒力。我们只需将该重力与质点受到的初始力相加即可：

$$F_{total} = G - \vec{d}kx - c\vec{v}$$

获得合力值后，即可应用牛顿定律。通过牛顿第二定律可计算质点的加速度：

$$F = m\vec{a}$$

$$\vec{a} = \frac{\vec{F}}{m}$$

其中，F 为使用重力、阻尼系数和胡克定律计算的力值；m 为顶点质量（储存在位置属性的 w 分量中）；a 为结果加速度。我们将（从其他属性中获得的）初始速度代入以下运动方程，确定最终速度值和固定时间内的移动距离：

$$\vec{v} = \vec{u} + \vec{a}t$$

$$\vec{s} = \vec{u} + \frac{\vec{a}t^2}{2}$$

其中，u 为初始速度（从速度属性数组中读取），v 为最终速度，t 为时间步长（由应用程序提供），s 为移动距离。请注意，a、u、v 和 s 均为向量。接下来唯一要做的就是写入着色器，并连接到应用程序。清单 7.17 显示了顶点着色器的外观。

清单 7.17　弹簧质点系统顶点着色器

```
#version 450 core

// This input vector contains the vertex position in xyz, and the
// mass of the vertex in w
layout (location = 0) in vec4 position_mass;
// This is the current velocity of the vertex
layout (location = 1) in vec3 velocity;
// This is our connection vector
layout (location = 2) in ivec4 connection;

// This is a TBO that will be bound to the same buffer as the
// position_mass input attribute
layout (binding = 0) uniform samplerBuffer tex_position;

// The outputs of the vertex shader are the same as the inputs
out vec4 tf_position_mass;
out vec3 tf_velocity;

// A uniform to hold the time-step. The application can update this.
uniform float t = 0.07;

// The global spring constant
uniform float k = 7.1;

// Gravity
const vec3 gravity = vec3(0.0, -0.08, 0.0);
```

```
// Global damping constant
uniform float c = 2.8;

// Spring resting length
uniform float rest_length = 0.88;

void main(void)
{
    vec3 p = position_mass.xyz;    // p can be our position
    float m = position_mass.w;     // m is the mass of our vertex
    vec3 u = velocity;             // u is the initial velocity
    vec3 F = gravity * m - c * u;  // F is the force on the mass
    bool fixed_node = true;        // Becomes false when force is applied

    for (int i = 0; i < 4; i++)
    {
        if (connection[i] != -1)
        {
            // q is the position of the other vertex
            vec3 q = texelFetch(tex_position, connection[i]).xyz;
            vec3 d = q - p;
            float x = length(d);
            F += -k * (rest_length - x) * normalize(d);
            fixed_node = false;
        }
    }

    // If this is a fixed node, reset force to zero
    if (fixed_node)
    {
        F = vec3(0.0);
    }

    // Acceleration due to force
    vec3 a = F / m;

    // Displacement
    vec3 s = u * t + 0.5 * a * t * t;

    // Final velocity
    vec3 v = u + a * t;

    // Constrain the absolute value of the displacement per step
    s = clamp(s, vec3(-25.0), vec3(25.0));

    // Write the outputs
    tf_position_mass = vec4(p + s, m);
    tf_velocity = v;
}
```

为执行此着色器，我们迭代了先前置于缓存中的一组顶点。我们需要对位置和速度信息进行双重缓冲，这就意味着在一次传递中，我们要从一组缓存中读取数据再写入另一组缓存，然后交换周围的缓存，使数据在一个缓存与另一个缓存之间来回移动。每次传递的连接信息保持不变，因此应为常量。为此，我们使用先前设置的两个VAO。第一个VAO附加有一组位置和速度属性，并附带通用连接信息。另一个VAO附加有另一组位置和速度属性，并附带相同的通用连接信息。

除 VBO 外，我们还需要两个 TBO。我们将每个缓存同时作为位置 VBO 和 TBO 使用。这虽然看起来很奇怪，但在 OpenGL 中是完全合法的，毕竟我们只是采用两种不同方法从同一缓存中读取数据。为实现此设置，我们创建了两个纹理，将其绑定到 GL_TEXTURE_BUFFER 绑定点并使用 **glTexBuffer()** 将其与缓存连接。当绑定 VAO A 时，也绑定了纹理 A。绑定 VAO B 时，也绑定了纹理 B。这样，相同数据就会同时在位置顶点属性和 tex_position **samplerBuffer** 缓冲纹理中出现。

该设置的代码并不复杂，但重复较多。完整实现可参见本书的网站。示例应用程序包括创建和初始化缓冲、执行双缓存以及结果可视化的代码。应用程序将一些顶点固定，从而防止整个系统掉落到屏幕底部。一旦连接了所有缓存，即可通过单次调用 **glDrawArrays()** 模拟系统中的时间步长。系统中的每个节点均用一个 GL_POINTS 基元表示。如果初始化系统并运行，则可以看到图 7.12 所示的结果。

在每帧图上运行几次物理模拟，每次迭代时，互换 VAO 和 TBO。该迭代循环如清单 7.18 所示。每次循环迭代均更新一次所有节点的位置和速度。在仿真过程中多次迭代而不是单纯扩大系统的时间步长，使得节点的稳定性更高，节点振荡更少，所产生的视觉效果更好。

清单 7.18 弹簧质点系统迭代循环

```
int i;
glUseProgram(m_update_program);

glEnable(GL_RASTERIZER_DISCARD);
for (i = iterations_per_frame; i != 0; --i) {
    glBindVertexArray(m_vao[m_iteration_index & 1]);
    glBindTexture(GL_TEXTURE_BUFFER, m_pos_tbo[m_iteration_index & 1]);
    m_iteration_index++;
    glBindBufferBase(GL_TRANSFORM_FEEDBACK_BUFFER, 0,
                     m_vbo[POSITION_A + (m_iteration_index & 1)]);
    glBindBufferBase(GL_TRANSFORM_FEEDBACK_BUFFER, 1,
                     m_vbo[VELOCITY_A + (m_iteration_index & 1)]);
    glBeginTransformFeedback(GL_POINTS);
    glDrawArrays(GL_POINTS, 0, POINTS_TOTAL);
    glEndTransformFeedback();
}

glDisable(GL_RASTERIZER_DISCARD);
```

迭代期间，我们启用 rasterizer discard，防止数据向变换反馈阶段外的管线传递。完成迭代后立即禁用光栅化程序删除功能，以便将最终系统渲染到屏幕上。充分迭代后，可对系统中的各个点进行任意渲染。只使用一种渲染程序，将系统节点绘制成点，点之间的连接绘制成线。我们的代码如清单 7.19 所示，图像结果如图 7.12 所示。

清单 7.19 弹簧质点系统渲染循环

```
static const GLfloat black[] = { 0.0f, 0.0f, 0.0f, 0.0f };

glViewport(0, 0, info.windowWidth, info.windowHeight);
glClearBufferfv(GL_COLOR, 0, black);

glUseProgram(m_render_program);

if (draw_points)
{
```

```
    glPointSize(4.0f);
    glDrawArrays(GL_POINTS, 0, POINTS_TOTAL);
}

if (draw_lines)
{
    glBindBuffer(GL_ELEMENT_ARRAY_BUFFER, m_index_buffer);
    glDrawElements(GL_LINES, CONNECTIONS_TOTAL * 2,
                   GL_UNSIGNED_INT, NULL);
}
```

图 7.12 所示图片并不特别有趣，但确实证明了模拟是正确运行的。为了提高视觉效果的吸引力，我们可以增大点的尺寸，也可以使用 **glDrawElements()** 和 GL_LINES 基元发布第二个有索引的图，以便可视化显示节点之间的连接。注意，相同顶点位置可用作第二次传递的输入，但我们需要构建另一个缓冲以便与含有弹簧两端顶点索引的 GL_ELEMENT_ARRAY 绑定联合使用。这个附加步骤也通过示例程序执行。图 7.13 所示为最终结果。

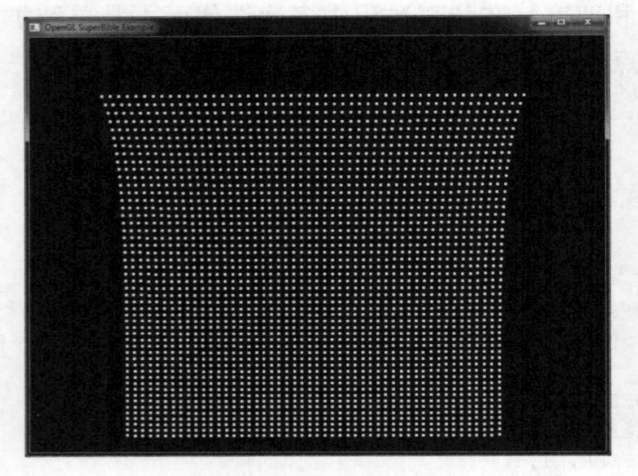

图 7.12　弹簧连接点模拟

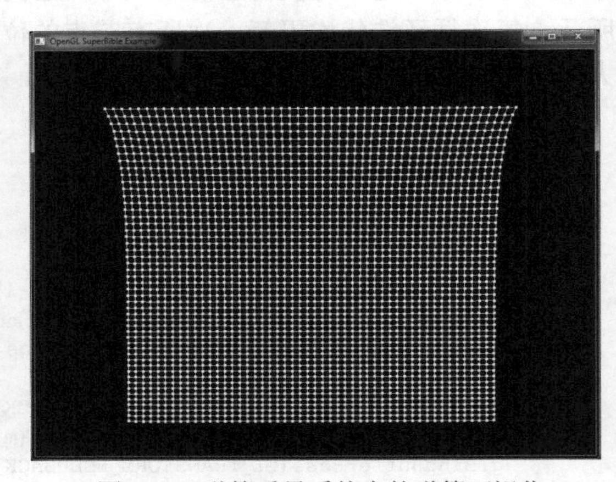

图 7.13　弹簧质量系统中的弹簧可视化

当然，任何对象均可使用物理模拟（以及其所生成的顶点数据）。该系统将为布料提供合理但比较基础的近似模拟。例如，不会处理自身相互作用，而这对于真实布料模拟来说是很重要的。然而，很多微粒以确定方式相互作用的系统均可单纯使用顶点着色器和变换反馈进行建模和模拟。

7.4 裁剪

如第 3 章所述，裁剪是一个确定哪些基元可能部分或完全可见，并从中构建一组完全位于视口内的基元的过程。

对于点来说，裁剪并不重要。如果点坐标位于区域内，则应进行进一步处理；如果位于区域外，则应删除。线裁剪要稍微复杂一点。如果线条两端均位于裁剪体同一平面之外（例如，线条两端的 x 分量均小于**-1.0**），则可以删除该线条。如果线条两端均位于裁剪体内，则可以接受。如果线条一端在裁剪体内或线条两个端点横穿裁剪体，跟应根据裁剪体裁剪线条，使线条缩短到能够完全包含在裁剪体中。为清楚起见，图 7.14 显示了可接受线条、可删除线条以及大幅度裁剪线条的二维图。

在图 7.14 中，线条 A 为可接受线条，因为其两个端点完全位于视口范围（用虚线矩形表示）内。线条 B 为不合格线条，因为其两个端点均在视口的左边缘之外。线条 C 是根据视口上边缘裁剪的线条，线条 D 为根据视口左边缘与下边缘裁剪的线条。这属于大幅度裁剪，可促使顶点在线条上移动以适应视口。线条 E 是一个特例，第一端点在视口右边缘之外，但第二个端点在视口右边缘之内。但是，线条 E 的第二个端点在视口下边缘之外，而第一个端点在视口下边缘之内。OpenGL 仍将删除该线条，但在内部可能会暂时根据视口的一条边或另一条边裁剪线条，然后再确定无可绘制的对象。

有一个问题是，三角形裁剪更为复杂，但解决办法相似。如果三角形的三个顶点均在同一裁剪平面之外，则可删除该三角形；如果三个顶点均在裁剪体范围内，则三角形可接受。如果三角形的一部分在裁剪体范围内，一部分在裁剪体范围外，则必须把三角形裁剪成多个完全处于裁剪体范围内的小三角形。图 7.15 显示了二维流程图，但该过程实际发生在 OpenGL 的三维空间中。

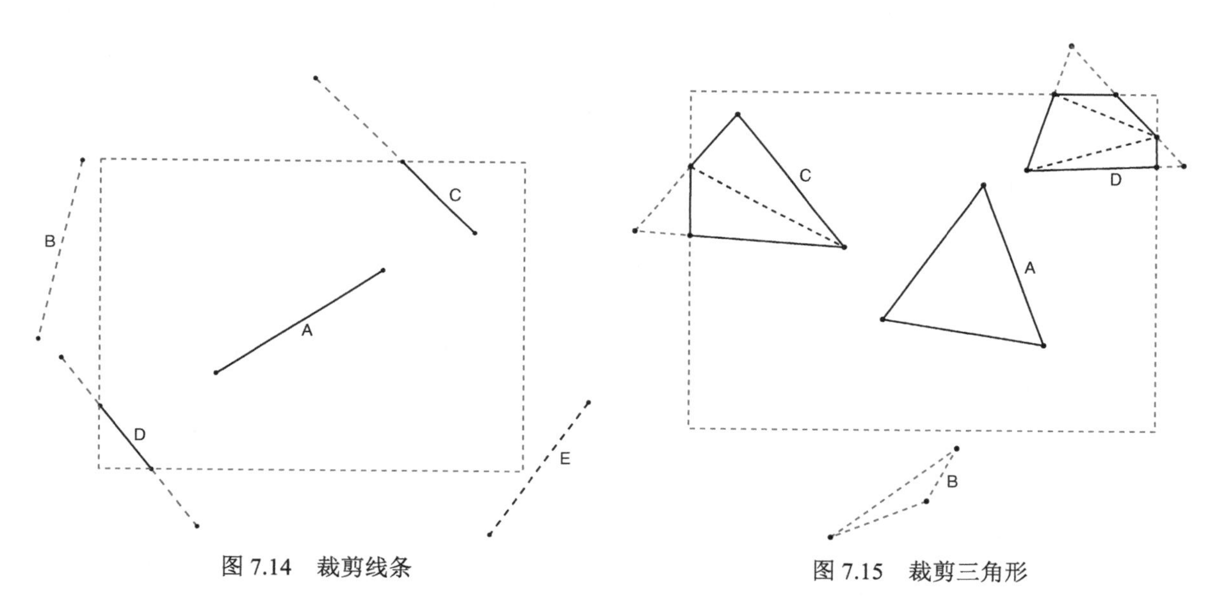

图 7.14 裁剪线条

图 7.15 裁剪三角形

如你所见，图 7.15 中的三角形 A 是可接受三角形，因为它的三个顶点均在视口范围内。三角形 B 可删除，因为它的三个顶点均在视口同一边缘之外。三角形 C 横穿视口左边缘，必须进行裁剪。OpenGL 另外生成一个顶点，将原始三角形拆分成两部分。三角形 D 是根据视口右边缘和上边缘裁剪的三角形。在每条裁剪边上另外生成一个顶点，创建新三角形以填充所生成的多边形。事实上，一般来说，确实如此——对于三角形裁剪的每条边来说，均额外生成了一个顶点和一个三角形。

保护带

如图 7.15 所示，部分可见但根据视口一边或多边裁剪的三角形可在实现基础上分解成多个小三角形。这可能导致以固定速率处理三角形的 GPU 出现性能问题。在某些情况下，可加快这些三角形在裁剪阶段的原样传递，并使光栅化程序舍弃不可见的部分。为实现此结果，有些 GPU 增加了保护带，这是裁剪空间之外的一片区域，甚至允许传递不可见的三角形。保护带示意图如图 7.16 所示。

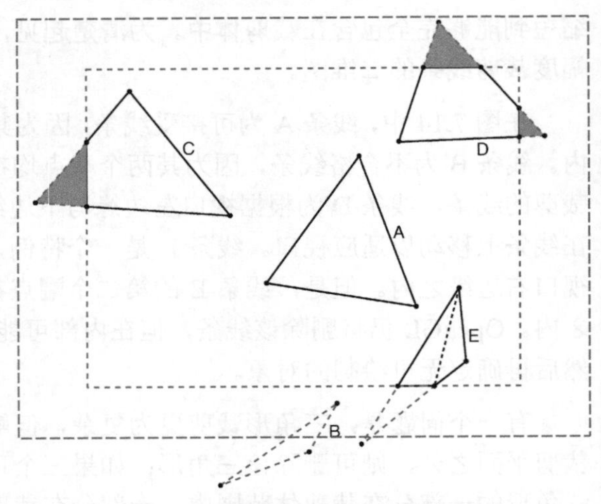

图 7.16 使用保护带裁剪三角形

保护带的存在并不影响可接受或不合格三角形，它们将按之前的方式进行传递或舍弃。然而，根据视口一边或多边裁剪但落在保护带范围内的三角形也视为可接受，不进行拆分。只有根据保护带一边或多边裁剪并进入视口的三角形需要拆分成多个三角形。如图 7.16 所示，我们发现三角形 A 跟之前一样可接受，三角形 B 跟之前一样不合格。然而，三角形 C 和三角形 D 均不再拆分。相反，它们是未经修改直接经裁剪工具传递的，随后在光栅化期间删除阴影区域。只有新引入的三角形 E 被拆分成子三角形用于光栅化处理，因为该三角形根据视口（内部虚线矩形）和保护带（外部虚线矩形）进行裁剪。

在实践中，保护带的宽度（内部虚线矩形与外部虚线矩形之间的间隙）是相当大的——通常至少和视口本身一样大，你需要绘制一些较大的三角形才能同时覆盖这两个区域。虽然这些问题均对程序输出无任何明显影响，但可能影响自身的性能，因此这些信息具有一定意义。

用户定义裁剪

确定点位于平面哪一侧时，可采用的一种方法是计算点与平面之间的有符号距离。获得点与平面之间的有符号距离后，其绝对值确定点与平面之间的距离，其符号确定点位于平面的哪一侧。因此，可以使用该距离符号确定点是否在平面内。OpenGL 可使用或不使用该方法进行视体裁剪，但可以使用该方法实现裁剪算法。

除到六个标准裁剪平面的六个距离构成视截体外，应用程序还可以使用一组可写入顶点或几何着色器的距离。裁剪距离可通过内置变量 gl_ClipDistance[]（一个浮点值数组）写入顶点着色器中。如本章节前文所述，gl_ClipDistance[]是 gl_PerVertex 块的一部分，可以从顶点着色器、曲面细分评估着色器或几何着色器（以最后一个为准）写入。所支持的裁剪距离数量取决于 OpenGL 的实现。这些距离按与内置裁剪距离完全相同的方式解释。如果着色器写入程序想要使用用户定义的裁剪距离，则应用程序应通过调用以下函数启用：

```
glEnable(GL_CLIP_DISTANCE0 + n);
```

此处，n 为待启用的裁剪距离指数。标记 GL_CLIP_DISTANCE1、GL_CLIP_DISTANCE2……直到 GL_CLIP_DISTANCE5 通常定义于标准 OpenGL 头文件。

然而，*n* 的最大值受实现限制，可通过调用 **glGetIntegerv()** 及标记 GL_MAX_CLIP_DISTANCES 获取。使用相同的标记调用 **glDisable()** 可以禁用用户定义的裁剪距离。如果未启用某个特定索引处的用户定义裁剪距离，则忽略该索引处写入 gl_ClipDistance[]的值。

与内置裁剪平面相同，将写入 gl_ClipDistance[]数组的距离符号用于确定顶点是位于用户定义的裁剪体范围内还是范围外。如果三角形各顶点的所有距离符号都为负，则该三角形将被裁剪。如果确定三角形部分可见，则将裁剪距离在三角形上线性插值，确定各像素处的可见性。因此，渲染结果应是顶点着色器所评估的每个顶点距离函数的线性近似。这有助于顶点着色器根据任意一组平面裁剪几何结构（顶点与平面之间的距离可通过简单的点积找到）。

gl_ClipDistance[]可以作为片段着色器的输入。gl_ClipDistance[]任何元素中具有负值的片段将被裁剪掉，且不允许到达片段着色器。然而，gl_ClipDistance[]只有正值的任何片段均通过片段着色器，然后由着色器读取该值并用于任何用途。例如，该功能可用于通过降低透明度值使裁剪距离趋近于零从而使片段渐变消失。由此实现由顶点着色器根据平面进行裁剪的较大基元渐变消失或获得片段着色器的反锯齿补偿，而不是生成一条硬裁剪边。

如果构成基元的所有顶点（点、线或三角形）均根据同一平面裁剪，则删除整个基元。该功能似乎是合理的，在常规多边形网格中可按预期运行。然而，当使用点和线时，你需要谨慎一些。使用点时，可将 gl_PointSize 参数值设置成大于 1.0，使用涵盖多个像素的单一顶点来渲染各点。当 gl_PointSize 较大时，在顶点周围渲染较大点。因此，如果有大点缓慢朝屏幕边缘移动并最终移出屏幕，则大点会在点中心离开视体时突然消失，代表该点的顶点被剪切。同样地，OpenGL 可渲染粗线条。如果所绘线条的顶点在裁剪平面之外，但在其他情况下可见，则不会绘制任何线。如果你不小心，则可能产生新的弹跳伪影。

清单 7.20 举例说明了顶点着色器如何写入两个裁剪距离。对于第一段裁剪距离，我们确定对象空间顶点与由四分量向量 clip_plane 所定义的平面之间的距离。对于第二段距离，我们考虑从各顶点到球面的距离。为此，取从视空间顶点到球心的向量长度，减去球半径（储存在 clip_sphere 的 w 分量中）。

清单 7.20　将对象裁剪成平面与球体

```
#version 450 core

// More uniforms here

// Clip plane
uniform vec4 clip_plane = vec4(1.0, 1.0, 0.0, 0.85);
uniform vec4 clip_sphere = vec4(0.0, 0.0, 0.0, 4.0);

void main(void)
{
    // Lighting code goes here

    // Write clip distances
    gl_ClipDistance[0] = dot(position, clip_plane);
    gl_ClipDistance[1] = length(position.xyz / position.w -
                         clip_sphere.xyz) - clip_sphere.w;

    // Calculate the clip-space position of each vertex
    gl_Position = proj_matrix * P;
}
```

使用清单 7.20 所示的着色器渲染的结果参见图 7.17。

如图 7.17 所示，不仅已根据该平面裁剪龙图像，还围绕球体曲面裁剪了龙图像。当裁剪距离对球体等曲面进行线性插值时，生成的裁剪几何结构应线性逼近该曲线。为获得好的结果，原始几何结构必须详略得当。

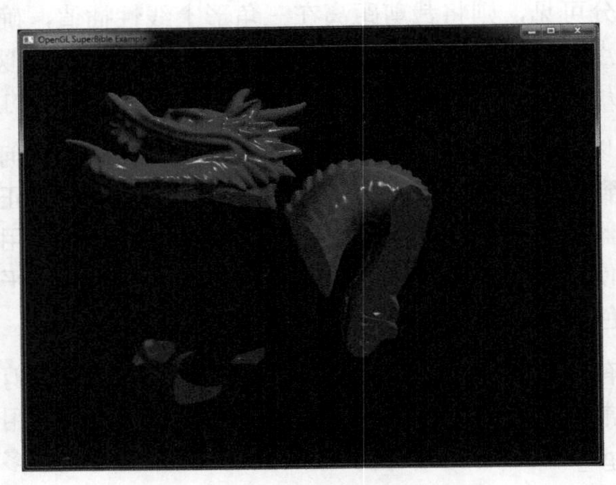

图 7.17 使用用户裁剪距离渲染

除按 gl_ClipDistance[]进行裁剪外，OpenGL 还支持根据这些距离进行剔除。为启用剔除，着色器不是写入 gl_ClipDistance[]，而是写入 gl_CullDistance[]。gl_ClipDistance[]与 gl_CullDistance[]之间的差异在于当顶点的 gl_ClipDistance[]取值为负值时，根据所推测的平面裁剪生成的基元。如果一个基元的某些顶点的 gl_ClipDistance[]取值为正值，一些顶点的取值为负值，则基元应该部分可见。与之相比，如果基本体的任意顶点的 gl_CullDistance[]取值为负值，则应删除（或剔除）整个基元。

7.5 总结

本章节更为详细地介绍了 OpenGL 从提供的缓存中读取顶点数据的机制，以及将输入映射到这些输入的顶点着色器的方式。我们还讨论了顶点着色器的功能及其可写入的内置输出变量。我们已经了解到顶点着色器如何设置其所生成的顶点的最终位置以及如何设置任何可渲染点的尺寸，甚至是如何控制裁剪过程以便根据任何形状裁剪对象。

本章节还介绍了变换反馈，它是 OpenGL 中的一个强大阶段，使顶点着色器可以将任何数据储存到缓存中。我们考虑了 OpenGL 如何根据窗口的可见区域裁剪其所生成的基元，以及基元如何从裁剪空间移动到单一视口和多个视口中。在下一章中，我们将换个角度考虑曲面细分着色器与几何着色器的前端阶段，其运行方式与顶点着色器略有相似，并将利用本章节介绍的知识。

CHAPTER

08

第8章 基元处理

本章内容

- 如何使用曲面细分添加场景的几何细节。
- 如何使用几何着色器处理整个基元和创建动态几何。

在上一章中，你已经了解了 OpenGL 管线，至少已经简要了解了各阶段的各项功能。前面的章节已经详细地介绍了顶点着色器阶段，包括如何形成输入以及输出位置。顶点着色器对发送给 OpenGL 的各个顶点各运行一次并分别生成一组输出。表面上看管线的后续几个阶段与顶点着色器相似，但实际可看作基元处理阶段。首先，是两个曲面细分着色器阶段及其旁边的固定功能型曲面细分单元一起处理面片。接下来，几何着色器处理整个基元（点、线和三角形）并为每个基元运行一次。本章将介绍曲面细分和几何着色，探讨一些尚未解锁的 OpenGL 功能。

8.1 曲面细分

如第 3 章 3.3 节所述，细分曲面是一个在渲染前先将大基元（简称为面片）分解成多个小基元的过程。虽然曲面细分有多种用途，但是最常见的应用是为低保真网格添加几何细节。在 OpenGL 中，使用管线的 3 个不同阶段——曲面细分控制着色器（TCS）、固定功能型曲面细分引擎以及曲面细分评估着色器（TES）生成细分曲面。从逻辑上看，这 3 个阶段位于顶点着色器和几何着色器阶段之间。当细分曲面处于激活状态时，顶点输入数据先由顶点着色器按常规方法处理，再分组传递到曲面细分控制着色器。

曲面细分控制着色器每次可在最多含 32 个顶点的顶点组[1]上运行，其中该顶点组统称为面片。在曲面细分背景下，输入顶点通常简称为控制点。曲面细分控制着色器负责生成 3 项数据：

- 单个面片的内外曲面细分因子；

1 OpenGL 说明书规定每个面片应包含的最小顶点数为 32。然而，上限并非固定值，可通过检索 GLMAX_PATCH_VERTICES 的数值进行确定。

- 单个输出控制点的位置和其他属性；
- 单个面片的用户定义的变量。

将曲面细分因子发送到固定功能型曲面细分引擎上，该引擎会使用这些因子确定如何将面片拆分成小基元。除这些曲面细分因子外，曲面细分控制着色器的输出也是一个新面片（即一个新的顶点集合），会在曲面细分引擎细分面片后传递到曲面细分评估着色器。如果某些数据在所有输出顶点（如面片颜色）之间共享，则可将该数据按面片进行标记。当运行固定功能型曲面细分单元时，会在经曲面细分因子和曲面细分模式确定的面片上生成一组间隔排列的新顶点，细分模式是使用曲面细分评估着色器中的布局声明设置的。OpenGL 生成的唯一一个曲面细分评估着色器输入为指示顶点在面片上的所处位置的一组坐标。当曲面细分单元正在生成三角形时，这些坐标成为重心坐标。当曲面细分引擎正在生成线条或三角形时，这些坐标只是一对指示顶点相对位置的归一化值。该数据存储在 gl_TessCoord 输入变量中。图 8.1 所示为设置过程。

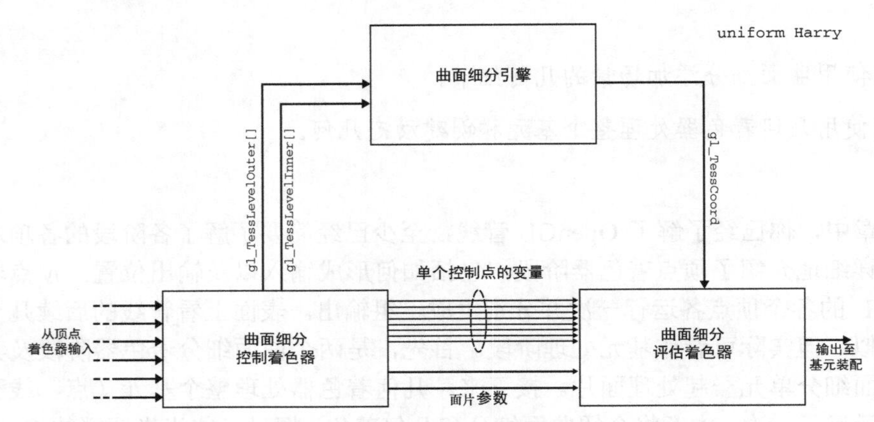

图 8.1　OpenGL 曲面细分示意图

8.1.1　曲面细分基元模式

曲面细分模式用于确定 OpenGL 是如何在传递给光栅化前将面片拆分成基元的。该模式是使用曲面细分评估着色器中的输入布局限定符设置的，可以是**四视图、三角形**或**等值线**。该基元模式不仅控制曲面细分单元所生成的基元形式，还限定 gl_TessCoord 输入变量在曲面细分评估着色器中的解释。

使用四视图的曲面细分

当所选曲面细分模式设置为四视图时，曲面细分引擎将生成一个四边形（或四视图）并将其拆分成一组三角形。gl_TessLevelInner[] 数组的两个元素应由曲面细分控制着色器写入并控制应用于四视图内最内层区域的曲面细分等级。第一个元素设置水平（u）方向应用的曲面细分，第二个元素设置垂直（v）方向应用的曲面细分。不仅如此，gl_TessLevelOuter[] 数组的四个元素都应由曲面细分控制着色器写入并用于确定应用于四视图外边缘的曲面细分等级。其示意图如图 8.2 所示。

对四视图进行曲面细分时，曲面细分引擎在四视图内的归一化二维区域内生成顶点。存储在发送给曲面细分评估着色器的 gl_TessCoord 输入变量中的数值是一个包含四视图顶点的归一化坐标的二维向量（即，只有 gl_TessCoord 的 *x* 和 y 分量有效）。曲面细分评估着色器可使用这些坐标从曲面细分控制着色器所传递的输入中生成其输出。tessmodes 示例应用程序所生成的四视图曲面细分示例如图 8.3 所示。

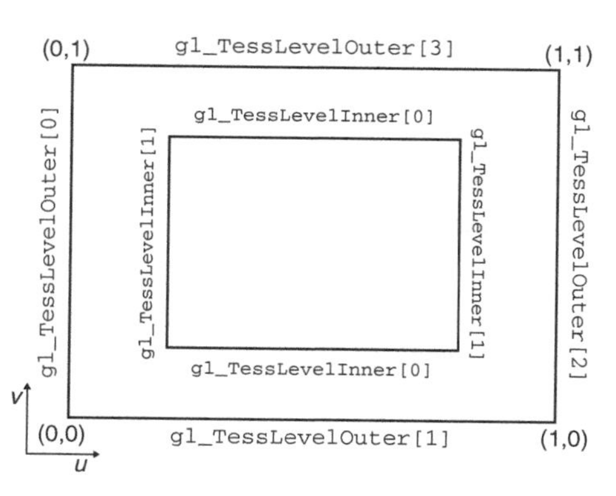

图 8.2 四视图曲面细分的曲面细分因子

在图 8.3 中，*u* 和 *v* 方向上的内部曲面细分因子分别设置为 9.0 和 7.0。*u* 和 *v* 方向上的外部曲面细分因子分别设置为 3.0 和 5.0。此操作通过使用清单 8.1 所示的非常简单的曲面细分控制着色器完成。

清单 8.1 四视图曲面细分控制着色器的简单示例

```
#version 450 core

layout (vertices = 4) out;

void main(void)
{
    if (gl_InvocationID == 0)
    {
        gl_TessLevelInner[0] = 9.0;
        gl_TessLevelInner[1] = 7.0;
        gl_TessLevelOuter[0] = 3.0;
        gl_TessLevelOuter[1] = 5.0;
        gl_TessLevelOuter[2] = 3.0;
        gl_TessLevelOuter[3] = 5.0;
    }

    gl_out[gl_InvocationID].gl_Position =
        gl_in[gl_InvocationID].gl_Position;
}
```

按这种方式设置曲面细分因子的结果见图 8.3。如果仔细观察，会发现沿着水平外边缘有 5 个分段，沿着垂直外边缘有 3 个分段。在内部，可以看到沿着水平轴方向有 9 个分段，沿着垂直轴方向有 7 个分段。

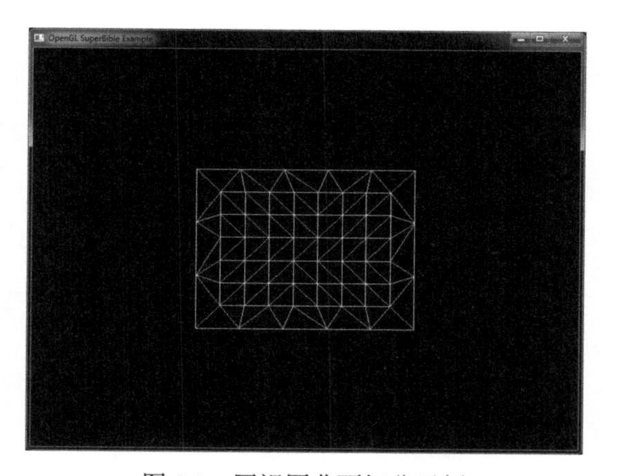

图 8.3 四视图曲面细分示例

生成图 8.3 的曲面细分评估着色器见清单 8.2。注意，曲面细分模式是使用曲面细分评估着色器前面范围内的**四视图**输入布局限定符设置的。然后，着色器使用 gl_TessCoordinate 的 *x* 和 *y* 分量来执行其自身的顶点位置插值。在这种情况下，gl_in[] 数组的长度为 4 个元素（如清单 8.1 中的控制着色器所示）。

清单 8.2　四视图曲面细分评估着色器的简单示例

```
#version 450 core

layout (quads) in;

void main(void)
{
    // Interpolate along bottom edge using x component of the
    // tessellation coordinate
    vec4 p1 = mix(gl_in[0].gl_Position,
                  gl_in[1].gl_Position,
                  gl_TessCoord.x);
    // Interpolate along top edge using x component of the
    // tessellation coordinate
    vec4 p2 = mix(gl_in[2].gl_Position,
                  gl_in[3].gl_Position,
                  gl_TessCoord.x);
    // Now interpolate those two results using the y component
    // of tessellation coordinate
    gl_Position = mix(p1, p2, gl_TessCoord.y);
}
```

使用三角形的曲面细分

当曲面细分模式设置成三角形（也是使用曲面细分控制着色器内的输入布局限定符）时，曲面细分引擎生成一个三角形，这个三角形随后会被分解成多个小三角形。只使用gl_TessLevelInner[]数组的第一个元素，该级别应用于曲面细分三角形的整个内部区域。gl_TessLevelOuter[]数组的前三个元素用于设置三角形三条边的曲面细分因子。其示意图见图 8.4。

当曲面细分引擎生成曲面细分三角形的对应顶点时，各顶点被分配至一个称为重心坐标的三维坐标中。重心坐标的 3 个分量可用于形成代表三角形顶角的 3 个输入的加权和，并得到该三角形的一个线性插值。三角形曲面细分示例如图 8.5 所示。

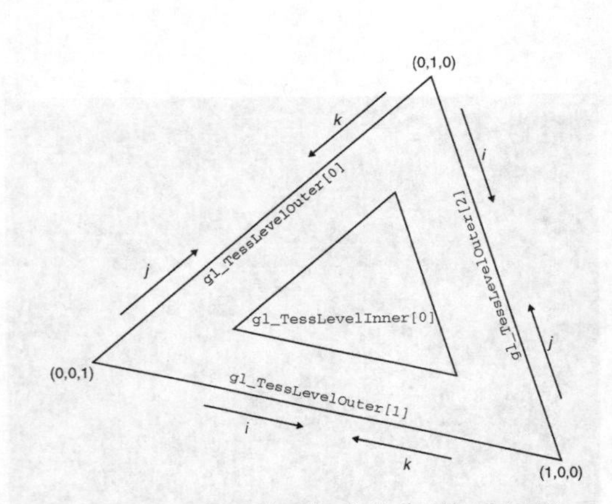

图 8.4　三角形曲面细分的曲面细分因子

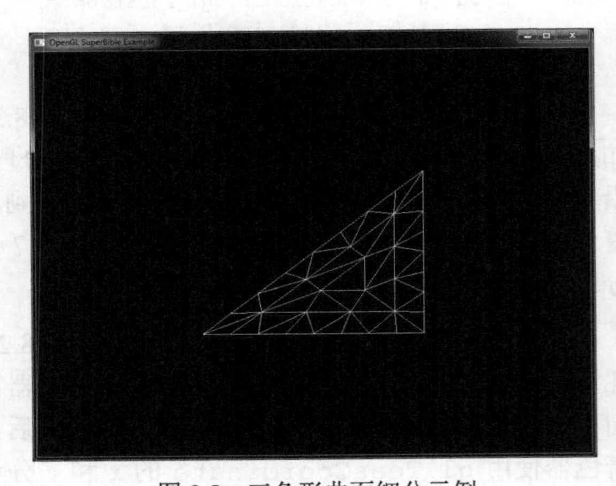

图 8.5　三角形曲面细分示例

生成图 8.5 时所使用的曲面细分控制着色器见清单 8.3。注意该清单与清单 8.1 非常相似，即该清单所做的只是是将常量写入内外曲面细分等级并通过控制点位置原样传递。

清单 8.3 三角形曲面细分控制着色器的简单示例

```
#version 450 core

layout (vertices = 3) out;

void main(void)
{
    if (gl_InvocationID == 0)
    {
        gl_TessLevelInner[0] = 5.0;
        gl_TessLevelOuter[0] = 8.0;
        gl_TessLevelOuter[1] = 8.0;
        gl_TessLevelOuter[2] = 8.0;
    }

    gl_out[gl_InvocationID].gl_Position =
        gl_in[gl_InvocationID].gl_Position;
}
```

清单 8.3 将内部曲面细分等级设置为 5.0，3 个外部曲面细分等级设置为 8.0。再次仔细观察图 8.5，你会发现曲面细分三角形的每个外边缘均有 8 个分段，而每个内边缘均有 5 个分段。生成图 8.5 的曲面细分评估着色器见清单 8.4。

清单 8.4 三角形曲面细分评估着色器的简单示例

```
#version 450 core

layout (triangles) in;

void main(void)
{
    gl_Position = (gl_TessCoord.x * gl_in[0].gl_Position) +
                  (gl_TessCoord.y * gl_in[1].gl_Position) +
                  (gl_TessCoord.z * gl_in[2].gl_Position);
}
```

此外，为创建曲面细分引擎所生成的各个顶点的位置，我们只计算了输入顶点的加权和。这次同时使用了 gl_TessCoord 的 3 个分量，代表构成最外层曲面细分三角形的 3 个顶点的相对权重。当然，我们可以使用重心坐标、曲面细分控制着色器输入和评估着色器内可访问的任何其他数据做任何想要做的事。

使用等值线的曲面细分

等值线曲面细分是曲面细分引擎模式中的一种，它不生成三角形，而是沿着曲面细分域内 v 坐标相等的线条生成实线基元。每条线均沿着 u 方向被拆分成多条线段。存储在 gl_TessLevelOuter[] 的前两个分量中的两个外部曲面细分因子分别用于确定线条数量以及每条线上的线段数量，内部曲面细分因子（gl_TessLevelInner[]）则不再使用。其示意图见图 8.6。

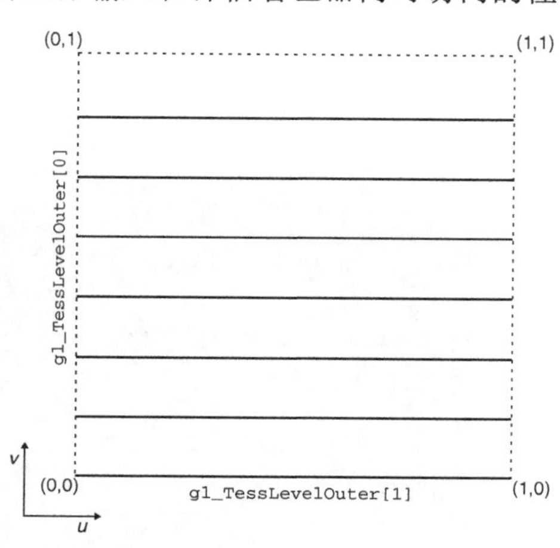

图 8.6 等值线曲面细分的曲面细分因子

清单 8.5 所示的曲面细分控制着色器将两个外部曲面细分等级均设置为 5.0，但不写入内部曲面细分等级。对应的曲面细分评估着色器如清单 8.6 所示。

清单 8.5 等值线曲面细分控制着色器的简单示例

```
#version 450 core

layout (vertices = 4) out;

void main(void)
{
    if (gl_InvocationID == 0)
    {
        gl_TessLevelOuter[0] = 5.0;
        gl_TessLevelOuter[1] = 5.0;
    }

    gl_out[gl_InvocationID].gl_Position =
        gl_in[gl_InvocationID].gl_Position;
}
```

注意，除输入基元模式设置成等值线外，清单 8.6 与清单 8.2 几乎相同。

清单 8.6 等值线曲面细分评估着色器的简单示例

```
#version 450 core

layout (isolines) in;

void main(void)
{
    // Interpolate along bottom edge using the x component of the
    // tessellation coordinate
    vec4 p1 = mix(gl_in[0].gl_Position,
                  gl_in[1].gl_Position,
                  gl_TessCoord.x);
    // Interpolate along top edge using the x component of the
    // tessellation coordinate
    vec4 p2 = mix(gl_in[2].gl_Position,
                  gl_in[3].gl_Position,
                  gl_TessCoord.x);
    // Now interpolate those two results using the y component
    // of the tessellation coordinate
    gl_Position = mix(p1, p2, gl_TessCoord.y);
}
```

非常简单的等值线曲面细分示例的结果如图 8.7 所示。

图 8.7 看起来并不那么有趣。也很难看出每条水平线条实际由几条线段组成。然而，如果将曲面细分评估着色器换成清单 8.7 所示着色器，则可以生成图 8.8 所示的图像。

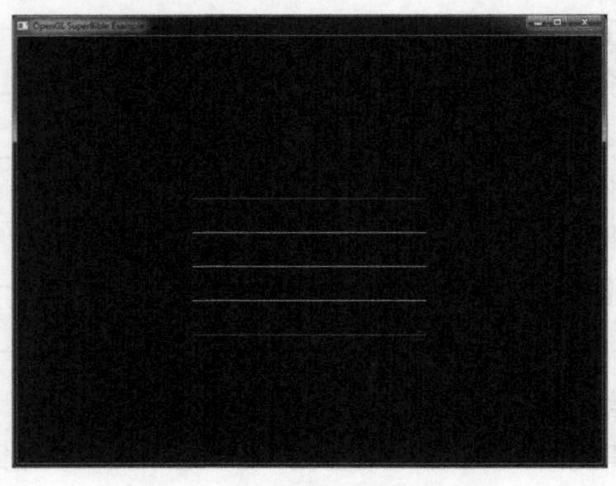

图 8.7 等值线曲面细分示例

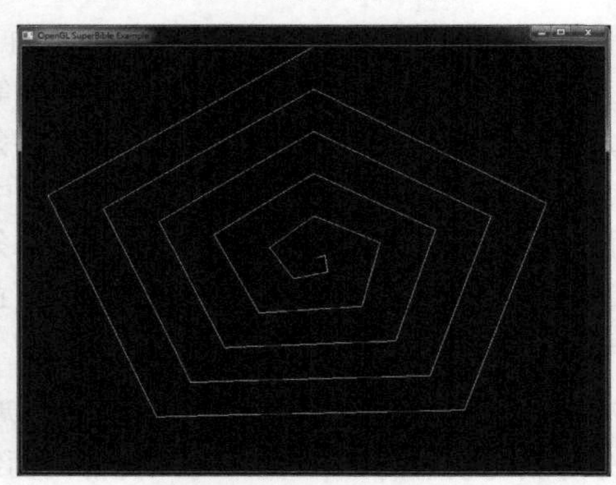

图 8.8 曲面细分等值螺线示例

清单 8.7 等值螺线曲面细分评估着色器

```
#version 450 core

layout (isolines) in;

void main(void)
{
    float r = (gl_TessCoord.y + gl_TessCoord.x / gl_TessLevelOuter[0]);
    float t = gl_TessCoord.x * 2.0 * 3.14159;
    gl_Position = vec4(sin(t) * r, cos(t) * r, 0.5, 1.0);
}
```

清单 8.7 中的着色器将输入曲面细分坐标转化成极坐标形式，半径 r 在 0～1 之间平滑延伸，角度 t 为形成等值线单次旋转的曲面细分坐标的 x 分量缩放值。通过这种方式可创建图 8.8 所示的螺旋模式，其中各线段是清晰可见的。

曲面细分点模式

除使用三角形或线条渲染曲面细分面片外，还可将生成的顶点按照独立点进行渲染。这种所谓的点模式与其他任何曲面细分模式相同，可使用曲面细分评估着色器中的 point_mode 输入布局限定符启用。

当指定使用该点模式时，产生的基元为点。然而，这种方法与使用**四视图、三角形**或**等值线**布局限定符稍有交叉。这意味着除其他任何一种布局限定符外，还应指定 point_mode。**四边形、三角形**或**等值线**仍然负责生成 gl_TessCoord 和解读内外曲面细分等级。例如，如果曲面细分模式为**四边形**，则 gl_TessCoord 为二维向量；而当曲面细分模式为**三角形**时，该参数为三维重心坐标。同理，如果曲面细分模式为**等值线**，则仅使用外部曲面细分等级；如果为**三角形**或**四视图**，则还要使用内部曲面细分等级。

图 8.9 所示为使用接近原图的点模式渲染图 8.5 后的一个版本。为生成右侧图像，我们只更改了清单 8.4 中的输入布局限定符以便读取：

```
layout (triangles, point_mode) in;
```

图 8.9 使用点模式的曲面细分三角形

如你所见，图 8.9 中两侧的顶点布局是相同的。然而，在右侧图像上，各顶点是按照单个点渲染的。

8.1.2 曲面细分子分段模式

曲面细分引擎的工作机制是先生成一个三角形或四视图基元，再将图形边缘按曲面细分控制着色器生成的内外部曲面细分因子分成多个分段。然后，将所生成的顶点按点、线或三角形进行分组，并发送它们以进行进一步处理。

除指定曲面细分引擎所生成的基元类型外，还可以在一定程度上控制引擎对已生成基元的边缘的分段方式。

默认情况下，曲面细分引擎会将每个边等分成几个部分，分段数量通过相应的曲面细分因子设定。这叫作 equal_spacing 模式。虽然它是默认模式，但是可以通过在曲面细分评估着色器中添加以下布局限定符将其设置为直接模式。

```
layout (equal_spacing) in;
```

等间距模式也许是最容易理解的模式：只需将曲面细分因子设置为想要将每条边上的面片基元拆分成的段数，然后由曲面细分引擎完成剩余的操作。虽然看起来比较简单，但是等间距模式也存在一个明显的缺点：当改变曲面细分因子时，通常会向上舍入到最接近的整数，随着曲面细分因子的变化，会产生从一个级别到下一个级别的可见跳变。其他两种模式 fractional_even_spacing 和 fractional_odd_spacing 通过允许分段长度不等来缓解这个问题。这些模式包括 fractional_even_spacing 和 fractional_odd_spacing，可以通过使用以下输入布局限定符设置上述模式：

```
layout (fractional_even_spacing) in;
// or
layout (fractional_odd_spacing) in;
```

在分段式偶数间距模式中，曲面细分因子向下舍入到最接近的偶数，然后按照该偶数对边缘进行分段。在分段式奇数间距模式中，曲面细分因子向下舍入到最接近的奇数，然后按照该奇数对边缘进行分段。当然，两种方案都会剩余一小段长度与其他分段不相等。将最后一段等分成两段，从而形成分数式分段。

图 8.10 中的左图、中图和右图分别显示了同一个三角形在 equal_spacing 模式、fractional_even_spacing 模式和 fractional_odd_spacing 模式下的曲面细分情况。在图 8.10 所示的 3 张图像中，内外部曲面细分因子都设置为 5.3。

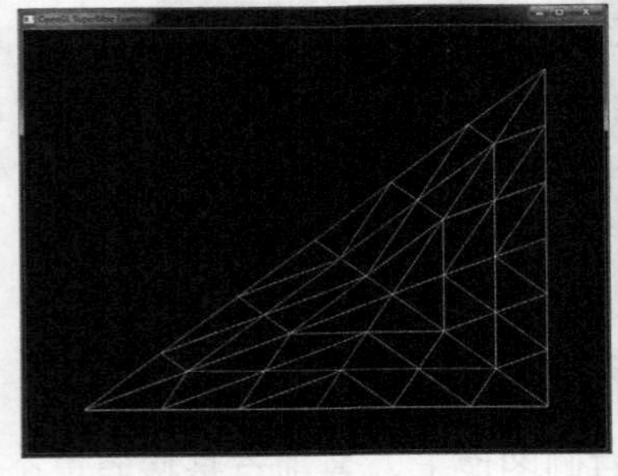
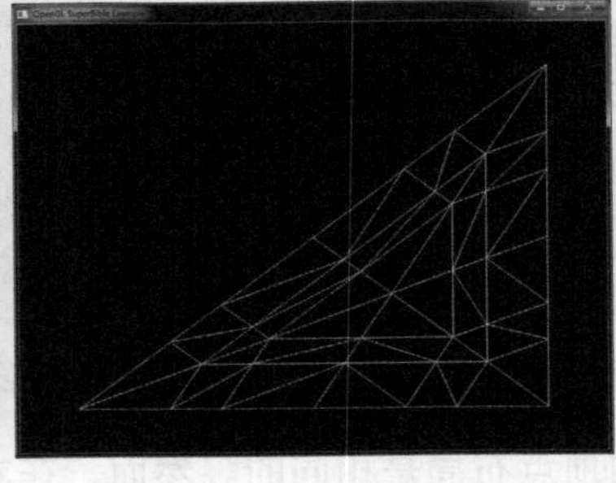
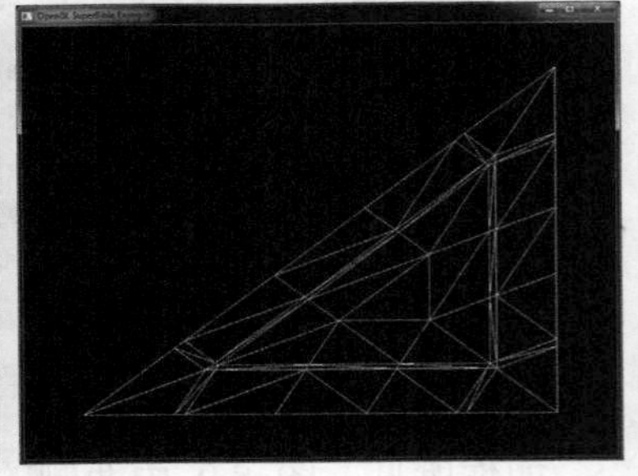

图 8.10 使用不同细分模式的曲面细分

在左侧图所示的 equal_spacing 模式中，可以发现三角形每条外边沿线的分段数量为 6，即 5.3 之后最接近的整数。在中间图所示的 fractional_even_spacing 模式中，有 4 个等长分段（4 是最接近 5.3 的较小偶数整数）和另外两个更小的分段。最后，在右侧图所示的 ractional_odd_spacing 模式中，有 5 个等长分段（5 是最接近 5.3 的较小奇数整数）和剩余两段非常短的分段。

如果通过使用统一变量设置成直接上下翻动或通过曲面细分控制着色器计算设置曲面细分等级的动画效果，则等长分段和两个填充分段的长度应平滑动态改变。选择 fractional_even_spacing 还是 fractional_odd_spacing 实际取决于哪一个在应用程序中的显示效果更好，两者相互之间并没有显著区别。然而，除非需要保证曲面细分边将具有等长分段，并且如果曲面细分等级发生改变时能够忍受跳变，否则 fractional_even_spacing 或 fractional_odd_spacing 在任何动态应用程序中的显示效果通常要优于 equal_spacing。

控制环绕顺序

在第 3 章中，我们介绍了剔除并解释基元的环绕顺序如何影响 OpenGL 的渲染方式。一般来说，基元的环绕顺序由应用程序向 OpenGL 提供顶点的顺序决定。但是，当曲面细分处于激活状态时，OpenGL 会为你生成所有顶点和连接信息。为了能够控制所产生的基元的环绕顺序，可以指定按顺时针还是逆时针顺序生成顶点。同样，这也是使用曲面细分评估着色器中的输入布局限定符设置的。使用以下布局限定符指定顺时针环绕顺序：

```
layout (cw) in;
```

要指定曲面细分引擎所生成的基元环绕顺序是逆时针，需要添加此限定符：

```
layout (ccw) in;
```

cw 和 ccw 布局限定符可结合曲面细分控制着色器中规定的其他输入布局限定符使用。默认情况下，环绕顺序是逆时针的，因此在必要时可以忽略此布局限定符。而且，不言而喻的是，环绕顺序仅适用于三角形。如果应用程序生成的是等值线或点，则可以忽略环绕顺序，着色器仍然能够添加环绕顺序布局限定符，但是不会使用。

8.1.3　数据在曲面细分着色器之间的传递

在上一小节中，我们已经探讨了如何设置四视图、三角形和点基元模式下的内外部曲面细分等级。然而，图 8.3～图 8.8 中的图像并不特别有趣，部分原因是除计算所生成的顶点位置和将所生成的基元设置成纯白色外，我们并未做其他任何事情。事实上，通过使用 **glPolygonMode()** 函数将多边形模式设置成 GL_LINE，我们已经使用线条渲染所有图像。为增添趣味性，需要通过管线传递更多数据。

运行曲面细分控制着色器前，各顶点分别代表一个控制点；顶点着色器对每个输入控制点运行一次并生成法向量输出。然后将顶点（或控制点）聚集到一起，一同传递到曲面细分控制着色器。曲面细分控制着色器将处理这组控制点，并生成一组新的控制点，其元素数量可能与原组相同，也可能不相同。曲面细分控制着色器实际对输出组中的每个控制点运行一次，但每次调用曲面细分控制着色器均可访问所有输入控制点。因此，曲面细分控制着色器的输入和输出都用数组表示。输入数组的尺寸根据每个面片中的控制点数量确定，通过调用以下函数设置：

```
glPatchParameteri(GL_PATCH_VERTICES, n);
```

此处，n 表示每个面片的顶点数量。默认情况下，每个面片的顶点数量为 3。曲面细分控制着色器中的输入数组尺寸通过此参数设置，其内容来自于顶点着色器。内置变量 gl_in[] 始终可用，并声明为 gl_PerVertex 结构的一个数组。该结构是内置输出被写入顶点着色器后的存放位置。顶点着色器的其他所有输出也将成为曲面细分控制着色器的数组。特别是，如果你在顶点着色器中使用输出块，则该输出块的实例将成为曲面细分控制着色器的实例数组。因此，例如：

```
out VS_OUT
{
    vec4        foo;
    vec3        bar;
    int         baz
} vs_out;
```

在曲面细分评估着色器中变成：

```
in VS_OUT
{
    vec4        foo;
    vec3        bar;
    int         baz;
} tcs_in[];
```

曲面细分控制着色器的输出也是数组，但其尺寸通过着色器前方的顶点输出布局限定符设置。通常将输入和输出顶点计数设置成相同数值（如本小节之前的示例所示），然后将输入直接通过曲面细分控制着色器传递给输出。然而，我们不需要使用这种方法，并且曲面细分控制着色器中的输出数组尺寸受到 GL_MAX_PATCH_VERTICES 常数值的限制。

曲面细分控制着色器的输出为数组，因此曲面细分评估着色器的输入也是尺寸相似的数组。曲面细分评估着色器对每个生成的顶点运行一次，并且与曲面细分控制着色器一样，可以访问面片中所有顶点的所有数据。

除以数组形式将各顶点的数据从曲面细分控制着色器传递到曲面细分评估着色器外，还可以在整个面片上直接传递各恒定阶段之间数据。要实现这种操作，只需在曲面细分控制着色器中声明输出变量，并使用 Patch 关键字在曲面细分评估着色器中声明相应输入即可。在这种情况下，不必将变量声明为数组（虽然可以将数组作为符合 Patch 要求的变量随意使用），因为每个面片只有一个实例。

无曲面细分控制着色器的渲染

曲面细分控制着色器的目的是为了执行任务，例如计算曲面细分评估着色器的单个面片输入值，以及计算固定功能型曲面细分单元会使用的内外曲面细分等级。然而，在某些简单应用中，并无曲面细分评估着色器的单面片输入，曲面细分控制着色器只在曲面细分等级中写入常量。在这种情况下，可以设置一个包含曲面细分评估着色器但不包含曲面细分控制着色器的程序。

当不存在曲面细分控制着色器时，所有内外部曲面细分等级的默认值为 1.0。可通过调用 **glPatchParameterfv()** 更改此设置，其原型为

```
void glPatchParameterfv(GLenum pname,
                        const GLfloat * values);
```

如果 pname 为 GL_PATCH_DEFAULT_INNER_LEVEL，则数值应指向一个由两个浮点值组成的数组，在无曲面细分控制着色器时将用作新的默认内部曲面细分等级。同样的，如果 pname 为 GL_PATCH_DEFAULT_OUTER_LEVEL，则数值应指向一个由 4 个浮点值组成的数组，用作新的默认外部曲面细分等级。

如果当前管线中不包含曲面细分控制着色器，则在 pname 参数设置成 GL_PATCH_VERTICES 时，提供给曲面细分评估着色器的控制点数量与 **glPatchParameteri()** 所设置的单面片控制点数量相同。在这种情况下，曲面细分评估着色器的输入直接来自于顶点着色器。也就是说，曲面细分评估着色器的输入是一个由生成该面片的顶点着色器调用的输出所组成的数组。

8.1.4 着色器调用通信

虽然曲面细分控制着色器输出变量的首要目标是向曲面细分评估着色器传递数据，但还有一个次要目标，即在控制着色器调用之间交换数据。正如你所见，曲面细分控制着色器对面片中的每个输出控制点运行一次调用。因此，曲面细分控制着色器中的每个输出变量均是数组，其长度等于输出面片中的控制点数量。一般来说，每次曲面细分控制着色器调用将负责写入该数组的一个元素。

可能不太明显的是曲面细分控制着色器实际可以读取其输出变量，包括可能由其他调用写入的变量！这样曲面细分控制着色器设计是为了能够并行运行调用。然而，并无顺序保证控制这些着色器对代码的实际执行方式。因此，当读取另一次调用的输出变量时，将无法分辨这次调用是否已实际写入数据。

为解决这种缺乏可见性的问题，GLSL 添加了 barrier()函数。这就是所谓的流控制屏障，因为它规定了多次着色器调用的相对执行顺序。barrier()函数用于计算着色器时可以发挥很大作用，稍后我们将讨论它。然而，它在曲面细分控制着色器以有限的形式提供，存在诸多限制条件。尤其是，在曲面细分控制着色器中，barrier()只能直接从 main()函数内部调用，无法进入任何控制流结构（例如 **if**、**else**、**while**, 或 **switch**）。

调用 barrier()时，曲面细分控制着色器停止调用，并等待同一面片内的其他所有调用同步。在其他所有调用未达到同步时不会恢复执行。因此，如果在曲面细分控制着色器中写入一个输出变量并调用 barrier()，则可以确保在 barrier()返回时其他所有调用已完成相同操作，意味着可安全读取其他调用的输出变量。

8.1.5 曲面细分示例：地形渲染

为演示曲面细分的潜在用途，我们将介绍一个基于四边形面片和位移映射的简单地形渲染系统。该示例的代码包含在 dispmap 示例中。位移图是一种包含各个位置的表面位移的纹理。

每个面片代表一小片根据屏幕区域进行曲面细分的景观。每个曲面细分顶点均沿着表面切线方向移动位移图上所存储的距离。这将向曲面增添几何细节，而无须直接存储各个曲面细分顶点的位置。但是，只有其他平面景观的位移存储在位移图中，并在运行曲面细分评估着色器时应用。本示例中所使用的位移图（也叫作高度图）如图 8.11 所示。

图 8.11 地形示例中使用的位移图

第一步是设置一个简单的顶点着色器。由于每个面片实际就是一个四边形，我们可以在着色器中用一个常量表示四个顶点而不是为其设置顶点数组。完整的着色器如清单 8.8 所示。着色器使用实例数量（存储在 gl_InstanceID 中）计算面片的偏移量——即 *x-z* 平面内以原点为中心的一个单位正方形。在此应用程序中，我们将渲染一个包含 64 x 64 个面片的网格，因此面片的 *x* 和 *y* 偏移量通过 gl_InstanceID 模数取 64 和 gl_InstanceID 除以 64 计算。顶点着色器还计算面片的纹理坐标，并经 vs_out.tc 传递到曲面细分控制着色器。

清单 8.8 地形渲染的顶点着色器

```
#version 450 core

out VS_OUT
{
    vec2 tc;
} vs_out;

void main(void)
{
    const vec4 vertices[] = vec4[](vec4(-0.5, 0.0, -0.5, 1.0),
                                   vec4( 0.5, 0.0, -0.5, 1.0),
                                   vec4(-0.5, 0.0,  0.5, 1.0),
                                   vec4( 0.5, 0.0,  0.5, 1.0));

    int x = gl_InstanceID & 63;
    int y = gl_InstanceID >> 6;
    vec2 offs = vec2(x, y);

    vs_out.tc = (vertices[gl_VertexID].xz + offs + vec2(0.5)) / 64.0;
    gl_Position = vertices[gl_VertexID] + vec4(float(x - 32), 0.0,
                                               float(y - 32), 0.0);
}
```

接下来，我们将介绍曲面细分控制着色器。完整的着色器如清单 8.9 所示。在本示例中，大部分渲染算法是在曲面细分控制着色器中实现的，大部分代码仅通过第一次调用执行。一旦通过检查 gl_InvocationID 是否为零确认是第一次调用，则计算整个面片的曲面细分等级。

首先，通过将输入坐标乘以模型-视图-投影矩阵，再将 4 个点分别除以齐次坐标中的.w 分量，将面片顶角投射到进行归一化处理的设备坐标中。

下一步，通过忽略 *z* 分量，将归一化设备空间内的面片四边投射到 *x-y* 平面上，然后计算各条边的长度。然后，着色器使用简单的比例和偏移计算面片每条边的曲面细分等级，即其边长的函数。最后，将内部曲面细分因子设置成根据水平或垂直方向的边长计算的外部曲面细分因子的最小值。

你可能已经注意到清单 8.9 中的一段代码，这段代码用于检查投射控制点的所有 *z* 坐标是否小于零，如果小于零，则将外部曲面细分等级设置为零。这种优化剔除了[1]观察者背后的整个面片。

清单 8.9 地形渲染的曲面细分控制着色器

```
#version 450 core

layout (vertices = 4) out;

in VS_OUT
{
   vec2 tc;
} tcs_in[];

out TCS_OUT
{
    vec2 tc;
} tcs_out[];

uniform mat4 mvp;
void main(void)
{
    if (gl_InvocationID == 0)
    {
        vec4 p0 = mvp * gl_in[0].gl_Position;
        vec4 p1 = mvp * gl_in[1].gl_Position;
        vec4 p2 = mvp * gl_in[2].gl_Position;
        vec4 p3 = mvp * gl_in[3].gl_Position;
        p0 /= p0.w;
        p1 /= p1.w;
        p2 /= p2.w;
        p3 /= p3.w;
        if (p0.z <= 0.0 ||
            p1.z <= 0.0 ||
            p2.z <= 0.0 ||
            p3.z <= 0.0)
        {
             gl_TessLevelOuter[0] = 0.0;
             gl_TessLevelOuter[1] = 0.0;
             gl_TessLevelOuter[2] = 0.0;
             gl_TessLevelOuter[3] = 0.0;
        }
        else
        {
            float l0 = length(p2.xy - p0.xy) * 16.0 + 1.0;
            float l1 = length(p3.xy - p2.xy) * 16.0 + 1.0;
            float l2 = length(p3.xy - p1.xy) * 16.0 + 1.0;
            float l3 = length(p1.xy - p0.xy) * 16.0 + 1.0;
            gl_TessLevelOuter[0] = l0;
            gl_TessLevelOuter[1] = l1;
            gl_TessLevelOuter[2] = l2;
            gl_TessLevelOuter[3] = l3;
            gl_TessLevelInner[0] = min(l1, l3);
            gl_TessLevelInner[1] = min(l0, l2);
```

1 这种优化并不可靠。如果观察者位于一个非常陡峭的悬崖的底部并直接朝上看，则基底面片的 4 个顶角可能位于观察者背后，而贯通面片的悬崖会延伸至观察者的视野内。

```
        }
    }
    gl_out[gl_InvocationID].gl_Position = gl_in[gl_InvocationID].gl_Position;
    tcs_out[gl_InvocationID].tc = tcs_in[gl_InvocationID].tc;
}
```

一旦曲面细分控制着色器计算出面片的曲面细分等级，就立即将其输入复制到输出。它对每个实例执行此操作，并将生成的数据传递到曲面细分评估着色器，如清单 8.10 所示。

清单 8.10　地形渲染的曲面细分评估着色器

```
#version 450 core

layout (quads, fractional_odd_spacing) in;

uniform sampler2D tex_displacement;

uniform mat4 mvp;
uniform float dmap_depth;

in TCS_OUT
{
    vec2 tc;
} tes_in[];

out TES_OUT
{
    vec2 tc;
} tes_out;

void main(void)
{
    vec2 tc1 = mix(tes_in[0].tc, tes_in[1].tc, gl_TessCoord.x);
    vec2 tc2 = mix(tes_in[2].tc, tes_in[3].tc, gl_TessCoord.x);
    vec2 tc = mix(tc2, tc1, gl_TessCoord.y);

    vec4 p1 = mix(gl_in[0].gl_Position,
                  gl_in[1].gl_Position,
                  gl_TessCoord.x);
    vec4 p2 = mix(gl_in[2].gl_Position,
                  gl_in[3].gl_Position,
                  gl_TessCoord.x);
    vec4 p = mix(p2, p1, gl_TessCoord.y);

    p.y += texture(tex_displacement, tc).r * dmap_depth;

    gl_Position = mvp * p;
    tes_out.tc = tc;
}
```

清单 8.10 所示的曲面细分评估着色器首先通过线性插值从清单 8.9 中的曲面细分控制着色器中传递出来的纹理坐标（而该坐标也是由清单 8.8 中的顶点着色器生成的）计算生成顶点的纹理坐标。接下来，它对输入控制点位置应用一个相似的插值，从而生成输出顶点的位置。然而，随后要使用所计算的纹理坐标补偿 y 方向上的顶点，再将结果乘以模型—视图—投影矩阵（曲面细分控制着色器中使用的同一矩阵）。它还将计算出的纹理坐标传递给 tes_out.tc 中的片段着色器。该片段着色器如清单 8.11 所示。

清单 8.11　地形渲染的片段着色器

```
#version 450 core

out vec4 color;

layout (binding = 1) uniform sampler2D tex_color;

in TES_OUT
{
    vec2 tc;
} fs_in;

void main(void)
{
    color = texture(tex_color, fs_in.tc);
}
```

清单 8.11 所示的片段着色器非常简单。该着色器做的只是使用曲面细分评估着色器为其提供的纹理查找片段的颜色。使用该着色器渲染的结果如图 8.12 所示。

如果操作正确，则你应该无法分辨底层几何体已经进行曲面细分。然而，如果仔细观察图 8.13 所示图像的线框版，就可能清楚地看到底层的三角形网格。该程序的目标是为屏幕上渲染的所有三角形提供基本相似的屏幕区域，并且使曲面细分等级在渲染图像中无明显锐变。

图 8.12　使用曲面细分渲染的地形

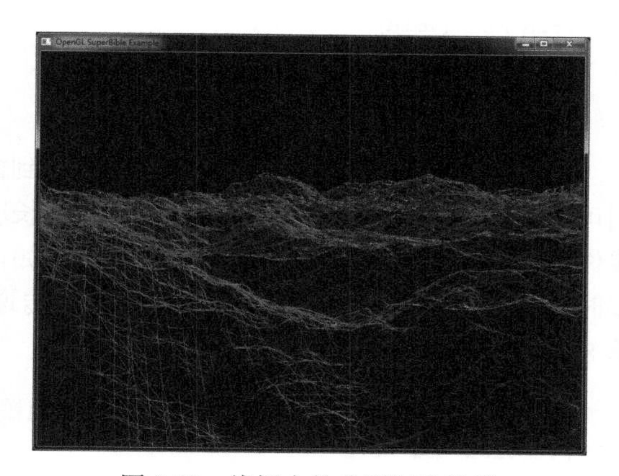

图 8.13　线框中的曲面细分地形

8.1.6　曲面细分示例：三次贝塞尔面片

在位移映射示例中，我们唯一的操作是使用一个（非常大的）纹理创建平面位移，然后使用曲面细分增加场景中的多边形数量。这是针对几何复杂性的一种蛮力的数据驱动方法。在这里描述的三次贝塞尔示例中，我们使用数学方法驱动几何图形，即渲染一个三次贝塞尔面片。相关数学知识可回顾第 4 章。

三次贝塞尔面片是一种高阶曲面，通过控制点[1]界定，为定义表面形状的插值函数提供输入。贝塞尔面片有 16 个控制点，布局为 4 × 4 网格。通常（包括本示例），这些控制点之间的二维间

1 现在，你应该已经明白为什么曲面细分控制着色器要如此命名了。

距是相等的，只有与共享平面之间的距离有差异。然而，并非一定要如此。自由形态的贝塞尔面片是一款非常强大的建模工具，被很多建模软件和设计软件用作原生建模工具。通过 OpenGL 曲面细分可直接渲染这些面片。

渲染贝塞尔面片最简单的方法是将面片每行的 4 个控制点当作一条三次贝塞尔曲线的控制点，如第 4 章所述。如果有 4 × 4 网格的控制点，则有四条曲线；如果将相同的 t 值沿每条曲线插值，则可获得 4 个新的点。我们将这 4 个点作为第二条三次贝塞尔曲线的控制点。将新的 t 值沿第二条曲线插值可获得面片上的第二个点。两个 t 值（我们将其称作 t_0 和 t_1）都是面片的域，经 gl_TessCoord.xy 由曲面细分评估着色器传递给我们。

在本示例中，我们将在视图空间中完成曲面细分。也就是说，在顶点着色器中，我们将通过控制点坐标乘以模型-视图矩阵将面片的控制点转换成视图空间。该顶点着色器如清单 8.12 所示。

清单 8.12　三次贝塞尔面片顶点着色器

```
#version 450 core

in vec4 position;

uniform mat4 mv_matrix;

void main(void)
{
    gl_Position = mv_matrix * position;
}
```

将控制点转换成视图空间后，将其传递到曲面细分控制着色器中。在更高级的算法[1]中，我们可以将控制点投射到屏幕空间，确定曲线长度并适当设置曲面细分因子。然而，在本示例中，我们将勉强接受一个固定的曲面细分因子。如前文示例所示，我们只在 gl_InvocationID 为零时设置曲面细分因子，但每次调用时会传递一次其他所有数据。曲面细分控制着色器如清单 8.13 所示。

清单 8.13　三次贝塞尔面片曲面细分控制着色器

```
#version 450 core

layout (vertices = 16) out;

void main(void)
{
    if (gl_InvocationID == 0)
    {
        gl_TessLevelInner[0] = 16.0;
        gl_TessLevelInner[1] = 16.0;
        gl_TessLevelOuter[0] = 16.0;
        gl_TessLevelOuter[1] = 16.0;
        gl_TessLevelOuter[2] = 16.0;
        gl_TessLevelOuter[3] = 16.0;
    }

    gl_out[gl_InvocationID].gl_Position =
```

1 为确保操作正确，我们需要评估贝塞尔曲线的长度，包括计算一个非封闭解的积分，但这比较难。

```
        gl_in[gl_InvocationID].gl_Position;
}
```

接下来，我们将介绍曲面细分评估着色器，即算法的核心所在。整体着色器如清单 8.14 所示。你应从第 4 章中识别 cubic_bezier 和 quadratic_bezier 函数。evaluate_patch 函数负责评估已知输入面片坐标和顶点在面片中的位置时的[1]顶点坐标。

清单 8.14 三次贝塞尔面片曲面细分评估着色器

```
#version 450 core

layout (quads, equal_spacing, cw) in;

uniform mat4 mv_matrix;
uniform mat4 proj_matrix;

out TES_OUT
{
    vec3 N;
} tes_out;

vec4 quadratic_bezier(vec4 A, vec4 B, vec4 C, float t)
{
    vec4 D = mix(A, B, t);
    vec4 E = mix(B, C, t);

    return mix(D, E, t);
}

vec4 cubic_bezier(vec4 A, vec4 B, vec4 C, vec4 D, float t)
{
    vec4 E =  mix(A, B, t);
    vec4 F =  mix(B, C, t);
    vec4 G =  mix(C, D, t);

    return quadratic_bezier(E, F, G, t);
}

vec4 evaluate_patch(vec2 at)
{
    vec4 P[4];
    int i;

    for (i = 0; i < 4;
    {
        P[i] = cubic_bezier(gl_in[i + 0].gl_Position,
                            gl_in[i + 4].gl_Position,
                            gl_in[i + 8].gl_Position,
                            gl_in[i + 12].gl_Position,
                            at.y);
    }

    return cubic_bezier(P[0], P[1], P[2], P[3], at.x);
}

const float epsilon = 0.001;
```

1 你现在也应该明白为什么曲面细分评估着色器要如此命名了。

```
void main(void)
{
    vec4 p1 = evaluate_patch(gl_TessCoord.xy);
    vec4 p2 = evaluate_patch(gl_TessCoord.xy + vec2(0.0, epsilon));
    vec4 p3 = evaluate_patch(gl_TessCoord.xy + vec2(epsilon, 0.0));

    vec3 v1 = normalize(p2.xyz - p1.xyz);
    vec3 v2 = normalize(p3.xyz - p1.xyz);

    tes_out.N = cross(v1, v2);

    gl_Position = proj_matrix * p1;
}
```

在曲面细分评估着色器中，我们通过计算非常靠近分析点的两个点处的面片位置，使用其他点计算面片上的两个向量，然后取其叉积，来计算与面片垂直的曲面。将该结果传递给清单 8.15 所示的片段着色器。

清单 8.15　三次贝塞尔面片片段着色器

```
#version 450 core

out vec4 color;

in TES_OUT
{
    vec3 N;
} fs_in;

void main(void)
{
    vec3 N = normalize(fs_in.N);

    vec4 c = vec4(1.0, -1.0, 0.0, 0.0) * N.z +
             vec4(0.0, 0.0, 0.0, 1.0);

    color = clamp(c, vec4(0.0), vec4(1.0));
}
```

该片段着色器使用表面法向量的 z 分量执行了一次非常简单的光照计算。使用该着色器渲染的结果如图 8.14 所示。

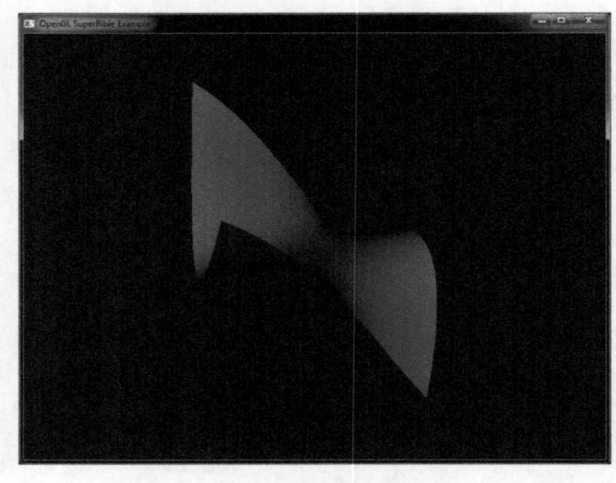

图 8.14　三次贝塞尔面片的最终渲染

由于图 8.14 所示的渲染面片比较平滑，因此很难看到已经应用于图形的曲面细分。图 8.15 的左侧图显示了曲面细分面片的线框示意图，右侧图显示了面片的控制点和控制笼，其中控制笼是通过在控制点之间创建线状网格形成的。

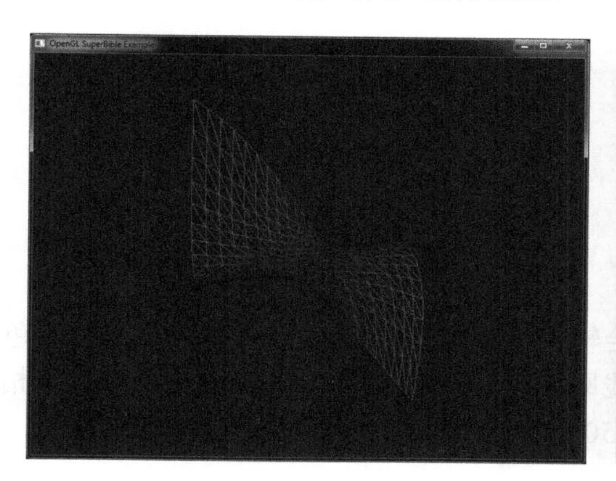
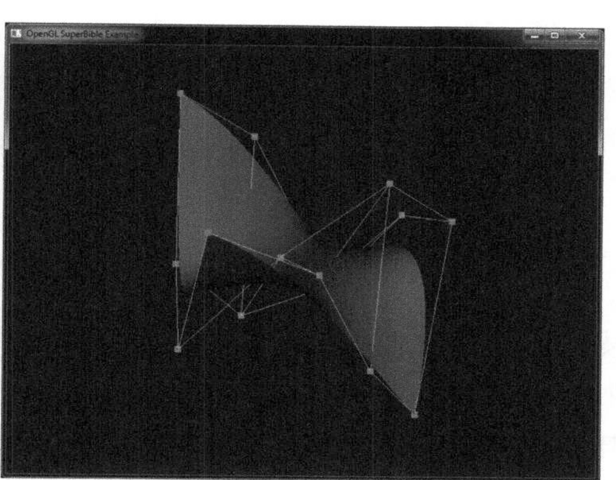

图 8.15 贝塞尔面片及其控制笼

8.2 几何着色器

几何着色器相比其他图形类型的特别之处在于，它可以一次性处理整个基元（三角形、线条或点），并且可以通过编程方式实际改变 OpenGL 管线中的数据量。一个顶点着色器每次处理一个顶点；无法访问其他任何顶点的信息，严格遵循一进一出原则。也就是说，顶点着色器无法生成新顶点，也不能阻止 OpenGL 进一步处理该顶点。曲面细分着色器对面片进行操作，可设置曲面细分因子，但是无法进一步控制面片的曲面细分模式，也无法生成不相交的基元。同理，片段着色器每次处理一个片段，无法访问另一个片段中的任何数据，无法创建新片段，并且只能通过删除片段来销毁片段。与之相反的是，几何着色器可以访问基元中的所有顶点（使用基元模式 GL_TRIANGLES_ADJACENCY 和 GL_TRIANGLE_STRIP_ADJACENCY 最多可以访问 6 个顶点），可更改基元类型，甚至可以创建和销毁基元。

几何着色器是 OpenGL 管线的可选部分。当不存在几何着色器时，顶点或曲面细分评估着色器的输出将在所渲染的基元上插值，并直接馈送至片段着色器中。然而，当存在几何着色器时，顶点或曲面细分评估着色器的输出将成为几何着色器的输入，几何着色器输出将被插值并馈送至片段着色器。几何着色器可进一步处理顶点或曲面细分评估着色器的输出，如果正在生成新基元（一个称为“放大”的过程），则可对所创建的各个基元应用不同的转换。

8.2.1 传递几何着色器

如第 3 章所述，能够渲染任何事物的最简单的几何着色器是传递着色器，如清单 8.16 所示。

清单 8.16 简单几何着色器的源代码

```
#version 450 core

layout (triangles) in;
```

```
layout (triangle_strip) out;
layout (max_vertices = 3) out;

void main(void)
{
    int i;

    for (i = 0; i < gl_in.length(); i++)
    {
        gl_Position = gl_in[i].gl_Position;
        EmitVertex();
    }
    EndPrimitive();
}
```

这种传递几何着色器将其输入直接发送给输出而不经任何修改。看起来与顶点着色器相似，但仍有一些差异。在着色器中传递几条线即可了解这些差异。与其他任何着色器相同，前面几行只是简单设置着色器的版本数量（450）。接下来的几行是第一个几何着色器。如清单8.17所示。

清单8.17 几何着色器布局限定符

```
#version 450 core

layout (triangles) in;
layout (triangle_strip) out;
layout (max_vertices = 3) out;
```

这些代码使用布局限定符设置了输入和输出基元模式。在该着色器中，我们使用**triangles**作为输入，使用**triangle_strip**作为输出。其他基元类型和布局限定符将在后面介绍。对于几何着色器的输出，我们不仅指定其基元类型，还指定着色器应生成的最大顶点数量（通过**max_vertices**限定符）。该着色器生成独立的三角形（生成的是非常短的三角形条带），因此我们指定为3。

接下来是main()函数，该函数也与顶点着色器或片段着色器所见内容相似。该着色器包含一个循环，且该循环根据内置数组gl_in的长度运行很多次。这是几何着色器的另一个特有变量。由于几何着色器可访问输入基元的所有顶点，因此输入必须声明为数组。顶点着色器写入的所有内置变量（例如gl_Position）被置于一个结构中，并将这些结构的一个数组提供给gl_in变量的几何着色器。

gl_in[]数组的长度由输入基元模式确定。在该着色器中，三角形为输入基元模式，因此gl_in[]的尺寸为3。内部循环如清单8.18所示。

清单8.18 迭代gl_in[]的元素

```
for (i = 0; i < gl_in.length(); i++)
{
    gl_Position = gl_in[i].gl_Position;
    EmitVertex();
}
```

在循环内部，我们通过复制gl_in[] 元素到几何着色器的输出生成顶点。几何着色器的输出与顶点着色器的输出相似。此处，我们写入 gl_Position 的方式与写入顶点着色器的方式相同。完成新顶点的所有属性设置时，我们将调用EmitVertex()。该内置函数专门针对几何着色器，告知着色器我们已经完成对该顶点的操作，应存储其所有信息并准备设置下一个顶点。

最后，在执行完循环后，调用另一个几何着色器专用函数 EndPrimitive()。EndPrimitive() 告知着色器我们已经生成当前基元的各个顶点，应继续下一个基元的操作。我们指定 **triangle_strip** 为着色器的输出，因此如果调用 EmitVertex() 超过 3 次，则 OpenGL 将继续添加三角形到三角形条带中。如果我们需要几何着色器生成独立的单个三角形或多个未连接的三角形条带（记住，几何着色器可创建新几何体或放大现有几何体），我们将在每次操作的间隔调用 EndPrimitive() 来标记其边界。如果没有调用着色器中任何位置的 EndPrimitive()，则着色器结束时基元也自动结束。

8.2.2 在应用程序中使用几何着色器

与其他着色器类型相同，通过调用 **glCreateShader()** 函数创建几何着色器，并使用 GL_GEOMETRY_SHADER 作为着色器类型：

```
glCreateShader(GL_GEOMETRY_SHADER);
```

一旦创建着色器，即可像其他任何着色器对象一样使用。通过调用 **glShaderSource()** 函数为 OpenGL 提供着色器源代码，通过调用 **glCompileShader()** 函数编译着色器，并通过调用 **glAttachShader()** 函数将其附加到程序对象上。然后使用 **glLinkProgram()** 函数将程序正常链接。既然有一个链接了几何着色器的程序对象，当使用 **glDrawArrays()** 等函数绘制几何体时，顶点着色器应对每个顶点运行一次，几何着色器应对每个基元（点、线或三角形）运行一次，片段着色器应对每个片段运行一次。几何着色器接收的基元必须与其自身所预期的输入基元模式匹配。当曲面细分未激活时，绘图命令中使用的基元模式必须与几何着色器输入基元模式匹配。例如，如果几何着色器的输入基元模式为点，则可在调用 **glDrawArrays()** 时只使用 GL_POINTS。如果几何着色器的输入基元模式为三角形，则可在调用 **glDrawArrays()** 时使用 GL_TRIANGLES、GL_TRIANGLE_STRIP 或 GL_TRIANGLE_FAN。几何着色器输入基元模式和可用几何类型的完整清单如表 8.1 所示。

表 8.1 几何着色器输入模式的可用绘图模式

几何着色器输入模式	可用绘图模式
points	GL_POINTS
lines	GL_LINES, GL_LINE_LOOP, GL_LINE_STRIP
triangles	GL_TRIANGLES, GL_TRIANGLE_FAN, GL_TRIANGLE_STRIP
lines_adjacency	GL_LINES_ADJACENCY, GL_LINE_STRIP_ADJACENCY
triangles_adjacency	GL_TRIANGLES_ADJACENCY, GL_TRIANGLE_STRIP_ADJACENCY

当曲面细分被激活时，绘图命令中使用的模式应始终为 GL_PATCHES。然后在曲面细分过程中，OpenGL 将面片转化成点、线或三角形。在这种情况下，几何着色器的输入基元模式应与曲面细分基元模式匹配。输入基元类型使用布局限定符在几何着色器主体内指定。输入布局限定符的一般形式为：

```
layout (primitive_type) in;
```

该代码指定primitive_type为几何着色器预期处理的输入基元类型，primitive_type必须是支持的基元模式之一：**points**、**lines**、**triangles**、**lines_adjacency** 或 **triangles_adjacency**。几何着色器对每个基元运行一次。换句话说，GL_POINTS 对每个点运行一次；GL_LINES、GL_LINE_STRIP和GL_LINE_LOOP对每条线运行一次，GL_TRIANGLES、GL_TRIANGLE_STRIP和GL_TRIANGLE_FAN对每个三角形运行一次。几何着色器的输入为包含输入基元所有组成顶点的数组。预定义输入存储在名为gl_in[]的内置数组中，该数组是清单8.19中所定义的结构数组。

清单8.19 gl_in[]的定义

```
in gl_PerVertex
{
    vec4 gl_Position;
    float gl_PointSize;
    float gl_ClipDistance[];
} gl_in[];
```

此结构的组成为写入顶点着色器的内置变量：gl_Position、gl_PointSize 和 gl_ClipDistance[]。从声明中可以看出该结构是本章节前文所述顶点着色器的输出块。这些变量在顶点着色器中属于全局变量，因为该数据块没有实例名称，但当这些变量出现在几何着色器中时，其数值是以数据块实例的gl_in[]数组结尾。顶点着色器写入的其他变量也会成为几何着色器的数组。在各易变变量中，顶点着色器的输出声明正常，除几何着色器的输入是数组外，它们的声明相似。顶点着色器的输出定义如下：

```
out vec4 color;
out vec3 normal;
```

几何着色器的相应输入应为：

```
in vec4 color[];
in vec3 normal[];
```

注意，颜色和法向量易变变量都已成为几何着色器的数组。如果需要从顶点向几何着色器传递大量数据，可以很方便地打包从顶点着色器传递到接口块内几何着色器的单顶点信息。在这种情况下，顶点着色器的定义应为：

```
out VertexData
{
    vec4 color;
    vec3 normal;
} vertex;
```

几何着色器的相应输入应为：

```
in VertexData
{
    vec4 color;
    vec3 normal;
    // More per-vertex attributes can be inserted here
} vertex[];
```

根据该声明，可使用 vertex[n].color 等访问几何着色器中的单顶点数据。几何着色器的输入数组长度取决于所处理的基元类型。例如，点形成于单一顶点，因此数组应只含有一个元素；与之相比，三角形形成于 3 个顶点，因此数组长度应为 3 个元素。如果你正在编写的几何着色器专门设计用于处理某个基元类型，则可以直接设置输入数组的大小，以便编译时检查错误。否则，可以通过输入基元布局限定符自动设置数组的大小。输入基元模式与输入数组大小的完整映射如表 8.2 所示。

另外需要指定应由几何着色器生成的基元类型。该类型是使用布局限定符确定的，如下：

```
layout (primitive_type) out;
```

这与输入基元类型布局限定符相似，唯一的差别在于使用 out 关键词声明着色器的输出。几何着色器的可用输出基元类型为 **points**、**line_strip** 和 **triangle_strip**。注意几何着色器仅支持条带基元类型的输出（不计入点，显然并不存在点条带）。

表 8.2　几何着色器输入数组大小

输入基元类型	输入数组大小
points	1
lines	2
triangles	3
lines_adjacency	4
triangles_adjacency	6

必须指定最后一个布局限定符才能配置几何着色器。由于几何着色器能够生成不定量的单顶点数据，因此必须通过指定几何着色器预期生成的最大顶点数量告知 OpenGL 分配多少空间给这些数据。为此，使用以下布局限定符：

```
layout (max_vertices = n) out;
```

该限定符将几何着色器可能生成的最大顶点数量设置为 n。由于 OpenGL 可分配缓冲空间储存各顶点的中间结果，这应该是应用程序能够正常运行所需要的最小数量。例如，如果计划用点一次生成一条线，则可将该值设置为 2。该设置为着色器硬件的快速运行提供了最佳时机。如果计划对输入几何体进行高度曲面细分，则可能需要将该值设置成更大的数字，但这样做可能会增加性能成本。几何着色器可生成的顶点数量限取决于 OpenGL 的实现情况。可以保证至少达到 256，但可以通过调用 **glGetIntegerv()** 和 GL_MAX_GEOMETRY_OUTPUT_VERTICES 参数查找最大绝对值。

也可以通过用逗号隔开限定符的方式声明多个只包含一个语句的布局限定符。

```
layout (triangle_strip, max_vertices = n) out;
```

通过这些布局限定符、样板**#version** 声明以及空 main()函数，能够生成一个可编译和连接，但不执行任何操作的几何着色器。事实上，它将删除用户发送的任何几何图形，应用程序不会绘制任何内容。现在要引入两种重要函数：EmitVertex()和 EndPrimitiveO。如果不调用这些函数，则不会绘制任何内容。

EmitVertex()告知几何着色器你已填充完该顶点的所有信息。设置顶点的方法与设置顶点着色器相似。你需要写入内置变量 gl_Position，从而设置由几何着色器生成的顶点的裁剪空间坐标，就像在顶点着色器中一样。其他任何需要从几何着色器传递给片段着色器的属性都可在接口块中声明，也可以在几何着色器声明为全局变量。无论何时调用 EmitVertex()，几何着色器都会将当前值存储在其所有输出变量中并用于生成新顶点。在几何着色器中，可以任意多次调用 EmitVertex()，直到达到 **max_vertices** 布局限定符所规定的限值。每次都需要在输出变量中输入新值以便生成新顶点。

关于 EmitVertex()需要注意的一点是，它没有定义任何输出变量（如 gl_Position）的值。因此，如果想使用一种颜色渲染一个三角形，则需要对每个顶点设置该颜色；否则，将得到未定义结果。

EmitPrimitive()表明你已将顶点添加到基元末尾。注意，几何着色器仅支持条带基元类型（**line_strip** 和 **triangle_strip**）。如果输出基元类型为 **triangle_strip**，并调用 EmitVertex()超过三次，则几何着色器将在条带中生成多个三角形。同理，如果输出基元类型为 **line_strip** 并调用 EmitVertex()超过两次，则可生成多条线。在几何着色器中，EndPrimitive()引用条带。如果想要绘制独立线条或三角形，则必须每两个或三个顶点调用一次 EndPrimitive()。也可以通过在多次调用 EndPrimitive()的间隔内多次调用 EmitVertex()来绘制多个条带。

调用几何着色器中的 EmitVertex()和 EndPrimitive()时要注意的最后一点是，如果未生成足够顶点来创建单个基元（例如，如果正在生成 **triangle_strip** 输出并且每两个顶点调用一次 EndPrimitive()），则该基元不会生成任何东西，已经生成的顶点则会被丢弃。

8.2.3 删除几何着色器中的几何

程序中的几何着色器对每个基元运行一次。该基元的用途完全取决于用户。EmitVertex()和 EndPrimitive()两个函数允许通过编程方式添加新顶点到三角形或线条带中，并创建新条带。用户可以根据需要多次调用这些函数（直到达到实现所规定的最大值）。也可以不调用这些函数，而是裁剪几何体并删除基元。如果正在运行几何着色器，但从未针对该特定基元调用 EmitVertex()，则不会绘制任何东西。为了说明这种行为，我们可以实现一种剔除几何图形的自定义背面剔除程序，就像从空间内任意一点的角度查看几何图形一样。这已经在 gsculling 示例中实现。

首先，我们设置了着色器版本，并声明几何着色器以便接受三角形并生成三角形条带。背面剔除对于线条或点并没有太大意义。我们还定义了一个统一变量，以便保持我们在世界空间中的自定义视角。如清单 8.20 所示。

清单 8.20 配置自定义剔除几何着色器

```
#version 330

// Input is triangles, output is triangle strip. Because we're going
// to do a 1-in, 1-out shader producing a single triangle output for
// each one input, max_vertices can be 3 here,
layout (triangles) in;
layout (triangle_strip, max_vertices=3) out;
```

```
// Uniform variables that will hold our custom viewpoint and
// model-view matrix
uniform vec3 viewpoint;
uniform mav4 mv_matrix;
```

在 main() 函数中，我们需要查找三角形的面法向量。这只是三角形所在平面上任意两个向量的叉积，我们可使用三角形边来表示。清单 8.21 显示了如何实现此目的。

清单 8.21 在几何着色器中查找面法向量

```
// Calculate two vectors in the plane of the input triangle
vec3 ab = gl_in[1].gl_Position.xyz - gl_in[0].gl_Position.xyz;
vec3 ac = gl_in[2].gl_Position.xyz - gl_in[0].gl_Position.xyz;
vec3 normal = normalize(cross(ab, ac));
```

既然有法向量，我们就可以确定向量是朝向还是背离用户自定义视角。为实现此操作，我们需要将法向量转换到视角的同一坐标空间中，即世界空间。假设统一变量中存在模型-视图矩阵，只需将法向量与该矩阵相乘即可。更准确地说是，我们应用向量乘以该模型-视图矩阵左上角的 3×3 子矩阵的转置逆矩阵，这叫作法向量矩阵，你可以随时实现此矩阵，如果你愿意，也可将其放在自身的统一变量中。然而，如果模型-视图矩阵仅包含平移、等分标度（无剪切），则可以直接使用该矩阵。注意，法向量是一个三元向量，模型-视图矩阵是一个 4 × 4 矩阵。我们需要将法向量扩展成四元向量后才能将这两个元素相乘。然后，可以取结果向量与从视角到三角形上任意一点的向量的点积。

如果点积结果的符号为负，则意味着法向量远离观察者，应剔除该三角形。如果点积结果的符号为正，则三角形的法向量指向观察者，应传递此三角形。转换面法向量、执行点积以及检验结果符号的代码如清单 8.22 所示。

清单 8.22 在几何着色器中条件性放出几何

```
// Calculate the transformed face normal in view space
vec3 transformed_normal = (vec4(normal, 0.0) * mv_matrix).xyz;

// Extract the z component of the transformed normal
float d = normal.z;

// Emit a primitive only if the sign of the z component is positive
if (d > 0.0)
{
    for (int i = 0; i < 3; i++)
    {
        gl_Position = gl_in[i].gl_Position;
        EmitVertex();
    }
    EndPrimitive();
}
```

在清单 8.22 中，如果点积结果符号为正，则复制输入顶点到几何着色器的输出中，并分别调用 EmitVertex()。如果点积结果符号为负，则无须任何操作。其结果是删除输入三角形，并且不会绘制任何东西。

在此示例中，针对几何着色器的每个三角形输入，最多生成一个三角形输出。虽然几何着色器的输出是一个三角形条带，但条带中只包含一个三角形。因此，我们并不一定需要调用

EndPrimitive()，只是为了完整而保留该函数。

图8.16显示了该着色器的结果。在图8.16中，虚拟观察者已经被移动到其他位置。如你所见，几何着色器已经剔除模型中的多个部分。该示例可证明几何着色器根据应用程序所定义的标准执行几何体剔除的能力。

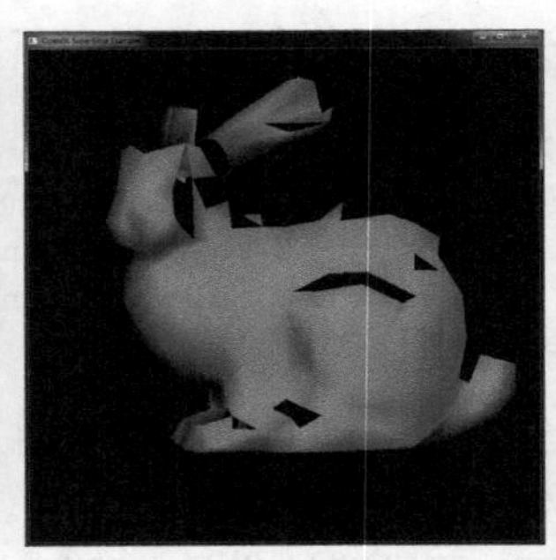

图8.16 从不同视角剔除的几何体

8.2.4 修改几何着色器中的几何体

上一个示例删除了几何体或未经修改直接传递了几何体。也可以在经几何着色器传递时修改顶点，从而创建新的衍生形状。即使几何着色器是逐一传递顶点的（没有进行放大或剔除），你仍然可以执行一些单纯使用顶点着色器无法完成的操作。例如，如果输入几何体属于三角形条带或扇形，则生成的几何体应具有公共顶点和公共边。使用顶点着色器移动公共顶点会导致移动共有该顶点的所有三角形。因此，单纯使用顶点着色器无法分离共用原始三角形一条边的两个三角形。但是，使用几何着色器就很容易办到。

考虑将接受三角形并生成 **triangle_strip** 作为输出的几何着色器。接受三角形的几何着色器的输入是独立三角形，无论这些三角形是否来自于 **glDrawArrays()**或 **glDrawElements()**函数调用，或基元类型是否属于 GL_TRIANGLES、GL_TRIANGLE_STRIP 或 GL_TRIANGLE_FAN。除非几何着色器输出的顶点超过3个，否则结果为无连接的独立三角形。

在下一个示例中，我们通过沿着三角形的面法向量向外移动所有三角形来“分解”一个模型。原始三角形是使用独立三角形，还是使用三角形条带或扇形绘制并不重要。如上一个示例所示，输入为三角形，输出为 **triangle_strip**，几何着色器生成的最大顶点数量为3，这是因为我们没有放大或大幅度减少几何体数量。该示例的设置代码如清单8.23所示。

清单8.23 设置“分解”几何着色器

```
#version 330

// Input is triangles, output is triangle strip. Because we're going to do a
// 1-in, 1-out shader producing a single triangle output for each one input,
// max_vertices can be 3 here.
layout (triangles) in;
layout (triangle_strip, max_vertices=3) out;
```

为了向外移动三角形，我们需要计算每个三角形的面法向量。为此，我们可以取三角形所在平面上任意两个向量的叉积——三角形的两条边。为完成该任务，我们可重复使用清单 8.21 中的代码。既然已经有三角形面法向量，就可以沿着该法向量投射应用程序所规定数量的顶点。该数量可存储在统一变量中（我们称之为 explode_factor），并由应用程序进行更新。其代码如清单 8.24 所示。

清单 8.24 沿着法向量推动平面

```
for (int i = 0; i < 3; i++)
{
    gl_Position = gl_in[i].gl_Position +
                  vec4(explode_factor * normal, 0.0);
}
```

在模型上运行此几何着色器的结果如图 8.17 所示。模型已经被解构，我们可以看见各个三角形。

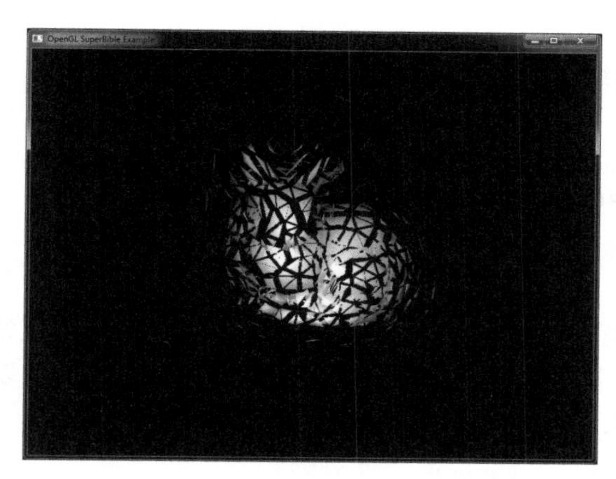

图 8.17 使用几何着色器分解模型

8.2.5 在几何着色器中生成几何体

正如在不想从几何着色器生成任何输出时完全可以不必调用 EmitVertex()或 EndPrimitive()一样，可以根据需要多次调用 EmitVertex()和 EndPrimitive()以生成新几何体。也就是说，你可以持续调用这些函数，直到达到在几何着色器中声明的最大输出顶点数量。该功能可用于多次复制输入或分解输入。这也是下一个示例的主题，即本书随附源代码中的 gstessellate 示例。该着色器的输入是一个以原点为中心的四面体。四面体的每一面都由一个三角形构成。对输入三角形进行曲面细分的方式是，沿着每条边在中间生成新的顶点，然后移动所有已生成的顶点，使之与原点的距离可变，从而将四面体转换成尖峰形状。

由于几何着色器是在对象空间内运行（注意，四面体的顶点是以原点为中心的），我们不需要在顶点着色器中进行任何坐标转换。相反，在生成新顶点后，我们需要在几何着色器中进行转换。出于这个目的，我们需要一个简单的传递顶点着色器，如清单 8.25 所示。

清单 8.25 传递顶点着色器

```
#version 330

in vec4 position;
```

```
void main(void)
{
    gl_Position = position;
}
```

该着色器只是将顶点位置传递给几何着色器。如果其他属性与顶点有关，如纹理坐标或法向量，则需要通过顶点着色器将这些属性传递给几何着色器。

如上一个示例所示，我们接受三角形作为几何着色器的输入并生成三角形条带。每生成一个三角形就断开条带，从而生成独立的三角形。在本示例中，我们为每个输入三角形生成 4 个输出三角形。我们需要声明最大输出顶点数量为 12，即 4 个三角形乘以三个顶点，还需要声明一个统一变量矩阵用于储存几何着色器中的模型-视图转换矩阵，因为这种转换是在生成顶点后进行的。清单 8.26 显示了该代码。

清单 8.26　设置“曲面细分单元”几何着色器

```
#version 450 core

layout (triangles) in;
layout (triangle_strip, max_vertices = 12) out;

// A uniform to store the model-view-projection matrix
uniform mat4 mvp;
```

首先，将输入顶点坐标复制到一个局部变量中。其次，通过求原始的输入顶点的平均值查找每条边的中点。然而，在这种情况下，不能简单地除以 2，而是乘以一个比例因子，来改变结果对象的尖锐度。其代码如清单 8.27 所示。

清单 8.27　在几何着色器中生成新顶点

```
// Copy the incoming vertex positions into some local variables
vec3 a = gl_in[0].gl_Position.xyz;
vec3 b = gl_in[1].gl_Position.xyz;
vec3 c = gl_in[2].gl_Position.xyz;

// Find a scaled version of their midpoints
vec3 d = (a + b) * stretch;
vec3 e = (b + c) * stretch;
vec3 f = (c + a) * stretch;

// Now, scale the original vertices by an inverse of the midpoint
// scale
a *= (2.0 - stretch);
b *= (2.0 - stretch);
c *= (2.0 - stretch);
```

由于我们计划使用几乎相同的代码生成几个三角形，因此可将该代码输入一个函数中（如清单 8.28 所示）并从主曲面细分函数中调用该函数。

清单 8.28　从几何着色器放出三角形

```
void make_face(vec3 a, vec3 b, vec3 c)
{
    vec3 face_normal = normalize(cross(c - a, c - b));
    vec4 face_color = vec4(1.0, 0.2, 0.4, 1.0) * (mat3(mvMatrix) * face_normal
    gl_Position = mvpMatrix * vec4(a, 1.0);
    color = face_color;
```

```
        EmitVertex();

        gl_Position = mvpMatrix * vec4(b, 1.0);
        color = face_color;
        EmitVertex();

        gl_Position = mvpMatrix * vec4(c, 1.0);
        color = face_color;
        EmitVertex();

        EndPrimitive();
    }
```

注意，make_face 函数除产生顶点的位置外，还根据面法向量计算面的颜色。现在，我们只需从主函数中调用 make_face 函数 4 次，如清单 8.29 所示。

清单 8.29 使用函数在几何着色器生成面

```
make_face(a, d, f);
make_face(d, b, e);
make_face(e, c, f);
make_face(d, e, f);
```

图 8.18 显示了几何着色器曲面细分程序的结果。

注意，使用几何着色器进行高度曲面细分可能不会产生最佳性能。如果需要生成比本示例输出更复杂的内容，则最好使用 OpenGL 的曲面细分函数。然而，如果只是需要放大每个输入基元的 2～4 个输出基元，则几何着色器可实现此目的。

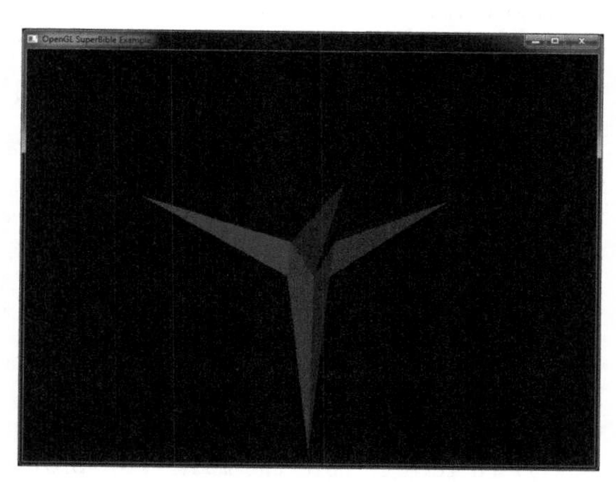

图 8.18 使用几何着色器的基本曲面细分

8.2.6 修改几何着色器中的基元类型

到目前为止，我们所检验的所有几何着色器示例均将三角形作为输入，生成三角形条带作为输出。这样做不会改变几何类型。然而，几何着色器可输入和输出各种类型的几何体。例如，你可以将点转化成三角形或者将三角形转化成点。在下面要介绍的 normalviewer 示例中，我们将把几何类型从三角形改为线。对于每个着色器的顶点输入，我们取顶点法向量并用线条表示，并取面法向量并用另一条线表示。这有助于我们可视化显示模型的法向量（针对顶点和面）。然而如果想在原始模型顶部绘制法向量，则所有对象必须绘制两次，一次用几何着色器以便可视化显示法向量，一次不用几何着色器以便显示模型。不能从单一几何着色器中同时输出两种不同的基元。

对于几何着色器，除 gl_in 结构的构件外，我们需要单顶点法向量，并且该法向量必须从顶点着色器传递。清单 8.25 的更新版传递顶点着色器见清单 8.30 所示。

清单 8.30 包含法向量的传递顶点着色器

```
#version 330

in vec4 position;
in vec3 normal;

out Vertex
```

```
{
    vec3 normal;
} vertex;

void main(void)
{
    gl_Position = position;
    vertex.normal = normal;
}
```

该代码将位置属性直接传递给 gl_Position 内置变量并将法向量置于输出块中。

几何着色器的设置代码如清单 8.31 所示。在该示例中，我们接受三角形并生成线条带，每个条带均包含一条线。由于我们为可视化显示的每个法向量输出一条线，为每个消耗顶点生成两个顶点，面法向量再多两个顶点。因此，每个输入三角形的最大输出顶点数量为 8。为了匹配在顶点着色器中声明的顶点输出块，我们还需要在几何着色器中声明相应的输入接口块。由于计划在几何着色器中进行对象空间-世界空间转换，我们需要声明一个名为 mvp 的 mat4 统一变量，代表模型-视图-投影矩阵。必须这样做才能确保顶点在坐标系与法向量中的位置相同，直到生成代表线条的新顶点。

清单 8.31 设置“法向量可视化”几何着色器

```
#version 330

layout (triangles) in;
layout (line_strip) out;
layout (max_vertices = 8) out;

in Vertex
{
    vec3 normal;
} vertex[];

// Uniform to hold the model-view-projection matrix
uniform mat4 mvp;

// Uniform to store the length of the visualized normals
uniform float normal_length;
```

将每个输入顶点转换成最终位置，从几何着色器发出，然后通过置换法向量沿线的输入顶点并转换成最终位置生成第二个顶点。这使得所有法向量的长度均为 1，但允许向这些法向量及模型应用模型-视图-投影矩阵所编码的任何缩放。将法向量乘以应用程序提供的统一变量 normal_length，从而缩放法向量以匹配模型。内循环如清单 8.32 所示。

清单 8.32 从几何着色器的法向量生成线条

```
gl_Position = mvp * gl_in[0].gl_Position;
gs_out.normal = gs_in[0].normal;

gs_out.color = gs_in[0].color;
EmitVertex();

gl_Position = mvp * (gl_in[0].gl_Position +
                     vec4(gs_in[0].normal * normal_length, 0.0));
gs_out.normal = gs_in[0].normal;
gs_out.color = gs_in[0].color;
EmitVertex();
EndPrimitive();
```

这可在各顶点生成指向法向量方向的短线段。现在需要生成面法向量。为此，我们需要挑选合适的位置绘制法向量，并计算几何着色器中的面法向量，以便沿着该向量绘制线条。

如前文清单 8.33 中的示例所示，我们使用三角形两条边的叉积查找面法向量。选择三角形的重心作为线条的起点，即输入顶点坐标的平均值。清单 8.33 显示了着色器代码。

清单 8.33 显示几何着色器面法向量

```
vec3 ab = gl_in[1].gl_Position.xyz - gl_in[0].gl_Position.xyz;
vec3 ac = gl_in[2].gl_Position.xyz - gl_in[0].gl_Position.xyz;
vec3 face_normal = normalize(cross(ab, ac));

vec4 tri_centroid = (gl_in[0].gl_Position +
                     gl_in[1].gl_Position +
                     gl_in[2].gl_Position) / 3.0;

gl_Position = mvp * tri_centroid;
gs_out.normal = gs_in[0].normal;
gs_out.color = gs_in[0].color;
EmitVertex();

gl_Position = mvp * (tri_centroid +
                    vec4(face_normal * normal_length, 0.0));
gs_out.normal = gs_in[0].normal;
gs_out.color = gs_in[0].color;
EmitVertex();
EndPrimitive();
```

现在，当我们渲染模型时，我们获得图 8.19 所示的图像。

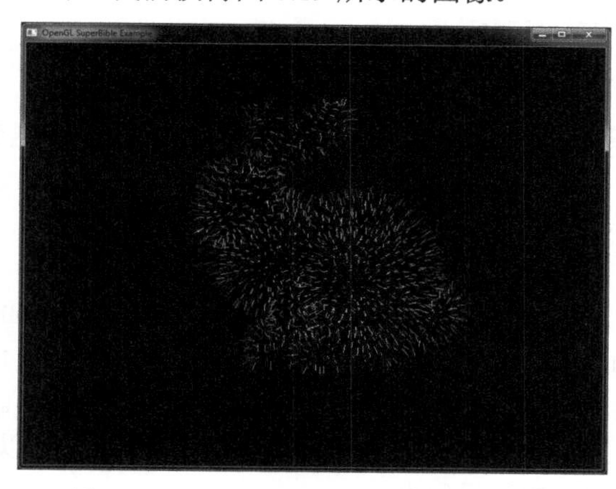

图 8.19 在几何着色器中绘制模型法向量

8.2.7 多条储存流

当只存在一个顶点着色器时，进入着色器的顶点和存储在变换反馈缓存中的顶点之间保持“一进一出”的关系。当存在几何着色器时，每次调用着色器时可以将 0 个、1 个或多个顶点存储到绑定的变换反馈缓存中。事实上，我们可以配置 4 个输出流并使用几何着色器输出发送到其所选择的任何流中。例如，这种方法可用于对几何体进行分类或一边渲染某些基元一边储存其他几何体到变换反馈缓存中。尽管如此，在一个几何着色器中使用多条输出流时会受到几个主要限制。首先，所有流的几何着色器输出基元模式必须设置成点。其次，虽然可以同时渲染几何体并存储数据到变换反馈缓存中，但只可以渲染第一个流，其他流仅用于存储。然而，如果应用程序符合这些限制，该功能可能非常强大。

为设置几何着色器的多条输出流，需要使用流布局限定符选择 4 个流中的一个。与大多数其他输出布局限定符一样，流限定符可直接应用于单个输出或输出块。它也可以直接应用于 **out** 关键词而无须声明输出变量，在这种情况下，它将进一步影响所有的输出声明直到遇到另一个流布局限定符。例如，在几何着色器中考虑以下输出声明：

```
out vec4                    foo;    // 'foo' is in stream 0 (the default).
layout (stream=2) out vec4  bar;    // 'bar' is part of stream 2.
out vec4                    baz;    // 'baz' is back in stream 0.
layout (stream=1) out;              // Everything from here on is in stream 1.
out int                     apple;  // 'apple' and 'orange' are part
out int                     orange; // of stream 1.
layout (stream=3) out MY_BLOCK      // All of 'MY_BLOCK' is in stream 3.
{
    vec3                    purple;
    vec3                     green;
};
```

在几何着色器中，当调用 `EmitVertex()` 时，顶点将记录到第一个输出流（stream 0）中；同理，当调用 `EndPrimitive()` 时，基元将停止记录到 stream 0 中。然而，可以调用 `EmitStreamVertex()` 和 `EndStreamPrimitive()`，两者都取整数参数来指定将输出发送到哪一个流。

```
void EmitStreamVertex(int stream);

void EndStreamPrimitive(int stream);
```

流参数必须是一个编译时间常量。如果启用光栅化，则会将所有发送到 stream 0 的基元光栅化。

8.2.8 通过几何着色器引入新基元类型

通过几何着色器引入了 4 种新的基元类型：GL_LINES_ADJACENCY、GL_LINE_STRIP_ADJACENCY、GL_TRIANGLES_ADJACENCY 和 GL_TRIANGLE_STRIP_ADJACENCY。这些基元类型只有在几何着色器处于激活状态下进行渲染才能发挥实际作用。当使用新的邻接基元类型时，对于传递到几何着色器的每条线或每个三角形，着色器不仅可以访问定义该基元的顶点，还能访问正在处理的基元附近的基元顶点。

当使用 GL_LINES_ADJACENCY 渲染时，每条线段使用已启用属性数组的 4 个顶点。两个中心顶点构成一条线，第一个和最后一个顶点为邻接顶点。因此，几何着色器输入为四元数组。事实上，由于几何着色器的输入和输出类型并无关系，GL_LINES_ADJACENCY 可视为发送广义四顶点基元到几何着色器的一种方式。几何着色器可以随意将这些基元转换成想要的类型。例如，几何着色器可将每 4 个顶点转换成由两个三角形组成的三角形条带。通过这种方式，可以使用 GL_LINES_ADJACENCY 基元渲染四视图。应注意的是，如果在几何着色器不处于激活状态时使用 GL_LINES_ADJACENCY 进行绘制，则应使用 4 个顶点中最里面的两个顶点绘制常规线条。应删除最外面的两个顶点，顶点着色器不会再在这两个顶点上运行。

使用 GL_LINE_STRIP_ADJACENCY 会产生相似的效果。差异在于这个条带被视作基元，并且两端各增加了一个顶点。如果使用 GL_LINES_ADJACENCY 向 OpenGL 发送 8 个顶点，则几何着色器应运行两次，然而如果使用 GL_LINE_STRIP_ADJACENCY 发送上述顶点，则几何着色器应运行 5 次。

图 8.20 说明了这个问题。将顶行的 8 个顶点发送给 OpenGL 并设置成 GL_LINES_ADJACENCY 基元模式。几何着色器每次在 4 个顶点上运行两次，即 ABCD 和 EFGH。在第二行中，使用 GL_LINE_STRIP_ADJACENCY 基元模式将上述 8 个顶点发送给 OpenGL。这时，几何着色器运行 5 次，ABCD、BCDE……以此类推，直到 EFGH。在每个用例中，实线箭头是不存在几何着色器时将渲染的线条。

GL_TRIANGLES_ADJACENCY 基元模式的工作机制与 GL_LINES_ADJACENCY 相似。在启用属性数组中每 6 个顶点为一组，将一个三角形发送给几何着色器。第一个、第三个和第五个顶点组成真正的三角形，第二个、第四个和第六个顶点位于三角形顶点之间。反过来，几何着色器的输入为六元数组。

跟以前一样，由于可以使用几何着色器对顶点执行任意操作，因此 GL_TRIANGLES_ADJACENCY 是将任意六顶点基元输入几何着色器的一种好办法。图 8.21 显示了此类情况。

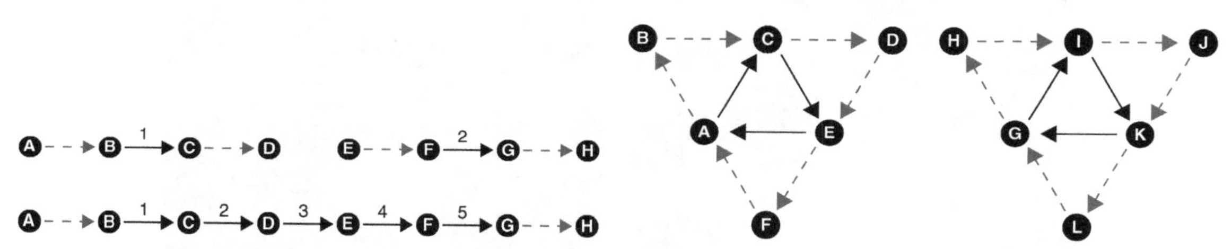

图 8.20 使用线条和邻接基元生成的线条

图 8.21 使用 GL_TRIANGLES_ADJACENCY 生成的三角形

最后，这些基元类型中最复杂（或换句话说最难以理解的）的一种为 GL_TRIANGLE_STRIP_ADJACENCY。该基元代表了每隔一个顶点（第一个、第三个、第五个、第七个、第九个等等）所形成的三角形条带，中间的顶点为相邻顶点，原理如图 8.22 所示。在图中，顶点 A～P 代表发送给 OpenGL 的 16 个顶点。每两个顶点生成一个三角形条带（A、C、E、G、I 等），条带之间的顶点（B、D、F、H、J 等等）即为相邻顶点。

对于出现在条带起点和终点的三角形，有一些特殊情况。然而，一旦条带开始，则顶点会形成一种有规则的模式，详见图 8.23。

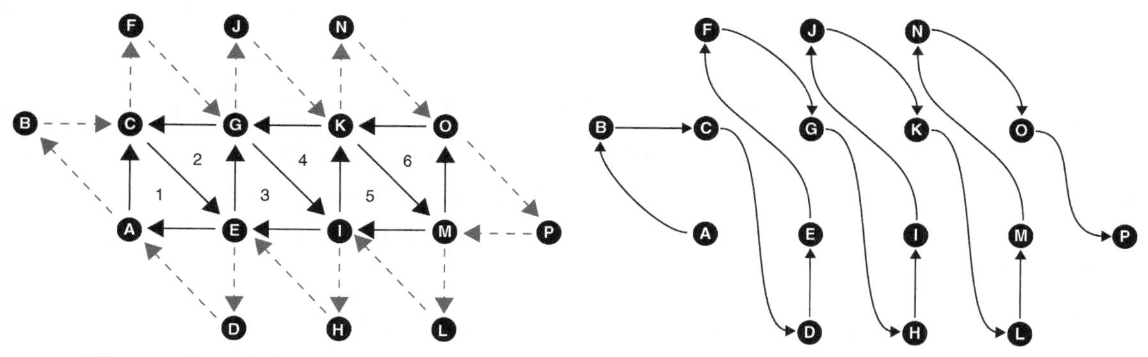

图 8.22 使用 GL_TRIANGLE_STRIP_ADJACENCY 生成的三角形

图 8.23 GL_TRIANGLE_STRIP_ADJACENCY 的顶点顺序

GL_TRIANGLE_STRIP_ADJACENCY 的排序规则已经在 OpenGL 规范中说明，要特别注意其中的特殊用例。如果要使用这种基元类型，建议阅读规范中的相应部分。

使用几何着色器渲染四视图

在电脑绘图中，四视图一词用于描述四边形（一种有四条边的形状）。现代图形 API 不支持直接渲染四视图，主要是因为现代图形硬件不支持四视图。当建模程序从四视图中生成一个对象时，它通常会包括通过将四视图转换成一对三角形导出几何数据的选项。而这些是通过图形硬件直接渲染的。有些图形硬件虽然支持四视图，但是在硬件内部会将四视图转换为成对的三角形。

在很多情况下，将四视图分解成成对三角形的效果还不错，视觉图像与原本支持四视图的渲染图像并无多大差别。然而，也有很多情况，将四视图分解成一对三角形并不会产生正确的结果。如图 8.24 所示。

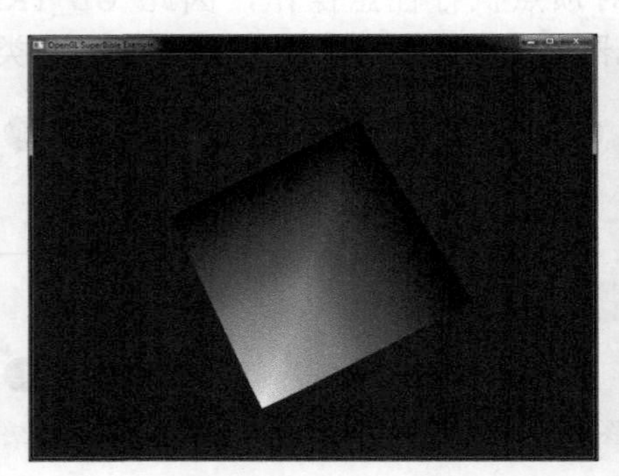
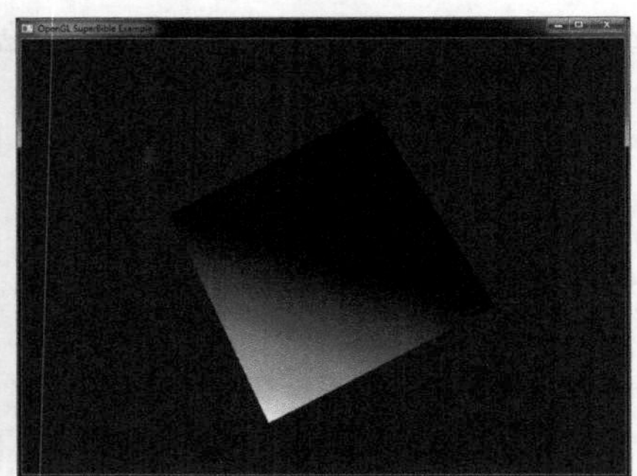

图 8.24　使用一对三角形渲染四视图

在图 8.24 中，我们将一个四视图渲染成一对三角形。在两张图中，顶点以相同顺序环绕。有 3 个黑色顶点和一个白色顶点。在左图中，三角形之间的分割线垂直穿过四边形。最上边的顶点和两侧的顶点为黑色，最下边的顶点为白色。两个三角形之间的接缝清晰显示为一条亮线。在右图中，四视图被水平分割，由此生成了最上边的三角形（仅包含黑色顶点，导致三角形是全黑的）和最下边的三角形（包含一个白色顶点和两个黑色顶点，显示出从黑色到白色的渐变）。

产生这些差异的原因是，在光栅化以及对提供给片段着色器的单顶点颜色进行插值期间，我们只渲染了一个三角形。任何特定时间内，我们只能获得 3 个顶点的有价值信息，不能将四视图中的“其他”顶点纳入考虑范围。

显然，两张图都是错的，相比之下并无优劣之分。此外，这两张图像是截然不同的。如果依赖导出工具（或更糟糕的运行时间库）拆分四视图，则我们将无法控制所获得的两张图像中的任意一张。我们能够做些什么来解决这个问题？几何着色器能够接受 GL_LINES_ADJACENCY 类型的基元，其中每个基元均有 4 个顶点，完全足够代表一个四视图。因此，通过使用具有邻接关系的线条，我们至少可以获取几何着色器 4 个顶点的有价值信息。

接下来，我们需要处理光栅化程序。如前所述，几何着色器的输出只能是点、线或三角形。因此，我们最多只能将每个四视图（用 **lines_adjacency** 基元表示）分解成一对三角形。这可能会导致出现之前已经出现过的情形。然而，现在的优势在于我们可以将任何信息传递给片段着色器。

为了正确渲染一个四视图，我们必须考虑对想要插值颜色（或任何其他属性）的域进行参数化。对于三角形，我们使用重心坐标，这是用于加权三角形的 3 个顶角的三维坐标。然而，对于四视图，我们可使用二维参数化。四视图示意图如图 8.25 所示。

四视图的域参数化是二维的，可以用二维向量表示。该向量可在四视图上平滑地插值，以便查找四视图内任何一点的向量值。对于四视图的 4 个顶点 *A*、*B*、*C* 和 D，向量值分别为（0，0）、（0，1）、（1，0）和（1，1）。我们可在几何着色器中按顶点生成这些值，并将它们传递给片段着色器。

为了使用该向量检索其他单片段属性的插值，任何插值将在顶点 *A* 和 *B* 之间以及顶点 *C* 和 *D* 之间随着向量的 *x* 分量平滑移动。同理，*AB* 边沿线的值将根据 CD 边的对应值平滑移动。因此，根据顶点 *A*～*D* 处的属性值，我们可使用域参数在四视图内的任意点处插入一个属性值。

我们的几何着色器只传递 4 个单顶点属性，不做任何修改，如同 **flat** 输出传递给片段着色器，并且单顶点的域参数是平滑变化的，然后片段着色器使用域参数和 4 个单顶点属性直接进行插值。

几何着色器如清单 8.34 所示，片段着色器如清单 8.35 所示；两个着色器均来自于 `gsquads` 示例。最后，渲染图 8.24 所示几何图形的结果如图 8.26 所示。

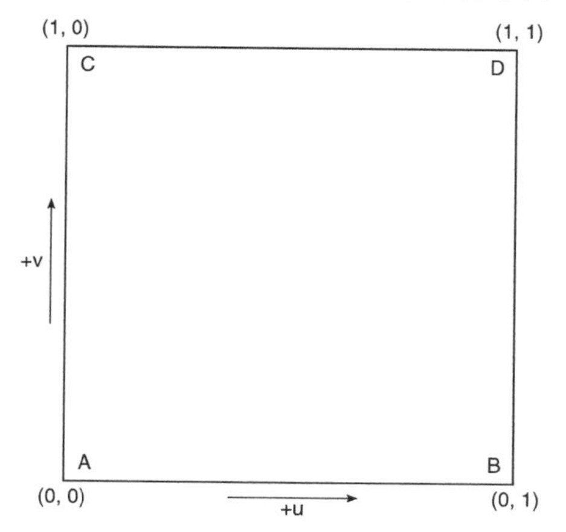

图 8.25　四视图参数化

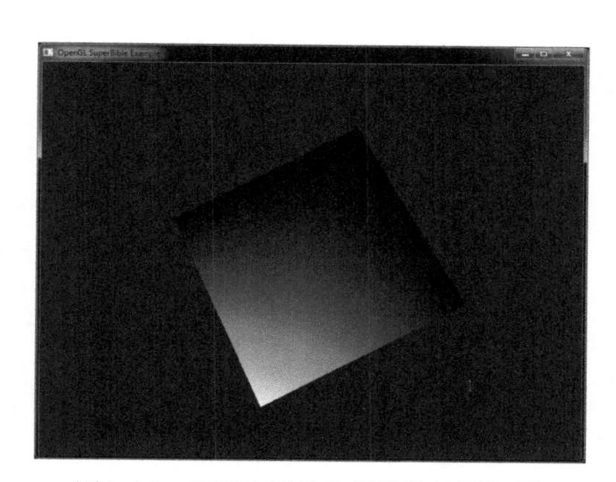

图 8.26　使用几何着色器渲染的四视图

清单 8.34　渲染四视图的几何着色器

```
#version 450 core

layout (lines_adjacency) in;
layout (triangle_strip, max_vertices = 6) out;

in VS_OUT
{
    vec4 color;
} gs_in[4];
out GS_OUT
{
    flat vec4 color[4];
    vec2 uv;
```

```
} gs_out;

void main(void)
{
    gl_Position = gl_in[0].gl_Position;
    gs_out.uv = vec2(0.0, 0.0);
    EmitVertex();

    gl_Position = gl_in[1].gl_Position;
    gs_out.uv = vec2(1.0, 0.0);
    EmitVertex();

    gl_Position = gl_in[2].gl_Position;
    gs_out.uv = vec2(1.0, 1.0);

    // We're only writing the output color for the last
    // vertex here because it's a flat attribute,
    // and the last vertex is the provoking vertex by default
    gs_out.color[0] = gs_in[1].color;
    gs_out.color[1] = gs_in[0].color;
    gs_out.color[2] = gs_in[2].color;
    gs_out.color[3] = gs_in[3].color;
    EmitVertex();

    EndPrimitive();

    gl_Position = gl_in[0].gl_Position;
    gs_out.uv = vec2(0.0, 0.0);
    EmitVertex();

    gl_Position = gl_in[2].gl_Position;
    gs_out.uv = vec2(1.0, 1.0);
    EmitVertex();

    gl_Position = gl_in[3].gl_Position;
    gs_out.uv = vec2(0.0, 1.0);

    // Again, only write the output color for the last vertex
    gs_out.color[0] = gs_in[1].color;
    gs_out.color[1] = gs_in[0].color;
    gs_out.color[2] = gs_in[2].color;
    gs_out.color[3] = gs_in[3].color;
    EmitVertex();

    EndPrimitive();
}
```

清单 8.35 渲染四视图的片段着色器

```
#version 450 core

in GS_OUT
{
    flat vec4 color[4];
    vec2 uv;
} fs_in;
out vec4 color;

void main(void)
{
    vec4 c1 = mix(fs_in.color[0], fs_in.color[1], fs_in.uv.x);
    vec4 c2 = mix(fs_in.color[2], fs_in.color[3], fs_in.uv.x);
```

```
    color = mix(c1, c2, fs_in.uv.y);
}
```

8.2.9 多次视口转换

在第 3 章的 3.5.2 节，我们已经了解到视口转换以及如何通过调用 **glViewport()** 和 **glDepthRange()** 指定正在渲染的窗口矩形。一般情况下，用户会根据应用程序是否在桌面上运行或占据整个显示屏，将视口尺寸设置成覆盖整个窗口或屏幕。然而，可移动周围的视口，并将视口绘制到一个较大帧缓存内的多个虚拟窗口中。不仅如此，OpenGL 有助于你同时使用多个视口，这是一种称为视口数组的功能。

为使用视口数组，首先需要指定想要使用的视口边界。为此，可以调用 **glViewportIndexedf()** 或 **glViewportIndexedfv()**，其原型为

```
void glViewportIndexedf(GLuint index,
                        GLfloat x,
                        GLfloat y,
                        GLfloat w,
                        GLfloat h);

void glViewportIndexedfv(GLuint index,
                         const GLfloat * v);
```

对于 **glViewportIndexedf()** 和 **glViewportIndexedfv()**，index 是要修改的视口索引。注意，有索引的视口命令的视口参数为浮点值，而不是 **glViewport()** 所用的整数。OpenGL 至少[1]支持 16 个视口，因此 index 的范围为 0～15。同理，每个视口都有自己的深度范围，可通过调用 **glDepthRangeIndexed()** 指定，其原型为

```
void glDepthRangeIndexed(GLuint index,
                         GLdouble n,
                         GLdouble f);
```

index 的值可能为 0～15。事实上，**glViewport()** 实际将所有视口的范围设置成相同值域，**glDepthRange()** 将所有视口的深度范围设置成相同值域。如果要一次性设置多个视口，则可以考虑使用 **glViewportArrayv()** 和 **glDepthRangeArrayv()**，其原型为

```
void glViewportArrayv(GLuint first,
                      GLsizei count,
                      const GLfloat * v);

void glDepthRangeArrayv(GLuint first,
                        GLsizei count,
                        const GLdouble * v);
```

这些函数设置 count 视口的视口范围或深度范围，视口索引范围从第一个到数组 v 所指定的参数。对于 **glViewportArrayv()**，数组按顺序包含一个序列的 x、y，width，height 数值。对于 **glDepthRangeArrayv()**，其数组按顺序包含一个序列的 n， f 数对。

1 OpenGL 支持的实际视口数量可通过查询 GL_MAX_VIEWPORTS 确定。

一旦指定视口，你需要将几何图形定向到这些视口。这可以通过使用几何着色器完成。写入内置变量 gl_ViewportIndex 选择要渲染到哪个视口。清单 8.36 显示了这种几何着色器。

清单 8.36 渲染到几何着色器的多个视口

```
#version 450 core

layout (triangles, invocations = 4) in;
layout (triangle_strip, max_vertices = 3) out;

layout (std140, binding = 0) uniform transform_block
{
    mat4 mvp_matrix[4];
};

in VS_OUT
{
    vec4 color;
} gs_in[];

out GS_OUT
{
    vec4 color;
} gs_out;
void main(void)
{
    for (int i = 0; i < gl_in.length(); i++)
    {
        gs_out.color = gs_in[i].color;
        gl_Position = mvp_matrix[gl_InvocationID] *
                      gl_in[i].gl_Position;
        gl_ViewportIndex = gl_InvocationID;
        EmitVertex();
    }
    EndPrimitive();
}
```

当执行清单 8.36 中的着色器时，会调用着色器 4 次。每次调用时，将 gl_ViewportIndex 的值设置成 gl_InvocationID 的值，将各几何着色器实例的结果导向独立视口。此外，每次调用时，它都使用从统一变量块 transform_block 中检索的独立模型-视图-投影矩阵。当然，我们可以构建更复杂的着色器，但该示例足以演示将几何体转换为多个不同视口的方向。我们已经在 multipleViewport 示例中实现此代码，在简单的旋转立方体上运行此着色器的结果如图 8.27 所示。

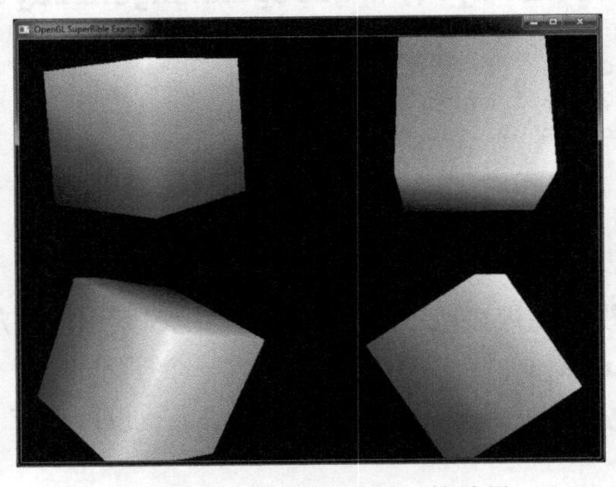

图 8.27 渲染到多个视口的结果

我们可以清楚地看到清单 8.36 所渲染的 4 个立方体副本，如图 8.27 所示。由于每个副本均渲染到各自的视口中，因此对其进行的是单独裁剪。如果立方体延伸超过各自视口的边缘，则通过 OpenGL 的裁剪阶段裁剪掉其顶角。

8.3 总结

本章节介绍了两个曲面细分着色器阶段、固定功能曲面细分引擎以及它们的交互方式。我们还介绍了几何着色器，以及如何使用曲面细分单元和几何着色器更改 OpenGL 管线中的数据量。此外，我们还发现 OpenGL 增加了一些可使用曲面细分和几何着色器访问的功能。从概念上讲，曲面细分着色器和几何着色器是按组处理顶点的。曲面细分着色器的顶点分组形成面片，几何着色器的顶点分组形成线条和三角形等传统基元。几何着色器还可以访问大量特殊的邻接基元类型。当几何着色器使用结束后，最后将基元发送给光栅化程序，然后进行单片段操作，这是下一章的主题。

CHAPTER

09

第9章 片段处理与帧缓冲

本章内容

- 如何将数据传递到片段着色器，如何控制数据发送给片段着色器的方式以及片段着色器后如何处理数据。
- 如何创建自己的帧缓存并控制它们存储的数据格式。
- 如何从单个片段着色器生成多个输出。
- 如何获取帧缓冲数据并将数据输入纹理、缓冲以及应用程序的内存。

本章全部内容均是在介绍后端，即光栅化后的所有操作。在本章中，我们将深入介绍使用片段着色器可以完成的一些有趣操作，并且会介绍数据离开片段着色器后的处理方式，以及如何将数据返回应用程序。我们还将研究如何提高应用程序生成的图像质量，从高动态范围渲染到抗锯齿技术（补偿显示器的像素化效果）以及可以渲染的替代颜色空间。

9.1 片段着色器

前面已经介绍过片段着色器阶段，它是管线中由着色器代码确定每个片段的颜色然后组合发送给帧缓冲的一个阶段。片段着色器对每个片段运行一次，其中片段是可能影响最终像素颜色的虚拟处理元素，其输入来源于光栅化执行过程中的固定功能插值阶段。默认情况下，片段着色器的所有输入块都平滑地在经过光栅化的基元上进行插值，该插值的端点由前端最后一个阶段提供（可能是顶点着色器阶段、曲面细分评估着色器阶段或几何着色器阶段）。然而，你可以在很大程度上控制插值方式甚至决定是否插值。

插值与存储限定符

前几章中，我们已经了解了 GLSL 支持的一些存储限定符。有一些存储限定符可用于控制高级渲染时可使用的插值。其中包括 **flat** 和 **noperspective**，我们很快就会再次讲到。

禁用插值

在片段着色器中声明一项输入时，即生成该输入，或在正在渲染的基元进行插值。然而，每当从前端传递一个整数到后端时，就必须禁用插值。这一设置是自动完成的，因为 OpenGL 无法平滑地插值整数。也可以直接禁用浮点片段着色器输入的插值。已禁用插值的片段着色器输入称为平场输入（与之对应的是平滑输入，指通常由 OpenGL 完成的平滑插值）。要为未插值的片段着色器创建平场输入，可以使用 **flat**[1]存储限定符进行声明：

```
flat in vec4 foo;
flat in int  bar;
flat in mat3 baz;
```

还可以将插值限定符应用于输入块，这是能用到 **smooth** 限定符的地方。应用于输入块的插值限定符由输入块内各元素继承，也就是说，这些插值限定符会自动应用于输入块的所有元素。但是，可以对输入块的各元素应用不同的限定符。参考以下代码段：

```
flat in INPUT_BLOCK
{
    vec4        foo;
    int         bar;
    smooth mat3 baz;
};
```

这段代码中 foo 已禁用插值，因为它从父输入块继承了 **flat** 限定。bar 是一个整数，因此自动成为平场输入。然而，即使 baz 是包含 **flat** 插值限定符的输入块元素，它也属于平滑插值，因为它应用了元素级 **smooth** 插值限定符。

虽然我们根据片段着色器输入描述此功能，但不要忘记前端对应输出所使用的存储和插值限定符必须与片段着色器输入所使用的存储和插值限定相匹配。换句话说，无论前端的最后一个阶段是顶点着色器、曲面细分评估着色器还是几何着色器，都应使用 **flat** 限定符声明对应输出。

当片段使用平场输入时，其值仅来自基元中的一个顶点。当渲染基元为单点时，只能从一个地方获取数据。但是，当渲染基元为线条或三角形时，则使用基元的第一个或最后一个顶点。从中获取平场片段着色器输入值的顶点称为激发顶点。你可以通过调用以下函数决定使用第一个还是最后一个顶点：

```
void glProvokingVertex(GLenum provokeMode);
```

在该函数中，provokeMode 表示应使用哪个顶点，有效值为 GL_FIRST_VERTEX_CONVENTION 和 GL_LAST_VERTEX_CONVENTION。默认设置为 GL_LAST_VERTEX_CONVENTION。

无透视校正的插值

如前所述，OpenGL 在三角形等基元的面上插值片段着色器的输入值，并为片段着色器的每次调用提供一个新值。默认情况下，在渲染基元所在空间内进行平滑插值。如果要平视三角形平面，则着色器输入在三角形表面上的步长应相等。然而，OpenGL 在屏幕空间中从像素到

1 可以使用 **smooth** 存储限定符直接宣告浮点片段着色器输入，但这样做常常显得多余，因为这是默认设置。

像素逐一进行插值。三角形直接位于一个平面上的可能性很小，因此透视收缩意味着像素到像素的步长不是一成不变的，即屏幕空间内的步长不是线性相关的。OpenGL 通过使用透视校正插值来纠正这个问题。要实现此功能，它将插值屏幕空间中的线性值，并使用其结果导出每个像素处的着色器输入的实际值。

考虑要插值到三角形上的纹理坐标 *uv*。在屏幕空间内，*u* 和 *v* 都是非线性的。但是（由于一些超出本节范围的数学知识），$\frac{u}{w}$ 和 $\frac{v}{w}$ 在屏幕空间中是线性的，$\frac{1}{w}$ 也是（片段坐标的第四个分量）。因此，OpenGL 的实际插值为

$$\frac{u}{w},\frac{v}{w}\text{和}\frac{1}{w}$$

在每个像素处，往复移动 $\frac{1}{w}$，找到 *w*，再用 *w* 乘以 $\frac{u}{w}$ 和 $\frac{v}{w}$ 找到 *u* 和 *v*，从而为片段着色器的每个实例提供插值的透视校正值。

一般情况下，该结果正是我们想要的。但是，在其他时候，我们不希望出现这个结果。例如，如果要在屏幕空间中执行插值而不考虑基元方向，则可使用 **noperspective** 存储限定符，例如，顶点着色器中的

```
noperspective out vec2 texcoord;
```

（或管线前端内最靠后的任意顶点）以及片段着色器中的

```
noperspective in vec2 texcoord;
```

使用透视校正和屏幕空间线性（**noperspective**）渲染的结果如图 9.1 所示。

图 9.1　透视校正与线性插值比较

图 9.1 中上面的一组图像集显示了当一对三角形与观察角度改变时，对其应用的透视校正插值。同时，图 9.1 中下面的一组图像集显示了 **noperspective** 存储限定符是如何影响纹理坐标

的插值的。当这对三角形相对于观察者移动到越来越倾斜的角度时，纹理也变得越来越倾斜。

9.2 单片段测试

片段着色器运行后，OpenGL 需要确定如何处理所生成的片段。几何图形被裁剪并转换成标准化的设备空间，因此光栅化生成的所有片段都已显示在屏幕上（或窗口内）。但是，OpenGL 随后对片段进行了许多其他测试，以确定是否以及如何将其写入帧缓存。这些测试（按照逻辑顺序）包括剪裁测试、模板测试以及深度测试。将在以下章节中按管线顺序介绍。

9.2.1 剪裁测试

剪裁矩形是可以在屏幕坐标系中指定的任意矩形，有助于进一步裁剪渲染到特定区域。与在视口中不同的是，几何图形不会直接从剪裁矩形裁剪，而是光栅化后[1]处理的一部分，针对矩形测试的各个片段。与 viewport 矩形相同，OpenGL 支持很多剪裁矩形。如果要设置这些矩形，则可调用 **glScissorIndexed()** 或 **glScissorIndexedv()**，其原型为

```
void glScissorIndexed(GLuint index,
                      GLint left,
                      GLint bottom,
                      GLsizei width,
                      GLsizei height);

void glScissorIndexedv(GLuint index,
                       const GLint * v);
```

对于这两个函数，index 参数指定要更改的剪裁矩形。left、bottom、width 和 height 参数则描述窗口坐标系中定义剪裁矩形的区域。对于 **glScissorIndexedv()**，left、bottom、width 和 height 参数（按这个顺序）储存在以 v 传递地址的数组中。

这是一个便捷函数，可以通过调用以下函数设置每个剪裁工具的矩形，无论 OpenGL 实现支持多大的数量：

```
void glScissor(GLint x,
               GLint y,
               GLsizei width,
               GLsizei height);
```

如果想要使除一个视口外的所有视口的剪裁矩形相同，则可以调用 **glScissor()** 重置所有剪裁矩形，然后调用 **glScissorIndexed()** 更新要设置的视口。还可调用一次下列函数设置一组完整的剪裁矩形：

```
void glScissorArrayv(GLuint first,
                     GLsizei count,
                     const GLint *v);
```

---

1 有些 OpenGL 实现可在几何阶段结束时或光栅化早期阶段应用剪裁，此处我们只介绍 OpenGL 逻辑管线。

该函数的工作机制与 **glViewportArrayv()** 相似，都是从第一个矩形开始统计剪裁矩形数量。数组 v 在内存中被组织为（x，y，width，height）。

要选择剪裁矩形，则使用几何着色器中的 gl_ViewportIndex 内置输出（与选择视口的输出相同）。

给定一组视口和一组剪裁矩形时，两个数组使用的索引相同。要在全域内启用剪裁测试，则调用

```
glEnable(GL_SCISSOR_TEST);
```

要禁用剪裁测试，则调用

```
glDisable(GL_SCISSOR_TEST);
```

如果只想对单个视口矩形启用或禁用剪裁测试，则调用

```
glEnablei(GL_SCISSOR_TEST, index);
```

以及

```
glDisablei(GL_SCISSOR_TEST, index);
```

glEnablei() 和 **glDisablei()** 是 **glEnable()** 和 **glDisable()** 的索引形式。在这里，index 是要启用或禁用剪裁测试的视口矩形的索引。至于 **glScissorIndexed()** 和 **glScissor()**，**glEnablei()** 和 **glDisablei()** 分别对单个视口矩形启用和禁用剪裁，而 **glEnable()** 和 **glDisable()** 控制所有视口矩形。

剪裁测试默认是禁用的，所以除非需要进行剪裁测试，否则无须进行任何操作。如果再次使用清单 8.36 中的着色器（用实例几何着色器写入 gl_ViewportIndex）启用剪裁测试并设置一些剪裁矩形，则可以屏蔽渲染部分。清单 9.1 显示了 multiscissor 设置剪裁矩形的部分代码，图 9.2 显示了使用此代码的渲染结果。

图 9.2 使用 4 种不同剪裁矩形渲染

清单 9.1 设置剪裁矩形数组

```
// Turn on scissor testing
glEnable(GL_SCISSOR_TEST);

// Each rectangle will be 7/16 of the screen
int scissor_width = (7 * info.windowWidth) / 16;
int scissor_height = (7 * info.windowHeight) / 16;

// Four rectangles - lower left first...
glScissorIndexed(0, 0, 0, scissor_width, scissor_height);

// Lower right...
glScissorIndexed(1,
                 info.windowWidth - scissor_width, 0,
                 info.windowWidth - scissor_width, scissor_height);

// Upper left...
glScissorIndexed(2,
                 0, info.windowHeight - scissor_height,
                 scissor_width, scissor_height);
```

```
// Upper right...
glScissorIndexed(3,
                 info.windowWidth - scissor_width,
                 info.windowHeight - scissor_height,
                 scissor_width, scissor_height);
```

关于剪裁测试要注意一点，当使用 **glClear()** 或 **glClearBufferfv()** 清除帧缓冲时，也会应用第一个剪裁矩形。因此，可以使用剪裁矩形清除帧缓存内的任意矩形，但如果在帧结束时启用剪裁测试再尝试清除帧缓存，则可能会出现错误。

9.2.2 模板测试

片段管线的下一步是模板测试。可以将模板测试看作在硬纸板上剪出一个形状，然后使用该剪贴画在壁画上喷涂该形状。喷漆只有在纸板被剪下的地方才能落到墙壁上（就像真正的模板一样）。如果帧缓存的像素格式包含模板缓存，则可以用相似方法遮罩帧缓冲绘图。可通过调用 **glEnable()** 并在 cap 参数中传递 GL_STENCIL_TEST 启用制版。大多数实现仅支持 8 位模板缓存，但某些配置可支持更少的位元（或更多位元，尽管这极其罕见）。

绘图命令可直接影响模板缓存，模板缓冲值可直接影响所绘制的像素。为了控制与模板缓存的交互，OpenGL 提供 **glStencilFuncSeparate()** 和 **glStencilOpSeparate()** 两个命令。OpenGL 允许分别为前向几何和背向几何设置这两个命令。**glStencilFuncSeparate()** 和 **glStencilOpSeparate()** 的原型为

```
void glStencilFuncSeparate(GLenum face,
                           GLenum func,
                           GLint ref,
                           GLuint mask);

void glStencilOpSeparate(GLenum face,
                         GLenum sfail,
                         GLenum dpfail,
                         GLenum dppass);
```

首先来看 **glStencilFuncSeparate()**，该命令用于控制模板测试通过或不通过的条件。分别对前向基元和背向基元应用模板测试，其中每种基元的状态不尽相同。可为 face 传递 GL_FRONT、GL_BACK 或 GL_FRONT_AND_BACK，放大将受到影响的几何体。func 的值可以是表 9.1 中的任意值，这些值指定了几何体通过模板测试的条件。

表 9.1　　模板函数

功能	通过条件
GL_EQUAL	参考值等于缓冲值
GL_GEQUAL	参考值大于或等于缓冲值
GL_GREATER	参考值大于缓冲值
GL_NOTEQUAL	参考值不等于缓冲值
GL_EQUAL	参考值等于缓冲值
GL_GEQUAL	参考值大于或等于缓冲值
GL_GREATER	参考值大于缓冲值
GL_NOTEQUAL	参考值不等于缓冲值

ref 值是用于计算结果通过或失败的引用，mask 参数可以控制将哪些引用位与缓存进行比较。在虚拟代码中，可按以下方式有效实施模板测试操作：

```
GLuint current = GetCurrentStencilContent(x, y);
if (compare(current & mask,
            ref & mask,
            front_facing ? front_op : back_op))
{
    passed = true;
}
else
{
    passed = false;
}
```

接下来的步骤是使用 **glStencilOpSeparate()** 告诉 OpenGL 在模板测试通过或失败后应如何处理。该函数有 4 个参数，第一个参数指定哪些面会受到影响。接下来的 3 个参数控制执行模板测试后发生的事情，可以是表 9.2 中的任意值。第二个参数 sfail 是模板测试失败后执行的操作。dpfail 参数指定深度缓冲测试失败后执行的操作，最后一个参数 dppass 指定深度缓冲测试通过后执行的操作。由于模板测试先于深度测试（我们稍后讨论），如果模板测试失败，则立即终止该片段，不再做进一步处理，这解释了为什么这里只有 3 次操作而不是 4 次。

表 9.2 模板操作

功能	结果
GL_KEEP	不修改模板缓冲
GL_ZERO	将模板缓冲值设置为 0
GL_REPLACE	将模板值替换成参考值
GL_INCR	带饱和度的增量模板
GL_DECR	带饱和度的减量模板
GL_INVERT	按位倒转模板值
GL_INCR_WRAP	无饱和度的增量模板
GL_DECR_WRAP	无饱和度的减量模板

实际上是如何实现的呢？现在来看清单 9.2 所示的典型用法简单示例。第一步是将模板缓存清除为 0，实现方式是调用 **glClearBufferiv()** 并将 buffer 设置为 GL_STENCIL，drawBuffer 设置为 0 并将值指向一个含 0 变量。接着绘制一个可能包含玩家得分和统计数据等详细信息的窗口边框。要将模板测试设置成始终在引用值=1 时通过，则调用 **glStencilFuncSeparate()**。下一步，告诉 OpenGL 仅在深度测试通过时，通过调用 **glStencilOpSeparate()** 并渲染边界几何体更换模板缓冲中的值。这将使边界区域像素变成 1，而帧缓存剩余部分仍为 0。最后，设置模板状态，使模板测试仅在模板缓冲值为 0 时通过，然后渲染场景的其余部分。结果就是，我们刚刚绘制的会覆盖边界的所有像素无法通过模板测试，并且无法绘制到帧缓存。清单 9.2 显示了模板测试的应用示例。

清单 9.2 示例模板缓冲用途和模板边框装饰

```
// Clear stencil buffer to 0
const GLint zero;
glClearBufferiv(GL_STENCIL, 0, &zero);
```

```
// Set up stencil state for border rendering
glStencilFuncSeparate(GL_FRONT, GL_ALWAYS, 1, 0xff);
glStencilOpSeparate(GL_FRONT, GL_KEEP, GL_ZERO, GL_REPLACE);

// Render border decorations
...

// Now, border decoration pixels have a stencil value of 1.
// All other pixels have a stencil value of 0.

// Set up stencil state for regular rendering;
// fail if pixel would overwrite border
glStencilFuncSeparate(GL_FRONT_AND_BACK, GL_LESS, 1, 0xff);
glStencilOpSeparate(GL_FRONT, GL_KEEP, GL_KEEP, GL_KEEP);

// Render the rest of the scene; will not render over stenciled
// border content
...
```

还有另外两个模板函数：**glStencilFunc()**和**glStencilOp()**。如果要将 face 参数设置成 GL_FRONT_AND_BACK，则这些函数的行为与**glStencilFuncSeparate()**和**glStencilOpSeparate()**相同。

控制模板缓冲更新

通过灵活运用模板操作模式（例如全部设置成相同值或合理使用 GL_KEEP），可以在模板缓存上执行一些相对灵活的操作。但是，除此之外，还可以控制模板缓存的位元更新。**glStencilMaskSeparate()**函数有一个位域，指示应更新模板缓存中的哪些位元，哪些位元应保持不变。原型为

```
void glStencilMaskSeparate(GLenum face, GLuint mask);
```

与模板测试函数相同，它有两组状态，一组用于前向基元，一组用于背向基元。与**glStencilFuncSeparate()**相同，face 参数指定应影响哪些类型的基元。mask 是一个位字段，如果模板缓存少于 32 位（最新 OpenGL 实现最多支持 8 位），该位字段可映射到模板缓存中的位元，只使用了多个最低有效位 mask。如果 mask 位设置为 1，则可更新模板缓存中的对应位元。相反，如果 mask 位设置为 0，则不会写入对应的模板位元。可参考以下代码：

```
GLuint mask = 0x000F;
glStencilMaskSeparate(GL_FRONT, mask);
glStencilMaskSeparate(GL_BACK, ~mask);
```

在该示例中，第一次调用**glStencilMaskSeparate()**会影响前向基元，启用模板缓存的 4 个低位进行写入，而其他位元保持禁用。第二次调用**glStencilMaskSeparate()**为背向基元设置相反的遮罩。这样基本上就可以将两个模板值压缩到一起写入一个 8 位模板缓存中，四个低位用于前向基元，4 个高位用于背向基元。

9.2.3 深度测试

完成模板操作后，如果启用深度测试，则 OpenGL 根据深度缓存的现有内容测试片段深度

值。如果还启用了深度写入并且该片段已通过深度测试，则使用该片段的深度值更新深度缓存。如果深度测试失败，则删除该片段并且不将该片段传递给后续片段操作。

基元组合阶段的输入是组成基元的一组顶点位置。每个输入都有 *z* 坐标。对该坐标进行缩放和偏置处理，使正常的[1]可见值域为 0～1。这是通常存储在深度缓存中的值。深度测试期间，OpenGL 从深度缓存中读取当前片段坐标处的片段深度值，并将其与待处理片段生成的深度值进行比较。

可选择使用哪一个比较运算符确定片段是否“已通过”深度测试。要设置深度比较运算符（或深度函数），则调用 **glDepthFunc()**，其原型为

```
void glDepthFunc(GLenum func);
```

在该函数中，func 是一种可用的深度比较运算符。func 的合法值及其含义见表 9.3。

表 9.3 深度比较函数

功能	含义
GL_ALWAYS	深度测试始终通过——所有片段均视为已通过深度测试
GL_NEVER	深度测试从未通过——所有片段均视为未通过深度测试
GL_LESS	如果新片段的深度值小于旧片段的深度值，则通过深度测试
GL_LEQUAL	如果新片段的深度值小于或等于旧片段的深度值，则通过深度测试
GL_EQUAL	如果新片段的深度值等于旧片段的深度值，则通过深度测试
GL_NOTEQUAL	如果新片段的深度值不等于旧片段的深度值，则通过深度测试
GL_GREATER	如果新片段的深度值大于旧片段的深度值，则通过深度测试
GL_GEQUAL	如果新片段的深度值大于或等于旧片段的深度值，则通过深度测试

如果禁用深度测试，则深度测试应该总是通过（即深度函数设置为 GL_ALWAYS），只有一个例外：仅当启用深度测试时才更新深度缓存。如果要将几何体无条件写入深度缓存，则必须启用深度测试，并将深度函数设置成 GL_ALWAYS。默认情况下，禁用深度测试。启用深度测试时，调用

```
glEnable(GL_DEPTH_TEST);
```

如要再次禁用，只需调用 **glDisable()** 并使用 GL_DEPTH_TEST 参数。一个非常常见的错误是禁用深度测试而期望更新。同样，除非还启用了深度测试，否则不会更新深度缓存，因此如果想在不进行测试的情况下渲染到深度缓存，就需要启用深度测试并将深度测试模式设置为 GL_ALWAYS。

控制深度缓冲更新

无论深度测试的结果如何，都可以启用和禁用对深度缓存的写入。记住，深度缓存仅在启用深度测试时更新（但如果实际不需要深度测试，只需要更新深度缓存，可将测试函数设置为 GL_ALWAYS）。**glDepthMask()** 函数采用一个布尔标志，如果是 GL_TRUE 则启用深度缓存的写入，如果是 GL_FALSE 则禁用。例如：

```
glDepthMask(GL_FALSE);
```

1 可关闭该可见性检查，并将所有片段视为可见，即使片段超出深度缓存中存储的 0～1 范围。

无论深度测试的结果如何，都将禁用写入深度缓冲。例如，你可以用它来绘制深度缓存应测试的几何体，但不应更新它。默认情况下，深度遮罩设置为 GL_TRUE，这意味着如果希望按这种常规方式进行深度测试和写入，则无须更改此设置。

深度夹紧

OpenGL 用 0～1 的有限数字表示各片段的深度。深度为 0 的片段与近平面相交（如果为实物，会刺入观察者的眼睛），深度为 1 的片段位于最远的可描绘深度但并非无限远。为了消除远平面并在任意距离处绘制物体，我们需要在深度缓存中存储任意大的数字，但这是不可能的。为了解决这个问题，OpenGL 可以选择关闭对近平面和远平面的裁剪，而是将生成的深度值限制在 0～1。这意味着任何突出到近平面后方或远平面上方的几何体基本上都将投射到该平面上。

启用深度夹紧（并同时关闭对近平面和远平面裁剪）时，需调用

```
glEnable(GL_DEPTH_CLAMP);
```

禁用深度夹紧时，需调用

```
glDisable(GL_DEPTH_CLAMP);
```

图 9.3 展示了启用深度夹紧和绘制与近平面相交的基元的效果。在二维空间中演示这种效果更简单，因此图 9.3 中的左图显示了视锥体，就像我们正在俯视它一样。黑线表示应在近平面上裁剪的基元，虚线表示裁剪掉的部分基元。

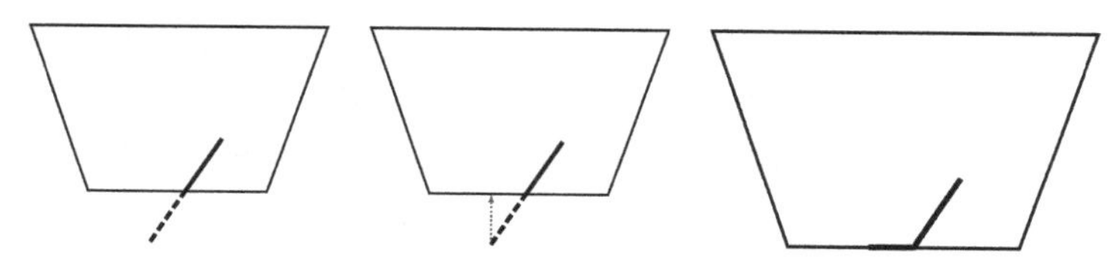

图 9.3 近平面深度夹紧的效果

启用深度夹紧时，不裁剪基元，而是将生成时已超出 0～1 范围的深度值缩放到该范围内，从而有效地将基元投射到近平面（如果基元已经裁剪近平面就投射到远平面）。图 9.3 中的中图显示了这种投影情况。图 9.3 中的右图显示了实际的渲染结果。黑线代表最终写入深度缓存的值。图 9.4 显示了如何将这个转化为实际应用。

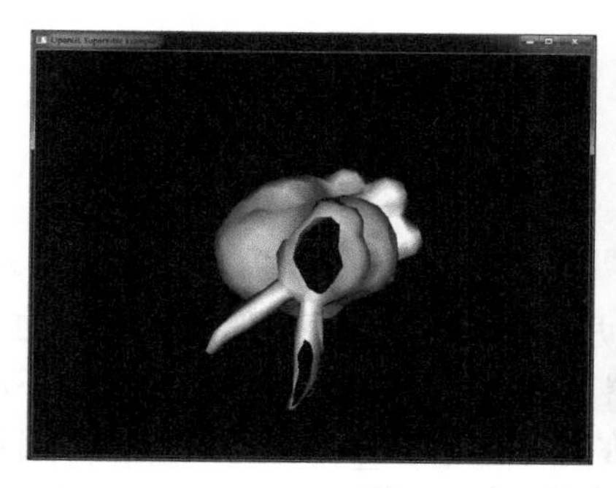

图 9.4 有无深度夹紧的裁剪对象

在图 9.4 的左图中，几何体已经非常靠近观察者，以至于它被部分裁剪到近平面上。因此，

原本近平面后面的多边形部分根本无法绘制；这部分缺失导致模型中留下了一个大洞。可以直接看到该对象的另一侧，图像明显不正确。在图 9.4 的右图中，已启用深度夹紧。如图所示，左图缺失的几何体重新显示出来，填补了对象中的大洞。从技术上讲，深度缓存中的值是错误的，但不会转化成视觉异常，生成图片的视觉效果比左图更好。

9.2.4 早期测试

从逻辑上讲，深度测试和模板测试是在片段完成着色后进行的，但大多数图形硬件都能够在运行着色器之前执行测试，并能够避免测试失败时产生的着色器执行成本。但是，如果着色器具有副作用（例如直接写入纹理）或者影响测试结果，则不能使 OpenGL 先执行测试，并且必须始终运行着色器。如果没有副作用，则其行为应与规定深度测试在着色器之后运行的逻辑规范不匹配。此外，必须等待着色器完成执行后才能执行深度测试或更新模板缓存。

写入内置 gl_FragDepth 输出是阻止 OpenGL 执行深度测试的着色器操作特例。有一个特殊内置变量 gl_FragDepth，可在其中写入更新后的深度值。如果片段着色器没有写入该变量，则使用 OpenGL 生成的深度插值作为片段的深度值。片段着色器可为 gl_FragDepth 计算一个全新值，也可以从值 gl_FragCoord.z 中获取一个值。随后，OpenGL 将此新值用作深度测试的引用，并且深度测试通过后作为写入深度缓存的值。例如，可使用此功能稍微改变深度缓存中的值以及创建凹凸不平的曲面。当然，要对这些曲面进行适当着色才能使它们看起来凹凸不平，但根据深度缓存的内容测试新对象时，其结果会与着色保持一致。

由于写入 gl_FragDepth 时着色器会更改片段的深度值，因此在运行着色器前，OpenGL 是无法执行深度测试的，因为 OpenGL 并不知道用户要在着色器中放入什么对象。针对这种情形，OpenGL 提供了一些布局限定符以便了解用户想对深度值进行的操作。

深度缓冲的值域范围为 0.0～1.0，深度测试比较运算符包括 GL_LESS 和 GL_GREATER 等函数。例如，如果现在将深度测试函数设置为 GL_LESS（会传递任何更靠近观察者的片段而非帧缓存中的当前片段），然后将 gl_FragDepth 设置为小于期望值，则无论着色器执行任何操作，该片段都将通过深度测试，并且原始测试结果仍然有效。这时，OpenGL 已经清楚它可以先执行深度测试再运行片段着色器，即使逻辑管线要求运行片段着色器后再执行深度测试。

用于告诉 OpenGL 如何处理深度的布局限定符将应用于重新声明。可以采用以下任意形式重新声明 gl_FragDepth：

```
layout (depth_any) out float gl_FragDepth;
layout (depth_less) out float gl_FragDepth;
layout (depth_greater) out float gl_FragDepth;
layout (depth_unchanged) out float gl_FragDepth;
```

如果使用 depth_any 布局限定符，你将告诉 OpenGL 可能写入任何数值到 gl_FragDepth 中。这实际上默认的，如果 OpenGL 发现着色器写入 gl_FragDepth，它会搞不清楚你对着色器做了什么并假设结果可能是任何事情。如果你指定 depth_less，那么实际上是在说你写入到 gl_FragDepth 的任何值将导致片段的深度值小于预期值。在这种情况下，GL_LESS 和 GL_LEQUAL 比较函数的结果仍然有效。同样地，使用着色器表示着色器只会使片段深度大于预期值，因此，GL_GREATER 和 GL_GEQUAL 测试的结果仍然有效。

最终限定符 depth_unchanged 比较特殊。它告诉 OpenGL 无论你对 gl_FragDepth 执行什么操作，都可以任意假设你没有对该变量写入任何会改变深度测试结果的数值。在 depth_any、depth_less 和 depth_greater 中，虽然在某些情况下，执行着色器前 OpenGL 可以自由执行深度测试，但有时候它必须运行着色器并等待着色器完成才能执行深度测试。选择 depth_unchanged，则是在告诉 OpenGL 无论如何处理片段的深度值，测试的原始结果仍然有效。如果计划稍微改变片段的深度，则可以选择使用此选项，但不能使其与场景中的其他任何几何体相交（或者你并不关心它是否相同）。

无论应用哪个布局限定符来重新宣告 gl_FragDepth 以及 OpenGL 决定对其执行什么操作，你写入 gl_FragDepth 的值都将限定在 0.0～1.0 之间并写入深度缓存中。

9.3 颜色输出

颜色输出阶段是片段被写入帧缓存前所经历的最后一个 OpenGL 管线阶段，它确定了颜色数据离开片段着色器后最终显示给用户之前所经历的操作。

9.3.1 混合

对通过单片段测试的片段执行混合。混合可以将输入源颜色与颜色缓存中的已有颜色混合，或使用许多支持的混合方程之一的其他常量相结合。

如果要绘制的缓存是固定点，则先将输入源颜色缩放到 0.0～1.0 再进行任何混合操作。通过调用以下函数启用混合：

```
glEnable(GL_BLEND);
```

通过调用以下函数禁用混合：

```
glDisable(GL_BLEND);
```

OpenGL 的混合功能很强大且可高度配置。其工作原理是用源颜色（着色器生成的值）乘以源因子，然后用帧缓存内的颜色乘以目标因子，再使用可选择的混合方程运算将这两次乘法运算的结果相加。

混合函数

如要选择 OpenGL 将使用着色器的结果与帧缓存中的值分别相乘的源因子和目标因子，可以调用 **glBlendFunc()** 或 **glBlendFuncSeparate()**。通过 **glBlendFunc()** 可以设置 4 个数据通道（红色、绿色、蓝色和透明度）的源因子和目标因子。通过 **glBlendFuncSeparate()** 可以为红色、绿色和蓝色通道设置一个源因子和目标因子，为透明度信道设置另一个源因子和目标因子。

```
glBlendFuncSeparate(GLenum srcRGB, GLenum dstRGB,
                    GLenum srcAlpha, GLenum dstaAlpha);

glBlendFunc(GLenum src, GLenum dst);
```

这些调用的可能值参见表 9.4。混合函数中可能使用 4 种数据源，即第一源颜色（R_{s0}、G_{s0}、B_{s0} 和 A_{s0}）、第二源颜色（R_{s1}、G_{s1}、B_{s1} 和 A_{s1}）、目标颜色（R_d、G_d、B_d 和 A_d）和常量混色（R_c、G_c、B_c 和 A_c）。最后一个值常量混色可通过调用 **glBlendColor()** 设置：

```
glBlendColor(GLfloat red, GLfloat green,
             GLfloat blue, GLfloat alpha);
```

除所有这些源之外，常数值 0 和 1 可以用作任何乘积项。

表 9.4 混合函数

混合函数	RGB	透明度
GL_ZERO	(0, 0, 0)	0
GL_ONE	(1, 1, 1)	1
GL_SRC_COLOR	(R_{s0}, G_{s0}, B_{s0})	A_{s0}
GL_ONE_MINUS_SRC_COLOR	$(1, 1, 1) - (R_{s0}, G_{s0}, B_{s0})$	$1 - A_s0$
GL_DST_COLOR	(R_d, G_d, B_d)	A_d
GL_ONE_MINUS_DST_COLOR	$(1, 1, 1) - (R_d, G_d, B_d)$	$1 - A_d$
GL_SRC_ALPHA	(A_{s0}, A_{s0}, A_{s0})	A_{s0}
GL_ONE_MINUS_SRC_ALPHA	$(1, 1, 1) - (A_{s0}, A_{s0}, A_{s0})$	$1 - A_{s0}$
GL_DST_ALPHA	(A_d, A_d, A_d)	A_d
GL_ONE_MINUS_DST_ALPHA	$(1, 1, 1) - (A_d, A_d, A_d)$	$1 - A_d$
GL_CONSTANT_COLOR	(R_c, G_c, B_c)	A_c
GL_ONE_MINUS_CONSTANT_COLOR	$(1, 1, 1) - (R_c, G_c, B_c)$	$1 - A_c$
GL_CONSTANT_ALPHA	(A_c, A_c, A_c)	A_c
GL_ONE_MINUS_CONSTANT_ALPHA	$(1, 1, 1) - (A_c, A_c, A_c)$	$1 - A_c$
GL_ALPHA_SATURATE	(f, f, f) $f = \min(A_{s0}, 1 - A_d)$	1
GL_SRC1_COLOR	(R_{s1}, G_{s1}, B_{s1})	A_{s1}
GL_ONE_MINUS_SRC1_COLOR	$(1, 1, 1) - (R_{s1}, G_{s1}, B_{s1})$	$1 - A_{s1}$
GL_SRC1_ALPHA	(A_{s1}, A_{s1}, A_{s1})	A_{s1}
GL_ONE_MINUS_SRC1_ALPHA	$(1, 1, 1) - (A_{s1}, A_{s1}, A_{s1})$	$1 - A_{s1}$

举个简单的例子，请参考清单 9.3 中所示的代码。该代码将帧缓存清除为中橙色，启用混合，将混色设置成中蓝色，然后使用各种组合的源混合函数和目标混合函数绘制一个小立方体。

清单 9.3 所有混合函数的渲染

```
static const GLfloat orange[] = { 0.6f, 0.4f, 0.1f, 1.0f };
glClearBufferfv(GL_COLOR, 0, orange);
```

```
static const GLenum blend_func[] =
{
    GL_ZERO,
    GL_ONE,
    GL_SRC_COLOR,
    GL_ONE_MINUS_SRC_COLOR,
    GL_DST_COLOR,
    GL_ONE_MINUS_DST_COLOR,
    GL_SRC_ALPHA,
    GL_ONE_MINUS_SRC_ALPHA,
    GL_DST_ALPHA,
    GL_ONE_MINUS_DST_ALPHA,
    GL_CONSTANT_COLOR,
    GL_ONE_MINUS_CONSTANT_COLOR,
    GL_CONSTANT_ALPHA,
    GL_ONE_MINUS_CONSTANT_ALPHA,
    GL_SRC_ALPHA_SATURATE,
    GL_SRC1_COLOR,
    GL_ONE_MINUS_SRC1_COLOR,
    GL_SRC1_ALPHA,
    GL_ONE_MINUS_SRC1_ALPHA
};
static const int num_blend_funcs = sizeof(blend_func) /
                                   sizeof(blend_func[0]);
static const float x_scale = 20.0f / float(num_blend_funcs);
static const float y_scale = 16.0f / float(num_blend_funcs);
const float t = (float)currentTime;

glEnable(GL_BLEND);
glBlendColor(0.2f, 0.5f, 0.7f, 0.5f);
for (j = 0; j < num_blend_funcs; j++)
{
    for (i = 0; i < num_blend_funcs; i++)
    {
        vmath::mat4 mv_matrix =
            vmath::translate(9.5f - x_scale * float(i),
                             7.5f - y_scale * float(j),
                             -50.0f) *
            vmath::rotate(t * -45.0f, 0.0f, 1.0f, 0.0f) *
            vmath::rotate(t * -21.0f, 1.0f, 0.0f, 0.0f);

        glUniformMatrix4fv(mv_location, 1, GL_FALSE, mv_matrix);

        glBlendFunc(blend_func[i], blend_func[j]);

        glDrawElements(GL_TRIANGLES, 36, GL_UNSIGNED_SHORT, 0);
    }
}
```

清单 9.3 所示代码的渲染结果如图 9.5 所示。该图像也可参见色板 1，通过 blendmatrix 样本应用程序生成。

双源混合

你可能已经发现，表 9.4 中的某些因子使用源 0 颜色（R_{s0}、G_{s0}、B_{s0} 和 A_{s0}），而其他使用源 1 颜色（R_{s1}、G_{s1}、B_{s1} 和 A_{s1}）。通过设置着色器所使用的输出以及使用 index 布局限定符指定这些输出的索引，着色器可从给定颜色缓存导出多种最终颜色。示例如下：

```
layout (location = 0, index = 0) out vec4 color0;
layout (location = 0, index = 1) out vec4 color1;
```

在这些组合中，color0_0 用于 GL_SRC_COLOR 因子，color0_1 用于 GL_SRC1_COLOR。使用双源混合函数时，可使用的单独颜色缓存数量较少。可通过查询 GL_MAX_DUAL_SOURCE_DRAW_BUFFERS 的值确定支持的双输出缓冲数量。

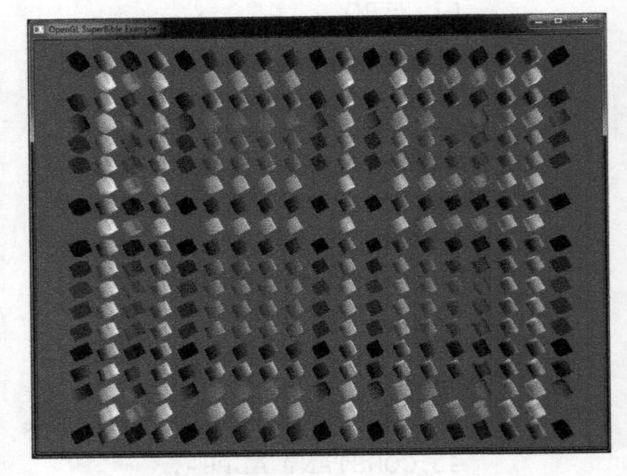
图 9.5 混合函数的所有组合

混合方程

用源因子和目标因子分别乘以源颜色和目标颜色后，需要将两个乘积相加。这可以由通过调用 **glBlendEquation()** 或 **glBlendEquationSeparate()** 来设置的方程完成。至于混合函数，可以为红色、绿色和蓝色通道选择一个混合方程，为透明度信道选择另一个混合方程，使用 **glBlendEquationSeparate()** 来执行此操作。如果要使两个方程相等，则可调用 **glBlendEquation()**。

```
glBlendEquation(GLenum mode);

glBlendEquationSeparate(GLenum modeRGB,
                        GLenum modeAlpha);
```

对于 **glBlendEquation()**，唯一的参数 mode 为红色、绿色、蓝色和透明度通道选择相同的模式。对于 **glBlendEquationSeparate()**，可为红色、绿色和蓝色通道（在 modeRGB 中指定）选择一个方程，为透明度通道（在 modeAlpha 中指定）选择另一个方程。传递到这两个函数的值如表 9.5 所示。

表 9.5 混合方程

方程	RGB	透明度
GL_FUNC_ADD	$S_{rgb} * RGBs + D_{rgb} * RGB_d$	$S_a * A_s + D_a * A_d$
GL_FUNC_SUBTRACT	$S_{rgb} * RGB_s - D_{rgb} * RGB_d$	$S_a * A_s - D_a * A_d$
GL_FUNC_REVERSE_ SUBTRACT	$D_{rgb} * RGB_d - S_{rgb} * RGB_s$	$D_a * A_d - S_a * A_s$
GL_MIN	$\min(RGB_s, RGB_d)$	$\min(A_s, A_d)$
GL_MAX	$\max(RGB_s, RGB_d)$	$\min(A_s, A_d)$

在表 9.5 中，RGB_s 表示红色、绿色和蓝色源值；RGB_d 表示红色、绿色和蓝色目标值；A_s 和 A_d 表示透明度源值和目标值；S_{rsb} 和 D_{rgb} 表示混合因子源值和目标值；S_a 和 D_a 表示透明度因子的源值与目标值（通过 **glBlendFunc()** 或 **glBlendFuncSeparate()** 进行选择）。

9.3.2 逻辑运算

如果像素颜色的格式和位深度与帧缓冲相同，则还有两个步骤可以影响最终结果。第一步可以在传递像素颜色前先对其应用一次逻辑运算。启动逻辑运算时，可忽略混合的影响。逻辑运算不会影响浮点缓存。可以通过调用以下函数启用逻辑运算：

```
glEnable(GL_COLOR_LOGIC_OP);
```

通过调用以下函数禁用逻辑运算：

```
glDisable(GL_COLOR_LOGIC_OP);
```

逻辑运算使用输入像素和现有帧缓冲的值计算最终值。可通过调用 **glLogicOp()** 来选择计算最终值的操作。可能的选项见表 9.6。**glLogicOp()** 的原型为

```
glLogicOp(GLenum op);
```

表 9.6　逻辑运算

运算	结果
GL_CLEAR	所有值设置为 0
GL_AND	源值与目标值
GL_AND_REVERSE	源值与～目标值
GL_COPY	源值
GL_AND_INVERTED	～源值与目标值
GL_NOOP	目标值
GL_XOR	源值^目标值
GL_OR	源值|目标值
GL_NOR	～（源值|目标值）
GL_EQUIV	～（源值^目标值）
GL_INVERT	～目标值
GL_OR_REVERSE	源值|～目标值
GL_COPY_INVERTED	～源值
GL_OR_INVERTED	～源值|目标值
GL_NAND	～（源值与目标值）
GL_SET	所有值设置为 1

其中 op 是表 9.6 中的一个值。

对各颜色信道分别应用逻辑运算，对颜色值按位执行将源和目标相加的运算。逻辑运算在如今的图形应用程序中并不常用，但仍然是 OpenGL 的一部分，因为普通 GPU 仍支持该功能。

9.3.3 颜色遮罩

写入片段前可以对其进行的最后修改之一是遮罩。到目前为止，你应该意识到 3 种不同类型的数据（颜色、深度和模板数据）可通过一个片段着色器写入。正如你可以对模板缓冲和深度缓冲更新应用遮罩一样，你也可以对颜色缓存的更新应用遮罩。

为了应用颜色遮罩或禁用颜色遮罩，可以使用 **glColorMask()** 和 **glColorMaski()**。我们

在第5章中简要介绍了启用和禁用写入帧缓冲时的 **glColorMask()**。然而，你不必一次性遮罩所有颜色通道；例如，你可以选择遮罩红色通道和绿色通道而允许写入蓝色通道。每个函数都有四个布尔参数，可控制颜色缓存中的红色、绿色、蓝色和透明度通道的更新。你可以将 GL_TRUE 传递给其中一种参数，以便写入对应通道或使用 GL_FALSE 屏蔽这些写入。第一个函数 **glColorMask()** 允许你屏蔽当前已启用的所有演染缓存；第二个函数 **glColorMaski()** 允许你将遮罩设置成特定颜色缓存（如果你选择离屏渲染则可能会有多个）。这两个函数的原型为

```
glColorMask(GLboolean red,
            GLboolean green,
            GLboolean blue,
            GLboolean alpha);

glColorMaski(GLuint index,
             GLboolean red,
             GLboolean green,
             GLboolean blue,
             GLboolean alpha);
```

对于这两个函数，red、green、blue 和 alpha 可设置成 GL_TRUE 或 GL_FALSE，指示红色、绿色、蓝色或透明度通道是否应写入帧缓存。对于 **glColorMaski()**，index 为要应用遮罩的颜色附件的索引。每种颜色附件都可以有自己的颜色遮罩设置。例如，你可以将红色通道只写入到附件0，绿色通道只写入附件1，以此类推。

遮罩使用

编写数据遮罩对许多操作都很有用。例如，如果想使用深度信息填充阴影卷，则可以对所有颜色写入应用遮罩，因为只有深度信息才是重要信息。或者，如果要将贴图直接绘制到屏幕空间，可以禁用深度写入，防止污染深度数据。遮罩的关键点是，可以设置遮罩并立即调用正常的渲染路径，从而设置必要的缓冲状态并输出通常使用的所有颜色、深度和模板数据，而无须了解遮罩状态。不必通过更改着色器来避免写入某些值，分离某些缓存或更改已启用的绘制缓存。剩余的渲染路径可能完全被忽略，但是仍然能够生成正确结果。

9.4 离屏渲染

到目前为止，程序已执行的所有渲染都已被定向到一个窗口或者计算机主显示屏。片段着色器的输出写入后台缓存，这通常属于运行应用程序的操作系统或 window 系统，并最终显示给用户，其参数在选择渲染语境的格式时设置。由于这是针对特定平台的操作，因此无法控制真正的底层存储格式。此外，为使本书中的示例能够在多种平台上运行，本书的应用程序框架负责设置该系统并隐藏了很多细节。

然而，OpenGL 包含用户可自行设置帧缓存并用于直接绘制到纹理的功能，并且可以使用这些纹理做进一步渲染或处理，还可以高度控制帧缓存的格式和布局。例如，在使用默认帧缓存时，由于对应像素的片段着色器可能无法运行，因此帧缓存会根据窗口或显示屏的尺寸进行隐式调整，并在显示屏外进行非限定渲染（例如，窗口被遮挡或拖离屏幕一侧）。然而，使用用户提供的帧缓存时，渲染纹理的最大尺寸仅限于当前运行的 OpenGL 实现所支持的最大尺寸，

并将渲染位置始终限定在该范围内。

用户提供的帧缓存在 OpenGL 中表示为帧缓存对象。至于 OpenGL 中的大多数对象，可使用适当的创建函数 **glCreateFramebuffers()** 创建一个或多个帧缓存对象：

```
void glCreateFramebuffers(GLsizei n, GLuint *framebuffers);
```

该函数创建了 n 个新帧缓存对象并将其名称输入要传递给帧缓存的数组中。当然，可将 n 设置为 1，然后将一个 GLuint 变量的地址传递给帧缓存。

此外，还可以保留帧缓存对象的名称，并绑定到语境中以对其进行初始化。要生成帧缓存对象的名称，则调用 **glGenFramebuffers()**；要将帧缓存绑定到语境，则调用 **glBindFramebuffer()**。这两个函数的原型为

```
void glGenFramebuffers(GLsizei n,
                       GLuint * framebuffers);

void glBindFramebuffer(GLenum target,
                       GLuint framebuffer);
```

就像 **glCreateFramebuffers()** 一样，**glGenFramebuffers()** 以 n 为单位进行计数并在帧缓存中返回一个名称清单，可用作帧缓存对象。**glBindFramebuffer()** 函数可将应用程序提供的帧缓存对象设置成当前帧缓存（代替默认帧缓存）。framebuffer 是通过调用 **glGenFramebuffers()** 获得的一个名称，target 参数通常为 GL_FRAMEBUFFER。但是，可同时绑定两个帧缓存，一个用于读取，另一个用于写入。

要绑定只读帧缓存，则将 target 设置为 GL_READ_FRAMEBUFFER。同样的，要绑定只渲染帧缓存，则将 target 设置为 GL_DRAW_FRAMEBUFFER。绑定用于绘制的帧缓存将成为所有渲染的目标（包括各自测试期间所使用的模板值和深度值以及混合期间读取的颜色）。如果要读取像素数据或将数据从帧缓存复制到纹理，则将绑定到读取的帧缓存作为数据源，后面会进行说明。将 target 设置为 GL_FRAMEBUFFER 实际上会将对象同时绑定到读取与绘制帧缓冲目标，这通常就是我们的目的。

要恢复渲染到默认帧缓存（通常与应用程序窗口有关），只需调用 **glBindFramebuffer()** 并将 0 传递给 framebuffer 参数。

创建帧缓存对象后，即可将纹理附加到该对象作为将要进行的渲染的存储空间。帧缓存支持 3 种附加类型——深度、模板和颜色附加，分别作为深度、模板和颜色缓存。要附加纹理到帧缓存，可调用 **glNamedFramebufferTexture()** 或 **glFramebufferTexture()**，其原型为

```
void glNamedFramebufferTexture(GLuint framebuffer,
                               GLenum attachment,
                               GLuint texture,
                               GLint level);
void glFramebufferTexture(GLenum target,
                          GLenum attachment,
                          GLuint texture,
                          GLint level);
```

对于 **glNamedFramebufferTexture()**，framebuffer 是纹理将要附加到的帧缓存对象

的名称，而对于 **glFramebufferTexture()**，target 是纹理要附加到的帧缓存对象所绑定的绑定点。这应该是GL_READ_FRAMEBUFFER、GL_DRAW_FRAMEBUFFER或只是GL_FRAMEBUFFER。在这种情况下，GL_FRAMEBUFFER 等同于 GL_DRAW_FRAMEBUFFER；因此，如果使用此标记，OpenGL 会将纹理附加到 GL_DRAW_FRAMEBUFFER 目标所绑定的帧缓存对象。

attachment 告诉 OpenGL 要将纹理附加到哪个附件。可以是 GL_DEPTH_ATTACHMENT 将纹理附加到深度缓存附件，或是 GL_STENCIL_ATTACHMENT 将纹理附加到模板缓存附件。由于几种纹理格式包括压缩在一起的深度和模板值，OpenGL 还可以将 attachment 设置为 GL_DEPTH_STENCIL_ATTACHMENT，指示要对深度缓冲和模板缓冲使用相同纹理。

为了将纹理添加为颜色缓冲，需要将 attachment 设置为 GL_COLOR_ATTACHMENT0。事实上，可将 attachment 设置为 GL_COLOR_ATTACHMENT1、GL_COLOR_ATTACHMENT2 等等以便添加多个要渲染的纹理。我们会尽快讨论这种可能性，但先来看看如何设置要渲染的帧缓冲对象的示例。

最后，texture 是要附加到帧缓冲的纹理名称，level 指要渲染到的 mip 映射级别。

在能够渲染到帧缓存的附件之前，需要告诉 OpenGL 要渲染到的位置。通常，渲染会进入后台缓存，这是默认帧缓存的一部分。当渲染到用户定义的帧缓存（比如我们刚创建的帧缓存）时，要告诉 OpenGL 渲染到指定帧缓存而不是默认帧缓存。要执行此操作，需要调用以下命令：

```
void glDrawBuffer(GLenum mode);
void glNamedFramebufferDrawBuffer(GLuint framebuffer, GLenum mode);
```

要绘制哪个缓存是帧缓存对象的权利（用户定义的或默认值）。**glDrawBuffer()** 函数隐式地操作当前绑定到 GL_DRAW_FRAMEBUFFER 的帧缓存，然而 **glNamedFramebufferDrawBuffer()** 则操作传入 framebuffer 参数的帧缓存对象。对于这两个函数，mode 指定要绘制到的位置。GL_BACK 通常与默认帧缓存一起使用，GL_COLOR_ATTACHMENT0 常用于离屏渲染到用户定义的帧缓存。还有很多设置可用于一次渲染到多个纹理、直接渲染到屏幕或甚至渲染立体图像。现在，将 mode 设置为 GL_COLOR_ATTACHMENT0 可以实现目标。清单 9.4 显示了使用深度缓存和待渲染纹理设置帧缓存对象的完整示例。

清单 9.4 设置简单帧缓冲对象

```
// Create a framebuffer object and bind it
glCreateFramebuffers(1, &fbo);
glBindFramebuffer(GL_FRAMEBUFFER, fbo);

// Create a texture for our color buffer
glGenTextures(1, &color_texture);
glBindTexture(GL_TEXTURE_2D, color_texture);
glTexStorage2D(GL_TEXTURE_2D, 1, GL_RGBA8, 512, 512);

// We're going to read from this, but it won't have mipmaps,
// so turn off mipmaps for this texture
glTexParameteri(GL_TEXTURE_2D, GL_TEXTURE_MIN_FILTER, GL_LINEAR);
glTexParameteri(GL_TEXTURE_2D, GL_TEXTURE_MAG_FILTER, GL_LINEAR);

// Create a texture that will be our FBO's depth buffer
glGenTextures(1, &depth_texture);
glBindTexture(GL_TEXTURE_2D, depth_texture);
```

```
glTexStorage2D(GL_TEXTURE_2D, 1, GL_DEPTH_COMPONENT32F, 512, 512);

// Now, attach the color and depth textures to the FBO
glFramebufferTexture(GL_FRAMEBUFFER,
                     GL_COLOR_ATTACHMENT0,
                     color_texture, 0);
glFramebufferTexture(GL_FRAMEBUFFER,
                     GL_DEPTH_ATTACHMENT,
                     depth_texture, 0);

// Tell OpenGL that we want to draw into the framebuffer's first
// (and only) color attachment
static const GLenum draw_buffers[] = { GL_COLOR_ATTACHMENT0 };
glDrawBuffers(1, draw_buffers);
```

执行此代码后，只需再次调用 **glBindFramebuffer()** 并传递新创建的帧缓存对象，所有渲染将被定向至指定的深度纹理和颜色纹理。渲染到用户帧缓存后，可将生成的图像用作常规纹理，并从着色器中读取该纹理。清单 9.5 显示了这种做法的示例。

清单 9.5 渲染到纹理

```
// Bind our off-screen FBO
glBindFramebuffer(GL_FRAMEBUFFER, fbo);

// Set the viewport and clear the depth and color buffers
glViewport(0, 0, 512, 512);
glClearBufferfv(GL_COLOR, 0, green);
glClearBufferfv(GL_DEPTH, 0, &one);

// Activate our first, non-textured program
glUseProgram(program1);

// Set our uniforms and draw the cube
glUniformMatrix4fv(proj_location, 1, GL_FALSE, proj_matrix);
glUniformMatrix4fv(mv_location, 1, GL_FALSE, mv_matrix);
glDrawArrays(GL_TRIANGLES, 0, 36);

// Now return to the default framebuffer
glBindFramebuffer(GL_FRAMEBUFFER, 0);

// Reset our viewport to the window width and height, clear the
// depth and color buffers
glViewport(0, 0, info.windowWidth, info.windowHeight);
glClearBufferfv(GL_COLOR, 0, blue);
glClearBufferfv(GL_DEPTH, 0, &one);

// Bind the texture we just rendered to for reading
glBindTexture(GL_TEXTURE_2D, color_texture);

// Activate a program that will read from the texture
glUseProgram(program2);

// Set uniforms and draw
glUniformMatrix4fv(proj_location2, 1, GL_FALSE, proj_matrix);
glUniformMatrix4fv(mv_location2, 1, GL_FALSE, mv_matrix);
glDrawArrays(GL_TRIANGLES, 0, 36);
```

```
// Unbind the texture and we're done
glBindTexture(GL_TEXTURE_2D, 0);
```

清单 9.5 所示的代码来自于 basicfbo 示例，首先绑定用户定义的帧缓存，将视口设置成帧缓存尺寸，以及用深绿色清除颜色缓冲。然后继续绘制立方体模型。这将导致立方体被渲染为之前附加到帧缓存 GL_COLOR_ATTACHMENT0 附着点的纹理。接下来，解绑 FBO，返回代表窗口的默认帧缓存。再次渲染该立方体，这次着色器使用的是刚刚渲染的纹理。结果是，第二个立方体的每个面上都显示我们渲染的第一个立方体的图像。该程序的输出如图 9.6 所示。

图 9.6 渲染到纹理的结果

9.4.1 多个帧缓冲附件

上一节介绍了用户定义帧缓存的概念，也叫作 FBO。通过 FBO 可以渲染为在应用程序中创建的纹理。由于纹理为 OpenGL 所有和分配，因此可从操作系统或 window 系统分离，灵活性非常高。例如，纹理尺寸上限只取决于 OpenGL，而不是取决于附加的显示。我们也可以完全控制这些纹理的格式。

用户定义帧缓存的另一个极其有用的功能是，它们支持多个附件。也就是说，可将多个纹理附加到单个帧缓存并同时使用单个片段着色器渲染到其中。要将纹理附加到 FBO，我们调用了 **glFramebufferTexture()** 或 **glNamedFramebufferTexture()**，并将 GL_COLOR_ATTACHMENT0 作为 attachment 参数传递，但你也可以传递 GL_COLOR_ATTACHMENT1、GL_COLOR_ATTACHMENT2 等。事实上，OpenGL 支持将至少 8 个纹理附加到单个 FBO。清单 9.6 显示了使用 3 种颜色附件设置 FBO 的示例。

清单 9.6 使用多个附件设置 FBO

```
static const GLenum draw_buffers[] =
{
    GL_COLOR_ATTACHMENT0,
    GL_COLOR_ATTACHMENT1,
    GL_COLOR_ATTACHMENT2
};

// First, generate and bind our framebuffer object
glGenFramebuffers(1, &fbo);
glBindFramebuffer(GL_FRAMEBUFFER, fbo);

// Generate three texture names
glGenTextures(3, &color_texture[0]);

// For each one...
for (int i = 0; i < 3; i++)
{
    // Bind and allocate storage for it
    glBindTexture(GL_TEXTURE_2D, color_texture[i]);
    glTexStorage2D(GL_TEXTURE_2D, 9, GL_RGBA8, 512, 512);

    // Set its default filter parameters
```

```
        glTexParameteri(GL_TEXTURE_2D,
                        GL_TEXTURE_MIN_FILTER, GL_LINEAR);
        glTexParameteri(GL_TEXTURE_2D,
                        GL_TEXTURE_MAG_FILTER, GL_LINEAR);

        // Attach it to our framebuffer object as color attachments
        glFramebufferTexture(GL_FRAMEBUFFER,
                             draw_buffers[i], color_texture[i], 0);
    }

    // Now create a depth texture
    glGenTextures(1, &depth_texture);
    glBindTexture(GL_TEXTURE_2D, depth_texture);
    glTexStorage2D(GL_TEXTURE_2D, 9, GL_DEPTH_COMPONENT32F, 512, 512);

    // Attach the depth texture to the framebuffer
    glFramebufferTexture(GL_FRAMEBUFFER, GL_DEPTH_ATTACHMENT,
                         depth_texture, 0);

    // Set the draw buffers for the FBO to point to the color attachments
    glDrawBuffers(3, draw_buffers);
```

要从单个片段着色器渲染到多个附件，则必须在着色器中声明多个输出并将其关联到附着点。为此，我们使用布局限定符（指将输出发送到的附件索引）指定每个输出的位置。清单 9.7 显示了一个示例。

清单 9.7　在片段着色器中宣告多个输出

```
layout (location = 0) out vec4 color0;
layout (location = 1) out vec4 color1;
layout (location = 2) out vec4 color2;
```

在片段着色器中声明多个输出后，可在各个输出中写入不同数据，并将该数据定向至由输出位置索引的帧缓存颜色附件内。注意，片段着色器对光栅化期间生成的每个片段只执行一次，写入着色器输出的数据将写入对应帧缓存附件内的相同位置。

注意，在清单 9.6 中，我们使用的是 **glDrawBuffers()**（复数）函数而不是 **glDrawBuffer()**（单数）。这样就可以设置着色器中声明位置所对应的绘图缓冲。位置 0 的输出将写入到传递给 **glDrawBuffers()** 的数组的第一个元素所指定的缓存中，位置 1 的输出将写入到数组的第二个元素中，以此类推。无须将输出进行高度压缩，可使用位置 2、位置 5 和位置 7，只要恰当设置传递给 **glDrawBuffers()** 的数组的条目即可。但是注意，如果没有高度压缩着色器输出，则 OpenGL 的有些实现将无法正常执行。不仅如此，即使着色器通过将 **glDrawBuffers()** 的对应元素设置为 GL_NONE 写入，也可能舍弃其中的某些输出。

9.4.2　分层渲染

在第 5 章的 5.5.6 小节，我们描述了一种名为数组纹理的纹理形式，即分层排列的可索引至着色器的 2D 纹理。也可将纹理附加到帧缓存对象，并使用几何着色器指定所生成的基元要渲染到的纹理层，从而渲染到数组纹理。清单 9.8 来自于 gslayered 示例，说明了如何对使用 2D 数组纹理作为颜色附件的帧缓存对象进行设置。这种帧缓存就叫作分层帧缓存。除创建数组纹理用作颜色附件外，还可使用深度或模板格式创建数组纹理并将其附加到帧缓存对象的深度或模板附着点。然后，该纹理将成为深度或模板缓存，以便在分层帧缓存中执行深度测试和模板测试。

清单 9.8 设置分层帧缓冲

```
// Create a texture for our color attachment, bind it, and allocate
// storage for it. This will be 512 x 512 with 16 layers.
GLuint color_attachment;
glGenTextures(1, &color_attachment);

glBindTexture(GL_TEXTURE_2D_ARRAY, color_attachment);
glTexStorage3D(GL_TEXTURE_2D_ARRAY, 1, GL_RGBA8, 512, 512, 16);

// Do the same thing with a depth buffer attachment
GLuint depth_attachment;
glGenTextures(1, &depth_attachment);

glBindTexture(GL_TEXTURE_2D_ARRAY, depth_attachment);
glTexStorage3D(GL_TEXTURE_2D_ARRAY, 1, GL_DEPTH_COMPONENT, 512, 512, 16);

// Now create a framebuffer object and bind our textures to it
GLuint fbo;
glGenFramebuffers(1, &fbo);
glBindFramebuffer(GL_FRAMEBUFFER, fbo);

glFramebufferTexture(GL_FRAMEBUFFER, GL_COLOR_ATTACHMENT0,
                     color_attachment, 0);
glFramebufferTexture(GL_FRAMEBUFFER, GL_DEPTH_ATTACHMENT,
                     depth_attachment, 0);

// Finally, tell OpenGL that we plan to render to the color
// attachment
static const GLuint draw_buffers[] = { GL_COLOR_ATTACHMENT0 };

glDrawBuffers(1, draw_buffers);
```

创建数组纹理并将其附加到帧缓存对象后，即可将其渲染成普通纹理。如果未使用几何着色器，则全部渲染到数组第一层（索引 0 所在切片）。然而，如果想要渲染到其他层，则需要写入几何着色器。在几何着色器中，内置变量 `gl_Layer` 用作输出。在 `gl_Layer` 中写入一个值时，该值将用作分层帧缓存的索引，用以选择要渲染到的附件层。清单 9.9 显示了一个简单的几何着色器，它将传入几何体的 16 个副本（其中每个副本具有不同的模型-视图矩阵）渲染到数组纹理，并将每次调用的颜色传递到片段着色器。

清单 9.9 使用几何着色器的分层渲染

```
#version 450 core

// 16 invocations of the geometry shader, triangles in
// and triangles out
layout (invocations = 16, triangles) in;
layout (triangle_strip, max_vertices = 3) out;

in VS_OUT
{
    vec4 color;
    vec3 normal;
} gs_in[];

out GS_OUT
```

```
{
    vec4 color;
    vec3 normal;
} gs_out;
// Declare a uniform block with one projection matrix and
// 16 model-view matrices
layout (binding = 0) uniform BLOCK
{
    mat4 proj_matrix;
    mat4 mv_matrix[16];
};

void main(void)
{
    int i;

    // 16 colors to render our geometry
    const vec4 colors[16] = vec4[16](
        vec4(0.0, 0.0, 1.0, 1.0), vec4(0.0, 1.0, 0.0, 1.0),
        vec4(0.0, 1.0, 1.0, 1.0), vec4(1.0, 0.0, 1.0, 1.0),
        vec4(1.0, 1.0, 0.0, 1.0), vec4(1.0, 1.0, 1.0, 1.0),
        vec4(0.0, 0.0, 0.5, 1.0), vec4(0.0, 0.5, 0.0, 1.0),
        vec4(0.0, 0.5, 0.5, 1.0), vec4(0.5, 0.0, 0.0, 1.0),
        vec4(0.5, 0.0, 0.5, 1.0), vec4(0.5, 0.5, 0.0, 1.0),
        vec4(0.5, 0.5, 0.5, 1.0), vec4(1.0, 0.5, 0.5, 1.0),
        vec4(0.5, 1.0, 0.5, 1.0), vec4(0.5, 0.5, 1.0, 1.0)
    );

    for (i = 0; i < gl_in.length(); i++)
    {
        // Pass through all the geometry
        gs_out.color = colors[gl_InvocationID];
        gs_out.normal = mat3(mv_matrix[gl_InvocationID]) * gs_in[i].normal;
        gl_Position = proj_matrix *
                      mv_matrix[gl_InvocationID] *
                      gl_in[i].gl_Position;
        // Assign gl_InvocationID to gl_Layer to direct rendering
        // to the appropriate layer
        gl_Layer = gl_InvocationID;
        EmitVertex();
    }

    EndPrimitive();
}
```

清单 9.9 所示的几何着色器的运行结果是得到一个数组纹理，其中每个切片的模型视图都不同。显然，我们无法直接显示数组纹理的内容，因此必须将纹理用作另一个着色器的数据源。清单 9.10 中的顶点着色器以及清单 9.11 中的对应片段着色器显示了数组纹理的内容。

清单 9.10　显示数组纹理——顶点着色器

```
#version 450 core

out VS_OUT
{
    vec3 tc;
} vs_out;

void main(void)
{
```

```
    int vid = gl_VertexID;
    int iid = gl_InstanceID;
    float inst_x = float(iid % 4) / 2.0;
    float inst_y = float(iid >> 2) / 2.0;

    const vec4 vertices[] = vec4[](vec4(-0.5, -0.5, 0.0, 1.0),
                                   vec4( 0.5, -0.5, 0.0, 1.0),
                                   vec4( 0.5, 0.5, 0.0, 1.0),
                                   vec4(-0.5,  0.5, 0.0, 1.0));

    vec4 offs = vec4(inst_x - 0.75, inst_y - 0.75, 0.0, 0.0);

    gl_Position = vertices[vid] *
                  vec4(0.25, 0.25, 1.0, 1.0) + offs;
    vs_out.tc = vec3(vertices[vid].xy + vec2(0.5), float(iid));
}
```

清单 9.10 中的顶点着色器只是生成了一个基于顶点索引的四视图。此外，它还使用实例索引函数来偏移四视图，从而通过渲染 16 个实例生成一个 4×4 的四视图网格。最后，使用顶点的 x 与 y 分量并以实例索引作为第三个分量来生成纹理坐标。由于我们将使用该坐标从数组纹理中获取数据，因此第三个分量将选择层。清单 9.11 中的片段着色器使用提供的纹理坐标读取数组纹理并将结果发送至颜色缓存。

清单 9.11　显示数组纹理——片段着色器

```
#version 450 core

layout (binding = 0) uniform sampler2DArray tex_array;

layout (location = 0) out vec4 color;

in VS_OUT
{
    vec3 tc;
} fs_in;

void main(void)
{
    color = texture(tex_array, fs_in.tc);
}
```

该程序的结果如图 9.7 所示。如图所示，已渲染 16 份圆环副本，每个圆环副本的颜色和方向均不同。然后通过读取各层数组纹理将 16 份圆环副本分别绘制到窗口中。

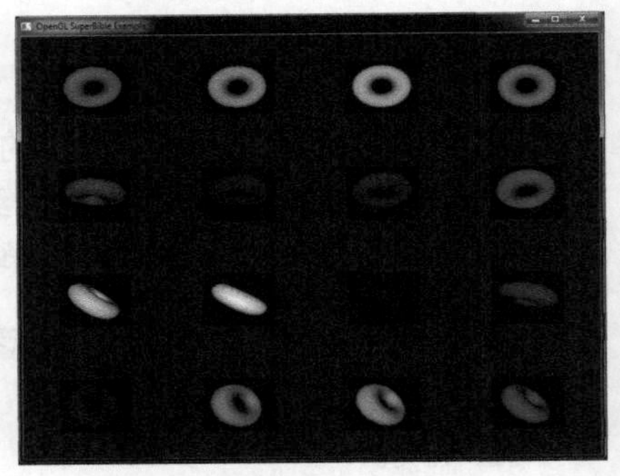

图 9.7　分层渲染示例的结果

3D 纹理的渲染机制几乎相同。只需将整个 3D 纹理作为其中一个颜色附件附加到帧缓存对象，然后将 gl_Layer 输出设置成法向量。写入到 gl_Layer 的值将成为 3D 纹理内切片的 z 分量，这是片段着色器所生成的数据写入的位置。甚至可以通过绑定纹理层到各帧缓存附件（记住，OpenGL 实现至少支持 8 个附件），同时渲染到同一纹理（数组或 3D）的多个切片。为此，调用 **glFramebufferTextureLayer()**，其原型为

```
void glFramebufferTextureLayer(GLenum target,
                               GLenum attachment,
```

```
                          GLuint texture,
                          GLint level,
                          GLint layer);
```

glFramebufferTextureLayer()的工作机制与 **glFramebufferTexture()**相似，但它需要一个附加参数 layer，该参数指定了要附加到帧缓冲的纹理层。例如，清单 9.12 中的代码创建了一个 8 层的 2D 数组纹理，并将各纹理层附加到帧缓冲对象的对应颜色附件。

清单 9.12　附加纹理层到帧缓冲

```
GLuint tex;
glGenTextures(1, &tex);
glBindTexture(GL_TEXTURE_2D_ARRAY, tex);
glTexStorage3D(GL_TEXTURE_2D_ARRAY, 1, GL_RGBA8, 256, 256, 8);

GLuint fbo;
glGenFramebuffers(1, &fbo);
glBindFramebuffer(GL_FRAMEBUFFER, fbo);

int i;
for (i = 0; i < 8; i++)
{
    glFramebufferTextureLayer(GL_FRAMEBUFFER,
                              GL_COLOR_ATTACHMENT0 + i,
                              tex,
                              0,
                              i);
}

static const GLenum draw_buffers[] =
{
    GL_COLOR_ATTACHMENT0, GL_COLOR_ATTACHMENT1,
    GL_COLOR_ATTACHMENT2, GL_COLOR_ATTACHMENT3,
    GL_COLOR_ATTACHMENT4, GL_COLOR_ATTACHMENT5,
    GL_COLOR_ATTACHMENT6, GLCOLOR_ATTACHMENT7
};
glDrawBuffers(8, &draw_buffers[0]);
```

现在，渲染到清单 9.12 中所创建的帧缓冲时，片段着色器最多有 8 个输出，每个输出都写入到不同的纹理层。

渲染到立方体贴图

就 OpenGL 而言，立方体贴图实际是数组纹理的一个特例。一个立方体贴图只是一个包含 6 个切片的数组，立方体贴图数组纹理是一个含有 6 的整数倍切片的数组。按清单 9.8 所示的方式将立方体贴图纹理附加到帧缓存对象，只是创建立方体贴图纹理而不是创建 2D 数组纹理。立方体贴图有 6 个面，即正负 x、正负 y 和正负 z，它们按顺序出现在数组纹理中。在几何着色器的 gl_Layer 中写入 0 值时，将渲染立方体贴图的正 x 面。在 gl_Layer 中写入 1，发送输出到负 x 面，写入 2 发送输出到正 y 面，以此类推，直到写入 5 发送输出到负 z 面。

如果创建立方体贴图数组纹理并附加到帧缓存对象，则写入前 6 层将渲染到第一个立方体，接下来写入的 6 层将渲染到第二个立方体，以此类推。因此，如果 gl_Layer 设置为 6，则将写入到数组第二个立方体的正 x 面。如果 gl_Layer 设置为 1234，则将渲染到第 205 个面的正 z 面。

正如2D数组纹理一样，可以将立方体贴图的各个面附加到单个帧缓存对象的各个附着点。在这种情况下，我们使用 **glFramebufferTexture()** 2D 函数，其原型为

```
void glFramebufferTexture2D(GLenum target,
                            GLenum attachment,
                            GLenum textarget,
                            GLuint texture,
                            GLint level);
```

同样地，该函数的工作机制也与 **glFramebufferTexture()** 相似，但是它有一个附加参数 textarget。可将此参数设置为指定要附加到附件的立方体贴图面。要添加立方体贴图的正 x 面，需将其设置为 GL_CUBE_MAP_POSITIVE_X；对于负 x 面，则设置为 GL_CUBE_MAP_NEGATIVE_X。y 面和 z 面可采用类似的标记。使用此方法，可将单个立方体贴图[1]的所有面绑定到单个帧缓冲上的附着点，并同时渲染到这些点。

9.4.3 帧缓存的完整性

完成帧缓存前，还有一个重要问题。仅仅是 FBO 的设置方式符合要求并不意味着 OpenGL 实现已准备好渲染。确定 FBO 设置是否正确以及 OpenGL 实现是否可以使用它的唯一方式是检查帧缓存的完整性。帧缓存的完整性的概念类似于纹理完整性。如果纹理的所有 mip 映射级别不满足要求且尺寸、格式等不正确，则纹理不完整，无法使用。完整性分为两类：附件完整性与全帧缓存完整性。

附件完整性

FBO 的每个附件必须满足某些标准才能视为完整。如果有任何附件不完整，则整个帧缓存也是不完整的。导致附件不完整的一些情形如下所示。

- 附件对象无任何相关图像。
- 附加图像的宽度或高度为零。
- 将非彩色可渲染格式附加到彩色附件。
- 将非深度可渲染格式附加到深度附件。
- 将非模板可渲染格式附加到模板附件。

要确定颜色、深度或模板格式是否可渲染，可调用 **glGetInternalformativ()** 并使用参数 GL_COLOR_RENDERABLE（颜色）、GL_DEPTH_RENDERABLE（深度）或 GL_STENCIL_RENDERABLE（模板）。如果格式可渲染，则写入 **glGetInternalformativ()** 的 params 参数的结果应为 GL_TRUE，否则应为 GL_FALSE。要获得有关格式可渲染性的更多信息，可调用 **glGetInternalformativ()** 并使用参数 GL_FRAMEBUFFER_RENDERABLE，在这种情况下，如果格式渲染正常则用 GL_FULL_SUPPORT 填充 params，如果存在性能或精确度不高的问题，则使用 GL_CAVEAT_SUPPORT 填充，或使用 GL_NONE 表示该格式无法渲染。

1 虽然这在某种程序上是可行的，但渲染同一对象对立方体贴图的所有面的效用不高。

全帧缓存完整性

不仅每个附件必须有效并满足某些标准，帧缓存对象作为一个整体也必须是完整的。如果存在默认帧缓存，则它也必须是完整的。全帧缓存不完整的常见情形如下：

- **glDrawBuffers()** 已将输出映射到一个无附加图像的 FBO 附件。
- OpenGL 驱动器不支持同时使用多种内部格式。

检查帧缓冲

当用户认为已经完成 FBO 设置时，可以通过调用以下函数检查 FBO 是否完整：

```
GLenum fboStatus = glCheckFramebufferStatus(GL_DRAW_FRAMEBUFFER);
```

或

```
GLenum fboStatus = glCheckNamedFramebufferStatus(framebuffer);
```

glCheckFramebufferStatus() 函数测试指定为唯一参数的目标所绑定的帧缓冲，而 **glCheckNamedFramebufferStatus()** 函数检查直接提供的帧缓冲。如果其中任意函数返回 GL_FRAMEBUFFER_COMPLETE，则一切正常，可使用 FBO。可以根据 **glCheckFramebufferStatus()** 和 **glCheckNamedFramebufferStatus()** 的返回值判断帧缓存不完整时的故障问题。表 9.7 描述了所有可能的返回条件及其含义。

表 9.7 帧缓存的完整性返回值

返回值(GL_FRAMEBUFFER_*)	说明
COMPLETE	用户定义的 FBO 已绑定且完整，确定渲染
UNDEFINED	当前 FBO 绑定为 0，但不存在默认帧缓存
INCOMPLETE_ATTACHMENT	其中一个已启用渲染的缓存不完整
INCOMPLETE_MISSING_ATTACHMENT	FBO 无附加缓存，且未配置成无附件渲染
UNSUPPORTED	不支持同时使用多种内部缓冲格式
INCOMPLETE_LAYER_TARGETS	并非所有颜色附件都是分层纹理或绑定到同一目标

其中很多返回值在调试应用程序时比较有用，但发布应用程序后作用减弱。然而，第一个示例应用程序可检查确保未发生这当中的任何情况。也可以尝试高级配置，如果 **glCheckFramebufferStatus()** 不支持，则返回更保守的配置。对使用 FBO 的应用程序执行该检查是有用的，可确保用例不会遇到某些实现性限制。其结果示例如清单 9.13 所示。

清单 9.13 检查帧缓存对象的完整性

```
GLenum fboStatus = glCheckFramebufferStatus(GL_DRAW_FRAMEBUFFER);
if(fboStatus != GL_FRAMEBUFFER_COMPLETE)
{
    switch (fboStatus)
    {
    case GL_FRAMEBUFFER_UNDEFINED:
        // Oops, no window exists?
```

```
        break;
    case GL_FRAMEBUFFER_INCOMPLETE_ATTACHMENT:
        // Check the status of each attachment
        break;
    case GL_FRAMEBUFFER_INCOMPLETE_MISSING_ATTACHMENT:
        // Attach at least one buffer to the FBO
        break;
    case GL_FRAMEBUFFER_INCOMPLETE_DRAW_BUFFER:
        // Check that all attachments enabled via
        // glDrawBuffers exist in FBO
    case GL_FRAMEBUFFER_INCOMPLETE_READ_BUFFER:
        // Check that the buffer specified via
        // glReadBuffer exists in FBO
        break;
    case GL_FRAMEBUFFER_UNSUPPORTED:
        // Reconsider formats used for attached buffers
        break;
    case GL_FRAHEBUFFER_INCOHPLETE_HULTISAHPLE:
        // Make sure the number of samples for each
        // attachment is the same
        break;
    case GL_FRAMEBUFFER_INCOMPLETE_LAYER_TARGETS:
        // Make sure the number of layers for each
        // attachment is the same
        break;
    }
}
```

如果在绑定不完整 FBO 时尝试执行读取或写入帧缓冲的任何命令，则该命令只是在引发错误 GL_INVALID_FRAMEBUFFER_OPERATION（可通过调用 **glGetError()** 进行检索）后返回。

读取帧缓冲也必须完整！

在上文示例中，我们测试了附加到绘制缓存绑定点 GL_DRAW_FRAMEBUFFER 的 FBO。但附加到 GL_READ_FRAMEBUFFER 的帧缓存也要求附件完整和全帧缓冲完整以便进行读取。由于每次只能启用一个读取缓存，因此确保读取时的 FBO 完整性较为容易一些。

9.4.4 立体渲染

我们的两只眼睛可以帮助我们根据视差变化（指两眼所见图像之间的细微差别）来判断距离。移动视点时，会有很多景深队列，包括焦点景深、光线差景深以及物体相对运动景深。OpenGL 可根据所用显示设备生成成对的图像，这些图像可分别呈现给两眼并提高图像景深感。有许多显示设备可供选择，包括双目显示器（每只眼睛都有单独的物理显示器的设备）、需要佩戴眼镜观看的快门和偏振显示器以及不需要任何辅助工具的自动立体显示器。OpenGL 并不关心图像的显示方式，只关心要渲染场景的两个视图（一个是左眼图像，另一个是右眼图像）。

立体显示图像需要 window 系统或操作系统予以一定的配合，因此不同平台创建立体显示的机制各不相同。其细节深深植根于各平台的 window 系统绑定中，最好通过框架代码处理（无论使用我们的代码或其他软件的代码）。目前，我们可使用 sb7 应用程序框架所提供的工具创建立体窗口。在应用程序中，可重写 sb7::application::init，调用基类函数，然后将

info.flags.stereo 设置为 1，如清单 9.14 所示。由于某些 OpenGL 实现可能需要应用程序覆盖整个显示屏（即全屏渲染），因此也可设置 init 函数中的 info.flags.fullscreen 标志，以便应用程序使用全屏窗口。

清单 9.14 创建立体窗口

```
void my_application::init()
{
    info.flags.stereo = 1;
    info.flags.fullscreen = 1;  // Set this if your OpenGL
                                // implementation requires
                                // fullscreen for stereo rendering.
}
```

注意，并非所有显示屏都支持立体输出，也并非所有 OpenGL 实现都可以创建立体窗口。然而，如果可以访问必要的显示屏和 OpenGL 实现，则应立体运行一个窗口。现在，我们要渲染到这个窗口。最简单的立体渲染方法是绘制整个场景两次。渲染到左眼图像，调用

```
glDrawBuffer(GL_BACK_LEFT);
```

如果要渲染到右眼图像，调用

```
glDrawBuffer(GL_BACK_RIGHT);
```

要生成景深效果较吸引人的一对图像，则需要构建一些代表左右眼观察视图的转换矩阵。记住，我们的模型矩阵将模型转换到世界空间中，而世界空间是全局性的，对所有观察者的应用方式相同。然而，视图矩阵实质将世界转换为观察者的框架。由于两只眼睛的观察位置不同，因此两只眼睛的视图矩阵也必定不同。因此，渲染到左视图时，使用左视图矩阵；渲染到右视图时，使用右视图矩阵。

立体视图矩阵对的最简单形式只是在水平轴上相互平移左视图与右视图，也可以选择将视图矩阵向内旋转到视图中心。或者，可以使用 vmath::lookat 函数生成视图矩阵。将眼睛放在左眼位置（观察位置略偏左）和观察对象的中心创建左视图矩阵，然后对右眼位置执行相同操作创建右视图矩阵，如清单 9.15 所示。

清单 9.15 绘制到立体窗口

```
void my_application::render(double currentTime)
{
    static const vmath::vec3 origin(0.0f);
    static const vmath::vec3 up_vector(0.0f, 1.0f, 0.0f);
    static const vmath::vec3 eye_separation(0.01f, 0.0f, 0.0f);

    vmath::mat4 left_view_matrix =
        vmath::lookat(eye_location - eye_separation,
                      origin,
                      up_vector);

    vmath::mat4 right_view_matrix =
        vmath::lookat(eye_location + eye_separation,
                      origin,
                      up_vector);

    static const GLfloat black[] = { 0.0f, 0.0f ,0.0f, 0.0f };
```

```
    static const GLfloat one = 1.0f;

        // Setting the draw buffer to GL_BACK ends up drawing in
        // both the back left and back right buffers. Clear both.
        glDrawBuffer(GL_BACK);
        glClearBufferfv(GL_COLOR, 0, black);
        glClearBufferfv(GL_DEPTH, 0, &one);

        // Now, set the draw buffer to back left
        glDrawBuffer(GL_BACK_LEFT);

        // Set our left model-view matrix product
        glUniformMatrix4fv(model_view_loc, 1,
                           left_view_matrix * model_matrix);

        // Draw the scene
        draw_scene();

        // Set the draw buffer to back right
        glDrawBuffer(GL_BACK_RIGHT);

        // Set the right model-view matrix product
        glUniformMatrix4fv(model_view_loc, 1,
                           right_view_matrix * model_matrix);

        // Draw the scene... again.
        draw_scene();
    }
```

显然，清单 9.15 中的代码将整个场景渲染了两次。根据场景的复杂程度，渲染两次的消耗可能非常大，甚至是场景渲染成本的两倍。一种策略是在场景中的每个对象之间切换 GL_BACK_LEFT 和 GL_BACK_RIGHT 绘制缓存。这可能意味着只能更新一次状态（如绑定纹理或更改当前程序），但更改绘制缓存的消耗可能与其他状态变更函数一样大。但是如本章前文所述，可以通过从片段着色器输出两个向量，可以一次渲染到多个缓存中。事实上，考虑到使用有两个输出的片段着色器时的后果，然后调用

```
static const GLenum buffers[] = { GL_BACK_LEFT, GL_BACK_RIGHT }
glDrawBuffers(2, buffers);
```

在此之后，片段着色器的第一个输出将写入左眼缓存，第二个输出将写入右眼缓存。注意，即使片段着色器可以输出到很多不同的绘制缓存，在每个缓存内的位置也是相同的。如何将不同图像绘制到各缓存中？我们能够采取的措施是使用几何着色器渲染到双层帧缓存中，一层用于左眼，一层用于右眼。使用几何着色器实例化来运行几何着色器两次，并将调用索引写入缓冲层，从而将两份数据定向至帧缓存的两个缓冲层。每次调用几何着色器时，可选择其中一个模型—视图矩阵并在几何着色器中基本完成所有顶点着色器操作。渲染完整个场景后，帧缓存的两层将包含左右眼图像。现在只需使用片段着色器渲染一个全屏四视图，可从数组纹理的两层读取结果，并将结果写入两个输出，然后将输出定向至左右眼视图。

清单 9.16 显示了在应用程序中使用的几何着色器，以便在单次传递中渲染两个立体场景的视图。

清单 9.16 使用几何着色器渲染到两层

```
#version 450 core

layout (triangles, invocations = 2) in;
layout (triangle_strip, max_vertices = 3) out;

uniform matrices
{
    mat4 model_matrix;
    mat4 view_matrix[2];
    mat4 projection_matrix;
};

in VS_OUT
{
    vec4 color;
    vec3 normal;
    vec2 texture_coord;
} gs_in[];

out GS_OUT
{
    vec4 color;
    vec3 normal;
    vec2 texture_coord;
} gs_out;

void main(void)
{
    // Calculate a model-view matrix for the current eye
    mat4 model_view_matrix = view_matrix[gl_InvocationID] *
                             model_matrix;

    for (int i = 0; i < gl_in.length(); i++)
    {
        // Output layer is invocation ID
        gl_Layer = gl_InvocationID;
        // Multiply by the model matrix, the view matrix for the
        // appropriate eye, and then the projection matrix
        gl_Position = projection_matrix *
                      model_view_matrix *
                      gl_in[i].gl_Position;
        gs_out.color = gs_in[i].color;
        // Don't forget to transform the normals...
        gs_out.normal = mat3(model_view_matrix) * gs_in[i].normal;
        gs_out.texcoord = gs_in[i].texcoord;
        EmitVertex();
    }

    EndPrimitive();
}
```

现在我们已经将场景渲染到分层帧缓存中，可以附加底层数组纹理并绘制一个全屏四视图，以便使用单个着色器将结果复制到左右后台缓存中。如清单 9.17 所示。

清单 9.17 复制数组纹理到立体后台缓冲

```
#version 450 core

layout (location = 0) out vec4 color_left;
```

```
layout (location = 1) out vec4 color_right;

in vec2 tex_coord;

uniform sampler2DArray back_buffer;

void main(void)
{
    color_left = texture(back_buffer, vec3(tex_coord, 0.0));
    color_right = texture(back_buffer, vec3(tex_coord, 1.0));
}
```

图 9.8 显示了该应用程序在真实立体显示器上运行的情况。此处需要拍摄一张照片，因为截图不会同时显示立体渲染对中的两个图像。但是，照片可以清晰地显示立体渲染所生成的双重图像。更好的输出视图可参见色板 2。

图 9.8 立体渲染到立体显示屏的结果

9.5 反混叠

混叠是欠采样数据的伪影。这是信号处理领域常用的一个术语。音频信号发生混叠时，可以听到高音调的呜呜声或嘎嘎声。这种声音通常可以在旧视频游戏机、音乐贺卡或的儿童玩具等低成本播放设备中听到。信号采样速率（采样率）不满足信号内容要求时会发生混叠。保留样本（大部分）内容所必需的采样速率称为奈奎斯特速率，是待捕获信号最高频分量的两倍。在图像术语中，混叠表示对比度较高的锯齿状边缘。这些边缘有时也称为锯齿。

混叠的处理方式主要有两种。第一种是滤波，即在采样前或采样期间去除信号中的高频内容。第二种是提高采样率，以记录更高频率的内容。然后可以处理捕获的其他样本用于存储或再现。减少或消除混叠的方法叫作反混叠技术。OpenGL 包括很多将反混叠应用于场景的方法，其中包括过滤渲染的几何体以及各种形式的过采样。

9.5.1 过滤法反混叠

处理混叠问题的首选方法是过滤绘制的基元。为此，OpenGL 会计算基元（点、线或三角形）所覆盖的像素数量，并用于生成各片段的透明度值。该透明度值与着色器生成的片段透明度值相乘，因此在任意混合因子包含源透明度项时会产生混合效果。使用这种方法，当片段被绘制到屏幕上时，会使用像素覆盖率函数将这些片段与现有内容混合。

要启用这种反混叠形式，则需要完成两项操作。首先，需要启用混合并选择适当的混合函数。其次，我们需要启用 GL_LINE_SMOOTH 对线应用反混叠，启用 GL_POLYGON_SMOOTH 对三角形应用反混叠。图 9.9 显示了这样做的结果。

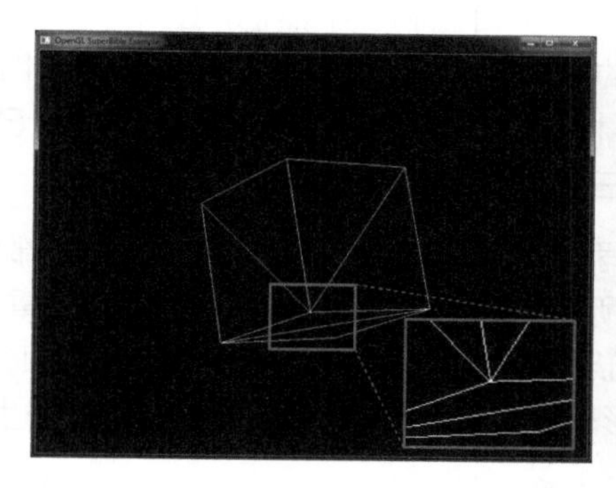
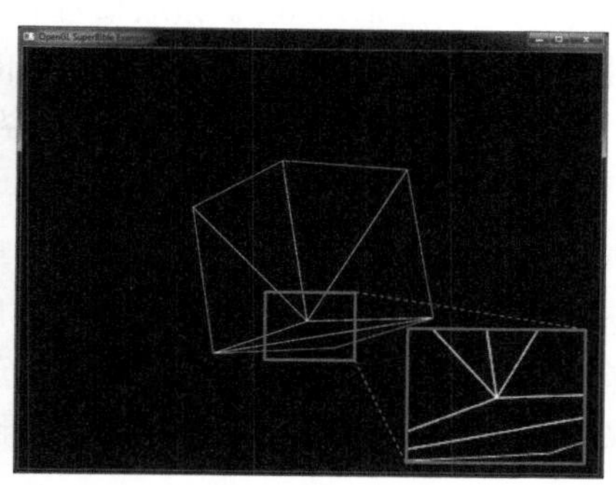

图 9.9 使用线平滑的反混叠

图在 9.9 的左图中，我们已经在线模式下绘制了旋转立方体，并放大了图像中一些边连接在一起的部分。在插图中，混叠伪影是清晰可见的（注意锯齿状边缘）。在图 9.9 的右图中，已启用线平滑与混合功能，但场景仍无任何变化。注意，线条看起来更加平滑，锯齿状边缘也显著减少。放大插图后发现，线条已经稍显模糊。这就是过滤的效果，是通过计算线条的覆盖率并将其与背景色混合而产生的。设置反混叠与混合以便渲染图像的代码如清单 9.18 所示。

清单 9.18 启用线平滑

```
glEnable(GL_BLEND);
glBlendFunc(GL_SRC_ALPHA, GL_ONE_MINUS_SRC_ALPHA);
glEnable(GL_LINE_SMOOTH);
```

清单 9.18 看起来非常简单，如果我们能对任何几何启用这种功能，整个画面应该也会好得多，但事实并非如此。这种反混叠形式仅适用于少数情况，参见图 9.9 所示情形。请看图 9.10 中的图像。

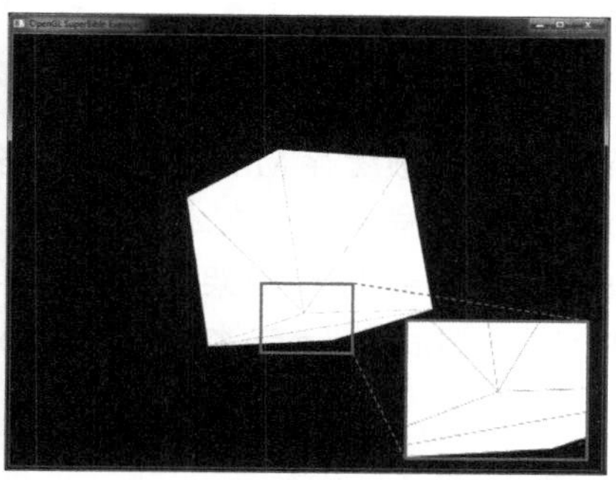

图 9.10 使用多边形平滑的反混叠

图 9.10 中的左图显示了以纯白色渲染的立方体。我们可以看到中间三角形位置处的锯齿是不可见的，但在立方体边缘可以看到相当明显的混叠效果。图 9.10 的右图中，我们使用了几乎与清单 9.18 所示代码相同的代码（只用 GL_POLYGON_SMOOTH 替换了 GL_LINE_SMOOTH）启

用多边形平滑。现在，虽然立方体边缘已经变平滑，锯齿也基本消失，但内部边缘也变得更明显了。

考虑两个相邻三角形的公共边正好切入像素中间的后果。首先，我们的应用程序将帧缓存清除成黑色，然后第一个白色三角形击中该像素。OpenGL 计算出一半的像素被三角形覆盖，并且混合方程中的透明度值取 0.5。该取值混合了一半白色和一半黑色，生成了一个中等灰度像素。然后出现第二个相邻三角形，并覆盖像素的另一半。并且，OpenGL 认为一半的像素被新三角形覆盖，将三角形的白色与现有帧缓存内容相混合……但是现在的帧缓存灰度已达到 50%。混合白色和 50%灰度将生成 75%灰度，这正是三角形之间的线条颜色。

最后，每当多边形边缘在像素中途切割并写入屏幕时，OpenGL 并不清楚哪部分已经被覆盖，哪部分还没有被覆盖。因此会产生图 9.10 所示的伪影。使用该方法的另一个重要问题是，每个像素只有一个深度值，这意味着如果三角形突出到某个像素的未覆盖部分，则可能仍然无法通过深度测试，如果已经有一个更近的三角形覆盖该像素的另一部分，则不会产生任何影响。

为避免这些问题，我们需要采用更先进的反混叠方法，而这些方法都可能会增加样本数量。

9.5.2 多样本反混叠

为增加图像的采样率，OpenGL 支持在屏幕上存储每个像素的多个样本。这种技术称为多样本反混叠（MSAA）。OpenGL 不是只对每个基元采样一次，而是在该像素内的多个位置进行基元采样，如果击中任何位置则运行着色器。将着色器生成的颜色写入所有命中样本。对于不同的 OpenGL 实现，样本在像素内的实际位置可能存在差异。图 9.11 显示了按单样本、双样本、四样本和八样本排列的样本位置排列示例。

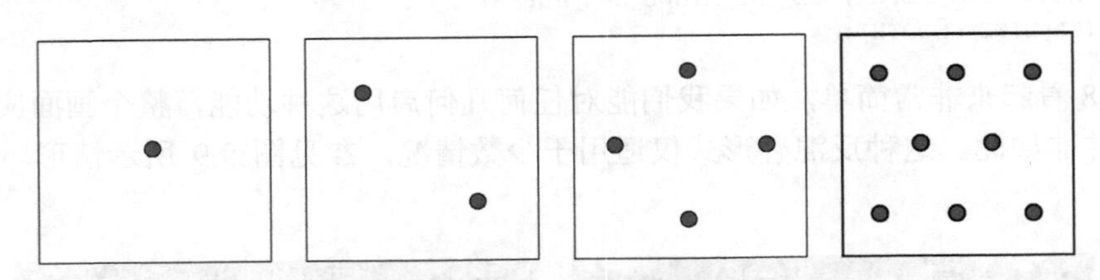

图 9.11 反混叠样本位置

不同平台启用默认帧缓存 MSAA 的方式略有差异。大多数情况下，在设置渲染窗口时需要指定默认帧缓存的多采样格式。在本书随附的示例程序中，应用程序框架可以解决这个问题。要使用 `sb7::application` 框架启用多采样，只需重写 `sb7::application::init()` 函数，调用基类方法，然后将 `info` 结构的 `samples` 元素设置成预期样本数。其示例如清单 9.19 所示。

清单 9.19 选择八样本反混叠

```
virtual void init()
{
    sb7::application::init();

    info.samples = 8;
}
```

选择八样本反混叠并渲染旋转立方体后，将得到图 9.12 所示的图像。图 9.12 的左侧图像中未应用反混叠，所以还是产生了锯齿。在中间图像中，我们可以看到已经对线应用反混叠，但结果与启用 GL_LINE_SMOOTH 所生成的图像并无多大差别，如图 9.9 所示。但是，真正的区别在于图 9.11 的右侧图像。在该图像中，我们沿多边形边应用了高质量的反混叠，三角形的内部邻边不再显示灰色伪影。

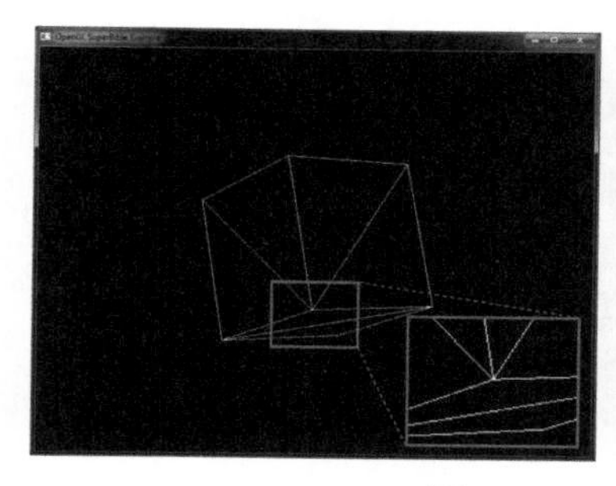
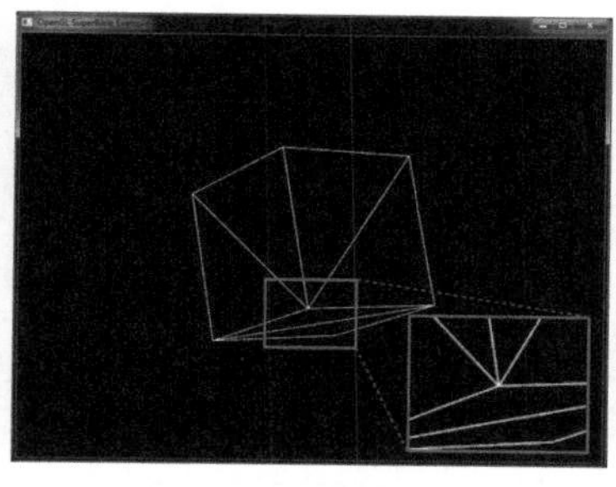
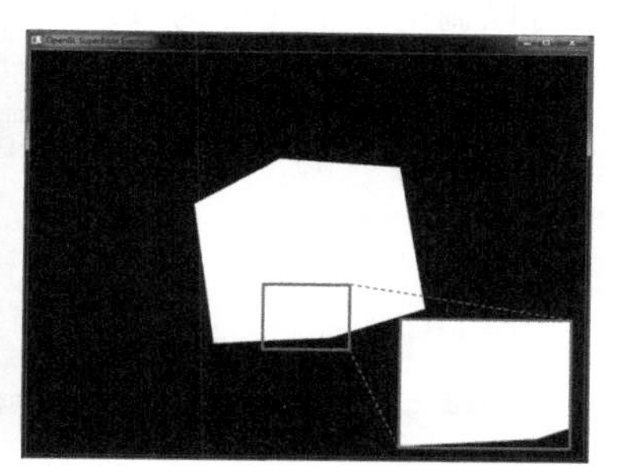

图 9.12　无反混叠（左图）和八样本反混叠（中图和右图）

如果创建多采样帧缓存，则多采样默认是启用的。但是，如果想在未进行多采样的情况下渲染，即使当前帧缓存的格式为多采样格式，也可以通过调用以下函数禁用多采样：

```
glDisable(GL_MULTISAMPLE);
```

当然，也可以通过调用以下函数再次启用多采样：

```
glEnable(GL_MULTISAMPLE);
```

禁用多采样时，OpenGL 会像对待正常单样本帧缓存那样对每个片段进行一次采样。唯一的差别在于着色结果将被写入像素内的每个样本中。

9.5.3　多样本纹理

我们已经学习了如何使用帧缓存对象渲染到离屏纹理，并且了解了如何使用多采样执行反混叠。但是，多采样颜色缓存已为 window 系统所有。可以联合这两项功能创建一个要渲染到的离屏多采样颜色缓存。为此，我们可以创建一个多采样纹理并将其附加到帧缓存对象进行渲染。

为创建多采样纹理，可使用其中一个多采样纹理（例如 GL_TEXTURE_2D_MULTISAMPLE 或 GL_TEXTURE_2D_MULTISAMPLE_ARRAY）像往常一样创建一个纹理名称。然后，使用 **glTextureStorage2DMultisample()** 或 **glTextureStorage3DMultisample()** 为其分配储存空间（对于数组纹理），其原型为

```
void glTextureStorage2DMultisample(GLuint texture, GLsizei samples,
                                   GLenum internalformat, GLsizei width,
                                   GLsizei height,
                                   GLboolean fixedsamplelocations);
```

```
void glTextureStorage3DMultisample(GLuint texture, sizei GLsamples,
                                  GLenum internalformat, GLsizei width,
                                  GLsizei height, GLsizei depth,
                                  GLboolean fixedsamplelocations);
```

glTextureStorage2DMultisample() 和 **glTextureStorage3DMultisample()** 函数直接修改 texture 中的指定纹理。或者，如果确定要为其分配存储空间的纹理已绑定，则可以调用以下任意函数：

```
void glTexStorage2DMultisample(GLenum target,
                               GLsizei samples,
                               GLenum internalformat,
                               GLsizei width,
                               GLsizei height,
                               GLboolean fixedsamplelocations);

void glTexStorage3DMultisample(GLenum target,
                               GLsizei samples,
                               GLenum internalformat,
                               GLsizei width,
                               GLsizei height,
                               GLsizei depth,
                               GLboolean fixedsamplelocations);
```

这些函数与**glTextureStorage2D()**和**glTextureStorage3D()**[或**glTexStorage2D()**和**glTexStorage3D()**]相似，但有一些其他参数。第一个参数 samples 告诉 OpenGL 纹理中应该有多少个样本。第二个参数 fixedsamplelocations 告诉 OpenGL 是否应对纹理中的所有纹素使用标准样本位置或是否允许对纹理内的样本使用不同的空间位置。通常，允许 OpenGL 采用后一种方法可以提高图像质量，但是如果应用程序必须以完全相同的方式渲染相同对象而不管对象处在帧缓存中的哪个位置，则它可能会降低图像的一致性甚至产生伪影。

为纹理分配好储存空间后，就可以使用 **glFramebufferTexture()** 按往常方式将纹理附到帧缓存。创建深度和颜色多样本纹理的示例如清单 9.20 所示。

清单 9.20 设置多样本帧缓冲附件

```
GLuint color_ms_tex;
GLuint depth_ms_tex;

glCreateTextures(GL_TEXTURE_2D_MULTISAMPLE, 1, &color_ms_tex);
glTextureStorage2DMultisample(color_ms_tex, 8,
                              GL_RGBA8, 1024, 1024, GL_TRUE);
glCreateTextures(GL_TEXTURE_2D_MULTISAMPLE, 1, &depth_ms_tex);
glTextureStorage2DMultisample(depth_ms_tex, 8,
                              GL_DEPTH_COMPONENT, 1024, 1024, GL_TRUE);

GLuint fbo;

glGenFramebuffers(1, &fbo);
glBindFramebuffer(GL_FRAMEBUFFER);
glFramebufferTexture(GL_FRAMEBUFFER, GL_COLOR_ATTACHMENT0,
                     color_ms_tex, 0);
glFramebufferTexture(GL_FRAMEBUFFER, GL_DEPTH_ATTACHMENT,
                     depth_ms_tex, 0);
```

多样本纹理存在几种限制。首先，不存在 1D 或 3D 多样本纹理。其次，多样本纹理无法生成

mip 映射。**glTexStorage3D()** 多样本函数和 **glTextureStorage3DMultisample()** 函数仅用于为 2D 多样本数组纹理分配存储空间，这两个函数和 **glTexStorage2DMultisample()** 及 **glTextureStorage2DMultisample()** 都不接受 `levels` 参数。因此，只能将 0 作为 `level` 参数传递给 **glFramebufferTexture()**。不仅如此，也不能像其他任何纹理那样去使用一个多样本纹理，这种纹理是不支持过滤的。相反，必须通过声明具体的多样本取样器类型，直接读取着色器多样本纹理中的纹素。GLSL 中的多样本取样器类型为 **sampler2DMS** 和 **sampler2DMSArray**，分别表示 2D 多样本和多样本数组纹理。此外，**isampler2DMS** 和 **usampler2DMS** 类型表示有字符和无字符整数多样本纹理，**isampler2DMSArray** 和 **usampler2DMSArray** 表示数组形式。

着色器多样本纹理采样的典型用法是执行自定义解析操作。渲染到 window 系统的多采样后台缓存时，并无法完全控制 OpenGL 如何组合影响像素样本的颜色值来获得最终颜色。但是，如果是渲染到多样本纹理，则使用片段着色器绘制全屏四视图，并从中采集纹理样本，结合其样本与所提供的代码，然后就可以实施任何预期算法。清单 9.21 所示的示例显示了每个像素中包含的最亮样本。

清单 9.21　简单的多样本“最大值”解析

```
#version 450 core

uniform sampler2DMS input_image;

out vec4 color;

void main(void)
{
    ivec2 coord = ivec2(gl_FragCoord.xy);
    vec4 result = vec4(0.0);
    int i;

    for (i = 0; i < 8; i++)
    {
        result = max(result, texelFetch(input_image, coord, i));
    }

    color = result;
}
```

样本覆盖率

覆盖率指片段“覆盖”的像素占比。在 OpenGL 中，片段覆盖率计算一般包含在光栅化过程中。但是，可以在一定程度上控制该行为，在片段着色器中生成新的覆盖率信息。实现此目的的方式有三种。

第一，由 OpenGL 将片段透明度值直接转换成覆盖率值，从而确定片段要更新的帧缓存样本数量。为此，将 `GL_SAMPLE_ALPHA_TO_COVERAGE` 参数传递给 **glEnable()**。片段的覆盖率值用于确定将要写入的子样本数量。例如，透明度值为 0.4 的片段的覆盖率值将达到 40%。使用该方法时，OpenGL 将首先计算各像素中各样本的覆盖率，生成样本遮罩。然后使用着色器生成的透明度值计算第二个遮罩，并使用输入样本遮罩进行 AND 逻辑运算。例如，如果 OpenGL 确定基元对像素的原始覆盖率为 66%，且透明度值达到 40%，则输出样本遮罩将为 40% × 66%，即约等于 25%。因此，对于八样本 MSAA 缓冲，应写入到其中两个像素样本。

由于已经使用透明度值确定应写入的子样本数量，因此无须将这些子样本与该透明度值混合。

为防止启用混合时也混合这些子像素，可通过调用 **glEnable()**（GL_SAMPLE_ALPHA_ TO_ONE）将这些样本的透明度值强行设置为1。

与简单混合相比，使用alpha-to-coverage方法有几个优点。渲染到多采样缓存时，一般将透明度混合同等地应用于整个像素。但是，使用alpha-to-coverage时，透明度遮罩的边缘是反混叠的，产生的结果要自然和平滑得多。这在绘制灌木、树木或茂密的树叶时特别有用，因为这些灌木的某些部分是透明的。

在OpenGL中，也可以通过调用 **glSampleCoverage()** 手动设置样本覆盖率，其原型为

```
void glSampleCoverage(GLfloat value,
                      GLboolean invert);
```

应用alpha-to-coverage遮罩后，可以对像素手动应用覆盖率值。要使该步骤生效，必须通过调用以下函数启用样本覆盖：

```
glEnable(GL_SAMPLE_COVERAGE);
glSampleCoverage(value, invert);
```

传递给value参数的覆盖率值范围为0～1。反转参数发送信号告知OpenGL是否应反转生成的遮罩。例如，如果要绘制两棵重叠树，一棵覆盖率为60%，另一棵覆盖率为40%，则需要反转其中一个覆盖率值，以确保两次绘图调用所使用的遮罩不相同。

```
glSampleCoverage(0.5, GL_FALSE);
// Draw first geometry set
...
glSampleCoverage(0.5, GL_TRUE);
// Draw second geometry set
...
```

另一种可以生成覆盖信息的方法是在片段着色器中明确设置该信息。为此，可使用两个片段着色器可用的内置变量，即gl_SampleMaskIn[]和gl_SampleMask[]。第一个变量是输入变量，包含光栅化期间OpenGL生成的覆盖率信息。第二个变量是输出变量，可写入着色器用以更新覆盖率。数组中每个元素的每个位元对应于一个样本（从最低有效位开始）。如果OpenGL实现在单个帧缓存中支持的样本超过32个，则该数组的第一个元素包含前32个样本的覆盖率信息，第二个元素包含后面的32个样本的相关信息，以此类推。

如果OpenGL认为覆盖了特定样本，则设置gl_SampleMaskIn[]中的位元。可将该数组直接复制到gl_SampleMask[]，直接传递该信息，但不会对覆盖率产生任何影响。但是，如果在此过程中关闭样本，则这些样本将被删除。虽然可以在gl_SampleMask[]中启用gl_SampleMaskIn[]中未启用的位元，但这不会有任何效果，因为OpenGL会再次禁用它们。对此，有一个简单的解决办法，只需通过调用 **glDisable()** 和传递GL_MULTISAMPLE即可禁用多采样，如前文所述。现在，运行着色器时，gl_SampleMaskIn[]将指示所有样本已覆盖，可在空闲时禁用位元。

9.5.4 采样率着色

多样本反混叠能够解决与欠采样几何相关的很多问题。尤其是，它捕捉到了很微小的几何

细节，正确处理了线和三角形的边界处的部分覆盖像素、重叠基元和其他伪影源，但是无法处理着色器交给它的任何任务。在正常情况下，一旦 OpenGL 确定三角形击中像素，它将运行一次着色器并将产生的输出告知三角形所覆盖的每个样本。这样并不能精确捕获本身生成高频输出的着色器的结果。参考清单 9.22 所示的片段着色器。

清单 9.22 生成高频输出的片段着色器

```
#version 450 core

out vec4 color;

in VS_OUT
{
    vec2 tc;
} fs_in;

void main(void)
{
    float val = abs(fs_in.tc.x + fs_in.tc.y) * 20.0f;
    color = vec4(fract(val) >= 0.5 ? 1.0 : 0.25);
}
```

这种极其简单的着色器可产生带有硬边的条纹(产生高频信号)。对于任何一次着色器调用，输出要么是亮白色，要么是深灰色，这取决于输出纹理坐标。观察图 9.13 中的左图，我们会发现锯齿又出现了。立方体的轮廓仍然很平滑，但在三角形内部，着色器产生的条纹呈锯齿状并且混叠严重。

图 9.13 高频着色器输出的反混叠

为了生成图 9.13 中的右图，我们启用了采样率着色。在这种模式下，OpenGL 将对基元击中的每个样本运行着色器。但要注意，对于八样本缓冲，着色器的消耗量将增加为 8 倍！要启用采样率着色，则调用

```
glEnable(GL_SAMPLE_SHADING);
```

要禁用采样率着色，则调用

```
glDisable(GL_SAMPLE_SHADING);
```

启用样本着色后，还需要告知 OpenGL 要对哪部分样本运行着色器。默认情况下，只启用样本着色没有任何用处，OpenGL 仍然会对各像素运行一次着色器。为了告知 OpenGL 要单独对哪部分样本着色，可以调用 **glMinSampleShading()**，其原型为

```
void glMinSampleShading(GLfloat value);
```

例如，如果想让 OpenGL 对帧缓存中的至少一半样本运行着色器，则需要将 value 参数设置为 0.5f。为对几何体击中的各样本进行单独着色，需要将 value 设置为 1.0f。如图 9.13 中的右图所示，立方体内部的锯齿已经消除。我们将最小采样分数设置为 1.0 来创建该图像。

除通过启用 GL_SAMPLE_SHADING 强制特定着色器以采样率运行外，还可以将片段着色器的一个或多个输入标记为每个采样求值。这通常意味着整个着色器将以采样率运行，以便 OpenGL 可以为帧缓存中的每个样本提供该输入的新值。为此，我们使用 GLSL 存储限定符 **sample**。例如：

```
sample in vec2 tex_coord;
```

该函数将片段着色器的 tex_coord 输入声明为采样率着色型，这意味着帧缓存中的每个样本都需要一个 tex_coord 新值。也就是说，着色器必须以采样率运行（或 OpenGL 必须确保至少最终结果是以采样率运行的）。

9.5.5 重心采样

重心存储限定符控制 OpenGL 在像素中将输入插值到片段着色器的位置。它仅适用于渲染到多采样帧缓存的情形。我们可以像输入或输出变量所适用的任何其他存储限定符一样指定 **centroid** 存储限定符。要创建带有 **centroid** 存储限定符的易变变量，首先要在顶点着色器、曲面细分控制着色器或几何着色器中使用关键词 **centroid** 声明输出：

```
centroid out vec2 tex_coord;
```

然后在片段着色器中，使用关键词 **centroid** 声明同一输入：

```
centroid in vec2 tex_coord;
```

也可对一个接口块应用 **centroid** 限定符将接口块的所有元素内插值到该片段的重心：

```
centroid out VS_OUT
{
    vec2 tex_coord;
} vs_out;
```

现在 tex_coord（或 vs_out.tex_coord）已经被定义为使用 **centroid** 存储限定符。如果是单采样绘制缓存，则没有区别，并将到达片段着色器的输入插值到像素的中心。当渲染至多采样绘制缓存时，重心采样就比较有用。根据 OpenGL 规范，当未指定重心采样时（默认设置），片段着色器易变变量将被插值到“像素”中心或像素内的任何位置，或某个像素样本，这基本上意味着像素内的任何位置。如果是在一个大三角形的中间，则插值位置就不重要了。插值位置在对三角形边（三角形边切入像素的位置）进行着色时比较重要。清单 9.14 显示了 OpenGL 如何从三角形采样的示例。

请看图 9.14 中的左图。该图显示了穿过几个像素的三角形边。实心点表示三角形覆盖的样本，而空心点表示未被三角形覆盖的样本。OpenGL 已经选择将片段着色器输入插值到最靠近像素中心的样本。这些样本用向下的小箭头做标记。

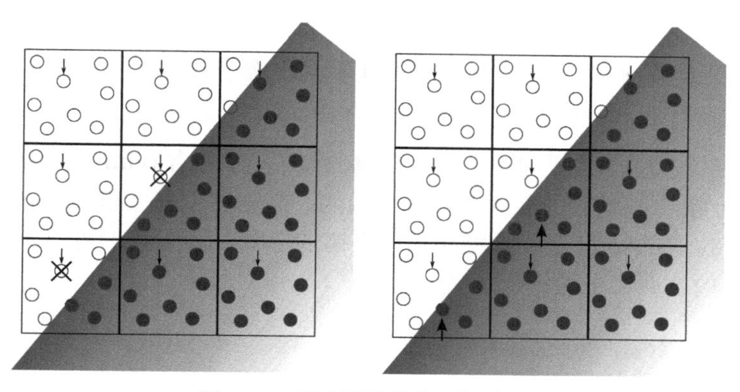

图 9.14 部分覆盖的多采样像素

左上角的像素完全没有被覆盖，片段着色器不会对这些像素运行。相反，右下角的像素被完全覆盖，片段着色器将运行，但究竟为哪个样本运行并不重要。但三角形边缘的像素存在一个问题。由于 OpenGL 已经选择最靠近像素中心的样本作为插值点，因此片段着色器输入实际可能插值到三角形之外的一个点上。这些样本用 X 标记。如果使用纹理样本的输入会有什么后果呢？如果已调整纹理使纹理边缘与三角形边缘匹配，则纹理坐标应在纹理之外。最好的结果是会得到一个略不正确的图像。最差的结果是它会产生明显伪影。

如果使用 **centroid** 存储限定符声明输入，则 OpenGL 规范规定，"该值必须插值到同时处于像素和渲染基元中的一个点上，或者插值到落在基元内的一个像素样本上。"这意味着 OpenGL 会为每个像素选择一个位于要插值所有易变变量的三角形内的样本。用户可以随意使用片段着色器输入，并且确定这些输入是有效的，尚未被插值到三角形之外的某个点上。

请看图 9.14 中的右图。对于完全覆盖的像素，OpenGL 仍然选择将片段着色器输入插值到最靠近像素中心的样本。但是，对于部分覆盖的像素，它选择三角形内部的另一个样本（用更大的箭头标记）。这意味着给片段着色器提供的输入是有效的，并且指的是三角形内部的点。可以使用这些点从纹理或函数中采样，其结果仅限于某个范围，并且将获得有意义的结果。

用户可能想知道使用 **centroid** 存储限定符是否保证一定在片段着色器中获得有效结果，而不使用该限定符则可能意味着输入被插值到基元之外。那为什么不一直启用重心采样呢？实际上，使用重心采样存在一些弊端。

最显著的是 OpenGL 可为片段着色器提供梯度（或差分）输入。实现可能不同，但大部分使用离散差分，导致相邻像素的同一输入存在差值。这在内插输入到各像素内的同一位置时尤其明显。在这种情况下，选择哪个样本位置并不重要，样本之间总是恰好间隔一个像素。但是，对输入启用重心采样时，相邻像素的值实际可能被插值到这些像素内的不同位置。结果就是，样本之间并没有恰好间隔一个像素，并且呈现给片段着色器的离散差分可能不精确。如果片段着色器要求精确梯度，则最好不要使用重心采样。注意，OpenGL 在 mip 映射期间进行的计算取决于纹理坐标的梯度，因此使用 **centroid** 限定输入作为 mip 映射纹理的纹理坐标源可能导致结果不精确。

使用重心采用执行边缘检测

重心采样的一个重要用例为硬件加速边缘检测。我们已经了解到使用 **centroid** 存储限定符可确保将输入插值到确定位于渲染基元内的某个点上。为此，OpenGL 选择一个已知位于三角形内部的样本来评估这些输入，并且该样本可能不同于像素被完全覆盖时应选择的样本，或未使用重心存储限定符时应选择的样本。用户可以利用这个事实。

为提取边缘信息，需要声明两个输入到片段着色器（一个包含 **centroid** 存储限定符，一个不包含），并将同一值分配给顶点着色器内的这两个输入。值是多少并不重要，只要各顶点的值不同即可。转换后顶点位置的 *x* 和 *y* 分量可能是个不错的选择，因为我们可以确定实际可见的任何三角形的各个顶点的这两个分量是不同的。

```
out vec2 maybe_outside;
```

提供了可插值到三角形之外某一点的非 **centroid** 输入。

```
centroid out vec2 certainly_inside;
```

提供了确定在三角形内部的 **centroid** 采样输入。在片段着色器内，可比较两个易变变量的值。如果像素被三角形完全覆盖，则 OpenGL 对两个输入使用相同的值。但是，如果像素仅有部分被三角形覆盖，则在 OpenGL 中，`maybe_outside` 使用正常样本选择，`certainly_inside` 选择已确定在三角形内部的样本。这种样本可能不同于 `maybe_outside` 的选择样本，意味着两个输入的值可能不同。现在就可以比较它们从而确定当前位于基元边缘：

```
bool may_be_on_edge = any(notEqual(maybe_outside,
                                   certainly_inside));
```

这种方法并非万无一失。即使像素处在三角形边缘，也有可能覆盖 OpenGL 原来的首选样本，因此 `maybe_outside` 和 `certainly_inside` 的值仍然可能相等。但是，此方法能够标记大多数边缘像素。

要使用该信息，可将该值写入一个已附加到帧缓存的纹理中，然后使用该纹理做后期处理。另一种选择是仅绘制到模板缓存。将模板参考值设置为 1，禁用模板测试，模板操作设置为 `GL_REPLACE`。遇到边缘时，片段着色器继续运行。遇到不在边缘上的像素时，使用着色器中的 **discard** 关键词阻止像素写入模板缓存。结果是，场景内有边时模板缓冲写入 1s，场景内无边时模板缓冲写入 0s。稍后即可使用高消耗片段着色器渲染全屏四视图，所使用的着色器仅针对代表几何体边缘的像素运行，可通过启用模板测试选择位于三角形之外的某个样本，将模板函数设置为 GL_EQUAL，参考值保留为 1。例如，该着色器可对每个像素执行图像处理操作。使用卷积运算应用高斯模糊可以平滑场景中的多边形边缘，从而允许应用程序执行反混叠操作。

9.6 高级帧缓冲格式

到目前为止，我们一直在使用 window 系统提供的帧缓冲（即默然帧缓冲）或使用自有帧缓存渲染到纹理。但是，附加到帧缓存的纹理格式为 GL_RGBA8，即一种 8 位无符号规范化格式。这意味着该格式仅表示 0.0～1.0 的值，具体到 256 个值。然而，片段着色器的输出已声明为 **vec4**，这是一个由四个浮点元素组成的向量。OpenGL 实际可渲染为你能想象到的大部分格式，帧缓存附件可以有 1 个、2 个、3 个或 4 个分量，可以是浮点或整数格式，可存储负数，也可大于八位，从而提供了更多的定义。

本小节中，我们探讨了一些更高级的格式，这些格式可用于帧缓存附件，有助于获取着色器可能生成的更多信息。

9.6.1 无附件渲染

正如可以将多个纹理附加到单个帧缓存并使用单个着色器同时渲染这些纹理一样，也可以创建帧缓冲但不附加任何纹理。这看起来可能会有点奇怪。那么数据都去哪里了呢？事实上，在片段着色器中声明的任何输出并无影响，写入其中的数据将被删除。但是，除写入到输出外，片段着色器还可能产生很多副作用。例如，可使用 imageStore 函数写入内存，可使用 atomicCounterIncrement 和 atomicCounterDecrement 函数增加和降低原子计数器。

一般情况下，当一个帧缓存对象有一个或多个附件，可从这些附件中获得帧缓存的最大宽度和高度、层数和样本数。这些属性定义了视口将要缩放至的尺寸等等。例如，当一个帧缓存对象没有附件时，可解除纹理可用内存的限制。但是，帧缓存必须从另一个源获得此信息。因此，每个帧缓存对象都有一组参数，用于替代无附件时从其附件获得的参数。为了指定这些参数，需要调用 **glFramebufferParameteri()**，其原型为

```
void glFramebufferParameteri(GLenum target,
                             GLenum pname,
                             GLint param);
```

target 指定帧缓存对象所绑定的目标，可能是 GL_DRAW_FRAMEBUFFER、GL_READ_FRAMEBUFFER，也可以是 GL_FRAMEBUFFER。如果指定 GL_FRAMEBUFFER，则认为等同于 GL_DRAW_FRAMEBUFFER，应修改绑定到 GL_DRAW_FRAMEBUFFER 绑定点的帧缓存对象。pname 指定想要修改的参数，param 是要将其修改成的值。pname 可以是以下其中一种：

- GL_FRAMEBUFFER_DEFAULT_WIDTH 表示 param 无附件时包含的帧缓冲宽度。
- GL_FRAMEBUFFER_DEFAULT_HEIGHT 表示 param 无附件时包含的帧缓冲高度。
- GL_FRAMEBUFFER_DEFAULT_LAYERS 表示 param 无附件时包含的帧缓冲层数。
- GL_FRAMEBUFFER_DEFAULT_SAMPLES 表示 param 无附件时包含的帧缓冲样本数。
- GL_FRAMEBUFFER_DEFAULT_FIXED_SAMPLE_LOCATIONS 表示 param 指定帧缓存是否使用固定的默认样本位置。如果 param 不为零，则将使用 OpenGL 的默认样本模式；此外，OpenGL 可选择更高级的样本排列方式。

无附件的帧缓存的最大尺寸可以非常大，因为无须储存附件的实际存储空间。

清单 9.23 显示了如何初始化宽 10000 像素×高 10000 像素的虚拟帧缓存。

清单 9.23 100 万像素的虚拟帧缓冲

```
// Generate a framebuffer name and bind it
Gluint fbo;

glGenFramebuffers(1, &fbo);
glBindFramebuffer(GL_FRAMEBUFFER, fbo);

// Set the default width and height to 10000
glFramebufferParameteri(GL_FRAMEBUFFER_DEFAULT_WIDTH, 10000);
glFramebufferParameteri(GL_FRAMEBUFFER_DEFAULT_HEIGHT, 10000);
```

如果使用清单 9.23 中所创建的帧缓冲对象进行渲染，则可以使用 **glViewport()** 将视口尺寸的宽和高设置为 10000 像素。虽然帧缓存无附件，但 OpenGL 会将帧缓存当作有那么大来光栅化基元，并且将运行片段着色器。`gl_FragCoord` 变量的 x 和 y 分量值范围为 0～9999。通常情况下，你可以随意使用该方法，你可能会希望片段着色器具有副作用，例如写入图像或增加原子计数器。

9.6.2 浮点帧缓冲

最有用的一项帧缓存功能是能够使用浮点格式的附件。虽然 OpenGL 管线内部一般使用浮点数据，但源（纹理）和目标（帧缓冲附件）通常是固定点，精度较低。因此，管线的很多部分会将所有值缩放到 0～1，使其最终能够以固定点格式存储。

传递到顶点着色器的数据类型取决于用户，但通常声明为 **vec4** 或 4 个浮点数的向量。同样地，在顶点着色器中将变量声明为 **out** 时，用户可以决定顶点着色器应写入哪些输出。然后将这些输出插值到几何体中并传递到片段着色器。我们可以完全控制整个管线中的颜色所用的数据类型，但最常见的还是使用浮点数。现在我们可以完全控制数据从顶点数组一直传输到最终输出时的传输方式和传输格式。

现在可以用于着色的数值个数不是 256 个，而是 1.18×10^{-38}～3.4×10^{38} 个。你也许想知道如果正在绘制每个颜色仅支持 8 位的窗口或显示器时会发生什么。不幸的是，输出被缩放至 0～1，并映射到固定点值。这就没意思了！在有人发明可以理解和显示浮点数据的显示器或显示屏[1]之前，最终输出设备仍然是一个较大限制。

但这并不意味着浮点渲染没有用处。恰恰相反！我们仍然可以使用全浮点精度渲染纹理。不仅如此，我们还可以完全控制浮点数据映射到固定输出格式的方式。这可能对最终结果有较大影响，通常被称为具有高动态范围（HDR）。

使用浮点格式

更新应用程序以便使用浮点缓存是非常容易的。事实上，甚至不需要调用任何新函数。相反，创建缓存时可使用两种新记号，即 `GL_RGBA16F` 和 `GL_RGBA32F`。这两种记号可用于创建纹理储存：

```
glTextureStorage2D(texture, 1, GL_RGBA16F, width, height);
glTextureStorage2D(texture, 1, GL_RGBA32F, width, height);
```

1 现在有一些非常高端的显示器的解析度可以达到每个信道 10 位甚至 12 位数据。但是，这些显示器的价格通常非常昂贵，目前还没有兼容实验室外浮点数据的显示器。

除更传统的 RGBA 格式外，表 9.8 还列出了其他可创建浮点纹理的格式。由于有许多可用的浮点格式，应用程序可使用最适合直接生成数据的格式。

表 9.8 浮点纹理格式

格式	内容
GL_RGBA32F	4 个 32 位浮点分量
GL_RGBA16F	4 个 16 位浮点分量
GL_RGB32F	3 个 32 位浮点分量
GL_RGB16F	3 个 16 位浮点分量
GL_RG32F	两个 32 位浮点分量
GL_RG16F	两个 16 位浮点分量
GL_R32F	一个 32 位浮点分量
GL_R16F	一个 16 位浮点分量
GL_R11F_G11F_B10F	两个 11 位浮点分量和一个 10 位浮点分量

如你所见，16 位和 32 位浮点格式可以包含 1 个、2 个、3 个和 4 个分量。还有一种特殊格式 GL_R11F_G11F_B10F，包含两个 11 位浮点分量和一个 10 位分量，压缩到一个 32 位字中。这些是特殊的无符号浮点格式[1]，其中，11 位分量包含一个 5 位指数和一个 6 位尾数，10 位分量包含一个 5 位指数和一个 5 位尾数。

除使用表 9.8 所示的格式外，还可以创建具有 GL_DEPTH_COMPONENT32F 或 GL_DEPTH_COMPONENT32F_STENCIL8 格式的纹理。第一个用于储存深度信息；这种纹理可用作帧缓存附件。第二个表示单个纹理存储的深度和模板信息；可用于帧缓存对象的深度附件和模板附件。

高动态范围

许多现代游戏应用程序使用浮点渲染生成所有优质视图。如果没有浮点缓冲，则通常无法真正生成高光、镜头光晕、光反射、光折射、云隙光等光照效果以及灰尘或云等参与介质效果。高动态范围（HDR）渲染到浮点缓存可使场景的明亮区域非常明亮，阴影区域非常暗，并且仍能在这两个区域内看到所有细节。毕竟，人眼在感知超高对比度方面的能力令人难以置信，远远超出当今显示器的能力。

出于简便考虑，我们没有通过在样本程序中使用大量几何体和光照绘制复杂场景来彰显 HDR 的效果，而是使用 HDR 中已生成的图像。第一个示例程序 hdr_imaging 从储存有原始格式的浮点数据的.KTX 文件中加载 HDR（浮点）图像。通过拍摄一个场景在不同曝光度下的一系列对准图像并组成得到 HDR 结果来生成这些图像。

低曝光可以捕捉场景中明亮区域的细节，而高曝光可以捕捉场景中黑暗区域的细节。图 9.15 显示了被明亮的装饰灯光照亮的树景的 4 个视图（这些图像也可以参见色板 3）。左上图以非常低的曝光度渲染，即使在灯光非常明亮时，也可显示灯光的所有细节。右上图提高了曝光度，以便查看功能区的详细信息。在左下图中，曝光度提高到可以看到松果中的细节的程度。最后，

1 浮点数据几乎都是带符号的，但如果只存储正数，则可以牺牲符号位。

在右下图中，曝光度已提高到前景中的分量变得非常清晰的程度。这 4 幅图像显示了单张图像中存储的大量细节和范围。

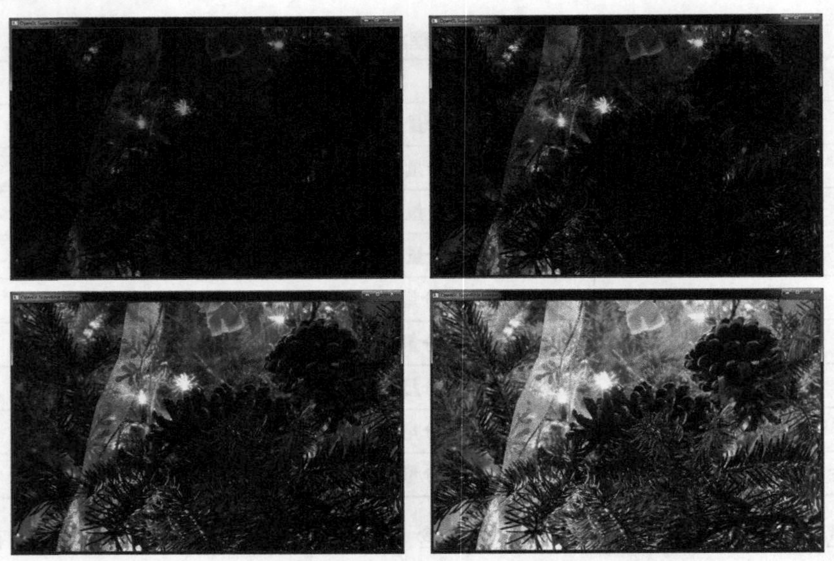

图 9.15 HDR 图像的不同视图

在单张图像中存储这么多细节的唯一方法是使用浮点数据。在 OpenGL 中渲染的任何场景中，尤其是当该场景中存在非常明亮或较暗的区域时，如果可以保留真实输出而不是缩放到 0.0～1.0 并分成 256 个可能值，则可以看起来更逼真。

色调映射

既然已经了解到使用浮点渲染的一些好处，那么如何使用该数据生成必须使用 0～255 的值来显示的动态图像？色调映射是将颜色数据从一组颜色映射到另一组颜色或从一个颜色空间映射到另一个颜色空间的操作。由于我们不能直接显示浮点数据，所以必须将色调映射到可以显示出来的颜色空间上。

第一个样本程序 hdrtonemap 使用 3 种方法将高清晰度输出映射到低清晰度屏幕。第一种方法通过按 1 键启用，是将浮点图像直接纹理化到屏幕上。图 9.15 中的 HDR 图像的直方图如图 9.16 所示。从图中可以清楚地看到，虽然大部分图像数据的值介于 0.0 和 1.0，但很多重要高光点的值远远超过 1.0。事实上，该图像的最高亮度几乎达到 5.5！

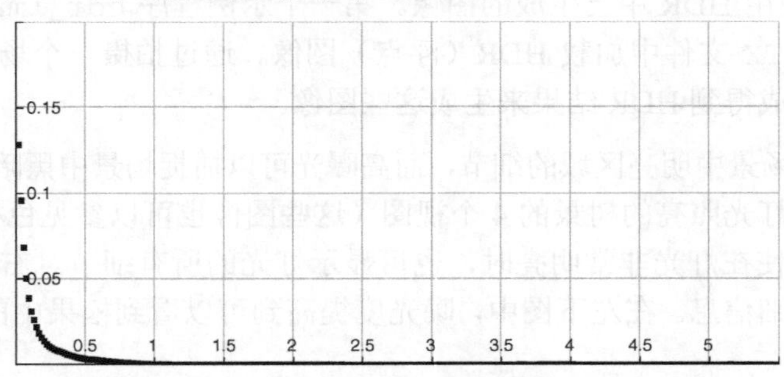

图 9.16 treelights.ktx 的亮度直方图

如果将此图像直接发送到常规 8 位标准后台缓存，则结果是图像被缩放并且所有明亮区域都显示成白色。此外，由于大部分数据在该范围的前四分之一内或在直接映射到 8 位时的值介于 0～63，所有数据都混合在一起显示成黑色。图 9.17 显示光照等明亮区域几乎是白色的，松果等黑暗区域几乎是黑色的。

图 9.17　经缩放进行简单色调映射

样本程序的第二种方法是改变图像曝光度，类似于相机如何改变环境曝光度。每种曝光度都为纹理数据提供了略有差异的窗口。低曝光可以显示场景中非常明亮部分的细节；通过高曝光可以看到黑暗区域的细节，但会清除明亮部分。这与图 9.15 所示图像相似，其中左上角曝光度低，右下角曝光度高。对于色调映射过程，hdrtonemap 示例程序读取浮点纹理并使用 8 位后台缓冲写入默认帧缓存。这样就可以将像素逐一从 HDR 转换为 LDR（低动态范围），从而减少在亮区和暗区之间插入纹素时出现的伪影。LDR 图像生成后，即可显示给用户。清单 9.24 显示了示例中使用的简单曝光着色器。

清单 9.24　对 HDR 图像应用曝光系数

```
#version 450 core

layout (binding = 0) uniform sampler2D hdr_image;

uniform float exposure = 1.0;

out vec4 color;

void main(void)
{
    vec4 c = texelFetch(hdr_image, ivec2(gl_FragCoord.xy), 0);
    c.rgb = vec3(1.0) - exp(-c.rgb * exposure);
    color = c;
}
```

在示例应用程序中，可使用数字小键盘上的加减号键调整曝光度。该程序的曝光度范围为 0.01～20.0。请注意图像中不同位置的细节层次如何随曝光度而变化。事实上，图 9.15 中所示的图像是通过使用此示例程序设置不同的曝光度生成的。

第一个示例程序所使用的最后一个色调映射着色器可以根据场景不同位置的相对亮度动态调整曝光度。首先，着色器需要获取当前的色调映射纹素附近区域的相对亮度。着色器通过以当前纹素为中心采集 25 个纹素样本完成此项操作。所有周围样本均转换成亮度值，然后对亮度值进行加权求和。示例程序使用非线性函数将亮度转换成曝光度。在该示例中，用以下函数定义默认曲线：

$$y = \sqrt{8.0(x + 0.25)}$$

曲线形状如图 9.18 所示。

然后使用与 9.24 中相同的表达式通过曝光将 HDR 纹素转换为 LDR 值。清单 9.25 显示了自适应 HDR 着色器。

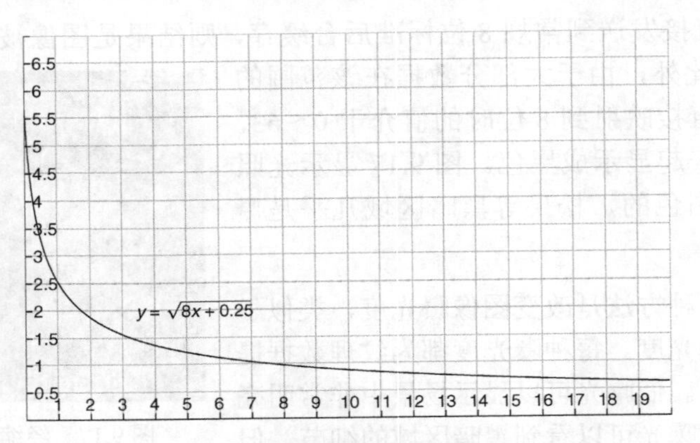

图 9.18 自适应色调映射的传递曲线

清单 9.25 HDR-LDR 自适应转换片段着色器

```
#version 450 core
// hdr_adaptive.fs
//
//

in vec2 vTex;

layout (binding = 0) uniform sampler2D hdr_image;

out vec4 oColor;

void main(void)
{
    int i;
    float lum[25];
    vec2 tex_scale = vec2(1.0) / textureSize(hdr_image, 0);

    for (i = 0; i < 25; i++)
    {
        vec2 tc = (2.0 * gl_FragCoord.xy +
                  3.5 * vec2(i %5 - 2, i/5 - 2));
        vec3 col = texture(hdr_image, tc * tex_scale).rgb;
        lum[i] = dot(col, vec3(0.3, 0.59, 0.11));
    }

    // Calculate weighted color of region
    vec3 vColor = texelFetch(hdr_image,
                             2 * ivec2(gl_FragCoord.xy), 0).rgb;

    float kernelLuminance = (
        (1.0 * (lum[0] + lum[4] + lum[20] + lum[24])) +
        (4.0 * (lum[1] + lum[3] + lum[5] + lum[9] +
                lum[15] + lum[19] + lum[21] + lum[23])) +
        (7.0 * (lum[2] + lum[10] + lum[14] + lum[22])) +
        (16.0 * (lum[6] + lum[8] + lum[16] + lum[18])) +
        (26.0 * (lum[7] + lum[11] + lum[13] + lum[17])) +
        (41.0 * lum[12])
        ) / 273.0;

    // Compute the corresponding exposure
    float exposure = sqrt(8.0 / (kernelLuminance + 0.25));
```

```
        // Apply the exposure to this texel
        oColor.rgb = 1.0 - exp2(-vColor * exposure);
        oColor.a = 1.0f;
}
```

对图像使用一种曝光度时，可以通过调整整个曝光范围并使用平均值来调整最佳结果。在明亮区和昏暗区，这种方法仍然会丢失大量细节。自适应片段着色器使用的非线性转移函数可以显示图像亮区和暗区的细节，参见图 9.19（如色板 4 所示）。传递函数使用类似对数的比例将亮度值映射到曝光度。我们可以修改此函数，提高或降低曝光度范围以及不同动态范围内产生的细节量。

很好，我们现在已经清楚图像如何处理 HDR 文件了，那么对一般 OpenGL 程序有什么好处呢？好处非常多！HDR 图像只是任何已点亮 OpenGL 场景的临时替代。目前，很多 OpenGL 游戏和应用程序将 HDR 场景和其他内容渲染到浮点帧缓存附件，然后通过使用类似本节讨论的技术进行最终传递来显示结果。我们可以使用刚刚在 HDR 中所使用的渲染方法生成更逼真的光照环境，显示各帧的动态范围和细节。

场景高光溢出

非常适合高动态范围图像的一种效果是高光效果。你是否注意到太阳或强光有时会吞噬人与光源之间的树枝或其他物体？这叫作高光。图 9.20 显示了高光是如何影响室内场景的。

图 9.19 自适应色调映射程序的结果

图 9.20 高光对图像的影响

注意如何在图 9.20 左图的低曝光度部分查看所有细节。右图的曝光度高得多，彩色玻璃中的窗格被高光覆盖。即使是右下方的木柱也因为被高光覆盖而显得更小。通过增加场景高光，可增强某些区域内的亮度。

我们可以模拟由明亮光源引起的这种高光效果。虽然可以使用 8 位精度缓冲达到这种效果，但使用高动态范围场景中的浮点缓冲的效果要好得多。

第一步是使用高动态范围绘制场景。对于 hdrbloom 示例程序，设置帧缓存，并将其中两个浮点纹理绑定为颜色附件。将该场景常规渲染到第一个绑定的纹理。但第二个绑定的纹理只获得该场景内的亮区。hdrbloom 样本程序在一次着色器传递中填充了两个纹理，参见清单 9.26。按常规计算输出颜色并发送给 color0 输出。然后，计算颜色的亮度值并用于确定数据阈值。仅使用最亮的数据产生高光效果，并写入第二个输出 colorl。所用阈值可通过一对统一变量

bloom_thresh_min 和 bloom_thresh_max 进行调整。为过滤这些亮区，我们使用 smoothstep 函数将亮度小于 bloom_thresh_min 的任何片段平滑强制设置为零，亮度大于 bloom_thresh_max 的任何片段强制设置为原始颜色输出的四倍。

清单 9.26 高光片段着色器——输出明亮数据到单独缓冲

```
#version 450 core

layout (location = 0) out vec4 color0;
layout (location = 1) out vec4 color1;

in VS_OUT
{
    vec3 N;
    vec3 L;
    vec3 V;
    flat int material_index;
} fs_in;

// Material properties
uniform float bloom_thresh_min = 0.8;
uniform float bloom_thresh_max = 1.2;

struct material_t
{
    vec3    diffuse_color;
    vec3    specular_color;
    float   specular_power;
    vec3    ambient_color;
};

layout (binding = 1, std140) uniform MATERIAL_BLOCK
{
    material_t material[32];
} materials;

void main(void)
{
    // Normalize the incoming N, L, and V vectors
    vec3 N = normalize(fs_in.N);
    vec3 L = normalize(fs_in.L);
    vec3 V = normalize(fs_in.V);

    // Calculate R locally
    vec3 R = reflect(-L, N);

    material_t m = materials.material[fs_in.material_index];

    // Compute the diffuse and specular components for each fragment
    vec3 diffuse = max(dot(N, L), 0.0) * m.diffuse_color;
    vec3 specular = pow(max(dot(R, V), 0.0), m.specular_power) * m.specular_color;
    vec3 ambient = m.ambient_color;

    // Add ambient, diffuse, and specular to find final color
    vec3 color = ambient + diffuse + specular;

    // Write final color to the framebuffer
    color0 = vec4(color, 1.0);

    // Calculate luminance
```

```
    float Y = dot(color, vec3(0.299, 0.587, 0.144));

    // Threshold color based on its luminance and write it to
    // the second output
    color = color * 4.0 * smoothstep(bloom_thresh_min, bloom_thresh_max, Y);
    color1 = vec4(color, 1.0);
}
```

运行第一个着色器后，获得图 9.21 所示的两张图像。我们渲染的场景只是一些不同材质的球体。其中一些球体被设置为实际发光，因为无论照明效果如何，这些球体均具有在帧缓存中生成大于 1 的值的属性。左侧图像是无高光的渲染场景。注意，无论亮度如何，所有区域都很清晰。右侧图像是将用作高光滤波器输入的图像的临界版本。

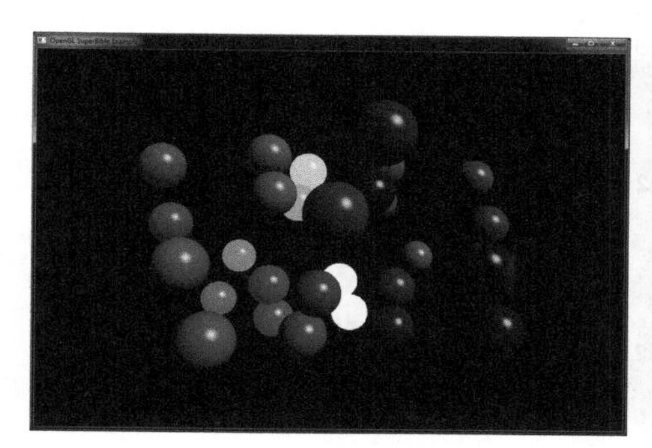
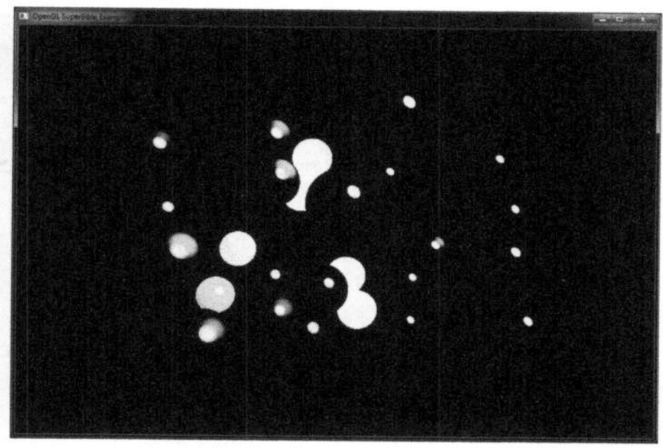

图 9.21 高光示例的原始与临界输出

渲染该场景后，仍需一些操作才能完成亮通。必须虚化亮度数据，高光效果才能凸显。为实现这一点，我们使用了分离式高斯滤波器。分离式滤波器是一种可以分成两次传递的滤波器，一般水平轴上一次，垂直轴上一次。在该示例中，每个维度使用 25 个抽头，从滤波器中心周围的 25 个样本采样，并用各纹素乘以一组固定权重。为应用分离式滤波器，我们进行两次传递。第一次传递时在水平维度上过滤。但是，读者可能已经注意到我们是使用 `gl_FragCoord.yx` 确定滤波核的中心。这意味着我们会在过滤期间转置该图像。第二次传递时，再次应用同一滤波器。这意味着原始图像的水平轴过滤与垂直轴过滤是等效的，再次转置输出图像，恢复到原始方向。实际上，我们已经执行一次 2D 高斯滤波器过滤，其直径为 25 个样本，总样本数为 625。实现此算法的着色器如清单 9.27 所示。

清单 9.27 虚化片段着色器

```
#version 450 core

layout (binding = 0) uniform sampler2D hdr_image;

out vec4 color;

const float weights[] = float[](0.0024499299678342,
                                0.0043538453346397,
                                0.0073599963704157,
                                0.0118349786570722,
                                0.0181026699707781,
                                0.0263392293891488,
                                0.0364543006660986,
                                0.0479932050577658,
                                0.0601029809166942,
```

```
                                0.0715974486241365,
                                0.0811305381519717,
                                0.0874493212267511,
                                0.0896631113333857,
                                0.0874493212267511,
                                0.0811305381519717,
                                0.0715974486241365,
                                0.0601029809166942,
                                0.0479932050577658,
                                0.0364543006660986,
                                0.0263392293891488,
                                0.0181026699707781,
                                0.0118349786570722,
                                0.0073599963704157,
                                0.0043538453346397,
                                0.0024499299678342);

void main(void)
{
    vec4 c = vec4(0.0);
    ivec2 P = ivec2(gl_FragCoord.yx) - ivec2(0, weights.length() >> 1);
    int i;

    for (i = 0; i < weights.length(); i++)
    {
        c += texelFetch(hdr_image, P + ivec2(0, i), 0) * weights[i];
    }

    color = c;
}
```

虚化图 9.21 中右侧临界图像的结果，如图 9.22 所示。

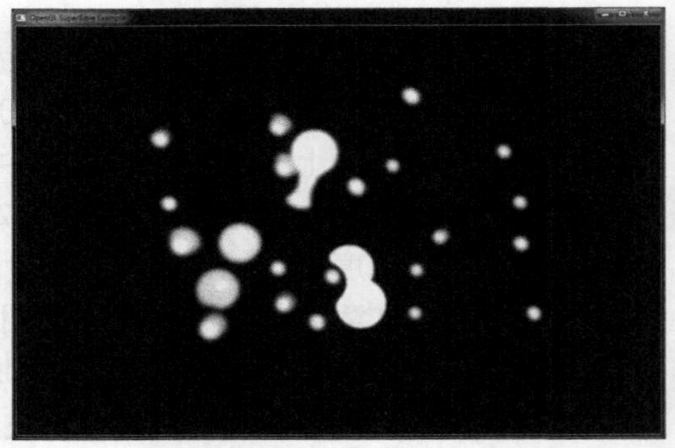

图 9.22 虚化的临界高光颜色

完成虚化传递后，结合虚化结果和场景的全彩色纹理从而生成最终结果。在清单 9.28 中，最终着色器示例形成两个纹理，原始的全色纹理和虚化版亮通。将原始颜色和虚化结果相加形成高光效果，并与用户控制的统一变量相乘。然后使用最终 HDR 颜色结果计算曝光度，可以参见上一个示例程序。

清单 9.28 添加高光效果到场景

```
#version 450 core

layout (binding = 0) uniform sampler2D hdr_image;
layout (binding = 1) uniform sampler2D bloom_image;

uniform float exposure =0.9;
uniform float bloom_factor = 1.0;
uniform float scene_factor = 1.0;

out vec4 color;

void main(void) {
    vec4 c = vec4(0.0);

    c += texelFetch(hdr_image, ivec2(gl_FragCoord.xy), 0) * scene_factor;
    c += texelFetch(bloom_image, ivec2(gl_FragCoord.xy), 0) * bloom_factor;
```

```
        c.rgb = vec3(1.0) - exp(-c.rgb * exposure);
        color = c;
    }
```

使用清单 9.28 所示的曝光着色器绘制一个屏幕大小的纹理化四视图到窗口。调整高光效果直到满意为止。图 9.23 显示了高光水平较高的 hdrbloom 样本程序。

此程序使用高光和不使用高光时的输出对比如色板 5 所示。

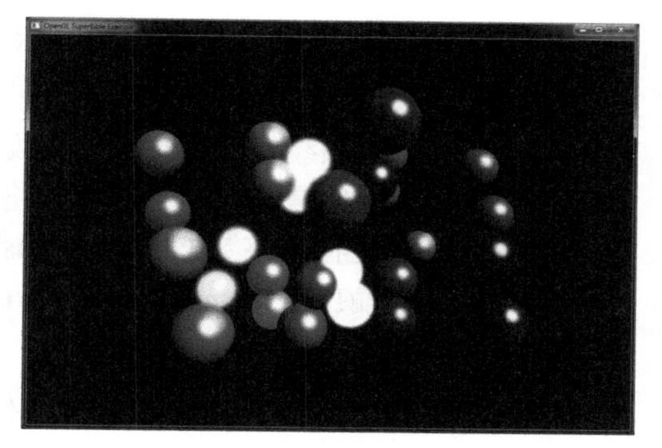

图 9.23 高光程序的结果

9.6.3 整数帧缓冲

默认情况下，window 系统将为应用程序提供一个固定点后台缓存。从片段着色器声明浮点输出（例如 **vec4**）时，OpenGL 会将写入的数据转换为适合存储在该帧缓存中的固定点。上一节中，我们介绍了浮点帧缓存附件，而该附件能够在帧缓存中存储任意浮点值。也可通过使用整数内部格式创建纹理并附加到帧缓存对象来创建整数帧缓冲。执行此操作时，可以使用带有 **ivec4** 或 **uvec4** 型整数分量的输出。使用整数帧缓冲附件时，输出变量中的位模式将逐字写入纹理。无须担心非规格化数、负零、无限大或其他任何与浮点缓存有关的特殊位模式。

为创建整数帧缓存附件，只需使用包含整数分量的内部格式创建纹理并附加到帧缓存对象。一般以 I 或 UI 结尾的整数组成的内部格式（例如，GL_RGBA32UI）表示由每个纹素的 4 个无符号 32 位整数组成的格式，GL_R16I 表示由每个纹素的单个带符号 16 位分量组成的格式。使用内部格式 GL_RGBA32UI 创建帧缓存附件的代码如清单 9.29 所示。

清单 9.29 创建整数帧缓冲附件

```
// Variables for the texture and FBO
GLuint tex;
GLuint fbo;

// Create the texture object
glCreateTextures(GL_TEXTURE_2D, 1, &tex);

// Allocate storage for it
glTextureStorage2D(tex, 1, GL_RGBA32UI, 1024, 1024);

// Now create an FBO and attach the texure as normal
glGenFrambuffers(1, &fbo);
glBindFramebuffer(GL_FRAMEBUFFER, fbo);

glFramebufferTexture(GL_FRAMEBFUFFER,
                     GL_COLOR_ATTACHMENT0,
                     tex,
                     0);
```

通过调用 **glGetFramebufferAttachmentParameteriv()** 并将 pname 设置成 GL_FRAMEBUFFER_ATTACHMENT_COMPONENT_TYPE 来确定帧缓存附件的分类类型。params 的返回值应为 GL_FLOAT、GL_INT、GL_UNSIGNED_INT、GL_SIGNED_NORMALIZED 或

GL_UNSIGNED_NORMALIZED，具体取决于颜色附件的内部格式。不要求帧缓存对象的附件类型相同。这意味着可组合使用附件，其中一些使用浮点或固定点，而其他附件使用整数格式。

当渲染到整数帧缓存附件时，在片段着色器中声明的输出应与分量类型的附件相匹配。例如，如果帧缓存附件是一个无符号整数格式，如 GL_RGBA32UI，则该颜色附件所对应的着色器输出变量应为无符号整数格式，如 **unsigned int**、**uvec2**、**uvec3** 或 **uvec4**。同样地，对于带符号整数格式，输出应为 **int**、**ivec2**、**ivec3** 或 **ivec4**。虽然分量格式应匹配，但不要求分量数量匹配。

如果帧缓存附件的分量宽度小于 32 位，则渲染到该附件时应舍弃其他最高有效位。甚至可以通过使用 GLSL 函数 floatBitsToInt（或 floatBitsToUint）或 packUnorm2×16 等压缩函数将浮点数据直接写入整数颜色缓存中。

虽然看起来是整数帧缓存附件比传统固定点或浮点帧缓存的灵活性更大（尤其是考虑到能够将浮点数据写入这些附件），但必须有一些权衡考虑。第一个也是最明显的问题是混合不适用于整数帧缓存。第二个问题是整数内部格式的存在意味着无法过滤图像被渲染到的最终纹理。

9.6.4 sRGB 颜色空间

在很久以前，计算机用户使用的显示器大而笨重，用一种名为阴极射线管（CRT）的玻璃真空瓶制成。这些设备的工作原理是通过对荧光屏发射电子使其发光。遗憾的是，屏幕释放的光量与驱动电压并不呈线性关系。事实上，光输出与驱动电压之间的关系呈高度非线性。光输出量是以下形式的幂函数：

$$L_{out} = V_{in}^{\gamma}$$

更糟糕的是，γ 的值是变化的。对于 NTSC 系统（北美洲、南美洲大部分和亚洲部分地区使用的电视标准），γ 约为 2.2。然而，SECAM 和 PAL 系统（欧洲、澳大利亚、非洲和亚洲其他地区使用的标准）采用的 γ 值为 2.8。这意味着如果 CRT 显示屏的输入电压达到最大电压的一半，则光输出还略低于最大可能光输出的四分之一！

为了弥补这一点，在计算机图形中，使用伽马校正（以 γ 项的幂函数命名），通过低幂次提高线性值、缩放结果和补偿结果值。生成的颜色空间叫作 sRGB，从线性值转换为 sRGB 值的虚拟代码如下所示：

```
if (cl >= 1.0)
{
    cs = 1.0;
}
else if (cl <= 0.0)
{
    cs = 0.0;
}
else if (cl < 0.0031308)
{
    cs = 12.92 * cl;
```

```
}
else
{
    cs = 1.055 * pow(cl, 0.41666) - 0.055;
}
```

此外，为从 sRGB 转换到线性颜色空间，应用以下虚拟代码：

```
if (cs >= 1.0)
{
    cl = 1.0;
}
else if (cs <= 0.0)
{
    cl = 0.0;
}
else if (cs <= 0.04045)
{
    cl = cs / 12.92;
}
else
{
    cl = pow((cs + 0.0555) / 1.055), 2.4)
}
```

两个用例中，cs 是 sRGB 颜色空间值，cl 是线性值。注意，转换有一小段线性段和一个小偏移。在实践中，这几乎相当于将线性颜色值提高到 2.2 次幂（从 sRGB 到线性）和 0.454545 次幂，即 1/2.2（从线性到 sRGB），我们可以通过一些实现完成这个过程。图 9.24 左侧显示了从线性到 sRGB 和从 sRGB 回归到线性的转移函数，右侧显示使用 2.2 次幂和 0.45454 次幂的一对简单幂曲线。应注意的是，这些曲线的形状非常相似，几乎无法区分。

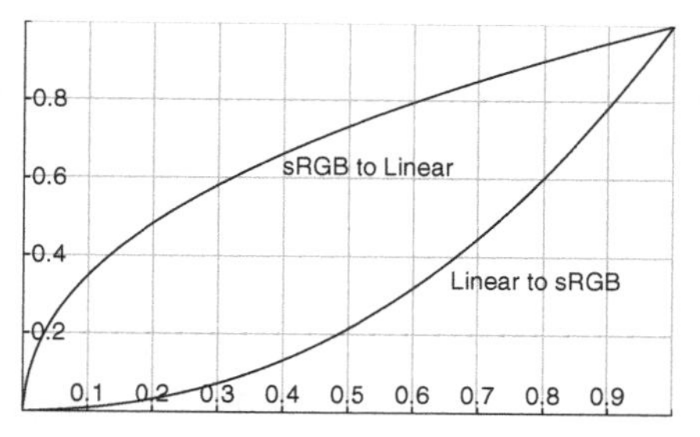

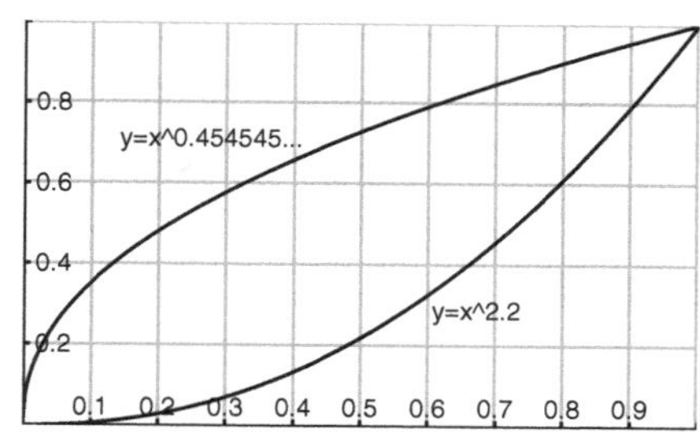

图 9.24 sRGB 和简单幂的伽玛曲线

为使用 OpenGL 中的 sRGB 颜色空间，我们使用 sRGB 内部格式创建纹理。例如，GL_SRGB_ALPHA8 格式表示经 sRGB 伽马校正的红色、绿色和蓝色分量，透明度分量表示为简单线性值。我们可像往常一样将数据加载到纹理中。读取着色器的 sRGB 纹理时，在读取纹理期间但进行过滤之前，sRGB 格式会转换为 RGB。也就是说，当启用双线性过滤时，输入纹素从 sRGB 转换为线性，然后混合线性样本，从而形成返回到着色器的最终值。此外，只有 RGB 分量是单独转换的，透明度分量则保持原样。

帧缓存还支持 sRGB 存储格式，具体来说是必须支持 GL_SRGB8_ALPHA8 格式。这意味着可以附加内部 sRGB 格式的纹理到帧缓存对象，然后再渲染到该对象。由于 sRGB 格式是非线性的，用户可能也不希望 sRGB 帧缓存附件的写入数据是线性数据，这会破坏整个目标！好消息是 OpenGL 可以自动将着色器输出的线性颜色值转换为 sRGB 值。但是这种转换并不是默认执行的。要启用该功能，需要使用 GL_FRAMEBUFFER_SRGB 标记调用 **glEnable()**。记住，这仅适用于包含 sRGB 表面的颜色附件。可调用 **glGetFramebufferAttachmentParameteriv()** 并使用 GL_FRAMEBUFFER_ATTACHMENT_COLOR_ENCODING 值确定随附表面是否为 sRGB。sRGB 表面返回 GL_SRGB，其他表面则返回 GL_LINEAR。

9.7 点精灵

术语点精灵（point sprites）通常指纹理点。OpenGL 用单个顶点表示每个点，因此不可能像其他基元类型一样指定可插值的纹理坐标。为了解除这个限制，OpenGL 将生成插值纹理坐标，可以用来执行任何操作。可通过使用点精灵绘制单个 3D 点将 2D 纹理图像置于屏幕上。

点精灵最常见的一种应用是粒子系统。大量在屏幕上移动的粒子可用点表示，用于产生各种视觉效果。然而，通过将这些点表示为较小的重叠 2D 图像，可以产生细丝在流动的动画效果。例如，图 9.25 显示了 Macintosh 广为人知的由这种粒子效果驱动的屏保程序。

图 9.25 流光屏保中的粒子效果

如果没有点精灵，达到这种效果需要在屏幕上绘制大量纹理化四视图（或三角扇）。为此，可以对各面进行大幅度旋转以确保朝向照相机或在 2D 正交投影中绘制所有粒子。使用点精灵时，可以通过向下发送一个 3D 顶点渲染一个完全对准的 2D 纹理正方形。由于通过点精灵发送四视图的 4 个顶点时只需要占用四分之一的带宽，不需要通过矩阵数学保持 3D 四视图与相机对准，因此点精灵是一个强大且有效的 OpenGL 功能。

9.7.1 点纹理化

点精灵很方便使用。在应用程序方面，只需要绑定一个 2D 纹理并使用内置变量 gl_PointCoord（一个在点上内插纹理左边的双分量向量）从片段着色器中读取该纹理。清单 9.30 显示了 PointSprites 示例程序的片段着色器。

清单 9.30 在片段着色器中纹理化点精灵

```
#version 450 core

out vec4 vFragColor;

in vec4 vStarColor;

layout (binding = 0) uniform sampler2D starImage;

void main(void)
{
    vFragColor = texture(starImage, gl_PointCoord) * vStarColor;
}
```

同样，使用点精灵时，无须将纹理坐标作为属性发送，因为 OpenGL 将自动生成 gl_PointCoord。由于点都是单个顶点，因此无法以任何其他方式在点曲面上进行插值。当然，用户可以任意提供纹理坐标或推导自定义插值方案。

9.7.2 渲染星空

现在来看使用点精灵功能的示例程序。star field 示例程序创建一个动画星空，看起来就像星星正在从中飞过。其实现方式是，将随机点放置在视野前方，然后将一个时间值作为统一变量传递到顶点着色器中。该时间值用于移动点位置，从而使点位置逐渐向观察者靠近，然后在通过返回平截头体后部到达近裁剪平面时进行再循环。此外，缩放星星的尺寸，使星星从极小尺寸开始显示，但随着越来越靠近视野点而逐渐变大。其效果非常逼真……只需添加一些行星仪或太空电影音乐！

图 9.26　星形纹理贴图

图 9.26 显示了应用于这些点的星形纹理贴图。它只是一个.KTX 文件，可以按照其他 2D 纹理的加载方式加载，也可以对点进行 mip 映射，因为这些点可以非常小，也可以非常大，很适合进行 mip 映射。

我们不会介绍设置星空效果的所有细节，因为这是非常常规的设置。如果想了解如何选择随机数，可以自行查看相关资源。更重要的是渲染函数中代码的实际渲染效果：

```
void render(double currentTime)
{
    static const GLfloat black[] = { 0.0f, 0.0f, 0.0f, 0.0f };
    static const GLfloat one[] = { 1.0f };
    float t = (float)currentTime;
    float aspect = (float)info.windowWidth /
                   (float)info.windowHeight;
    vmath::mat4 proj_matrix = vmath::perspective(50.0f,
                                                 aspect,
                                                 0.1f,
                                                 1000.0f);
    t *= 0.1f;
    t -= floor(t);

    glViewport(0, 0, info.windowWidth, info.windowHeight);
    glClearBufferfv(GL_COLOR, 0, black);
    glClearBufferfv(GL_DEPTH, 0, one);

    glEnable(GL_PROGRAM_POINT_SIZE);
    glUseProgram(render_prog);

    glUniform1f(uniforms.time, t);
    glUniformMatrix4fv(uniforms.proj_matrix, 1, GL_FALSE, proj_matrix);

    glEnable(GL_BLEND);
    glBlendFunc(GL_ONE, GL_ONE);

    glBindVertexArray(star_vao);
```

```
    glDrawArrays(GL_POINTS, 0, NUM_STARS);
}
```

我们将使用相加混合将星星与背景混合。鉴于纹理暗区是黑色（颜色空间为0），可以在绘制时将颜色添加到一起。透明度及透明度分量要求对星星进行深度排序，这当然是可以避免的。启用点尺寸程序模式后，绑定着色器并设置统一变量。这里应注意的是，我们使用的是当前时间，有助于最终形成星星的 *z* 坐标；它可以循环使用，从而在 0～1 平滑计数。清单 9.31 提供了顶点着色器的源代码。

清单 9.31　星空效果的顶点着色器

```
#version 450 core

layout (location = 0) in vec4 position;
layout (location = 1) in vec4 color;

uniform float time;
uniform mat4 proj_matrix;

flat out vec4 starColor;

void main(void)
{
    vec4 newVertex = position;

    newVertex.z += time;
    newVertex.z = fract(newVertex.z);

    float size = (20.0 * newVertex.z * newVertex.z);

    starColor = smoothstep(1.0, 7.0, size) * color;

    newVertex.z = (999.9 * newVertex.z) - 1000.0;
    gl_Position = proj_matrix * newVertex;
    gl_PointSize = size;
}
```

顶点 *z* 分量使用时间统一变量偏移，由此产生星星靠近观察者的动态效果。我们仅使用该总和的小数部分，因此在星星靠近观察者时，以便沿环路返回远处的裁剪平面。这时在着色器中，*z* 坐标为 0.0 的顶点位于远平面上，*z* 坐标为 1.0 的顶点位于近平面上。我们可以通过设置顶点的 *z* 坐标平方使星星随着距离的靠近而越来越大，并在 gl_PointSize 变量中设置最终尺寸。如果星星尺寸太小，有时会出现闪烁现象，因此使用 smoothstep 函数逐渐调暗颜色，从而使尺寸小于 1.0 的任意点变成黑色，并在尺寸达到 7 像素时趋向最大亮度。通过这种方式，它们将淡入视图而不只是在远裁剪平面附近弹跳。将星星颜色传递到清单 9.32 所示的片段着色器，而该着色器只是从星星纹理中取出星星颜色然后将结果与计算出的星星颜色相乘即可。

清单 9.32　星空效果的片段着色器

```
#version 450 core

layout (location = 0) out vec4 color;

uniform sampler2D tex_star;
flat in vec4 starColor;

void main(void)
```

```
{
    color = starColor * texture(tex_star, gl_PointCoord);
}
```

starfield 程序的最终输出如图 9.27 所示。

图 9.27 用点精灵从空间飘过

9.7.3 点参数

可以使用函数 **glPointParameteri()** 对点精灵（以及一般点）的一些特征进行微调。图 9.28 显示了应用于点精灵的纹理的两个可能的原点(0，0）位置。在左图中，可以看到原点位于点精灵左上方；在右图中，可以看到原点位于左下方。

点精灵的默认方向为 GL_UPPER_LEFT。通过将 GL_POINT_SPRITE_COORD_ORIGIN 参数设置为 GL_LOWER_LEFT，可以将纹理坐标系统的原点置于该点的左下角：

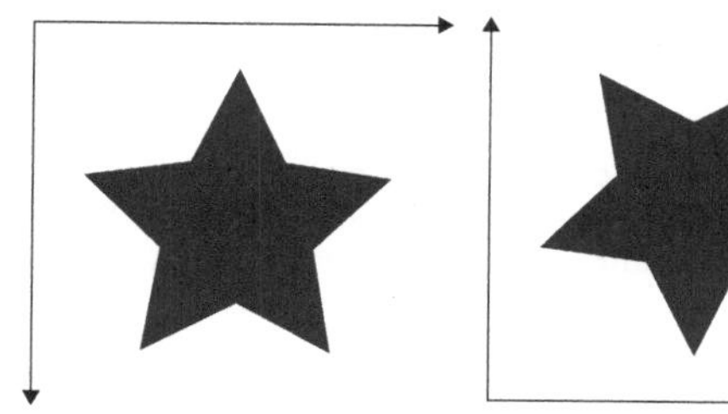

图 9.28 纹理在点精灵上的两个潜在方向

```
glPointParameteri(GL_POINT_SPRITE_COORD_ORIGIN, GL_LOWER_LEFT);
```

将点精灵原点设置为 GL_UPPER_LEFT 的默认值时，从屏幕上看，gl_PointCoord 将位于该点的左上角，为（0.0，0.0）。但是，在 OpenGL 中，窗口坐标是从窗口的左下角开始的（例如，gl_FragCoord 所遵守的惯例）。因此，要使点精灵坐标遵循窗口坐标惯例并与 gl_FragCoord 保持一致，则应将点精灵坐标原点设置为 GL_LOWER_LEFT。

9.7.4 有形点

除使用 gl_PointCoord 对纹理坐标应用纹理外，还可以使用 gl_PointCoord 导出除纹理坐标外的许多其他信息。例如，可以使用片段着色器中的 **discard** 关键词生成非正方形的点，从而舍弃预期点形状外的片段。以下片段着色器代码可生成圆形点：

```
vec2 p = gl_PointCoord * 2.0 - vec2(1.0);
if (dot(p, p) > 1.0)
    discard;
```

或许可以首选有趣的花朵形状：

```
vec2 temp = gl_PointCoord * 2.0 - vec2(1.0);
if (dot(temp, temp) > sin(atan(temp.y, temp.x) * 5.0))
    discard;
```

通过这些代码段可以渲染成任意形状的点。图 9.29 列举了另外一些可以通过这种方式生成的有趣形状。为创建图 9.29，我们使用清单 9.33 所示的片段着色器。

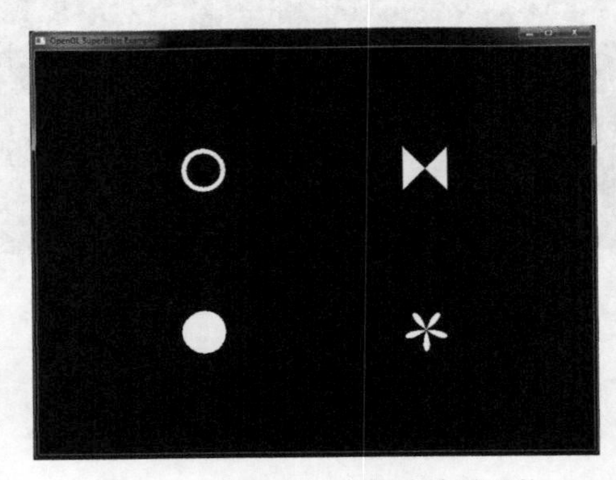

图 9.29　经分析生成的点精灵形状

清单 9.33　生成有形点的片段着色器

```
#version 450 core

layout (location = 0) out vec4 color;

flat in int shape;

void main(void)
{
    color = vec4(1.0);
    vec2 p = gl_PointCoord * 2.0 - vec2(1.0);

    if (shape == 0)
    {
        // Simple disc shape
        if (dot(p, p) > 1.0)
            discard;
    }
    else if (shape == 1)
    {
        // Hollow circle
        if (abs(0.8 - dot(p, p)) > 0.2)
            discard;
    }
    else if (shape == 2)
    {
        // Flower shape
        if (dot(p, p) > sin(atan(p.y, p.x) * 5.0))
            discard;
    }
```

```
        else if (shape == 3)
        {
            // Bowtie
            if (abs(p.x) < abs(p.y))
                discard;
        }
    }
```

在片段着色器中通过分析计算点形状，相对于使用纹理的优点在于形状较精确，对缩放和旋转的适用性良好，下一节会进行详细说明。

9.7.5 旋转点

由于 OpenGL 中的点被渲染为与轴对齐的正方形，所以必须通过修改读取点精灵纹理或分析计算点精灵形状时所用的纹理坐标实现点精灵旋转。为此，可以在片段着色器中直接创建一个 2D 旋转矩阵，然后将其与 `gl_PointCoord` 相乘使它绕 z 轴旋转。旋转角度可以作为插值变量从顶点或几何着色器传递到片段着色器。反之，变量值可以在顶点或几何着色器中计算，也可以通过顶点属性提供。清单 9.34 所示为一个稍微复杂的点精灵片段着色器，可允许点围绕其中心旋转。

清单 9.34　直接旋转点精灵片段着色器

```
#version 450 core

uniform sampler2D sprite_texture;

in float angle;

out vec4 color;

void main(void)
{
    const float sin_theta = sin(angle);
    const float cos_theta = cos(angle);
    const mat2 rotation_matrix = mat2(cos_theta, sin_theta,
                                      -sin_theta, cos_theta);
    const vec2 pt = gl_PointCoord - vec2(0.5);
    color = texture(sprite_texture, rotation_matrix * pt + vec2(0.5));
}
```

该示例可以生成旋转型的点精灵。但是，点精灵内的片段与片段之间的 `angle` 值并无差异。这意味着 `sin_theta` 和 `cos_theta` 是常量，从中构建的最终旋转矩阵对于点中的各个片段应是相同的。因此，更有效的做法是在顶点着色器中计算 `sin_theta` 和 `cos_theta`，并将其作为一对变量传递到片段着色器，而不是在每个片段上计算着两个变量。以下是更新后的顶点和片段着色器，可以用来绘制旋转型点精灵。首先，顶点着色器如清单 9.35 所示。

清单 9.35　旋转型点精灵顶点着色器

```
#version 450 core

uniform matrix mvp;

in vec4 position;
in float angle;
```

```
flat out float sin_theta;
flat out float cos_theta;

void main(void)
{
    sin_theta = sin(angle);
    cos_theta = cos(angle);

    gl_Position = mvp * position;
}
```

接着，片段着色器如清单 9.36 所示。

清单 9.36　旋转型点精灵片段着色器

```
#version 450 core

uniform sampler2D sprite_texture;

flat in float sin_theta;
flat in float cos_theta;

out vec4 color;

void main(void)
{
    mat2 rotation_matrix = mat2(cos_theta, sin_theta,
                                -sin_theta, cos_theta);
    vec2 pt = gl_PointCoord - vec2(0.5);
    color = texture(sprite_texture, rotation_matrix * pt + vec2(0.5));
}
```

如前所述，潜在的高消耗 sin 和 cos 函数已从片段着色器移到顶点着色器中。如果点尺寸较大，则这对着色器的执行效果要比先前在片段着色器中计算旋转矩阵的暴力方法要好得多。

即使是在旋转从 gl_PointCoord 导出的坐标，点本身仍然是方形的。如果纹理或分析形状超出点内的单位直径圆，则需要增大点精灵尺寸并相应缩放纹理坐标，从而使形状在所有旋转角度下均在点内。当然，如果纹理基本上圆形的，则完全无须担心这个问题。

9.8 获取图像

完成所有渲染后，应用程序通常会向用户显示结果。其操作机制因平台而异，因此本书中的应用程序框架通常可以实现此功能。但是，我们可能并不希望总是向用户展示结果。希望直接从应用程序访问渲染图像的原因可能有很多，例如想要打印图像、保存截屏或是使用离线进程做进一步处理。

9.8.1 从帧缓存中读取

为能从帧缓存中读取像素数据，OpenGL 包含 **glReadPixels()** 函数，其原型为

```
void glReadPixels(GLint x,
                  GLint y,
```

```
                 GLsizei width,
                 GLsizei height,
                 GLenum format,
                 GLenum type,
                 GLvoid * data);
```

glReadPixels() 函数从当前绑定到 GL_READ_FRAMEBUFFER 目标的某个帧缓存中读取数据，如果没有绑定任何用户生成的帧缓存对象，则从默认帧缓存中读取数据，并将数据写入应用程序内存或缓存对象。x 和 y 参数指定该区域左下角的窗口坐标偏移量，width 和 height 指定要读取的区域的宽度和高度，注意窗口的原点（在 0，0 处）在左下角。format 和 type 参数指定 OpenGL 数据的读取格式。例如，这些参数与可以传递给 **glTexSubImage2D()** 的 format 及 type 的运行机制相似。例如，format 可能是 GL_RED 或 GL_RGBA，type 可能是 GL_UNSIGNED_BYTE 或 GL_FLOAT。将得到的像素数据写入 data 所指定的区域。

如果无缓存对象绑定到 GL_PIXEL_PACK_BUFFER 目标，则 data 解释为写入应用程序内存的原始指标。然而，如果缓存被绑定到 GL_PIXEL_PACK_BUFFER 目标，然后将 data 当作该缓存的数据存储偏移量并在此处写入图像数据。如果要获取该数据，则可以通过调用 **glMapBufferRange()** 并使用 GL_MAP_READ_BIT 设置来映射缓存，以便读取数据并访问数据。否则，可以将缓存用于任何其他用途。

为指定颜色数据的来源，可调用 **glReadBuffer()**，传递 GL_BACK 或 GL_COLOR_ATTACHMENTi，其中 *i* 表示希望读取的颜色附件。**glReadBuffer()** 的原型为

```
void glReadBuffer(GLenum mode);
```

如果使用默认帧缓存而不是自有的帧缓存对象，则模式应为 GL_BACK。这是默认设置，因此如果从未在应用程序中使用帧缓存对象（或只从默认帧缓存中读取过），则可以直接退出而不需要调用 **glReadBuffer()**。但是，由于用户提供的帧缓存对象可以有多个附件，因此需要指定希望读取的附件；因此，如果使用自有帧缓存对象，则必须调用 **glReadBuffer()**。

当调用 **glReadPixels()** 并将 format 参数设置成 GL_DEPTH_COMPONENT 时，将从深度缓存中读取数据。同样地，如果格式为 GL_STENCIL_INDEX，则数据来源于模板缓存。通过特殊的 GL_DEPTH_STENCIL 记号，可以同时读取深度缓存和模板缓存。但是，如果采用此路径，则 type 参数必须为 GL_UNSIGNED_INT_24_8 或 GL_FLOAT_32_UNSIGNED_INT_24_8_REV，这两个参数将生成需要解释以获取深度和模板信息的压缩数据。

当 OpenGL 将数据写入应用程序内存或绑定到 GL_PIXEL_PACK_BUFFER 目标的缓存对象（如果有一个绑定）时，它会按照 *y* 坐标的升序顺序从左到右写入（它的起点在窗口底部，向上增加）。默认情况下，图像的每一行都始于前一行的偏移量，其中该行是 4 字节的整数倍。如果待读取区域的宽度与单个像素的字节数的乘积是 4 的倍数，则一切顺利，应对结果数据进行高度压缩。然而，如果没有求和，则可在输出中保留空白。可通过调用 **glPixelStorei()** 更改此设置，其原型为

```
void glPixelStorei(GLenum pname,
                   GLint param);
```

在 pname 中传递 GL_PACK_ALIGNMENT 时，将传递到 param 的值用于舍入图像行距（单位为字节）。可在 param 传递 1 将舍入设置为单个字节，从而有效地禁用舍入。其他可传递的值

为2、4和8。

截屏

清单 9.37 演示了如何截取正在运行的应用程序的屏幕截图并将其保存为.TGA 文件，这是一种易于生成且相对简单的图像文件格式。

清单 9.37 使用 glReadPixels() 截屏

```
int row_size = ((info.windowWidth * 3 + 3) & ~3);
int data_size = row_size * info.windowHeight;
unsigned char * data = new unsigned char [data_size];

#pragma pack (push, 1)
struct
{
    unsigned char identsize;      // Size of following ID field
    unsigned char cmaptype;       // Color map type 0 = none
    unsigned char imagetype;      // Image type 2 = rgb
    short cmapstart;              // First entry in palette
    short cmapsize;               // Number of entries in palette
    unsigned char cmapbpp;        // Number of bits per palette entry
    short xorigin;                // X origin
    short yorigin;                // Y origin
    short width;                  // Width in pixels
    short height;                 // Height in pixels
    unsigned char bpp;            // Bits per pixel
    unsigned char descriptor;     // Descriptor bits
} tga_header;
#pragma pack (pop)

glReadPixels(0, 0,                                   // Origin
             info.windowWidth, info.windowHeight,    // Size
             GL_BGR, GL_UNSIGNED_BYTE,               // Format, type
             data);                                  // Data

memset(&tga_header, 0, sizeof(tga_header));
tga_header.imagetype = 2;
tga_header.width = (short)info.windowWidth;
tga_header.height = (short)info.windowHeight;
tga_header.bpp = 24;

FILE * f_out = fopen("screenshot.tga", "wb");
fwrite(&tga_header, sizeof(tga_header), 1, f_out);
fwrite(data, data_size, 1, f_out);
fclose(f_out);

delete [] data;
```

TGA 文件格式只包含一个头文件（由 tga_header 定义）和原始像素数据。清单 9.37 的示例填充了头文件，然后将原始数据写入紧随其后的文件中。

9.8.2 在帧缓冲之间复制数据

渲染到这些离屏帧缓冲也不错，但最后必须对结果进行有效处理。一般来说，图形 API 允许应用程序将像素或缓冲数据读取至系统内存，还提供了将这些像素或数据绘制至屏幕的方法。

虽然这些方法很实用，但需要将数据从 GPU 复制到 CPU 内存，然后颠倒顺序将数据复制回去。这种方法效率很低！现在可以使用位块传输命令将像素数据从一个点快速移动到另一个点。位块传输（Blit）指的是直接有效的位级数据/内存复制。关于该术语的起源有许多理论，但最可能的是位级图像传输或块传输。无论位块传输的词源可能是什么，其行为是相同的。这些复制的执行步骤很简单，其函数如下所示：

```
void glBlitFramebuffer(GLint srcX0, Glint srcY0,
                       GLint srcX1, Glint srcY1,
                       GLint dstX0, Glint dstY0,
                       GLint dstX1, Glint dstY1,
                       GLbitfield mask, GLenum filter);
```

即使该函数的名称中有“blit”，它也不仅仅是一种简单的按位复制。事实上，它更像一个自动纹理化操作。复制源是通过调用 **glReadBuffer()** 指定的读取帧缓存的读取缓存，复制区域是由顶角位于（srcX0，srcY0）和（srcX1，srcY1）的矩形所定义的区域。同样，复制目标是通过调用 **glDrawBuffer()** 指定的当前绘制帧缓存的绘制缓存，复制区域是由包含顶角（dstX0，dstY0）和（dstX1，dstY1）的矩形所定义的区域。由于源矩形和目标矩形的尺寸不一定相等，因此可以使用该函数来缩放要复制的像素。如果已将读取缓存和绘制缓存设置成同一 FBO 并将该 FBO 绑定到 GL_DRAW_FRAMEBUFFER 和 GL_READ_FRAMEBUFFER 绑定点，甚至可以将数据从帧缓存的某个区域复制到另一个区域（只要注意不要将这些区域重叠）。

mask 参数可以是 GL_DEPTH_BUFFER_BIT、GL_STENCIL_BUFFER_BIT 或 GL_COLOR_BUFFER_BIT 中的任何一个或全部。滤波器可以是 GL_LINEAR 或 GL_NEAREST，但如果是复制深度或模板数据或整数格式的颜色数据，则必须是 GL_NEAREST。这些滤波器的行为方式与纹理化的行为方式相同。在本示例中，我们只复制非整数颜色数据，并且可以使用线性滤波器。

```
GLint width = 800;
GLint height = 600;

GLenum fboBuffs[] = { GL_COLOR_ATTACHMENT0 };

glBindFramebuffer(GL_DRAW_FRAMEBUFFER, readFBO);
glBindFramebuffer(GL_READ_FRAMEBUFFER, drawFBO);

glDrawBuffers(1, fboBuffs);
glReadBuffer(GL_COLOR_ATTACHMENT0);
glBlitFramebuffer(0, 0, width, height,
                  (width *0.8), (height*0.8),
                  width, height,
                  GL_COLOR_BUFFER_BIT, GL_LINEAR );
```

假设前面代码中绑定的 FBO 附件的宽度和高度分别为 800 和 600。该代码创建了 readFBO 第一个颜色附件的完整副本，缩放到总尺寸的 80%，并放置到 drawFBO 第一个颜色附件的左上角。

复制数据到纹理

正如上一节所述，我们可以通过调用 **glReadPixels()** 将帧缓存中的数据读入应用程序的内存（或缓存对象），或使用 **glBlitFramebuffer()** 从一个帧缓存读入另一个帧缓存。如果打算将此数据用作纹理，则可以更简单地将数据直接从帧缓存复制到纹理中。执行此操作的函数是

glCopyTexSubImage2D()和**glCopyTextureSubImage2D()**，均与**glTextureStorageSubImage2D()**相似。但是，它们不是从应用程序内存或缓存对象中获取源数据，而是从帧缓存获取源数据。其原型为：

```
void glCopyTexSubImage2D(GLenum target,
                         GLint level,
                         GLint xoffset,
                         GLint yoffset,
                         GLint x,
                         GLint y,
                         GLsizei width,
                         GLsizei height);

void glCopyTextureSubImage2D(GLuint texture,
                             GLint level,
                             GLint xoffset, GLint yoffset,
                             GLint x, GLint y,
                             GLsizei width, GLsizei height);
```

target参数是目标纹理所绑定的纹理目标。对于正常2D纹理，这会是GL_TEXTURE_2D，但也可以通过指定GL_TEXTURE_CUBE_MAP_POSITIVE_X、GL_TEXTURE_CUBE_MAP_NEGATIVE_X、GL_TEXTURE_CUBE_MAP_POSITIVE_Y、GL_TEXTURE_CUBE_MAP_NEGATIVE_Y、GL_TEXTURE_CUBE_MAP_POSITIVE_Z或GL_TEXTURE_CUBE_MAP_NEGATIVE_Z从帧缓存中复制到立方体贴图的其中一面。宽度和高度表示待复制区域的尺寸。*x*和*y*是帧缓存中矩形左下角的坐标，xoffset和yoffset是目标纹理中矩形的纹素坐标。

如果应用程序直接渲染到纹理中（通过将应用程序附加到帧缓冲对象），则此函数可能没有什么特别用处。但是，如果应用程序大多数时候都渲染到默认帧缓存，则可以使用此函数将部分输出移动到纹理中。相反，如果想要将纹理中的数据复制到另一个纹理中，则可以通过调用**glCopyImageSubData()**来实现，该函数具有一个怪异的原型：

```
void glCopyImageSubData(GLuint srcName,
                        GLenum srcTarget,
                        GLint srcLevel,
                        GLint srcX,
                        GLint srcY,
                        GLint srcZ,
                        GLuint dstName,
                        GLenum dstTarget,
                        GLint dstLevel,
                        GLint dstX,
                        GLint dstY,
                        GLint dstZ,
                        GLsizei srcWidth,
                        GLsizei srcHeight,
                        GLsizei srcDepth);
```

不同于OpenGL中的其他函数，该函数直接在按名称指定的纹理对象上运行，而不是在绑定到目标的对象上运行。srcName和srcTarget是源纹理的名称和类型，dstName和dstTarget是目标纹理的名称和类型。利用该函数几乎可以传递任何类型的纹理，因此可以指定源区域和目标区域的*x*、*y*和*z*坐标，以及每个区域的宽度、高度和深度。srcX、srcY和srcZ是源区域的坐标，dstX、dstY和dstZ是目标区域的坐标。通过srcWidth、srcHeight

和 srcDepth 指定要复制区域的宽度、高度和深度。

如果在复制的纹理之间没有特定维度（例如，2D 纹理不存在 *z* 维度），则应将对应坐标设置为 0，将尺寸设置为 1。

如果纹理具有 mip 映射，则可以分别用 srcLevel 和 dstLevel 设置源 mip 映射级别和目标 mip 映射级别。否则，将这些设置为 0。注意，没有提供目标宽度、高度或深度（目标区域的尺寸与源区域的相同，并且可能没有拉伸或收缩）。如果要调整部分纹理尺寸并将结果写入另一个纹理，则需要将两个纹理都写入帧缓存对象并使用 **glBlitFramebuffer()**。

9.8.3 读取纹理数据

除读取帧缓存中的数据外，还可通过调用以下任意函数从纹理中读取图像数据：

```
void glGetTexImage(GLenum target,
                   GLint level,
                   GLenum format,
                   GLenum type,
                   GLvoid * img);

void glGetTextureImage(GLuint texture, GLint level,
                       GLenum format, GLenum type,
                       GLsizei bufSize,
                       void *pixels);
```

这些函数并不从帧缓存中读取数据，而是直接从纹理读取数据，除此之外，其运行机制与 **glReadPixels()** 相似。**glGetTexImage()** 函数从当前绑定到目标的纹理读取数据，而 **glGetTextureImage()** 从 texture 中指定名称的纹理读取数据。注意，**glGetTextureImage()** 还有另一个参数 bufSize，其中包含像素所引用的数据缓冲容量（单位为字节）。OpenGL 只会将该容量的数据写入缓存，然后停止。这对需要边界检查和鲁棒[1]行为的应用程序尤为重要。

format 参数和 type 参数在 **glReadPixels()** 中的含义相同，img 参数等同于 **glReadPixels()** 的 data 参数，包括其双重用途，作为客户端内存指标或绑定到 GL_PIXEL_PACK_BUFFER 目标（如果有）的缓冲偏移量。虽然 **glGetTexImage()** 只能读回整级纹理，但也有一些优点。首先，可直接访问纹理的所有 mip 映射级别。其次，如果需要从纹理对象读取数据，则无须像对 **glReadPixels()** 那样创建帧缓存对象并将纹理附加到该缓存对象上。

glGetTexImage() 和 **glGetTextureImage()** 都将整级纹理读回到内存中（或读回到应用程序内存或缓存中）。如果只需要一小片纹理，则可调用

```
void glGetTextureSubImage(GLuint texture, GLint level,
                          GLint xoffset, GLint yoffset, GLint zoffset,
                          GLsizei width, GLsizei height, GLsizei depth,
                          GLenum format, GLenum type,
                          GLsizei bufSize, void *pixels);
```

如前所述，**glGetTextureSubImage()** 的参数要比 **glGetTexImage()** 或 **glGetTexture**

1 更多有关 OpenGL 鲁棒性特征的信息可参见第 15 章。

Image()多。**glGetTextureSubImage()**从level指定的纹理层的texture读取纹理数据，数据以使用xoffset、yoffset、zoffset、width、height和depth参数确定的范围为限。注意，**glGetTextureSubImage()**只有一种直接获取纹理对象的形式，包括bufSize参数，两者均是较新版OpenGL的一部分。

如果已经使用**glTexSubImage2D()**等函数在纹理中输入数据，则从纹理中读回数据可能会有点奇怪。但是，有几种方法可以将数据导入纹理中而无须直接输入或使用帧缓存绘制。例如，可调用**glGenerateMipmap()**，用较高分辨率的mip映射填充较低分辨率的mip映射，或者可以从着色器直接写入图像，如第5章的5.5.7节所述。

9.9 总结

本章介绍了很多有关OpenGL后端的信息。首先，我们介绍了片段着色器、插值和片段着色器可用的许多内置变量。我们还研究了使用深度缓存和模板缓存执行的固定功能测试操作。然后，我们介绍了颜色输出（颜色遮罩、混合和逻辑运算），所有这些操作都会影响片段着色器生成的数据写入帧缓冲的方式。

介绍完可以应用于默认帧缓存的函数后，我们继续介绍了高级帧缓冲格式。用户指定帧缓存（或帧缓存对象）的核心优势在于它们可以有多个附件，而这些附件可以采用高级格式和颜色空间，如浮点数、sRGB和纯整数。我们还探索了通过反混叠（通过混合、alpha-to-coverage、MSAA和超级采样的反混叠）处理分辨率限制的多种途径并讨论了各种途径的优缺点。

最后，我们检验了已渲染数据的获取方式。将数据输入纹理自然会遵循将纹理附加到帧缓存中并直接渲染的过程。然而，我们还考虑了如何将数据从帧缓存复制到纹理，从一个帧缓存复制到另一个帧缓存，从一个纹理复制到另一个纹理以及从帧缓存复制到应用程序内存或缓存对象中。

CHAPTER

10

第10章　计算着色器

本章内容

- ✦ 如何创建、编译和调度计算着色器。
- ✦ 如何在计算着色器调用之间传递数据。
- ✦ 如何同步计算着色器并有序运行。

计算着色器是一种利用图形处理器的强大计算能力实现 OpenGL 的途径。与 OpenGL 的所有着色器相同，计算着色器均用 GLSL 编写，在可同时处理海量数据的大型并行组中运行。除其他着色器可用的贴图、存储缓存和原子内存操作等机制外，计算着色器还能实现相互同步和共享数据，从而简化常规计算。计算着色器与其他 OpenGL 管线均不同，旨在尽可能为应用程序开发人员提供尽可能多的灵活性。本章节将讨论计算着色器，检验计算着色器与 OpenGL 的其他着色器类型的相似性和差异，并解释它们的某些独特属性与功能。

10.1 使用计算着色器

现代图形处理器是一类极其强大的装置，可以完成海量数值计算。第 3 章简要介绍了使用计算着色器完成非图形作品的理念。实际上，计算着色器工序可通过自身管线与 OpenGL 其余部分有效隔离，无固定输入或输出，不与其他任何固定管线工序相接，灵活性高，具有其他工序不具备的功能。

尽管如此，从编程角度看，计算着色器与其他任何着色器是相同的。在 GLSL 语言中声明着色器对象，并链接到程序对象上。创建计算着色器时，调用 **glCreateShader()** 并按着色器类型传递 GL_COMPUTE_SHADER 参数。通过调用可得到一个新着色器对象，该对象可用于经 **glShaderSource()** 载入着色器代码，经 **glCompileShader()** 编译，并经 **glAttachShader()** 附加到程序对象上。然后，通过调用 **glLinkProgram()** 链接程序对象，就像使用任何图形程序一样。

不能将计算着色器与其他类型的着色器混合和配对。例如，不能将计算着色器附加到一个已附加有顶点或片段着色器的程序对象上，再连接到程序对象上。如果尝试这样做，链接会失败。因此，已链接程序对象可能只含有计算着色器或图像着色器（顶点、曲面细分着色器、几何着色器或片段着色器），而非两者组合。我们有时会将包含计算着色器（并且只有计算着色器）的已链接程序对象称为计算程序（而不是只包含图像着色器的图形程序）。

编译和链接闲置计算着色器（在清单3.13中第一次引入）的代码示例见清单10.1。

清单10.1 创建和编译计算着色器

```
GLuint      compute_shader;
GLuint      compute_program;

static const GLchar * compute_source[] =
{
    "#version 450 core                                    \n"
    "                                                     \n"
    "layout (local_size_x = 32, local_size_y = 32) in;    \n"
    "                                                     \n"
    "void main(void)                                      \n"
    "{                                                    \n"
    "   // Do nothing                                     \n"
    "}                                                    \n"
};

// Create a shader, attach source, and compile.
compute_shader = glCreateShader(GL_COMPUTE_SHADER);
glShaderSource(compute_shader, 1, compute_source, NULL);
glCompileShader(compute_shader);

// Create a program, attach shader, link.
compute_program = glCreateProgram();
glAttachShader(compute_program, compute_shader);
glLinkProgram(compute_program);

// Delete shader because we're done with it.
glDeleteShader(compute_shader);
```

一旦在清单10.1中运行代码，就可以在compute_program中运行计算程序。与其他程序相同，计算程序也可使用统一变量、统一变量块、着色器存储块等，也可以通过调用**glUseProgram()**使它成为当前项目。一旦设置为当前程序对象，**glUniform*()**等函数就会影响其正常状态。

10.1.1 执行计算着色器

一旦将计算程序设置为当前程序，并且设置了它可能需要访问的任何资源，则需要实际执行此程序。为此，我们调用两个函数：

```
void glDispatchCompute(GLuint num_groups_x,
                       GLuint num_groups_y,
                       GLuint num_groups_z);
```

以及

```
void glDispatchComputeIndirect(GLintptr indirect);
```

glDispatchComputeIndirect()函数与**glDispatchCompute()**之间的关系就像

glDrawArraysIndirect()与**glDrawArraysInstancedBaseInstance()**之间的关系。也就是说，间接参数被解释为缓存对象的偏移量，该缓存对象含有一组可传递给**glDispatchCompute()**的参数。在代码中，此结构如下所示：

```
typedef struct {
    GLuint num_groups_x;
    GLuint num_groups_y;
    GLuint num_groups_z;
} DispatchIndirectCommand;
```

然而，我们需要了解这些参数才能有效使用它们。

全局与局部工作组

计算着色器在工作组中执行。调用一次**glDispatchCompute()**或**glDispatchComputeIndirect()**将导致只有一个全局工作组[1]发送到 OpenGL 用于处理。然后将该全局工作组分为多个局部工作组，*x*、*y* 和 *z* 坐标的局部工作组数量分别通过 num_groups_x、num_groups_y 和 num_groups_z 参数设置。一个工作组基本上是工作项的 3D 区块，其中每个工作项均通过调用计算着色器运行代码处理。*x*、*y* 和 *z* 坐标的各局部工作组尺寸使用着色器源代码中的输入布局限定符来设置。其示例参见前面介绍过的简单计算着色器：

```
layout (local_size_x = 4,
        local_size_y = 7,
        local_size_z = 10) in;
```

在本例中，局部工作组尺寸为 4 × 7 × 10 个工作项或调用，每个局部工作组共计 280 个工作项。可通过查询 GL_MAX_COMPUTE_WORK_GROUP_SIZE 和 GL_MAX_COMPUTE_WORK_GROUP_INVOCATIONS 两个参数的数值确定工作组的最大尺寸。首先，使用 **glGetIntegeri**_v()函数查询，并将结果作为目标参数传递，0、1 或 2 分别作为指定 *x*、*y* 或 *z* 坐标的索引参数。*x* 和 *y* 坐标的最大尺寸至少应为 1024 项，*z* 坐标的最大尺寸至少应为 64 项。通过查询 GL_MAX_COMPUTE_WORK_GROUP_INVOCATIONS 常量获得的数值是单一工作组所能够完成的最大调用总数，也是 *x*、*y* 和 *z* 坐标的最大允许乘积或局部工作组的容积。该值至少应为 1024 项。

仅仅通过将 *y* 和/或 *z* 坐标设置成 1 即可建立 1D 或 2D 工作组。事实上，所有坐标的默认尺寸为 1。因此，如果未将这些坐标纳入输入布局限定符中，则应创建一个尺寸低于 3 维的工作组。例如：

```
layout (local_size_x = 512) in;
```

将创建一个含 512（×1×1）个工作项的 1D 局部工作组以及

```
layout (local_size_x = 64,
        local_size_y = 64) in;
```

将创建一个含 64×64（×1）个工作项的 2D 局部工作组。链接程序时使用局部工作组尺寸确

1 OpenGL 说明书并未显式调用通过单纯命令全局工作组所调度的全部操作，而是使用不合格术语工作组指代局部工作组，并且从未指代全局工作组。

定程序所执行的工作组的尺寸与维数。通过调用 **glGetProgramiv()** 并将 pname 设置成 GL_COMPUTE_WORK_GROUP_SIZE 即可确定程序计算着色器的局部工作组尺寸。结果将返回三个整数，表示工作组的尺寸。例如，可以编写

```
int size[3];

glGetProgramiv(program, GL_COMPUTE_WORK_GROUP_SIZE, size);

printf("Work group size is %d x %d x %d items\n",
       size[0], size[1], size[2]);
```

一旦确定局部工作组尺寸，即可调度一个 3D 区块的工作组执行操作。该区块的尺寸通过 **glDispatchCompute()** 的 num_groups_x、num_groups_y 和 num_groups_z 参数或储存在绑定 GL_DISPATCH_INDIRECT_BUFFER 目标的缓存对象的 DispatchIndirectCommand 结构等效元素确定。该局部工作组区块为全局工作组，其维度不必与局部工作组相同。也就是说，可以向 3D 全局工作组调度 1D 局部工作组，向 2D 全局工作组调度 3D 局部工作组，以此类推。

计算着色器输入与输出

首先，计算着色器并无内置输出，不能像在其他着色器工序中一样声明任何用户自定义输出。这是因为计算着色器形成了一种前后无任何工序的单工序管线。然而，像某些图形着色器一样，计算着色器也有一些内置输入变量可用于确定目前在局部工作组和更大全局工作组中的所处位置。

第一个变量 gl_LocalInvocationID 是着色器调用在局部工作组内的索引。该变量已被隐式声明为着色器的 **uvec3** 输入，每个元素的值域为 0～1，小于对应坐标（x、y 或 z）的局部工作组尺寸。

局部工作组尺寸储存在 gl_WorkGroupSize 变量中，这种变量也被隐式声明为 **uvec3** 类型。况且，即使将局部工作组尺寸声明为 1D 或 2D，工作组本质上仍是 3D，只是未使用维度的尺寸设置为 1。也就是说，gl_LocalInvocationID 和 gl_WorkGroupSize 将仍被隐式声明为 **uvec3** 变量，但是 gl_LocalInvocationID 的 y 和 z 分量将为 0，gl_WorkGroupSize 的对应分量为 1。

正如 gl_WorkGroupSize 与 gl_LocalInvocationID 储存局部工作组的尺寸与当前着色器调用在工作组内的位置，因此 gl_NumWorkGroups 和 gl_WorkGroupID 分别包含工作组数量以及当前工作组在全局数据集中的索引。况且，两者均被隐式声明为 **uvec3** 变量。通过 **glDispatchCompute()** 或 **glDispatchComputeIndirect()** 命令设置 gl_NumWorkGroups 的数值，包含 num_groups_x、num_groups_y 和 num_groups_z 这 3 个元素的数值。gl_WorkGroupID 各元素的值域为 0～1，小于 gl_NumWorkGroups 对应元素的数值。

这些变量如图 10.1 所示。该图显示的全局工作组在 x 轴上有 3 个工作组、在 y 轴上有 4 个工作组、在 z 轴上有 8 个工作组。每个局部工作组均为工作项的 2D 阵列，在 x 轴上有 6 项，在 y 轴上有 4 项。

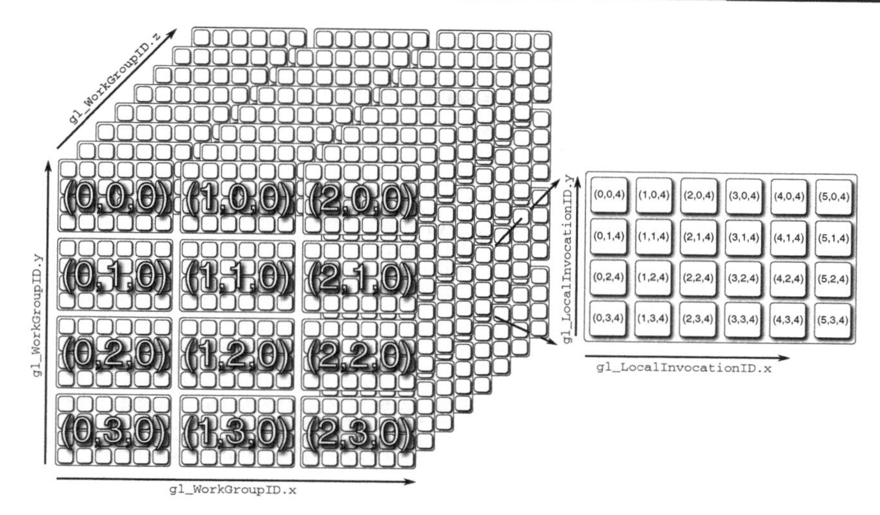

图 10.1 全局与局部计算工作组维度

可以从 gl_WorkGroupID 和 gl_LocalInvocationID 上获取当前着色器调用在整个工作项数据集中的位置。同样地，也可以在 gl_NumWorkGroups 和 gl_WorkGroupSize 之间获取全局数据集中的调用总数。然而，OpenGL 通过 gl_GlobalInvocationID 内置变量提供全局调用索引。可有效计算为

```
gl_GlobalInvocationID = gl_WorkGroupID * gl_WorkGroupSize +
                        gl_LocalInvocationID;
```

最后，gl_LocalInvocationIndex 内置变量包含 gl_LocalInvocationID 的一种平面形式。也就是说，使用以下代码将 3D 变量转换成 1D 索引。

```
gl_LocalInvocationIndex =
    gl_LocalInvocationID.z * gl_WorkGroupSize.x * gl_WorkGroupSize.y +
    gl_LocalInvocationID.y * gl_WorkGroupSize.x +
    gl_LocalInvocationID.x;
```

储存在这些变量中的数值可以帮助着色器了解它在局部和全部工作组中的所处位置，可用作数据阵列、纹理坐标或随机种子的索引或其他任何用途。

接下来我们讨论输出。我们在本节开始时声明计算着色器没有输出。确实如此，但是这并不意味着计算着色器不能输出任何数据，只是没有固定输出，例如内置输出变量所代表的输出。计算着色器仍然可以生成数据，但是该数据必须经着色器代码明确储存在内存中。例如，在计算着色器中，可以写入着色器储存区块，使用 imageStore 或 atomics 等图像函数，递增或递减原子计数器的数值。这些操作有副作用，意味着其操作可以被检测到，因为更新了内存内容或造成了外部可见的后果。

考虑清单 10.2 所示的着色器，清单内容读取自一张图像，从逻辑上颠倒数据并将数据写回到另一张图像。

清单 10.2 计算着色器图像倒置

```
#version 450 core

layout (local_size_x = 32,
```

```
        local_size_y = 32) in;

layout (binding = 0, rgba32f) uniform image2D img_input;
layout (binding = 1) uniform image2D img_output;
void main(void)
{
    vec4 texel;
    ivec2 p = ivec2(gl_GlobalInvocationID.xy);

    texel = imageLoad(img_input, p);
    texel = vec4(1.0) - texel;
    imageStore(img_output, p, texel);
}
```

为执行此着色器，我们将编译该着色器并链接至某个程序对象，再通过绑定一层纹理对象到前两个图像单元的每一个上来设置图像。如清单10.2所示，局部工作组在 x 和 y 维度上的尺寸为32次调用，因此在理想情况下我们的图像应为宽度32纹素和高度32纹素的整数倍。一旦绑定图像，即可调用 **glDispatchCompute()**，num_groups_x 和 num_groups_y 参数分别设置为图像的宽度和高度除以32，num_groups_z 设置为1。其代码如清单10.3所示。

清单 10.3 调度图像复制计算着色器

```
// Bind input image
glBindImageTexture(0, tex_input, 0, GL_FALSE,
                   0, GL_READ_ONLY, GL_RGBA32F);

// Bind output image
glBindImageTexture(1, tex_output, 0, GL_FALSE,
                   0, GL_WRITE_ONLY, GL_RGBA32F);

// Dispatch the compute shader
glDispatchCompute(IMAGE_WIDTH / 32, IMAGE_HEIGHT / 32, 1);
```

10.1.2 计算着色器通信

计算着色器在工作组的工作项执行，就像曲面细分控制着色器[1]在补丁内的控制点上执行，其中工作组和补丁均从调用组创建。在单个补丁中，曲面细分控制着色器可写入通过补丁存储限定符限定的变量中，如果正确同步，则读取同一补丁中的其他调用写入到这些着色器的数值。因此，单一补丁中的曲面细分控制着色器之间可进行有限沟通。然而，这也存在本质上的限制，例如补丁限定变量的可用储存量相当有限，一个补丁中的控制点数量非常少。

计算着色器的机制与之相似，但是灵活性与强度更高。就像可以在曲面细分控制着色器内用**补丁**存储限定符声明变量一样，也可以用**共享**存储限定符声明变量，从而在同一局部工作组内运行的计算着色器之间实现共享。用**共享**存储限定符声明的变量称为共享变量。共享变量的访问速度一般比通过图像或存储区块的主内存访问速度快得多。因此，如果希望通过多次调用计算着色器访问同一数据，则应将主内存中的数据复制到共享变量（或一组变量）中，从共享变量访问数据，及时更新数据并在完成时将任何结果写回主内存中。

1 这跟几何着色器的行为相似。然而，存在一个重要差异，即计算着色器与曲面细分控制着色器分别在每个工作项或控制点中执行一次调用。与之相比，几何着色器为每个基元执行一次调用，每次调用均能访问该基元的所有输入数据。

需要注意的是只能使用有限数量的共享变量。现代图形板可能有几 GB 的主内存，而共享变量储存空间仅限于几 KB。计算着色器的可用共享内存量可通过调用 **glGetIntegerv()** 并将 pname 设置为 GL_MAX_COMPUTE_SHARED_MEMORY_SIZE 来确定。OpenGL 支持的最小共享内存仅为 32KB，因此虽然你的实现可能不止这些，但是也不应该指望共享内存更大。

同步计算着色器

一个工作组内的调用很可能并行运行，这是图形处理器庞大计算能力的来源。处理器应将局部工作组分成多个更小的[1]数据块，在单一数据块中同步执行调用。然后将这些数据块按时间分片到处理器的计算资源中，这些时间分片可按任何顺序分配。可能很多调用是在同一局部工作组内的其他任何数据块开始前完成的，但更有可能的是，任何时候处理器中均应存在多个“实时”数据块。

由于这些数据块可能失控但可以实现通信，我们需要采取措施确保接收人收到的信息是最新发送的。想象有人告诉你去某人的办公室，并执行白板上的任务。每天，此人在白板上书写新信息，但你不知道是什么时候写的。当你到达办公室时，如何确定白板上的信息是你应该执行的任务或这些信息是否是前一天留下的？这比较麻烦。现在假设办公室的主人一直锁着门，直到在办公室写下这些信息时才打开门。如果门锁着，则需要在门外等待，这叫作屏障。如果门开着，则查看信息；如果门锁着，则需要等待有人来开门。

计算着色器具有相似的机制，即 barrier()函数，可执行流控制屏障。在计算着色器中调用 barrier()时，应阻止调用直到同一局部工作组内的其他所有着色器调用均已达到着色器内的那一点。这种行为可参见 8.1.4 小节，描述了曲面细分控制着色器背景下的 barrier()函数行为。在时间分片结构中，执行 barrier()函数意味着着色器（及着色器内的数据块）将放弃时间片，以便可以执行另一次调用直到到达屏障处。一旦局部工作组内的其他所有调用到达屏障处（或这些调用在你的调用到达之前就已经在那儿），则继续正常执行。

使用共享内存时，流控制屏障非常重要，因为通过这些屏障可以了解同一局部工作组内的其他着色器调用到达当前调用的同一点上的具体时间。如果当前调用已经写入某种共享内存变量，则意味着所有其他调用也必须写入各自的对应变量中，因此可安全读取这些调用所写入的数据。如无屏障，则无法得知应该写入共享变量的数据是否已经实际写入。最好的情况是应用程序易受竞争条件影响；最差的情况是应用程序根本无法工作。例如清单 10.4 中的着色器。

清单 10.4　计算着色器与竞争条件

```
#version 450 core

layout (local_size_x = 1024) in;

layout (binding = 0, r32ui) uniform uimageBuffer image_in;

layout (binding = 1) uniform uimageBuffer image_out;

shared uint temp_storage[1024];

void main(void)
{
```

1 16、32 或 64 元素的数据块尺寸是相同的。

```
    // Load from the input image
    uint n = imageLoad(image_in, gl_LocalInvocationID.x).x;

    // Store into shared storage
    temp_storage[gl_LocalInvocationID.x] = n;

    // Uncomment this to avoid the race condition
    // barrier();
    // memoryBarrierShared();

    // Read the data written by the invocation 'to the left'
    n = temp_storage[(gl_LocalInvocationID.x - 1) & 1023];

    // Write new data into the buffer
    imageStore(image_out, gl_LocalInvocationID.x, n);
}
```

该着色器从缓存图像加载数据到共享变量中。每次调用着色器都会从缓存中加载一个单项并写入共享变量数组的“箱位”中。然后，从调用拥有的箱位中读取数据到左侧，并将数据写出到缓存图像中。结果应为将数据以元素为单位逐一向前移动。图 10.2 说明了实际发生的情况。

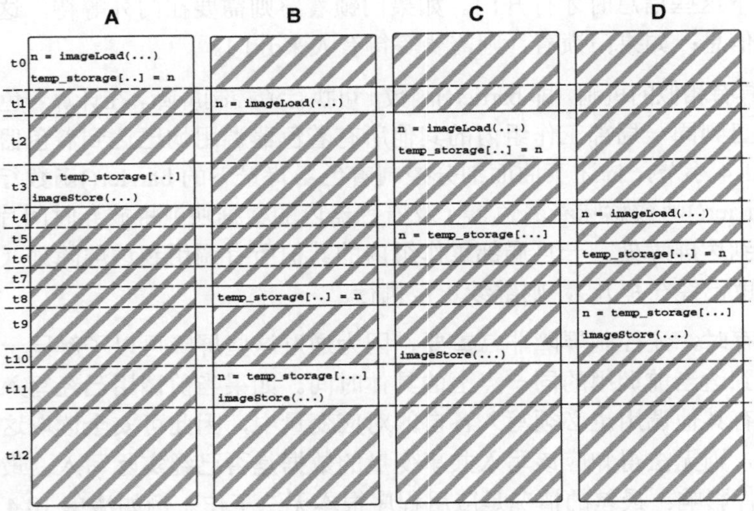

图 10.2　竞争条件在计算着色器中的影响

如图 10.2 所示，多次着色器调用已经按时间分片到单一计算资源。在 t0 时，调用 A 运行着色器的前几行代码并将数值写入 temp_storage。在 t1 时，调用 B 运行一行代码。在 t2 时，调用 C 接管并运行着色器的前两行相同代码。在 t3 时，调用 A 再次获得时间分片并完成着色器。该调用现在已经完成，但其他调用尚未完成。在 t4 时，最终执行调用 D，但被调用 C 迅速打断，从 temp_storage 读取内容。现在的问题是，预期调用 C 会从调用 D 所写入的共享存储中读取数据，但调用 B 尚未达到着色器内的那个点。继续盲态执行，调用 D、C 和 B 全都完成着色器，但调用 C 所储存的数据将变成垃圾。

这就叫作竞争条件。着色器调用相互竞争着色器的同一个点，有些调用会在其他调用将其数据写入调用前从 temp_storage 共享变量读取内容。结果就是这些调用获得过期数据，然后被写入输出缓存图像。取消清单 10.4 中 barrier()的调用批准将产生一个与图 10.3 所示更相似的执行流。

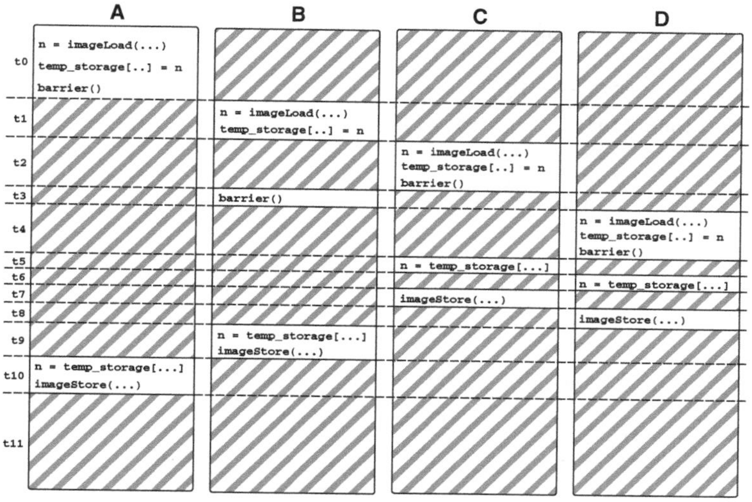

图 10.3 barrier()对竞争条件的影响

对比图 10.2 与图 10.3，除图 10.3 没有显示竞争条件外，两者均描绘了四种按时间分片到同一计算资源的着色器调用。在图 10.3 中，再次从着色器调用 A 执行着色器前几行代码开始，然后调用 `barrier()` 函数，导致产生时间分片。接下来，调用 B 执行前几行代码，然后被抢占。然后，调用 C 执行着色器直到调用 `barrier()` 函数并产生时间分片。调用 B 执行其屏障，但由于 D 仍未到达屏障函数没有得到进一步的调用。最后，调用 D 获得机会从图像缓存中读取内容，将其数据写入共享存储区，然后调用 `barrier()`。这表示其他所有调用都可以安全地继续运行。

调用 D 执行屏障后，其他所有调用都能够立即再次运行。从共享存储中加载调用 C，然后加载调用 D，调用 C 和 D 均将其结果存储在图像中。最后调用从共享存储中读取的 A 和 B，再将数据写入内存中。如你所见，没有调用尝试读取尚未写入的数据。`barrier()` 函数的存在影响了调用相互之间的时序安排。虽然这些图表仅显示了 4 种调用竞争一个资源，但在实际 OpenGL 实现中，很可能是成百上千个线程竞争数十个资源。在这些场景中，竞争条件引起的数据毁损概率高得多。

10.2 示例

本节包含几个计算着色器使用示例。在第一个示例 parallel prefix sum 中，我们演示了如何以一种高效的并行方式实现一个算法（看起来像一个非常连续的过程）。第二个示例演示了传统 flocking 算法（也叫作 boids）的实现过程。在两个示例中，我们利用了局部和全局工作组、使用 `barrier()` 命令的同步以及共享局部变量，这是一种计算着色器特有的功能。

10.2.1 计算着色器并行前缀和

前缀和操作是一种算法，即在给定一组输入值时，计算新数组，其中输出数组的每个元素均是输入数组至（及选择性包含）现行数组元素的所有数值之和。包含现行元素的前缀和操作称为包含前缀和；不包含现行元素的前缀和操作称为独占前缀和。例如，清单 10.5 中的代码是包含或独占前缀和函数的 C++实现。

清单 10.5 前缀和在 C++中的一次实现

```
void prefix_sum(const float * in_array,
                float * out_array,
                int elements,
                bool inclusive)
{
    float f = 0.0f;
    int i;

    if (inclusive)
    {
        for (i = 0; i < elements; i++)
        {
            f += in_array[i];
            out_array[i] = f;
        }
    }
    else
    {
        for (i = 0; i < elements; i++)
        {
            out_array[i] = f;
            f += in_array[i];
        }
    }
}
```

注意，包含前缀和与独占前缀和实现的唯一差别在于输入数组累积是在写入输出数组之前完成的。在一组数值上运行此包含前缀和的结果如图 10.4 所示。

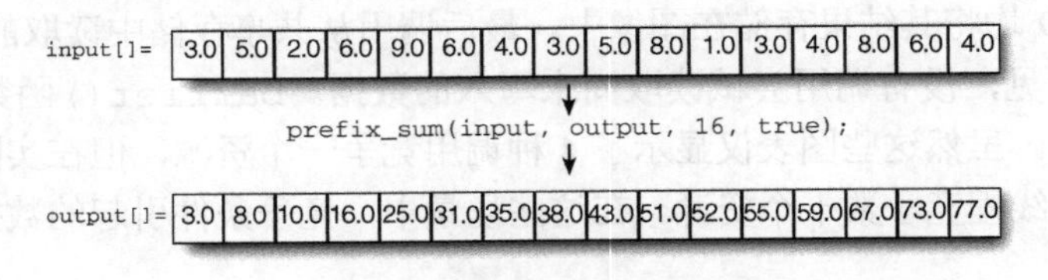

图 10.4 前缀和操作的样本输入与输出

随着输入与输出数组元素数量的增加，加法运算的数量也在增加，而且可能变得非常大。此外，鉴于写入输出数组各元素的结果是其之前的所有元素之和（因此与所有元素有关），这种算法看起来并不适合并行计算。然而，实际却并非如此：前缀求和操作的可并行性较高。核心问题是，前缀求和仅仅是相邻数组元素的多次相加而已。例如，取 4 个输入元素 I_0～I_3 的前缀和生成输出数组 O_0～O_3。结果是

$$O_0 = I_0$$

$$O_1 = I_0 + I_1$$

$$O_2 = I_0 + I_1 + I_2$$

$$O_3 = I_0 + I_1 + I_2 + I_3$$

并行化的关键在于将大任务分解成几组可相互独立完成的小任务。看得出来，在 O_2 和 O_3 的计算中，我们使用 I_0 和 I_1 之和，计算 O_1 时也需要这个数据。因此，如果我们将该操作分解成多个步骤，则第一步是确定以下关系：

$$O_0 = I_0$$

$$O_1 = I_0 + I_1$$

$$O_2 = I_2$$

$$O_3 = I_2 + I_3$$

第二步，计算：

$$O_2 = O_2 + O_1$$

$$O_3 = O_3 + O_1$$

目前，在第一步中，O_1 和 O_3 的计算是相互独立的，因此可并行计算，正如第二步中更新 O_2 和 O_3 的值一样。如果仔细观察，就会发现第一步只取四元前缀和，并分解成一对容易计算的二元前缀和。第二步，使用第一步的结果更新内部和的结果。事实上，我们将任何大小的前缀和分解成越来越小的数据块直到达到可直接计算内部和的程度。该过程如图 10.5 所示。

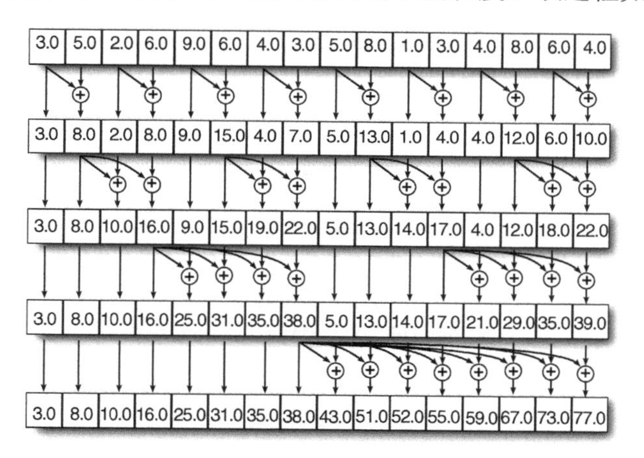

图 10.5　前缀和分解成小数据块

此算法的递归性如图 10.5 所示。此方法所要求的加法数量实际比前缀和计算所需要的顺序算法多。在此示例中，我们应采用顺序算法做 15 次加法来计算前缀和，然而此处我们每步需要做 8 次加法，共 4 个步骤，共计 32 次加法。然而，由于我们可以并行执行每个步骤中的 8 次加法，因此分 4 个步骤而非 15 个步骤完成，使算法速度比顺序算法几乎快 4 倍。

随着输入数组元素数量的增加，潜在加速变得越来越明显。例如，如果将输入数组扩大到 32 元，分 5 步执行，每步 16 次加法，而非 31 次顺序加法。假设有充分的计算资源一次完成 16 次加法，如果采用 5 步代替 31 步，速度会加快 6 倍。同样地，对于 64 元输入数组，我们采用 6 步 32 次加法而非 63 次连续加法，速度快了 10 倍！当然，我们能够同时执行的加法数量、读写输入输出数组时所消耗的内存带宽或其他项目最终会达到一个极限。

为在计算着色器中实现此操作，可将一组输入数据加载到共享变量中，计算内部和，与其他调用同步，累积结果等。实现此算法的示例计算着色器如清单 10.6 所示。

清单 10.6 使用计算着色器的前缀和实现

```
#version 450 core

layout (local_size_x = 1024) in;

layout (binding = 0) coherent buffer block1
{
    float input_data[gl_WorkGroupSize.x];
};

layout (binding = 1) coherent buffer block2
{
    float output_data[gl_WorkGroupSize.x];
};

shared float shared_data[gl_WorkGroupSize.x * 2];

void main(void)
{
    uint id = gl_LocalInvocationID.x;
    uint rd_id;
    uint wr_id;
    uint mask;

    // The number of steps is the log base 2 of the
    // work group size, which should be a power of 2
    const uint steps = uint(log2(gl_WorkGroupSize.x)) + 1;
    uint step = 0;

    // Each invocation is responsible for the content of
    // two elements of the output array
    shared_data[id * 2] = input_data[id * 2];
    shared_data[id * 2 +1] = input_data[id * 2 + 1];

    // Synchronize to make sure that everyone has initialized
    // their elements of shared_data[] with data loaded from
    // the input arrays
    barrier();
    memoryBarrierShared();

    // For each step...
    for (step = 0; step < steps; step++)
    {
        // Calculate the read and write index in the
        // shared array
        mask = (1 << step) - 1;
        rd_id = ((id >> step) << (step + 1)) + mask;
        wr_id = rd_id + 1 + (id & mask);

        // Accumulate the read data into our element
        shared_data[wr_id] += shared_data[rd_id];

        // Synchronize again to make sure that everyone
        // has caught up with us
        barrier();
        memoryBarrierShared();
```

```
    }

    // Finally write our data back to the output image
    output_data[id * 2] = shared_data[id * 2];
    output_data[id * 2 + 1] = shared_data[id * 2 + 1];
}
```

清单 10.6 所示的着色器的局部工作组大小为 1024，意味着它将处理 2048 个元素的数组，其中每次调用计算输出数组的两个元素。使用共享变量 shared_data 存储传递中的数据。执行开始时，着色器从输入数组中加载两个邻近元素到数组中。接下来，它执行 barrier()函数。此步骤确保所有着色器调用在内循环开始前先将数据加载到共享数组中。

每次迭代内循环均执行算法的一个步骤。该循环执行 $\log_2(N)$次，其中 N 是数组中的元素数量。对于每次调用，着色器计算待相加的第一个和第二个元素的索引，然后计算两者之和，将结果写回到共享数组中。循环结束时，再次调用 barrier()，确保循环下一次迭代前和最终退出循环时完全同步调用。最后，着色器将结果写入输出缓存中。

前缀算法可通过分离方式应用于图像和体积等多维数据集。在第 9 章中，可以参见在光晕示例中执行高斯滤波时使用的分离算法示例。为获得图像的前缀和，首先对图像的每行像素应用前缀和算法，生成一张新图像，然后对结果的每列应用另一个前缀和。这两个步骤的输出为一个新 2D 网格，其中每个点代表顶点位于原点和目标点的矩形包含的所有数值之和。基本原理如图 10.6 所示。

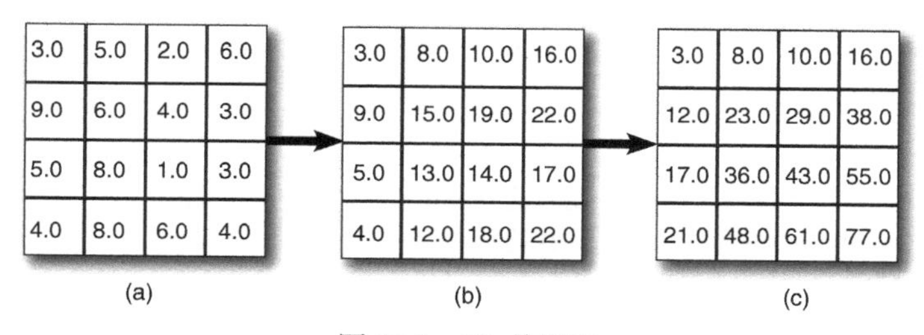

图 10.6　2D 前缀和

如你所见，根据图 10.6（a）所示输入，第一步只计算每行图像的前缀和数量，生成一个由图 10.6（b）所示前缀和集组成的输出图像。第二步，在图 10.6（b）图像列上执行前缀和操作，生成一个包含原始图像 2D 前缀和的输出，如图 10.6（C）所示。这种图像叫作区域求和表，在很多计算机图形应用中是非常重要的数据结构。

我们可以修改清单 10.6 的着色器，计算每行图像变量的前缀和而非着色器存储缓存。修改后的着色器如清单 10.7 所示。作为优化，着色器从每行输入图像读取数据，但写入图像列中。这意味着输出图像将根据输入进行转置处理。我们将应用此着色器两次，并且我们知道图像转置两次会恢复为原始方向；因此，最终结果将相对于原始输入正确定向。如果我们想要避免转置操作，则处理图像行的着色器应与处理图像列的着色器有所差异（或需要额外操作来确定如何索引图像）。通过这种方法，两种过程的着色器是相同的。

清单 10.7　生成 2D 前缀和的计算着色器

```
#version 450 core

layout (local_size_x = 1024) in;
```

```
shared float shared_data[gl_WorkGroupSize.x * 2];

layout (binding = 0, r32f) readonly uniform image2D input_image;
layout (binding = 1, r32f) writeonly uniform image2D output_image;

void main(void)
{
    uint id = gl_LocalInvocationID.x;
    uint rd_id;
    uint wr_id;
    uint mask;
    ivec2 P = ivec2(id * 2, gl_WorkGroupID.x);

    const uint steps = uint(log2(gl_WorkGroupSize.x)) + 1;
    uint step = 0;

    shared_data[id * 2] = imageLoad(input_image, P).r;
    shared_data[id * 2 + 1] = imageLoad(input_image,
                                         P + ivec2(1, 0)).r;

    barrier();
    memoryBarrierShared();

    for (step = 0; step < steps; step++)
    {
        mask = (1 << step) - 1;
        rd_id = ((id >> step) << (step + 1)) + mask;
        wr_id = rd_id + 1 + (id & mask);
            shared_data[wr_id] += shared_data[rd_id];
            barrier();
            memoryBarrierShared();
    }

    imageStore(output_image, P.yx, vec4(shared_data[id * 2]));
    imageStore(output_image, P.yx + ivec2(0, 1),
               vec4(shared_data[id * 2 + 1]));
}
```

清单 10.7 所示的着色器的每个局部工作组仍是一维的。然而，启动第一个过程的着色器时，我们创建了一个一维全局工作组，其中包含的局部工作组数量与图像行数相同。随后启动第二个过程的着色器时，创建的局部工作组与图像列数相同（实际是着色器执行转置操作时产生的行数）。因此每个局部工作组均处理全局工作组索引确定的图像行或图像列。

根据图像的区域求和表，可实际计算该图像中任意矩形所包含的元素之和。为此，我们只需从表中取 4 个数值，每个数值均为原点到坐标的矩形内所包含的元素之和。根据左上角坐标和右下角坐标所定义的目标矩形，将左上角坐标和右下角坐标处的区域求和表中的数值相加，然后减去右上角坐标和左下角坐标处的数值。其运算过程参见图 10.7。

现在，区域求和表中任意矩形所包含的像素数量仅等于矩形的面积。因此，如果取该矩形内包含的所有元素之和并除以矩形面积，就可以得出矩形内各元素的平均值。求数值数量的平均数是一种过滤方法，称为箱式滤波。虽然此方法很粗糙，但是对某些应用程序有用。尤其是，如果能够取以图像中任意一点为中心的任意数量的像素的平均数，则可创建可变大小的过滤器，其中被过滤的矩形尺寸可根据每个像素进行变更。

例如，图 10.8 所示为应用了可变大小过滤器的图像。该图像左侧为最轻度过滤，右侧为重度过滤。如你所见，图像右侧实质比左侧更模糊。

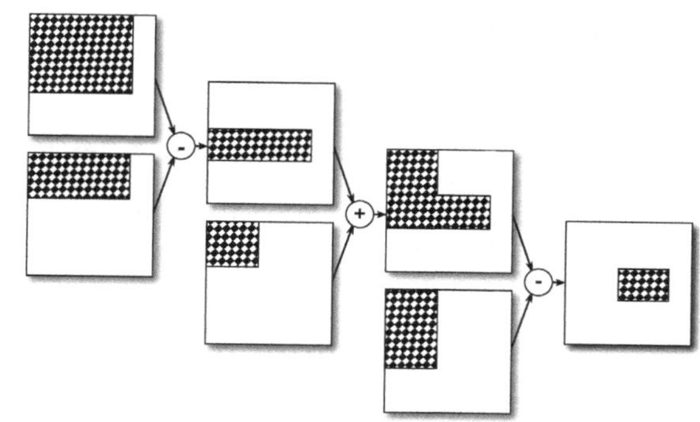
图 10.7 计算区域求和表内的矩形之和

这种简单过滤的效果很明显，但是我们可以使用同种技术生成更有意义的结果。其中一种结果为景深。照相机有两种性质与此效果有关，即焦距和焦深。焦距指物体完全对焦时相机必须放置的距离。焦深指随着物体离开这个最佳位置时逐渐失焦的速率。效果示例可参见图 10.9 所示照片[1]。最靠近相机的玻璃杯对焦最清晰。然而，随着这一排玻璃杯从前到后，依次变得越来越模糊。背景中装橘子的篮子已经模糊不清。虽然镜头失焦性图像模糊是由一系列复杂光学现象引起的，但是我们可以通过基础箱式滤波模仿出最接近的视觉效果。

图 10.8 应用于图像的可变过滤

图 10.9 照片景深

为模拟景深效果，我们首先按常用方式渲染景物，但保存每个片段的景深（约等于景物与相机的距离）。当该深度值等于模拟相机焦距时，图像清晰且对焦，正如使用计算机图形时一样。随着像素深度逐渐偏离完美深度，应用于图像的模糊度也逐渐增加。

我们已在 dof 样本中实现此操作。在程序中，使用清单 10.7 所示的计算着色器将渲染图像转换成区域求和表，略作修改后在 **vec3** 数据而非每个单浮点值上运行。此外，渲染图像时，将逐像素视空间深度储存在图像的第 4 个透明度通道中，从而使清单 10.8 所示的片段着色器可以访问。然后片段着色器计算当前像素的混淆面积（模糊区域面积的另一种名称），并使用该面积构建滤波宽度（m），读取区域求和表内的数据以生成模糊像素。

清单 10.8 使用区域求和表的景深

```
#version 450 core

layout (binding = 0) uniform sampler2D input_image;

layout (location = 0) out vec4 color;

uniform float focal_distance = 50.0;
```

1 照片由 http://www.cookthestory.com 提供。

```
uniform float focal_depth = 30.0;

void main(void)
{
    // s will be used to scale our texture coordinates before
    // looking up data in our SAT image.
    vec2 s = 1.0 / textureSize(input_image, 0);
    // C is the center of the filter
    vec2 C = gl_FragCoord.xy;

    // First, retrieve the value of the SAT at the center
    // of the filter. The last channel of this value stores
    // the view-space depth of the pixel.
    vec4 v = texelFetch(input_image, ivec2(gl_FragCoord.xy), 0).rgba;

    // m will be the radius of our filter kernel
    float m;

    // For this application, we clear our depth image to zero
    // before rendering to it, so if it's still zero we haven't
    // rendered to the image here. Thus, we set our radius to
    // 0.5 (i.e., a diameter of 1.0) and move on.
    if (v.w == 0.0)
    {
        m = 0.5;
    }
    else
    {
        // Calculate a circle of confusion
        m = abs(v.w - focal_distance);

        // Simple smoothstep scale and bias. Minimum radius is
        // 0.5 (diameter 1.0), maximum is 8.0. Box filter kernels
        // greater than about 16 pixels don't look good at all.
        m = 0.5 + smoothstep(0.0, focal_depth, m) * 7.5;
    }

    // Calculate the positions of the four corners of our
    // area to sample from.
    vec2 P0 = vec2(C * 1.0) + vec2(-m, -m);
    vec2 P1 = vec2(C * 1.0) + vec2(-m, m);
    vec2 P2 = vec2(C * 1.0) + vec2(m, -m);
    vec2 P3 = vec2(C * 1.0) + vec2(m, m);

    // Scale our coordinates
    P0 *= s;
    P1 *= s;
    P2 *= s;
    P3 *= s;

    // Fetch the values of the SAT at the four corners
    vec3 a = textureLod(input_image, P0, 0).rgb;
    vec3 b = textureLod(input_image, P1, 0).rgb;
    vec3 c = textureLod(input_image, P2, 0).rgb;
    vec3 d = textureLod(input_image, P3, 0).rgb;

    // Calculate the sum of all pixels inside the kernel
    vec3 f = a - b - c + d;

    // Scale radius -> diameter
    m *= 2;
```

```
    // Divide through by area
    f /= float(m * m);

    // Output final color
    color = vec4(f, 1.0);
}
```

清单 10.8 中的着色器以纹理（含有像素景深与之前计算的图像区域求和表）以及其他模拟相机参数为输入。随着像素深度与相机焦距之间的绝对差值增大，着色器使用该值计算过滤矩形的面积（混淆面积）。然后读取矩形顶点处区域求和表中的 4 项数值，计算其平均值并写入帧缓存中。结果是距离理想焦距更远的像素更模糊，距离更近的像素更清晰。该着色器的结果如图 10.10 所示。同一图像见于色板 6。

图 10.10 将景深应用到图像

如图 10.10 所示，将景深效果应用于一排龙。在图像中，距离最近的龙略微模糊，第二条龙对焦，其后的龙也逐渐模糊。图 10.11 所示为同一程序的其他几种效果。在图 10.11 中的最左侧图像中，距离最近的龙清晰对焦，距离最远的龙非常模糊。在图 10.11 中的中间图像中，距离最远的龙对焦，而距离最近的龙最模糊。为达到此效果，模拟相机的景深设置得非常浅。通过加长相机的景深深度，我们可获得图 10.11 中的右侧图像，其效果更精细。然而，3 张图像均是使用同一程序实时生成的，仅有焦距和景深两项参数不同。

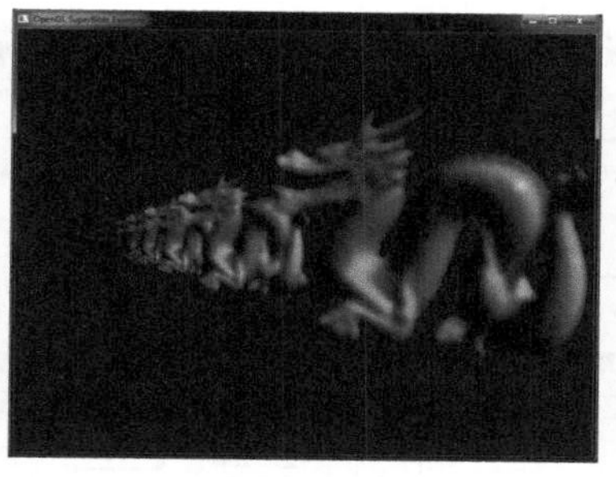

图 10.11 景深可达到的效果

为简化此示例，我们对各图像组件使用 32 位浮点数据，从而避免产生精度问题。由于数据量越大，浮点数据精度越低，因此区域求和表可能会承受精度损失。当把图像中所有像素值加在一起时，区域求和表内储存的数值可能会变得特别大。然后在重建输出图像后，计算多个（潜在大数值）浮点数之间的差，而该差值可导致噪声。

为改善本算法中的实现，可以尝试以下改变。

- 用 16 位浮点格式而非 32 位全精度渲染初始图像。
- 将片段深度储存在单独的纹理中（或从深度缓冲中重建片段深度），而不必将片段深度储存在中间图像中。
- 将渲染图像预偏置-0.5，保持更大图像的区域求和表数值更接近于零，从而提高精度。

10.2.2 计算着色器群集

以下示例使用计算着色器实现群集算法。群集算法通过更新各成员之间相互独立的特性在一个大群体中表现出涌现行为。这种行为常见于大自然，如明显集体移动的蜂群、鸟群和鱼群，即使群体成员之间并无广泛地交流。也就是说，个体的行为仅基于其对周围其他群体成员的感知。然而，成员之间并没有就某项决定产生任何合作关系。据我们所知，鱼群是没有领头鱼的。由于群体成员之间是实质独立的，每种性质的新数值均可并行计算，这一特性非常适合 GPU 实现。

此处，我们在计算着色器中实现了群集算法。将群集中的每个成员表示成存储在着色器存储缓存中的一个元素。每个成员都有一个位置和流速，通过计算着色器更新，从一个缓存中读取当前数值，并将结果写入另一个缓存中。然后将该缓存绑定成顶点缓存，作为渲染顶点着色器的实例输入。群集的每个成员均是渲染图中的实例。顶点着色器负责将网格（本例中指一个简单的纸飞机模型）转换成第一个顶点着色器中计算的位置与方向。然后算法从计算着色器开始迭代，再次使用前次传递中计算的位置和速度。所有数据保留在显卡内存中，CPU 未参与任何计算。

我们使用一对缓存来存储群成员的当前位置。使用一组 VAO 表示每次传递的顶点数组状态，以便能够渲染结果数据。这些 VAO 保存有 VAO 代表模型的顶点数据。群集位置和速度需要进行双缓冲，因为我们不想在使用位置或速度缓冲作为绘图命令资源的同时部分更新这些位置或速度缓冲。图 10.12 举例说明算法所实现的传递。

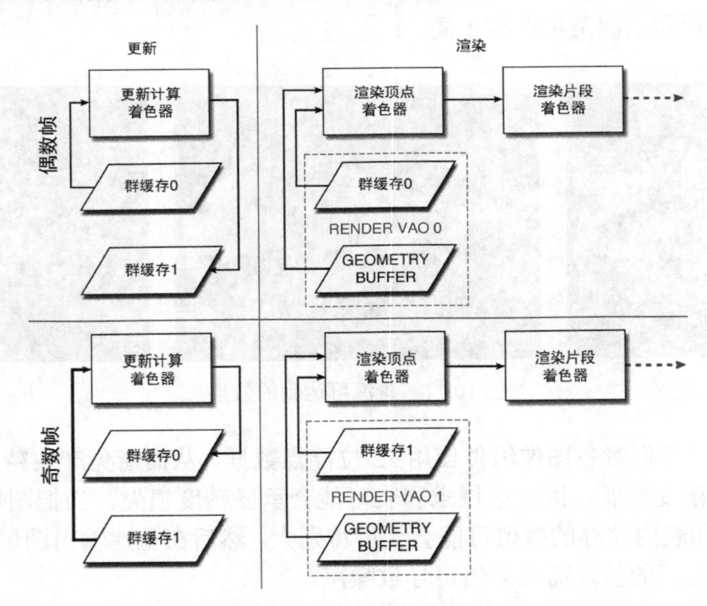

图 10.12 迭代群集算法的阶段

在图 10.12 的左上图中，我们更新了偶数帧。包含位置和速度数据的第一个缓存被绑定为计算着色器可读取的着色器存储缓存，第二个缓存被绑定成计算着色器可写入的着色器存储缓存。接着，使用与更新过程中相同的缓存集作为输入，用以渲染图 10.12 的右上图。使用同一缓存作为更新过程和渲染过程的输入，因此渲染过程不依赖于更新过程，OpenGL 可在更新过程完成前开始渲染过程。使用包含群成员位置和速度数据的缓存作为实例顶点属性的来源，使用其他几何缓冲来提供顶点位置数据。

在图 10.12 的左下图中，我们继续看下一帧。缓存已经变换，第二个缓存现在是计算着色器输入，第一个缓存是通过计算着色器写入的。最后，在图 10.12 的右下图中，我们渲染奇数帧。第二个缓存用作顶点着色器输入。注意，虽然两种传递使用的数据相同导致 flock_geometry 缓存包含在两种渲染 VAO 中，但我们不需要复制两次。

设置所有这些过程的代码如清单 10.9 所示，这并不复杂，但有大量重复，导致代码较长。该清单包含大部分初始化内容。

清单 10.9 初始化群集的着色器存储缓冲

```
glGenBuffers(2, flock_buffer);
glBindBuffer(GL_SHADER_STORAGE_BUFFER, flock_buffer[0]);
glBufferData(GL_SHADER_STORAGE_BUFFER,
             FLOCK_SIZE * sizeof(flock_member),
             NULL,
             GL_DYNAMIC_COPY);
glBindBuffer(GL_SHADER_STORAGE_BUFFER, flock_buffer[1]);
glBufferData(GL_SHADER_STORAGE_BUFFER,
             FLOCK_SIZE * sizeof(flock_member),
             NULL,
             GL_DYNAMIC_COPY);

glGenBuffers(1, &geometry_buffer);
glBindBuffer(GL_ARRAY_BUFFER, geometry_buffer);
glBufferData(GL_ARRAY_BUFFER, sizeof(geometry), geometry, GL_STATIC_DRAW);

glGenVertexArrays(2, flock_render_vao);

for (i = 0; i < 2; i++)
{
    glBindVertexArray(flock_render_vao[i]);
    glBindBuffer(GL_ARRAY_BUFFER, geometry_buffer);
    glVertexAttribPointer(0, 3, GL_FLOAT, GL_FALSE,
                          0, NULL);
    glVertexAttribPointer(1, 3, GL_FLOAT, GL_FALSE,
                          0, (void *)(8 * sizeof(vmath::vec3)));

    glBindBuffer(GL_ARRAY_BUFFER, flock_buffer[i]);
    glVertexAttribPointer(2, 3, GL_FLOAT, GL_FALSE,
                          sizeof(flock_member), NULL);
    glVertexAttribPointer(3, 3, GL_FLOAT, GL_FALSE,
                          sizeof(flock_member),
                          (void *)sizeof(vmath::vec4));
    glVertexAttribDivisor(2, 1);
    glVertexAttribDivisor(3, 1);

    glEnableVertexAttribArray(0);
    glEnableVertexAttribArray(1);
    glEnableVertexAttribArray(2);
    glEnableVertexAttribArray(3);
}
```

除运行清单 10.9 所示的代码外，我们还使用一些随机向量初始化群集位置，并将所有速度设置成零。

现在需要一个渲染循环来更新群集位置并绘制群成员。既然数据包装在 VAO 中，因此实际操作非常简单。渲染循环如清单 10.10 所示。我们可以清楚地看到两个循环过程。首先，update_program 设置为当前项目，用于更新群成员位置与速度。更新目标位置，将存储缓存绑定到第一个和第二个 GL_SHADER_STORAGE_BUFFER 绑定点上用于读取和写入，然后调用计算着色器。其次，清除窗口，激活渲染程序，更新变换矩阵，绑定 VAO，然后绘制。实例数量等于模拟群集的成员数量，顶点数量仅等于用于代表小纸飞机的几何体数量。

清单 10.10 群集示例的渲染循环

```
glUseProgram(flock_update_program);

vmath::vec3 goal = vmath::vec3(sinf(t * 0.34f),
                               cosf(t * 0.29f),
                               sinf(t * 0.12f) * cosf(t * 0.5f));

goal = goal * vmath::vec3(15.0f, 15.0f, 180.0f);

glUniform3fv(uniforms.update.goal, 1, goal);

glBindBufferBase(GL_SHADER_STORAGE_BUFFER, 0, flock_buffer[frame_index]);
glBindBufferBase(GL_SHADER_STORAGE_BUFFER, 1, floc^buffer[frame_index ^1]);

glDispatchCompute(NUM_WORKGROUPS, 1, 1);

glViewport(0, 0, info.windowWidth, info.windowHeight);
glClearBufferfv(GL_COLOR, 0, black);
glClearBufferfv(GL_DEPTH, 0, &one);

glUseProgram(flock_render_program);

vmath::mat4 mv_matrix =
    vmath::lookat(vmath::vec3(0.0f, 0.0f, -400.0f),
                  vmath::vec3(0.0f, 0.0f, 0.0f),
                  vmath::vec3(0.0f, 1.0f, 0.0f));
vmath::mat4 proj_matrix =
    vmath::perspective(60.0f,
                       (float)info.windowWidth / (float)info.windowHeight,
                       0.1f,
                       3000.0f);
vmath::mat4 mvp = proj_matrix * mv_matrix;

glUniformMatrix4fv(uniforms.render.mvp, 1, GL_FALSE, mvp);

glBindVertexArray(flock_render_vao[frame_index]);

glDrawArraysInstanced(GL_TRIANGLE_STRIP, 0, 8, FLOCK_SIZE);

frame_index ^= 1;
```

这是程序端相当重要的一部分。现在来看看着色器端。群集算法的作用机制是对群成员应用一套规则来决定行进方向。每一条规则均考虑该群成员的当前属性以及正在更新的个体所感知到的其他群成员属性。大部分规则需要访问其他成员的位置和速度数据，因此 update_program 使用包含此信息的着色器存储缓存。清单 10.11 所示为更新计算着色器的开头。该清单[1]列出了模拟期间将使用的统一变量、群成员声明、两个输入输出缓存以及更新过程

1 其中大部分统一变量均未连接到示例程序，但可通过调整着色器更改其默认值。

中使用的成员**共享**数组。

清单 10.11 群集示例中用于更新的计算着色器

```
#version 450 core

layout (local_size_x = 256) in;

uniform float closest_allowed_dist2 = 50.0;
uniform float rule1_weight = 0.18;
uniform float rule2_weight = 0.05;
uniform float rule3_weight = 0.17;
uniform float rule4_weight = 0.02;
uniform vec3 goal = vec3(0.0);
uniform float timestep = 0.5;

struct flock_member
{
    vec3 position;
    vec3 velocity;
};

layout (std430, binding = 0) buffer members_in
{
    flock_member member[];
} input_data;

layout (std430, binding = 1) buffer members_out
{
    flock_member member[];
} output_data;

shared flock_member shared_member[gl_WorkGroupSize.x];
```

一旦向着色器声明所有输入，则必须定义更新输入的规则。本例中使用的规则如下。

- 成员之间不会相互影响。相互之间在任何时候都需要保持一定距离。
- 成员尝试与周围成员一起朝相同方向运动。
- 群成员尝试达到共同目标。
- 成员尝试与群里其他成员保持同步，朝群集中心运动。

前两条规则是成员内部规则。也就是说，要单独考虑每个成员对其他成员的影响。清单 10.12 包含第一规则的着色器代码。如果与另一个成员的距离过近，则只需远离该成员即可。

清单 10.12 群集第一条规则

```
vec3 rule1(vec3 my_position,
           vec3 my_velocity,
           vec3 their_position,
           vec3 their_velocity)
{
    vec3 d = my_position - their_position;
    if (dot(d, d) < closest_allowed_dist2)
        return d;
    return vec3(0.0);
}
```

第二条规则的着色器如清单 10.13 所示。该规则可返回成员相互距离平方反比加权的速度变化。将成员平方距离与一个较小的数值相加，避免分数的分母过小（导致加速度过大），从而保持模拟的稳定性。

清单 10.13 群集第二条规则

```
vec3 rule2(vec3 my_position,
           vec3 my_velocity,
           vec3 their_position,
           vec3 their_velocity)
{
    vec3 d = their_position - my_position;
    vec3 dv = their_velocity - my_velocity;
    return dv / (dot(d, d) + 10.0);
}
```

对每个成员应用一次第三条规则（群成员尝试朝共同目标飞去）。同样对每个成员应用一次第四条规则（成员尝试到达群集中心），但要求计算所有群成员的平均位置（以及群成员总数量）。

程序的主体部分包含算法的核心部分。将群集分成几组，每组代表一个局部工作组（我们将其大小定义为 256 个元素）。由于群集的每个成员均需要与群集内的其他所有成员以某种方式互动，因此该算法被视为 $O(N^2)$算法。这意味着 N 个群成员都将读取其他所有 N 个成员的位置和速度，N 个成员的位置和速度均被读取 N 次。我们并未遍历整个输入着色器存储缓存以查找每个群成员，而是将局部工作组的数据复制到共享存储缓存中，并使用局部副本更新每个成员。

对于每个群成员（计算着色器的单次调用），我们遍历所有工作组并将单一群成员的数据复制到共享局部副本中（在清单 10.11 的着色器顶部声明的 shared_member 数组）。256 个局部着色器调用各自复制一个元素到共享数组中，然后执行 barrier() 函数确保已同步所有调用，从而将其数据复制到共享数组中。然后，遍历共享数组中存储的所有数据，依次应用每条成员内部规则，将向量结果相加，并再次调用 barrier()。在局部工作组中再次同步线程，确保在重新开始循环和再次重写前已使用共享数组完成其他所有调用。其代码如清单 10.14 所示。

清单 10.14 群集更新计算着色器的主体部分

```
void main(void)
{
    uint i, j;
    int global_id  = int(gl_GlobalInvocationID.x);
    int local_id   = int(gl_LocalInvocationID.x);

    flock_member me = input_data.member[global_id];
    flock_member new_me;
    vec3 acceleration = vec3(0.0);
    vec3 flock_center = vec3(0.0);

    for (i = 0; i < gl_NumWorkGroups.x; i++)
    {
        flock_member them =
            input_data.member[i * gl_WorkGroupSize.x +
                                  local_id];
            shared_member[local_id] = them;
            memoryBarrierShared();
            barrier();
            for (j = 0; j < gl_WorkGroupSize.x; j++)
            {
                them = shared_member[j];
```

```
            flock_center += them.position;
            if (i * gl_WorkGroupSize.x + j != global_id)
            {
                acceleration += rule1(me.position,
                                      me.velocity,
                                      them.position,
                                      them.velocity) * rule1_weight;
                acceleration += rule2(me.position,
                                      me.velocity,
                                      them.position,
                                      them.velocity) * rule2_weight;
            }
        }
        barrier();
    }

    flock_center /= float(gl_NumWorkGroups.x * gl_WorkGroupSize.x);
    new_me.position = me.position + me.velocity * timestep;
    acceleration += normalize(goal - me.position) * rule3_weight;
    acceleration += normalize(flock_center - me.position) * rule4_weight;
    new_me.velocity = me.velocity + acceleration * timestep;
    if (length(new_me.velocity) > 10.0)
        new_me.velocity = normalize(new_me.velocity) * 10.0;
    new_me.velocity = mix(me.velocity, new_me.velocity, 0.4);
    output_data.member[global_id] = new_me;
}
```

除对成员逐一应用前两条规则和调整加速度以便成员朝共同目标和群集中心运动外，我们还应用了一些其他规则来确保模拟的合理性。首先，如果群成员的速度过快，则将速度固定到最大允许值。其次，我们不是逐字输出新速度，而是计算新速度和旧速度之间的加权平均值，从而形成基本的低通滤波器，防止群成员加速或减速过快，更重要的是防止方向转变太过突然。

以上这些构成了程序的整个更新阶段。现在，需要创建渲染群集所用的着色器。该程序使用计算着色器计算的位置和速度数据作为实例顶点数组，根据个体成员的位置和速度将一组确定数量的顶点转换成位置。清单 10.15 所示为着色器的输入。

清单 10.15　群集渲染顶点着色器的输入

```
#version 450 core

layout (location = 0) in vec3 position;
layout (location = 1) in vec3 normal;

layout (location = 2) in vec3 bird_position;
layout (location = 3) in vec3 bird_velocity;

out VS_OUT
{
    flat vec3 color;
} vs_out;

uniform mat4 mvp;
```

在该着色器中，位置和法向量都是几何缓存的常规输入，本例中仅包含一个纸飞机模型。bird_position 和 bird_vecocity 输入应该是计算着色器所提供的实例属性，其实例除数用 **glVertexAttribDivisor()** 函数设置。着色器的主体（见清单 10.16）使用群成员的速度构建 lookat 矩阵来确定飞机模型方向，使之始终向前飞翔。

清单 10.16 群集顶点着色器主体

```
mat4 make_lookat(vec3 forward, vec3 up)
{
    vec3 side = cross(forward, up);
    vec3 u_frame = cross(side, forward);

    return mat4(vec4(side, 0.0),
                vec4(u_frame, 0.0),
                vec4(forward, 0.0),
                vec4(0.0, 0.0, 0.0, 1.0));
}

vec3 choose_color(float f)
{
    float R = sin(f * 6.2831853);
    float G = sin((f + 0.3333) * 6.2831853);
    float B = sin((f + 0.6666) * 6.2831853);

    return vec3(R, G, B) * 0.25 + vec3(0.75);
}

void main(void)
{
    mat4 lookat = make_lookat(normalize(bird_velocity),
                              vec3(0.0, 1.0, 0.0));
    vec4 obj_coord = lookat * vec4(position.xyz, 1.0);
    gl_Position = mvp * (obj_coord + vec4(bird_position, 0.0));

    vec3 N = mat3(lookat) * normal;
    vec3 C = choose_color(fract(float(gl_InstanceID / float(1237.0))));

    vs_out.color = mix(C * 0.2, C, smoothstep(0.0, 0.8, abs(N).z));
}
```

构建 lookat 矩阵时使用的方法与第 4 章所述方法相似。一旦使用该矩阵确定网格的方向，则可以添加群成员的位置，并通过模型-视图-投影矩阵进行转换。我们还使用 lookat 矩阵确定物体法向量的方向，从而能够应用一个非常简单的光照计算。我们根据当前实例 ID（对于每个网格是唯一的）选择物体颜色，并用于计算最终输出颜色，再将输出颜色写入顶点着色器输出中。片段着色器是一种将此输入颜色写入帧缓存的简单直通着色器。群集渲染的结果如图 10.13 所示。

图 10.13 计算着色器群集程序的输出

此程序实现的一项改进是在计算着色器中计算 lookat 矩阵。此处，我们在顶点着色器中计算该 lookat 矩阵，从而为每个顶点大量计算该 lookat 矩阵。这在本例中并不重要，因为我们的网格较小，但如果实例网格更大时，在计算着色器中生成网格并随另一个实例顶点属性一起传递将会更快，也可以应用更多物理模拟而不仅仅是临时规则。例如，我们可以模拟重力，使向下飞比向上飞更容易，或允许纸飞机撞到另一个纸飞机并反弹回来。然而，对于本例来说，这里的内容已经足够了。

10.3 总结

在本章中，我们深入了解了计算着色器——“单工序管线”，能够利用现代图形处理器的计算能力实现除计算机绘图外的其他功能。在关于计算着色器执行模型的讨论中，介绍了工作组、同步以及工作组内通信；然后介绍了计算着色器的一些应用。其中，首先介绍了计算着色器在图像处理中的应用，这非常适合计算机绘图。接下来我们探讨了在实现群集算法时如何使用计算着色器进行物理模拟。这些内容应该可以帮助你评估能否将计算着色器应用于人工智能、预处理和后期甚至音频方面。

CHAPTER 11

第11章 高级数据管理

本章内容

- ✦ 如何将数据从着色器中直接写入缓冲与纹理。
- ✦ 如何使 OpenGL 更灵活地解读数据。
- ✦ CPU 与 GPU 如何直接共享数据。

目前为止，本书已经介绍如何使用缓存和纹理存储程序可使用的数据。缓存与纹理可与 OpenGL 管线绑定，以变换反馈或帧缓存写入。本章节将介绍一些更高阶的数据与数据管理技巧。我们将深入分析纹理视图，以便从多种角度解读数据。我们将深入研究纹理压缩，并使用计算着色器将纹理数据压缩到 GPU 上。我们还将分析如何在 CPU 与 GPU 之间直接共享数据，包括如何确定哪个处理器在某一特定时间拥有这些数据。

11.1 取消绑定

到目前为止，当我们想要在着色器中使用纹理时，将其与纹理单元绑定，并表示为一个采样器类型（如 **sampler2D**、**samplerCube**）的统一变量。取样器变量与其中一个纹理单元关联，这种关联形成了对底层纹理的间接寻址。这会产生两种显著的相关副作用。

- 单一着色器可访问的纹理数量受限于 OpenGL 驱动程序支持的纹理单元数量。OpenGL 4.5 版本的最低要求为 16 单元/阶段。虽然某些实现支持 32 单元/阶段或更多，但是这毕竟是少数。
- 应用程序需要花时间绑定与解绑各图像之间的纹理。除非可以使用相同状态，否则会很难将各图合并。

为避免这些问题，我们可以使用一种名为无绑定纹理的功能。如果 OpenGL 报告支持 GL_ARB_bindless_texture 扩展，则应用程序中会包含此功能。通过该扩展，可以获得一个纹理控制柄，然后在着色器中直接使用该控制柄指代底层纹理而无须将纹理与纹理单元绑定。此外，控制柄还可以帮助你控制着色器可用的纹理清单。事实上，它这样做是因为不再使用纹理绑定点后，OpenGL 无法得知可使用哪些纹理，因此在运行着色器之前需要加载至内存中。

一旦创建纹理，就可通过调用以下函数获得控制柄：

```
GLuint64 glGetTextureHandleARB(GLuint texture);
GLuint64 glGetTextureSamplerHandleARB(GLuint texture, GLuint sampler);
```

第一个函数使用自身的内置采样器参数生成一个代表纹理的控制柄，用纹理参数命名。如果在采样器中纹理与采样器对已经绑定到某个纹理单元，则第二个函数返回一个代表纹理与采样器的控制柄。注意，**glGetTextureHandleARB()** 与 **glGetTextureSamplerHandleARB()** 均会返回一个 GLuint64 的 64 位整数值。你需要将这些数值输入着色器才能使用它们。最简便的方法是将数值放入统一变量块中。也就是说，在一个统一变量块中声明一个 GLSL 取样器，然后将 64 位控制柄置入缓存，再用控制柄支持统一变量块。清单 11.1 显示了这种声明的示例。

清单 11.1 在统一变量块内部声明取样器

```
#version 450 core

#extension GL_ARB_bindless_texture : require

layout (binding = 0) uniform MYBLOCK
{
    sampler2D theSampler;
};

in vec2 uv;
out vec4 color;

void main(void)
{
    color = texture(theSampler, uv);
}
```

如清单 11.1 所示，一旦启用无绑定纹理扩展并在统一变量块中声明取样器后，取样器的用途就跟普通非无绑定纹理一样。

运行任何访问无绑定纹理的着色器前，需要先告知 OpenGL 可能使用哪些纹理。可用纹理数量没有特定上限，仅受限于底层 OpenGL 实现的能力及其可用资源。将纹理与传统纹理单元绑定时，OpenGL 可确定对绑定对象使用何种绑定。然而，一旦取消绑定点，则必须自行通知。将纹理放入“可使用”清单时，调用

```
void glMakeTextureHandleResidentARB(GLuint64 handle);
```

将纹理从常驻清单中移除时，调用

```
void glMakeTextureHandleNonResidentARB(GLuint64 handle);
```

两种用例中，控制柄参数为调用 **glGetTextureHandleARB()** 或 **glGetTextureSamplerHandleARB()** 所返回的控制柄。术语常驻指用于储存纹理数据的底层内存。可以将常驻纹理清单视为一组无法访问但 OpenGL 用于追踪任何特定时间点哪些纹理需要载入内存的虚拟绑定点。

在清单 11.1 所示的单一示例中，一个统一变量块中仅有一个取样器声明，这似乎并不是一个特别有用的功能，尤其是需要增加额外步骤，例如创建纹理、获得控制柄、设置常驻纹理等。考虑一下如果在一个统一变量块中放入多个纹理或甚至将其嵌入一个结构中会怎样。纹理会变成类似于普通常量的数据。例如，材料定义就可以只包括纹理。

bindlesstex 示例展示了无束纹理的用途。我们使用着色器通过纹理调制每个像素的光照，其控制柄按统一方式存储。清单 11.2 显示了示例中的片段着色器。

清单 11.2 在统一变量块内部宣告取样器

```
#version 450 core

// Enable bindless textures
#extension GL_ARB_bindless_texture : require

// Output
layout (location = 0) out vec4 color;

// Input from vertex shader
in VS_OUT
{
    vec3 N;
    vec3 L;
    vec3 V;
    vec2 tc;
    flat uint instance_index;
} fs_in;

// Material properties - these could also go in a uniform buffer
const vec3 ambient = vec3(0.1, 0.1, 0.1);
const vec3 diffuse_albedo = vec3(0.9, 0.9, 0.9);
const vec3 specular_albedo = vec3(0.7);
const float specular_power = 300.0;

// Texture block
layout (binding = 1, std140) uniform TEXTURE_BLOCK
{
    sampler2D      tex[384];
};

void main(void)
{
    // Normalize the incoming N, L, and V vectors
    vec3 N = normalize(fs_in.N);
    vec3 L = normalize(fs_in.L);
    vec3 V = normalize(fs_in.V);
    vec3 H = normalize(L + V);

    // Compute the diffuse and specular components for each fragment
    vec3 diffuse = max(dot(N, L), 0.0) * diffuse_albedo;
    // This is where we reference the bindless texture
    diffuse *= texture(tex[fs_in.instance_index], fs_in.tc * 2.0).rgb;
    vec3 specular = pow(max(dot(N, H), 0.0), specular_power) * specular_albedo;

    // Write final color to the framebuffer
    color = vec4(ambient + diffuse + specular, 1.0);
}
```

如清单 11.2 所示，我们声明了一个统一变量块，包含 384 个纹理。其数量明显多于开发示例所基于的 OpenGL 实现支持的传统纹理绑定点的数量，并且比单一着色器阶段所支持的样本数量高一个数量级。

为实际生成 384 个纹理，我们在启动应用程序时使用一个过程算法来生成一种图案，然后对每个纹理略作修改。对于这 384 个纹理，我们创建纹理，并上传不同的数据集到各纹理中，获得其控制柄，再调用 **glMakeTextureHandleResidentARB()** 将其设为常驻内存。将控制柄置于被片段着色器当作统一缓存使用的缓存对象中。其代码如清单 11.3 所示。

清单 11.3　将纹理设为常驻内存

```
glGenBuffers(1, &buffers.textureHandleBuffer);
glBindBuffer(GL_UNIFORM_BUFFER, buffers.textureHandleBuffer);

glBufferStorage(GL_UNIFORM_BUFFER,
                NUM_TEXTURES * sizeof(GLuint64) * 2,
                nullptr,
                GL_MAP_WRITE_BIT);

GLuint64* pHandles =
    (GLuint64*)glMapBufferRange(GL_UNIFORM_BUFFER,
                                0,
                                NUM_TEXTURES * sizeof(GLuint64) * 2,
                                GL_MAP_WRITE_BIT | GL_MAP_INVALIDATE_BUFFER_BIT);

for (i = 0; i < NUM_TEXTURES; i++)
{
    unsigned int r = (random_uint() & 0xFCFF3F) << (random_uint() % 12);
    glGenTextures(1, &textures[i].name);
    glBindTexture(GL_TEXTURE_2D, textures[i].name);
    glTexStorage2D(GL_TEXTURE_2D,
                   TEXTURE_LEVELS,
                   GL_RGBA8,
                   TEXTURE_SIZE, TEXTURE_SIZE);
    for (j = 0; j < 32 * 32; j++)
    {
        mutated_data[j] = (((unsigned int *)tex_data)[j] & r) | 0x20202020;
    }
    glTexSubImage2D(GL_TEXTURE_2D,
                    0,
                    0, 0,
                    TEXTURE_SIZE, TEXTURE_SIZE,
                    GL_RGBA, GL_UNSIGNED_BYTE,
                    mutated_data);
    glGenerateMipmap(GL_TEXTURE_2D);
    textures[i].handle = glGetTextureHandleARB(textures[i].name);
    glMakeTextureHandleResidentARB(textures[i].handle);
    pHandles[i * 2] = textures[i].handle;
}

glUnmapBuffer(GL_UNIFORM_BUFFER);
```

为将这些纹理渲染到真实对象上，创建一个使用另一个统一变量块储存转换矩阵阵列的测试包；然后在顶点着色器中，使用 `gl_InstanceID` 索引至该阵列中。我们还将实例索引输入清单 11.2 的片段着色器中，用于索引纹理控制柄阵列，由此，即可使用实例化绘图命令渲染一个对象。每个实例使用不同的转换矩阵和不同的纹理，输出结果如图 11.1 所示。该图像见于色板 7。

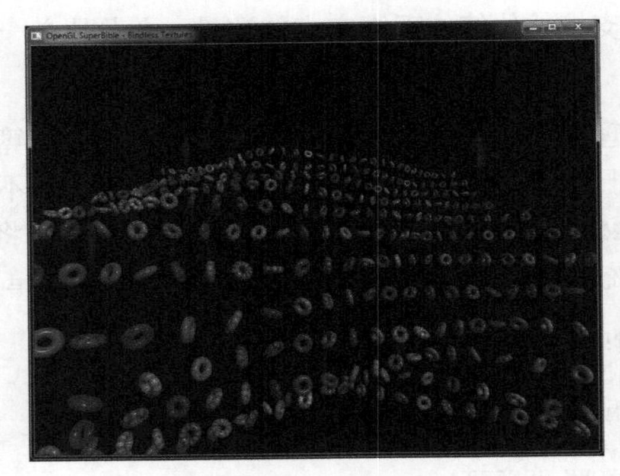

图 11.1 bindlesstex 示例应用程序输出

图 11.1 所示的每个对象均各有一个不同的彩色图案。此图案创建于 384 个不同的纹理。在高级应用程序中，每种纹理均来源于用户生成内容，各不相同，而且不是通过编程方式生成的。由此证明一个绘图命令可以访问数百个不同的纹理。

11.2 稀疏纹理

在现代图形应用程序中，纹理数据可能是占用最多内存的资源。一个 GL_RGBA8 格式的 2048 × 2048 纹素大小的纹理仅用于基本级 mipmap 就占据了 16MB 的内存。该内存的三分之一为 mipmap 链，需求超过 21MB。一个典型的图形密集型应用程序每次使用的 mipmap 链可能有数十或数百个，导致应用程序的总内存需求达到数百兆字节，甚至达到几千兆字节。即使在这种应用程序中，也不太可能会同时需要所有数据。相反，通常具有高分辨率纹理的对象才可能从远处看到，也就是说只可能使用较低分辨率的 mipmap。另一种常见使用情形为地图集纹理，即将细节应用于不规则对象，其中不是所有的矩形纹理空间都用于图像数据。

为适应这些场景，可使用 GL_ARB_sparse_texture 扩展。通过此扩展，纹理可以稀疏分布，隔离纹理的逻辑维度与存储纹素所需的物理内存空间。稀疏纹理可分成许多方形或矩形区域，称为页面。每个页面可以是调拨分页或未调拨页面。调拨页面时，可以像普通纹理一样使用。未调拨页面时，OpenGL 不会使用任何内存储存页面数据。在此情形中，从页面读取时不会返回任何有用数据，写入这种区域的任何数据都将被丢弃。

在使用稀疏纹理前，需要确保 OpenGL 支持 GL_ARB_sparse_texture 扩展。确定支持扩展后，可立即使用 **glTextureStorage2D()** 函数创建稀疏纹理。创建稀疏纹理时，在为纹理分配内存前，需要通过调用 **glTextureParameteri()** 与 GL_TEXTURE_SPARSE_ARB 参数告知 OpenGL 你的意图。参见清单 11.4。

清单 11.4 创建稀疏纹理

```
GLuint tex;

// Create a new texture
```

```
glCreateTexture(1, &tex);

// Tell OpenGL that we want this texture to be sparse
glTextureParameteri(tex, GL_TEXTURE_SPARSE_ARB, GL_TRUE);

// Now allocate storage for the texture
glTextureStorage2D(tex, 14, GL_RGBA8, 16384, 16384);
```

清单 11.4 中的代码创建了一个 16384 × 16384 纹素的纹理，该纹理具有 GL_RGBA8 内部格式的完整 mipmap 链。一般情况下，这种纹理会占据 1000MB 的内存。这是 OpenGL 必然支持的 2D 纹理最大尺寸，可支持更大的纹理，但不能保证。由于该纹理比较稀疏，因此储存空间不会被立即占用，只为纹理保留虚拟空间，不分配物理内存。调拨页面（即为页面分配物理储存）时，可调用 **glTexPageCommitmentARB()**，其原型为

```
void glTexPageCommitmentARB(GLenum target,
                            GLint level,
                            GLint xoffset,
                            GLint yoffset,
                            GLint zoffset,
                            GLsizei width,
                            GLsizei height,
                            GLsizei depth,
                            GLboolean commit);
```

glTexturePageCommitmentEXT()可调拨和释放纹理中已提供名称的稀疏纹理。级别参数指定了页面常驻的 mipmap 等级。x offset、y offset 和 z offset 参数描述调拨或释放区起点处的纹素偏移，width、height 和 depth 参数规定该区域的纹素尺寸。如果调拨参数为 GL_TRUE，则调拨分页；如果调拨参数为 GL_FALSE，则释放分页。

所有参数（x offset、y offset、z offset、width、height 和 depth）必须是纹理页面大小的整数倍。页面大小由 OpenGL 根据纹理的内部格式确定。可通过调用 **glGetInternalformativ()**和传递标记 GL_VIRTUAL_PAGE_SIZE_X_ARB、GL_VIRTUAL_PAGE_SIZE_Y_ARB 和 GL_VIRTUAL_PAGE_SIZE_Z_ARB 确定页面大小，分别找出 *x*、*y* 和 *z* 维度格式的页面大小。实际的页面大小可能不止一种。**glGetInternalformativ()**也可用于通过传递 GL_NUM_VIRTUAL_PAGE_SIZES_ARB 标记找出特定格式所支持的虚拟页面大小数量。清单 11.5 所示为如何确定虚拟页面大小数量和识别 **glGetInternalformativ()**用途的示例。

清单 11.5　确定所支持的稀疏纹理分页尺寸

```
GLuint num_page_Sizes;
GLuint page_sizes_x[10];
GLuint page_sizes_y[10];
GLuint page_sizes_z[10];

// Figure out how many page sizes are available for a 2D texture
// with internal format GL_RGBA8
glGetInternalformativ(GL_TEXTURE_2D,
                      GL_RGBA8,
                      GL_NUM_VIRTUAL_PAGE_SIZES_ARB,
                      sizeof(GLuint),
                      &num_page_sizes);

// We support up to 10 internal format sizes -- this is hard-coded
// in the arrays above. We could do this dynamically, but it's unlikely
```

```
// that an implementation supports more than this number, so it's not really
// worth it.
num_page_sizes = min(num_page_sizes, 10);

// One call for each dimension
glGetInternalformativ(GL_TEXTURE_2D,
                      GL_RGBA8,
                      GL_VIRTUAL_PAGE_SIZE_X_ARB,
                      num_page_sizes * sizeof(GLuint),
                      page_sizes_x);
glGetInternalformativ(GL_TEXTURE_2D,
                      GL_RGBA8,
                      GL_VIRTUAL_PAGE_SIZE_Y_ARB,
                      num_page_sizes * sizeof(GLuint),
                      page_sizes_y);
glGetInternalformativ(GL_TEXTURE_2D,
                      GL_RGBA8,
                      GL_VIRTUAL_PAGE_SIZE_Z_ARB,
                      num_page_sizes * sizeof(GLuint),
                      page_sizes_z);
```

如果检索 `GL_NUM_VIRTUAL_PAGE_SIZES_ARB` 时所返回的页面大小数量为 0，则 OpenGL 实现不会支持特定格式和维度的稀疏纹理。如果页面大小数量超过一种，则 OpenGL 可能会按偏好程度返回页面大小，这可能基于内存分配效率或在用性能。这时最好选择第一个，有些组合并没有太大意义。例如，在使用 2D 纹理格式时，很可能所有 OpenGL 实现的页面大小在 *z* 维度上的返回值为 1，但 3D 纹理时可能返回其他值。这就是为什么调用 **glGetInternalformativ()** 时要规定纹理类型。

不仅纹理区域需要在页面大小数据块中调拨和释放（这就是为什么要求 **glTexturePageCommitmentEXT()** 参数是页面大小的倍数），而且纹理本身也要求是页面大小的整数倍。这种情形仅适用于基本级 mipmap。由于每个 mipmap 级别的大小是前一个级别的一半，最终 mipmap 等级的尺寸会比一个页面还小。这种所谓的 mipmap 尾部是无法在页面级别控制调拨的部分纹理。事实上，整个尾部可以作为单独单位调拨或释放。一旦调拨 mipmap 尾部的一部分，整个尾部就会被调拨。同理，一旦释放 mipmap 尾部的一部分，整个尾部也会被释放。这种限制的副作用是无法生成基本级 mipmap 小于单一页面的稀疏纹理。

通过调用 **glTexPageCommitmentARB()** 首次调拨纹理页面时，起初并未限定其内容。然而，一旦调拨，则可按任何普通纹理处理。例如，可使用 **glTextureStorageSubImage2D()** 将数据输入页面或将页面附加到帧缓存对象并进行渲染。

`sparsetexture` 应用程序所示为使用稀疏纹理的一个简单示例。在此示例中，假设纹理的页面大小为 128 纹素数量级的 `GL_RGBA8` 数据（计为 64KB）。首先，分配一个 16 页面×16 页面的较大纹理（128 × 128 分页的纹素计为 2048 × 2048）。然后，在每帧上，使用帧计数器变换某些位元以及将计算位置的页面设置为常驻或非常驻来生成索引。对于新设置为常驻的页面，从启动时加载的小纹理中上传新数据。

为了进行渲染，在整个视口上绘制一个简单的四边形。采取每个点上的纹理样本。页面为常驻时，可获得纹理中储存的数据。页面为非常驻时，可接收到未定义数据。在这个应用程序中，是否常驻并不重要，仅显示已经读取的内容（即使是垃圾数据）。在用于开发示例应用程序的机器上，OpenGL 实现对于未映射的数据区域的返回值为 0。渲染循环的实现如清单 11.6 所示。

清单 11.6 单一纹理的调拨管理

```
static int t = 0;
int r = (t & 0x100);
int tile = bit_reversal_table[(t & 0xFF)];

int x = (tile >> 0) & 0xF;
int y = (tile >> 4) & 0xF;

// If page is not resident...
if (r == 0)
{
    // Make it resident and upload data
    glTexPageCommitmentARB(GL_TEXTURE_2D,
                           0,
                           x * PAGE_SIZE, y * PAGE_SIZE, 0,
                           PAGE_SIZE, PAGE_SIZE, 1,
                           GL_TRUE);
    glTexSubImage2D(GL_TEXTURE_2D,
                    0,
                    x * PAGE_SIZE, y * PAGE_SIZE,
                    PAGE_SIZE, PAGE_SIZE,
                    GL_RGBA, GL_UNSIGNED_BYTE,
                    texture_data);
}
else
{
    // Otherwise make it nonresident
    glTexPageCommitmentARB(GL_TEXTURE_2D,
                           0,
                           x * PAGE_SIZE, y * PAGE_SIZE, 0,
                           PAGE_SIZE, PAGE_SIZE, 1,
                           GL_FALSE);
}

t += 17;
```

sparsetexture 示例的输出如图 11.2 所示。如图所示，纹理中有数据块缺失，屏幕截图中仅有部分纹理可见。

图 11.2 sparsetexture 示例应用程序输出

sparsetexture 提供的示例非常简单，仅用于演示纹理功能。在更高级的应用程序中，可使用多个稀疏纹理并综合其效果，或使用二级纹理储存有关主纹理驻留的元数据。例如，稀疏纹理的常见用例为按时间顺序串流纹理数据。

考虑占用数百兆字节纹理数据的大型游戏场景。玩家第一次启动游戏时，被置身于地图的某一部分。玩家看不到大部分地图，地图的多个部分离玩家很远，因此渲染分辨率较低。等待加载完所有纹理（如果纹理位于互联网上的远程服务器或存储在 DVD 等较慢的媒介上，则会耗费大量时间）是一种很糟糕的用户体验。然而，延迟纹理加载过程直到用户第一次看到某个对象可能导致卡顿和游戏速度慢，也会对用户体验造成不良影响。

使用稀疏纹理可以很好地解决这个问题。该理念是将每个纹理划分为稀疏纹理，然后在开始游戏前，将所有纹理仅按最低分辨率等级的 mipmap 填充。由于最低级别的 mipmap 占用的储存空间远低于基本级纹理，因此加载这些 mipmap 所耗费的时间远远少于加载所有纹理所需要的时间。用户第一次看到某部分地图时，可保证至少提供最低 mipmap 等级的低分辨率版纹理。在很多用例中，这非常有效，因为对象出现在远离用户的地方，只需要最低等级的 mipmap。随着用户越来越靠近对象，可加载该对象的 mipmap 分辨率较高的纹理。

为进行适当纹理采样，需要限制 OpenGL 用于确保仅从调拨纹素提取的细节层次。为此，需要了解所调拨的页面类型。因此，需要另一个细节层次的纹理，可用于采样以便查找特定纹理坐标的最低调拨细节层次。清单 11.7 显示的是一个着色器代码片段，来自于稀疏纹理采样，其步骤是计算所需的细节层次，获取自调拨的细节层次纹理，限制最高可用等级（最低分辨率等级）的结果，最后从实际稀疏纹理中采样。

清单 11.7　用夹取的细节层次（LoD）采集稀疏纹理样本

```
uniform sampler2D uCommittedLodTexture;
uniform sampler2D uSparseColorTexture;

vec4 sampleFromSparse(vec2 uv)
{
    // First, get the available levels of detail for each of the
    // four texels that make up our filtered sparse texel.
    vec4 availLod = textureGather(uCommitedLodTexture, uv);

    // Calculate the level-of-detail that OpenGL would like
    // to sample from.
    vec2 desiredLod = textureQueryLod(uSparseColorTexture, uv);

    // Find the maximum of the available and desired LoD.
    float maxAvailLod = max(max(availLod.x,
                                availLod.y),
                            max(availLod.z,
                                availLod.w));

    // Compute the actual LoD to be used for sampling.
    // Note that this is the maximum value of LoD, representing the
    // lowest-resolution mipmap -- our application fills the texture
    // from lowest to highest resolution (highest to lowest LoD).
    float finalLod = max(desiredLod.x, max(desiredLod.y, maxAvailLod));

    // Finally, sample from the sparse texture using the computed LoD.
    return textureLod(uSparseColorTexture, uv, lod);
}
```

通过重复使用清单 11.7 中的某些代码，可使 GPU 向应用程序提供关于确定纹理分页需求的反馈。将某一图像绑定为可写入，当预期细节层次（清单 11.7 中的预期 Lod 变量）低于（即分辨率更高）现有细节层次时，将预期细节层次写入图像中。定期将此图像的内容读入应用程序[1]并扫描，可使用此信息确定下一个串流对象。

1 为避免 GPU 失速，应在更新含预期细节层次的图像以及读回图像之间留出大量时间。

11.3 纹理压缩

第 5 章简要介绍了压缩纹理。然而，我们并未讨论纹理压缩的工作原理或描述如何生成压缩纹理数据。本节将较为详细地介绍 OpenGL 支持的其中一种更为简单的纹理压缩格式，并展示如何为此类数据编写压缩程序。

11.3.1 RGTC 压缩方法

OpenGL 支持的大部分纹理压缩格式是数据块。也就是说，这些格式将图像数据压缩成小数据块，各数据块在图像中相互独立。数据块之间既无全局数据也无相关性。因此，虽然可能数据压缩效果不太好，但是这些格式很适合随机存取。着色器从压缩纹理中读取纹素时，图形硬件可以非常快速地确定纹素所在数据块，然后将该数据块读取至 GPU 内的快速本地缓存中。数据块被读取的同时也被解压。这些格式的数据块的压缩比是固定的，即固定量的压缩数据通常代表等量的未压缩数据。

RGTC 纹理压缩格式是 OpenGL 所支持的其中一种较简单的格式。多年来，它一直是核心规范的一部分，设计用于储存单信道和双信道图像。跟其他相似格式一样，是按数据块储存的，每个压缩数据块代表图像的一个 4 × 4 纹素区域。为简单起见，假设源图像的宽度和高度是 4 纹素的倍数。RGTC 格式仅支持二维图像，尽管可将多个 2D 图像堆栈到阵列纹理或甚至 3D 纹理中。无法通过附加到帧缓存对象来渲染进压缩纹理。

RGTC 规范包括有符号类型和无符号类型，单分量和双分量格式。

- `GL_COMPRESSED_RED_RGTC1` 代表无符号类型单通道数据。
- `GL_COMPRESSED_SIGNED_RED_RGTC1` 代表有符号类型单通道数据。
- `GL_COMPRESSED_RG_RGTC2` 代表无符号类型双通道数据。
- `GL_COMPRESSED_SIGNED_RG_RGTC2` 代表有符号类型双通道数据。

此处将首先介绍 `GL_COMPRESSED_RED_RGTC1` 格式。该格式使用 64 位信息表示 4 × 4 纹素块。如果每个输入纹素均是 8 位无符号类型字节，则输入数据包括 128 位，压缩比为 2∶1。这种压缩格式（跟很多其他格式一样）的原理是利用小部分图像数据内可能出现的有限数值区间。如果在区块内找到最小值与最大值，则可知该区块内的所有纹素落在该区间内。因此，只需要确定特定纹素在该区间上所占的范围，然后为每个纹素编码该信息，而不是纹素本身的值。这对平滑渐变图像非常有效。即使对于硬边图像，每种纹素可位于区间的相对两端，并且仍能合理近似模拟边缘。

图 11.3 以图形方式演示了该原理。找到小区块中的最小像素与最大像素后，将这些像素编码为线条上的终点。这体现在图 11.3 中的 y 轴上。该线条从曲线图 y 轴最高值延伸到曲线图 y 轴上。然后，将 x 轴量化成多个小区域，再将该区域编码到压缩图像中每个纹素所在位置。每个区域都由图形上的不同填充图案表示。然后每个纹素数值（用竖线表示）落在用线条分割的四个区域之一中。与整个区块共有的线条终点值一同构成各像素在此编码区域的索引。

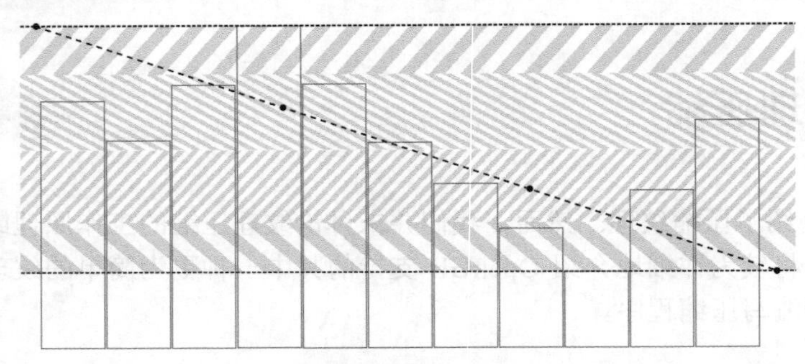

图 11.3 图像数据代表线条终点

每个 64 位（8 字节）区块均以代表线条两个终点值的两个字节开始。因此剩余 48 位（64 - 16）用于对像素值进行编码。一个 4 × 4 区块中有 16 个像素，因此每个纹素保留 3 位。在这种简单编码中，会将我们的范围划分为 8 个部分。注意，如果区块中的最小纹素和最大纹素均在各自的 8 个渐变级内，则这种编码方法可产生无损压缩。然而，编码并不是很直接。表 11.1 显示了各 3 位字段（数值为 1～7）的数值如何与已编码的纹素值对应。

表 11.1 RED 图像的第一次 RGTC 编码

编码	结果值
0	R_{min}
1	R_{max}
2	$6/7R_{min} + 1/7R_{max}$
3	$5/7R_{min} + 2/7 R_{max}$
4	$4/7R_{min} + 3/7R_{max}$
5	$3/7R_{min} + 4/7R_{max}$
6	$2/7R_{min} + 5/7R_{max}$
7	$1/7R_{min} + 6/7R_{max}$

有一个特例利用了这样一个事实：除了线条的终点外，我们可以在区块的前 2 个字节中存储更多的信息。如果先储存最小值，再储存最大值，则继续使用前述 3 位纹素。然而，如果先储存最大值，再储存最小值，则可反转区域顺序，现在除了可以使用此顺序发送略有差异的编码信号外，还可以继续对相同数据进行编码。

如表 11.2 所示，虽然使用二次编码可以代表的区域数量更少，但是无论终点数值是多少，均可以精确地表示数值 0 和 1。[1]例如，使用这种编码能更好地在颜色更浅的纹理背景中表示黑色实线。

表 11.2 RED 图像的第二次 RGTC 编码

编码	结果值
0	R_{min}
1	R_{max}
2	$4/5R_{min} + 1/5R_{max}$
3	$3/5R_{min} + 2/5 R_{max}$
4	$2/5R_{min} + 3/5R_{max}$
5	$1/5R_{min} + 4/5R_{max}$
6	*0*
7	*1*

1 记住，这是一种标准化的纹理，因此表示整数值时，1 在此处代表数值 255。

实际上，区块的前两个值可用于定义 8 色调色板。读取此区块后，比较两个终点值，生成适当的调色板。然后，将剩余 6 字节压缩数据中的每个 3 位字段作为刚生成的调色板的索引来生成一个输出纹素。

11.3.2 生成压缩数据

上一节对 RGTC 压缩方法的描述应足以编写一个解压程序。然而，解压不是此处的重点，所有现代图形硬件均可解压 RGTC 数据，并且其性能水平可超过压缩带宽要求规定的未压缩数据采样性能水平。此处想要讨论的是如何将纹理压缩成这种格式。

为利用 RGTC 所支持的双重编码，应编写编码程序的两个变量（一个在一次编码时生成数据，一个在二次编码时生成数据），然后根据计算出的每像素错误确定应使用哪种编码。我们先来看一次编码，再介绍应如何修改一次编码来生成二次编码。该设计旨在生成可在计算着色器中执行的编码程序。虽然可尝试通过多线程并行压缩一个区块，但是其目标不一定是尽快编码一个区块，而是快速压缩大图像。由于每个区块均可独立压缩，因此可以编写一个在单线程中运行的压缩程序，然后并行压缩尽可能多的区块。从而简化了编码程序，因为压缩每个区块实质上成为一种单线程操作，无须共享数据或与其他工作项同步。

首先，压缩程序将一个 4 × 4 纹素块载入本地阵列中。由于是在单信道数据上运行，因此可调用一次 GLSL 的 `textureGatherOffset` 函数，从一个 2 × 2 区块中读取 4 个纹素。传递到 `textureGatherOffset` 的纹理坐标必须处于 2 × 2 区域的中心。清单 11.8 显示的是汇集 `textureGatherOffset` 四次调用的 16 个纹素的有价值数据的代码。

清单 11.8 使用 textureGatherOffset 读取一块纹素

```
void fetchTexels(uvec2 blockCoord, out float texels[16])
{
    vec2 texSize = textureSize(input_image, 0);
    vec2 tl = (vec2(blockCoord * 4) + vec2(1.0)) / texSize;

    vec4 tx0 = textureGatherOffset(input_image, tl, ivec2(0, 0));
    vec4 tx1 = textureGatherOffset(input_image, tl, ivec2(2, 0));
    vec4 tx2 = textureGatherOffset(input_image, tl, ivec2(0, 2));
    vec4 tx3 = textureGatherOffset(input_image, tl, ivec2(2, 2));

    texels[0] = tx0.w;
    texels[1] = tx0.z;
    texels[2] = tx1.w;
    texels[3] = tx1.z;

    texels[4] = tx0.x;
    texels[5] = tx0.y;
    texels[6] = tx1.x;
    texels[7] = tx1.y;

    texels[8] = tx2.w;
    texels[9] = tx2.z;
    texels[10] = tx3.w;
    texels[11] = tx3.z;

    texels[12] = tx2.x;
    texels[13] = tx2.y;
```

```
    texels[14] = tx3.x;
    texels[15] = tx3.y;
}
```

从源图像中读取 16 纹素的信息后，可构建调色板。为此，应先找到区块中的最小值与最大值，然后计算 8 种数据编码的输出颜色结果值。注意，无须对纹素值进行分类，只需要确定最小值与最大值，而非其生成顺序。清单 11.9 显示了一次编码是如何生成调色板的。随后我们将介绍二次编码。

清单 11.9 生成 RGTC 编码的调色板

```
void buildPalette(float texels[16], out float palette[8])
{
    float minValue = 1.0;
    float maxValue = 0.0;
    int i;

    for (i = 0; i < 16; i++)
    {
        maxValue = max(texels[i], maxValue);
        minValue = min(texels[i], minValue);
    }

    palette[0] = minValue;
    palette[1] = maxValue;
    palette[2] = mix(minValue, maxValue, 1.0 / 7.0);
    palette[3] = mix(minValue, maxValue, 2.0 / 7.0);
    palette[4] = mix(minValue, maxValue, 3.0 / 7.0);
    palette[5] = mix(minValue, maxValue, 4.0 / 7.0);
    palette[6] = mix(minValue, maxValue, 5.0 / 7.0);
    palette[7] = mix(minValue, maxValue, 6.0 / 7.0);
}
```

生成调色板后，需要将区块内的各个纹素映射到调色板项目。为此，我们只需遍历每个调色板项目，确定最接近纹素对象的绝对值。清单 11.10 显示了如何实现此目的。

清单 11.10 设置 RGTC 区块的调色板

```
float palettizeTexels(float texels[16], float palette[8], out uint entries[16])
{
    uint i, j;
    float totalError = 0.0;

    for (i = 0; i < 16; i++)
    {
        uint bestEntryIndex = 0;
        float texel = texels[i];
        float bestError = abs(texel - palette[0]);
        for (j = 1; j < 8; j++)
        {
            float absError = abs(texel - palette[j]);
            if (absError < bestError)
            {
                bestError = absError;
                bestEntryIndex = j;
            }
        }
        entries[i] = bestEntryIndex;
        totalError += bestError;
    }
```

```
    return totalError;
}
```

调整好区块颜色后，需要将产生的颜色和索引打包到输出数据结构中。记住，每个压缩区块以两种终点颜色开头，然后是区块中的每个纹素的 3 个位元。在本机上以 2 的乘方运行机器时，3 并非方便数字。此外，GLSL 没有 64 位类型，这意味着需要使用 **uvec2** 保存数据。更糟糕的是，其中一个 3 位字段需要跨越 **uvec2** 分量之间的边界。然而，所得函数并不过于复杂，如清单 11.11 所示。

清单 11.11 打包 RGTC 区块

```
void packRGTC(float palette0,
              float palette1,
              uint entries[16],
              out uvec2 block)
{
    uint t0 = 0x00000000;
    uint t1 = 0x00000000;

    t0 = (entries[0] << 0u) +
         (entries[1] << 3u) +
         (entries[2] << 6u) +
         (entries[3] << 9u) +
         (entries[4] << 12) +
         (entries[5] << 15) +
         (entries[6] << 18) +
         (entries[7] << 21);

    t1 = (entries[8] << 0u) +
         (entries[9] << 3u) +
         (entries[10] << 6u) +
         (entries[11] << 9u) +
         (entries[12] << 12u) +
         (entries[13] << 15u) +
         (entries[14] << 18u) +
         (entries[15] << 21u);

    block.x = (uint(palette0 * 255.0) << 0u) +
              (uint(palette1 * 255.0) << 8u) +
              (t0 << 16u);
    block.y = (t0 >> 16u) + (t1 << 8u);
}
```

上文提到通过 RGTC 纹理的二次编码可精确表示 0 和 1，而无须将这些纹理设置成调色板的其中一个终点。从根本上来说，压缩程序的唯一改进是生成第二个调色板，而不是使用区块中的真实最大值与最小值，我们使用的最小值与最大值来自于并非二进制的区块。我们的改良版 `buildPalette` 函数如清单 11.12 所示。

清单 11.12 生成 RGTC 编码的调色板

```
void buildPalette2(float texels[16], out float palette[8])
{
    float minValue = 1.0;
    float maxValue = 0.0;
    int i;

    for (i = 0; i < 16; i++)
    {
```

```
        if (texels[i] != 1.0)
        {
            maxValue = max(texels[i], maxValue);
        }
        if (texels[i] != 0.0)
        {
            minValue = min(texels[i], minValue);
        }
    }

    palette[0] = maxValue;
    palette[1] = minValue;
    palette[2] = mix(maxValue, minValue, 1.0 / 5.0);
    palette[3] = mix(maxValue, minValue, 2.0 / 5.0);
    palette[4] = mix(maxValue, minValue, 3.0 / 5.0);
    palette[5] = mix(maxValue, minValue, 4.0 / 5.0);
    palette[6] = 0.0;
    palette[7] = 1.0;
}
```

你是否注意到 palettizeTexels 函数是如何返回浮点值的？该数值是从真实数值转换成调色板数值时区块内所有纹素的累积误差。使用清单 11.12 中的 buildPalette2 函数生成第二个调色板后，用第一个调色板调和一次区块颜色（使用一次编码方法），用第二个调色板调和一次区块颜色（使用二次编码方法）。各函数返回误差，在最终的已调色区块中，我们采用函数返回的误差较小的那个区块。

运行清单 11.11 所示的 packRGTC 函数后，所得 **uvec2** 的两个分量上分布着 64 位压缩区块。现在只需将数据写出到缓存中。遗憾的是，无法将图像数据直接写入 OpenGL 可立即使用的压缩纹理中。相反，将数据写入缓存对象中。然后可映射到该缓存，以便将数据存储到磁盘或作为调用 **glTexSubImage2D()** 的数据源。

为存储图像数据，我们将在计算着色器中统一使用 **imageBuffer**。着色器的主要切入点如清单 11.13 所示。

清单 11.13　RGTC 压缩的主要函数

```
void main(void)
{
    float texels[16];
    float palette[8];
    uint entries[16];
    float palette2[8];
    uint entries2[16];
    uvec2 compressed_block;

    fetchTexels(gl_GlobalInvocationID.xy, texels);

    buildPalette(texels, palette);
    buildPalette2(texels, palette2);

    float error1 = palettizeTexels(texels, palette, entries);
    float error2 = palettizeTexels(texels, palette2, entries2);

    if (error1 < error2)
    {
        packRGTC(palette[0],
                 palette[1],
```

```
                    entries,
                    compressed_block);
        }
        else
        {
            packRGTC(palette2[0],
                    palette2[1],
                    entries2,
                    compressed_block);
        }

        imageStore(output_buffer,
                  gl_GlobalInvocationID.y * uImageWidth + gl_GlobalInvocationID.x,
                  compressed_block.xyxy);
    }
```

如前所述，RGTC 压缩方法非常适用于有平滑区域的图像。图 11.4 显示了对距离区域纹理应用这种压缩的结果。左边为原始的未压缩图像。右边为已压缩图像。如你所见，两种图像之间几乎无明显差异。

图 11.4 在距离区域上使用 RGTC 纹理压缩的结果

11.4 压缩数据格式

在目前为止遇到的大部分图像和顶点规范命令中，始终考虑的只是自然数据类型，例如字节、整数、浮点值等。例如，将类型参数传递给 **glVertexAttribFormat()**时，可指定 GL_UNSIGNED_INT 或 GL_FLOAT 等标记。数据类型与尺寸参数一起定义了数据在内存中的分布。总体而言，OpenGL 所使用的类型几乎直接对应于 C 语言和其他高阶语言所使用的类型。例如，GL_UNSIGNED_BYTE 基本代表 **unsigned char** 类型，16 位（**short**）和 32 位（**int**）也是如此。对于浮点值类型 GL_FLOAT 和 GL_DOUBLE，内存中的数据按分别按 IEEE-754 标准对 32 位和 64 位精度的要求显示。此标准在现代 CPU 中几乎是普遍实施的，因此 C 语言数据类型 **float** 和 **double** 可映射到这些数据。OpenGL 头文件将 GLfloat 和 GLdouble 映射到 C 语言中的这些定义中。

然而，OpenGL 还支持一些不用 C 语言直接表示的数据类型，包括特殊数据类型 GL_HALF_FLOAT 和大量压缩数据类型。首先，GL_HALF_FLOAT 是一种 16 位浮点表示法。

16 位浮点表示法在 IEEE 754-2008 规范中引入，并在 GPU 中得到广泛支持。现代 CPU 通常不支持 16 位浮点表示法，但随着新型号专用指令的出现，这种情况正在慢慢发生改变。32 位浮点格式包括一个符号位（数值为负值时设定）；8 位指数表示将要增倍的余数，该余数即为尾数，长度为 23 位。此外，有几种特殊编码可表示无穷大和未定义值等情况（如除以 0 的结果）。16 位编码是该方法的简单扩展，减少分配给数值各分量的位元数量。虽然仍有一个符号位，但是只有 5 位指数和 10 位尾数。正如 32 位浮点数的动态范围比 32 位整数高，16 位浮点数的动态范围也比 16 位整数高。

无论浮点数的位元是否压缩到 16 位以内，仍可使用 **unsigned short** 等其他 16 位浮点值操作、复制和储存数值原始位。例如，如果有 3 组 16 位浮点数据，则只需使用指针解引用即可提取任何通道数据。16 位浮点数仍是二进制计算机常用的固有长度。然而，对于压缩数据格式却并非如此。这种情况下，OpenGL 将多通道数据压缩到一起，形成单一自然数据类型。例如，GL_UNSIGNED_SHORT_5_6_5 类型储存三个通道（两个 5 位通道，一个 6 位通道）并压缩成一个无符号短量。C 语言对此排列无表示方法。为获得各分量，需要在代码中直接使用位字段操作、移位、掩码或其他技术（或使用帮助函数）。

压缩格式的 OpenGL 名称分为两部分。第一部分由我们熟知的一种无符号整数类型，即 GL_UNSIGNED_BYTE、GL_UNSIGNED_SHORT 或 GL_UNSIGNED_INT 组成，从而辨认应操作数据的父级单元。名称的第二部分显示了数据字段在该单元中是如何分布的，即 GL_UNSIGNED_SHORT_5_6_5 的_5_6_5 部分。无论主机字节顺序如何，位元均按从高到低排列，以 OpenGL 所看见的分量顺序显示。因此，对于 GL_UNSIGNED_SHORT_5_6_5，最高 5 位为向量的第一个元素，接下来的 6 位为第二个元素，最后 5 位为向量的第三个元素。然而，有时可颠倒向量元素的顺序。这时，在类型名称后面附加_REV。例如，类型 GL_UNSIGNED_ SHORT_5_6_5_REV 使用最高的 5 位表示向量的第三通道，接下来的 6 位表示第二通道，最后 5 位表示结果向量的第一通道。

表 11.3 显示了 OpenGL 支持的完整压缩数据格式清单。除表 11.3 所列的格式外，GL_FLOAT_32_UNSIGNED_INT_24_8_REV 格式在第一个 32 位字中插入一个浮点值，其中 8 位存储在第二个 32 位字的最低 8 位中。该格式和 GL_UNSIGNED_INT_24_8 常用于存储插页深度和模板信息。此外，共享指数格式 GL_UNSIGNED_INT_5_9_9_9_REV 可当作一种压缩数据格式，其实它也是一种压缩形式，包含在“共享指数”中。

表 11.3　OpenGL 支持的压缩数据格式

格式	位元分配（MSB：LSB）			
	R	G	B	A
GL_UNSIGNED_BYTE_3_3_2	7:5	4:2	1:0	—
GL_UNSIGNED_BYTE_2_3_3_REV	2:0	5:3	7:6	—
GL_UNSIGNED_SHORT_5_6_5	15:11	10:5	4:0	—
GL_UNSIGNED_SHORT_5_6_5_REV	4:0	10:5	15:11	—
GL_UNSIGNED_SHORT_4_4_4_4	15:12	11:8	7:4	3:0
GL_UNSIGNED_SHORT_4_4_4_4_REV	3:0	7:4	11:8	15:12
GL_UNSIGNED_SHORT_5_5_5_1	15:11	10:6	5:1	0
GL_UNSIGNED_SHORT_1_5_5_5_REV	4:0	9:5	14:10	15
GL_UNSIGNED_INT_8_8_8_8	31:24	23:16	15:8	7:0

续表

格式	位元分配（MSB：LSB）			
	R	G	B	A
GL UNSIGNED INT 8 8 8 8 REV	7:0	15:8	23:16	31:24
GL_UNSIGNED_INT_10_10_10_2	31:22	21:12	11:2	1:0
GL_UNSIGNED_INT_2_10_10_10_REV	9:0	19:10	29:20	31:30
GL_UNSIGNED_INT_24_8	31:8	7:0	—	—
GL_UNSIGNED_INT_10F_11F_11F_REV	10:0	21:11	31:22	—

11.5 高质量纹理过滤

至此，我们已经了解了两种纹理过滤模式，线性模式和最接近模式。最接近模式表示点采样，仅选择中心最接近指定纹理坐标的纹素。相比之下，线性过滤模式混合至少两种纹素，生成着色器所需要的最终颜色。线性过滤所使用的过滤方法只是线性内插，因此得名。多数情况下，这种过滤的质量已足够高，优势在于其可在硬件中有效实施。然而，在高倍放大率下可看见伪影。例如，参见图 11.5 中高倍放大的部分。

在图 11.5 中几乎可以看见纹素的中心。事实上，纹素中心保持其原始值不受底层纹理影响，并且着色器提供的纹素复制值从一个纹素线性移动到另一个纹素。震动伪影——几乎以直线形式穿过纹素中心，是由图像强度渐变不连续导致的。在各纹素中心之间，将图像强度插值至一条直线中。当纹理坐标穿过纹素中心，该直线会突然改变方向。方向改变即为你在图像上看到的伪影。为解释这个问题，可参见图 11.6，表示的是图形形式的一维纹理。

图 11.5　高倍放大率下的线性插值

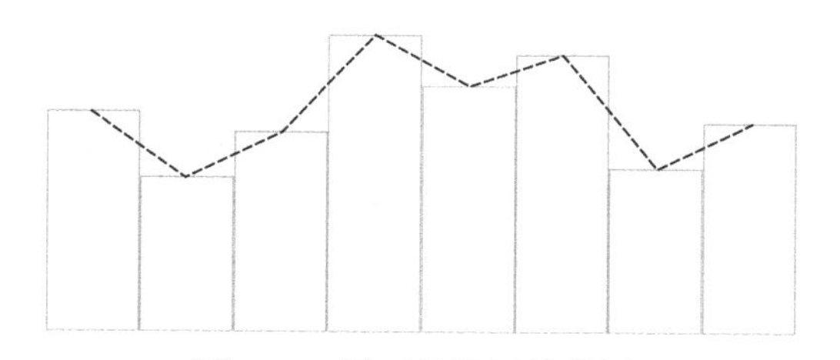

图 11.6　显示线性插值的图形

图 11.6 的图形可以很好地说明问题。假设该图形表示一维纹理。图形中的每个条柱均是单一纹素，虚线表示纹素之间的插值结果。我们可清楚地看见纹素中心之间的插值线以及图形每个新片段产生的突然方向改变。如果我们可以从一个纹素中心平滑移动到另一个纹素中心，靠近纹素中心时保持水平，避免各中心之间的不连续性，比使用这种线性插值方案要好得多。

幸运的是，确实存在一个平滑的插值函数，smoothstep 正是我们想要的。如果取图 11.6 所示的图形，用平滑步骤曲线替换各线性段，则其与纹素中心的拟合度要高得多，更重要的是无渐变不连续情况。结果可参见图 11.7。

随后的问题是如何在着色器中使用这种类型的插值。如果仔细观察线性插值函数，则 OpenGL

会先获取纹理坐标，表示 0.0～1.0 的纹理范围并缩放到纹理大小。结果值的整数部分用于选择纹理的纹素，分数部分用作权重值并线性插值到邻域中。给定分数部分 *f*，用于混合两种临近纹素的权重值为（1 - *f*）和 *f*（加起来等于 1）。需要做的是将 *f* 替换为 smoothstep 函数的结果。当然，仍需邻近纹素的权重值总和为 1，希望该权重值从 0 开始，在 *f* 应该达到 1 的同时达到 1。最后，希望此函数的变化率（渐变）最终值为 0，这也是 smoothstep 函数的一个属性。

这些操作均在着色器中完成。只需要一点算法和一个简单的线性纹理查询即可。我们将修改纹理采样所使用的纹理坐标，使图形硬件使用我们的权重值而非自带的权重值进行插值。

清单 11.14 显示了完成此计算的 GLSL 代码。如你所见，只需几行代码，而且纹理查询量与之前相同。在很多 OpenGL 实现中，使用此函数替代常规纹理过滤几乎不会有性能损失。

清单 11.14 高质量纹理过滤函数

```
vec4 hqfilter(sampler2D samp, vec2 tc)
{
    // Get the size of the texture we'll be sampling from
    vec2 texSize = textureSize(tex, 0);

    // Scale our input texture coordinates up, move to center of texel
    vec2 uvScaled = tc * texSize + 0.5;

    // Find integer and fractional parts of texture coordinate
    vec2 uvInt = floor(uvScaled);
    vec2 uvFrac = fract(uvScaled);

    // Replace fractional part of texture coordinate
    uvFrac = smoothstep(0.0, 1.0, uvFrac);

    // Reassemble texture coordinate, remove bias, and
    // scale back to 0.0 to 1.0 range
    vec2 uv = (uvInt + uvFrac - 0.5) / texSize;

    // Regular texture lookup
    return texture(samp, uv);
}
```

使用清单 11.14 所示函数采集纹理样本的结果参见图 11.8。如图 11.8 所示，使用此函数过滤纹理生成的图像要平滑得多。虽然纹素的可见度只是稍微高一点，但是边缘平滑，纹素中心之间不会产生明显的不连续。

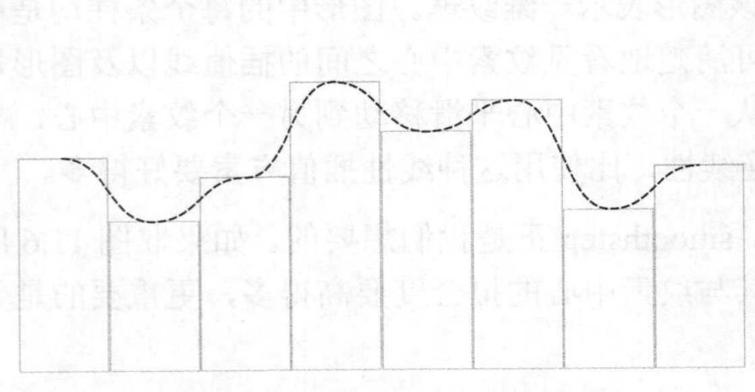

图 11.7 显示平滑插值的图形

图 11.8 平滑插值的结果

11.6 总结

本章讨论了与数据的有效管理和使用相关的多个话题。尤其是讨论了无绑定纹理，通过这种纹理几乎可以从应用程序解绑，同时访问着色器中几乎无限数量的纹理。讨论了稀疏纹理，该纹理可帮助你管理分配给各纹理对象的内存。还深入讨论了纹理压缩并编写了 RGTC 纹理格式的纹理压缩程序。最后，研究了线性纹理过滤细节，并通过着色器计算大大提高了放大倍率下的纹理图像质量。

CHAPTER

12

第12章 管线监控

本章内容

- ✦ 如何询问 OpenGL 命令在图形管线中的执行进程。
- ✦ 如何测量命令执行时间。
- ✦ 如何同步应用程序与 OpenGL 以及如何同步多重 OpenGL 语境。

本章节介绍的是 OpenGL 管线和管线如何执行命令。当应用程序调用 OpenGL 函数时，在 OpenGL 管线中逐阶段向下进行。这是需要时间的，你可以测量其时长。因此，你可以调整应用程序的复杂度以匹配图形系统的性能，也可以测量和控制延时，这对于实时应用程序较为重要。本章还将介绍如何同步执行应用程序与发布的 OpenGL 命令，以及如何同步多重 OpenGL 语境。

12.1 查询

查询是一种询问 OpenGL 图形管线正在发生什么的机制。OpenGL 可以提供很多信息，你只需要知道要询问的内容以及如何提问即可。

在学生时代，老师要求学生在提问之前先举手。这就像排队提问一样，老师并不知道你要问什么，但知道你有问题要问。OpenGL 也类似。在问问题之前，我们需要预定一个位置以便告诉 OpenGL 你要提问。OpenGL 中的问题用查询对象表示，与 OpenGL 中的任何其他对象一样，必须保留或生成查询对象。为此，调用 **glGenQueries()**，向其传递要保存的查询数量以及要放置查询对象名称的变量（或数组）地址：

```
void glGenQueries(GLsizei n,
                  GLuint *ids);
```

函数保留一些查询对象，提供查询对象名称，以便随后引用。你可以一次性生成所需数量的查询对象：

```
GLuint one_query;
GLuint ten_queries[10];
glGenQueries(1, &one_query);
glGenQueries(10, ten_queries);
```

在本示例中，第一次调用 **glGenQueries()** 生成一个查询对象，并在变量 one_query 中返回其名称。第二次调用 **glGenQueries()** 生成十个查询对象，并返回数组 ten_queries 中的十个名称。总共创建了 11 个查询对象，OpenGL 保留 11 个唯一名称来表示这些查询对象。有可能 OpenGL 无法创建查询，在这种情况下返回 0 作为查询名称。一个编写良好的应用程序一般会检查 **glGenQueries()** 返回的被请求查询对象的名称是否为非零值。如果出现失败，则 OpenGL 会追踪原因，可以通过调用 **glGetError()** 查明原因。

各查询对象保留的 OpenGL 资源虽然量少但可以测量。这些资源必须返回 OpenGL，因为如果不返回，OpenGL 可能耗尽查询空间，无法为后续应用程序生成更多空间。为了返回资源到 OpenGL，调用 **glDeleteQueries()**：

```
void glDeleteQueries(GLsizei n,
                     const GLuint *ids);
```

其作用与 **glGenQueries()** 相似，即获取待删除的查询对象数量以及持有其名称的变量或数组的地址：

```
glDeleteQueries(10, ten_queries);
glDeleteQueries(1, &one_query);
```

删除查询后，它们基本就消失了。除非通过另一次 **glGenQueries()** 调用返回结果，否则不能再次使用查询名称。

12.1.1 遮挡查询

一旦使用 **glGenQueries()** 保存位置后，就可以询问一个问题。OpenGL 不会自动追踪所绘制的像素数量。OpenGL 必须进行计数，我们必须告知 OpenGL 何时开始计数。为了实现此操作，需要使用 **glBeginQuery()**。**glBeginQuery()** 函数有两个参数，要询问的问题以及先前保留的查询对象的名称：

```
glBeginQuery(GL_SAMPLES_PASSED, one_query);
```

GL_SAMPLES_PASSED 代表询问的问题“有多少样本通过深度测试？”此处，OpenGL 统计样本数量，如果正在渲染成多采样显示格式，则每个像素可能有多个样本。在正常单采样格式中，每个像素有一个样本，因此样本与像素是一对一映射。每次样本通过深度测试（即样本没有事先被片段着色器删除），则 OpenGL 计数 1。将正在进行的所有渲染的所有样本相加，并将答案存储在为查询对象保留的部分空间中。统计可能显示的样本（因为样本通过了深度测试）的查询对象叫作遮挡查询。

既然 OpenGL 正在统计样本数量，就可以正常渲染，OpenGL 会追踪生成的所有样本。

所有渲染的对象都将计入总数，即使是由于随后的样本混合或被其覆盖而对最终图像无贡献的样本。如果要将命令 OpenGL 开始计数之后的所有渲染对象相加时，可以通过调用 **glEndQuery()** 命令 OpenGL 停止计数：

```
glEndQuery(GL_SAMPLES_PASSED);
```

该函数会使 OpenGL 停止计数已经通过深度测试的样本，将其从片段着色器中传递而不删除。将调用 **glBeginQuery()** 和 **glEndQuery()** 之间由所有绘图命令生成的所有样本相加。

检索查询结果

既然已经统计绘图命令生成的像素数量，就需要从 OpenGL 检索这些像素。要实现此操作，需调用：

```
glGetQueryObjectuiv(the_query, GL_QUERY_RESULT, &result);
```

其中，the_query 是用于统计样本的查询对象的名称，result 是希望 OpenGL 将结果写入的变量（注意我们传递了此变量的地址）。该命令指示 OpenGL 将与查询对象有关的计数放入变量中。如果在对查询对象进行最后一次调用 **glBeginQuery()** 和 **glEndQuery()** 之间的绘图命令未生成任何像素，则结果为 0。如果有任何对象实际到达片段着色器终点而没有被删除，则结果将包含到当时为止的样本数量。通过在调用 **glBeginQuery()** 和 **glEndQuery()** 之间渲染一个对象，然后检查结果是否为 0，可以确定该对象是否可见。

由于 OpenGL 按管线运行，因此可能会有很多命令排队等待被处理。可能的情况是，在最后一次调用 **glEndQuery()** 之前不是所有绘图命令均已完成像素生成。事实上，有些甚至还没有开始执行。在这种情况下，**glGetQueryObjectuiv()** 会导致 OpenGL 等待直到 **glBeginQuery()** 和 **glEndQuery()** 之间的所有对象均已被渲染并且已经准备好返回精确计数。如果你打算使用查询对象进行性能优化，这肯定不是你想要的。所有这些短暂延时累积起来可能会拖慢你的应用程序！好消息是可以询问 OpenGL 是否已经完成渲染任何可能影响查询结果的对象并且提供结果。为此，调用

```
glGetQueryObjectuiv(the_query, GL_QUERY_RESULT_AVAILABLE, &result);
```

如果不能立即提供查询对象的结果并且尝试检索结果，会导致应用程序等待 OpenGL 完成正在进行的操作，则结果为 GL_FALSE。如果 OpenGL 已经准备好并且得到答案，则结果变成 GL_TRUE。这表明从 OpenGL 中检索结果不会引起任何延时。现在，你可以在等待 OpenGL 准备好提供像素计数时进行有效操作，或者根据结果是否可用做出决定。例如，如果跳过渲染一些结果为 0 的对象，则可选择继续按任何方式渲染而不是等待查询结果。

使用查询结果

既然有这些信息，你会怎么做？一种非常常见的遮挡查询的应用是通过避免不必要的操作优化应用程序的性能。对于外观细节丰富的对象，其中包括许多三角形以及一个比较复杂的片段着色器，其中包含大量的纹理查找和密集的数学运算；以及许多顶点属性和纹理，应用程序要完成许多操作以便准备好绘制该对象。该对象的渲染成本非常高，但是可能永远不会在场景

中出现。也许它被其他东西所覆盖，也许它完全不在屏幕上。最好预先了解这个情况，如果用户永远无法看到则不要绘制该对象。

遮挡查询是一个很好的方法。取一个复杂且消耗较大的对象，生成一个保真度低的版本，通常只需一个限位框即可。启动一项遮挡查询，渲染限位框，然后结束遮挡查询并检索结果。如果对象的限位框没有生成任何像素，则更详细版本的对象不可见，不需要发送给 OpenGL。

当然，用户可能并不希望限位框显示在最终场景中。有很多办法可以确保 OpenGL 不会实际绘制限位框。最简单的办法可能是使用 **glColorMask()** 通过传递所有参数的 GL_FALSE 关闭对颜色缓存的写入。也可以调用 **glDrawBuffer()**，将当前绘图缓存设置成 GL_NONE。无论选择哪一种方法，都不要忘记在之后重新写入帧缓存！

清单 12.1 显示了如何使用 **glGetQueryObjectuiv()** 从查询对象中检索结果的简单示例。

清单 12.1　从查询对象中获得结果

```
glBeginQuery(GL_SAMPLES_PASSED, the_query);
RenderSimplifiedObject(object);
glEndQuery(GL_SAMPLES_PASSED);
glGetQueryObjectuiv(the_query, GL_QUERY_RESULT, &the_result);
if (the_result != 0)
    RenderRealObject(object);
```

RenderSimplifiedObject 是一种渲染低保真版本对象的函数，而 RenderRealObject 渲染对象的所有细节。只有在 RenderSimplifiedObject 生成至少一个像素时才会调用 RenderRealObject。调用 **glGetQueryObjectuiv()** 可使应用程序等待直到准备好查询结果。如果通过 RenderSimplifiedObject 完成的渲染很简单，则可能发生这种情形，这是本示例的重点。如果只想知道是否可以跳过某些对象的渲染，则可以查找是否有可用的查询结果，如果查询结果不可用（即对象可能不可见或隐藏）或可用且不为零（即对象确定可见），则渲染更复杂的对象。清单 12.2 演示了如何在请求实际计数前确定查询对象结果是否准备好，以便根据查询结果的可用性与取值做出决定。

清单 12.2　确定遮挡查询结果是否准备好

```
GLuint the_result = 0;

glBeginQuery(GL_SAMPLES_PASSED, the_query);
RenderSimplifiedObject(object);
glEndQuery(GL_SAMPLES_PASSED);

glGetQueryObjectuiv(the_query, GL_QUERY_RESULT_AVAILABLE, &the_result);

if (the_result != 0)
    glGetQueryObjectuiv(the_query, GL_QUERY_RESULT, &the_result);
else
    the_result = 1;

if (the_result != 0)
    RenderRealObject(object);
```

在这个新示例中，我们确定结果是否可用，如果可用，则从 OpenGL 中检索结果。如果不可用，则将计数 1 输入结果中以便渲染复杂版本的对象。

图像管线中可以同时进行多个遮挡查询，只要查询之间不互相重叠。使用多个查询对象是另一种避免应用程序等待 OpenGL 的方法。每次 OpenGL 只能统计和添加结果到一个查询对象中，但可以管理多个查询对象并连续执行多次查询。我们可以扩展示例，用多个遮挡查询渲染多个对象。如果要渲染一个由 10 个对象组成的数组，并且每个对象均用简化表示法，则可重写示例，如清单 12.3 所示。

清单 12.3　应用程序端的条件性渲染

```
int n;

for (n = 0; n < 10; n++)
{
    glBeginQuery(GL_SAMPLES_PASSSED, ten_queries[n]);
    RenderSimplifiedObject(&obj ect[n]);
    glEndQuery(GL_SAMPLES_PASSED);
}

for (n = 0; n < 10; n++)
{
    glGetQueryObjectuiv(ten_queries[n], GL_QUERY_RESULT, &the_result);
    if (the_result != 0)
        RenderRealObject(&object[n]);
}
```

如前文所述，OpenGL 建模为管线，可同时处理很多事情。如果绘制限位框等简单对象，则需要查询结果时管线可能还没有结束。因此，当调用 **glGetQueryObjectuiv()**时，应用程序需等待 OpenGL 完成限位框操作才能提供答案，然后才能进行操作。

在下面的示例中，我们先渲染了 10 个限位框，然后才请求第一个查询的结果。这意味着 OpenGL 的管线可以被填充，可能有很多任务要完成，因此更有可能在请求第一个查询的结果之前完成第一个限位框的操作。简而言之，给予 OpenGL 完成任务的时间越多，则 OpenGL 提供查询结果的概率更高，应用程序等待结果的概率更低。

一些复杂的应用程序把这个特性发挥到极致，则可以根据前一帧中的查询结果决定新帧的相关事项。

最后，将两种方法放入一个简单示例中，可以得到清单 12.4 所示的代码。

清单 12.4　查询结果不可用时的渲染

```
int n;

for (n = 0; n < 10; n++)
{
    glBeginQuery(GL_SAMPLES_PASSSED, ten_queries[n]);
    RenderSimplifiedObject(&object[n]);
    glEndQuery(GL_SAMPLES_PASSED);
}

for (n = 0; n < 10; n+)
{
    glGetQueryObjectuiv(ten_queries[n],
                        GL_QUERY_RESULT_AVAILABLE,
                        &the_result);
    if (the_result != 0)
        glGetQueryObjectuiv(ten_queries[n],
                            GL_QUERY_RESULT,
                            &the_result);
    else
```

```
        the_result = 1;
    if (the_result != 0)
        RenderRealObject(&object[n]);
}
```

由于通过 RenderRealObject 发送给 OpenGL 的工作量远大于经 RenderSimplifiedObject 发送的工作量，因此当请求第二个、第三个、第四个以及其他查询对象的结果时，发送到 OpenGL 管线的工作量越来越大，查询结果准备好的概率也更高。在合理范围内，场景越复杂，使用的查询对象越多，则更有可能对性能产生积极影响。

OpenGL 决策

前面的示例展示了如何请求 OpenGL 统计像素以及如何将 OpenGL 结果返回至应用程序以便决定下一步该如何做。然而，在该应用程序中，我们并不真正关心结果的实际值。我们只是用它来决定是否向 OpenGL 发送更多任务或更改 OpenGL 的渲染方式。

结果必须从 OpenGL 发送回应用程序，可能是经由 CPU 总线，使用远程渲染系统时甚至是经网络连接，以便应用程序可以决定是否向 OpenGL 发送更多命令。这会导致延时并影响性能，有时付出的代价会超过首先使用查询的潜在效益。

更好的办法是，如果能够将所有渲染命令发送给 OpenGL，则告诉 OpenGL 只能在查询对象结果有要求时才执行这些渲染命令。该方法叫作谓词，幸运的是可以通过一种名为条件性渲染的工具实现。条件性渲染允许打包一序列的 OpenGL 绘图命令并与一个查询对象一起发送给 OpenGL，附带一条信息“如果查询对象中存储的结果为 0 则忽略这些命令”。为了标记该调用序列的开始，使用

```
glBeginConditionalRender(the_query, GL_QUERY_WAIT);
```

为了标记序列结束，使用

```
glEndConditionalRender();
```

如果查询对象的结果（可以使用 **glGetQueryObjectuiv()** 检索到的相同值）为 0，则忽略那些在 **glBeginConditionalRender()** 和 **glEndConditionalRender()** 之间调用的任何绘图命令，包括 **glDrawArrays()**、**glClearBufferfv()** 和 **glDispatchCompute()** 等函数。在这种情况下，查询的实际结果无须返回应用程序。图形硬件可以决定是否进行渲染。但是要记住，绑定纹理、打开/关闭混合等状态更改仍由 OpenGL 执行，只删除渲染命令。为了修改上一个示例以便使用条件性渲染，我们可以使用清单 12.5 所示的代码。

清单 12.5 基本条件性渲染示例

```
// Ask OpenGL to count the samples rendered between the start
// and end of the occlusion query
glBeginQuery(GL_SAMPLES_PASSED, the_query);
RenderSimplifiedObject(object);
glEndQuery(GL_SAMPLES_PASSED);

// Execute the next few commands only if the occlusion query says something
// was rendered
glBeginConditionalRender(the_query, GL_QUERY_WAIT);
RenderRealObject(object);
glEndConditionalRender();
```

RenderSimplifiedObject 和 RenderRealObject 两个函数在示例应用中可分别渲染对象的简化版（例如，也许只是限位框）和更复杂的版本。注意，我们绝不会调用 **glGetQueryObjectuiv()**，也绝不会读取任何从 OpenGL 返回的信息（例如查询对象的结果）。

聪明的读者可能已经注意到传递给 **glBeginConditionalRender()** 的 GL_QUERY_WAIT 参数。如前文所述，OpenGL 按管线运行，意味着要在完成 RenderSimplifiedObject 处理后才能调用 **glBeginConditionalRender()**（或者管线才会启动第一个从 RenderRealObject 调用的绘图函数）。在这种情况下，OpenGL 可能等待从 RenderSimplifiedObject 调用的所有函数完成管线处理才确定是否执行应用程序发送的命令，或者在结果还没有准备就绪时直接开始 RenderRealObject 处理。为了告诉 OpenGL 无须等待，直接继续操作并在结果不可用时启动渲染，调用

```
glBeginConditionalRender(the_query, GL_QUERY_NO_WAIT);
```

该函数告诉 OpenGL“如果查询结果还不可用，则不用等待，直接继续操作和渲染。”这种方式在使用遮挡查询改善性能时特别有用。等待遮挡查询的结果可能会消耗一些首先使用这些查询所获得的时间。因此，如果结果及时准备就绪，则使用 GL_QUERY_NO_WAIT 标记基本上可以实现通过遮挡查询进行优化；如果结果尚未准备就绪，则可以像遮挡查询未被使用过一样操作。GL_QUERY_NO_WAIT 的用法与前面例子中的 GL_QUERY_RESULT_AVAILABLE 用法相同。但是如果使用 GL_QUERY_NO_WAIT，则实际渲染的几何体将取决于引起查询对象的命令是否已经完成执行。这可能要取决于运行应用程序的机器性能，因此可能每次运行都不同。你应该确保程序的结果不依赖于第二组渲染几何体（除非你想要如此）。如果是这样，则程序可能会在速度更快的系统上而不是速度更慢的系统上生成另一个输出。

当然，也可以使用多个查询对象和条件性渲染。使用本章节中所有方法的一个最终复合示例如清单 12.6 所示。

清单 12.6 更完整的条件性渲染示例

```
// Render simplified versions of 10 objects, each with its own occlusion
// query
int n;

for (n = 0; n < 10; n++)
{
    glBeginQuery(GL_SAMPLES_PASSSED, ten_queries[n]);
    RenderSimplifiedObject(&obj ect[n]);
    glEndQuery(GL_SAMPLES_PASSED);
}

// Render the more complex versions of the objects, skipping them
// if the occlusion query results are available and 0
for (n = 0; n < 10; n++)
{
    glBeginConditionalRender(ten_queries[n], GL_QUERY_NO_WAIT);
    RenderRealObject(&object[n]);
    glEndConditionalRender();
}
```

在该示例中，先渲染 10 个对象的简化版，各带一个遮挡查询。渲染对象的简化版后，根据这些遮挡查询的结果有条件地渲染对象的更复杂版。如果对象的简化版不可见，则跳过更复杂

版，这可能会改善性能。

高级遮挡查询

GL_SAMPLES_PASSED 查询目标统计通过深度测试的精确样本数量。即使无任何明显渲染，OpenGL 仍必须有效光栅化每个基元从而确定基元覆盖的像素数量以及通过深度测试和模板测试的像素数量。更重要的是，如果片段着色器做了某些影响结果的事情（如使用 **discard** 语句或修改片段的深度值），则必须还要对每个像素运行着色器。有时，这才是用户真正想要的。然而，通常情况下，用户只关心是否有样本通过深度测试和模板测试，甚至是否已经有样本已经通过深度测试和模板测试。

为了提供这种功能，OpenGL 增加了两个遮挡查询目标，即 GL_ANY_SAMPLES_PASSED 和 GL_ANY_SAMPLES_PASSED_CONSERVATIVE 目标，它们也叫作布尔型遮挡查询。

第一个目标 GL_ANY_SAMPLES_PASSED 在无样本通过深度测试和模板测试时结果为 0（或 GL_FALSE），在有样本通过深度测试时结果为 1（GL_TRUE 的值）。在某些情况下，使用 GL_ANY_SAMPLES_PASSED 查询目标可提高性能，因为 OpenGL 可以在有样本通过深度测试和模板测试时立即停止统计样本。然而，如果无样本通过深度测试和模板样本，则可能无任何好处。

第二个布尔型遮挡查询目标 GL_ANY_SAMPLES_PASSED_CONSERVATIVE 更近似。尤其是它会在样本可能通过深度测试和模板测试时立即计数。OpenGL 的很多实现会实施某些深度分级测试，储存其中屏幕某个区域的最小深度值和最大深度值；然后在光栅化基元后，检验其中较大基元块的深度值分级信息，从而确定是否继续对该区域的内部进行光栅化。比较保守的遮挡查询可能只是统计这些较大区域的数量，不会运行着色器，哪怕是删除片段或修改最终深度值。

除了只在查询结果不为零时执行绘图命令外，还可以反转条件，即只在查询结果为零时执行命令。对于每种查询模式，存在一种以_INVERTED 结尾的变量，这意味着要考虑查询条件反转。这不仅意味着可以在查询结果等于 0 时执行命令，而且由于可以多次使用同一个查询对象，因此还可以在渲染期间执行简单的 **if-else** 流控制。考虑清单 12.7 所示的示例。

清单 12.7　使用查询的控制流

```
// Wrap an object in a query
glBeginQuery(GL_SAMPLES_PASSED, query);

// Draw the impostor geometry
glDrawElements(GL_TRIANGLES,
               impostor_count,
               GL_UNSIGNED_SHORT,
               impostor_indices);

glEndQuery(GL_SAMPLES_PASSED);

// If the query has at least one sample
glBeginConditionalRender(query, GL_QUERY_WAIT);

// Then draw geometry A
glDrawElements(GL_TRIANGLES,
               geometry_a_count,
```

```
                    GL_UNSIGNED_SHORT,
                    geometry_a_indices);

glEndConditionalRender();

// If the query DOES NOT have at least one sample
glBeginConditionalRender(query, GL_QUERY_WAIT_INVERTED);

// Then draw geometry B
glDrawElements(GL_TRIANGLES,
                    geometry_b_count,
                    GL_UNSIGNED_SHORT,
                    geometry_b_indices);

glEndConditionalRender();
```

你应该已经注意到清单 12.7 所示的示例非常简单。一般情况下，你会尝试在帧中尽可能早地执行对查询对象有影响的渲染，并且在帧中尽可能晚地发布条件性渲染。通过这种方式，OpenGL 可以进行有效操作，而不是等待查询对象的结果。不仅如此，除非假设的“几何 A”和“几何 B”对象非常相似，否则在调用 **glDrawElements()** 前可能会进行更多的 OpenGL 调用。

结合多次使用一个查询对象及_NO_WAIT 修饰符时应该小心。例如，假设你执行该查询，然后将模式设置成 GL_QUERY_NO_WAIT 时打包渲染一个查询中的几何图形 A，在模式设置成 GL_QUERY_NO_WAIT_INVERTED 时打包渲染几何图形 B。思考一下如果查询结果在 GL_QUERY_NO_WAIT 条件性渲染中未及时提供，但在 GL_QUERY_NO_WAIT_INVERTED 条件性渲染中及时提供时会发生什么。查询结果可能表明样本均不可见。那时，几何图形 A 和几何图形 B 均已绘制，由流控制的 **if** 和 **else** 部分执行，这肯定不是你想要的！

12.1.2　定时查询

另一种可以用来确定渲染时间的查询类型为定时查询。定时查询通过传递 GL_TIME_ELAPSED 查询类型作为 **glBeginQuery()** 和 **glEndQuery()** 的 target 参数实现。当你调用 **glGetQueryObjectuiv()** 获得查询对象的结果时，结果值为 OpenGL 执行 **glBeginQuery()** 和 **glEndQuery()** 调用所经过的时间。该时间实际是 OpenGL 处理 **glBeginQuery()** 与 **glEndQuery()** 命令之间的所有命令所花费的时间。

例如，你可以使用这种操作识别场景中消耗最大的部分。参考清单 12.8 所示的代码。

清单 12.8　使用定时查询的计时操作

```
// Declare our variables
GLuint queries[3];          // Three query objects that we'll use
GLuint world_time;          // Time taken to draw the world
GLuint objects_time;        // Time taken to draw objects in the world
GLuint HUD_time;            // Time to draw the HUD and other UI elements

// Create three query objects
glGenQueries(3, queries);

// Start the first query
glBeginQuery(GL_TIME_ELAPSED, queries[0]);

// Render the world
```

```
RenderWorld();

// Stop the first query and start the second...
// Note, we're not reading the value from the query yet
glEndQuery(GL_TIME_ELAPSED);
glBeginQuery(GL_TIME_ELAPSED, queries[1]);

// Render the objects in the world
RenderObjects();

// Stop the second query and start the third
glEndQuery(GL_TIME_ELAPSED);
glBeginQuery(GL_TIME_ELAPSED, queries[2]);

// Render the HUD
RenderHUD();

// Stop the last query
glEndQuery(GL_TIME_ELAPSED);

// Now we can retrieve the results from the three queries
glGetQueryObjectuiv(queries[0], GL_QUERY_RESULT, &world_time);
glGetQueryObjectuiv(queries[1], GL_QUERY_RESULT, &objects_time);
glGetQueryObjectuiv(queries[2], GL_QUERY_RESULT, &HUD_time);

// Done. world_time, objects_time, and hud_time contain the values we want.
// Clean up after ourselves.
glDeleteQueries(3, queries);
```

执行此代码后，world_time、objects_time 和 HUD_time 将分别包含渲染世界坐标系、世界坐标系内所有对象以及平视显示器（HUD）所花费的时间，可以用来确定图形硬件时间在渲染场景中各元素所花费的时间中所占据的比例。这对于开发过程中分析代码比较有用，可以找出应用程序中消耗最大的部分，并确定从何处着手进行优化。也可以在运行期间使用这种方法改变应用程序的行为，优化图形子系统的性能。例如，可以根据 objects_time 的相对值提高或降低场景中的对象数量，也可以根据图形硬件功率动态切换场景元素的着色器复杂度。如果只是想根据 OpenGL 了解程序在两项操作之间所经过的时间，则可以使用 **glQueryCounter()**，其原型为

```
void glQueryCounter(GLuint id, GLenum target);
```

需要将 id 设置成 GL_TIMESTAMP，将 target 设置成先前创建的查询对象的名称。该函数直接将查询输入 OpenGL 管线，在查询到达管线终点时，OpenGL 将当前时间视图记录到查询对象。0 时并未实际定义，它只是表示过去某个未指定的时间。为了有效使用该信息，应用程序需要计算多个时间戳之间的差值。为了使用 **glQueryCounter()** 实现前面的示例，可写入清单 12.9 所示的代码。

清单 12.9 使用 glQueryCounter()的计时操作

```
// Declare our variables
GLuint queries[4];       // Now we need four query objects
GLuint start_time;       // The start time of the application
GLuint world_time;       // Time taken to draw the world
GLuint objects_time;     // Time taken to draw objects in the world
GLuint HUD_time;         // Time to draw the HUD and other UI elements

// Create four query objects
```

```
glGenQueries(4, queries);

// Get the start time
glQueryCounter(GL_TIMESTAMP, queries[0]);

// Render the world
RenderWorld();

// Get the time after RenderWorld is done
glQueryCounter(GL_TIMESTAMP, queries[1]);

// Render the objects in the world
RenderObjects();

// Get the time after RenderObjects is done
glQueryCounter(GL_TIMESTAMP, queries[2]);

// Render the HUD
RenderHUD();

// Get the time after everything is done
glQueryCounter(GL_TIMESTAMP, queries[3]);

// Get the result from the three queries, and subtract them to find deltas
glGetQueryObjectuiv(queries[0], GL_QUERY_RESULT, &start_time);
glGetQueryObjectuiv(queries[1], GL_QUERY_RESULT, &world_time);
glGetQueryObjectuiv(queries[2], GL_QUERY_RESULT, &objects_time);
glGetQueryObjectuiv(queries[3], GL_QUERY_RESULT, &HUD_time);
HUD_time -= objects_time;
objects_time -= world_time;
world_time -= start_time;

// Done. world_time, objects_time, and hud_time contain the values we want.
// Clean up after ourselves.
glDeleteQueries(4, queries);
```

本示例中的代码与清单 12.8 中的代码并无明显差异。你需要创建 4 个查询对象而不是 3 个，并且需要减去结束时的结果从而获得时间差。然而，无须成对调用 **glBeginQuery()** 和 **glEndQuery()**，从而减少对 OpenGL 的调用次数。但是两个样本的结果并不完全相同。当发布 GL_TIMESTAMP 查询时，写入查询到达 OpenGL 管线终点的时间。然而，发布 GL_TIME_ELAPSED 查询时，OpenGL 内部会产生一个 **glBeginQuery()** 到达管线起点的时间戳以及 **glEndQuery()** 到达终点的时间戳，然后减去这两个时间戳。显然，结果应该不完全相同。尽管如此，只要坚持使用一种方法，则结果仍有意义。

值得关注的是，定时查询的结果是用纳秒表示的，即使时间很短，其数值也会非常大。单个无符号的 32 位值可计为略高于 4 秒的纳秒数。如果希望时间运算长于该值（理想情况下是在很多帧的过程中），则可考虑检索查询对象内部保存的完整的 64 位结果。为此，调用

```
void glGetQueryObjectui64v(GLuint id,
                           GLenum pname,
                           GLuint64 * params);
```

就像使用 **glGetQueryObjectuiv()** 一样，id 是想要检索其值的查询对象名称，pname 可以是 GL_QUERY_RESULT 或 GL_QUERY_RESULT_AVAILABLE，分别用于检索查询结果或指示结果是否可用。

最后，虽然从技术上说不是查询，但是可以通过调用以下函数从 OpenGL 中获得一个瞬时的同步时间戳：

```
GLint64 t;
void glGetInteger64v(GL_TIMESTAMP, &t);
```

执行此代码后，t 将包含 OpenGL 看到的当前时间。如果获取该时间戳，然后立即启动一个时间戳查询，则可以检索时间戳查询的结果并减去 t；结果就等于查询到达管线终点时所花费的时间。这叫作管线的延时，约等于应用程序发布一个命令和 OpenGL 完全执行该命令之间所经过的时间。

12.1.3 变换反馈查询

如果你对顶点着色器使用变换反馈，但是不对几何着色器使用“变换反馈”，则记录顶点着色器的输出，并且储存到变换反馈中的顶点数量等于发送给 OpenGL 的顶点数量，除非已经耗尽所有变换反馈缓存中的可用空间。然而，如果存在几何着色器，则该着色器可创建或删除顶点，使写入变换反馈缓存的顶点数量不同于发送给 OpenGL 的顶点数量。此外，如果曲面细分处于激活状态，则生成的几何体数量将取决于曲面细分控制着色器所生成的曲面细分因子。OpenGL 可记录经查询对象写入变换反馈缓冲的顶点数量。应用程序希望保留数据，则可以使用此信息绘制结果数据或可了解从变换反馈缓冲中读回的数据量。

本章节前文已经介绍了遮挡查询语境下的查询对象。如上所述，可以 OpenGL 询问很多问题。基元生成数量和实际写入变换反馈缓存的基元数量均可作为查询。

生成单个查询对象时，调用

```
GLuint one_query;
glGenQueries(1, &one_query);
```

生成多个查询对象时，调用

```
GLuint ten_queries[10];
glGenQueries(10, ten_queries);
```

既然已经创建了查询对象，就可以命令 OpenGL 开始计算基元数量，因为 OpenGL 是通过启动适当类型的 GL_PRIMITIVES_GENERATED 或

GL_TRANSFORM_FEEDBACK_PRIMITIVES_WRITTEN 查询生成基元的。开始两种查询时，调用

```
glBeginQuery(GL_PRIMITIVES_GENERATED, one_query);
```

或

```
glBeginQuery(GL_TRANSFORM_FEEDBACK_PRIMITIVES_WRITTEN, one_query);
```

调用 **glBeginQuery()** 及 GL_PRIMITIVES_GENERATED 或 GL_TRANSFORM_FEEDBACK_

PRIMITIVES_WRITTEN 后，OpenGL 使用以下函数持续记录查询结束前前端生成的基元数量或实际写入变换反馈缓存的基元数量：

```
glEndQuery(GL_PRIMITIVES_GENERATED);
```

或

```
glEndQuery(GL_TRANSFORM_FEEDBACK_PRIMITIVES_WRITTEN);
```

查询结果可通过调用 **glGetQueryObjectuiv()** 及 GL_QUERY_RESULT 参数和查询对象名称进行读取。至于其他 OpenGL 查询，由于 OpenGL 的管线性质，可能无法立即获得这些查询结果。为了确定结果是否可用，可以调用 **glGetQueryObjectuiv()** 及 GL_QUERY_RESULT_AVAILABLE 参数。有关查询对象的更多详情请参见本章前文中的“检索查询结果”。

GL_PRIMITIVES_GENERATED 和 GL_TRANSFORM_FEEDBACK_PRIMITIVES_WRITTEN 查询之间存在一些细微差异。第一个差异是 GL_PRIMITIVES_GENERATED 查询计算前端发出的基元数量，但 GL_TRANSFORM_FEEDBACK_PRIMITIVES_WRITTEN 查询仅计算成功写入变换反馈缓存的基元数量。根据用途，前端生成的基元计数可能大于或小于发送给 OpenGL 的基元数量。一般情况下，这两种查询的结果是相同的，但如果变换反馈缓存中没有提供充足空间的话，GL_PRIMITIVES_GENERATED 会继续计数，而 GL_TRANSFORM_FEEDBACK_PRIMITIVES_WRITTEN 会停止计数。

你可以检查应用程序生成的所有基元是否通过同时运行各个查询和对比结果被捕获到变换反馈缓存中。如果相等，则表明已经成功写入所有基元。如果不相等，则表明用于变换反馈的缓存可能太小了。

第二个差异在于 GL_TRANSFORM_FEEDBACK_PRIMITIVES_WRITTEN 只在变换反馈激活时才有意义。这也是为什么它的名称中包含 TRANSFORM_FEEDBACK，但 GL_PRIMITIVES_GENERATED 的名称中没有。如果在变换反馈未激活时运行 GL_TRANSFORM_FEEDBACK_PRIMITIVES_WRITTEN 查询，则结果应为 0。然而，GL_PRIMITIVES_GENERATED 可随时使用，将有效统计 OpenGL 所生成的基元数量。可以使用该查询查找几何着色器生成或删除的顶点数量。

索引查询

如果正在使用单个流在变换反馈中储存顶点，则调用 **glBeginQuery()** 和 **glEndQuery()** 并以 GL_PRIMITIVES_GENERATED 或 GL_TRANSFORM_FEEDBACK_PRIMITIVES_WRITTEN 为目标的效果较好。但是，如果管线中包含几何着色器，则该着色器最多可在四条输出流上生成基元。这时，OpenGL 可提供索引查询目标，你可以使用此目标统计每条流上生成的数据量。**glBeginQuery()** 与 **glEndQuery()** 函数将查询与第一条流（索引为 0 的流）相关联。为了在不同流上开始和结束查询，可以调用 **glBeginQueryIndexed()** 和 **glEndQueryIndexed()**，其原型为

```
void glBeginQueryIndexed(GLenum target,
                         GLuint index,
                         GLuint id);
```

```
void glEndQueryIndexed(GLenum target,
                       GLuint index);
```

这两项函数的行为与它们的非索引对等函数一样，并且 target 和 id 参数的含义相同。事实上，index 设置为 0 时，调用 **glBeginQuery()** 与调用 **glBeginQueryIndexed()** 的效果相同。**glEndQuery()** 和 **glEndQueryIndexed()** 也是如此。当 target 为 GL_PRIMITIVES_GENERATED 时，查询将统计索引来源于 index 的流上面的几何着色器所生成的基元数量。同理，当 target 为 GL_TRANSFORM_FEEDBACK_PRIMITIVES_WRITTEN 时，查询将统计索引来源于 index 的几何着色器输出流的相关缓存内实际写入的基元数量。即使不存在几何着色器，仍然可以使用这些函数，但是只有 stream 0 才进行实际计数。

你可以使用索引查询函数及任何查询目标（例如 GL_SAMPLES_PASSED or GL_TIME_ELAPSED），但对这些目标有效的 index 值只有 0。

使用基元查询的结果

这时，前端结果存储在缓存中，也可以使用查询对象确定该缓存中的数据量。现在可以使用这些结果进行进一步的渲染。回顾一下，前端结果使用变换反馈存储在缓存中，使缓存成为变换反馈缓存的唯一办法是绑定到 GL_TRANSFORM_FEEDBACK_BUFFER 的其中一个绑定点上。然而，OpenGL 中的缓冲属于通用数据块，可用于其他用途。

一般来说，运行渲染通道在变换反馈缓存中生成数据后，将缓冲对象绑定到 GL_ARRAY_BUFFER 绑定点上，即可用作顶点缓存。如果使用可产生未知数据量的几何着色器，则需要使用 GL_TRANSFORM_FEEDBACK_PRIMITIVES_WRITTEN 查询确定第二次传递时渲染的顶点数量。清单 12.10 显示了这种代码的潜在示例。

清单 12.10　写入变换反馈缓存的绘图数据

```
// We have two buffers, buffer1 and buffer2. First, we'll bind buffer1 as the
// source of data for the draw operation (GL_ARRAY_BUFFER), and buffer2 as
// the destination for transform feedback (GL_TRANSFORM_FEEDBACK_BUFFER).
glBindBuffer(GL_ARRAY_BUFFER, buffer1);
glBindBuffer(GL_TRANSFORM_FEEDBACK_BUFFFER, buffer2);

// Now, we need to start a query to count how many vertices get written to
// the transform feedback buffer
glBeginQuery(GL_TRANSFORM_FEEDBACK_PRIMITIVES_WRITTEN, q);
// OK, start transform feedback...
glBeginTransformFeedback(GL_POINTS);

// Draw something to get data into the transform feedback buffer
DrawSomePoints();

// Done with transform feedback
glEndTransformFeedback();
// End the query and get the result back
glEndQuery(GL_TRANSFORM_FEEDBACK_PRIMITIVES_WRITTEN);
glGetQueryObjectuiv(q, GL_QUERY_RESULT, &vertices_to_render);

// Now we bind buffer2 (which has just been used as a transform
// feedback buffer) as a vertex buffer and render some more points
```

```
// from it.
glBindBuffer(GL_ARRAY_BUFFER, buffer2);
glDrawArrays(GL_POINTS, 0, vertices_to_render);
```

从 OpenGL 中检索查询结果时，必须完成当前正在进行的任务才能提供精确计数。对于变换反馈查询确实如此，正如其他任何查询类型一样。当你执行清单 12.10 所示的代码时，一旦调用 **glGetQueryObjectuiv()**，OpenGL 管线就会排空，图形处理器会闲置。这些步骤确保顶点计数可从 GPU 中回到应用程序并再次往返。为了解决这个问题，OpenGL 设置有两项功能。

第一项是变换反馈对象，表示变换反馈的阶段状态。到目前为止，你一直使用的是默认变换反馈对象。然而，你可以通过依次调用 **glGenTransformFeedbacks()** 和 **glBindTransformFeedback()** 创建自己的变换反馈：

```
void glGenTransformFeedbacks(GLsizei n,
                             GLuint * ids);

void glBindTransformFeedback(GLenum target,
                             GLuint id);
```

对于 **glGenTransformFeedbacks()**，n 指待保存的对象名称数量，ids 指新名称将要写入的数组指示器。一旦获得新名称，就可以使用 **glBindTransformFeedback()** 绑定该名称，其中该函数的第一个参数 target 必须是 GL_TRANSFORM_FEEDBACK，第二个参数 id 是待绑定的变换反馈对象的名称。你可以使用 **glDeleteTransformFeedbacks()** 删除变换反馈对象，还可以通过调用 **glIsTransformFeedback()** 确定给定值是否为变换反馈对象的名称：

```
void glDeleteTransformFeedbacks(GLsizei n,
                                const GLuint * ids);

GLboolean glIsTransformFeedback(GLuint id);
```

一旦绑定变换反馈，将与变换反馈相关的所有状态保存在该对象中，包括变换反馈缓冲绑定以及用于记录写入各变换反馈流中的数据量的计数。这实际与变换反馈查询中返回的数据相同，我们可使用这些数据自动绘制多个使用变换反馈捕获的顶点。这是 OpenGL 为此提供的第二项功能，包含以下 4 个函数：

```
void glDrawTransformFeedback(GLenum mode,
                             GLuint id);

void glDrawTransformFeedbackInstanced(GLenum mode,
                                      GLuint id,
                                      GLsizei primcount);

void glDrawTransformFeedbackStream(GLenum mode,
                                   GLuint id,
                                   GLuint stream);

void glDrawTransformFeedbackStreamInstanced(GLenum mode,
                                            GLuint id,
                                            GLuint stream,
                                            GLsizei primcount);
```

在 4 个函数中，mode 是一种可与 **glDrawArrays()** 和 **glDrawElements()** 等其他绘图函数联合使用的基元模式，id 是包含计数的变换反馈对象的名称。

- 调用 **glDrawTransformFeedback()** 与调用 **glDrawArrays()** 的效果相同，区别只是待处理顶点数量来自于 id 指定的变换反馈对象的第一个流。
- 调用 **glDrawTransformFeedbackInstanced()** 与调用 **glDrawArraysInstanced()** 的效果相同，顶点计数也来自于 id 指定的变换反馈对象的第一个流，实例计数由 primcount 指定。
- 调用 **glDrawTransformFeedbackStream()** 与调用 **glDrawTransformFeedback()** 的效果相同，区别只是 stream 中给定的流用作计数源。
- 调用 **glDrawTransformFeedbackStreamInstanced()** 与调用 **glDrawTransformFeedbackInstanced()** 的效果相同，区别只是 stream 中给定的流用作计数源。

当使用其中一种采用流索引的函数时，数据必须记录到与使用几何着色器的非零流相关的变换反馈缓存中，如第 8 章“多条储存流”小节所述。

12.1.4 管线状态查询

除 OpenGL 核心 API 支持的查询类型外，还有大量其他可用于监测 OpenGL 程序执行情况的查询以及由 GL_ARB_pipeline_statistics_query 扩展功能提供的查询。如果 OpenGL 驱动器支持此扩展功能，则可提供以下查询类型。

- GL_VERTICES_SUBMITTED_ARB 提供发送给 OpenGL 的顶点数量。
- GL_PRIMITIVES_SUBMITTED_ARB 提供发送给 OpenGL 的基元数量。
- GL_VERTEX_SHADER_INVOCATIONS_ARB 提供通过你发送的顶点生成的顶点着色器调用次数，其结果可能与 GL_VERTICES_SUBMITTED_ARB 的结果不同。
- GL_TESS_CONTROL_SHADER_PATCHES_ARB 提供发送给曲面细分控制着色器的面片数量。
- GL_TESS_EVALUATION_SHADER_INVOCATIONS_ARB 提供曲面细分单元生成的评估着色器调用次数。
- GL_GEOMETRY_SHADER_INVOCATIONS 提供几何着色器执行的次数。
- GL_GEOMETRY_SHADER_PRIMITIVES_EMITTED_ARB 提供几何着色器所生成的基元总数量。
- GL_FRAGMENT_SHADER_INVOCATIONS_ARB 提供调用片段着色器的次数。
- GL_COMPUTE_SHADER_INVOCATIONS_ARB 提供调用计算着色器的次数。
- GL_CLIPPING_INPUT_PRIMITIVES_ARB 提供发送给裁剪工具输入的基元数量。
- GL_CLIPPING_OUTPUT_PRIMITIVES_ARB 提供裁剪工具生成的基元数量。

可以将该清单中的任何标记传递给 **glBeginQuery()** 和 **glEndQuery()** 函数，OpenGL

将计算相关项。可以发现，这些查询生成的结果并不一定是你期望得到的结果。

例如，GL_VERTICES_SUBMITTED_ARB 查询将生成 OpenGL 实现提交的顶点数量；该数量可能与 GL_VERTEX_SHADER_INVOCATIONS_ARB 查询的结果并不匹配。OpenGL 驱动器中实现的一种常见优化为顶点重用优化。当激活这种优化时，OpenGL 可以假设当元素数组缓存多次包含相同索引时，可以重复使用先前调用顶点着色器的结果而不是再次运行。因此，当激活这种优化时，GL_VERTEX_SHADER_INVOCATIONS_ARB 查询的结果可能稍微低于预期。

同理，GL_FRAGMENT_SHADER_INVOCATIONS_ARB 查询的结果也可能稍微高于预期。这是因为大部分图形硬件所渲染的片段都是四视图片段，这是一些较小的 2 × 2 像素块。通过允许各调用以有限的方式进行通信，可以得出四视图之间的差值。在仅覆盖部分四视图片段的基元边缘，OpenGL 可任意运行 4 个片段的片段着色器，终止输出以防止被写入窗口。在这种情况下，你将看到 GL_FRAGMENT_SHADER_INVOCATIONS_ARB 查询返回一个高于实际渲染片段数量的数字。反之，如果 OpenGL 正在运行一个早期深度测试，则可能舍弃整个四视图，不会再运行片段着色器。

如果你对应用程序驱动 GPU 到极限的程度感兴趣，可以查看 GPU 中的理论性能峰值（每秒顶点数、每秒像素数等），查看这些计数器是否接近该极限；也可以检查数字是否与你对应用程序的预期一致。如前文所述，它们可能略微偏离预期，但如果完全不同的话，则可能是你的应用程序出现了问题。

12.2 OpenGL 同步

在高级应用程序中，OpenGL 的运算顺序和系统的管线性质可能比较重要。这类应用程序包括那些有多重语境和多个线程的应用程序，以及在 OpenGL 与 OpenCL 等其他 API 之间共享数据的应用程序。在某些情况下，可能需要确定发送给 OpenGL 的命令是否已经完成以及这些命令的结果是否已经准备就绪。在本节中，我们将讨论同步 OpenGL 管线各个部分的多种方法。

12.2.1 清空管线

OpenGL 包括两个命令，用于强制它开始处理命令或完成目前已发布的命令。即

```
glFlush();
```

以及

```
glFinish();
```

这两种命令之间存在细微差异。第一个命令 **glFlush()** 确保目前已发布的任何命令至少已经被置于 OpenGL 管线的起点并且最终会被执行。问题在于 **glFlush()** 无法提供已发布命令的任何执行状态信息，只能说明它们最终会被执行。相反，**glFinish()** 实际上能够确保已发布

的所有命令已经被完全执行并且 OpenGL 管线处于空闲状态。虽然 **glFinish()** 确实能够确保所有 OpenGL 命令已经被处理，但也会清空 OpenGL 管线，产生泡沫，降低性能，有时会使性能大幅度下降。总体而言，建议任何情况下都不要调用 **glFinish()**。

12.2.2 同步与栅栏

有时可能需要了解 OpenGL 的命令执行完成程度是否达到某个点而不会强制清空管线。例如，这种信息在共享两种语境或 OpenGL 和 OpenCL 的数据时尤其有用。这种同步由一种名为同步对象的机制控制。与其他任何 OpenGL 对象相同，同步对象必须先创建才能使用，不再需要时销毁。同步对象可能有两种状态，有信号状态和无信号状态。同步对象初始为无信号状态，当发生某些特定事件时，转换成有信号状态。触发它们从无信号状态转换为有信号状态的事件取决于同步对象的类型。

我们关注的同步对象类型为栅栏同步，可通过调用以下函数创建：

```
GLsync glFenceSync(GL_SYNC_GPU_COMMANDS_COMPLETE, 0);
```

第一个参数是指定要等待的事件的标记。在本例中，GL_SYNC_GPU_COMMANDS_COMPLETE 说明我们想要 GPU 在将同步对象设置成有信号状态之前先处理管线中的所有命令。第二个参数是一个标志字段，此处为 0，因为没有与该类型同步对象有关的标志。**glFenceSync()** 函数返回一个新的 GLsync 对象。一旦创建栅栏同步，立即进入（以无信号状态）OpenGL 管线，并与其他所有命令一起处理而无须暂停 OpenGL 或消耗大量资源。当到达管线终点时，可像其他任何命令一样“被执行”，从而将状态设置成有信号状态。鉴于 OpenGL 的有序性，表明我们调用 **glFenceSync()** 前发布的所有 OpenGL 命令已经完成，即使 **glFenceSync()** 之后发布的命令可能还没有到达管线终点。

一旦同步对象被创建（并且已经进入 OpenGL 管线），我们就可以查询其状态，确定其是否到达管线终点，并且可以请求 OpenGL 等待发出信号后再返回应用程序。为了确定同步对象是否已经发出信号，调用

```
glGetSynciv(sync, GL_SYNC_STATUS, sizeof(GLint), NULL, &result);
```

当 **glGetSynciv()** 返回时，如果同步对象处于有信号状态，则 result（即 GLint）应包括 GL_SIGNALED，否则应包括 GL_UNSIGNALED。这允许应用程序轮询同步对象的状态，使用此信息可能在 GPU 忙于之前的命令时执行一些有效操作。例如，考虑清单 12.11 中的代码。

清单 12.11　等待同步对象时运行

```
GLint result = GL_UNSIGNALED;
glGetSynciv(sync, GL_SYNC_STATUS, sizeof(GLint), NULL, &result);
while (result != GL_SIGNALED)
{
    DoSomeUsefulWork();
    glGetSynciv(sync, GL_SYNC_STATUS, sizeof(GLint), NULL, &result);
}
```

此代码循环，在每次迭代时执行少量操作，直到同步对象发出信号。如果应用程度要在每

帧的起点创建一个同步对象，则应用程序可等待两帧以前的同步对象，并根据GPU处理该帧的命令所花费的时间完成一定量的工作。通过这样做，应用程序可平衡CPU完成的工作量（如混合音效的数量或物理模拟运行的迭代次数）与GPU的速度。

为了使OpenGL等待同步对象发出信号（以及等待完成同步前的管线命令），可以使用两个函数：

```
glClientWaitSync(sync, GL_SYNC_FLUSH_COMMANDS_BIT, timeout);
```

或

```
glWaitSync(sync, 0, GL_TIMEOUT_IGNORED);
```

两个函数的第一个参数是 **glFenceSync()** 返回的同步对象的名称。两个函数的第二个参数和第三个参数的名称相同但设置不同。

对于 **glClientWaitSync()**，第二个参数是指定函数其他行为的位字段。GL_SYNC_FLUSH_COMMANDS_BIT命令 **glClientWaitSync()** 确保同步对象已经进入OpenGL管线才开始等待发出信号。如果没有该位元，则OpenGL可能监视一个尚未发送到管线中的同步对象，应用程序可能永远等待并挂起。第三个参数是用纳秒表示的等待超时值。如果同步对象在该时间内没有发出信号，则 **glClientWaitSync()** 返回一个状态代码指出一个事实：只有在同步对象发出信号或超时时 **glClientWaitSync()** 才会返回。**glClientWaitSync()** 可能返回4种状态代码，如表12.1所示。

关于超时值有几个注意事项。首先，测量单位用纳秒表示，OpenGL对精确度无要求。如果你指定想要等待1纳秒，则OpenGL可将其舍入到下一毫秒或更长时间。第二，如果你指定超时值为0，则 **glClientWaitSync()** 将返回GL_ALREADY_SIGNALED，如果调用时同步对象已经发出信号，则返回GL_TIMEOUT_EXPIRED，永远不会返回GL_CONDITION_SATISFIED。

表12.1 **glClientWaitSync()** 的潜在返回值

返回状态	含义
GL_ALREADY_SIGNALED	调用 **glClientWaitSync()** 时同步对象已经发出信号，因此该函数立即返回
GL_TIMEOUT_EXPIRED	超时参数中指定的超时已过期，意味着同步对象从未在允许时间内发出信号
GL_CONDITION_SATISFIED	同步对象在允许超时时间内发出信号（但调用 **glClientWaitSync()** 时已经不是有信号状态）
GL_WAIT_FAILED	发生一个错误（如同步不是有效同步对象），用户应检查 **glGetError()** 的结果以便获得更多信息

最好设置GL_SYNC_FLUSH_COMMANDS_BIT，除非你有很好的理由不这样做。以下几种方法可以避免该位元所隐含的刷新。

- 在对应 **glFenceSync()** 后显式调用 **glFlush()**，请求OpenGL提交待处理工作给GPU。这会使GPU领先一步，意味着不需要在调用 **glClientWaitSync()** 时通过设置GL_SYNC_FLUSH_COMMANDS_BIT进行刷新。
- 调用 **glClientWaitSync()** 两次。第一次，将timeout设置为0，不设置GL_SYNC_FLUSH_COMMANDS-BIT。如果栅栏已经发出信号（这时我们已经完成了）则返回GL_ALREADY_SIGNALED；如果同步处于无信号状态，则返回GL_TIMEOUT_EXPIRED。

在这种情况下，我们将第二次调用 **glClientWaitSync()** 并将 GL_SYNC_FLUSH_COMMANDS_BIT 设置成实际超时值。

对于 **glWaitSync()**，行为略有不同。应用程序实际不会等待同步对象发出信号；只有 GPU 才会。因此，**glWaitSync()** 将立即返回应用程序。这会使第二个和第三个参数在某种程序上失去关联。由于应用程序不等待函数返回，应用程序无挂起危险，因此也不需要指定 GL_SYNC_FLUSH_COMMANDS_BIT，指定则会导致错误。此外，超时实际上取决于实现，可以指定特定的超时值 GL_TIMEOUT_IGNORED 来说明该问题。如果感兴趣，可以通过使用 GL_MAX_SERVER_WAIT_TIMEOUT 参数调用 **glGetInteger64()** 查找实现所使用的超时值。

你可能会好奇“要求 GPU 等待同步对象到达管线终点的意义是什么？”毕竟，当同步对象到达管线终点时会发出信号。因此，如果等待同步对象到达管线终点，则必然会发出信号。**glWaitSync()** 会不会不执行任何操作？如果仅使用单一 OpenGL 语境而不使用其他 API 的简单应用程序，则可能确实如此。然而，使用多重 OpenGL 语境时，可使用同步对象的强大功能。同步对象可在 OpenGL 语境之间以及 OpenCL 等兼容性 API 之间共享。也就是说，在一种语境中通过调用 **glFenceSync()** 创建的同步对象可等待在另一种语境中通过调用 **glWaitSync()**［或 **glClientWaitSync()**］创建的同步对象。

设想你可以要求 OpenGL 语境阻止渲染某些内容直到另一语境已经完成某些操作，从而实现两种语境之间的同步。你可以在一个应用程序中使用两个线程和两种语境（如果你需要还可以更多）。如果在各种语境中分别创建一个同步对象，然后在每种语境中使用 **glClientWaitSync()** 或 **glWaitSync()** 等待其他语境的同步对象，当所有函数都返回时，这些语境均与另一种语境同步。连同 OS（如信号量）提供的线程同步基元，你可以持续同步渲染到多个窗口。

这种用法的一个示例是在两种语境之间共享缓存。假设第一种语境使用变换反馈写入缓存，而第二种语境想要绘制变换反馈的结果。第一种语境将使用变换反馈模式绘制。调用 **glEndTransformFeedback()** 后，立即调用 **glFenceSync()**。

现在，应用程序已经将第二种语境设置成当前语境，调用 **glWaitSync()** 并等待同步对象发出信号，然后可向 OpenGL 发布多个命令（在新语境中，由驱动器对其进行排序，等待执行）。只有当 GPU 将数据全部记录到第一种语境的变换反馈缓存后，才能在第二种语境中使用这些数据开始处理命令。

在 OpenCL 等 API 中也有扩展和其他功能，允许异步写入缓存。可以使用 **glWaitSync()** 要求 GPU 等待，直到缓存中的数据有效，方法是在生成数据的语境中创建同步对象，然后等待该同步对象在消耗数据的语境中发出信号。

同步对象仅从无信号状态变为有信号状态。没有机制可以将同步对象重新设置成无信号状态，即使是手动也不行。这是因为手动翻转同步对象可能会导致竞争条件并可能导致应用程序挂起。考虑以下情形：同步对象被创建，达到管线终点以及发出信号，然后应用程序再重新设置成无信号状态。如果另一个线程尝试等待该同步对象，但是在应用程序已经将同步对象重新设置成无信号状态后才开始等待，则它将永远等待下去。因此每个同步对象代表一个一次性事件，每次需要同步时，必须通过调用 **glFenceSync()** 创建一个新的同步对象。虽然处理完对象后通过删除对象进行清理比较重要，但对于同步对象尤其重要，因为你可能每帧都创建了很

多新对象。为了删除同步对象，需要调用

```
glDeleteSync(sync);
```

该命令删除同步对象，但是任何等待同步对象发出信号的线程仍将等待各自的超时时间，当没有任何线程监视该对象时，将实际删除该对象。因此，完全可以依次调用 **glWaitSync()** 和 **glDeleteSync()**，即使同步对象仍在 OpenGL 管线中。

12.3 总结

本章讨论了如何等待命令在管线中的执行以及如何从管线进程中获得某些反馈。我们已经了解了如何测量完成命令所花费的时间，并且已经获得测量图形管线延时所需要的工具。同样，你可以调整应用程序的复杂度以适应程序所运行的系统以及你设定的性能目标。在第 14 章中，我们将使用这些工具进行真实的性能调整练习。我们还了解了如何将应用程序执行同步到 OpenGL 语境以及如何同步执行多重 OpenGL 语境。

PART

3

第三部分　实战演练

CHAPTER

13

第13章 渲染技巧

本章内容

- ✦ 如何点亮场景中的像素点。
- ✦ 如何将着色推迟到最后。
- ✦ 如何避免使用单个三角形来渲染整个场景。

通过前面章节的学习，你应该对 OpenGL 的基础知识有了很好的理解。OpenGL 的大部分特性都已经介绍过了，你应该能灵活地使用它来实现图形渲染算法。在本章中，我们将仔细研究其中的一些算法，尤其是那些在实时渲染场景中可能用到的算法。首先，我们将介绍一些基本的光照技巧，这些技巧可以用来为场景中的物体添加有趣的着色。紧接着，我们将研究一些不以呈现图片真实感为目标的方法。最后，我们将讨论一些只适用于传统正向渲染几何管线的算法，最终将渲染整个场景而不必使用单个顶点或三角形。

13.1 光照模型

理论上，任何图形渲染应用程序的工作都是模拟光照。无论是最简单的旋转立方体还是最复杂的电影特效，我们都试图使用户相信他们看到了真实的世界或是其模拟。要做到这一点，我们必须模拟光照与物体表面的交互方式。非常先进的模型是存在的，它们的物理准确性同我们理解的光属性一致。然而，其中大多数模型对于实时实现来说是不切实际的，所以我们必须假设一些即使在物理上不准确，但能产生合理结果的近似值或模型。后面的小节将介绍如何实现可以在实时应用程序中使用的一些光照模型。

13.1.1 Phong 光照模型

Phong 光照模型是最常见的光照模型之一。它的工作原理很简单，即物体具有三种物质属性：环境反射、漫反射和镜面反射。这些属性被指定为颜色值，颜色越亮表示反射率越高。光源也具有这 3 个属性，同样被指定为颜色值，用来代表光亮度。最终计算的颜色值就是光源和物体这 3 个属性相互作用的总和。

环境光

环境光不是来自任何特定的方向。它有一个原始的光源，但是光线在房间或场景中四处反弹，最终变得没有方向。被环境光照射的物体各个方向各个表面都会被均匀照明。我们可以将环境光看作每个光源应用的全局“增亮”因子。该光照属性近似于源自光源环境中的散射光。

为了计算环境光对最终颜色的影响值，物体的环境光属性将按环境光值缩放（两个颜色值简单相乘），这会产生环境光的颜色贡献值。在 GLSL 着色器中使用以下代码：

```
uniform vec3 ambient = vec3(0.1, 0.1, 0.1);
```

漫反射光

漫反射光是光源的有向部分，也是之前光照着色器示例的主题。在 Phong 光照模型中，漫反射光属性和照明值会相乘，就像使用环境光属性一样。不同的是，该值随后由表面法线和光源向量的点积来缩放，该向量是从阴影点到光源的方向向量。同样，着色器中的代码如下：

```
uniform vec3 vDiffuseMaterial;
uniform vec3 vDiffuseLight;
float fDotProduct = max(0.0, dot(vNormal, vLightDir));
vec3 vDiffuseColor = vDiffuseMaterial * vDiffuseLight * fDotProduct;
```

请注意，我们并不是简单地取两个向量的点积，而是使用了 GLSL 函数 max。点积也可以是负数，但实际上并不会有负的光照或颜色值。任何小于零的值都需要调整为零。

镜面反射高光

与漫反射光一样，镜面反射光具有明显的方向性，它与表面的相互作用更为明显且只指向特定方向。高强度的反射光（实际上是现实世界中的一种物质属性）往往会在它所照射的表面上产生一个亮点，这就是所谓的镜面高光。由于其高度的方向性，根据观察者的位置，镜面高光甚至可能不可见。聚光灯和太阳就是很好地产生强烈镜面高光的光源，但是，它们照射的必须是一个“有光泽”的物体。

对镜面材质和光线颜色的颜色贡献值由一个值进行缩放，该值需要比我们目前做过的计算更多一些。首先，我们必须找到由表面法线和反向光向量反射的向量。这两个向量的点积被乘以“光亮值”次幂。光亮值越高，得到的镜面高光点越小。执行此计算的着色器框架代码如下：

```
uniform vec3 vSpecularMaterial;
uniform vec3 vSpecularLight;
float shininess = 128.0;

vec3 vReflection = reflect(-vLightDir, vEyeNormal);
```

```
float EyeReflectionAngle = max(0.0, dot(vEyeNormal, vReflection);
fSpec = pow(EyeReflectionAngle, shininess);
vec3 vSpecularColor = vSpecularLight * vSpecularMaterial * fSpec;
```

光亮参数可以看作常量。传统上（从固定功能的管线时代开始），最高镜面幂值设置为 128。大于此值的数字影响将越来越微乎其微。

现在，我们已经形成了一个用来建模光照对表面影响的完整方程。假定物体的环境光值为 k_a，漫反射光值为 k_d，镜面反射光值为 k_s，光亮因子为 α 以及光源的环境光值为 i_a，漫反射光值为 i_d，镜面反射光值为 i_s，则完整的光照公式是

$$I_p = k_a i_a + k_d(\vec{L}\cdot\vec{N})i_d + k_s(\vec{R}\cdot\vec{V})^{\alpha} i_s$$

该方程是向量 $\vec{N},\vec{L},\vec{R},\vec{V}$ 的函数。这几个向量分别表示曲面法线，点到光源的单位向量，负的光向量 $\vec{L}$ 在 $\vec{N}$ 法线定义的平面上的反射，和指向观察者的向量。为了理解它的工作原理，请观察图 13.1 中的向量。

在图 13.1 中，$-\vec{L}$ 显示为远离光源。如果以平面法线 $\vec{N}$ 定义的平面反射它，从图中可以明显地看出将得到 $\vec{R}$，它表示光源在平面的反射。当 $\vec{R}$ 指向远离观察者的方向时，反射将不可见。当 $\vec{R}$ 直接指向观察者时，反射点将显得最亮。此时，点积（两个归一化向量之间夹角的余弦）将是最大的。这就是镜面高光，它是依赖于观察位置的。

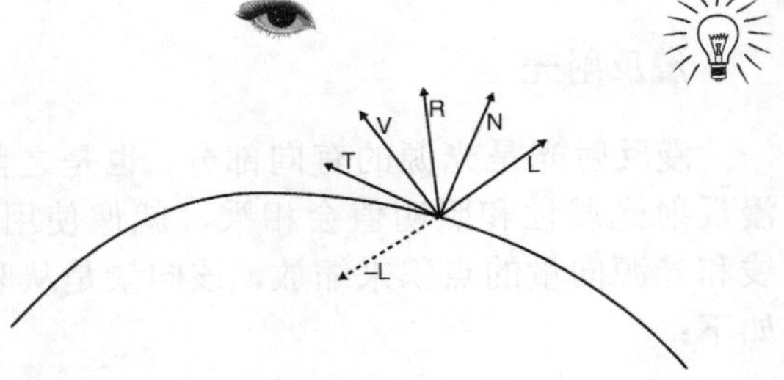

图 13.1 Phong 光照中用到的向量

当我们查看图 13.1 时，漫反射阴影的效果也变得更加清晰。当光源直接照射在表面上时，向量 $\vec{L}$ 将垂直于表面，因此与 $\vec{N}$ 共线，此时 $\vec{N}$ 和 $\vec{L}$ 之间的点积最大。当光线以掠射角照射表面时，$\vec{L}$ 和 $\vec{N}$ 几乎相互垂直，它们的点积将接近于零。

正如你所看到的，点 p（I_p）处的光照强度是多项参数的和。反射向量 $\vec{R}$（在着色器中称为 R）以视觉空间中的法线为轴反射得到。

示例程序 phonglighting 实现了这样一个着色器，即一种称为 Gouraud 着色的 Gouraud 技术，通过计算每个顶点的光照值，然后在顶点之间插入结果颜色进行着色。这使我们能够在顶点着色器中实现整个照明方程。清单 13.1 给出了顶点着色器的完整代码。

清单 13.1 Gouraud 着色的顶点着色器

```
#version 420 core

// Per-vertex inputs
layout (location = 0) in vec4 position;
layout (location = 1) in vec3 normal;

// Matrices we'll need
layout (std140) uniform constants
{
    mat4 mv_matrix;
    mat4 view_matrix;
    mat4 proj_matrix;
};

// Light and material properties
```

```
uniform vec3 light_pos = vec3(100.0, 100.0, 100.0);
uniform vec3 diffuse_albedo = vec3(0.5, 0.2, 0.7);
uniform vec3 specular_albedo = vec3(0.7);
uniform float specular_power = 128.0;
uniform vec3 ambient = vec3(0.1, 0.1, 0.1);

// Outputs to the fragment shader
out VS_OUT
{
    vec3 color;
} vs_out;

void main(void)
{
    // Calculate view-space coordinate
    vec4 P = mv_matrix * position;

    // Calculate normal in view space
    vec3 N = mat3(mv_matrix) * normal;
    // Calculate view-space light vector
    vec3 L = light_pos - P.xyz;
    // Calculate view vector (simply the negative of the
    // view-space position)
    vec3 V = -P.xyz;

    // Normalize all three vectors
    N = normalize(N);
    L = normalize(L);
    V = normalize(V);

    // Calculate R by reflecting -L around the plane defined by N
    vec3 R = reflect(-L, N);

    // Calculate the diffuse and specular contributions
    vec3 diffuse = max(dot(N, L), 0.0) * diffuse_albedo;
    vec3 specular = pow(max(dot(R, V), 0.0), specular_power) *
                    specular_albedo;

    // Send the color output to the fragment shader
    vs_out.color = ambient + diffuse + specular;

    // Calculate the clip-space position of each vertex
    gl_Position = proj_matrix * P;
}
```

Gouraud 着色的片段着色器非常简单。由于每个片段的最终颜色基本上是在顶点着色器中计算，然后在传递给片段着色器之前进行插值，因此在片段着色器中只需要将传入颜色写入帧缓存。完整的源代码如清单 13.2 所示。

清单 13.2　Gouraud 着色的片段着色器

```
#version 420 core

// Output
layout (location = 0) out vec4 color;

// Input from vertex shader
in VS_OUT
{
    vec3 color;
} fs_in;
```

```
void main(void)
{
    // Write incoming color to the framebuffer
    color = vec4(fs_in.color, 1.0);
}
```

除非使用非常精细的细分曲面，否则对于给定的三角形，只有 3 个顶点和许多片段来填充该三角形。因为所有计算只在每个顶点进行一次，这使得各顶点照明和 Gouraud 着色效率非常高。图 13.2 显示了 phonglighting 示例程序的输出。

Phong 着色

Gouraud 着色的缺点之一在图 13.2 中清晰可见，请注意观察镜面高光处的星爆图案。在静态图像中，这可能作为特意制作的艺术效果被接受。然而，正在运行的示例程序旋转球体会显示闪烁的特征，这就有点分散注意力并且通常也是不合理的。由于三角形中的颜色值是通过颜色空间线性插值获得的，三角形间的不连续性导致了该效应。亮线实际上是三角形之间的接缝，降低该效应的一种方法是在几何图形中使用更多的顶点。

另一种更高质量的方法称为 Phong 着色。请注意，Phong 着色和 Phong 光照模型是独立的概念，虽然它们都是由同一个人同时发明的（译者注：Phong 着色和 Phong 光照模型都是由犹他大学的 Bui Tuong Phong 发明的，该内容发表于 1973 年的博士论文和 1975 年的论文中）。Phong 着色不再是插值顶点间的颜色值，而是插值顶点之间的曲面法线，然后使用结果法线对每个像素，而不是每个顶点来执行光照计算。phonglighting 示例程序可以在对每个顶点执行光照计算（实现 Gouraud 着色）和对每个片段执行光照计算（实现 Phong 着色）之间切换。图 13.3 显示了 phonglighting 示例程序在每个片段执行光照计算的输出。

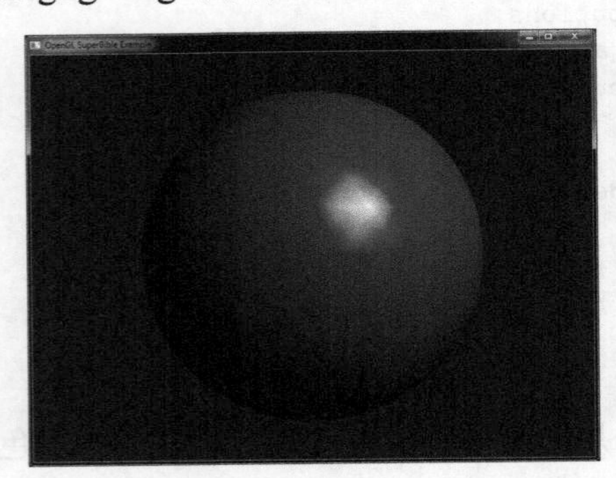

图 13.2　各顶点计算光照（Gouradud 着色）

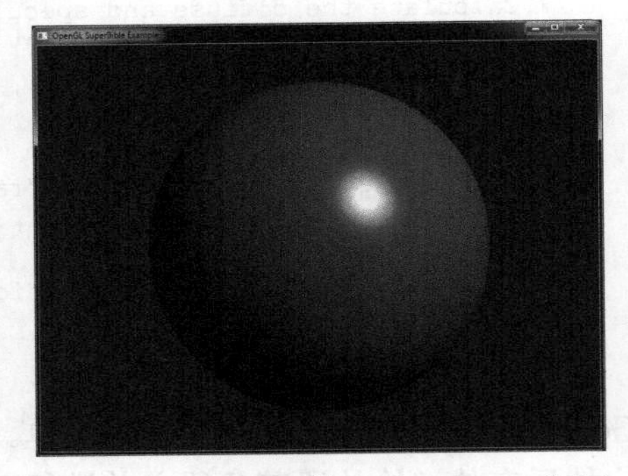

图 13.3　各片断计算光照（Phong 着色）

当然，为此做出的妥协是片段着色器中需要做大量的工作，其执行次数比顶点着色器中多得多。Phong 着色的基本代码与 Gouraud 着色的示例代码相同，但有一些重要的着色器代码需要调整。清单 13.3 为新的顶点着色器代码。

清单 13.3　Phong 着色的顶点着色器

```
#version 420 core

// Per-vertex inputs
layout (location = 0) in vec4 position;
layout (location = 1) in vec3 normal;
```

```
// Matrices we'll need
layout (std140) uniform constants
{
    mat4 mv_matrix;
    mat4 view_matrix;
    mat4 proj_matrix;
};

// Inputs from vertex shader
out VS_OUT
{
    vec3 N;
    vec3 L;
    vec3 V;
} vs_out;

// Position of light
uniform vec3 light_pos = vec3(100.0, 100.0, 100.0);

void main(void)
{
    // Calculate view-space coordinate
    vec4 P = mv_matrix * position;

    // Calculate normal in view-space
    vs_out.N = mat3(mv_matrix) * normal;

    // Calculate light vector
    vs_out.L = light_pos - P.xyz;

    // Calculate view vector
    vs_out.V = -P.xyz;

    // Calculate the clip-space position of each vertex
    gl_Position = proj_matrix * P;
}
```

所有的光照计算都取决于表面法线，光源方向和视线向量。我们将这 3 个向量作为输出 vs_out.N，vs_out.L 和 vs_out.V 传递，而不是从每个顶点计算出颜色值传递。现在片段着色器要做比以前更多的工作，如清单 13.4 所示。

清单 13.4 Phong 着色片段着色器

```
#version 420 core

// Output
layout (location = 0) out vec4 color;

// Input from vertex shader
in VS_OUT
{
    vec3 N;
    vec3 L;
    vec3 V;
} fs_in;

// Material properties
uniform vec3 diffuse_albedo = vec3(0.5, 0.2, 0.7);
uniform vec3 specular_albedo = vec3(0.7);
uniform float specular_power = 128.0;

void main(void)
```

```
{
    // Normalize the incoming N, L, and V vectors
    vec3 N = normalize(fs_in.N);
    vec3 L = normalize(fs_in.L);
    vec3 V = normalize(fs_in.V);

    // Calculate R locally
    vec3 R = reflect(-L, N);

    // Compute the diffuse and specular components for each
    // fragment
    vec3 diffuse = max(dot(N, L), 0.0) * diffuse_albedo;
    vec3 specular = pow(max(dot(R, V), 0.0), specular_power) *
                    specular_albedo;

    // Write final color to the framebuffer
    color = vec4(diffuse + specular, 1.0);
}
```

在当今的硬件设备上，更高质量的渲染选择，例如Phong着色通常是实用的。只需要轻微的性能损失就能获得非常好的视觉质量。尽管如此，在低功耗硬件（如嵌入式设备）上或者在其他已经做出许多巨大牺牲的场景中，Gouraud着色可能是最佳选择。一条常用的着色器性能优化规则就是将尽可能多的处理从片段着色器转移到顶点着色器中。通过这个例子，你可以明白为什么。

传递给Phong光照方程的主要参数（无论是按照每个顶点还是每个片段进行计算）是漫反射、镜面反射率以及镜面反射幂值。前两种是由被照射材料产生的漫反射和镜面高光效果的颜色。通常，它们要么是相同的颜色，要么漫反射率是材质的颜色，镜面反射率是白色。但是，也可以使镜面反射率与漫反射率完全不同。镜面反射幂值控制镜面高光的亮度。图13.4显示了改变物质的镜面反射参数的效果（该图像也显示在彩色板8中）。场景中有一个白色的点光源。从左到右，镜面反射率从几乎从黑色变为纯白色（本质上是增加镜面反射贡献值），从上到下，镜面反射幂值以每行翻倍的规律从4.0增加到256.0。如图13.4所示，左上角的球体看起来无光泽，被均匀照射，而右下角的球体看起来非常有光泽。

图13.4 改变材质的镜面参数

尽管图13.4中的图像只显示了白光对场景的影响，但彩色光可以通过简单地将光线颜色与每个片段的漫反射和镜面反射相乘来模拟。

13.1.2 Blinn-Phong光照

Blinn-Phong光照模型可以被认为是Phong光照模型的扩展或优化。请注意，在Phong光照模型中，我们计算每个着色点（每个顶点或每个片段）的$\vec{R}\cdot\vec{N}$。但是，作为近似值，我们可以使用$\vec{N}\cdot\vec{H}$替换$\vec{R}\cdot\vec{N}$，其中$\vec{H}$是光源向量$\vec{L}$和视线向量$\vec{E}$之间的半角向量。这个向量的计算公式为

$$\vec{H}=\frac{\vec{L}+\vec{E}}{\left|\vec{L}+\vec{E}\right|}$$

从技术上讲，这个计算也应该被应用到使用 Phong 方程的任何地方，在每步进行归一化处理（除以上述等式中的向量的长度）。然而，这是因为不再需要计算向量 $\vec{R}$，避免调用 reflect 函数。现代图形处理器通常功能强大，因此对 $\vec{H}$ 进行归一化处理与调用 reflect 函数之间的成本差异可以忽略不计。然而，如果由三角形表示的底层曲面的曲率相对较小，并且如果三角形相对于从曲面到光源和观看者的距离较小，则 $\vec{H}$ 值不会有太大变化。在这种情况下，可以在顶点（或几何或细分曲面）着色器中计算 $\vec{H}$，并将其作为 flat 输入传递到片段着色器中。即使结果不准确，通常也可以通过增加亮度（或镜面反射）因子 α 来弥补。清单 13.5 提供了一个片段着色器，它为每个片段实现 Blinn-Phong 照明。该着色器包含在 blinnphong 示例程序中。

清单 13.5 Blinn-Phong 片段着色器

```
#version 450 core

// Output
layout (location = 0) out vec4 color;

// Input from vertex shader
in VS_OUT
{
    vec3 N;
    vec3 L;
    vec3 V;
} fs_in;

// Material properties
uniform vec3 diffuse_albedo = vec3(0.5, 0.2, 0.7);
uniform vec3 specular_albedo = vec3(0.7);
uniform float specular_power = 128.0;

void main(void)
{
    // Normalize the incoming N, L, and V vectors
    vec3 N = normalize(fs_in.N);
    vec3 L = normalize(fs_in.L);
    vec3 V = normalize(fs_in.V);

    // Calculate the half vector, H
    vec3 H = normalize(L + V);

    // Compute the diffuse and specular components for each fragment
    vec3 diffuse = max(dot(N, L), 0.0) * diffuse_albedo;

    // Replace the R.V calculation (as in Phong) with N.H
    vec3 specular = pow(max(dot(N, H), 0.0), specular_power) * specular_albedo;

    // Write final color to the framebuffer
    color = vec4(diffuse + specular, 1.0);
}
```

图 13.5 显示了使用普通 Phong 着色（左图）和使用 Blinn-Phong 着色（右图）的结果。在图 13.5 中，用于 Phong 着色的镜面指数为 128，而用于 Blinn-Phong 着色的镜面指数为 200。如图所示，调整镜面指数后，结果是非常相似的。

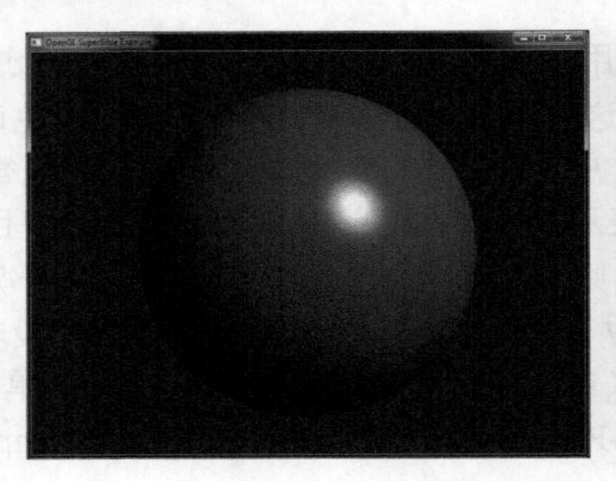
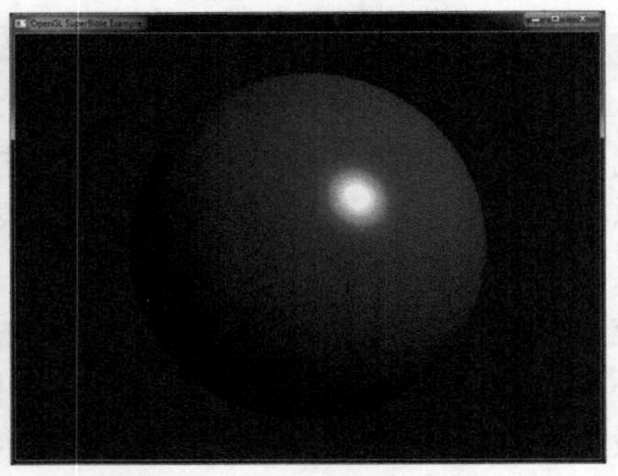

图 13.5 Phong 光照（左） VS Blinn-Phong 光照（右）

13.1.3 边缘光

边缘光也被称为背光，它是一种模拟置于物体后的光源从物体边缘漏出光的现象，对物体的表面没有影响。之所以叫作边缘光，是因为它在被照亮的物体边缘产生明亮的光线。在摄影中，这是通过将光源放置在物体后面，使被拍摄物体位于摄像机和光源之间来实现的。在计算机图形学中，我们可以根据观察方向与表面夹角来模拟效果。

为了实现边缘光，我们只需要表面法线和视线方向，这两个数据从已经描述过的任何光照模型中都能轻易获取。当视线方向面向表面时，视线向量将与表面法线共线，这种情况下边缘光的效果最不明显；当视线方向从表面掠过时，表面法线和视线向量几乎相互垂直，此时边缘光线效果最明显。

从图 13.6 中可以发现这一点。在物体边缘附近，向量 $\vec{N}_1$ 和 $\vec{V}_1$ 几乎垂直，这正是物体后面的大部分光线会泄漏的地方。然而，在物体的中心，$\vec{N}_2$ 和 $\vec{V}_2$ 几乎指向相同的方向。此时光线将被物体完全遮挡，漏光量最小。

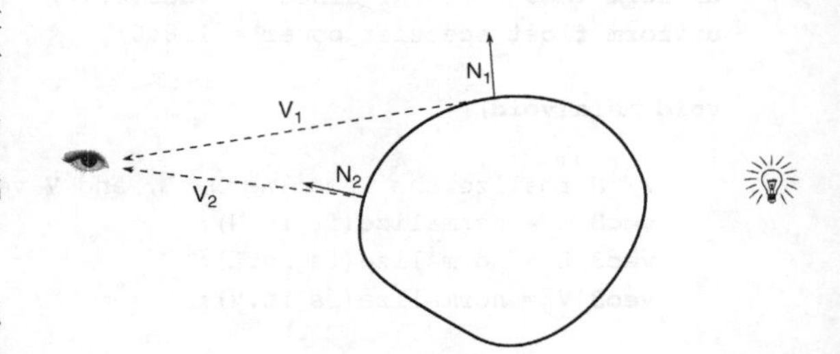

图 13.6 边缘光相关向量

一个容易计算且与两个向量间的夹角成比例的数量是点积。当两个向量共线时，它们的点积是 1。当两个向量变得几乎正交时，点积接近于 0。因此，我们可以通过计算视线方向与表面法线的点积，并使边缘光强度与点积结果成反比来产生边缘光效果。为了进一步控制边缘光，我们引入了一个亮度标量和一个清晰度指数因子。因此，边缘光方程为

$$L_{rim} = C_{rim}\,(1.0 - \vec{N}\cdot\vec{V})^{P_{rim}}$$

这里，$\vec{N}$ 和 $\vec{V}$ 分别是表面法线和视线向量，C_{rim} 和 P_{rim} 分别是边缘光的颜色和幂值，而 L_{rim} 是边缘光的结果。该实现的片段着色器非常简单，如清单 13.6 所示。

清单 13.6 边缘光的着色器函数

```
// Uniforms controlling the rim light effect
uniform vec3 rim_color;
uniform float rim_power;
```

```
vec3 calculate_rim(vec3 N, vec3 V)
{
    // Calculate the rim factor
    float f = 1.0 - dot(N, V);

    // Constrain it to the range 0 to 1 using a smoothstep function
    f = smoothstep(0.0, 1.0, f);

    // Raise it to the rim exponent
    f = pow(f, rim_power);

    // Finally, multiply it by the rim color
    return f * rim_color;
}
```

图 13.7 显示了一个用本章前面所描述的 Phong 光照模型照亮，并应用了边缘光效果的模型。产生这个图像的代码包含在 rimlight 示例程序中。左上方的图像禁用了边缘光以供参考。右上方的图像使用中等强度的边缘光和适度的衰减指数。左下方的图像增加了光的指数和强度。结果，边缘光变得锐利且集中。图 13.7 右下方的图像的光强度和边缘指数均减小。这导致模型周围的光线散射，产生了更多的环境效应。

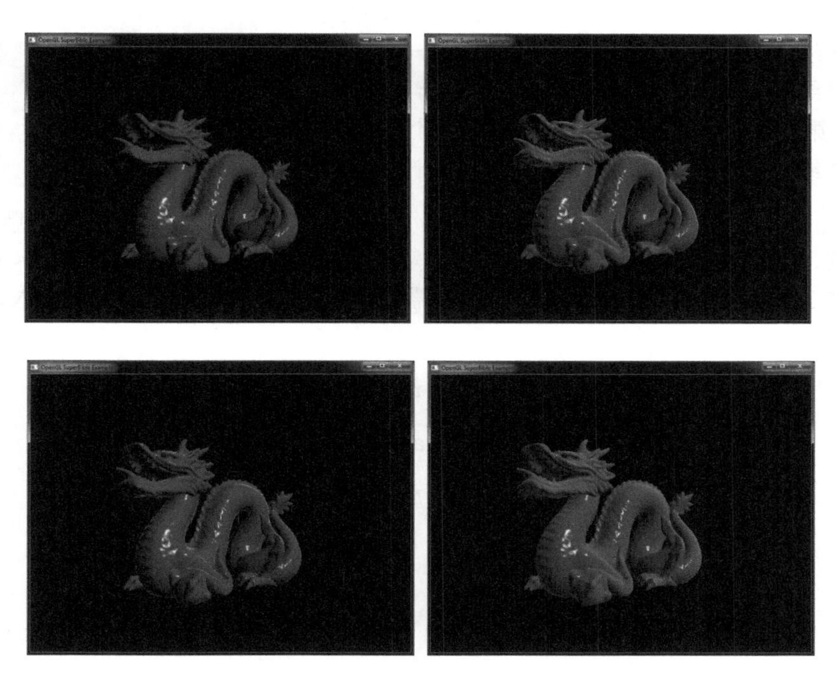

图 13.7 边缘光示例

图 13.7 中的图像也显示在彩色板 9 中。对于给定场景，边缘光的颜色通常是固定的，或者随着世界空间而变化（否则，不同的对象被不同的灯光照亮，这可能看起来很奇怪）。然而，边缘光的幂值基本上等于泄漏光的近似值，其值因材料不同而不同。例如，诸如头发或毛皮之类的柔软材料和大理石之类的半透明材料可能会透出很多光线，而较硬的材料如木头或石头可能不会透出很多光线。

13.1.4 法线映射

在迄今为止的所有示例中，我们已经通过各种方式计算了光线的贡献值，如在每个顶点上计算、进行 Gouraud 着色，在每个像素点按顶点导出向量在三角形内进行平滑插值、Phong 着色等。为了真切地看到曲面特征，原始模型中必须存在细节等级。在大多数情况下，这会导致必须传递给 OpenGL 的几何数量不合理，并导致三角形太小而只能覆盖少数像素。

一种提高细节感知水平而不用向模型添加更多顶点的方法是法线映射，有时也称为凹凸映射。为了实现法线映射，我们需要一个在每个纹素中存储曲面法线的纹理。这随后将应用于我们的模型，并在片段着色器中用于计算每个片段的局部表面法线。然后，在每次调用时都应用照明模型来计算每个片段的光照。图 13.8 显示了这种纹理的一个例子。

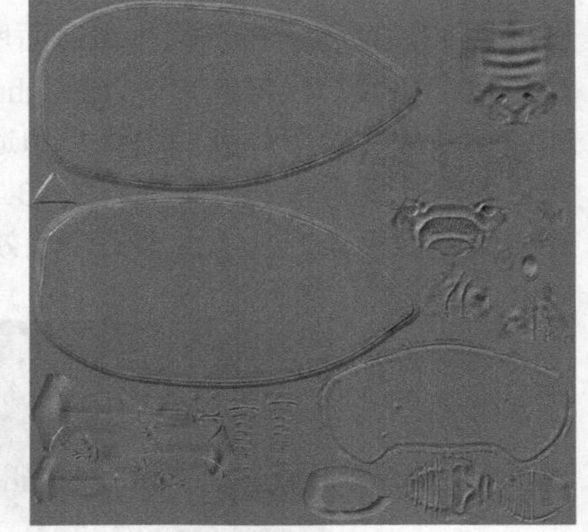

图 13.8 法线映射示例

用于法线映射的最常见的坐标空间是切线空间，它是一个局部坐标系，其中正 z 轴与曲面法线一致。该坐标空间中的另外两个向量被称为切向量和双切线向量，为了获得最佳结果，这些向量应该与纹理中使用的 u 和 v 坐标的方向对齐。切线向量通常被编码为几何数据的一部分，并作为输入传递给顶点着色器。作为标准正交基，给定帧中的两个向量，第三个向量可以使用简单的叉积计算来获得。因此，给定法线和切向量，我们可以使用叉积计算双切线向量。

标准向量、切线向量和双切线向量可用于构建旋转矩阵，该矩阵将标准笛卡儿坐标中的向量转换至由这 3 个向量表示的坐标中。我们只需简单地将这 3 个向量作为行插入，即可获得旋转矩阵。公式如下：

$$\vec{N} = \text{normal}$$

$$\vec{T} = \text{tangent}$$

$$\vec{B} = \vec{N} \times \vec{T}$$

$$TBN = \begin{bmatrix} \vec{T} \cdot x & \vec{T} \cdot y & \vec{T} \cdot z \\ \vec{B} \cdot x & \vec{B} \cdot y & \vec{B} \cdot z \\ \vec{N} \cdot x & \vec{N} \cdot y & \vec{N} \cdot z \end{bmatrix}$$

这里产生的矩阵通常也被称为 TBN（tangent, bitangent, normal）矩阵。给定一个顶点的 TBN 矩阵，就可以将笛卡儿坐标系中的任意顶点转换到顶点的局部坐标系中。这点很重要，因为我们在照明计算中使用的点积操作与向量对相关。只要这两个向量在同一坐标系中，结果就是正确的。通过将视线向量和光照向量转换到每个顶点的局部坐标系中，然后像在普通的 Phong 着色中那样在每个多边形中插值，就能在每个片段中呈现视线向量和光线向量，这些向量与法线 map 中的法线处在同一个坐标系中。然后，我们就可以简单地读取每个片段的局部法线，并按照常规方式执行光照计算。

如清单 13.7 所示，顶点着色器计算顶点的 TBN 矩阵，确定光线向量和视线向量，然后在将它们传递给片段着色器之前将它们与 TBN 矩阵相乘。该着色器以及本示例的其余代码都包含在 Bumpmapping 示例应用程序中。

清单 13.7 法线映射的顶点着色器

```
#version 450 core

layout (location = 0) in vec4 position;
layout (location = 1) in vec3 normal;
layout (location = 2) in vec3 tangent;
layout (location = 4) in vec2 texcoord;

out VS_OUT
{
    vec2 texcoord;
    vec3 eyeDir;
    vec3 lightDir;
} vs_out;

uniform mat4 mv_matrix;
uniform mat4 proj_matrix;
uniform vec3 light_pos = vec3(0.0, 0.0, 100.0);

void main(void)
{
    // Calculate vertex position in view space.
    vec4 P = mv_matrix * position;

    // Calculate normal (N) and tangent (T) vectors in view space from
    // incoming object space vectors.
    vec3 N = normalize(mat3(mv_matrix) * normal);
    vec3 T = normalize(mat3(mv_matrix) * tangent);
    // Calculate the bitangent vector (B) from the normal and tangent
    // vectors.
    vec3 B = cross(N, T);

    // The light vector (L) is the vector from the point of interest to
    // the light. Calculate that and multiply it by the TBN matrix.
    vec3 L = light_pos - P.xyz;
    vs_out.lightDir = normalize(vec3(dot(V, T), dot(V, B), dot(V, N)));

    // The view vector is the vector from the point of interest to the
    // viewer, which in view space is simply the negative of the position.
    // Calculate that and multiply it by the TBN matrix.
    vec3 V = -P.xyz;
    vs_out.eyeDir = normalize(vec3(dot(V, T), dot(V, B), dot(V, N)));

    // Pass the texture coordinate through unmodified so that the fragment
    // shader can fetch from the normal and color maps.
    vs_out.texcoord = texcoord;

    // Calculate clip coordinates by multiplying our view position by
    // the projection matrix.
    gl_Position = proj_matrix * P;
}
```

清单 13.7 中的顶点着色器计算在每个顶点局部坐标系统中表示的视线和光线向量，并将它们与顶点的纹理坐标一起传递给片段着色器。如清单 13.8 所示，片段着色器中只需获取每个片段法线的 map 并将它用于着色计算。

清单 13.8 法线映射的片段着色器

```
#version 420 core

out vec4 color;

// Color and normal maps
layout (binding = 0) uniform sampler2D tex_color;
layout (binding = 1) uniform sampler2D tex_normal;

in VS_OUT
{
    vec2 texcoord;
    vec3 eyeDir;
    vec3 lightDir;
} fs_in;

void main(void)
{
    // Normalize our incomming view and light direction vectors
    vec3 V = normalize(fs_in.eyeDir);
    vec3 L = normalize(fs_in.lightDir);
    // Read the normal from the normal map and normalize it
    vec3 N = normalize(texture(tex_normal, fs_in.texcoord).rgb * 2.0 - vec3(1.0));
    // Calculate R ready for use in Phong lighting
    vec3 R = reflect(-L, N);

    // Fetch the diffuse albedo from the texture
    vec3 diffuse_albedo = texture(tex_color, fs_in.texcoord).rgb;
    // Calculate diffuse color with simple N dot L
    vec3 diffuse = max(dot(N, L), 0.0) * diffuse_albedo;
    // Uncomment this to turn off diffuse shading
    // diffuse = vec3(0.0);

    // Assume that specular albedo is white; it could also come from a texture
    vec3 specular_albedo = vec3(1.0);
    // Calculate Phong specular highlight
    vec3 specular = max(pow(dot(R, V), 5.0), 0.0) * specular_albedo;
    // Uncomment this to turn off specular highlights
    // specular = vec3(0.0);
    // Final color is diffuse + specular
    color = vec4(diffuse + specular, 1.0);
}
```

使用此着色器渲染的模型清楚地显示了仅在法线 map 中存在且在模型数据中没有几何图形表示的细节高光。在图 13.9 中，左上图显示了漫反射着色结果，右上图显示了镜面着色结果，左下图显示了将这两个结果相加产生的图像。作为参考，右下图显示了使用普通 OpenGL 插值而未使用法线映射的 Phong 着色的结果。从左下和右下的图像对比中可以明显看出，法线映射可以为图像添加大量细节。该图像也显示在色板 10 中。

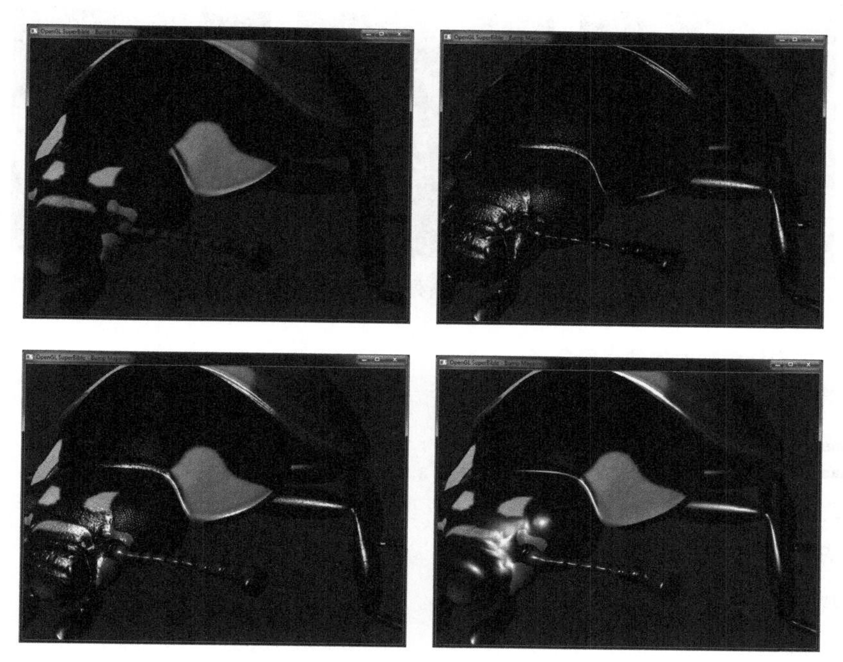

图 13.9 法线映射

13.1.5 环境映射

在前面的几个小节中，我们已经学会了如何计算照明对物体表面的影响。照明着色器可能变得非常复杂，但最终会变得非常密集，以至于开始影响性能。另外，创建一个可以表示任意环境的方程几乎是不可能的，这就是环境映射的起因。实时图形应用程序中通常会使用几种类型的环境贴图，包括球形环境贴图、等量矩形贴图和立方体贴图。球形环境贴图表示周围模拟环境在球体上反射的图像。球体贴图只能表示一个半球的环境。等量矩形贴图是将球体坐标映射到矩形上，从而可以呈现 360 度全景视图。相比之下，立方体贴图是一种由六面组成的特殊纹理，你可以想象一个由玻璃制成的盒子，如果站在盒子的中心，你会看到周围环境，即组成立方体的六个面。我们将在接下来的几个小节中深入探讨这 3 种模拟环境的方法。

球形环境贴图

如上所述，球形环境贴图是一种纹理贴图，表示周围模拟环境在由模拟材料制成的球体上产生的光线。这是通过使用被照射的点的视线方向和表面法线来计算一组纹理坐标，这些坐标可用于查找纹理以获得光照系数来实现。尽管任何数量的参数都可以存储在这样的纹理贴图中，但在最简单的情况下，其只是光照条件下物体的表面颜色。图 13.10 显示了一些环境贴图的例子。这些环境贴图也显示在色板 12 中。

实现球形环境映射的第一步是将传入法线转换到视图空间并计算视觉空间的视线方向。这些将在我们的片段着色器中用于计算纹理坐标以查找环境贴图。这个顶点着色器如清单 13.9 所示。

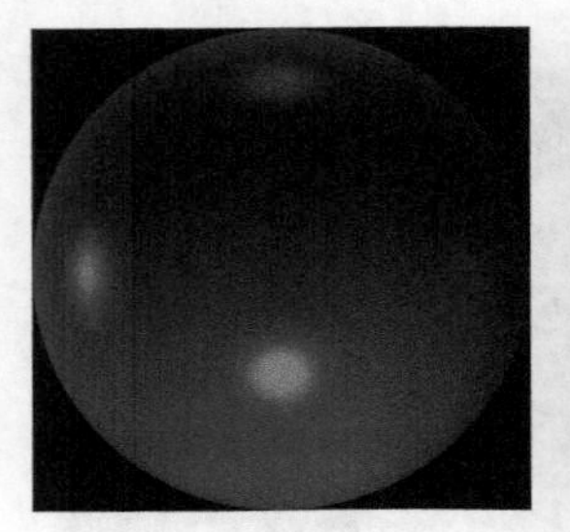
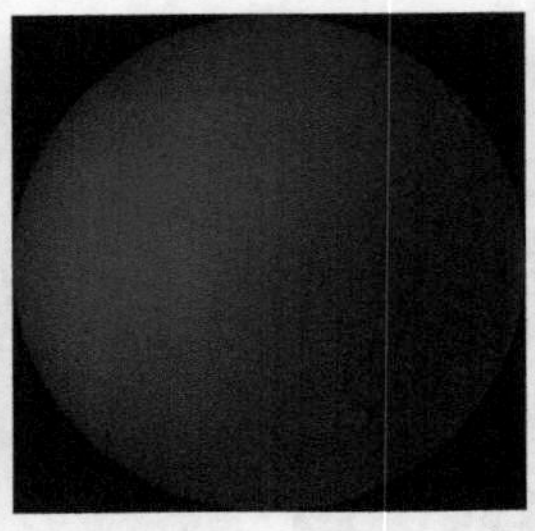
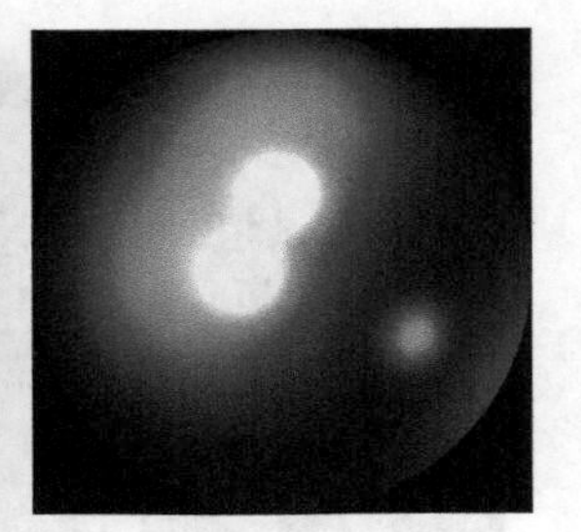

图 13.10　一系列球形环境贴图

清单 13.9　球形环境映射的顶点着色器

```
#version 420 core

uniform mat4 mv_matrix;
uniform mat4 proj_matrix;

layout (location = 0) in vec4 position;
layout (location = 1) in vec3 normal;

out VS_OUT
{
    vec3 normal;
    vec3 view;
} vs_out;

void main(void)
{
    vec4 pos_vs = mv_matrix * position;

    vs_out.normal = mat3(mv_matrix) * normal;
    vs_out.view = pos_vs.xyz;

    gl_Position = proj_matrix * pos_vs;
}
```

现在，给定每个片段的法线和视线方向，就可以计算出纹理坐标用于查找环境贴图。首先，将在传入的法线定义的平面上反射传入的视线方向。然后，通过简单地缩放和偏置这个反射向量的 x 和 y 分量，我们可以使用它们从环境中获取贴图并用于贴图片段。清单 13.10 给出了相应的片段着色器代码。

清单 13.10　球形环境映射的片段着色器

```
#version 420 core

layout (binding = 0) uniform sampler2D tex_envmap;

in VS_OUT
{
    vec3 normal;
    vec3 view;
} fs_in;

out vec4 color;

void main(void)
{
```

```
    // u will be our normalized view vector
    vec3 u = normalize(fs_in.view);

    // Reflect u about the plane defined by the normal at the fragment
    vec3 r = reflect(u, normalize(fs_in.normal));

    // Compute scale factor
    r.z += 1.0;
    float m = 0.5 * inversesqrt(dot(r, r));

    // Sample from scaled and biased texture coordinate
    color = texture(tex_envmap, r.xy * m + vec2(0.5));
}
```

使用清单 13.10 中给出的着色器渲染模型的结果如图 13.11 所示。该图像由 envmapsphere 示例程序生成，使用的是图 13.10 中最右侧的环境贴图。

等量矩形贴图

等量矩形贴图类似于球形环境贴图，但它不易受到从球体的极点采样时出现的挤压效应的影响。图 13.12 显示了一个等量矩形的环境纹理示例。同样的，我们使用在顶点着色器中计算的视觉空间法向和视线方向向量进行插值并传递给片段着色器，片段着色器再次在由局部法线定义的平面上反射传入的视觉方向。现在，我们不是直接对这个反射向量的 x 和 y 分量进行缩放和偏置，而是提取其 y 分量，然后通过将 y 分量置为零并再次对其进行归一化，将向量投影到 xz 平面上。从这个归一化向量中，我们提取 x 分量，生成我们的第二个纹理坐标。这些提取的 x 和 y 分量有效地形成高度和方位角，以便用于在等量矩形纹理中查找。

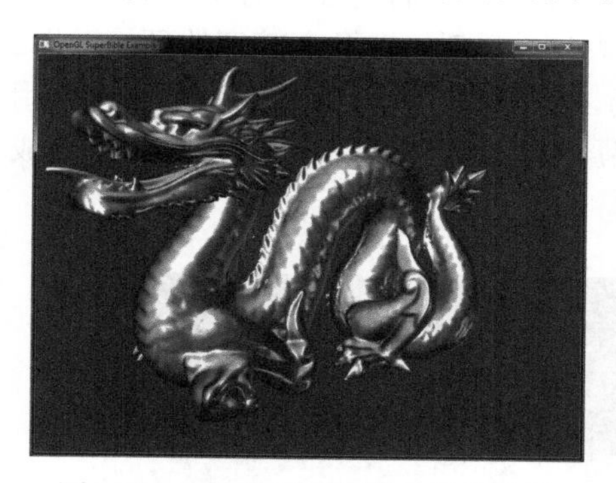

图 13.11　使用球形环境映射的结果

图 13.12　等量矩形环境贴图纹理示例

实现等量矩形环境贴图的片段着色器包含在 equirectangular 示例应用程序中，如清单 13.11 所示。使用该着色器渲染对象的结果如图 13.13 所示。

清单 13.11　等量矩形环境映射的片段着色器

```
#version 420 core

layout (binding = 0) uniform sampler2D tex_envmap;

in VS_OUT
{
    vec3 normal;
    vec3 view;
} fs_in;
```

```
out vec4 color;

void main(void)
{
    // u will be our normalized view vector
    vec3 u = normalize(fs_in.view);

    // Reflect u about the plane defined by the normal at the fragment
    vec3 r = reflect(u, normalize(fs_in.normal));

    // Compute texture coordinate from reflection vector
    vec2 tc;

    tc.y = r.y; r.y = 0.0;
    tc.x = normalize(r).x * 0.5;

    // Scale and bias texture coordinate based on direction
    // of reflection vector
    float s = sign(r.z) * 0.5;

    tc.s = 0.75 - s * (0.5 - tc.s);
    tc.t = 0.5 + 0.5 * tc.t;

    // Sample from scaled and biased texture coordinate
    color = texture(tex_envmap, tc);
}
```

立方体贴图

立方体贴图被视为一个单独的纹理对象，但它由构成正方体6个面的6个方形（必须是正方形）2D图像组成。立方体贴图的应用范围包括3D光照贴图、反射，以及高精度的环境贴图。图13.14显示了构成立方体贴图的6个正方形图像的布局，我们在立方体贴图示例程序中使用了这张贴图。这些图像以十字架形式邻边相接排列。如果愿意，你可以剪下图像并将其折叠成一个正方体，它们的边缘应该是对齐的。

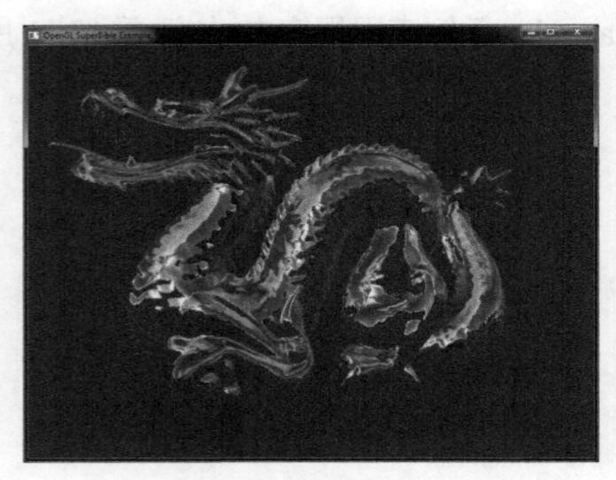

图13.13　等量矩形环境纹理贴图结果

图13.14　cubemap样例程序中的正方体六个面的布局

为了加载立方体贴图纹理，我们通过将新名称绑定到 GL_TEXTURE_CUBE_MAP 目标来创建纹理对象，调用 glTexStorage2D()来指定纹理的存储维度，然后在正方体的每个面调用 glTexSubImage2D()将立方体贴图数据加载到纹理对象中。立方体贴图的每个面都有一个特殊目标，分别叫作 GL_TEXTURE_CUBE_MAP_POSITIVE_X、GL_TEXTURE_CUBE_MAP_NEGATIVE_X、GL_TEXTURE_CUBE_MAP_POSITIVE_Y、GL_TEXTURE_CUBE_MAP_NEGATIVE_Y、GL_TEXTURE_CUBE_MAP_POSITIVE_Z 和 GL_TEXTURE_CUBE_MAP_NEGATIVE_Z。它们按此顺序被分配数值，因此我们可以简单地创建一个循环并依次更新每个面。清单 13.12 展示了执行此操作的示例代码。

清单 13.12　加载立方体贴图的纹理

```
GLuint texture;

glGenTextures(1, &texture);
glBindTexture(GL_TEXTURE_CUBE_MAP, texture);

glTexStorage2D(GL_TEXTURE_CUBE_MAP,
               levels, internalFormat,
               width, height);
for (face = 0; face < 6; face++)
{
    glTexSubImage2D(GL_TEXURE_CUBE_MAP_POSITIVE_X + face,
                    0,
                    0, 0,
                    width, height,
                    format, type,
                    data + face * face_size_in_bytes);
}
```

立方体贴图也支持 mipmap。因此，如果立方体贴图包含 mipmap 数据，那么清单 13.12 中的代码需要修改才能加载额外的 mipmap 级别。KTF（Khronos Texture File）文件格式原生支持立方体贴图纹理，所以本书的 KTX 文件加载器能够完成这些工作。

立方体贴图的纹理虽然是一系列 2D 图像的集合，但它的坐标有 3 个维度。这看起来似乎有点奇怪。与真实的 3D 纹理不同，S、T 和 R 纹理坐标表示纹理贴图中心向外指向的带符号向量，该向量将与立方体贴图 6 条边中的一条边相交。交点周围的纹素将被采样，用以从纹理中创建滤波后的颜色值。

立方图贴图的一个常见用途是创建一个反映周围环境的物体。立方体贴图应用于球体，将创建镜像表面的外观。相同的立方体贴图也适用于天空盒，这会创建被反射的背景。

天空盒只不过是一个带有天空照片的大盒子，也可以把它看作是一个大箱子上的天空照片。一个有效的天空盒包含 6 个图像，它们是从场景中心沿 6 个方向轴的视图。如果你感觉这听起来像是一个立方体贴图，那么恭喜你，你是对的！

要渲染立方体贴图，我们可以简单地在观察者周围绘制一个大立方体，并将立方体贴图纹理应用到它的表面。但是，有一种更简单的实现方法。因为任何位于视口外的虚拟立方体都将被裁剪掉，而我们需要整个视口被填充。我们可以通过渲染全屏四边形来实现这一点。只需要计算视口 4 个角的纹理坐标，就可以使用它们来渲染立方体贴图。

现在，如果立方体贴图纹理直接映射到虚拟立方体，那么立方体的顶点位置就是纹理的坐标。获得立方体的顶点位置，将它们的 x、y 和 z 分量乘以视图矩阵的旋转部分（视图矩阵的左上 3×3 子矩阵），以便将它们定向到正确的方向，随后在世界空间中渲染立方体。在世界空间中，我们唯一能看到的是正对面。因此，我们可以渲染一个全屏四边形，并通过视图矩阵变换它的角度以正确定位。所有这些都显示在清单 13.13 所示的顶点着色器中。

清单 13.13 天空盒渲染的顶点着色器

```
#version 420 core

out VS_OUT
{
    vec3 tc;
} vs_out;

uniform mat4 view_matrix;

void main(void)
{
    vec3[4] vertices = vec3[4](vec3(-1.0, -1.0, 1.0),
                               vec3( 1.0, -1.0, 1.0),
                               vec3(-1.0, 1.0, 1.0),
                               vec3( 1.0, 1.0, 1.0));

    vs_out.tc = mat3(view_matrix) * vertices[gl_VertexID];
    gl_Position = vec4(vertices[gl_VertexID], 1.0);
}
```

请注意，由于顶点坐标和生成的纹理坐标被硬编码到顶点着色器中，我们不需要任何顶点属性，因此不需要任何缓存来存储它们。如果需要，我们可以通过缩放顶点数据的 z 分量来缩放视场，z 分量变得越大，x 和 y 分量在归一化后就越小，因此视场也越小。用于渲染立方体贴图的片段着色器也很简单，其被完整地显示在清单 13.14 中。

清单 13.14 天空盒渲染的片段着色器

```
#version 420 core

layout (binding = 0) uniform samplerCube tex_cubemap;

in VS_OUT
{
    vec3    tc;
} fs_in;

layout (location = 0) out vec4 color;

void main(void)
{
    color = texture(tex_cubemap, fs_in.tc);
}
```

一旦渲染完天空盒，我们就需要在天空盒的场景中渲染一些东西来反映天空蓝。用于从立方体贴图纹理中取值的纹理坐标被表示为从原点指向立方体的向量。OpenGL 将确定这个向量最终会到达哪个面以及与面相交的坐标，然后从这个位置获取数据。我们需要做的是为每个片段计算这个向量。同样，我们需要传入的视线方向和每个片段的法线。

这些内容像以前一样在顶点着色器中生成，传递给片段着色器并进行规范化。再次，我们在以传入的表面法线代表的片段平面上反射了入射视线方向，由此获得一个反射向量。在假设天空盒中显示的景物足够远的情况下，可以将该反射向量视为从原点发出，因此可以用作天空盒的纹理坐标。顶点着色器和片段着色器的代码分别显示在清单 13.15 和清单 13.16 中。

清单 13.15 立方体环境渲染的顶点着色器

```
#version 420 core

uniform mat4 mv_matrix;
uniform mat4 proj_matrix;

layout (location = 0) in vec4 position;
layout (location = 1) in vec3 normal;

out VS_OUT {
    vec3 normal;
    vec3 view;
} vs_out;

void main(void)
{
    vec4 pos_vs = mv_matrix * position;

    vs_out.normal = mat3(mv_matrix) * normal;
    vs_out.view = pos_vs.xyz;

    gl_Position = proj_matrix * pos_vs;
}
```

清单 13.16 立方体环境渲染的片段着色器

```
#version 420 core

layout (binding = 0) uniform samplerCube tex_cubemap;

in VS_OUT
{
    vec3 normal;
    vec3 view;
} fs_in;

out vec4 color;

void main(void)
{
    // Reflect view vector about the plane defined by the normal
    // at the fragment
    vec3 r = reflect(fs_in.view, normalize(fs_in.normal));

    // Sample from scaled using reflection vector
    color = texture(tex_cubemap, r);
}
```

使用清单 13.13～清单 13.16 中所示的着色器渲染被天空盒包围的对象结果如图 13.15 所示。该图像由 cubemapenv 示例程序生成。

当然，片段的最终颜色不是必须直接从环境贴图中获取。例如，你可以将其与自己正在渲染的对象的基本颜色相乘，以显示它反射的环境。色板 13 显示了被渲染的龙的金色版本。

图 13.15 使用天空盒的立方体贴图环境效果

13.1.6 材料性质

目前为止在本章的所有示例中，都是将一个单一的材料应用到整个模型。这意味着我们的龙全身有一样的光泽，瓢虫会看起来有些像塑料做成的。但是，模型的每个部分都用相同的材料是不合理的。实际上，我们可以通过在纹理中存储关于曲面的信息来为每个曲面，每个三角形，甚至每个像素指定材质属性。例如，镜面指数可以存储在纹理中，并在渲染时应用于模型。这允许模型的某些部分比其他部分具有更好的反射性。

另一种允许将粗糙感应用于模型的技术是预先模糊环境贴图，然后使用光泽因子（也存储在纹理中）在地图的锐利版和模糊版之间逐渐淡化。在这个例子中，我们将再次使用一个简单的球形环境贴图。图 13.16 显示了两个环境贴图和一个用于在它们之间进行混合的光泽贴图。左侧图像显示完全清晰的环境贴图，而中间的图像是相同环境的预模糊版本。最右边的图像是我们的光泽贴图，它将用于在环境贴图的锐利和模糊版本之间进行过滤。在光泽图最亮的地方，将使用清晰的环境贴图。在最黑暗的地方，将使用模糊的环境贴图。

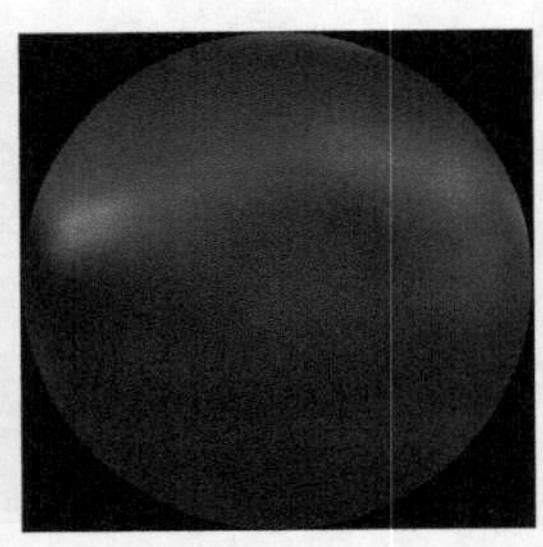

图 13.16 预过滤的环境贴图和光泽贴图

这两个环境贴图可以合成一个只有 2 个纹素深度的 3D 纹理。然后，我们可以从光泽纹理中进行采样，并使用提取的纹素值作为用于从环境贴图中取值的纹理坐标的第三个分量（前两个分量正常计算）。将清晰的图像作为 3D 环境纹理的第一层，将模糊的图像作为 3D 环境的第二层，OpenGL 将平滑地在清晰环境贴图和模糊环境贴图之间进行插值。

清单 13.17 显示了片段着色器，它读取材质纹理以确定每个像素的光泽度，然后据此读取环境贴图纹理。

清单 13.17 每片段光泽计算的片段着色器

```
#version 420 core

layout (binding = 0) uniform sampler3D tex_envmap;
layout (binding = 1) uniform sampler2D tex_glossmap;

in VS_OUT
{
    vec3 normal;
    vec3 view;
    vec2 tc;
} fs_in;

out vec4 color;

void main(void)
{
    // u will be our normalized view vector
    vec3 u = normalize(fs_in.view);

    // Reflect u about the plane defined by the normal at the fragment
    vec3 r = reflect(u, normalize(fs_in.normal));

    // Compute scale factor
    r.z += 1.0;
    float m = 0.5 * inversesqrt(dot(r, r));

    // Sample gloss factor from glossmap texture
    float gloss = texture(tex_glossmap, fs_in.tc * vec2(3.0, 1.0) * 2.0).r;

    // Sample from scaled and biased texture coordinate
    vec3 env_coord = vec3(r.xy * m + vec2(0.5), gloss);

    // Sample from two-level environment map
    color = texture(tex_envmap, env_coord);
}
```

图 13.17 展示了由 perpixelgloss 示例生成的，使用贴图渲染的圆环的结果。

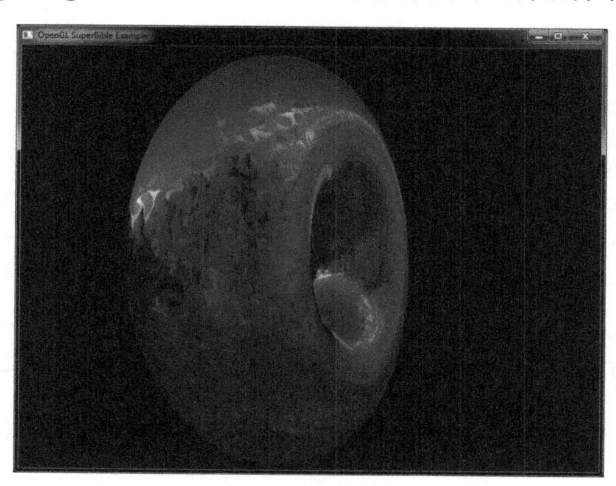

图 13.17 每像素计算光泽度示例

13.1.7 投射阴影

到目前为止，本章介绍的着色算法都是假设每条光线都将影响每个片段的最终颜色。但是，在一个有很多对象的复杂场景中，情况并非如此。物体间会相互投射阴影。如果渲染的场景中省略了这些阴影，就会失去极大的真实性。本节概述了一些模拟物体阴影效果的技术。

阴影贴图

任何阴影计算的最基本操作都是确定是否有任何光线照到目标点。实际上，我们必须确定从阴影点是否能看到光线点，或者从光线点是否能看到阴影点，这就变成一个可见性计算。幸运的是，我们有深度缓存这个非常快速的硬件来确定一个几何图形是否从给定的有利位置可见。

阴影贴图是一种通过从光源的角度呈现场景来生成可见性信息的技术。这里只有深度信息是必需的，所以要做到这一点，我们可以使用只有深度附件的帧缓存对象。从光线的角度将场景渲染到深度缓存之后，将剩下场景中光线到最近点的每像素距离。当我们在前向过程中渲染几何图形时，可以计算每个点与光源的距离，并将其与深度缓存中存储的距离进行比较。为此，我们将点从视图空间（它被渲染的地方）投影到光线的坐标系统中。

一旦有了这个坐标，我们只需从之前渲染的深度纹理中读取深度值，将其与计算的深度值进行比较即可，如果深度值不是该纹理中距离灯光最近的点，我们就知道该点处在阴影里。事实上，这是一种非常常见的图形操作，因此OpenGL中甚至有一个特殊的采样器类型（阴影采样器）来帮助我们做这种比较。在GLSL中，2D纹理被声明为sampler2DShadow类型的变量，该类型将在示例中用到。我们还可以为1D纹理（sampler1DShadow），立方体贴图（samplerCubeShadow）和矩形纹理（samplerRectShadow）以及这些类型的数组（矩形纹理除外）创建阴影采样器。

清单13.18展示了如何设置一个只有深度附件的帧缓存对象来准备渲染阴影贴图。

清单13.18 做好阴影贴图的前期准备

```
GLuint shadow_buffer;
GLuint shadow_tex;

glGenFramebuffers(1, &shadow_buffer);
glBindFramebuffer(GL_FRAMEBUFFER, shadow_buffer);
glGenTextures(1, &shadow_tex);
glBindTexture(GL_TEXTURE_2D, shadow_tex);
glTexStorage2D(GL_TEXTURE_2D, 1, GL_DEPTH_COMPONENT32,
               DEPTH_TEX_WIDTH, DEPTH_TEX_HEIGHT);
glTexParameteri(GL_TEXTURE_2D, GL_TEXTURE_MIN_FILTER, GL_LINEAR);
glTexParameteri(GL_TEXTURE_2D, GL_TEXTURE_MAG_FILTER, GL_LINEAR);
glTexParameteri(GL_TEXTURE_2D, GL_TEXTURE_COMPARE_MODE,
                GL_COMPARE_REF_TO_TEXTURE);
glTexParameteri(GL_TEXTURE_2D, GL_TEXTURE_COMPARE_FUNC, GL_LEQUAL);

glFramebufferTexture(GL_FRAMEBUFFER, GL_DEPTH_ATTACHMENT,
                     shadow_tex, 0);

glBindFramebuffer(GL_FRAMEBUFFER, 0);
```

在清单 13.18 中，注意对 glTexParameteri()的两个调用，使用了参数 GL_TEXTURE_COMPARE_MODE 和 GL_TEXTURE_COMPARE_FUNC。第一个调用打开纹理比较模式，第二个调用设置了比较实用的函数。一旦创建了用于渲染深度的帧缓冲器 FBO，我们就可以从光源的视角渲染场景。给定一个指向原点光源位置 light_pos，我们可以构造一个矩阵来表示光线的模型视图投影矩阵，构造过程如清单 13.19 所示。

清单 13.19 为阴影贴图初始化矩阵

```
vmath::mat4 model_matrix = vmath::rotate(currentTime, 0.0f, 1.0f, 0.0f);
vmath::mat4 light_view_matrix =
    vmath::lookat(light_pos,
                  vmath::vec3(0.0f),
                  vmath::vec3(0.0f, 1.0f, 0.0f);
vmath::mat4 light_proj_matrix =
   vmath::frustum(-1.0f, 1.0f, -1.0f, 1.0f,
                  1.0f, 1000.0f);
vmath::mat4 light_mvp_matrix = light_projection_matrix *
                               light_view_matrix *
                               model_matrix;
```

从光源位置渲染场景会产生一个深度缓存，其中包含从光源到帧缓存中每个像素的距离。其内容可被可视化成一张灰度图像，其中黑色表示可能的最小深度值（0），白色表示可能的最大深度值（1）。图 13.18 显示了使用这种技术渲染的简单场景的深度缓存。

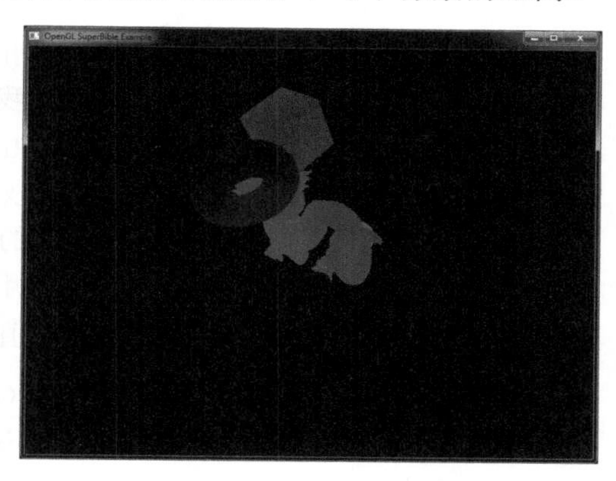

图 13.18 从光源处看的深度

为了利用存储的深度信息来生成阴影，我们需要对渲染着色器做一些修改。首先，需要声明阴影采样器并从中取值。有趣的部分是如何确定从深度纹理读取的坐标。事实上，这一步非常简单。在顶点着色器中，我们通常在裁剪坐标中计算输出位置，即世界空间坐标系中的顶点投影到虚拟相机的视图空间中，然后投影到相机的视景体中。同时，我们需要使用光源视角和视景体矩阵执行相同的操作。由于结果坐标被插值并传递给片段着色器，该着色器将拥有光源裁剪空间中每个片段的坐标。

除了坐标空间转换之外，我们还必须缩放和偏向得到的裁剪坐标。注意，OpenGL 的常规裁剪坐标在 x 轴、y 轴和 z 轴的范围为−1.0～1.0。将顶点从对象空间转换为光源裁剪空间的矩阵称为阴影矩阵，其计算代码如清单 13.20 所示。

清单 13.20 初始化阴影矩阵

```
const vmath::mat4 scale_bias_matrix =
     vmath::mat4(vmath::vec4(0.5f, 0.0f, 0.0f, 0.0f),
                 vmath::vec4(0.0f, 0.5f, 0.0f, 0.0f),
                 vmath::vec4(0.0f, 0.0f, 0.5f, 0.0f),
                 vmath::vec4(0.5f, 0.5f, 0.5f, 1.0f));
vmath::mat4 shadow_matrix = scale_bias_matrix *
                            light_proj_matrix *
                            light_view_matrix *
                            model_matrix;
```

阴影矩阵可以作为单个统一体传递给最初的顶点着色器。清单 13.21 显示了着色器的简化版本。

清单 13.21 阴影贴图的简化版顶点着色器

```
#version 420 core

uniform mat4 mv_matrix;
uniform mat4 proj_matrix;
uniform mat4 shadow_matrix;

layout (location = 0) in vec4 position;

out VS_OUT
{
    vec4 shadow_coord;
} vs_out;

void main(void)
{
    gl_Position = proj_matrix * mv_matrix * position;
    vs_out.shadow_coord = shadow_matrix * position;
}
```

shadow_coord 输出从顶点着色器发出，插值后被传递到片段着色器。这些坐标必须被投影到标准化设备坐标中，以便使用它们在我们之前构建的阴影贴图中进行查找。这通常意味着用整个向量除以它自己的 w 分量。然而，由于以这种方式投影坐标是一种非常常见的操作，因此有一个叫作 textureProj 的重载纹理函数来帮助我们完成这部分操作。当我们使用带有阴影采样器的 textureProj 时，它首先将纹理坐标的 x、y 和 z 分量除以自己的 w 分量，然后使用得到的 x 和 y 分量从纹理中取值。接下来，它使用所选择的比较函数将返回值与计算出的 z 分量进行比较，根据测试是通过还是失败分别产生值 1.0 或 0.0。

如果纹理所选择的纹理过滤模式为 GL_LINEAR 或者需要多个样本，那么 OpenGL 在计算它们的均值前会分别对每个样本进行测试。因此，textureProj 函数的结果是基于通过比较的样本数的一个介于 0.0 和 1.0 间的值。我们需要做的就是使用包含用于插值阴影纹理坐标的深度缓存的阴影采样器来调用 textureProj，其结果将是一个可用来判断该点是否处于阴影中的值。清单 13.22 显示了一个高度简化的阴影贴图的片段着色器。

清单 13.22 阴影贴图的简化版片段着色器

```
#version 420 core

layout (location = 0) out vec4 color;

layout (binding = 0) uniform sampler2DShadow shadow_tex;

in VS_OUT
{
    vec4 shadow_coord;
} fs_in;

void main(void)
{
    color = textureProj(shadow_tex, fs_in.shadow_coord) * vec4(1.0);
}
```

当然，使用清单 13.22 所示的着色器渲染场景的结果是，没有应用真正的光照，并且所有东西只能是黑白两色。然而，正如在着色器代码中所看到的，我们只是简单地将阴影贴图样本的结果乘以 vec4（1.0）。在更复杂的着色器中，我们将应用正常的着色和纹理，并将这些计算的结果乘以阴影贴图样本的结果。图 13.19 中左图显示了一个只有投影信息的简单场景，右图显示了包含全部光照计算的场景。该图像是由 shadowmapping 示例生成的。

图 13.19　阴影贴图的渲染结果

阴影贴图有优点也有缺点。它可能会非常耗费内存，因为每个光照都需要自己的阴影贴图。每条光线也需要穿过场景，这会产生一定的性能成本。这些消耗累加起来会导致应用程序的运行速度变慢。由于阴影贴图中映射到单个纹素的元素可能会覆盖用于光照计算的屏幕空间中的多个像素，因此阴影贴图必须具有非常高的分辨率。最后，自遮挡的效果可能会在输出中显示为条纹或阴影区域中的“闪亮”图像。使用多边形偏移可以在一定程度上缓解这种情况。这个小的偏移量可以被 OpenGL 自动应用到所有的多边形（三角形），以将它们推向或远离观察者。要设置多边形偏移，请调用

```
void glPolygonOffset(GLfloat factor,
                     GLfloat units);
```

第一个参数 factor 是一个比例因子，用来乘以多边形深度相对于其屏幕区域的变化值。第二个参数 unit 是一个实现定义的缩放值，它在内部乘以保证在深度缓存中产生不同值的最小变化值。这可能听起来有点绕，但它确实是这样。你需要不断尝试这两个值直到深度值不同的效果消失。一旦设置了多边形偏移比例因子，就可以通过使用 GL_POLYGON_OFFSET_FILL 参数调用 **glEnable()** 来启用该效果，并通过将相同参数传递给 **glDisable()** 来再次禁用该效果。

13.1.8　雾化效果

一般来说，计算机图形绘制就是建模光线与周围环境的交互。到目前为止，我们所做的大部分渲染都没有考虑光线传播的媒介。通常，介质是空气。然而，我们周围的空气并不是完全透明的，它包含吸收和散射光线的粒子、蒸汽和气体。在观察世界时，我们利用这些散射和吸收来估计物体深度和推断距离。对该情况进行建模，即使是近似模拟，都能极大地增加场景的真实性。

雾

我们都很熟悉雾。起雾时，视线可能被限制在几英尺内，浓雾甚至会带来危险。然而，即使雾不重，它仍然存在，你只要往远处看就能看见。雾是由悬挂在空气中的水蒸汽、其他气体或颗粒（如烟雾或污染物）引起的。当光线在空气中传播时，会发生两件事，一些光线被粒子吸收，一些光线被粒子反射（或者可能被这些粒子重新发射）。当光线被雾吸收时，这种情况被称为消尽（extionction），因为最终所有的光线都会被吸收，没有任何光线会被留下。然而，光线通常会找到一种方式，通过反射和被雾粒吸收后再发射而离开雾气。我们把这种情况叫作内散射（inscattering），并且可以建立一个包含消尽和内散射的简单模型来简单而有效地模拟雾。

在这个例子中，我们将返回到第 8 章的曲面细分的地形示例。如果回顾图 8.12，可以发现我们将天空留黑并且仅使用了一个带着色信息的简单纹理来渲染地形。从这个渲染结果推断深度是非常困难的，所以我们将调整示例以应用雾。

为了将雾化效果添加到示例中，我们修改了细分曲面评估着色器，将每个点的世界空间坐标和视觉空间坐标都传递给片段着色器。修改后的细分曲面评估着色器展示在清单 13.23 中。

清单 13.23　置换贴图的细分曲面镶嵌评估着色器

```
#version 420 core

layout (quads, fractional_odd_spacing) in;

uniform sampler2D tex_displacement;

uniform mat4 mv_matrix;
uniform mat4 proj_matrix;
uniform float dmap_depth;

out vec2 tc;

in TCS_OUT
{
    vec2 tc;
} tes_in[];

out TES_OUT
{
    vec2 tc;
    vec3 world_coord;
    vec3 eye_coord;
} tes_out;

void main(void)
{
    vec2 tc1 = mix(tes_in[0].tc, tes_in[1].tc, gl_TessCoord.x);
    vec2 tc2 = mix(tes_in[2].tc, tes_in[3].tc, gl_TessCoord.x);
    vec2 tc = mix(tc2, tc1, gl_TessCoord.y);

    vec4 p1 = mix(gl_in[0].gl_Position,
                  gl_in[1].gl_Position, gl_TessCoord.x);
    vec4 p2 = mix(gl_in[2].gl_Position,
                  gl_in[3].gl_Position, gl_TessCoord.x);
    vec4 p = mix(p2, p1, gl_TessCoord.y);
    p.y += texture(tex_displacement, tc).r * dmap_depth;
```

```
    vec4 P_eye = mv_matrix * p;

    tes_out.tc = tc;
    tes_out.world_coord = p.xyz;
    tes_out.eye_coord = P_eye.xyz;

    gl_Position = proj_matrix * P_eye;
}
```

在片段着色器中，我们以通常的方式从景观纹理中取值，然后将简单的雾模型应用于颜色值。我们使用视觉空间坐标中的长度来确定从观察者到被渲染点的距离，即从目标点发出的光到达我们的眼睛到底要在大气中要传播多远，这也是雾方程的输入项。我们将对场景应用指数雾。消尽和内散射项将是

$$f_e = e^{-zd_e}$$

$$f_i = e^{-zd_i}$$

这里，f_e是消尽因子，f_i是内散射因子。同样，d_e 和 d_i 分别是用来控制雾效应的消尽系数和内散射系数。z 是从眼睛到被渲染点的距离。当 z 接近 0 时，指数项接近于 1。随着 z 增加（即被渲染点离观察者越远），指数项变得越来越小，接近于 0。这些曲线如图 13.20 所示。

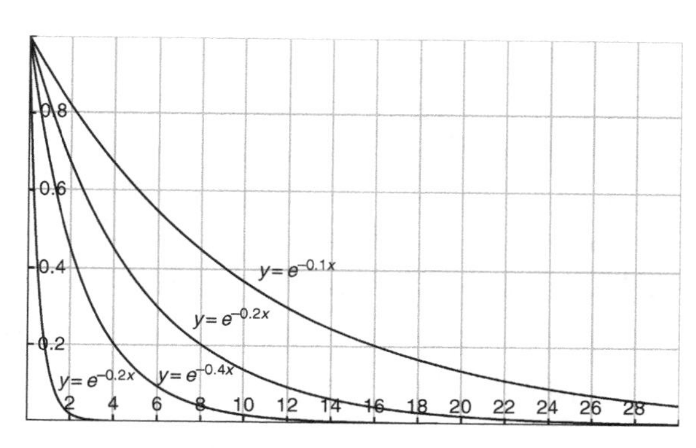

图 13.20　指数衰减图像

清单 13.24 展示了修改后应用了雾效果的片段着色器。

清单 13.24　应用了雾的片段着色器

```
#version 420 core

out vec4 color;

layout (binding = 1) uniform sampler2D tex_color;

uniform bool enable_fog = true;
uniform vec4 fog_color = vec4(0.7, 0.8, 0.9, 0.0);

in TES_OUT
{
    vec2 tc;
    vec3 world_coord;
    vec3 eye_coord;
} fs_in;

vec4 fog(vec4 c)
{
    float z = length(fs_in.eye_coord);

    float de = 0.025 * smoothstep(0.0, 6.0,
                                  10.0 - fs_in.world coord.y);
    float di = 0.045 * smoothstep(0.0, 40.0,
                                  20.0 - fs_in.world_coord.y);

    float extinction = exp(-z * de);
```

```
    float inscattering = exp(-z * di);

    return c * extinction + fog_color * (1.0 - inscattering);
}

void main(void)
{
    vec4 landscape = texture(tex_color, fs_in.tc);

    if (enable_fog)
    {
        color = fog(landscape);
    }
    else
    {
        color = landscape;
    }
}
```

在我们的片段着色器中，fog 函数对输入的片段颜色进行雾化。它首先计算雾化的消尽和内散射因子，然后它将原始片段颜色乘以消尽项。消尽项越接近 0，该项就越接近黑色。随后将雾色乘以 1 减去内散射项差值。随着到观察者的距离增加，内散射项越接近 0（就像消尽项一样）。1 减去这个值的结果将随着到观察者的距离增加而更接近 1。这意味着场景离观察者越远，其颜色越接近雾的颜色。

图 13.21 显示了使用该着色器渲染细分曲面景观场景的结果。左图显示了没有雾的原始场景，右图显示了施加了雾的场景。你应该能够看到右侧图像中的深度感大大提高了。

图 13.21　对细分曲面景观应用雾效果

13.2 非真实感绘制

通常，渲染和生成计算机图形的目的是生成尽可能逼真的图像。但是，对于某些应用程序或出于艺术原因，可能需要渲染一些不真实的图像。例如，也许我们想要使用铅笔素描效果或以完全抽象的方式进行渲染。这被称为非真实感绘制（NPR）。

卡通渲染：以纹理元素代替光照

前几章中的许多纹理映射示例都是使用 2D 纹理。二维纹理通常是最简单且最容易理解的。

大多数人可以轻松理解如何将 2D 图像放置在 2D 或 3D 几何体侧面。现在我们来看一个在卡通式计算机游戏中非常常用的一维纹理映射示例。卡通渲染（Toon shading）（也称为 cell shading）将一维纹理贴图作为查找表，从中映射纯色（使用 GL_NEAREST）填充几何物体。

基本思想是将漫反射照明强度（视觉空间表面法线和光线方向向量之间的点积）作为纹理坐标，映射到一个逐渐增亮的一维颜色纹理中。图 13.22 显示了一个这样的纹理，其中有 4 个渐亮的红色纹素（定义为 RGB 无符号字节颜色分量）。

图 13.22　一个一维的颜色查找表

回想一下，漫反射的光点积结果从 0.0 的无强度变化到 1.0 的全强度。这可以很方便地映射到一维纹理坐标范围中，更直观地加载这个一维纹理：

```
static const GLubyte toon_tex_data[] =
{
    0x44, 0x00, 0x00, 0x00,
    0x88, 0x00, 0x00, 0x00,
    0xCC, 0x00, 0x00, 0x00,
    0xFF, 0x00, 0x00, 0x00
};

glGenTextures(1, &tex_toon);
glBindTexture(GL_TEXTURE_1D,tex_toon);
glTexStorage1D(GL_TEXTURE_1D, 1, GL_RGB8,sizeof(toon_tex_data) / 4);
glTexSubImage1D(GL_TEXTURE_1D, 0,
                0, sizeof(toon_tex_data) / 4,
                GL_RGBA, GL_UNSIGNED_BYTE,
                toon_tex_data);
glTexParameteri(GL_TEXTURE_1D, GL_TEXTURE_MAG_FILTER, GL_NEAREST);
glTexParameteri(GL_TEXTURE_1D, GL_TEXTURE_MIN_FILTER, GL_NEAREST);
glTexParameteri(GL_TEXTURE_1D, GL_TEXTURE_WRAP_S, GL_CLAMP_TO_EDGE);
```

以上代码来自示例程序 toonshading，该应用程序使用卡通渲染方式渲染了一个旋转的圆环。虽然用来创建圆环的模型文件提供了一组二维纹理坐标，但是如清单 13.25 所示，我们在顶点着色器中忽略了它们，只使用了传入位置和法线参数。

清单 13.25　卡通着色顶点着色器

```
#version 420 core

uniform mat4 mv_matrix;
uniform mat4 proj_matrix;

layout (location = 0) in vec4 position;
layout (location = 1) in vec3 normal;

out VS_OUT
{
    vec3 normal;
    vec3 view;
} vs_out;
```

```
void main(void)
{
    vec4 pos_vs = mv_matrix * position;

    //Calculate eye-space normal and position
    vs_out.normal = mat3(mv_matrix) * normal;
    vs_out.view = pos_vs.xyz;

    //Send clip-space position to primitive assembly
    gl_Position = proj_matrix * pos_vs;
}
```

除变换几何位置外，该着色器的输出是一个插值的视觉空间法线和位置，它们将被传递给片段着色器，如清单 13.26 所示。漫反射光分量的计算实际上与先前的漫反射照明示例中的方式相同。

清单 13.26　卡通渲染的片段着色器

```
#version 420 core

layout (binding = 0) uniform sampler1D tex_toon;

uniform vec3 light_pos = vec3(30.0, 30.0, 100.0);

in VS_OUT
{
    vec3 normal;
    vec3 view;
} fs_in;

out vec4 color;

void main(void)
{
    // Calculate per-pixel normal and light vector
    vec3 N = normalize(fs_in.normal);
    vec3 L = normalize(light_pos - fs_in.view);

    // Simple N dot L diffuse lighting
    float tc = pow(max(0.0, dot(N, L)), 5.0);

    // Sample from cell shading texture
    color = texture(tex_toon, tc) * (tc * 0.8 + 0.2);
}
```

卡通着色器中的片段着色器以常用方式计算漫反射光照系数，但并不直接应用它，而是用该系数在包含 4 种单元颜色的纹理中进行查询。在传统的卡通着色器中，未修改的漫反射系数将作为纹理坐标使用，其生成的颜色将直接作为片段着色器的输出。然而，在这里，我们将漫反射系数提升为较小的权数，然后在输出结果之前通过漫反射系数缩放从渐变纹理返回的颜色。这使得卡通的高亮部分更加清晰，并且使图像具有一定的深度，而不像仅使用卡通渐变纹理实现的平面图像。

得到的输出如图 13.23 所示，其中由于卡通着色器造成的明暗带和高亮区非常明显。色板 15 中还同时显示了红色渐变纹理和彩色阴影圆环。

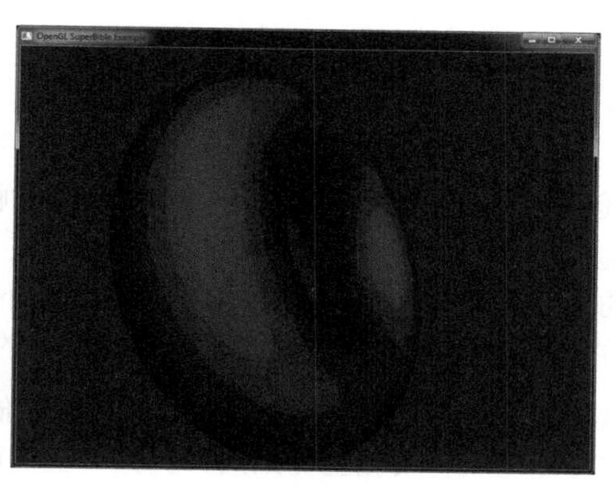

图 13.23 卡通渲染的圆环

13.3 替代渲染方法

传统的正向渲染会执行完整的图形管线，从顶点着色器开始并执行任意数量的后续阶段，很可能以片段着色器为止。片段着色器负责计算片段的最终颜色，并且在每个绘图命令之后，帧缓存的内容会变得越来越完整。但是，这并不是唯一的方式。在本节中你将看到，可能先部分计算阴影信息并在渲染完所有对象之后完成场景绘制，甚至可以放弃传统的基于顶点的几何表示，而在片段着色器中完成所有几何处理。

13.3.1 延期着色

在目前为止的几乎所有示例中，片段着色器都用于计算渲染片段的最终颜色。现在，考虑这样一种情况，当渲染对象最终会覆盖已经绘制在屏幕上的物体时，会发生什么。这种现象被称为过度绘制（overdraw）。在这种情况下，先前计算的结果被替换为新渲染的结果，基本上舍弃了第一个片段着色器做的所有工作。如果片段着色器很昂贵，或者有很多过度绘制情况的话，可能会增加性能开销。为了解决这个问题，可以使用一种叫作延迟着色的技术，该技术是一种将片段着色器中的繁重处理延迟到最后一刻的方法。

为此，我们首先使用非常简单的片段着色器渲染场景，该片段着色器将每个片段中稍后着色可能会用到的全部参数输出到帧缓存中。在大多数情况下，将需要多个帧缓存附件。如果参考前面关于光照的部分，你会看到用于照明场景可能需要的信息类型是片段的漫反射颜色，其表面法线以及它在世界空间中的位置。最后一条信息通常可以用屏幕空间和深度缓存重建，但简单地将每个片段的世界空间坐标存储在帧缓存附件中会非常方便。用于存储该中间信息的帧缓存通常被称为 G 缓存。这里，G 代表“几何图形”，因为 G 缓存存储有关该点的几何信息而非图像属性。

一旦生成了 G 缓存，就可以使用一个全屏四边形对屏幕上的每个点进行着色。最后阶段将使用最终光照算法的全部复杂性，但不是应用于每个三角形的每个像素，而是仅应用于帧缓存中的每个像素一次。这可以显著降低片段着色的成本，特别是在使用多种灯光或复杂着色算法的情况下。

生成G缓存

延迟渲染的第一阶段是创建G缓存，该缓存使用带有多个附件的帧缓存对象来实现。OpenGL可以支持多达8个附件的帧缓存，每个附件最多可以有4个32位通道（例如使用GL_RGBA32F内部格式）。但是，每个附件的每个通道都会占用一些内存带宽。如果不关注写入帧缓存的数据量，那么保存所有这些信息所需的内存带宽成本就会超过延迟阴影所节省的成本。

通常，16位浮点值足以存储颜色值和法线，32位浮点值用来存储世界空间坐标以保持精度。为了着色而存储的其他组件可能是从材质派生而来的。例如，我们可以在每个像素处存储镜面指数（或亮度因子）。考虑到所有的数据、不同的精度要求以及内存带宽效率，尝试将数据打包到含有更宽的帧缓存格式的不相关的组件中是一个好主意。

在下面的示例中，我们将使用3个16位组件来存储每个片段的法线，3个16位组件存储片段的反射率（纯色），3个32位浮点数组件存储片段的世界空间坐标，一个32位整数分量用于存储单个像素对象或材料索引，一个32位分量存储每像素的镜面功率因数。

这些位的总和是6个16位组件和5个32位组件。怎样用一个帧缓存来表示这些呢？其实很简单。对于6个16位组件，我们可以将它们打包到GL_RGBA32UI格式帧缓存的前3个32位组件中。这留给我们可以用来存储32位对象标识符的第四个组件。现在，我们还有4个32位组件需要存储，即世界空间坐标的3个组成部分和镜面反射功率。这些可以简单地打包成GL_RGBA32F格式的帧缓存附件。创建G缓存的代码如清单13.27所示。

清单13.27 初始化G缓存

```
GLuint gbuffer;
GLuint gbuffer_tex[3];

glGenFramebuffers(1, &gbuffer);
glBindFramebuffer(GL_FRAMEBUFFER, gbuffer);

glGenTextures(3, gbuffer_tex);
glBindTexture(GL_TEXTURE_2D, gbuffer_tex[0]);
glTexStorage2D(GL_TEXTURE_2D, 1, GL_RGBA32UI,
               MAX_DISPLAY_WIDTH, MAX_DISPLAY_HEIGHT);
glTexParameteri(GL_TEXTURE_2D, GL_TEXTURE_MIN_FILTER, GL_NEAREST);
glTexParameteri(GL_TEXTURE_2D, GL_TEXTURE_MAG_FILTER, GL_NEAREST);

glBindTexture(GL_TEXTURE_2D, gbuffer_tex[1]);
glTexStorage2D(GL_TEXTURE_2D, 1, GL_RGBA32F,
               MAX_DISPLAY_WIDTH, MAX_DISPLAY_HEIGHT);
glTexParameteri(GL_TEXTURE_2D, GL_TEXTURE_MIN_FILTER, GL_NEAREST);
glTexParameteri(GL_TEXTURE_2D, GL_TEXTURE_MAG_FILTER, GL_NEAREST);

glBindTexture(GL_TEXTURE_2D, gbuffer_tex[2]);
glTexStorage2D(GL_TEXTURE_2D, 1, GL_DEPTH_COMPONENT32F,
               MAX_DISPLAY_WIDTH, MAX_DISPLAY_HEIGHT);

glFramebufferTexture(GL_FRAMEBUFFER, GL_COLOR_ATTACHMENT0,
                     gbuffer_tex[0], 0);
glFramebufferTexture(GL_FRAMEBUFFER, GL_COLOR_ATTACHMENT1,
                     gbuffer_tex[1], 0);
```

```
glFramebufferTexture(GL_FRAMEBUFFER, GL_DEPTH_ATTACHMENT,
                     gbuffer_tex[2], 0);

glBindFramebuffer(GL_FRAMEBUFFER, 0);
```

现在我们可以用一个帧缓存来表示 G 缓存，是时候开始渲染它了。前面提到将多个 16 位组件封装到半数的 32 位组件中，可以使用 GLSL 函数 packHalf2x16 来实现。假设我们的片段着色器拥有所有必要的输入信息，它可以将所需的所有数据导出到两个颜色输出中，如清单 13.28 所示。

清单 13.28　写入 G 缓存

```
#version 420 core

layout (location = 0) out uvec4 color0;
layout (location = 1) out vec4 color1;

in VS_OUT
{
    vec3      ws_coords;
    vec3      normal;
    vec3      tangent;
    vec2      texcoord0;
    flat uint     material_id;
} fs_in;

layout (binding = 0) uniform sampler2D tex_diffuse;

void main(void)
{
    uvec4 outvec0 = uvec4(0);
    vec4 outvec1 = vec4(0);

    vec3 color = texture(tex_diffuse, fs_in.texcoord0).rgb;

    outvec0.x = packHalf2x16(color.xy);
    outvec0.y = packHalf2x16(vec2(color.z, fs_in.normal.x));
    outvec0.z = packHalf2x16(fs_in.normal.yz);
    outvec0.w = fs_in.material_id;

    outvec1.xyz = fs_in.ws_coords;
    outvec1.w = 60.0;

    color0 = outvec0;
    color1 = outvec1;
}
```

如清单 13.28 所示，我们使用了 packHalf2x16 和 floatBitsToUint 函数。虽然这看起来增加了代码量，但它相对于存储所有这些数据的内存带宽成本来说几乎是“免费的”。一旦将场景渲染到 G 缓存，就可以计算帧缓存中所有像素的最终颜色。

使用 G 缓存

给定一个具有漫反射颜色、法线、镜面反射幂值、世界空间坐标系和其他信息的 G 缓存，我们需要从中读取数据并重建清单 13.28 中打包的原始数据。本质上，我们对打包的代码使用逆操作，使用 unpackHalf2x16 和 uintBitsToFloat 函数将存储在纹理中的整数型数据转换为浮点型数据。解包代码如清单 13.29 所示。

清单 13.29　从 G 缓存解包数据

```
layout (binding = 0) uniform usampler2D gbuf0;
layout (binding = 1) uniform sampler2D gbuf1;

struct fragment_info_t
{
    vec3 color;
    vec3 normal;
    float specular_power;
    vec3 ws_coord;
    uint material_id;
};

void unpackGBuffer(ivec2 coord,
                   out fragment_info_t fragment)
{
    uvec4 data0 = texelFetch(gbuf_tex0, ivec2(coord), 0);
    vec4 data1 = texelFetch(gbuf_tex1, ivec2(coord), 0);
    vec2 temp;

    temp = unpackHalf2x16(data0.y);
    fragment.color = vec3(unpackHalf2x16(data0.x), temp.x);
    fragment.normal = normalize(vec3(temp.y, unpackHalf2x16(data0.z)));
    fragment.material_id = data0.w;

    fragment.ws_coord = data1.xyz;
    fragment.specular_power = data1.w;
}
```

我们可以使用一个简单的片段着色器来可视化 G 缓存中的内容，该片段着色器从附加的结果纹理中读取数据，将数据解包到其原始形式，然后将所需的部分输出到标准颜色帧缓存。将一个简单的场景渲染到 G 缓存并对其进行可视化，得到图 13.24 所示的结果。

图 13.24　可视化 G 缓存内容

图 13.24 中左上图显示漫反射率，右上图显示表面法线，左下图显示世界空间坐标系，右下图显示了在每个像素点的材料 ID，表现为不同程度的灰度。

一旦将 G 缓存的内容解包到着色器中，我们就拥有了计算片段最终颜色所需的所有数据。我们可以使用本章前面介绍过的任何技术。本例中，我们使用标准的 Phong 着色。在清单 13.29 中，我们将 fragment_info_t 解包后的数据直接传递给一个根据光照信息计算片段最终颜色的光照函数。该函数如清单 13.30 所示。

清单 13.30　使用 G 缓存中的数据点亮片段

```
vec4 light_fragment(fragment_info_t fragment)
{
    int i;
    vec4 result = vec4(0.0, 0.0, 0.0, 1.0);

    if (fragment.material_id != 0)
    {
        for (i = 0; i < num_lights; i++)
        {
            vec3 L = fragment.ws_coord - light[i].position;
            float dist = length(L);
            L = normalize(L);
            vec3 N = normalize(fragment.normal);
            vec3 R = reflect(-L, N);
            float NdotR = max(0.0, dot(N, R));
            float NdotL = max(0.0, dot(N, L));
            float attenuation = 50.0 / (pow(dist, 2.0) + 1.0);

            vec3 diffuse_color = light[i].color * fragment.color *
                                 NdotL * attenuation;
            vec3 specular color = light[i].color *
                                  pow(NdotR, fragment.specular_power)
                                  * attenuation;

            result += vec4(diffuse_color + specular_color, 0.0);
        }
    }

    return result;
}
```

图 13.25 中显示了使用延迟着色点亮场景的最终效果。在该场景中，我们使用实例渲染了超过 200 个对象的副本。每一帧中的每个像素都存在一些过度绘制。场景的最后一个过程计算了 64 个光线的贡献。增加和减少场景中的光线数量对性能几乎没有影响。事实上，渲染场景中最昂贵的部分是首先生成 G 缓存，然后在照明着色器中读取并解包它，无论场景中光线数量多少，该部分在本例中只执行一次。在本例中，为了清楚起见，我们使用了一个相对低效的 G 缓存。这消耗了相当多的内存带宽，但可以通过减少缓存的存储需求来提高程序性能。

图 13.25　延期着色的最终渲染效果

法线映射与延期着色

在 13.1.4 节中，我们了解了将局部曲面法线存储在纹理中，然后使用它们向渲染模型添加细节的法线映射技术。为此，大多数常规映射算法（包括 13.1.4 小节描述的算法）使用切线空间法线并在该坐标空间中执行所有光照计算。这包括计算顶点着色器中的光照向量 $\vec{L}$ 和视图向量 $\vec{V}$，使用 TBN 矩阵将它们转换到切线空间，并将它们传递到执行光照计算的片段着色器中。但是，在延迟渲染器中，存储在 G 缓存中的法线通常位于全局或视图空间中。

为了生成可以存储到 G 缓存中用以进行延迟着色的视图空间法线，我们需要从法线贴图中读取切线空间法线，并在生成 G 缓存期间将它们转换到视图空间中。这需要对正常映射算法进行微小的修改。

首先，我们不在顶点着色器中计算 $\vec{V}$ 或 $\vec{L}$，也不会构造 TBN 矩阵。相反，我们计算视觉空间法线 $\vec{N}$ 和切向量 $\vec{T}$，并将它们传递给片段着色器。在片段着色器中，我们将 $\vec{N}$ 和 $\vec{T}$ 重新归一化并取其叉积以生成双切向量 $\vec{B}$。这被用在片段着色器中以构建被着色的片段局部的 TBN 矩阵。我们像往常一样从法线映射表中读取切线空间法线，但是通过 TBN 矩阵的逆（只是简单的转置，假设它仅编码了旋转）进行转换。这一操作将法线向量从切线空间移动到视图空间，该法线将被存储在 G 缓存中。其他用于执行光照计算的着色算法与前面描述的相同。

使用法线映射生成 G 缓存的顶点着色器相对于不使用法线映射的版本几乎没有修改。清单 13.31 中显示了更新后的片段着色器。

清单 13.31　使用法线映射的延迟着色（片段着色器部分）

```
#version 420 core

layout (location = 0) out uvec4 color0;
layout (location = 1) out vec4 color1;

in VS_OUT
{
    vec3        ws_coords;
    vec3        normal;
    vec3        tangent;
    vec2        texcoord0;
    flat uint   material_id;
} fs_in;

layout (binding = 0) uniform sampler2D tex_diffuse;
layout (binding = 1) uniform sampler2D tex_normal_map;

void main(void)
{
    vec3 N = normalize(fs_in.normal);
    vec3 T = normalize(fs_in.tangent);
    vec3 B = cross(N, T);
    mat3 TBN = mat3(T, B, N);

    vec3 nm = texture(tex_normal_map, fs_in.texcoord0).xyz * 2.0 - vec3(1.0);
    nm = TBN * normalize(nm);

    uvec4 outvec0 = uvec4(0);
    vec4 outvec1 = vec4(0);

    vec3 color = texture(tex_diffuse, fs_in.texcoord0).rgb;

    outvec0.x = packHalf2x16(color.xy);
    outvec0.y = packHalf2x16(vec2(color.z, nm.x));
```

```
    outvec0.z = packHalf2x16(nm.yz);
    outvec0.w = fs_in.material_id;

    outvec1.xyz = floatBitsToUint(fs_in.ws_coords);
    outvec1.w = 60.0;

    color0 = outvec0;
    color1 = outvec1;
}
```

最后，图 13.26 显示了将法线映射应用到场景（左）和插值每顶点法线（右）之间的区别。如图所示，在应用了法线映射的左图中可以看到更多细节。所有这些代码都包含在生成这些图像的 deferredshading 示例中。

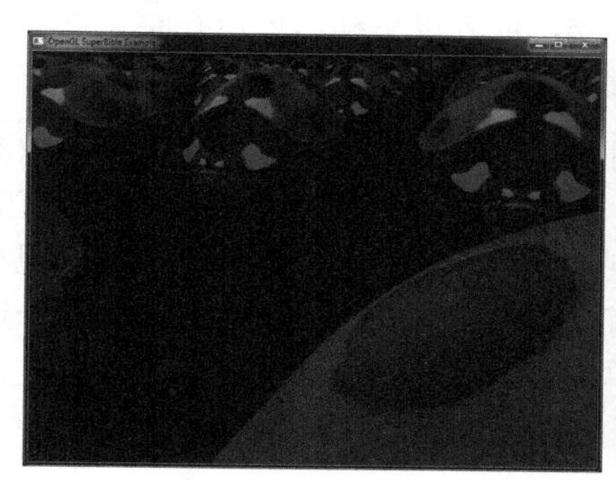
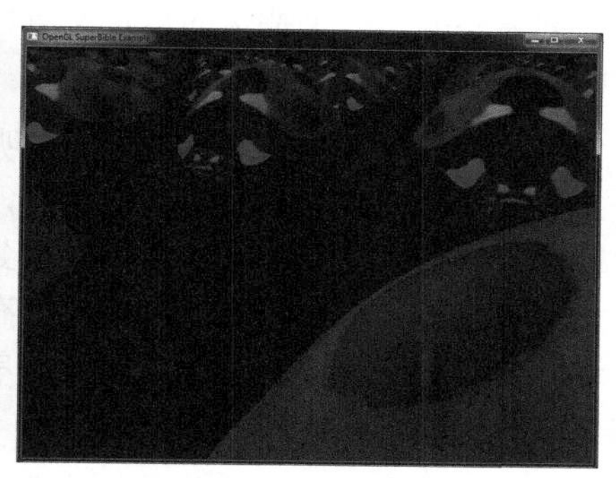

图 13.26　使用了法线映射（左）和未使用发现映射（右）的延迟着色

延迟着色的缺点

虽然延迟着色可以减少复杂光照或着色计算对应用程序性能的影响，但并不能解决所有问题。除了带宽很大并且需要大量内存来存放附加到 G 缓存的所有纹理之外，延迟着色还有另外一些缺点。其中的一些问题可以通过努力解决，但在开始编写一个全新的延迟渲染器之前，应该考虑以下这些问题。

首先，延迟着色实现时的带宽因素需要认真考虑。在示例中，我们为 G 缓存中的每个像素使用了 256 位信息，但是我们没有充分使用它们。我们将世界空间坐标直接打包放入 G 缓存，占用 96 位（注意，我们为此使用了 3 个 32 位浮点值）。但是，当渲染最终一步时，我们有每个像素的屏幕空间坐标，可以从 gl_FragCoord 的 x 和 y 分量以及深度缓存的内容中获取世界空间坐标。为了获得世界空间坐标，我们需要撤消视口变换（这只是一个简单的缩放和偏差），然后通过应用投影和视图矩阵（通常将坐标从世界空间变换到视觉空间）的逆矩阵将结果坐标从裁剪空间变换到世界空间中。由于视图矩阵通常只编码平移和旋转信息，因此很容易求逆。然而，投影矩阵和随后的齐次分割求逆就更为困难。

我们使用 48 个位来编码 G 缓存中的表面法线，3 条法线均采用 16 位浮点数表示。也可以只存储法线的 x 和 y 分量，并使用法线的单位长度属性计算 z 分量，即 $z=\sqrt{x^2+y^2}$ 。z 的符号由我们来推断。通常，最安全的方法是使用额外的位（可能以 x 或 y 的 LSB 为代价）来编码符号。重建 z 分量时，先假设其是正数，然后改为值取反。还有很多更高级的将法线打包到 G 缓存中的编码，但它们都超出了本章的范围。

最后，使用完整的 32 位数存储镜面反射功率和材料 ID 分量。场景中的独特材质不会超过 60000 种，因此可以使用 16 位数作为材质 ID。此外，将镜面反射功率存储为对数并在照明着色器中将亮度因子的功率提高 2 是合理的。这将需要更少的比特来将镜面功率因数存储在 G 缓存中。

延迟着色算法的另一个缺点是它们通常不能很好地与抗锯齿一起使用。通常，当 OpenGL 解析多样本缓存时，它将采用像素样本的（可能加权的）平均值。平均深度值、法线，特别是元数据（例如材料 ID）都将不起作用。因此，如果要实现抗锯齿，则需要对附加到 G 缓存的所有屏幕外缓存使用多样本纹理。更糟糕的是，因为最终阶段包含覆盖整个场景的单个（或可能是两个）大多边形，所以内部像素都不会被视为边缘像素，这打破了传统的多样本抗锯齿。对于最终阶段，你需要编写一个特殊的自定义着色器，或者以采样速率运行整个过程，这将大大增加场景照明的成本。

最后，大多数延迟着色算法都无法处理透明度。这是因为在 G 缓存中的每个像素处，我们仅存储单个片段的信息。为了正确实现透明度，我们需要知道从最接近观察者一直到不透明片段前每个片段的所有信息。有一些算法可以做到这一点，例如，它们通常用于实现与顺序无关的透明度。另一种方法是使用延迟着色渲染所有非透明表面，然后在场景的第二个过程中渲染透明材质。这要求渲染器保留一个透明曲面清单，该清单在渲染器遍历场景时跳过，或者是遍历场景两次。这两种选择的代价都非常大。

总之，如果牢记技术的局限性并妥善处理算法，则延迟着色可以为应用程序带来显著的性能改进。

13.3.2 屏幕空间技术

到目前为止，本书中描述的大多数渲染技术都是按基元实现的。但是，在 13.3.1 节，我们讨论了延迟着色，这表明至少有一些渲染过程可以在屏幕空间中实现。在本节中，我们将讨论一些将渲染放入屏幕空间的算法。在某些情况下，这是实现某些技术的唯一方法。在其他情况下，我们可以通过延迟处理直到所有几何体都已经渲染完成，来获得显著的性能优势。

环境光遮挡

环境光遮挡是一种用于模拟全局照明某一分量的技术。全局照明是场景中物体被物体间反射光间接照亮的观察效果。环境光是散射光的近似值，是一个用于照明计算的微小的固定值。然而，在物体之间的深折痕或间隙处，由于光源被附近的表面遮挡，只有较少的光将照亮它们，因此称为环境遮挡。实时全局照明是当前研究的主题，虽然已经提出了一些令人印象深刻的成果，但这仍是一个尚未解决的问题。但是，我们可以使用临时方法和粗略近似来生成一些相当好的结果。一个近似是我们即将讨论的屏幕空间环境遮挡（SSAO）。

为了解释这项技术，我们将从两个方面入手。假想我们被任意大量的点光源包围，环境光可以被认为是撞击到表面上的点的光源数。在理想的平坦表面上，该表面上的任意点对平面上方的所有点光源都是可见的。然而，在凹凸不平的表面上，并非所有的点光源都可以从该表面上的所有点看到，表面越凹凸不平，从任何给定点可见的点光源越少。如图 13.27 所示。

在图中，可以看到在表面周围大致均匀地分布有 8 个点光源。对于目标点，我们从该点各画一条到 8 个点光源的连线。你可以看到表面谷底的一个点只能被少量的灯光照射到。然而，峰顶的一个点应该能够被大部分（如果不是全部）灯光照射到。表面的凸起遮挡了山谷底部点的光线，因此它们将接收环境光。在完整的全局照明模拟中，我们将逐个跟踪来自每个点成百上千个方向的线（或光线），并确定被光线直接照射到的地方。这个方案对于实时解决方案来说成本太高；相反，我们使用一种允许直接在屏幕空间中计算遮蔽点的方法。

为了实现这种技术，我们将从屏幕空间中的每个位置沿随机方向跟踪光线，并确定沿着该光线方向上的每个点处的遮挡量。首先，我们将场景渲染为深度和颜色缓存并将其附加到 FBO。与此同时，我们将每个片段的法线和视图空间中的线性深度渲染为第二个颜色附件附加到同一个 FBO 上。在第二个过程中，我们使用这些信息来计算每个像素点的遮挡程度。在这个过程中，我们使用环境遮挡着色器渲染了一个全屏四边形。着色器读取我们在第一个过程中渲染的深度值，选择随机方向并沿该方向前进几步。在前进过程中的每一点，它都测试深度缓存中的值是否小于沿光线计算的深度值。如果是，那么我们就认为该点被遮挡。

为了选择一个随机方向，我们预先初始化了一个在单位半径范围内具有大量随机向量的均匀缓存。虽然随机向量可能指向任何方向，但我们实际只想考虑指向远离表面的向量。也就是说，我们只考虑平面法线周围半球内的向量。为了产生在这个指定半球中的随机方向，我们计算表面法线（之前渲染到颜色缓存中）和所选随机方向的点积。如果结果为负，则选定的方向向量指向表面内，我们将其取反以指向正确定向的半球。图 13.28 展示了该技术。

图 13.27 凹凸平面上的遮蔽点

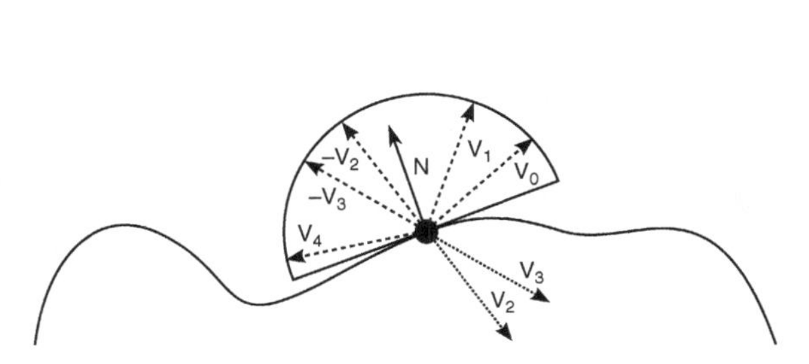

图 13.28 指定半球中的随机向量选择

在图 13.28 中，可以发现向量 V_0、V_1 和 V_4 已经位于与法向量 N 对齐的半球中。这意味着这 3 个向量中的任意一个与 N 的点积都是正的。但是，V_2 和 V_3 位于指定的半球之外，应该清楚的是这两个向量和 N 的点积都是负的。在这种情况下，我们简单地取反 V_2 和 V_3，将它们重新定向到正确的半球。

一旦有了随机的向量集，就可以沿着它们走。为此，我们从表面上的点开始，沿着选择的距离向量前进一小段距离。这将生成一个新的点，包括 x、y 和 z 坐标。我们使用 x 和 y 分量从我们之前渲染的线性深度缓存中读取并查找存储在那里的值。将这个深度值与插值位置向量的深度值进行比较，如果它比插值更接近（即更小），那么我们的插值点在图像中被遮挡，因此考虑到算法目的，我们认为原始点被遮挡了。这显然非常不准确，但从统计学上来说，它可以解决问题。选择的随机方向的数量，每个方向的步数以及每个步进的大小都是可以用来控制输出图像质量的参数。选择的方向越多，步进越大，每个方向的步数越多，输出图像质量就越好。图 13.29 显示了添加更多样本方向对环境遮挡算法结果的影响。

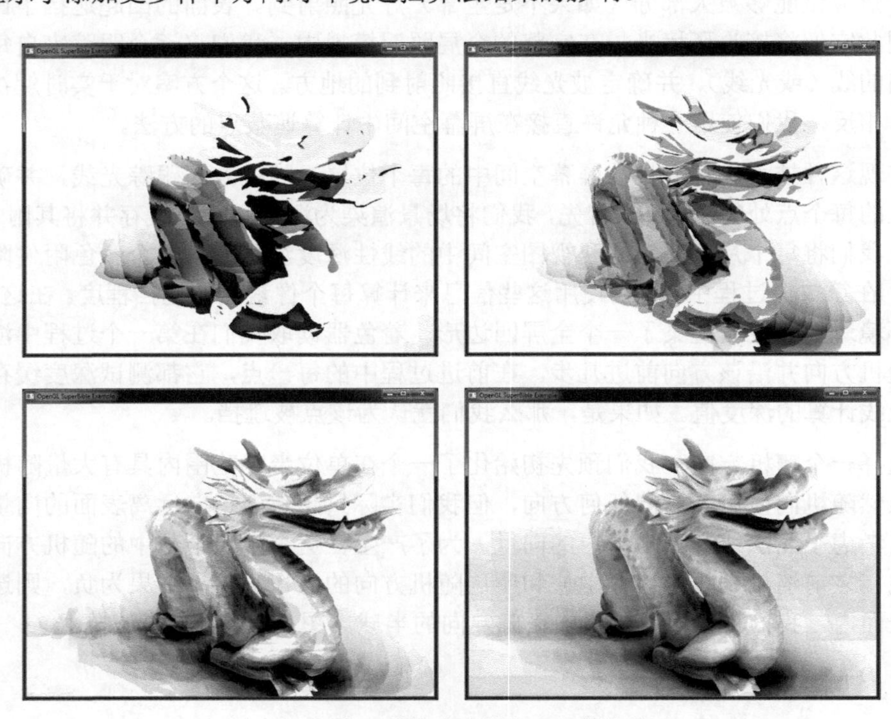

图 13.29　在环境遮蔽中增加方向数的效果

在图 13.29 中，方向是从左到右，从上到下依次添加，从左上图像中的单个方向开始，右上图像中有 4 个方向，左下图像中有 16 个方向，右下图像中有 64 个方向。如图所示，直到使用 64 个方向才能使图像变得平滑。方向数较少时，图像中将出现严重的条带。有许多方法可以减轻这种情况，但最有效的方法之一是随机化每个样本的遮挡光线的距离。这会在图像中引入噪声，但也会使结果平滑，从而提高整体质量。图 13.30 显示了将这种随机性引入图像的结果。

图 13.30　在环境遮蔽中引入噪声的效果

图 13.30 在环境遮蔽中引入噪声的效果（续）

如图 13.30 所示，在沿着遮挡光线前进中引入随机步进可以显著提高图像质量。同样，从左到右，从上到下，我们分别采用了 1 个、4 个、16 个和 64 个方向。使用随机的步进率，仅使用单个射线方向产生的图像已经从严重失真变化为嘈杂，但是正确。即使是 4 个方向的结果（如图 13.30 右上图所示）质量也可以接受，而图 13.29 中的同等图像仍显示出相当大的条带。图 13.30 右下角使用 16 个方向样本的图像几乎与图 13.29 中的使用 64 个方向样本的图像一样好，使用 64 个方向样本的图像在图 13.30 没有显示出太大的改进。我们可以补偿由该方法引入的噪声，但这超出了本示例的范围。

一旦有了环境遮挡项，我们就需要将它应用于渲染图像。环境遮挡仅仅是环境光被遮挡的量。因此，我们需要做的就是将渲染方程中的环境照明项乘以遮挡项，这会导致模型的折痕处应用较少的环境光照。图 13.31 显示了将屏幕空间环境遮挡算法应用于渲染场景的效果。

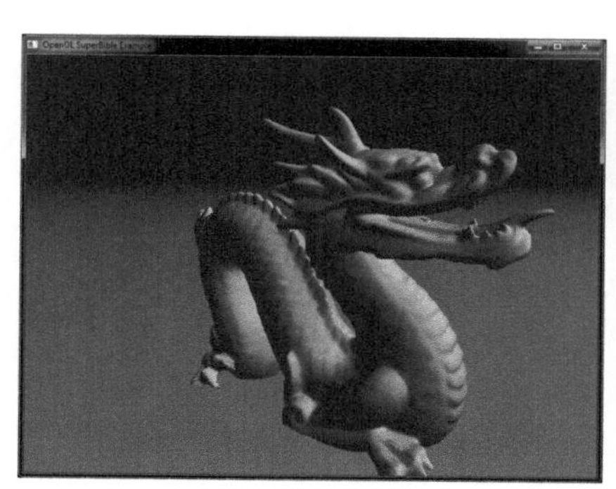

图 13.31 在场景渲染中应用环境遮挡

在图 13.31 中，左侧的图像仅使用了照明模型中的漫反射和镜面反射项。龙只是悬浮在平面上，虽然图像中的深度很难判断。右侧的图像应用了屏幕空间环境遮挡。如图所示，龙的一些细节的定义不仅更明显，而且在地面上投下一个柔和的阴影，增加了深度感。

在第一轮中，我们像往常一样将漫反射和镜面反射项渲染成一个颜色附件，然后将表面法线和线性视觉空间深度渲染成第二个颜色附件。执行此操作的着色器相对简单，与本书之前提供的许多着色器类似。算法的第二轮是比较有趣的部分，这里是我们应用环境遮挡效果的地方。它在清单 13.32 中有完整的展示，是 ssao 示例应用程序的一部分。

清单 13.32 环境遮蔽片段着色器

```
#version 450 core

//Samplers for prerendered color, normal, and depth
layout (binding = 0) uniform sampler2D sColor;
layout (binding = 1) uniform sampler2D sNormalDepth;

//Final output
layout (location = 0) out vec4 color;

//Various uniforms controlling SSAO effect
uniform float ssao_level = 1.0;
uniform float object_level = 1.0;
uniform float ssao_radius = 5.0;
uniform bool weight_by_angle = true;
uniform uint point_count = 8;
uniform bool randomize_points = true;

//Uniform block containing up to 256 random directions (x,y,z,0)
// and 256 more completely random vectors
layout (binding = 0, std140) uniform SAMPLE_POINTS
{
    vec4 pos[256];
    vec4 random_vectors[256];
} points;

void main(void)
{
    //Get texture position from gl_FragCoord
    vec2 P = gl_FragCoord.xy / textureSize(sNormalDepth, 0);
    // ND = normal and depth
    vec4 ND = textureLod(sNormalDepth, P, 0);
    // Extract normal and depth
    vec3 N = ND.xyz;
    float my_depth = ND.w;

    //Local temporary variables
    int i;
    int j;
    int n;

    float occ = 0.0;
    float total = 0.0;

    //n is a pseudo-random number generated from fragment coordinate
    // and depth
    n = (int(gl_FragCoord.x * 7123.2315 + 125.232) *
         int(gl_FragCoord.y * 3137.1519 + 234.8)) ^
         int(my_depth);
    // Pull one of the random vectors
    vec4 v = points.random_vectors[n & 255];

    //r is our 'radius randomizer'
    float r = (v.r + 3.0) * 0.1;
    if (!randomize_points)
        r = 0.5;

    //For each random point (or direction)...
    for (i = 0; i < point_count; i++)
    {
```

```
            //Get direction
            vec3 dir = points.pos[i].xyz;
            //Put it into the correct hemisphere
            if (dot(N, dir) < 0.0)
                dir = -dir;

            //f is the distance we've stepped in this direction
            // z is the interpolated depth
            float f = 0.0;
            float z = my_depth;

            //We're going to take 4 steps; we could make this
            //configurable
            total += 4.0;

            for (j = 0; j < 4; j++)
            {
                //Step in the right direction
                f += r;
                //Step _towards_ viewer reduces z
                z -= dir.z * f;

                //Read depth from current fragment
                float their_depth =
                    textureLod(sNormalDepth,
                               (P + dir.xy * f * ssao_radius), 0).w;

                //Calculate a weighting (d) for this fragment's
                // contribution to occlusion
                float d = abs(their_depth - my_depth);
                d *= d;

                //If we're obscured, accumulate occlusion
                if ((z - their_depth) > 0.0)
                {
                    occ += 4.0 / (1.0 + d);
                }
            }
        }

        //Calculate occlusion amount
        float ao_amount = vec4(1.0 - occ / total);

        // Get object color from color texture
        vec4 object_color = textureLod(sColor, P, 0);

        //Mix in ambient color scaled by SSAO level
        color = object_level * object_color +
                mix(vec4(0.2), vec4(ao_amount), ssao_level);
    }
```

13.3.3 无三角渲染

在上一节中，我们介绍了可以应用于屏幕空间的技术，所有这些技术都是通过在已经渲染的几何体上绘制全屏四边形来实现的。在本节中，我们将进一步展示如何使用单个全屏四边形渲染整个场景。

渲染 Julia 分形

在下一个示例中，我们渲染一个 Julia 集，只从纹理坐标创建图像数据。Julia 集与标志性的球状分形 Mandelbrot 集相关。Mandelbrot 图像通过迭代公式

$$Z_n = {Z_{n-1}}^2 + C$$

直到 Z 值超过阈值并计算迭代次数生成。如果 Z 值在允许的迭代次数内从未超过阈值，则确定该点位于 Mandelbrot 集内，使用某种默认颜色为其着色。如果 Z 值在允许的迭代次数内超过了阈值，则该点在集合之外。一种常见的 Mandelbrot 集可视化方式为使用确定该点在 Mandelbrot 集合外的迭代计数作为参数计算颜色值为该点着色。Mandelbrot 集和 Julia 集之间的主要区别是 Z 和 C 的初始条件。

渲染 Mandelbrot 集时，Z 设置为（$0 + 0i$），C 设置为要执行迭代的点的坐标。但是，在渲染 Julia 集时，Z 被设置为执行迭代的点的坐标，C 被设置为应用程序指定的常量。因此，虽然只有一个 Mandelbrot 集，但是有无限多的 Julia 集，每个可能的 C 值都对应一个 Julia 集。因此，Julia 集可以进行参数化控制甚至设置动画。正如前面的一些例子中一样，我们通过绘制全屏四边形来调用每个片段的着色器。但是，我们不是直接使用或后置处理可能已经存在于帧缓存中的数据，而是直接生成最终图像。

让我们使用仅包含纹理坐标的输入块设置片段着色器，并使用一个统一变量来保存 C 的值。为了对生成的 Julia 图像应用更有趣的颜色，我们使用了一个带有颜色渐变的一维纹理。当迭代到一个不在集合中的点时，我们通过使用迭代计数在纹理中索引来获得颜色为输出片段着色。最后，我们定义一个包含想要执行的最大迭代次数的统一变量。这允许应用程序平衡性能与结果图像中的细节级别。清单 13.33 显示了初始化 Julia 渲染器的片段着色器。

清单 13.33　初始化 Julia 集渲染器

```
#version 450 core

in Fragment
{
    vec2 tex_coord;
} fragment;

// Here's our value of c
uniform vec2 c;

// This is the color gradient texture
uniform sampler1D tex_gradient;

// This is the maximum iterations we'll perform before we consider
// the point to be outside the set
uniform int max_iterations;

// The output color for this fragment
out vec4 output_color;
```

既然我们有了着色器的输入，就可以准备开始渲染 Julia 集。C 的值取自应用程序提供的统一变量。Z 的初始值取自顶点着色器提供的输入纹理坐标。迭代循环的代码如清单 13.34 所示。

清单 13.34 Julia 渲染器的内部循环

```
int iterations = 0;
vec2 z = fragment.tex_coords;
const float threshold_squared = 4.0;

// While there are iterations left and we haven't escaped from
// the set yet...
while (iterations < max_iterations &&
       dot(z, z) < threshold_squared)
{
    // Iterate the value of Z as Z^2 + C
    vec2 z_squared;
    z_squared.x = z.x * z.x - z.y * z.y;
    z_squared.y = 2.0 * z.x * z.y;
    z = z_squared + c;
    iterations++;
}
```

循环终止于以下两种情况之一：达到允许的最大迭代次数（iterations == max_ iterations），或者 *Z* 的大小超过阈值。注意，在此着色器中，我们将 *Z* 的平方（使用 dot 函数找到）与阈值的平方（threshold_squared uniform）进行比较。这两个操作是等效的，但这种方法避免了使用着色器中的平方根，从而提高了性能。如果在循环结束时，迭代次数等于 max_iterations，我们知道迭代已经用完，并且该点位于集合内部，因此将其着色为黑色。否则，我们的点在迭代完成前就离开了集合，可以根据情况为点着色。为此，我们可以求出实际迭代次数占最大迭代次数的比例，并使用该值查找渐变纹理获得对应颜色值。清单 13.35 显示了这段逻辑。

清单 13.35 使用渐变纹理着色 Julia 集

```
if (iterations == max_iterations)
{
    output_color = vec4(0.0, 0.0, 0.0, 0.0);
}
else
{
    output_color = texture(tex_gradient,
                           float(iterations) / float(max_iterations));
}
```

现在剩下的就是提供渐变纹理并设置适当的 *C* 值。对于应用程序，我们根据传递给 render 函数的 currentTime 参数更新每个帧的 *C*。通过这样做，我们可以为分形设置动画。图 13.32 显示了 julia 示例程序生成的 Julia 动画的几个帧（有关其他示例，请参阅色板 16）。

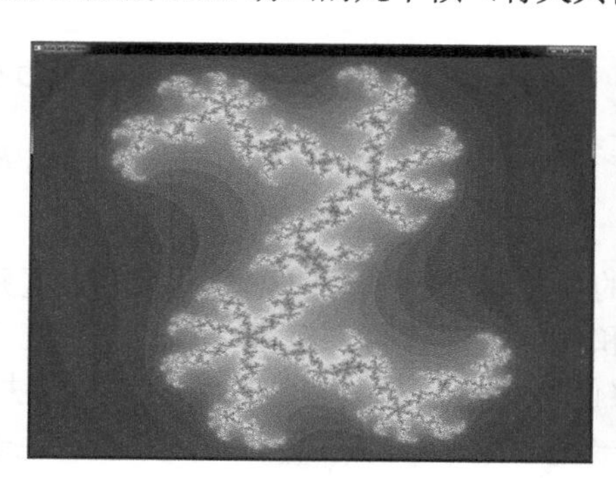
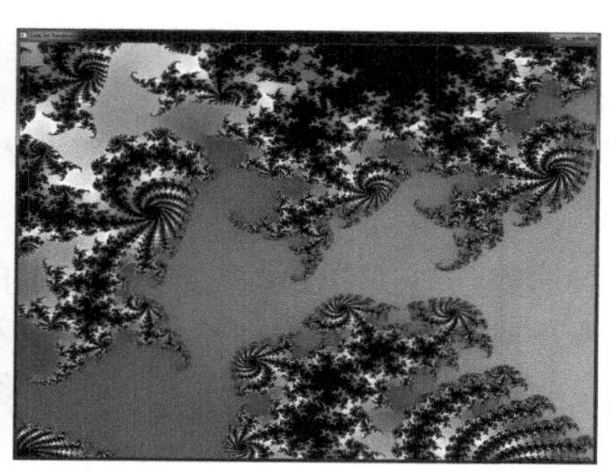

图 13.32 Julia 集动画中的几个帧

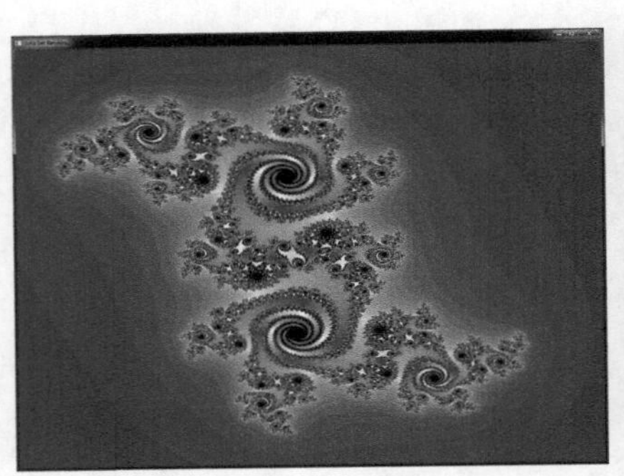

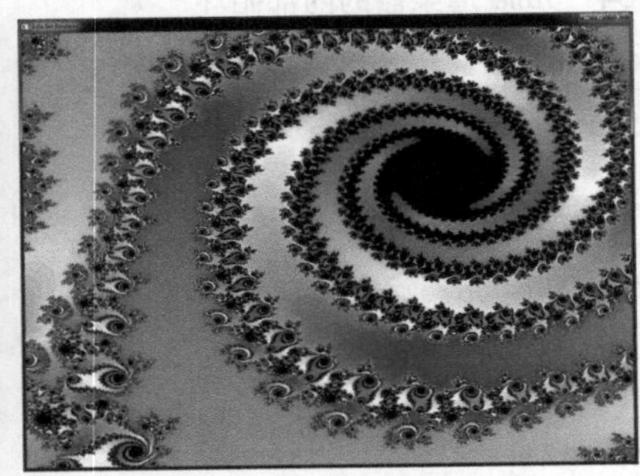

图 13.32 Julia 集动画中的几帧（续）

片段着色器中的光线跟踪

OpenGL 通常使用光栅化来生成基元（如线、三角形和点）片段。我们将几何体发送到 OpenGL 管线中，对于每个三角形，OpenGL 确定它覆盖的像素，然后运行着色器以确定其颜色。光线跟踪有效地解决了这个问题。我们将一组像素发送到管线中（实际上由光线表示），然后对于每一个像素，我们确定几何体的哪一部分覆盖了该像素（这意味着像素光线照射到几何体上）。与传统光栅化相比，这种方法的最大缺点是 OpenGL 不包含对它的直接支持，这意味着我们必须在自己的着色器中完成所有工作。然而，这为我们提供了许多优点，特别是我们不再仅局限于点、线和三角形，而且可以弄清楚光线照射到物体上后会发生什么。使用与确定相机可见内容相同的技术，我们可以使用少量附加代码实现渲染反射，阴影甚至折射。

在本节中，我们将讨论使用片段着色器构建简单的递归光线跟踪器。我们在这里生成的光线追踪器将能够渲染由简单球体和无限平面组成的图像，足以生成经典的“盒子中的光泽球体”图像。当然，实际中存在更先进的实现，但这应该足以解释基本技术。图 13.33 显示了简单光线跟踪器基础知识的简化 2D 图解。

在图 13.33 中，我们看到眼睛的位置形成光线原点 O，朝向图像平面（即显示器）并与其相交在点 P。该光线被称为主射线，用 $R_{primary}$ 表示。光线与第一个球面相交于 I_0。在该点，我们创建了两条额外的光线。第一条指向光源并由 R_{shadow} 表示。如果此光线射向光源的过程中与任何东西相交，则点 I_0 处于阴影中；否则，它被点亮。除了阴影光线之外，我们还通过在表面 I_0 处按表面法线 N 反射入射光线 $R_{primary}$ 获得第二条光线 $R_{reflected}$。

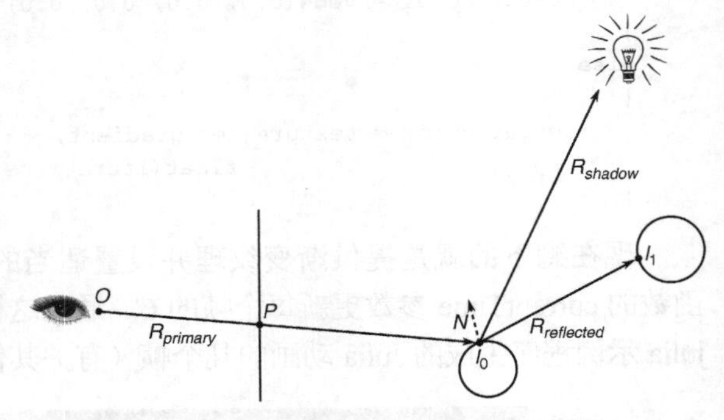

图 13.33 简化版光线追踪的 2D 图解

光线跟踪的着色与我们在本书中已经看过的着色和光照算法的类型没有太大区别。我们仍然可以计算漫反射和镜面反射，应用法线贴图和其他纹理等等。但是，我们也考虑了向其他方向发出的光线的贡献。因此，对于点 I_0，我们将使用 $R_{primary}$ 作为视线向量，N 作为法线，R_{shadow} 作为光源向量来着色它。接下来，我们将发出一束光线到 I_1（$R_{reflected}$），在那里着色表面，然后将该贡献值（通过 I_0 处表面的反射率缩放）添加回 P 处的颜色累积。最终结果将是清晰、干净的反射。

现在，给定原点（O）和点 P，原点通常位于视图空间原点。我们计算光线 $R_{primary}$ 的方向并开始光线追踪过程。这涉及计算光线和场景中对象（每个球体）的交点。射线与球体的交点计算如下。

给定原点 O 处方向为 $\vec{D}$ 的光线 R，则在时间 t，在光线上的点是 $O+t\vec{D}$。另外，给定中心在 C 处半径为 r 的球体，其表面上的任意点到 C 的距离均为 r；同时，C 与球体表面上任何点之间的距离平方为 r^2。由于向量与其自身的点积就是其长度的平方。因此，我们可以说对于在 $O + t\vec{D}$ 的 P 点，

$$(P-C)\cdot(P-C)=r^2$$

将 P 替换，可以得到

$$(O+t\vec{D}-C)\cdot(O+t\vec{D}-C)=r^2$$

展开上式得到一个关于 t 的二次方程：

$$(\vec{D}\cdot\vec{D})t^2+2(O-C)\cdot\vec{D}t+(O-C)\cdot(O-C)-r^2=0$$

将其书写为我们更熟悉的 $At^2+Bt+C=0$ 格式，得到

$$A=\vec{D}\cdot\vec{D}$$

$$B=2(O-C)\cdot\vec{D}$$

$$C=(O-C)\cdot(O-C)-r^2$$

用一个简单的二次方程，我们就可以求得 t，并确定它有零个、一个，还是两个解。

$$t=\frac{-B\pm\sqrt{B^2-4AC}}{2A}$$

由于方向向量 $\vec{D}$ 是标准化的，故其长度为 1。因此，A 也是 1。这使问题变得更简单，我们可以将求 t 公式简化为

$$t=\frac{-B\pm\sqrt{B^2-4C}}{2}$$

如果 $4C$ 比 B^2 大，那么平方根下的值为负，t 没有解，这意味着光线和球面没有交点。如果 B^2 等于 $4C$，那么只有一个解，这意味着光线只是掠过球体。如果 t 的解是正值，表明这发生在观察者面前，该结果表示的坐标为交叉点。如果 t 的解是负值，表明交点在观察者后面。最后，如果方程有两个解，我们取 t 的最小非负解作为交点。只需简单地将该值插入 $P=O+t\vec{D}$ 中获得交点在 3D 空间中的坐标。

执行此交点测试的着色器代码如清单 13.36 所示。

清单 13.36　光线-球面交点测试

```
struct ray
{
    vec3 origin;
```

```
    vec3 direction;
};

struct sphere
{
    vec3 center;
    float radius;
};

float intersect_ray_sphere(ray R,
                           sphere S,
                           out vec3 hitpos,
                           out vec3 normal)
{
    vec3 v = R.origin - S.center;
    float B = 2.0 * dot(R.direction, v);
    float C = dot(v, v) - S.radius * S.radius;
    float B2 = B * B;

    float f = B2 - 4.0 * C;

    if (f < 0.0)
        return 0.0;

    float t0 = -B + sqrt(f);
    float t1 = -B - sqrt(f);
    float t = min(max(t0, 0.0), max(t1, 0.0)) * 0.5;

    if (t == 0.0)
        return 0.0;

    hitpos = R.origin + t * R.direction;
    normal = normalize(hitpos - S.center);

    return t;
}
```

给定光线和球体的结构，清单 13.36 中的函数 intersect_ray_sphere 会在光线没有击中球体时返回 0.0，如果光线击中球体则返回 t 的值。如果找到交点，则在输出参数 hitpos 中返回该交点的位置，并在输出参数 normal 中返回交点处的曲面法线。我们使用 t 的返回值来确定沿着每条光线的最近交点，方法是将临时变量初始化为允许的最长光线长度，并在它与场景中每个球体处 intersect_ray_sphere 返回的距离之间取最小值。执行此操作的代码如清单 13.37 所示。

清单 13.37　确定最近交点

```
// Declare a uniform block with our spheres in it
layout (std140, binding = 1) uniform SPHERES
{
    sphere     S[128];
};

// Textures with the ray origin and direction in them
layout (binding = 0) uniform sampler2D tex_origin;
layout (binding = 1) uniform sampler2D tex_direction;

// Construct a ray using the two textures
ray R;

R.origin = texelFetch(tex_origin, ivec2(gl_FragCoord.xy),0).xyz;
R.direction = normalize(texelFetch(tex_direction, ivec2(gl_FragCoord.xy),0).xyz);
```

```
float min_t = 1000000.0f;
float t;

// For each sphere...
for (i = 0; i < num_spheres; i++)
{
    // Find the intersection point
    t = intersect_ray_sphere(R, S[i], hitpos, normal);

    // If there is an intersection
    if (t != 0.0)
    {
        // And that intersection is less than our current best
        if (t < min_t)
        {
            // Record it
            min_t = t;
            hit_position = hitpos;
            hit_normal = normal;
            sphere_index = i;
        }
    }
}
```

如果只是简单地在每个交点处填充白色，那么将光线跟踪运用到包含单个球体的场景中，就会生成图 13.34 所示的图像。

然而，这并不是特别有趣，我们需要点亮点。曲面法线对于光照计算很重要（正如你本章中已经介绍过的那样），它是由我们的交点函数返回的。我们在光线跟踪器中以常规方式执行光照计算，使用曲面法线、视图空间坐标（在交点测试时计算）、材质和阴影点等参数。通过应用已经学习过的光照方程，我们可以获得图 13.35 所示的图像。

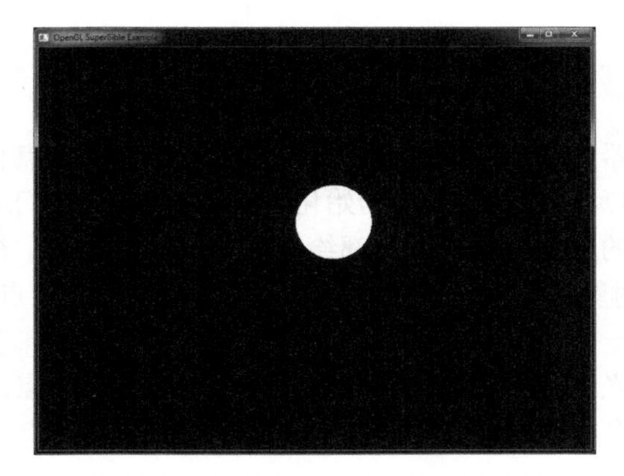

图 13.34　我们的第一个光线追踪球体

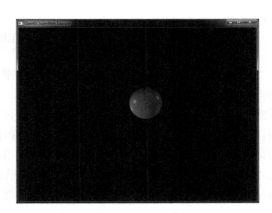

图 13.35　我们点亮的第一个光线追踪球体

虽然法线用于照明计算，但它对于光线跟踪器接下来的几个步骤也非常重要。对于场景中的每一个光源，我们计算它对曲面着色的贡献并将所有的贡献值累加以生成最终颜色。这也是光线追踪的第一个真正优势。给定一个表面点 P 和光坐标 L，我们形成一条新的光线，将其原点 O 设置为 P 及其方向 $\vec{D}$ 设置为 P 到 L 的归一化矢量，$\frac{L-P}{|L-P|}$。这被称为阴影光线（如图 13.33

中的 R_{shadow} 所示）。然后，我们可以测试场景中的对象，以查看光在该点是否可见。如果光线没有碰到任何东西，那么从被遮挡的点到光源之间就存在一条视线；否则，光线被遮挡，因此处于阴影中。由此可见，光线追踪器在阴影方面做得非常好。

然而，这并没有结束。正如可以构建一条从交点指向光源的光线一样，我们也可以构建一条指向任何方向的光线。例如，假设已知光线与球体相交处的表面法线，我们可以使用 GLSL 的 reflect 来将入射光线在法线定义的平面反射，获得远离平面反射出的新光线。该光线将直接作为光线跟踪算法的输入，它生成的交叉点被着色，并且生成的颜色被添加到场景中。

你可能已经注意到，在清单 13.37 中的每个像素处，我们都从纹理读取原点和方向。光线跟踪是一种递归算法，也就是说我们跟踪光线、着色点、创建新光线，跟踪光线并继续。GLSL 不允许递归，因此我们使用在纹理数组中维护的堆栈来实现此操作。

为了维护光线跟踪器需要的所有数据，我们创建了一个帧缓存对象数组，并为对象附加四个纹理作为颜色附件。这里保存了帧缓存中每个像素的最终复合色、光线原点、光线的当前方向以及光线的累积反射颜色。在应用程序中，我们允许每条光线最多反弹 5 次；因此我们需要五个帧缓存对象，每个对象都有 4 个纹理附件。第一种颜色（复合色）对所有帧缓存对象都是通用的，但其他 3 种颜色对每个帧缓存都是唯一的。在每个过程中，我们从一组纹理中读取并通过帧缓存对象写入下一组纹理。该过程如图 13.36 所示。

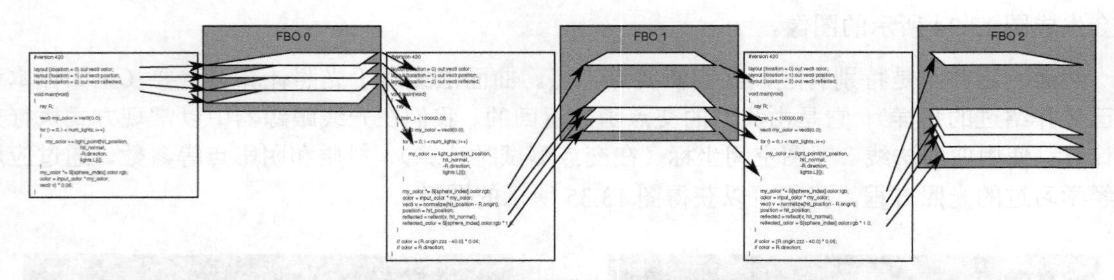

图 13.36　使用帧缓冲对象实现堆栈

为了初始化光线跟踪器，我们运行一个着色器，将起始原点和光线方向写入第一个原点和方向的纹理。我们还将累积纹理初始化为 0，并将反射颜色纹理都初始化为 1。接下来，我们运行实际的光线跟踪着色器，它将为我们想要跟踪的光线的每次反射都绘制一次全屏四边形。在每次传递中，我们绑定前一轮的原点、方向和反射颜色纹理，并且绑定了一个包含输出的原点、方向和反射纹理附件的帧缓存，这些纹理将在下一个过程中被使用。然后，对于每个像素，着色器使用存储在前两个纹理中的原点和方向形成光线，并在场景中对其进行追踪，点亮交点，将结果与存储在反射颜色纹理中的值相乘，然后将其发送到它的第一个输出。

为了合成到最终输出纹理，我们将它附加到每个帧缓存对象的第一个颜色附件，并将混合函数的源和目标因子均设置为 GL_ONE 来为该附件启用混合。这会导致将输出添加到该附件的现有内容中。对于其他输出，我们写下交点位置、反射光线方向和用于着色光线交点的材质的反射率系数。

如果向场景中添加更多球体，我们可以通过使用这种技术使它们相互反射。图 13.37 展示了包含更多球体的场景，其中每条光线的反弹次数逐渐增多。

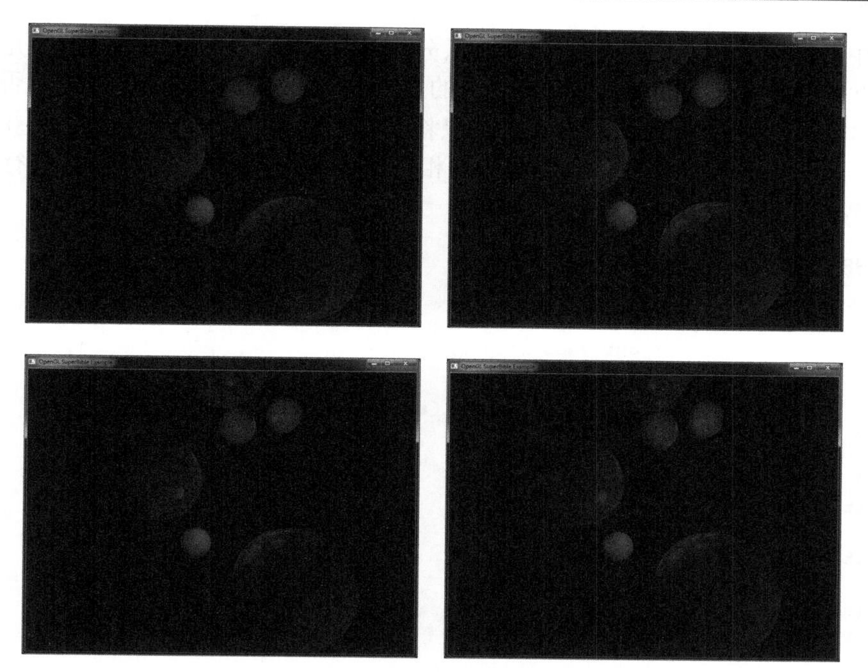

图 13.37 光线反射次数递增时的光线追踪球体

如图 13.37 所示，左上方的图像（没有二次反射光线）非常暗淡。在右上方的图像中，我们引入第一次反射后，开始看到球体的反射。在左下方图像中添加了第二次反射后，我们可以在球体反射中看到球体反射。在包含第三次反射的右下方图像中，效果更微妙，如果仔细观察，可以发现在反射球体中还包含反射球体。

当然，完全由球体构成的场景并不令人兴奋。我们需要做的是向其中添加更多的对象类型。虽然理论上任何物体都可以进行光线追踪，但另一种相对容易进行交点测试的形式是平面。平面的一种表示是法线（对于平面是恒定的）和沿该法线与平面上的原点的距离。法线是三维向量，其距离是标量值。因此，我们可以使用一个四分量向量来描述平面。我们将法线放到向量的 x、y 和 z 分量，将距离原点的距离放到 w 分量。实际上，给定平面法线 N 和距离原点的距离 d，平面的隐式方程可以表示为

$$P \cdot N + d = 0$$

其中 P 是平面上的点，假定已知点 P，光线上的一点可表示为

$$P = O + t\vec{D}$$

我们可以简单地将 P 带入隐式方程得到

$$(O + t\vec{D}) \cdot N + d = 0$$

求 t 时，有以下关系

$$O \cdot N + t\vec{D} \cdot N + d = 0$$

$$t\vec{D} \cdot N = -(O \cdot N + d)$$

$$t = \frac{-(O \cdot N + d)}{\vec{D} \cdot N}$$

从等式中可以看出，如果$\vec{D}\cdot\mathrm{N}$为零，那么分数的分母为零，则t没有解。当光线方向与平面平行（因此它垂直于平面的法线，并且它们的点积为零），就不会与平面相交。否则，我们可以找到t的实际值。同样，已知t的值，就可以将它代入光线方程$P = O + t\vec{D}$，以获得交点。如果t小于零，则可知光线与观察者后面的平面相交，我们认为这是一个遗漏。执行此交点测试的代码如清单13.38所示。

清单13.38 光线平面交点测试

```
float intersect_ray_plane(ray R,
                          vec4 P,
                          out vec3 hitpos,
                          out vec3 normal)

{
    vec3 O = R.origin;
    vec3 D = R.direction;
    vec3 N = P.xyz;
    float d = P.w;

    float denom = dot(N, D);

    if (denom == 0.0)
        return 0.0;

    float t = -(d + dot(O, N)) / denom;

    if (t < 0.0)
        return 0.0;

    hitpos = O + t * D;
    normal = N;

    return t;
}
```

在球体后添加平面得到图13.38中的左图。虽然它为场景增加了一些深度，但并未显示出光线追踪器的全部效果。通过添加几次光线反射，我们可以清楚地看到平面中的球体反射以及球体中的平面反射。

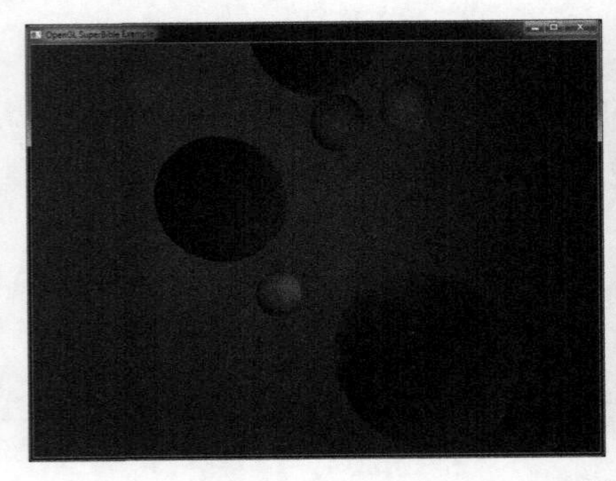
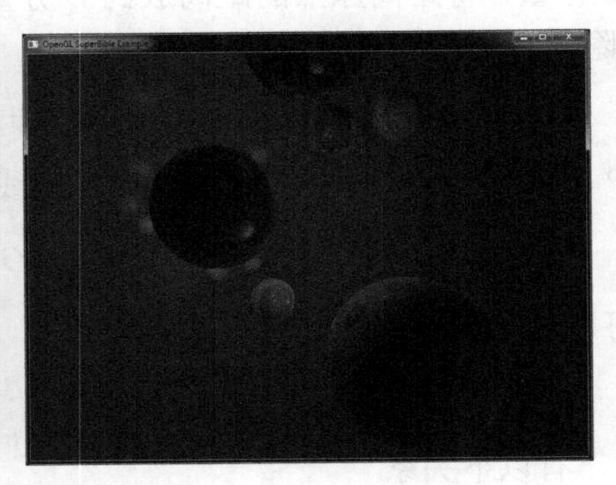

图13.38 添加光线追踪平面

现在，如果添加一些平面，则可以将场景包含在一个盒中。生成的图像显示在图13.39的左上方图像中。然而，当进一步反射光线时，反射的效果变得越来越明显。可以发现在图13.39中从左到右，从上到下依次添加了更多的反射结果，从没有反射，然后分别有一次，两次直到

3 次反弹。色板 17 中显示了使用四次反弹的更高分辨率图像。

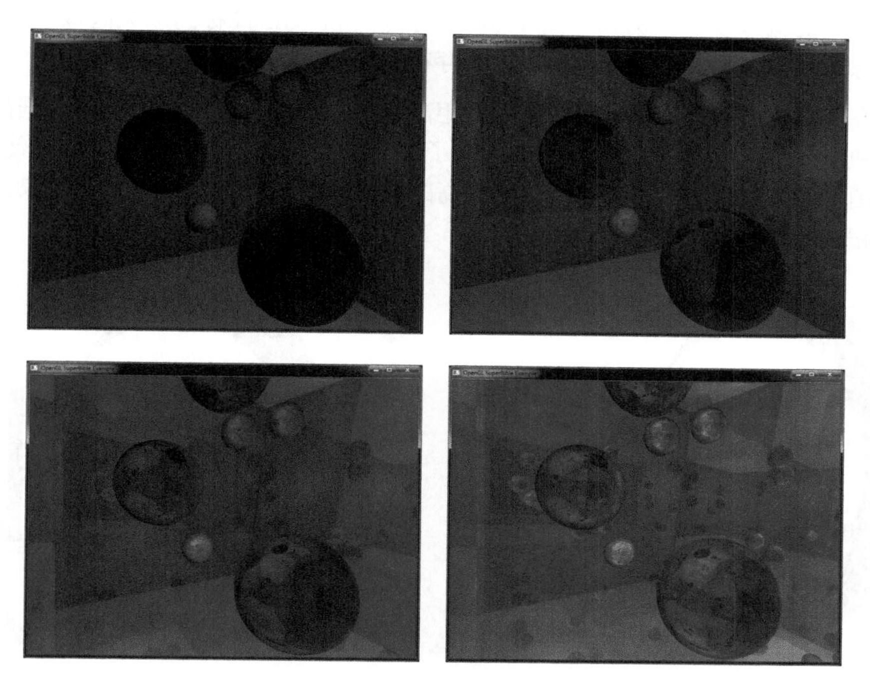

图 13.39　盒子中的光线追踪球体

此处呈现的光线跟踪实现以及 raytracer 示例程序中均是一种蛮力方法，它简单地将每条光线与每个对象相交。随着对象变得越来越复杂并且场景中的对象数量增加，你可能希望实现加速结构。加速结构是在内存中构造的数据结构，允许你快速确定哪些对象可能被给定原点和方向的光线击中。正如你在此示例中看到的一样，只要为所选基元设置了交点算法，光线跟踪实际上非常简单。使用光线跟踪可以免费获得阴影、反射甚至折射。但是，光线跟踪如果没有专用的硬件支持，则需要在着色器中做很多工作。如果想要实时使用包含多个球体和一组平面的光线跟踪场景，则使用加速结构至关重要。目前对光线追踪的研究几乎全部集中在有效的加速结构上，包括如何生成、存储并遍历它们。

13.4 2D 图像

本书的很多章节用来讲渲染，但在某些情况下二维渲染非常重要，并且 OpenGL 也已经准备好了将图像投影到屏幕上。用户界面和文本可能是想要呈现二维图形的地方。在本节中，我们将介绍几种在屏幕上显示文本和其他元素的技术。当然，还有其他 API 和高级库可以呈现用户界面。但是，这些技术应该与现有应用程序很好地融合，而无须学习或链接到更多外部代码。

13.4.1　距离场纹理

二维渲染的一个重要元素是平滑曲线、直线和锐边，这在商标、贴花、文本等元素中很常见。直接的方法就是简单使用包含二维元素的纹理即可。但是，要实现高质量的渲染，可能需要非常高分辨率的输入纹理。例如，图 13.40 显示了 OpenGL 商标的放大区域。输入源纹理的大小为 512 像素 × 512 像素，如图所示，边缘存在明显的锯齿。

如果将图 13.40 中所示的商标应用于要近距离查看的对象上，则边缘会变成锯齿状或模糊，具体情况取决于我们选择的纹理过滤模式。为了使边缘看起来平滑清晰，就需要使用更高分辨率的图像。图 13.41 显示了相同的商标，以更高的分辨率 8192×8192 纹素进行渲染。它非常大，占用的内存超过 64 MB。

图 13.40　低分辨率的商标图

图 13.41　用作 logo 的高分辨率图片

对于商标中的尖锐边缘，极端放大的效果最明显。为了渲染清晰，我们可以将图像表示为距离场而不是二进制图像。在距离场纹理中，我们在每个纹素处存储的不是颜色，而是存储到边缘的距离。我们使用距离符号来确定纹素是在边缘内还是边缘外。负数表示纹素位于商标的外部（透明或白色部分），而正数表示纹素位于商标的内部（实体或黑色部分）。零表示商标的边缘。为了渲染图像，我们对从纹理采样值应用一个简单的阈值。图 13.42 显示了根据 OpenGL 商标生成的距离场。

在图 13.42 中，由于不能很好地打印负值，我们偏移了距离场中的值。因此，黑色表示商标外部的值，白色表示商标内部的值，中灰色表示商标的边缘。

要理解其工作原理，请考虑如果为点和线生成距离场会发生什么。图 13.43 显示了直线的距离字段。

图 13.42　OpenGL 商标的距离场

在每个点上，从黑色到白色的距离转换都被编码成纹素（再次，我们偏移图像以便能够打印它）。当沿正 x 方向行进时，我们越来越接近边线，因此纹理中的值接近零。即使我们处于两个纹素之间，其到边线的距离也是这两个纹素的中心到边线的平均距离，这正是线性纹理过滤给我们的结果。因此，我们可以使用标准的 OpenGL 纹理过滤，并在保持锐边的同时任意插入纹理。实际上，OpenGL 商标的距离字段也仅有 512 像素×512 像素，但它是使用原始的 8192 像素宽的图像生成的，并对生成的距离场进行向下采样。

图 13.44 显示了根据图 13.42 所示的距离来呈现 OpenGL 商标的测试程序输出。

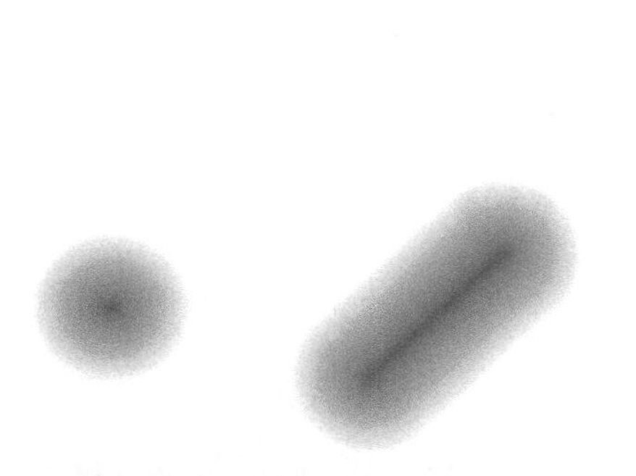

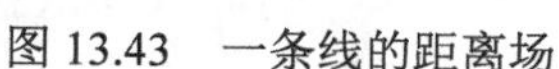

图 13.43 一条线的距离场

图 13.44 距离场渲染应用的输出

图 13.44 中的插图显示了输出结果的部分放大图，可以发现商标的边缘并没有像使用简单的阈值所产生的锯齿状和像素化。这是因为我们可以使用与商标边缘的距离信息来确定当前像素的近似覆盖值。我们使用 GLSL 的 smoothstep 函数来软化阈值。用于生成图 13.44 的片段着色器如清单 13.39 所示。

清单 13.39 距离场渲染的片段着色器

```
#version 450 core

layout (location = 0) out vec4 color;

layout (binding = 0) uniform sampler2D sdf_texture;

in vec2 uv;

void main(void)
{
    const vec4 c1 = vec4(0.1, 0.1, 0.2, 1.0);
    const vec4 c2 = vec4(0.8, 0.9, 1.0, 1.0);
    float val = texture(sdf_texture, uv).x;

    color = mix(c1, c2, smoothstep(0.52, 0.48, val));

}
```

因为过滤对于距离场非常有效，所以可以使用低得多的分辨率距离场来渲染给定图像，而不是将图像存储为纯纹理时所需的距离场。示例应用程序中使用的图 13.44 所示距离场仅为 512 × 512 个纹素。该特性使得距离场成为一种不仅仅是存储商标的方法。

使用距离场渲染字体

文本特别适合使用距离场来渲染。图 13.45 显示了英文字母表中几个字母的距离场。但是，英文字母表相对较小，即使将整个 ASCII 字符集编码为原始图像也并不是很大的牺牲。将 256 个 ASCII 字符编码为每个纹素 1 个字节的 64×64 纹理仍然只消耗 1 MB 的内存。

现在，考虑一下中文字符集。目前还不清楚传统的中文“字符集”中究竟有多少个字符，估计在 60000 到 80000 之间。其中，约有 3500 个在日常报纸和杂志中使用。当然，汉字比西方字母更详细，因此将它们编码为位图的分辨率要求可能远高于西方字母。实际上，256 像素×256 像素的 3500 个字符需要至少 220 MB 存储空间！图 13.46 显示了一个中文字符的距离场。

图 13.45 英文字母的距离场

图 13.46 一个中文字符的距离场

图 13.46 所示的距离场是通过先将原始字符渲染为 2048 像素×2048 像素，再创建距离场，然后将其向下采样到 64 像素×64 像素。图中左侧的图像显示原始的高分辨率字符，右侧的图像显示低分辨率的距离场。我们可以为许多字符执行此操作，并使用结果来呈现高质量的文本。图 13.47 显示了使用此方法输出中文文本的示例。

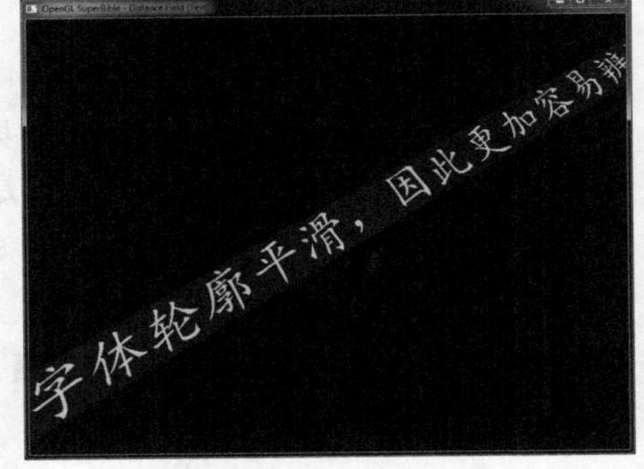

图 13.47 使用距离场渲染的中文文本

到目前为止，本节中显示的示例只是使用我们的着色器采样生成的距离场数据来混合两种颜色（背景色和前景色）。但是，GPU 有混合硬件，可以用它来为我们做这件事。实际上，如果从着色器输出恒定颜色并将距离信息放入输出的 alpha 分量中，当使用适当的混合模式，OpenGL 即可将文本混合到现有背景上。

使用距离场做彩色渲染

在目前为止提供的示例中，我们通过简单地对距离场进行阈值处理来渲染单色图像。但是，我们也可以使用距离场来生成彩色输出。在清单 13.39 中，我们使用 GLSL 中的 mix 函数根据存储在距离场中的值在两种颜色之间进行插值。在前面的示例中，我们使用的颜色是着色器中定义的常量，但它们也可以不是常量。你可以对它们（使用片段着色器的输入）进行插值，在程序中生成值，甚至从其他纹理加载。此外，我们也可以使用多个距离场来控制多个重叠层的渲染。

在第一个示例中，我们使用距离场来混合两个纹理。使用一个包含平铺砾石的纹理和另一个包含草地的纹理，我们可以使用第三个纹理来存储场的路径。在图 13.48 中，我们看到砾石纹理和草地纹理。请注意，它们的分辨率都相对较低，仅为 1024×1024 纹素。因为这些纹理是平铺的，它们可以在大的表面上重复使用。但是，如果在大范围内使用重复图案，则重复将非常明显。

图 13.48 使用距离场混合的两张纹理

为了混合图 13.48 中所示的两个纹理，我们使用第三个纹理来表示路径、道路或其他地形特征。该纹理与其对应的距离场纹理一起显示在图 13.49 中。

图 13.49 景观地图及其距离场

使用图 13.49 中的距离场混合图 13.48 中的纹理的结果如图 13.50 所示。当图像放大时（如左图所示），草和岩石之间的边界仍然很明显。但是，当图像缩小时（如右图所示），草地和岩石纹理的重复模式被手绘的景观模式打破。所有 3 种纹理的尺寸均为 1024 × 1024 纹素。然而，草和岩石纹理以比地图纹理高 12 倍的频率重复。

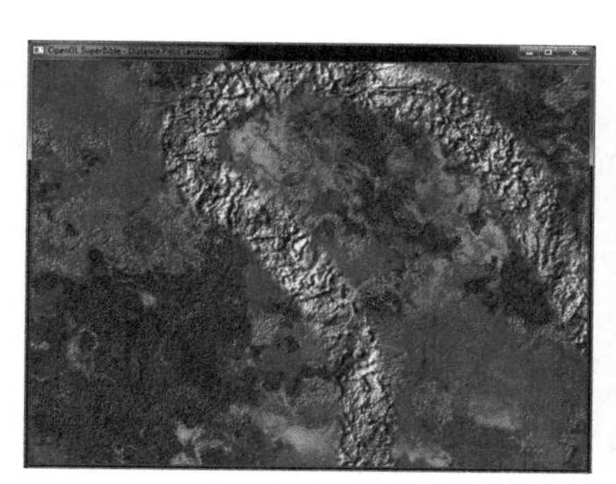

图 13.50 景观纹理与距离场作用后结果

13.4.2 位图字体

在许多应用程序中，我们可能只想在屏幕上显示文本。无论它是应用程序的一个组成部分（如用户界面），还是简单的调试辅助工具，文本输出都是应用程序的重要组成部分。在本节中，我们将演示一种简单有效的方法，即使用位图字体将文本添加到屏幕上，其中包含几个纹理和一个程序对象。我们不会深入研究复杂的矢量字体渲染、图像字符缓存、提示或其他类似的东西，只是进行暴力的文本渲染。它不存在打印就绪，但是会将信息传递到屏幕上，甚至可能有一些 ASCII 艺术。我们真的想要这种复古的感觉！

很久以前，计算机只有一个简单的文本模式输出。在有纹理和着色器、顶点缓存和原子操作之前，只有非常简单的显示硬件。其显示存储器基本上分为两部分，即字符 ROM（其中保存字体的副本）和屏幕缓存（其保存屏幕上字符的映射）以及一些属性，如颜色（如果幸运的话）、粗体或闪烁等属性。我们将使用一个简单的着色器来模拟这个过程。

首先，我们需要一个可以充当字符 ROM 的纹理。我们将使用的字体是 PC VGA BIOS 中代码页 437 字符集的副本。每个字符都是 9 像素 × 16 像素大小，代码页由 256 个字符组成。我们将纹理编码为 256 层数组纹理，其中每层的维度为 9 × 16。

接下来，我们需要一个纹理来表示屏幕缓存。为此，我们将使用格式为 GL_R8UI 的 256 × 256 纹素图像，其中每个字符是一个 8 位无符号整数，这是 64K 的数据（对于现代显卡来说是微不足道的）。我们还将保留屏幕缓存的系统内存副本。要渲染文本，我们将内容绘制到屏幕缓存的系统内存副本中并将其标记为脏的。刷新每帧时，如果缓存是脏的，我们将使用它来更新 OpenGL 的纹理。所有设置的代码如清单 13.40 所示。

清单 13.40 为渲染位图字体做准备

```
// Compile the text rendering shaders
glShaderSource(vs, 1, vs_source, nullptr);
glCompileShader(vs);

glShaderSource(fs, 1, fs_source, nullptr);
glCompileShader(fs);

// Create our text rendering program
text_program = glCreateProgram();
glAttachShader(text_program, vs);
glAttachShader(text_program, fs);
glLinkProgram(text_program);

// Done with the shaders, delete them - keep the program
glDeleteShader(fs);
glDeleteShader(vs);

// Create an empty VAO
glCreateVertexArrays(1, &vao);

// Create the texture storing character map
glCreateTextures(GL_TEXTURE_2D, 1, &text_buffer);
glTextureStorage2D(text_buffer, 1, GL_R8UI, width, height);

// Load the font texture from disk
font_texture = sb6::ktx::file::load(font);

// Allocate system memory for the framebuffer
screen_buffer= new char[width * height];
memset(screen_buffer, 0, width * height);
```

在我们渲染了应用程序正在执行的任何其他操作之后，最终的屏幕缓存通过使用单个片段着色器将所有内容合成来进行渲染。为了调用着色器，我们绘制了全屏四边形，以三角形和扇形来渲染并像以前一样硬编码顶点着色器。

当片段着色器运行时，它使用 gl_FragCoord 变量确定片段坐标，使用 textureSize 函数确定字体纹理中字符的大小。通过将整数片段坐标除以字体纹理大小（注意，GLSL 中的整数除法向零舍入），着色器确定屏幕缓存中需要查找的位置，以确定要从字体纹理中读取的字符。

屏幕缓存绑定为 isampler2D 纹理，并使用 texelFetch 从中提取纹素。此纹素是我们当前屏幕上正在渲染的位置的字符代码。除法的剩余部分（使用模运算符找到）是选定字符内的纹素坐标。我们使用纹理数组作为字体数据，因此我们从纹素坐标形成一个 3D 向量，再次使用 texelFetch 从字体数据中读取。具有非零返回值的纹素渲染为白色，而返回零的纹素则被丢弃。清单 13.41 显示了该着色器的主要部分。

清单 13.41　位图字体的渲染着色器

```
#version 440 core

// Set origin to top-left; we want left-to-right, top-to-bottom
layout (origin_upper_left) in vec4 gl_FragCoord;

// Output a single color
layout (location = 0) out vec4 o_color;
// Character map
layout (binding = 0) uniform isampler2D text_buffer;

// Font
layout (binding = 1) uniform isampler2DArray font_texture;

void main(void)
{
    // Get integer fragment coordinate
    ivec2 frag_coord = ivec2(gl_FragCoord.xy);

    // Get size of font
    ivec2 char_size = textureSize(font_texture, 0).xy;

    // Find location in text buffer
    ivec2 char_location = frag_coord / char_size;

    // Find texel within character
    ivec2 texel_coord = frag_coord % char_size;

    // Fetch character index
    int character = texelFetch(text_buffer, char_location, 0).x;

    // Write character data out
    o_color = texelFetch(font_texture, ivec3(texel_coord, character), 0).xxxx;
}
```

在渲染帧的任何时候，我们都可以修改 screen_buffer 的内容。在帧结束之前，只需通过调用 glTextureStorageSubImage2D()来绘制全屏四边形，更新屏幕缓存纹理的内容以反映应用程序内存副本的内容。执行此操作的代码如清单 13.42 所示。

清单 13.42　位图字体的渲染着色器

```
// If the system memory copy has changed...
if (dirty)
{
    // Update the underlying texture and clear the dirty flag
    glTextureSubImage2D(text_buffer,
                        0,
                        0, 0,
                        buffer_width, buffer_height,
                        GL_RED_INTEGER, GL_UNSIGNED_BYTE,
                        screen_buffer);
    dirty = false;
}
// Bind the text buffer and font textures
```

```
glBindTextureUnit(0, text_buffer);
glBindTextureUnit(1, font_texture);

// Bind our program and VAO, and draw a triangle strip over the display
glUseProgram(text_program);
glBindVertexArray(vao);
glDrawArrays(GL_TRIANGLE_STRIP, 0, 4);
```

结果是简单的位图文本呈现在之前显示的任何内容上。输出演示如图 13.51 所示。

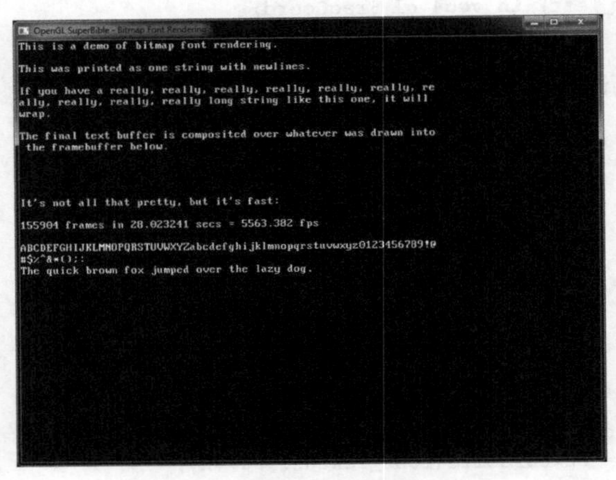

图 13.51 字体渲染样例的输出

这里描述的字体渲染代码被包装到 sb7 应用程序框架包含的类中，并且被一些示例用于在呈现的输出上显示消息和其他文本。在图 13.51 中，我们使用了较大的 9 × 16 的纹素字体。如果在初始化文本覆盖类时可以选择自己的字体，它必须是存储在.KTX 文件中的256 层数组纹理。一些可选大小（虽然不太完整）的字体纹理包含在各分发版本中可供试验。

13.5 总结

在本章中，我们将你在本书中学到的基础知识应用于许多渲染技术。首先，我们重点关注照明模型，探讨如何为正在绘制的物体添加阴影。特别是，我们讨论了 Phong 光照模型，Blinn-Phong 模型和边缘光。我们还研究了通过使用法线映射、环境贴图和其他纹理来生成高于几何图形可表示的高频率光照效果的方法。我们展示了如何投射阴影和模拟基本的大气效果。我们还讨论了一些没有现实基础的技术。

在最后一节中，我们在渲染几何图形的同时逐渐避开着色，并检查了一些可应用于屏幕空间的技术。延期着色允许将昂贵的着色计算与渲染几何体的初始传递分离。通过在帧缓冲附件中存储位置、法线、颜色和其他表面属性，我们能够实现任意复杂的着色算法，而无须担心浪费。最初，我们仅对已知可见的像素使用这种标准照明技术。然而，增加了屏幕空间环境遮挡后，我们演示了一种依赖于可用相邻像素数据的技术。最后，我们介绍了光线跟踪这一主题，在实现中渲染了一个没有三角形的整体场景。

CHAPTER

第14章 高性能的OpenGL

本章内容

- ✦ 如何为应用进行性能优化
- ✦ 减少程序中 CPU 开销的技术
- ✦ 如何运用工具分析 GPU 行为

14.1 优化 CPU 性能

在本节中，我们将介绍一些可用于降低应用程序 CPU 开销或更好地利用机器 CPU 的技术。如果应用程序的性能受到 CPU 开销的限制，那么这些技术可以使你的应用程序更快地运行。即使不能使程序更快地运行，它们也会将更多的 CPU 周期花在其他事物上，如物理、音频、人工智能、网络等等。即使你不需要这些备用周期，系统也可以在空闲时关闭 CPU，从而在移动应用中节省电量并延长电池寿命。

14.1.1 OpenGL 中的多线程

OpenGL API 是在 22 年前设计的。当时，具有多个 CPU 的机器很少且非常昂贵。图形硬件加速是新生的，即使在可用的情况下，也不如现在这样大幅度的软件渲染速度快。如果要在软件中实现相同的功能，现代 GPU 在渲染图形方面比 CPU 的速度快了几个数量级，并且效率也更高。不幸的是，OpenGL 遗留的一个副作用是它并不擅长多线程处理。通过创建多个上下文并在它们之间共享对象，可以在 OpenGL 应用程序中使用多个线程。但是，这可能效率很低，且无法达到预期效果。但这并不意味着不能使用多线程来使 OpenGL 应用程序运行得更快。

在 OpenGL 中，从多个线程中获得高性能的关键是找到一种只有一个线程调用 OpenGL 函数的方法，这也是该线程唯一需要做的事情。通过将工作转移到其他线程，可以通过以下两种方式来卸载 OpenGL 线程。

- 使用多个线程生成 OpenGL 需要的数据，方法是映射缓存并在多个线程之间共享指针。使其他线程将其数据直接写入映射缓存，仅进行同步，以便 OpenGL 线程可以调用 OpenGL 命令。
- 使用多个线程方法将它们的参数打包到缓存中为 OpenGL 创建命令，并通知主 OpenGL 线程将它们转换为真正的 OpenGL 命令。

我们将在接下来的几节中探讨这两种技术。

使用线程生成数据

在第一个并行线程的示例中，我们将使用主机 CPU 的所有可用内核来执行粒子模拟。该程序的 OpenGL 端实际上非常简单。事实上，在内部循环中，我们所做的只是清除帧缓存并进行一次绘制。在这个例子中，所有的艰苦工作都是由 CPU 完成的。

我们将使用 OpenMP（Open Multi-Processing），而不是手动编码的线程，OpenMP 是一种 API 和一组语言扩展，使高级编译器能够根据指导自动并行化工作负载。使用 OpenMP，我们可以告诉编译器循环的迭代将并行运行，并调用 OpenMP 运行时将工作分发到它为系统中的每个核心创建的线程上。

在 ompparticles 应用程序初始化期间，我们告诉 OpenMP 想要运行多少个线程。在这种情况下，我们希望它使用所有可用的 CPU 资源。为此，我们将以下代码添加到 startup()函数中：

```
int maxThreads = omp_get_max_threads();
omp_set_num_threads(maxThreads);
```

现在我们可以开始编写简单的粒子模拟了，先声明一个包含每个粒子的位置和速度的数据结构：

```
struct PARTICLE
{
    vmath::vec3 position;
    vmath::vec3 velocity;
};
```

我们在应用程序内存中创建了两个缓存，每个缓存都大到足以存储系统中的所有粒子。在动画的每一帧上，我们将从其中一个缓存中读取数据并将更新的位置和速度写入另一个缓存中。在下一帧中，我们将反过来。系统中的每个粒子被认为具有很小的质量，因此通过引力被所有其他粒子吸引。在物体上作用的力会影响其速度，在每一步中都会将其加到其位置。粒子模拟的内部循环如清单 14.1 所示。

清单 14.1 OpenMP 粒子更新器

```
void ompparticles_app::update_particles_omp(float deltaTime)
{
    // Double-buffer source and destination
    const PARTICLE* const __restrict src = particles[frame_index & 1];
    PARTICLE* const __restrict dst = particles[(frame_index + 1) & 1];

    // For each particle in the system
#pragma omp parallel for schedule (dynamic, 16)
    for (int i = 0; i < PARTICLE_COUNT; i++)
    {
```

```
        // Get my own data
        const PARTICLE& me = src[i];
        vmath::vec3 delta_v(0.0f);

        // For all the other particles
        for (int j = 0; j < PARTICLE_COUNT; j++)
        {
            if (i != j) // ... not me!
            {
                // Get the vector to the other particle
                vmath::vec3 delta_pos = src[j].position - me.position;
                float distance = vmath::length(delta_pos);
                // Normalize
                vmath::vec3 delta_dir = delta_pos / distance;
                // This clamp stops the system from blowing up if
                // particles get too close...
                distance = distance < 0.005f ? 0.005f : distance;
                // Update velocity
                delta_v += (delta_dir / (distance * distance));
            }
        }
        // Add my current velocity to my position
        dst[i].position = me.position + me.velocity;
        // Produce new velocity from my current velocity plus
        // the calculated delta
        dst[i].velocity = me.velocity + delta_v * deltaTime * 0.01f;
        // Write to mapped buffer
        mapped_buffer[i].position = dst[i].position;
    }

    // Count frames so we can double-buffer next frame
    frame_index++;
}
```

清单 14.1 中的代码看起来像常规 C++代码，变量和循环都在该在的位置。但是，在外层 for 循环的主体之前，你会看到以#pragma omp 开头的行，它告诉编译器我们要并行执行此循环。此特定声明告诉编译器在循环的 16 次迭代块中动态调度工作。它将创建与系统中的 CPU 核心一样多的线程，然后将 16 个粒子块依次分配给每个线程，直到所有粒子都被处理完毕。

这是一个非常粗糙的粒子系统，其唯一目的是演示 OpenMP 的基本用途，以利用系统中的多个 CPU 核心。但是，内层循环在更新系统内存中粒子的位置后将其写入 mapped_buffer。这是我们将要绘制的缓存对象的实际数据存储位置。实际上，粒子系统将其输出直接发送到 OpenGL。

mapped_buffer 变量指向我们之前在应用程序中映射的缓存。在启动期间，我们创建了一个缓存对象并使用持久映射对其进行映射，这意味着我们可以保持该映射并直接使用它来进行渲染。清单 14.2 展示了创建缓存的代码。

清单 14.2　启动持久化映射缓存

```
// Create GPU buffer
glGenBuffers(1, &particle_buffer);
glBindBuffer(GL_ARRAY_BUFFER, particle_buffer);
glBufferStorage(GL_ARRAY_BUFFER,
                PARTICLE_COUNT * sizeof(PARTICLE),
```

```
                nullptr,
                GL_MAP_WRITE_BIT | GL_MAP_PERSISTENT_BIT);
mapped_buffer = (PARTICLE*)glMapBufferRange(
    GL_ARRAY_BUFFER,
    0,
    PARTICLE_COUNT * sizeof(PARTICLE),
    GL_MAP_WRITE_BIT | GL_MAP_PERSISTENT_BIT | GL_MAP_FLUSH_EXPLICIT_BIT);
```

当我们映射清单 14.2 中的缓存时，要设定 GL_MAP_WRITE_BIT、GL_MAP_PERSISTENT_BIT 和 GL_MAP_FLUSH_EXPLICIT_BIT 标志。第一个标志告诉 OpenGL 我们要对映射缓存进行写入操作，第二个标志告诉 OpenGL 我们希望延长映射缓存的存在时间并在其被映射时根据它进行渲染，第三个标志告诉 OpenGL 当我们完成缓存中的数据更改时通知它。在应用的整个生命周期中，将返回的指针都存储在 mapped_buffer 中。

我们的主渲染循环非常简单。它所做的就是计算时间增量、更新粒子、清除视口，并执行单个绘图命令。完整的代码如清单 14.3 所示。

清单 14.3 OpenMP 粒子渲染循环

```
void ompparticles_app::render(double currentTime)
{
    static const GLfloat black[] = { 0.0f, 0.0f, 0.0f, 0.0f };
    static double previousTime = 0.0;

    // Calculate delta time
    float deltaTime = (float)(currentTime - previousTime);
    previousTime = currentTime;

    // Update particle positions using OpenMP... or not
    if (use_omp)
    {
        update_particles_omp(deltaTime * 0.001f);
    }
    else
    {
        update_particles(deltaTime * 0.001f);
    }

    // Clear
    glViewport(0, 0, info.windowWidth, info.windowHeight);
    glClearBufferfv(GL_COLOR, 0, black);

    // Bind our vertex arrays
    glBindVertexArray(vao);

    // Let OpenGL know we've changed the contents of the buffer
    glFlushMappedBufferRange(GL_ARRAY_BUFFER, 0,
                             PARTICLE_COUNT * sizeof(PARTICLE));

    // Draw!
    glUseProgram(draw_program);
    glDrawArrays(GL_POINTS, 0, PARTICLE_COUNT);
}
```

在调用清单 14.3 中的 glDrawArrays()之前，我们调用 glFlushMappedBufferRange()。这告诉 OpenGL 映射缓存中的数据已更改，它应该使存储缓存中数据的缓存失效，或者准备使用已写入共享内存的新数据。

请注意，我们不会调用任何其他 OpenGL 函数来传输数据。在内层渲染循环中，没有调用 glBufferSubData()、glMapBufferRange()（启动时除外）或其他类似函数。

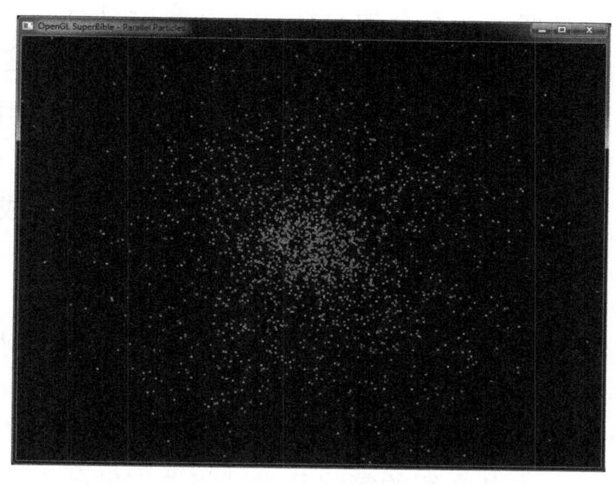

图 14.1 OpenMP 粒子模拟的输出

还要注意，这个程序不包含任何同步。也就是说，我们不会等待 OpenGL 根据缓存完成绘制，才用下一帧数据覆盖它。在这种情况下，这种方法很有效，因为最坏的情况只是粒子被绘制到下一帧的位置而不是当前帧的位置。如果对数据正确性更敏感，那么你可能需要对 GPU 数据进行两倍或三倍缓冲。

运行此应用程序的结果如图 14.1 所示。在此屏幕截图中，我们将点大小增加到 3.0 以使粒子更容易看到。

ompparticles 应用程序包含两个版本的粒子更新函数。除了一个使用 OpenMP 而另一个不使用 OpenMP 之外，它们是相同的。在配备了六核处理器的计算机上，启用 OpenMP 的应用程序运行速度几乎比禁用 OpenMP 的运行速度快六倍。图 14.2 显示了启用 OpenMP 时的 CPU 利用率。

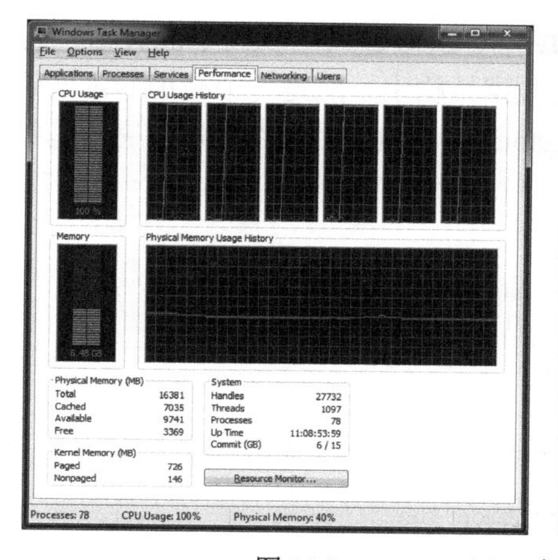

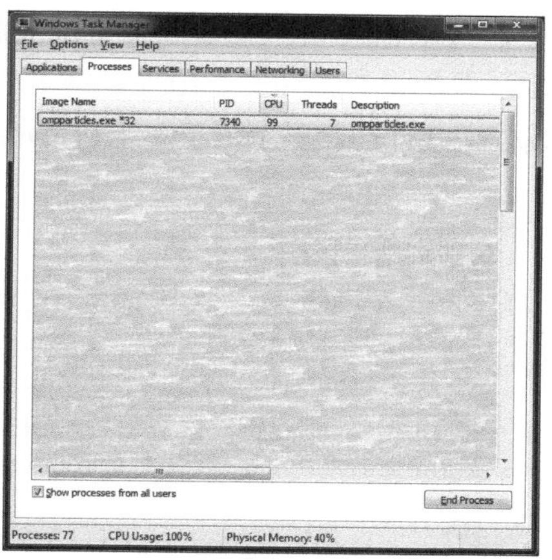

图 14.2 ompparticles 应用程序的 CPU 利用率

如图 14.2 所示，ompparticles 应用程序充分利用了系统中的所有 CPU 核心。它使用了 99% 的可用 CPU 时间。细心的读者可能注意到虽然主机 CPU 只包含 6 核，这里却有 7 个线程。大多数 OpenGL 驱动程序本身就是多线程的，并且会创建至少一个工作线程供内部使用。当 OpenGL 处于空闲状态时（因为它正在等待应用程序为其创建工作），内部驱动程序线程将处于空闲状态。在这种情况下，6 个应用程序线程将占用所有 CPU 时间，而不是驱动程序。

14.1.2 包缓存

在上一节中，我们演示了如何通过与其他线程共享指向映射缓存的指针来利用当今 CPU 提供的多个处理器内核。但是，我们仍然遇到如何从多个线程生成 OpenGL 命令的问题。通常，每个线程都有一个上下文。我们可以创建多个上下文，但是对于应用程序和驱动程序来说，这可能是一个相当沉重的负担，OpenGL 需要管理所有状态的多个完整副本，并且必须假设你在任何时候，要在所有线程间共享所有对象。从理论上讲，你甚至可以在使用其他上下文进行渲染并开始共享其对象时创建新的上下文。这会使得系统效率降低。

当思考 OpenGL 如何实现功能时，我们意识到它实际上是将 OpenGL 命令和参数转换为底层显卡可以理解的内容。它打包命令清单，然后在 GPU 准备好执行它们时触发其操作。这些命令块通常被称为命令缓存。命令缓存的生成可能是一个非常复杂的过程，但理论上，假设应用程序所做的唯一事情是调用 OpenGL 函数，那么一个线程足以有效地驱动 GPU。实际上，在复杂的应用程序中，很少单独调用 OpenGL。你至少需要弄清楚要渲染的内容，并且渲染代码通常会散布在应用程序的执行逻辑、数据访问和其他普通任务中。

构建包缓存

本节介绍的策略是尝试将决定做什么的逻辑与最终在 OpenGL 中的调用逻辑分开。理想情况下，在复杂的 OpenGL 调用和多线程渲染时的陷阱上决定绘制什么内容是可以并行进行的。我们将创建自己的命令缓存，并称其为包缓存。包缓存的内容是由渲染代码生成的；当它们准备就绪时，一个深度优化的循环将在第一时间将它们发送到 OpenGL。

在代码中，每个包代表一个或多个 OpenGL 命令。但是，当我们生成数据包时，不是直接调用 OpenGL，而是将参数存储在附加到清单的数据结构中。这是一个开销非常低的操作，我们可以在多个线程上并行构建多个清单。来自 packetbuffer 示例的数据结构以及它的基类如清单 14.4 所示。

清单 14.4 包数据结构示例

```
// Forward declare base packet structure so we can use
// it in a function declaration
struct base;

// Define the base execution function pointer
typedef void (APIENTRYP PFN_EXECUTE)(const base* __restrict pParams);

// Base packet only includes pointer to execution function
struct base
{
    PFN_EXECUTE     pfnExecute;
};

// This packet represents a call to glDrawElementsBaseVertexBaseInstance
struct DRAW_ELEMENTS : public base
{
    // All the OpenGL parameters go here.
    GLenum mode;
    GLsizei count;
    GLenum type;
    GLvoid *indices;
    GLsizei primcount;
    GLint basevertex;
    GLuint baseinstance;

    // This is the execution function
    static void APIENTRY execute(const DRAW_ELEMENTS* __restrict pParams)
```

```
    {
        // Simply send all the parameters to OpenGL
        glDrawElementsInstancedBaseVertexBaseInstance(
            pParams->mode,
            pParams->count,
            pParams->type,
            pParams->indices,
            pParams->primcount,
            pParams->basevertex,
            pParams->baseinstance);
    }
};
```

在清单 14.4 示例中的包中，DRAW_ELEMENTS 包派生自 base 基本包（不用担心该通用名称，其封装在独立的命名空间中）。基类仅包含一个具有与 PFN_EXECUTE 匹配的原型函数的函数指针。在派生包中，我们存储调用 OpenGL 所需的所有参数。

此外，还有一个维护这些数据包清单的类。在最基本的形式中，我们形成所有已知包类型的并集，然后使用这个并集的数组来存储渲染时需要的包。这个并集定义如清单 14.5 所示。

清单 14.5　所有包的并集

```
union ALL_PACKETS
{
public:
    PFN_EXECUTE          execute;
private:
    base                 Base;
    BIND_PROGRAM         BindProgram;
    BIND_VERTEX_ARRAY    BindVertexArray;
    DRAW_ELEMENTS        DrawElements;
    DRAW_ARRAYS          DrawArrays;
    // More packet types go here...
};
```

在清单 14.5 所示的并集中，第一个成员是函数指针 execute，它与存储在 base 中的函数指针相匹配，因为所有其他包都是从它派生的，所以它出现在所有包内存中的相同位置。向包缓存中放入包时，我们将此函数指针指向该包相应的执行函数。因此，添加包变为一些简单的操作：获取缓存中下一个包的指针，填充其参数，并将 executin 函数指向正确的位置。清单 14.6 中显示了一个例子。

清单 14.6　向包缓存中添加包

```
void packet_stream::DrawElements(
    GLenum mode,
    GLsizei count,
    GLenum type,
    GLuint start,
    GLsizei instancecount,
    GLint basevertex,
    GLuint baseinstance)
{
    packet::DRAW_ELEMENTS* __restrict pPacket =
        NextPacket<packet::DRAW_ELEMENTS>();

    pPacket->pfnExecute = packet::PFN_EXECUTE(packet::DRAW_ELEMENTS::execute);
    pPacket->mode = mode;
    pPacket->count = count;
    pPacket->indices = (GLvoid*)start;
```

```
    pPacket->primcount = instancecount;
    pPacket->basevertex = basevertex;
    pPacket->baseinstance = baseinstance;
}
```

请注意，packet_stream :: DrawElements 函数几乎不做任何事情。NextPacket <>函数只返回指向正确类型包的指针，并递增内部的包指针。我们可以随时替换 NextPacket <>的实现（使用链表、调整数组大小或其他一些机制），这段代码将继续正常工作。这是从渲染代码执行的代码，而不是对 OpenGL 的实际调用。你可以根据需要拥有尽可能多的 packet_stream 类实例，而且可以并行构建多个包缓存。可以重建它们并将它们触发一次，或者也可以将其中的一些保留在许多帧中。例如，如果场景的一部分永远不会更改，则构建一个代表它的包缓存并保留它。与此同时，场景的动态部分将更频繁地重建。

当需要渲染包缓存时，我们只需执行其内容即可。这是通过调用 packet_stream :: execute 函数来完成的，其函数体如清单 14.7 所示。

清单 14.7　执行一个包缓存

```
void packet_stream::execute(void)
{
    const packet::ALL_PACKETS* __restrict pPacket;

    // Quick check for empty buffers
    if (!num_packets)
        return;

    // Go until you get a packet that's got a null execution function
    for (pPacket = m_packets; pPacket->execute != nullptr; pPacket++)
    {
        // Call the packet's execution function
        pPacket->execute((packet::base*)pPacket);
    }
}
```

清单 14.7 中所示的代码是这里唯一实际与 OpenGL 进行通信的代码(通过包的 execution 函数)。其循环非常密集，相对于底层的 OpenGL 实现而言，CPU 开销非常小。为了演示，packet_stream :: execute 内部循环的反汇编如清单 14.8 所示。即使你不理解汇编也不用担心，此示例只是为了说明循环最终的紧密程度。

清单 14.8　反汇编 packet_stream::execute

```
loop:
    push    esi             ; Push pointer to packet on stack
    call    eax             ; Call execute function
    mov     eax, [esi+20h]  ; Get next packet's execute function
    add     esi, 20h        ; Move to next packet
    test    eax, eax        ; If its execute function is not NULL...
    jnz     short loop      ; Go around again
```

像清单 14.8 那样的小块代码，以及包的 execution 函数（同样也很小），相对于分散在大型可执行文件中的通用渲染代码而言，它们很有可能保留在指令缓存中。

优化缓存

在应用程序中，我们可以创建一个或多个 packet_stream 类的实例，并将其加入任意线程。

一旦它们构建完成，我们就可以在主渲染线程中提交它们，而不必担心当前的上下文或多线程调用 OpenGL。以这种方式编译 OpenGL 命令，除了简单地允许对 OpenGL 进行有效的多线程访问外，还提供了更多的机会。

当我们优化命令流时会出现一个这样的机会。一个优化示例是消除冗余状态设置命令。通过在每个包流中记录少量状态，我们可以完成下面的两件事。

- 忽略尝试将其中一个 OpenGL 状态设置为已设置的值。这包括绑定相同的程序、纹理或缓存；启用已启用或禁用已禁用的内容，或以其他方式多次向 OpenGL 发送相同的值。
- 仅发送绘制将使用的状态。例如，如果应用程序禁用某状态然后又再次启用它，在其间不绘制任何内容，那么我们可以安全地忽略禁用该状态的请求，甚至可能忽略重新启用的请求（假设我们取消禁用后，它就变得多余）。

作为示例，请查看清单 14.9，其中显示了 packet_stream :: EnableDisable 的实现。这里添加了成员结构 state，用于跟踪包缓存看到的少量 OpenGL 状态。如果传入状态更改与状态跟踪器认为已经存在的状态匹配，则它会提前返回并且不会附加到包缓存中。如果状态不同，则更新跟踪状态并将命令附加到缓存。此外，如果状态不是我们跟踪的状态（或者根本不是我们识别的状态），则将它传递到缓存。

清单 14.9 packet_stream::EnableDisable 的实现

```
void packet_stream::EnableDisable(GLenum cap, GLboolean enable)
{
    switch (cap)
    {
        case GL_CULL_FACE:
            if (state.valid.cull_face == 1 &&
                state.enables.cull_face == enable)
                return;
            state.enables.cull_face = enable;
            state.valid.cull_face = 1;
            break;
        case GL_RASTERIZER_DISCARD:
            if (state.valid.rasterizer_discard == 1 &&
                state.enables.rasterizer_discard == enable)
                return;
            state.enables.rasterizer_discard = enable;
            state.valid.rasterizer_discard = 1;
            break;
        case GL_DEPTH_TEST:
            if (state.valid.depth_test == 1 &&
                state.enables.depth_test == enable)
                return;
            state.enables.depth_test = enable;
            state.valid.depth_test = 1;
            break;
        case GL_STENCIL_TEST:
            if (state.valid.stencil_test == 1 &&
                state.enables.stencil_test == enable)
                return;
            state.enables.stencil_test = enable;
            state.valid.stencil_test = 1;
            break;
        case GL_DEPTH_CLAMP:
```

```
            if (state.valid.depth_clamp == 1 &&
                state.enables.depth_clamp == enable)
                return;
            state.enables.depth_clamp = enable;
            state.valid.depth_clamp = 1;
            break;
        default:
            break;
    }

    packet::ENABLE_DISABLE* __restrict pPacket =
        NextPacket<packet::ENABLE_DISABLE>();

    if (enable)
    {
        pPacket->pfnExecute =
            packet::PFN_EXECUTE(packet::ENABLE_DISABLE::execute_enable);
    }
    else
    {
        pPacket->pfnExecute =
            packet::PFN_EXECUTE(packet::ENABLE_DISABLE::execute_disable);
    }
}
```

在清单 14.9 中，你可能注意到的另一件事是我们稍微更改了 API。我们只有一个 EnableDisable 函数，而不是像 OpenGL 那样具有单独的 Enable 和 Disable 功能，它的输入包括需要更改的设置和设置的修改值。通过这种策略，我们可以使用单个 switch 语句跟踪状态，并采用数据驱动的方法来处理状态设置：调用代码不需要查看状态来判断调用哪些函数，而只需将状态传递到 API 来更改它。

在 packet_stream :: EnableDisable 确定状态确实不是冗余之后，它将执行函数设置为两个值之一，execute_enable 以启用状态，execute_disable 以禁用状态。这两个值都是 ENABLE_DISABLE 包的成员，并分别调用 glEnable()和 glDisable()。就 OpenGL 而言，你的应用程序只是直接调用 glEnable()和 glDisable()，而不需要任何额外的工作。

在清单 14.9 中，我们对正在跟踪的每个状态都关联了有效位。为了使状态跟踪正常工作，了解你的状态在 OpenGL 中的实际状态很重要。出于这个原因，我们需要允许包缓存将状态重置为某些已知的默认值。我们提供 packet_stream :: reset 函数，可以采用以下 3 种模式之一重置包缓存。

- 将所有状态重置为已知默认值，包括将状态发送到 OpenGL。
- 从另一个 packet_stream 对象继承状态，假设它将在该对象之前立即执行。
- 从未知来源继承状态，将所有跟踪状态标记为无效。

对于第一种模式，在简单的实现中，我们可以简单地将所有跟踪状态标记为无效，然后调用我们自己的函数将状态重置为默认值。但是，这可能会在缓存中消耗相当多的包空间，并且执行效率很低，因为每个单独的状态都将由一个单独的数据包设置。或者，我们可以创建一个特殊的包，意思是“将所有跟踪状态复制到 OpenGL”并调用大量的 OpenGL 函数来使其状态与我们的匹配。现在需要做的就是将所有状态设置为期望的默认值，将其标记为有效，然后插入此数据包。

对于第二种模式，我们只需要简单地复制来自另一个 packet_stream 实例的所有状态和有效位。假设新的 packet_stream 实例在继承其状态的实例之后立即执行，那么我们可以继续不间断地向 OpenGL 发送状态更改，而我们的状态镜像和 OpenGL 之间是一致的。

对于最后一种模式，我们只是保留所有当前状态。将所有状态标记为无效只意味着无论状态如何，下一个改变状态的请求都将被接受。

最后，我们使用一个 packet_stream :: sync()函数来同步 OpenGL 状态与阴影。默认情况下，它仅向 OpenGL 发送未标记为有效的状态（然后将其标记为有效）。通过将 force 参数设置为 true，我们可以强制包流将所有状态发送到 OpenGL，包括那些它认为已经有效的状态项。

使用这些机制（重置为默认值，继承另一个流，并使一切无效），我们可以有效地在状态和包缓存链之间移动。

- 创建新的数据包流并立即使用 RESET_TO_DEFAULT 模式重置它将为我们提供一个可将 OpenGL 状态转换为某些已知默认值的流。
- 从默认流继承状态，更改几个状态，然后同步会生成一个流，该流将所有状态更新为指定的默认值。
- 从一个较长的流继承状态，然后触发重置为默认值操作，这将生成一个流，该流会将状态从流的尾部移动到默认位置。随后执行的其他流可以安全地假设状态为默认状态。

包缓存专业化

另一个优化是识别非常常见的某些命令或参数模式，并提供更优化的执行功能。例如，假设应用程序中最常见的基本模式是 GL_TRIANGLES，并且通常不使用实例化（即 instanceCount 通常为 1）。稍加优化后修改版的 packet_stream :: DrawElements 展示在清单 14.10 中，DRAW_ELEMENTS :: exec 展示在清单 14.11 中。

清单 14.10　优化版的包插入

```
void packet_stream::DrawElements(
    GLenum mode,
    GLsizei count,
    GLenum type,
    GLuint start,
    GLsizei instancecount,
    GLint basevertex,
    GLuint baseinstance)
{
    packet::DRAW_ELEMENTS* __restrict pPacket =
        NextPacket<packet::DRAW_ELEMENTS>();

    // If parameters match some very commonly used defaults...
    if (mode == GL_TRIANGLES &&
        instancecount == 1 &&
        baseinstance == 0)
    {
        // Use a more optimal execution function
        pPacket->pfnExecute =
            packet::PFN_EXECUTE(
                packet::DRAW_ELEMENTS::execute_tris_noinstance);
    }
```

```
    else
    {
        // Otherwise, use a more generic execution function
        pPacket->pfnExecute =
            packet::PFN_EXECUTE(packet::DRAW_ELEMENTS::execute);
    }
    // Either way, record the parameters as normal
    pPacket->mode = mode;
    pPacket->count = count;
    pPacket->indices = (GLvoid*)start;
    pPacket->primcount = instancecount;
    pPacket->basevertex = basevertex;
    pPacket->baseinstance = baseinstance;
}
```

如清单 14.10 所示，我们检查了预期的默认值（mode 是 GL_TRIANGLES，instancecount 是 1，baseinstance 是 0）。如果匹配，我们只需将执行函数指向清单 14.11 中所示的稍加优化的版本。

清单 14.11　优化的包执行函数

```
void APIENTRY DRAW_ELEMENTS::execute_tris_noinstance(
    const DRAW_ELEMENTS* __restrict pParams)
{
    // Simply send a subset of the parameters to OpenGL
    glDrawElementsBaseVertex(
        // Hard-code GL_TRIANGLES instead of reading pParams->mode
        GL_TRIANGLES,
        pParams->count,
        pParams->type,
        pParams->indices,
        pParams->basevertex);
    // pParams->primcount, pParams->basevertex, and
    // pParams->baseinstance are ignored
}
```

当使用清单 14.10 和清单 14.11 中的代码时，在记录包缓存时会有更多的开销，但执行时会有更低的开销。总的来说，出于多种原因，这可能会提升性能。首先，我们的想法是在多个线程上并行记录多个包缓存，因此在记录期间需要花费比回放更多的 CPU 周期。其次，如果被检查的参数以常量文字形式传递，则编译器可能消除额外的 if 检查，从而消除两端的开销。最后，因为包缓存可以构建一次，多次提交，所以我们只需要承担一次性成本，多次获益。

14.2 OpenGL 中的低开销操作

在上一节中，我们介绍了一些可以更好地利用 CPU 周期来驱动 OpenGL 的技术。通过缓冲工作以及重复使用它，并将工作转移到其他 CPU 核心，你可以在更短的时间内完成相同的工作（或者在相同时间内完成更多的工作）。但是，我们并没有从根本上减少应用程序的工作量。事实上，缓存和将工作分发到多个执行线程中的开销实际上意味着应用程序完成了更多的工作，虽然它用的时间更少了。

在本节中，我们将介绍一些旨在减少 OpenGL 开销的技术。其中一些被称为 AZDO（接近零驱动开销）技术，这一技术在作者和他的同事在开发者大会上发表演讲后受到用户的欢迎。

14.2.1 间接渲染

在第 7 章中，我们介绍了间接绘制的概念，即在缓存对象中传递参数而不是直接通过代码传递参数的绘图命令。我们还介绍了 glMultiDrawArraysIndirect()和 glMultiDrawElementsIndirect()，它们允许在一次调用中批处理大量绘图命令并将其发送到 OpenGL。例如，第 7 章中介绍的小行星渲染程序每秒能够产生数千万次独立绘制。但是，在那个示例中，绘制清单是固定的，它是在 CPU 上提前生成的，并且绘制的数量是已知的。此外，每个对象的矩阵变换直接在顶点着色器中计算，虽然性能良好，但灵活性非常有限。

在本节中，我们将介绍一些方法来扩大间接渲染的应用范围，并展示如何在 GPU 上生成间接渲染清单。

灵活的间接渲染

间接渲染的一个显著缺点是，在一长串的 glMultiDrawArraysIndirect()或 glMultiDrawElements Indirect()操作期间，任何状态都无法更改。所有对象必须使用相同的程序，相同的顶点缓存以及相同的纹理集等。从表面上看，这似乎限制了这些命令的作用。但是，通过对着色器和数据做一些创造性的安排，可以解除其中一些限制。记住，我们不是试图将整个渲染帧塞进一次 glMultiDrawElementsIndirect()调用；相反，我们正在尝试批处理足够多的工作，使 GPU 变得忙碌，从而释放 CPU 周期，以便 CPU 在此期间可以执行其他操作。

可用的第一种技术是使用间接绘制命令结构的 baseInstance 成员。同样，作为参考，glMultiDrawArraysIndirect()和 glMultiDrawElementsIndirect()消耗的结构分别是

```
typedef struct {
    GLuint vertexCount;
    GLuint instanceCount;
    GLuint firstVertex;
    GLuint baseInstance;
} DrawArraysIndirectCommand;

typedef struct {
    GLuint vertexCount;
    GLuint instanceCount;
    GLuint firstIndex;
    GLint  baseVertex;
    GLuint baseInstance;
} DrawElementsIndirectCommand;
```

请注意，每个命令都有一个 baseInstance 成员，我们可以向其中放置任何内容。为任何实例顶点属性获取的数据将从它们各自的顶点缓存中取出，该缓存的位置偏移为这个成员值。我们也可以使用 GL_ARB_shader_draw_parameters 扩展得到这个结构（并直接传递给任何其他绘图命令）中的值，GL_ARB_shader_draw_parameters 扩展向 GLSL 引入了 3 个新的内置变量，这些变量可供顶点着色器使用。

- gl_BaseVertexARB 包含 baseVertex 参数中传递的值。
- gl_BaseInstanceARB 包含 baseInstance 参数中传递的值。
- gl_DrawIDARB 包含绘画的索引。

前两个变量不言自明；它们都包含与绘图函数同名的参数值。gl_BaseVertexARB 包含传递给 glDrawElementsBaseVertex()或接受此参数的任何其他函数的 baseVertex 的值。对于没有 baseVertex 参数的函数，其值在着色器中仍然可用，但将为零。同样，gl_BaseInstanceARB 包含传递给 glDrawArraysInstancedBaseInstance()或类似函数的值；与 gl_BaseVertexARB 相同，如果函数没有 baseInstance 参数，则该值将为零。当参数通过间接绘图命令之一从内存中获取时，这两个输入仍然有效。

我们可以使用 gl_BaseInstanceARB 来完成前面示例中所需的一些工作，而不是像在小行星示例中那样使用标识映射来填充缓存，我们可以直接使用 gl_BaseInstanceARB 的值。这意味着要获取的数据更少，但仍然以非严格设计的方式使用 baseInstance 字段，因此与许多实例化存储技术不兼容。取而代之的是，我们使用最后一个参数 gl_DrawIIDARB，它包含绘制的原始索引。

在 indirectmaterial 应用程序中，我们组合了一个简单的示例来演示如何将大量绘制批处理到单个缓存中，同时仍允许每个对象具有不同的材质属性。我们重用了第 7 章的小行星模型和第 13 章的 blinnphong 示例中的照明着色器。当给定一种闪亮的彩色材料时，小行星看起来就像宝石一样。在小行星模型文件中有 100 个唯一对象，每个对象都使用绘制间接缓存的单独元素绘制。

要将多个绘图合并为一个，首先在顶部着色器中声明包含对象变换的大型统一块，然后使用第二个统一块来存储每帧数据。这些块的声明如清单 14.12 所示。

清单 14.12 间接材料的统一块声明

```
layout (std140, binding = 0) uniform FRAME_DATA
{
    mat4 view_matrix;
    mat4 proj_matrix;
    mat4 viewproj_matrix;
};

layout (std430, binding = 0) readonly buffer OBJECT_TRANSFORMS
{
    mat4 model_matrix[];
};
```

每帧数据（存储在 FRAME_DATA 块中）绑定到位置从 0 开始的统一块。每个对象的转换数据（OBJECT_TRANSFORMS）绑定到位置从 0 开始的着色器存储缓存。要注意的是，我们可以批处理的对象数量受用于存储变换数据的着色器存储块的大小限制。由于每个矩阵是 16 个浮点值，总共 64 字节，所以我们可以放入单个着色器存储块的最大矩阵数超过 200 万！如果我们使用统一块来进行变换，那么可以放入的矩阵数量将被限制为 16K。

在顶点着色器中，我们使用常规顶点属性读取位置和法线，并像第 13 章的 blinnphong 示例中那样进行顶点变换。但是，我们对每个网格使用单独的模型矩阵而不是使用单个模型——视图矩阵。每个网格由 gl_DrawIDARB 索引，并在着色器中本地形成模型——视图矩阵。除了输出法线、光线和视图矢量外，我们也输出从 gl_BaseInstanceARB 派生出的材料索引。这使着色器与顶点属性实例不兼容。但是，这可能并不是问题，因为我们可以将小批量实例转换为单个实例的多次绘制。该着色器的主体如清单 14.13 所示。

清单 14.13　通过定点着色器传递材料索引

```
out VS_OUT
{
    smooth vec3 N;
    smooth vec3 L;
    smooth vec3 V;
    flat int material_id;
} vs_out;

void main(void)
{
    vec4 position = vec4(position_3, 1.0);
    mat4 mv_matrix = view_matrix * model_matrix[gl_DrawIDARB];

    // Calculate view-space coordinate
    vec4 P = mv_matrix * position;

    // Calculate normal in view space
    vs_out.N = mat3(mv_matrix) * normal;

    // Calculate light vector
    vs_out.L = light_pos - P.xyz;

    // Calculate view vector
    vs_out.V = -P.xyz;

    vs_out.material_id = gl_BaseInstanceARB;
    gl_Position = proj_matrix * P;
}
```

当存储在 VS_OUT 块中的数据到达片段着色器时，我们将存储在另一个统一块中的参数应用到着色计算。将 Blinn-Phong 着色模型的参数放入一个结构中，并创建一个具有大量该结构的统一块。该块与着色器中的位置 2 相关联，其定义如清单 14.14 所示。

清单 14.14　材料属性声明

```
struct MaterialProperties
{
    vec4        ambient;
    vec4        diffuse;
    vec3        specular;
    float       specular_power;
};
layout (binding = 2) uniform MATERIALS
{
    MaterialProperties material[100];
};
```

着色器的主体与 blinnphong 示例中的基本相同，只是我们使用从数组中获取的值，而不是直接使用统一块中的值，这些值由顶点着色器提供给我们的值进行索引。片段着色器的主体如清单 14.15 所示。

清单 14.15 通过顶点着色器传递材料索引

```
void main(void)
{
    vec3 ambient = material[fs_in.material_id].ambient.rgb;
    vec3 specular_albedo = material[fs_in.material_id].specular.rgb;
    vec3 diffuse_albedo = material[fs_in.material_id].diffuse.rgb;
    float specular_power = material[fs_in.material_id].specular_power;

    // Normalize the incoming N, L, and V vectors
    vec3 N = normalize(fs_in.N);
    vec3 L = normalize(fs_in.L);
    vec3 V = normalize(fs_in.V);
    vec3 H = normalize(L + V);

    // Compute the diffuse and specular components for each fragment
    vec3 diffuse = max(dot(N, L), 0.0) * diffuse_albedo;
    vec3 specular = pow(max(dot(N, H), 0.0), specular_power * 1.0) * specular_albedo;

    o_color = vec4(ambient + specular + diffuse, 1.0);
}
```

从清单 14.15 中可以看出，每种材质都有独特的环境色、镜面反射颜色和漫反射颜色，以及它自己的镜面反射因数。这里的着色功能相对简单。当然，我们的材质结构可以包含无绑定纹理的纹理句柄，如第 11 章介绍的那样。片段着色器中使用的材质完全由间接绘制参数结构中的 baseInstance 字段指定。该程序的输出如图 14.3 所示。

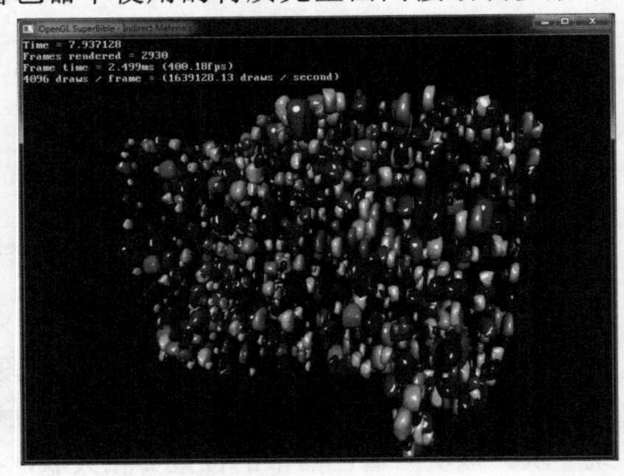

图 14.3 间接材料参数

图 14.3 中显示的每个对象实际上都是一个单独的对象。每个顶点都有自己的顶点集，并可以使用不同的材质，只要所有对象都使用相同的着色器。从帧捕获图中可以看出，这个图像是在现代 GPU（绝不是顶级模型）上用大约 2.5 毫秒的时间生成的。实际上，当我们减少帧中的对象数量时，我们看到帧时间不会下降，这表明即使每帧有数千个绘制，我们在此演示中也受到 CPU 速度的限制。如果使用更大的统一块来存储转换数据，我们可以轻松地使 GPU 完成更多绘制。实际上，使用单个着色器渲染复杂场景的可能性非常小。但是，一个合理的期望是高级渲染应用程序可以将其内容分解为少数相当通用的着色器，并按着色器进行批量绘制。每个批处理将由间接绘制缓存的一个部分表示，并通过对 glMultiDrawArraysIndirect() 的单个调用进行渲染。

14.2.2 GPU 工作生成

在上一节（和最初的小行星示例中），我们忽略了一些 OpenGL 的小限制。这些限制中最大的问题是发送到 GPU 的绘制都是固定的，并且绘制清单要具有已知长度。由于间接绘制缓存只是一个常规的 OpenGL 缓存对象，我们可以在 GPU 上使用图像存储、转换反馈甚至 glReadPixels()来生成它。然而，这同样留下了一个问题：我们如何确定产生了多少次绘制？

如果想将绘制清单传递回 glMultiDrawArraysIndirect()，则需要读回绘制次数，以便可以直接将它传递给 OpenGL。

在本节中，我们将演示如何动态生成绘制清单并分派命令清单，其长度对于应用程序来说是不可知的。为实现这一点，我们将使用 GL_ARB_indirect_parameters 扩展，它引入了下列两个函数：

```
void glMultiDrawArraysIndirectCountARB(GLenum mode,
                                       const void *indirect,
                                       GLintptr drawcount,
                                       GLsizei maxdrawcount,
                                       GLsizei stride);

void glMultiDrawElementsIndirectCountARB(GLenum mode,
                                         GLenum type,
                                         const void *indirect,
                                         GLintptr drawcount,
                                         GLsizei maxdrawcount,
                                         GLsizei stride);
```

glMultiDrawArraysIndirectCountARB()和 glMultiDrawElementsIndirectCountARB()的行为类似于 glMultiDrawArraysIndirect()和 glMultiDrawElementsIndirect()，只是这里的 drawcount 参数用于指定缓存中实际计数存储位置的偏移量。这可以是任何旧缓存，但它绑定到新目标 GL_PARAMETER_BUFFER_ARB。

为了演示这两个函数的使用，我们将调整前面的示例以使用计算着色器执行裁剪，通过使用原子计数器将绘制附加到着色器存储缓存来生成新的间接绘制缓存，将原子计数器转换为缓存，然后使用该缓存作为绘制计数来源来调用 glMultiDrawArraysIndirectCountARB()。

第一个复杂的问题是因为我们正在从清单中删除绘制，gl_DrawID 和呈现给我们的顶点着色器的模型矩阵数组之间不再存在一对一的关系。因此，除了生成新的绘制清单之外，我们还需要生成一个新的模型矩阵清单，或者通过某种间接方式将原始矩阵传递给顶点着色器。在这里我们将选择后一种方法，因为它更简单，而且只有少量数据需要从计算着色器转发到图形着色器。

在 cullindirect 示例中，我们将使用计算着色器来裁剪观看者无法看到的整个对象。我们使用实现的计算着色器处理一个绘制清单，确定每个绘制的可见性，然后将可能有助于场景的绘制参数复制到输出缓存中。被拷贝的绘制数存储在原子计数器中。通过调用 glMultiDrawArraysIndirectCountARB()来引用生成的输出缓存和计数，以实际绘制可见的几何体。

我们定义了一个结构 CandidateDraw，它包含中心（在对象坐标系中）和完全包围对象的球体半径，以及可用于绘制对象的参数。我们将大小不定的这些参数结构的数组放入计算着色器中声明的 SSBO 中。其定义如清单 14.16 所示。

清单 14.16 用于画面裁剪的候选绘制

```
struct CandidateDraw
{
    vec3 sphereCenter;
    float sphereRadius;
    uint firstVertex;
    uint vertexCount;
```

```
    uint pad0;
    uint pad1;
};

layout (binding = 0, std430) buffer CandidateDraws
{
    CandidateDraw draw[];
};
```

除候选绘制外，计算着色器还可以访问模型、视图和顶点着色器中用于几何图形的投影矩阵，以及预先计算的视图投影矩阵。这些矩阵被声明并放置在一对统一块中，如清单 14.17 所示。

清单 14.17　用于计算着色器裁剪的矩阵数据

```
layout (binding = 0, std140) uniform MODEL_MATRIX_BLOCK
{
    mat4     model_matrix[1024];
};

layout (binding = 1, std140) uniform TRANSFORM_BLOCK
{
    mat4     view_matrix;
    mat4     proj_matrix;
    mat4     view_proj_matrix;
};
```

如清单 14.17 所示，我们将模型矩阵与视图、投影和视图投影矩阵分开。这允许我们有尽可能多的模型矩阵来适应一个统一块。着色器使用全局调用索引从 MODEL_MATRIX_BLOCK 统一块中查找传入的模型矩阵，使用该矩阵和 **view_proj_matrix** 将为候选绘制定义的球体中心转换到剪辑空间中，然后确定球体中是否有任何内容是可见的。当然，我们可以实现更先进的裁剪机制，例如我们可以使用比球体更紧密的包围体，或者每个物体使用多个包围体，但这主要用来证明原理。

考虑到球体的半径，我们扩大了裁剪距离。剪辑空间的定义表明，如果球体的投影在 x 和 y 维度上与 $-w$ 到 w 的区域相交（在这个例子中我们不考虑 z），那么对象可能是可见的。因此，我们可以在计算着色器中进行该比较以执行裁剪。计算着色器的主体如清单 14.18 所示。

清单 14.18　计算着色器中的物体裁剪

```
struct DrawArraysIndirectCommand
{
    uint vertexCount;
    uint instanceCount;
    uint firstVertex;
    uint baseInstance;
};

layout (binding = 1, std430) writeonly buffer OutputDraws
{
    DrawArraysIndirectCommand command[];
};

layout (binding = 0, offset = 0) uniform atomic_uint commandCounter;
```

```
void main(void)
{
    const CandidateDraw thisDraw = draw[gl_GlobalInvocationID.x];
    const mat4 thisModelMatrix = model_matrix[gl_GlobalInvocationID.x];

    vec4 position = view_proj_matrix *
                    thisModelMatrix *
                    vec4(thisDraw.sphereCenter, 1.0);

    if ((abs(position.x) - thisDraw.sphereRadius) < (position.w * 1.0) &&
        (abs(position.y) - thisDraw.sphereRadius) < (position.w * 1.0))
    {
        uint outDrawIndex = atomicCounterIncrement(commandCounter);

        command[outDrawIndex].vertexCount = thisDraw.vertexCount;
        command[outDrawIndex].instanceCount = 1;
        command[outDrawIndex].firstVertex = thisDraw.firstVertex;
        command[outDrawIndex].baseInstance = uint(gl_GlobalInvocationID.x);
    }
}
```

如清单 14.18 所示，我们声明了一个名为 OutputDraws 的 SSBO，向其中写入生成的绘制命令。我们还声明了原子计数器 commandCounter，它存储生成的绘图数量。我们使用输出命令的成员变量 baseInstance 记录生成它的原始调用索引。我们稍后可以在顶点着色器中使用此信息，通过内置变量 gl_BaseInstanceARB，查找合适的模型矩阵将真实几何体转换到世界坐标中。

应用程序中实现所有功能的代码可能看起来有点复杂，但实际上并不是那么高级。首先，我们绑定原子计数器缓存并通过调用 glClearBufferSubData()将计数器重置为零来清除它。接下来，我们绑定模型矩阵统一缓存，对其进行映射，并更新场景中对象的所有模型矩阵；我们也对视图、投影和视图投影矩阵执行同样的操作。在更高级的应用程序中，我们可以提前做这项工作，或者通过持久映射来完成这项工作。接下来，我们调度裁剪计算着色器。

计算着色器运行后，commandCounter 原子计数器包含写入 OutputDraws SSBO 的绘制数。因为我们将要使用此缓存作为间接绘图命令的命令源，所以需要使用内存屏障。为此，我们调用 glMemoryBarrier()并设置 GL_COMMAND_BARRIER_BIT 标志。这可以确保后续间接绘制命令可以看到计算着色器写入缓存的所有命令。用于支持 commandCounter 的缓存将由与 GL_ATOMIC_COUNTER_BUFFER 绑定更改为与 GL_PARAMETER_BUFFER_ARB 绑定。接下来，我们调用 glMultiDrawArraysIndirectCountARB()，为命令基数和计数参数的偏移量都传入零偏移量。

glMultiDrawArraysIndirectCountARB()也需要对最大数量的绘制进行处理。我们将该参数设置为场景中对象的总数，因为我们永远无法渲染超过此限制的对象。最终代码如清单 14.19 所示。

清单 14.19 驱动计算裁剪着色器

```
void cullindirect_app::render(double currentTime)
{
    static const GLfloat farplane[] = { 1.0f };
    static float lastTime = 0.0f;
    static int frames = 0;
    float nowTime = float(currentTime);
```

```
int i;

// Set viewport and clear
glViewport(0, 0, info.windowWidth, info.windowHeight);
glClearBufferfv(GL_COLOR, 0, sb7::color::Black);
glClearBufferfv(GL_DEPTH, 0, farplane);

// Bind and clear atomic counter
glBindBufferBase(GL_ATOMIC_COUNTER_BUFFER, 0, buffers.parameters);
glClearBufferSubData(GL_ATOMIC_COUNTER_BUFFER, GL_R32UI,
                     0, sizeof(GLuint),
                     GL_RED_INTEGER, GL_UNSIGNED_INT, nullptr);

// Bind shader storage buffers
glBindBufferBase(GL_SHADER_STORAGE_BUFFER, 0, buffers.drawCandidates);
glBindBufferBase(GL_SHADER_STORAGE_BUFFER, 1, buffers.drawCommands);

// Bind model matrix UBO and fill with data
glBindBufferBase(GL_UNIFORM_BUFFER, 0, buffers.modelMatrices);
vmath::mat4* pModelMatrix =
    (vmath::mat4*)glMapBufferRange(GL_UNIFORM_BUFFER,
                                   0, 1024 * sizeof(vmath::mat4),
                                   GL_MAP_WRITE_BIT |
                                   GL_MAP_INVALIDATE_BUFFER_BIT);

for (i = 0; i < 1024; i++)
{
    float f = float(i) / 127.0f + nowTime * 0.025f;
    float g = float(i) / 127.0f;
    const vmath::mat4 model_matrix =
        vmath::translate(70.0f * vmath::vec3(sinf(f * 3.0f),
                                             cosf(f * 5.0f),
                                             cosf(f * 9.0f))) *
        vmath::rotate(nowTime * 140.0f,
            vmath::normalize(vmath::vec3(sinf(g * 35.0f),
                                         cosf(g * 75.0f),
                                         cosf(g * 39.0f))));
    pModelMatrix[i] = model_matrix;
}

glUnmapBuffer(GL_UNIFORM_BUFFER);

// Bind view + projection matrix UBO and fill
glBindBufferBase(GL_UNIFORM_BUFFER, 1, buffers.transforms);
TransformBuffer* pTransforms =
    (TransformBuffer*)glMapBufferRange(GL_UNIFORM_BUFFER,
                                       0, sizeof(TransformBuffer),
                                       GL_MAP_WRITE_BIT |
                                       GL_MAP_INVALIDATE_BUFFER_BIT);

float t = nowTime * 0.1f;

const vmath::mat4 view_matrix =
    vmath::lookat(vmath::vec3(150.0f * cosf(t), 0.0f, 150.0f * sinf(t)),
                  vmath::vec3(0.0f, 0.0f, 0.0f),
                  vmath::vec3(0.0f, 1.0f, 0.0f));
const vmath::mat4 proj_matrix =
    vmath::perspective(50.0f,
                       (float)info.windowWidth / (float)info.windowHeight,
                       1.0f,
                       2000.0f);
```

```
    pTransforms->view_matrix = view_matrix;
    pTransforms->proj_matrix = proj_matrix;
    pTransforms->view_proj_matrix = proj_matrix * view_matrix;
    glUnmapBuffer(GL_UNIFORM_BUFFER);

    // Bind the culling compute shader and dispatch it
    glUseProgram(programs.cull);
    glDispatchCompute(CANDIDATE_COUNT / 16, 1, 1);

    // Barrier
    glMemoryBarrier(GL_COMMAND_BARRIER_BIT);

    // Get ready to render
    glEnable(GL_DEPTH_TEST);
    glEnable(GL_CULL_FACE);

    glBindVertexArray(object.get_vao());

    glActiveTexture(GL_TEXTURE0);
    glBindTexture(GL_TEXTURE_2D, texture);

    // Bind indirect command buffer and parameter buffer
    glBindBuffer(GL_DRAW_INDIRECT_BUFFER, buffers.drawCommands);
    glBindBuffer(GL_PARAMETER_BUFFER_ARB, buffers.parameters);

    glUseProgram(programs.draw);

    // Draw
    glMultiDrawArraysIndirectCountARB(GL_TRIANGLES, 0, 0,
                                      CANDIDATE_COUNT, 0);

    // Update overlay
    if (nowTime > (lastTime + 0.25f))
    {
        fps = float(frames) / (nowTime - lastTime);
        frames = 0;
        lastTime = nowTime;
    }

    glDisable(GL_CULL_FACE);
    updateOverlay();

    frames++;
}
```

读者可能已经注意到清单 14.18 中位于裁剪着色器中的* 1.0：

```
if ((abs(position.x) - thisDraw.sphereRadius) < (position.w * 1.0) &&
    (abs(position.y) - thisDraw.sphereRadius) < (position.w * 1.0))
{
    // Produce output draw...
```

当然，因为这个着色器只是简单地剪裁了你无法看到的物体，所以程序的输出与没有发生裁剪时产生的输出没有区别。但是，通过减少着色器中 1.0 的值，我们可以有效地减小裁剪空间的可见区域。

例如将其修改为 0.5，可将剪辑空间减小一半，我们看到物体在从视窗中心到边缘的中点被裁剪。程序的输出如图 14.4 所示。

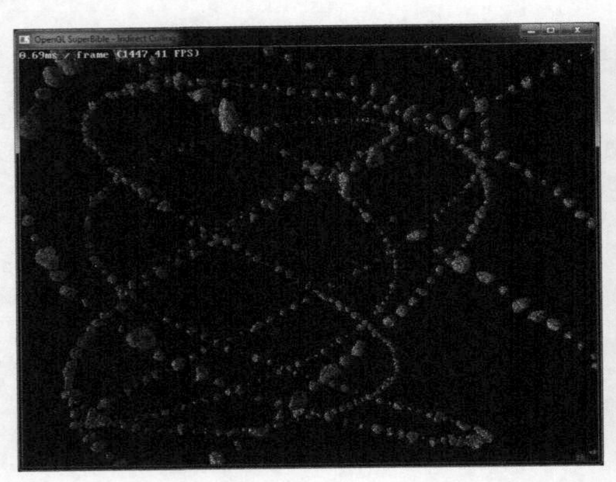

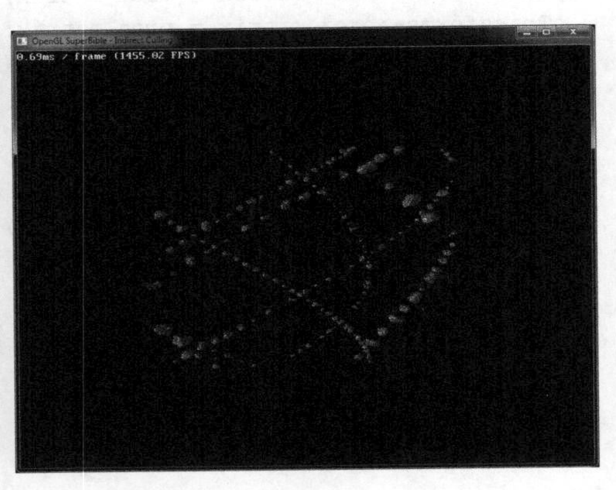

图 14.4 cullindirect 应用程序的输出

图 14.4 中的左侧图像是应用程序的全帧输出。我们再次使用小行星群来演示该技术。图 14.4 中的右侧图像是相同应用程序的输出，但裁剪区域减小了一半。如你所见，小行星已缩小到视窗一半的宽度和高度。

14.2.3 零拷贝

到目前为止，你应该已经非常熟悉 glMapBufferRange()和 glTextureStorageSubImage2D()函数，它们允许你获取指向缓存对象数据存储的指针，并分别将纹理数据放入内存中。有时，这些函数会对你的数据进行拷贝，将其从应用程序的内存传输到 OpenGL 的内存中，OpenGL 的内存通常位于图形卡上或由 OpenGL 管理。如果应用程序仅使用一两次数据，则此次拷贝可能是由 OpenGL 完成了非常大量的工作。通过借助持久映射来管理共享内存，就可以避免这种开销。

本章前面提到了持久性映射，并在第一次讨论可以传递给 glMapNamedBufferRange()和 glNamedBufferStorage()的标志时简要介绍了它们。在本节中，我们将介绍一些方法，使你可以用来同步对共享内存的访问、上传纹理数据，以及在无须暂停 OpenGL 的情况下同步更新缓存的内容。

持久化映射

之所以被称为持久化映射，是因为映射（获取对应用程序有效的指针）一直存在直到释放它为止。如果一个映射没有被标记为持久化，那么在绘制任何可能访问缓存的内容之前，用户都需要负责释放它。当调用其中一个绘图命令并生成 GL_INVALID_OPERATION 错误时，OpenGL 将尽力找到映射的缓存，但不需要查找每个最后的案例。实际上，这意味着从映射缓存中绘制会产生未定义的行为。通过告诉 OpenGL 我们真正想要做的事情是什么，可以很好地定义这种行为。

构建一个持久化映射缓存有两个步骤。首先，当你为缓存分配存储时，你需要声明希望能够持久化映射它。这不会产生持久化映射，但它提醒 OpenGL 为缓存对象分配 GPU 和系统中的

CPU 都可以访问的内存区域。接下来，我们需要使用 glMapNamedBufferRange()来实际映射缓存，并告诉 OpenGL 这是我们想要保留的映射。此时，你将得到一个可用于访问与 OpenGL 绘制时访问的相同内存的指针。

创建此类映射的示例可以在前面的清单 14.2 中找到。在这里，我们在调用 glNamedBufferStorage()和 glMapNamedBufferRange()时均指定 GL_MAP_PERSISTENT_BIT 标志。一旦有了持久化映射缓存，我们就要负责所有对它的同步访问。

同步对缓存的访问

当 GPU 和 CPU 可以同时访问同一个内存时，我们需要确保进程的这两部分同步。如果开始覆盖 GPU 正在使用的数据块，我们将得到不一致的结果。这可能对我们的应用程序没有任何不良影响，但更多情况下可能会导致部分帧使用老数据而部分帧使用新数据进行图像渲染。熟悉多线程编程的读者会识别出这是竞争条件。较为明显的副作用可能是物体不在适当的位置，几何体缺失，以及纹理或其他元素损坏。在最坏的情况下，它可能是灾难性的。

在本章前面呈现的示例中，我们并不关心帧是否已部分更新。但是，情况并非总是如此，尤其是在更复杂的应用程序中。这里有几种处理同步的机制，下面按最简单到最复杂的顺序介绍。

- 在开始任何帧之前调用 glFinish()。这可以确保 GPU 已完全渲染了前一帧中的所有内容，并完成了全部共享数据的使用。
- 使用一个与资源关联的栅栏对象，要求 OpenGL 在 GPU 端使用完共享数据之后，通过调用 glFenceSync()来通知栅栏对象，然后在覆盖 CPU 端数据之前调用 glClientWaitSync()等待栅栏结果。
- 将共享数据划分为多个区域，并对每个区域分别使用栅栏，以减少 CPU 对 GPU 的等待。

我们实现了 pmbstreaming 应用程序来演示所有这 3 种方法，以及“我不关心”的完全不等待策略。该示例使用简单的光照模型渲染了一个旋转对象并对其应用了纹理。在作者的计算机上，无论如何设置同步，应用程序都以每秒几千帧的速度运行。当使用栅栏时，应用程序还会测试栅栏以查看它是否会因等待而阻塞。

应用程序创建一个缓存并将其用作包含程序使用的矩阵的统一缓存。我们使用持久性映射来共享 CPU 和 GPU 之间的统一缓存，并通过简单地将新值写入内存来更新统一缓存中的值。应用程序永远不会取消对缓存的映射。

如果应用程序在没有同步的情况下运行，我们会看到每帧时间为 0.36ms。渲染的输出效果在这个应用程序中看起来很好，因为帧非常简单，且我们只更新了几个统一块的成员，部分更新和不连贯数据的情况出现的可能性很小。当使用第一个策略引入同步时（只是调用 glFinish()），我们可以假设应用程序将阻塞。毕竟，我们之前只要求 OpenGL 做很多工作，然后又立即要求它做所有事情。在这种情况下，每帧时间增加到 0.64ms，几乎是不等待的时间的两倍。

接下来，我们转向使用单个栅栏来编组对共享缓存访问的策略。OpenGL 中的栅栏是一次性对象。也就是说，调用 glFenceSync()会创建一个无信号状态的栅栏。当 GPU 执行到栅栏时，它会转换为有信号状态。我们稍后可以使用 glGetSynciv()检查状态，也可以通过调用 glClientWaitSync()等待它转换为有信号状态。一旦栅栏转换为有信号状态，就永远不会再转换为无信号状态；我们唯一能执行的操作就是删除它。因此，在发出使用共享缓存中的数据绘图的命令后，我们调用 glFenceSync()函数并存储结果。在更新映射缓存之前，我们会调用 glClientWaitSync()函数。这会使应用程序在写入缓存之前等待。我们随后使用 glDeleteSync()删除同步对象，并在下一帧中重复该过程。

在 pmbstreaming 应用程序中运行此策略时，可以发现当开始等待同步对象时，同步对象还未转换为有信号状态，因此应用程序将阻塞。实际上，我们可以发现帧时间保持在大约 0.60ms。这并没有比我们在每一帧开始时调用 glFinish()的暴力方法效果更好。

现在介绍最后一个方法，该方法涉及保存多个共享数据的副本并为每个副本关联一个栅栏。在这里，我们的缓存足够容纳四个统一变量的副本。我们还创建了一个由四个同步对象组成的数组来表示我们的栅栏。每个统一变量的副本都与一个栅栏对象相关联。每次需要将新的统一变量副本发送到着色器时，我们会等待与缓存中下一个可用位置关联的栅栏转换为有信号状态。然后我们删除该栅栏，更新统一变量，将绘图命令发送到 OpenGL，并创建一个新的栅栏对象来表示该绘制。在每一帧上，我们移动到缓存中的下一位置及其相关的栅栏。每隔四帧，我们就会返回并重复使用旧的位置。

位置通过使用绘图命令的 baseInstance 参数与着色器通信，位置使用 gl_BaseInstanceARB 内置变量从着色器中拾取，该变量是 GL_ARB_shader_draw_parameters 扩展的一部分。当然，也可以使用任何其他机制将位置索引传递给着色器，顶点属性在这里非常有效。使用此同步机制，应用程序报告它几乎不阻塞，帧时间也减少到每帧 0.37 毫秒，这几乎与无同步版本相同。

图 14.5 显示了应用程序的输出。每个图像的左上方显示了帧时间（和相应的帧速率）、应用程序所处的模式以及停顿标记。

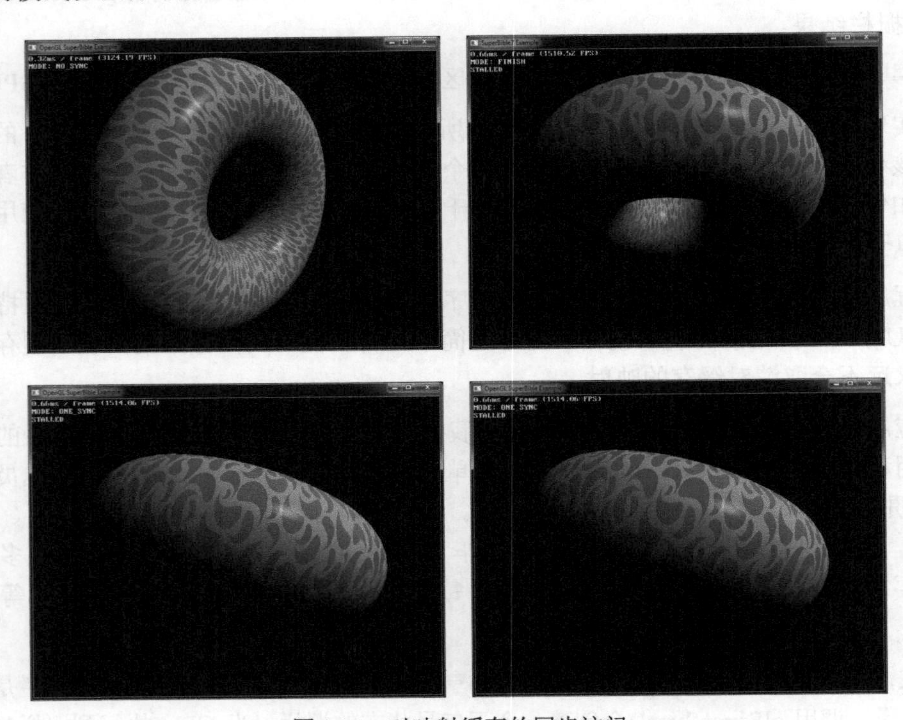

图 14.5 对映射缓存的同步访问

如图 14.5 所示，非同步更新方法是最快的，但在技术上不正确。这显示在左上角的图像中。调用 glFinish()（如右上图所示）以暴力的方式同步访问。虽然正确，但它确实不是最优方案，每帧时间几乎是非同步方法的两倍。在左下方，我们看到了“单栅栏”方法。这同样是正确的，但帧时间实际上并不比使用完整的 glFinish()方法更好。最后，在右下方，我们看到了“环状栅栏”方法的结果，该方法将一个大缓存划分为几个小部分，并使用自己的栅栏单独控制对每个部分的访问。该方法既正确又快速，帧时间大约等于非同步方法的帧时间，并且没有检测到阻塞。

不可映射的资源

在前几节中，我们讨论了使用持久映射缓存直接在 GPU 和 CPU 之间共享数据。使用此技术，可以映射一个缓存，并在绘制时一直保持映射。

通过仔细组织数据和一些专门用于同步的方式，可以删除任何将应用程序中的数据上传或复制到 OpenGL 内存中的调用，而直接使用数据。虽然某些情况下，这种做法并不可行。下面列出了几种无法映射的情况：

- 目前无法映射纹理。如果要提供可用作纹理的 OpenGL 数据，仍需要在将纹理对象绑定到着色器之前将数据移动到纹理对象中。
- 如果缓存非常大（大约数百兆字节），由于可以在应用程序和 GPU 之间共享的内存有限，OpenGL 很可能无法映射它们。

即便如此，我们仍然可以使用特定技术来保证使用这些类型的资源时获得持久映射缓存的优点。

对于纹理，我们可以调用 glTextureStorageSubImage2D()（或针对不同纹理维度的适当版本）将数据从持久映射缓存复制到纹理中。与使用客户端内存调用 glTextureStorageSubImage2D()比较来看，使用客户端内存调用时，OpenGL 必须在将控制权返回给应用程序前复制纹理数据，因为我们可以立即重写该数据。通过使用持久映射缓存，我们仍然可以像使用客户端数据一样将数据直接写入内存，但 OpenGL 可以延缓将数据从内存上传到纹理中，这可能至少避免一次拷贝操作。

对于缓存，我们可以使用 glCopyNamedBufferSubData()将数据从持久映射缓存复制到目标缓存。同样，这里存在一个副本，所以在技术上讲并不是零拷贝。但是，与纹理一样，如果内存中的数据源是 GPU 无法访问的，则 OpenGL 可能需要先制作第一个副本以准备上传数据，然后再制作第二个副本将数据传输到最终位置。此外，除非将目标缓存标记为动态［在调用 glBufferStorage()时使用 GL_DYNAMIC_STORAGE_BIT 标志］，否则无法直接从应用程序内存加载数据（从另一个缓存上传数据是唯一的选择），因此我们可能需要使临时缓存成为持久映射缓存。

在 pmbfractal 示例中，我们演示了使用持久映射缓存来更新纹理。为了创建这个例子，我们将清单 13.34 中所示的 Julia 分形示例从 GPU 移植回 CPU。得到的分形生成循环如清单 14.20 所示。

清单 14.20 CPU 上的 Julia 分形

```
void pmbfractal_app::update_fractal()
{
    const vmath::vec2 C = fractparams.C; // (0.03f, -0.2f);
```

```
        const float thresh_squared = 256.0f;
        const float zoom = fractparams.zoom;
        const vmath::vec2 offset = fractparams.offset;

    #pragma omp parallel for schedule (dynamic, 16)
        for (int y = 0; y < FRACTAL_HEIGHT; y++)
        {
            for (int x = 0; x < FRACTAL_WIDTH; x++)
            {
                vmath::vec2 Z;
                Z[0] = zoom * (float(x) / float(FRACTAL_WIDTH) - 0.5) + offset[0];
                Z[1] = zoom * (float(y) / float(FRACTAL_WIDTH) - 0.5) + offset[1];
                unsigned char * ptr = mapped_buffer + y * FRACTAL_WIDTH + x;
                int it;
                for (it = 0; it < 256; it++)
                {
                    vmath::vec2 Z_squared;

                    Z_squared[0] = Z[0] * Z[0] - Z[1] * Z[1];
                    Z_squared[1] = 2.0f * Z[0] * Z[1];
                    Z = Z_squared + C;

                    if ((Z[0] * Z[0] + Z[1] * Z[1]) > thresh_squared)
                        break;
                }
                *ptr = it;
            }
        }
    }
```

从清单 14.20 中可以看到，我们再次使用 OpenMP 来加速分形渲染功能。mapped_buffer 变量是指向持久映射缓存的指针，其在应用程序启动期间创建并进行映射。

在清单 14.21 的内层渲染循环中，我们将持久映射缓存绑定到 GL_PIXEL_UNPACK_BUFFER 目标，并调用 glTexSubImage2D()来更新纹理的内容。这会导致 OpenGL 将我们刚生成的纹理数据复制到纹理中。然后，我们使用简单的全屏四边形程序立即将该纹理绘制到屏幕上。

清单 14.21 分形渲染的持久化映射

```
void pmbfractal_app::render(double currentTime)
{
    static float lastTime = 0.0f;
    static int frames = 0;
    float nowTime = float(currentTime);

    fractparams.C = vmath::vec2(1.5f - cosf(nowTime * 0.4f) * 0.5f,
                                1.5f + cosf(nowTime * 0.5f) * 0.5f) * 0.3f;
    fractparams.offset = vmath::vec2(cosf(nowTime * 0.14f),
                                     cosf(nowTime * 0.25f)) * 0.25f;

    fractparams.zoom = (sinf(nowTime) + 1.3f) * 0.7f;

    update_fractal();

    glViewport(0, 0, info.windowWidth, info.windowHeight);

    glUseProgram(program);
    glActiveTexture(GL_TEXTURE0);
    glBindTexture(GL_TEXTURE_2D, texture);
```

```
    glBindBuffer(GL_PIXEL_UNPACK_BUFFER, buffer);
    glTexSubImage2D(GL_TEXTURE_2D, 0,
                    0, 0,
                    FRACTAL_WIDTH, FRACTAL_HEIGHT,
                    GL_RED, GL_UNSIGNED_BYTE,
                    nullptr);
    glBindBuffer(GL_PIXEL_UNPACK_BUFFER, 0);

    glBindVertexArray(vao);
    glDrawArrays(GL_TRIANGLE_STRIP, 0, 4);

    if (nowTime > (lastTime + 0.25f))
    {
        fps = float(frames) / (nowTime - lastTime);
        frames = 0;
        lastTime = nowTime;
    }

    updateOverlay();

    frames++;
}
```

结果输出如图 14.6 所示。如图所示，我们已经能够在大约 13 毫秒内渲染出一个中等细节的分形。在这个应用程序中，我们使用六个线程将分形渲染到与 GPU 共享的内存中。有一个从该缓存到纹理的单步副本，着色器可以立即使用该纹理。

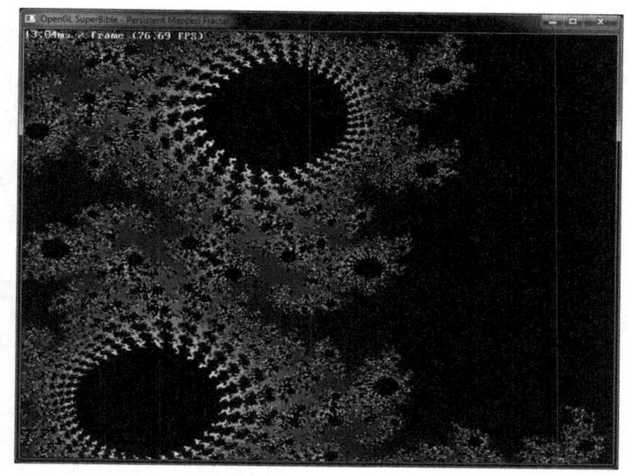

图 14.6　Julia 分形的持久化映射

渲染 Julia 分形可能不是 CPU 的长项，毕竟我们已经看到 GPU 非常适合这种高度并行的工作。但是，这里写的数据可以是任何内容。例如，它可以是视频流应用程序中的视频编解码器的输出，或者是不能与 OpenGL 交互使用的第三方库生成的数据。在这种情况下，我们可以映射缓存并像传递普通应用程序内存指针一样将其传递给库，库将不会发现任何差异。

然而，当在不期望这种用例的软件中共享指向映射缓存的指针时，请务必谨慎。映射缓存通常是未缓存且合并写入。这意味着其写入性能非常好，写入这些缓存不会污染可能保存其他更有用数据的高速缓存。但是，这些映射的读取性能可能非常差。实际上，除非使用 GL_MAP_READ_BIT 标志设置映射缓存，否则从结果内存中读取数据是不合法的。我们应该确保无论使用什么软件（尤其是不是自己编写的第三方软件），都不会尝试从只写缓存读取或写入只读缓存。

14.3 性能分析工具

在本节中，我们将介绍一些免费提供的性能分析工具，这些工具不依赖于任何收费的工具。也就是说，我们可以随时下载并安装它们！第一个工具是 GPUView，它是微软提供的 Windows 性能工具包的一部分。第二个是 AMD 的 GPU PerfStudio。这两种工具都可以从各自供应商的网站下载。

14.3.1 Windows 性能工具包和 GPUView

微软的 Windows 性能工具包（WPT）是一套用于测量 Windows 操作系统各个部分性能的工具。它可以测量 CPU 使用率和事件、内存和磁盘访问、网络活动以及许多其他内容。这里我们最感兴趣的是测量 GPU 活动。

现代图形处理器通过处理命令缓存来操作，命令缓存是一系列以某种形式的字节码编码的命令，并从应用程序（或在这种情况下，OpenGL 驱动程序）发送到显卡。向显卡发送命令缓存有时也称为提交。GPU 获取命令缓存，解释其内容，并执行其中的指令。命令缓存存储在一个或多个队列中。当驱动程序首次提交命令缓存以供执行时，操作系统（或其某个组件）管理该队列并将命令缓存保持在等待将其发送到硬件的环行等待队列中；该队列称为软件队列或 CPU 队列。一旦硬件准备好执行新的命令缓存，一个图形驱动程序的低级组件就会发送信号通知 GPU 从队列前面拾取命令缓存并执行它。GPU 通常可以将一个或多个命令缓存排列好并准备好执行它们，即使它仍在处理先前排队的缓存。已发送到硬件但仍在等待执行的命令缓存保存在硬件队列中。

GPUView 是 WPT 中包含的工具，允许我们直观地查看命令缓存的提交以及硬件和软件队列中的活动。它可以跟踪所有应用程序（通过 OpenGL 驱动程序）向操作系统队列发出的提交，显示正在进行哪些类型的提交，以及它们如何被批处理，发送到硬件和执行。我们可以查看每个命令缓存在发送到硬件之前在软件队列中等待的时间，在硬件队列中花费的时间以及执行该命令花费的时间。一个带注释的 GPUView 屏幕截图如图 14.7 所示。

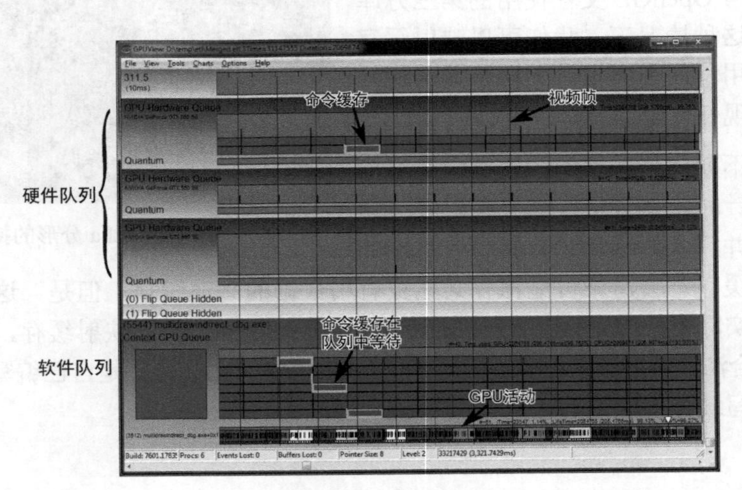

图 14.7 运行中的 GPUView

图 14.7 中分析的应用程序是第 7 章中的小行星示例，其屏幕截图如图 7.9 所示。此特定应用程序使用了几乎所有可用的 GPU 时间。该被检测的系统包含一个带六核 CPU 的 AMD Phenom X6 1050T 处理器和一个带有两个显示器的 NVIDIA GeForce GTX 560 SE 显卡。应用程序在其中

一个显示器上全屏运行，而另一个显示器用于开发工具。上层的硬件队列正在执行该应用程序的测试。第二个队列上的少量提交与 Windows 桌面窗口管理器（DWM）在第二个显示器上执行的合成有关。贯穿轨迹的垂直线是与显示关联的垂直刷新事件。在此应用程序中，与垂直刷新（也称为 vsync）的同步已关闭。现在来看图 14.8。

在图 14.8 中，我们关闭 vsync（这是默认设置）并开始以全屏模式运行应用程序。然后，在运行期间，我们打开 vsync。这一时刻点在 GPUView 图像中清晰可见。当 vsync 打开时，软件和硬件队列均耗尽，操作系统将接管帧的渲染显示。当 vsync 关闭时，OpenGL 通知图形硬件完成其渲染并尽快向用户显示结果。当它打开时，操作系统会阻止图形硬件并告诉它在向用户显示帧之前等待垂直刷新事件。这导致 GPU 在每帧之间有一个短时间的空闲，这在硬件队列中表现为间隙。这实际上是在浪费时间。在这里，我们故意浪费时间来防止应用程序在显示器之前走得太远（并在工具中显示该现象）。但是，导致 GPU 等待的任何事情都会浪费 GPU 时间。

安装 WPT 时，其程序目录将包含一个 gpuview 文件夹，该文件夹就是 GPUView 工具所在的位置。在同一目录中是 log.cmd 文件，该文件是用于启动和停止将事件记录到 ETL 文件（事件跟踪日志）的脚本。这些文件包含供 GPUView 工具解析的原始数据。ETL 文件可能非常大。要开始记录数据，需要在命令提示行中以管理员权限运行 log.cmd; 要停止它，则需要再次运行 log.cmd。即使运行一个简单的应用程序，一分钟左右也可以生成千兆字节的数据，因此最好保持记录时间适当简短。这里还建议将其他运行的应用程序（特别是那些具有图形输出的应用程序）控制到最少并禁用 Aero 用户接口（关闭 DWM 组合）。此外，还可以在应用程序中实现暂停功能，以便可以停止渲染。然后，暂停应用程序，开始记录，使应用程序渲染几秒后，再次暂停，并停止记录。当日志记录处于活动状态时，启动日志记录的目录会写入许多 ETL 文件。几个主要的 Windows 子系统各对应一个创建的文件。当日志记录终止时，它们全部合并到一个名为 Merged.etl 的文件中，该文件是用于加载到 GPUView 的。

除了常规的命令缓存提交（被 GPUView 引用，在 CPU 队列中为标准队列数据包，到达硬件时为标准 DMA 数据包），该工具还可以显示可能插入图形管道的许多其他事件。例如，呈现数据包是指示操作系统在 GPUView 中使用交叉影线模式显示渲染结果（由 SwapBuffers()命令触发）的事件。单击数据包会弹出一个类似于图 14.9 所示的对话框。

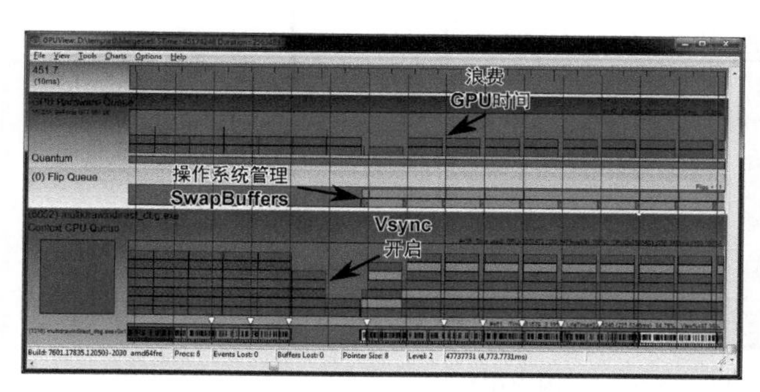

图 14.8　GPUView 中所见的 Vsync

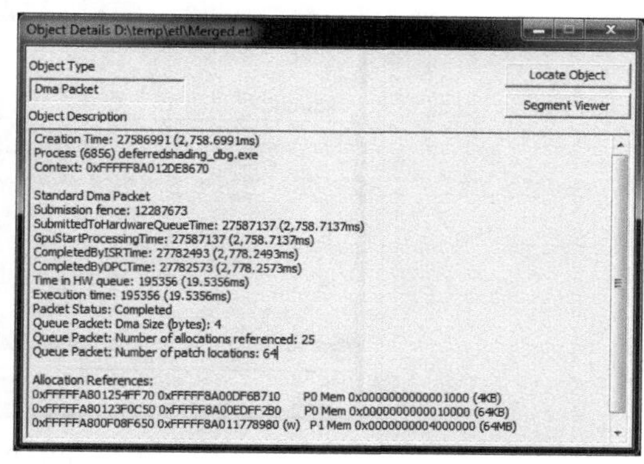

图 14.9　GPUView 中的包对话框

图 14.9 的对话框中显示了许多有用的信息。首先，我们发现了几个时间戳，第一个是数据包创建时间，也就是命令缓存的内存分配时间（即 OpenGL 可以开始填充它的时间）。接下来，

我们看到 SubmittedToHardwareQueueTime，它是将数据包发送到硬件进行处理的时间。然后 GpuStartProcessingTime 表示硬件拾取数据包的时间。当 GPU 处理完数据包时，它会触发一个中断，该中断由中断服务程序（ISR）处理，ISR 处理中断的时间显示在 CompletedByISRTime 中。接下来，图形子系统使用延迟过程调用（DPC）处理包，该过程完成的时间显示为 CompletedByDPCTime。命令缓存提交给硬件（SubmittedToHardwareQueueTime）和命令缓存完成并发出 ISR 信号（CompletedByISRTime）之间的总时间由其处于 HW 队列中的时间得出。这实际上是 GPU 执行命令缓存所花费的时间。给定帧的这些数据包的总和将成为应用程序的帧速率上限。

GPUView 可以显示有关应用程序使用图形处理器的更多信息。随着应用程序变得越来越复杂，它们将出现一些 GPUView 等工具才能分析的行为。性能调优的目标有两个，如下所示。

- 通过及时传送数据保证不阻塞来确保 GPU 完成尽可能多的工作。
- 确保 GPU 完成的工作都用于最终场景，不要求它做不必要的工作。

在本章的其余部分，我们将使用 GPUView 分析应用程序并显示调优建议的效果。

14.3.2 GPU PerfStudio

GPU PerfStudio 是 AMD 提供的免费工具，专为分析使用 OpenGL 和其他图形 API 编写的图形应用程序而设计。GPU PerfStudio 支持 3 种主要操作模式：API 跟踪工具、帧调试器和帧分析器。帧分析器需要 AMD 硬件，但 API 跟踪工具和帧调试器在任何供应商的硬件上都能很好地工作。图 14.10 显示了 GPU PerfStudio 的 API 跟踪窗口的屏幕截图，该窗口运行的是第 8 章中的位移示例。

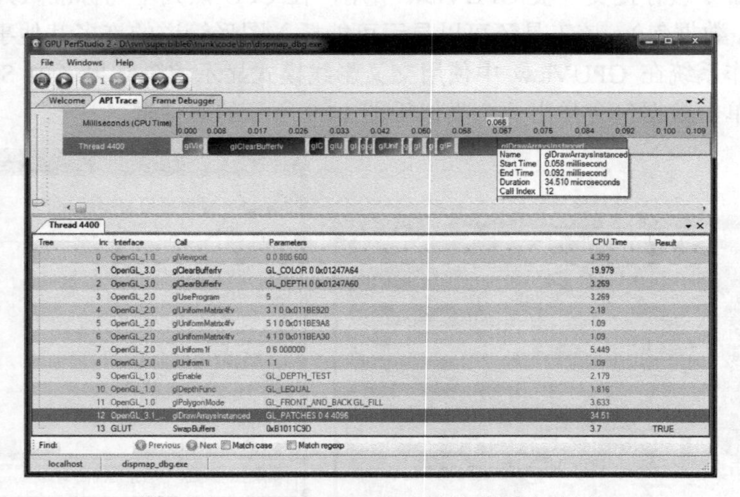

图 14.10 GPU PerfStudio 运行示例应用程序

如图所示，GPU PerfStudio 捕获了应用程序中的所有 OpenGL 调用，并生成了应用程序进行这些调用的时间轴。与每个 OpenGL 命令一起执行调用所花费的 CPU 时间同时显示在时间轴和函数调用清单中。函数调用表还记录了发送到每个命令的参数。GPU PerfStudio 的帧调试器窗口如图 14.11 所示。

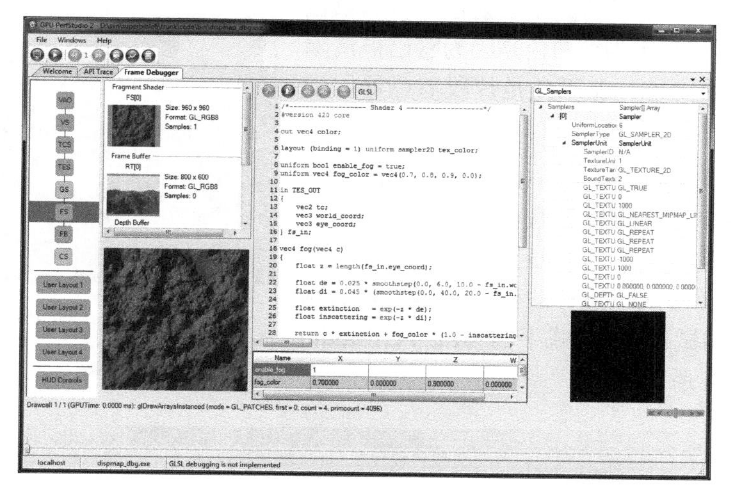

图 14.11　GPU PerfStudio 帧调试器

在图 14.11 中的 GPU PerfStudio 帧调试器中，可以发现具有活跃的顶点数组对象（VAO）、顶点着色器（VS）、曲面细分控制和评估着色器（TCS 和 TES）、片段着色器（FS）和帧缓冲的 OpenGL 管道（FB）。我们还发现这个特定的绘图命令没有使用几何着色器或计算着色器阶段（GS 和 CS）。片段着色器阶段已选定，在主窗口中我们可以看到当前片段着色器的源代码以及绑定用于渲染的纹理。

最后，除能够显示有关绘图命令的时间、绑定的资源以及用于着色器的代码等信息外，GPU PerfStudio 还能够覆盖应用程序中的数据。单击帧调试器中的“HUD 控件”按钮将显示如图 14.12 所示的窗口。

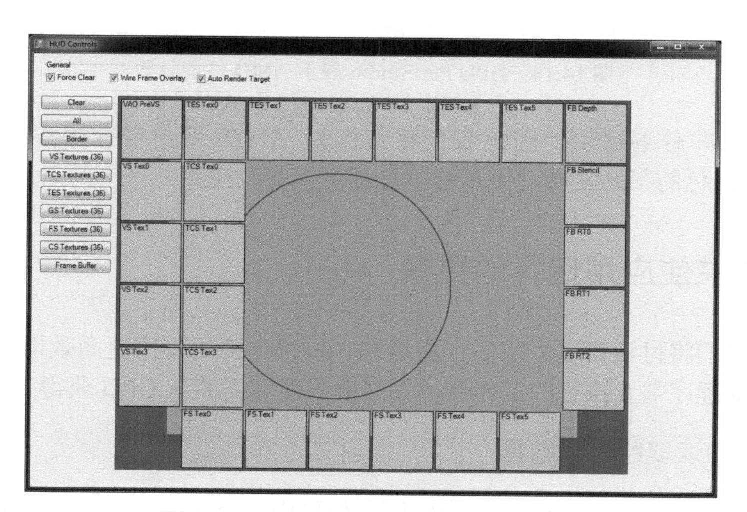

图 14.12　GPU PerfStudio HUD 控制窗口

通过使用图 14.12 中所示的 HUD 控制窗口，我们可以在应用程序暂停时，为其中的视图选择特定的纹理。第 8 章中配合正在使用的纹理的风景示例的屏幕截图如图 14.13 所示。在左上角，可以看到曲面细分评估着色器使用的高度映射图。屏幕截图的右上角是深度缓存（显示为纯白色是因为它已被清除为 1.0）和帧缓存的内容。左下角是片段着色器用于着色地形的纹理。

图 14.13

如果有权限访问 AMD 硬件，GPU PerfStudio 可以从 OpenGL 读取许多硬件性能计数器，以衡量应用程序执行的绘图命令的影响。这包括对所处理的图元、读取的纹理数据量、写入帧缓存的信息量等内容的测量。此特性称为帧调试器，该模式下的 GPU PerfStudio 屏幕截图如图 14.14 所示。

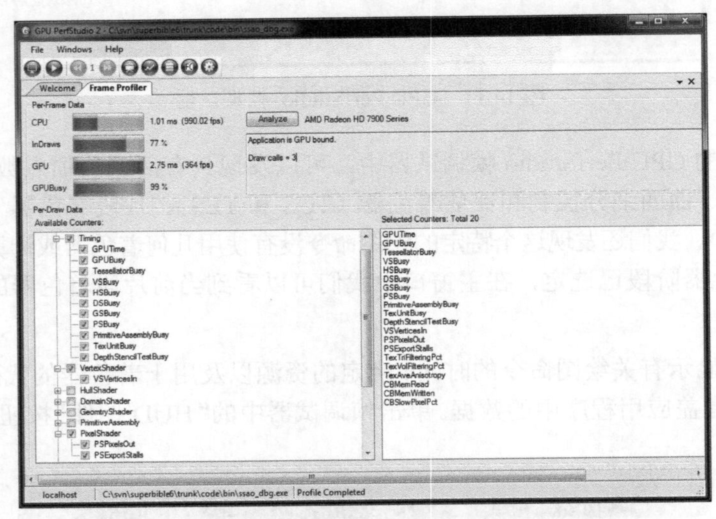

图 14.14 GPU PerfStudio 展示 AMD 性能计数

由于此模式并非普遍适用，因此我们将其作为 AMD 用户自行探索的一个练习。GPU PerfStudio 附带有出色的帮助文档，更多的信息都可以在线找到。

14.3.3 调试来使应用运行的更快

在本节中，我们将讨论可以采取的一些措施，以确保应用程序更高效地运行，最大限度地减少 OpenGL 驱动程序需要执行的工作量，并最大限度地提高从 GPU 获得的工作量。

从 OpenGL 中读取状态和数据

通常，将状态或数据从 OpenGL 读回到应用程序中并不是一个好主意。本书给出的建议是不要做任何可能阻碍 OpenGL 管线运行的事情，包括使用 glReadPixels()读取帧缓存；读取遮挡查询的结果、转换反馈查询或其他将影响最终渲染结果的对象；或者在不太可能完成的栅栏上等待。特别是，永远不要调用 glFinish()。

此外，可以避免不太明显的情况。例如，glGetError()，glGetIntegerv()，glGetUniform Location()等函数可能不会使 GPU 阻塞，但很可能会阻塞多线程驱动程序并破坏应用程序性能，因此最好远离名称中包含“get”或“is”字样的函数。此外，在应用程序的正常操作期间不应经常分配和销毁对象，还要尽量避免通过各种“gen”函数生成名称。

当从 OpenGL 将数据读回到客户端内存时，有很多方法可以实现这一点而不会阻塞，其中大多数方法都允许 GPU 落后于应用程序，以至于几乎可以在读取之前保证收集完所需的信息。

这里介绍的第一种情况是使用 glReadPixels()从帧缓存中读取数据。如果打算在 OpenGL 中将结果数据用于其他目的，只需将缓存绑定到 GL_PIXEL_PACK_BUFFER 目标，将像素数据读入其中，将缓存绑定到要使用它的目标，然后继续渲染。像素数据不需要离开显卡内存或让 CPU 看见它。但是，如果需要将数据存储在应用程序内存中，则可以通过多种方式实现。

首先也是最简单的，你可以调用 glReadPixels()并传递应用程序内存区域的地址，OpenGL 应该将数据放入该地址中。几乎在所有情况下，这都会导致在 OpenGL 管线中形成气泡，如图 14.15 所示。

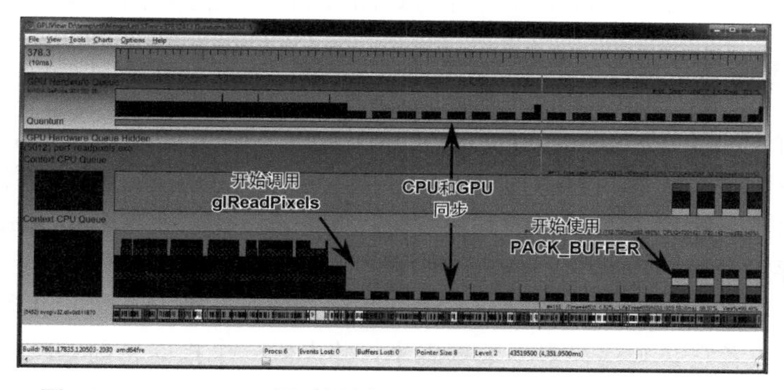

图 14.15　GPUView 展示调用 glReadPixels()到系统内存的影响

在图 14.15 中，应用程序并不首先调用 glReadPixels()。正如屏幕截图所示，GPU 得到了很好的利用，没有暂停，并且总是至少有一个帧排队等待渲染。一旦应用程序开始调用 glReadPixels()，CPU 和 GPU 就会同步，我们可以清楚地看到 GPU 有时没有工作可做，执行队列中存在很大间隙。当然，在调用 glReadPixels()将数据检索到像素包缓存之前，我们可以将缓存绑定到 GL_PIXEL_PACK_BUFFER 目标，该操作正是我们在图 14.15 中的跟踪结束时所做的。但是，尽管活动似乎发生了重大变化，但队列中仍然存在间隙，这不是我们想要的结果。

这里发生的是我们仍在调用 glReadPixels()，但是将缓存绑定到 GL_PIXEL_PACK_ BUFFER 目标。这允许 GPU 完成渲染，然后将结果数据复制到缓存对象中而不会产生中断。但是，我们通过调用 glMapBufferRange()将数据读回应用程序。因此，应用程序必须等待 OpenGL 将数据从帧缓存复制到缓存对象才能继续。这更糟糕了！我们不仅暂停了 GPU，而且它实际上在每个暂停之间做了更多的工作。

现在来看图 14.16。在这个新的追踪路径中，一些有趣的事情正在发生。首先，我们继续调用 glReadPixels()将数据放入缓存对象，然后立即映射它以将数据导入应用程序。这导致了 GPU 的暂停和低效使用。然而，在图 14.16 的中间部分，我们改变了策略：仍然调用 glReadPixels()将数据从帧缓存传输到缓存对象，然后从前一帧映射缓存。我们创建了多个缓存对象，但由于我们在至少一帧时间内只映射未写入的缓存，因此 GPU 有更多的时间来追赶进度。虽然有大量工作正在进行，但 GPU 仍然得到充分利用，并且应用程序的性能不会受到显著影响。

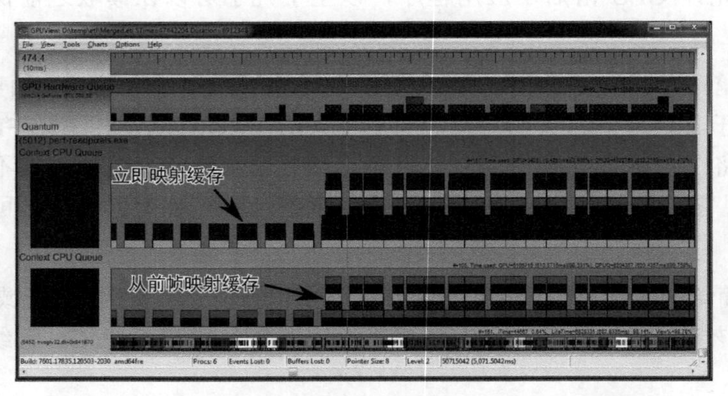

图 14.16 GPUView 展示 glReadPixels() 读取到缓存的效果

高效的缓存映射

一旦有了一个通过调用 glBufferData()来分配数据存储区的缓存对象，就可以通过调用 glMapBuffer()将整个缓存映射到应用程序的内存中。但是，使用此函数需要注意几个问题。首先，如果只是覆盖部分缓存，则缓存的其余部分保持不变，这意味着 OpenGL 必须全程保存该数据。其次，缓存本身可能非常大，OpenGL 可能无法找到足够的可用地址空间来提供一个指向表示缓存的连续内存空间的指针。最后，如果要写入缓存，则 OpenGL 必须等到 GPU 完成读取才能提供指针，或者它必须保存多个数据副本，并提供一个指向目前 GPU 尚未使用的副本的指针。

为了解决这些问题，我们可以调用 glMapBufferRange()函数，它允许只将部分缓存映射到应用程序的内存中，并提供了几个可用于控制数据映射方式以及如何与 OpenGL 管线的其余部分执行同步的标志。glMapBufferRange()的原型是

```
void *glMapBufferRange(GLenum target,
                       GLintptr offset,
                       GLsizeiptr length,
                       GLbitfield access);
```

参数 target 是想要映射的缓存，就像在其他缓存函数中一样，例如 glMapBuffer()和 glBindBuffer()。offset 和 length 参数指定要映射的缓存的范围。它们的单位都是字节，offset 为 0 是指缓存中的第一个字节，长度是映射范围的大小（以字节为单位）。除了能够映射缓存的一小部分之外，glMapBufferRange()的强大之处来自最后一个参数 access，该参数用于指定一系列用于控制映射执行的标志位。表 14.1 显示了可以向 access 中传递的标志位的值。

表 14.1 映射缓存的访问类型

访问标志(GL_MAP_*)	用途
READ_BIT	返回的指针可用于读取缓存
WRITE_BIT	返回的指针可用于修改缓存
INVALIDATE_RANGE_BIT	表明 OpenGL 可以丢弃映射范围的先前内容。除非由应用程序更新，否则范围内的数据未定义
INVALIDATE_BUFFER_BIT	表明 OpenGL 可以丢弃整个缓存以前的内容。除非由应用程序更新，否则缓存中的数据未定义
FLUSH_EXPLICIT_BIT	将此位与 GL_MAP_WRITE_BIT 一起使用需要应用程序显式刷新通过调用 glFlush Mapped BufferRange()更新的每个范围。如果未指定此位，则在调用 glUnmapBuffer()时将刷新整个映射范围
UNSYNCHRONIZED_BIT	告诉 OpenGL 避免在映射之前尝试同步任何挂起的 GPU 对该缓存的写入

如表 14.1 所示，glMapBufferRange()提供了相当多的对 OpenGL 如何执行请求的映射操作的控制。GL_MAP_READ_BIT 和 GL_MAP_WRITE_BIT 标志是不言自明的。设置读取位表示我们希望从缓存读取数据，设置写入位表示我们要向缓存中写入数据。虽然如此，它们在 glMapBufferRange()中的优先级比 glMapBuffer()中等效的 GL_READ_ONLY 和 GL_WRITE_ONLY 被更严格地强制执行。使用不当可能会导致应用程序崩溃，因此需要正确地使用它们！当然，我们可以通过简单地将它们执行“或”运算来同时指定 GL_MAP_READ_BIT 和 GL_MAP_WRITE_BIT 标志。

GL_MAP_INVALIDATE_RANGE_BIT 和 GL_MAP_INVALIDATE_BUFFER_BIT 标志告诉 OpenGL 我们不再关心缓存中的数据，它可以丢弃那些数据。如果不需要映射操作后缓存中的旧内容，那么重要的是设置其中一个位；否则，OpenGL 必须确保在取消映射后，所有未写入缓存中的内容都是有效数据。设置 GL_MAP_INVALIDATE_RANGE_BIT 标志位告诉 OpenGL 丢弃映射范围内的数据，而设置 GL_MAP_INVALIDATE_BUFFER_BIT 标志位则告诉它丢弃缓存中的所有内容，甚至是映射范围之外的部分。如果通过将 offset 设置为 0 并将 length 设置为缓存对象的大小来映射整个缓存，则这两个位是等效的。

如果仅想覆盖部分缓存，但在调用 glMapBufferRange()时不知道是哪个部分，则使用 GL_MAP_FLUSH_EXPLICIT_BIT 标志。这个标志告诉 OpenGL 我们可能会覆盖整个范围，也可能只是其中的一个字节，当确定想覆盖的内容时，我们会告诉它。为此，需要调用 glFlushMappedBufferRange()，其原型为

```
GLvoid glFlushMappedBufferRange(GLenum target,
                                GLintptr offset,
                                GLsizeiptr length);
```

如果要更新缓存的多个独立区域但不想多次调用 glMapBufferRange()，也可以使用此函数。调用 glFlushMappedBufferRange()的第二个好处是，可以使用 glFlushMappedBufferRange()告诉 OpenGL 我们已经完成了部分内容的更新。这可能允许 OpenGL 重叠，如将数据移动到 GPU 的内存中的工作；数据移动可能使用任何应用程序可能执行的工作，如从文件中读取数据。因此应该小心使用 GL_MAP_FLUSH_EXPLICIT_BIT，设置它后错误调用 glFlushMappedBufferRange()可能会导致新的数据未被使用。

最后，GL_MAP_UNSYNCHRONIZED_BIT 告诉 OpenGL 不要等到使用完缓存中的数据之

后再给出指向缓存内存的指针。如果未设置此标志，OpenGL 计划提供指向将要由先前发出的命令使用的相同内存的指针，它将等待该命令执行完成再返回，这会降低应用程序的运行速度。但是，如果确定不会覆盖任何尚未使用的数据，则可以设置此位来关闭同步。有许多机制可以提供同步，从调用 glFinish()（建议不要调用这个函数）到栅栏，这在第 12 章的 12.2.2 节有所介绍。

最后，应该清楚的是调用 glMapBufferRange()时，偏移量设置为 0，长度设置为要映射的缓存对象的大小，合理设置 GL_MAP_READ_BIT 和 GL_MAP_WRITE_BIT 标志，实质上等同于调用 glMapBuffer()。但是，glMapBufferRange()提供了更多的灵活性，建议用户始终首选 glMapBufferRange()而不是 glMapBuffer()，确保适当地设置读取、写入、失效和同步标志。

使用 OpenGL 赋予的特性

OpenGL 是一个功能强大的大型编程接口。它的某些部分比其他部分更先进，而其他部分则不十分理想。OpenGL 扩展性的一个优点是，使一些简单的事情快速实现则相对容易。当然，缺点是你需要掌握很多内容才能使 OpenGL 程序真正利用 API 的所有高级功能。

值得注意的是，OpenGL 有很多容器对象。这些对象代表状态块，例如顶点数组对象、帧缓存对象和变换反馈对象。通常，我们应该更喜欢使用容器对象而不是修改大量状态。例如，顶点数组对象包含与 OpenGL 前端关联的所有顶点数组的状态。这包括绑定缓存存储，顶点属性格式化，存储中的步幅和偏移，以及启用和禁用哪些属性。我们可以通过调用 glBindVertexArray()在完整信息集中快速切换。sb7 :: object 对象包装器在内部使用顶点数组对象来表示其所有顶点数组状态。当调用 sb7 :: object :: render 时，它只是绑定顶点数组对象并调用相应的绘图命令，从而使其具有极低的软件开销。

同样，对于帧缓冲状态，帧缓冲对象将包含描述当前帧缓存的颜色、深度和模板附件的所有参数。在初始化时创建一个帧缓存，然后在渲染之前绑定它，比在渲染之前显式地将当前附件重新配置到单个帧缓存对象上要高效得多。

最后，变换反馈对象包含了表示 OpenGL 在变换反馈阶段所需的所有状态。如果想使用 glDrawTransformFeedback()或它的任何变形，不仅需要使用变换反馈对象，而且对 glBindTransformFeedback()进行单次调用比在使用前直接重新配置所有变换反馈相关的变量要高效得多。

仅使用你需要的数据

仅仅因为顶点着色器的输入是浮点数，或者 GLSL 纹理函数的返回值是浮点数，这并不意味着需要将数据作为浮点数存储在内存中。在许多情况下，较小的数据格式足以表示实际使用的数据。使用超出需要的数据可能会产生两种影响。

- 应用程序将使用比实际需要更多的内存，这意味着 OpenGL 可能无法将所有数据放在最佳内存区域中，或者更糟糕的是，它可能无法为对象分配数据。
- OpenGL 必须从缓存读取的数据越多，对缓存、内存控制器等资源的压力也越大。这会降低绝对性能。此外，将 GPU 连接到内存的总线是大功率消耗，因此产生更多的内存访问会增加设备的功耗并更快地耗尽电池。

例如，对于位置数据（通常存储在对象空间中），不需要是全精度浮点数。在预处理步骤中，尝试规范化对象空间数据，使其位于−1.0～1.0的区域内。这将允许我们使用带符号的规范化数据存储坐标，例如，将GL_SHORT传递给glVertexAttribPointer()并将规范化参数设置为GL_TRUE。然后，我们可以在任何模型矩阵中包含比例因子，以便直接将对象返回到其原始比例。这允许我们对每个组件仅使用16位而不是32位的全精度浮点数据，同时提供比16位半精度浮点数更高的精度。

此外，对于对象空间坐标数据，*w*分量实际上总是1.0。因此，实际上没必要存储它，可以只存储3个分量并假设第四个是1.0。类似的策略也可以用于对象法线和切线。许多OpenGL实现在内部要求，每个顶点的数据即使不是4字节的倍数也要在4字节边界上对齐。3个16位分量是6个字节或48位，其不是4的倍数。因此，当要使用16位分量并且仅存储其中的3个分量时，最好尝试在第四个分量中放入有用数据而不是将其省略。

在目标文件中，法线（和切线）通常存储在对象空间中。如果要执行法线映射、凹凸贴图或任何其他可能依赖切线和法线的技术时（请参阅第13章中的13.1.4小节），我们可以使用切线和法线的叉积来构造副法线，然后使用切线、副法线和法线构造TBN矩阵。法线和切线向量所需的精度通常不高。实际上，通常10位就足够了，因此可以考虑对其使用压缩数据。为此，将GL_INT_2_10_10_10_REV作为类型参数传递给glVertexAttribPointer()。同样，它使用带符号的标准化数据（normalized参数设置为GL_TRUE），并在−1.0～1.0的范围内提供与16位半精度浮点数据类似级别的精度。

当涉及在纹理中存储法线时，可以更进一步做假设，因为法线在切线空间中并且它们都指向远离表面的方向，因此它们的z分量始终为正。再考虑存储在法线映射中的法线总是单位长度（也就是说，它们是标准化的），我们知道

$$x^2 + y^2 + z^2 = 1.0$$

$$z^2 = 1.0 - x^2 - y^2$$

$$z = \sqrt{1.0 - x^2 - y^2}$$

鉴于此，我们可以只在法线映射中存储切线空间法线的x和y分量，然后在片段着色器中重建z分量，这被称为纹理性能与算术逻辑单元（ALU）性能的置换。相比内存事务，图形处理器通常具有更多的可用于执行一般数学运算的性能。如果该方法可以通过在着色器中进行更多数学运算而避免消耗内存带宽，在着色器中进行数学运算将总是有优势。一种合理的法线映射格式是2个分量，均为8位有符号标准化形式。这里，x和y以7位存储精度（加上一个符号位），z分量在使用时由x和y分量构建。

除非选择好压缩格式并使用高级压缩程序来压缩数据，否则将纹理压缩应用于法线贴图并不是很好。一些纹理压缩格式被设计为能够处理法线数据（例如，一些BPTC格式），但是常见的情况是法线中存在间断点。然而，对于其他数据，如漫反射和镜面反照率，压缩纹理可以工作得很好。我们应该始终考虑压缩纹理是否能够充分表示数据。

前面的建议主要关注可能由OpenGL读取的数据，但它也适用于由OpenGL写入的数据。例如，如果使用FBO渲染到屏幕外纹理并想要使用HDR，则可能临时使所有帧缓冲附件都使

用 GL_RGBA32F 内部格式并完成它。但是，这在存储和带宽方面都将消耗非常大的内存。如果不需要渲染纹理来保存 Alpha 通道，请不要分配它，而是使用 GL_RGB32F。更好的是，如果不需要完整的 32 位精度，请考虑使用 GL_RGBA16F。

类似的建议适用于从着色器写入图像或使用变换反馈等操作，但应该注意，使用这些方法可写入的格式数量可能不如通过帧缓存操作写入或通过前端读取的格式数量那么大。即便如此，在许多情况下，很有可能使用 GLSL 的打包函数在着色器中构造数据，然后将其写入整数图像或缓存。

着色器编译性能

OpenGL 不仅可以很好地处理图形，而且还包含完整的编译环境！当然，在学习本书的过程中我们一直在使用它，可以发现 GLSL 是非常复杂的。GLSL 编译器必须做很多工作才能确保正确编译着色器并保证其有效地在底层图形硬件上运行。虽然我们可能认为着色器编译性能不会影响应用程序的运行时间（毕竟，我们不会在渲染过程中编译着色器），但它确实会影响应用运行时的用户体验。

首先，最明显的是，应用程序的启动时间将受到所有着色器准备好运行的速度的影响。一些 OpenGL 实现可能使用更多的 CPU 线程来编译着色器，甚至可以并行编译多个着色器。然而，正如应该将 OpenGL 管线视为不应该停滞的东西一样，我们可以在 GPU 介入之前将 OpenGL 驱动程序和实现视为管线。因此，如果使用 glCompileShader()编译着色器然后立即调用 glGetShaderiv()来获取编译状态或着色器的信息日志，则其将暂停实现，因为它必须完成着色器的编译才能提供答案。与其简单地遍历应用程序所需的所有着色器，一次编译一个，然后查询其编译结果，不如执行以下操作。

- 遍历需要编译的着色器清单，为其创建着色器对象，并在每个着色器上调用 glCompile Shader()，但不查询编译结果。
- 在应用程序的调试或开发版本中，在编译完所有着色器后查询编译结果和信息日志，或者只是依靠调试输出将日志发送给用户。不过，需要确保有办法将其关闭。假设着色器完成调试并且应用程序已准备好发布，我们将不再需要编译状态，可以假定它总是成功的。
- 同样，运行应用程序所需的所有程序对象的清单，将着色器附加给它们，并调用 glLinkProgram()，但不要查询链接结果。同样，此步骤可以推迟或仅包含在应用程序的调试版本中。

毫无疑问，在大型应用程序中，我们将拥有大量着色器，并且可能有大量需要链接到程序对象中的着色器组合。一种简单的管理方法是为每个组合创建一组着色器对象，在引用每个着色器时重新编译，并以一对一的关系将其附加到生成的程序对象。但是，鉴于可以将一个着色器附加到多个程序对象，因此一个合理的做法是加载可能需要的所有着色器，每个分别编译一次，然后根据需要将编译的着色器附加到程序对象并链接它们。这允许 OpenGL 实现在着色器对象内缓存已编译的着色器数据，而不必多次重新编译它。

使用大型单体程序对象可能会有一些 GPU 方面的性能优势，但通常情况下，设计良好的着色器并没有从这种方法中获得太多益处。因此，如果我们有大量着色器，则可能需要考虑将它们编译并链接到可分离的程序对象中。我们可能希望为可能使用的每个前端着色器组合创建一个程序对象，并创建一个供后端使用的只有一个片段着色器的程序对象。这种技术可能允许 OpenGL 实现前后端分离的接口，例如优化曲面细分控制和评估着色器，或顶点着色器和几何着色器。

当使用单独的着色器对象并以可分离模式链接程序时，将它们附加到另一个容器对象，即程序管线对象。此对象可以存储有关当前管线阶段的有效信息，并且在我们想要切换着色器时，在多个程序管线对象之间切换比重新配置单个程序管线对象更有效。为应用程序将要使用的每个着色器组合创建一个程序管线对象可能会使管线对象爆炸性增加，因此维护 100 个左右的对象清单然后将它们用作缓存可能是更好的办法。如果需要的管线对象仍在缓存中，则需要将其提取出来并使用它。如果没有，添加新对象到缓存中或从缓存中取出一个对象并重新配置它来使用。这允许我们在程序阶段的组合之间快速切换，而无须为每个组合状态维护管线对象。

一旦我们已经尽力使应用程序的着色器管理处于良好状态，可能就需要了解着色器本身的复杂性。着色器编译由许多部分组成。首先，运行预处理器，它会扩展宏、删除注释等。接下来，着色器被标记化，检查语法，最后编译成内部格式，编译时会进行优化并生成代码。通常，代码优化程序会处理代码段，执行本地优化（如果可以），然后保存结果。之后将进行后续处理，重复该过程，直到不再有优化可以执行或执行达到了最大处理次数。当优化程序停止运行时，将发生以下两种情况之一。

- 如果优化程序因为无法在代码中找到更多优化而停止，则生成的可执行文件可能是最高效的，但优化程序可能需要在着色器上做了很多次处理才能达到此要求，从而增加了优化时间。
- 如果优化器由于已达到最大处理次数而停止，那么代码很可能不是最佳的。
- 此外，优化器已经消耗完分配给它的所有时间。

为了解决这个问题，作为开发人员，最好的做法是帮助着色器编译器尽其所能地完成工作。首先，同时最明显的方法是，尝试编写高效的着色器代码。此外，你可以执行许多其他操作来提高 OpenGL 着色器编译器运行时的性能。首先，在发布应用程序之前，你可以通过离线预处理器运行编译器。这允许你使用宏、预处理器定义和预处理器的其他功能，但不会给生成最终着色器的着色器编译器带来负担。

如果想更进一步，可以预先优化着色器。这实际上涉及通过离线着色器编译器运行它们，该编译器对着色器代码进行预处理、解析并将其编译成中间表示，然后在将优化的代码作为 GLSL 输出之前对其执行许多常见的优化（例如死代码消除、常量折叠和传播、公共子表达式消除等等）。当运行 GLSL 编译器使用此着色器并尝试对其进行优化时，它应该会发现没有太多工作要做，并快速结束。

最后，回顾我们在第 6 章中介绍的程序二进制文件。程序二进制文件提供了一种编译着色器并将它们链接到程序对象，然后将结果保存到文件中的方法。当需要再次调用该程序时，可以简单地加载程序二进制文件并将其交给 OpenGL 使用，而不用从源代码编译它。OpenGL 几乎可以跳过大部分（甚至是全部）编译过程，方法是将信息缓存在它提供的二进制文件中。使用程序二进制文件，可以消除着色器编译，或者至少可以大大减少着色器编译所用的时间。

使用多个GPU

一些用户选择在一台机器上安装多个显卡，构成所谓的多 GPU 系统。AMD 称之为CrossFire，而NVIDIA称之为SLI。无论名称如何，通过使用多个显卡来提高性能的技术通常涉及所谓的交替帧渲染（AFR）模式，其中一个GPU渲染一个帧，下一个GPU渲染下一帧，系统中的其余GPU以此类推。大多数这样的系统中都有两个GPU，但有些系统中可能有3个，4个甚至更多的GPU。此外，尽管AFR不是使用多个GPU实现扩展的唯一方法，但它肯定是最常见的。

在优化AFR系统时，通常会给出一条建议，即避免在一个GPU上生成数据，然后在另一个GPU上使用该数据。这有两个原因。首先，这种方法要求两个GPU同步，因为一个GPU依赖于另一个GPU的输出，GPU不能并行运行，并且在单个系统中具有两个或更多GPU的性能优势也会消失。其次，实际将数据从一个GPU移动到另一个GPU的成本很高，因为数据通常必须穿过总线（如PCI-express），其总吞吐量比显卡上的内存的吞吐量低得多。

虽然这个建议看起来很明显，但最初哪些类型的操作可能会触发 OpenGL 将数据从一个GPU传输到另一个GPU并不明显。以下是一些可能触发从一个GPU到另一个GPU的复制操作的行为清单。

- 渲染到纹理中，然后在下一帧中使用它。这可能是需要在GPU之间传输纹理的最明显的原因。例如，如果编写一个生成动态环境贴图的应用程序并尝试通过每隔一帧更新一次环境来优化它，可能会发现此操作在单GPU系统上确实执行得更快。但是，在多GPU系统上，该环境在渲染后必须穿过总线，这将导致GPU同步。在这种情况下，最好每帧生成一个新的环境映射，从而避免复制。如果必须要重用资源的话，在双GPU系统上运行时需要尝试重用两帧之前的资源。
- 渲染到纹理前没有进行清除。这是20世纪90年代后期，开发人员知道他们将在帧结束时重写帧中的全部内容，为了避免清除帧缓存时消耗内存带宽的一种常用技巧。对于现代图形硬件来说，这完全是一个坏主意。首先，过去十年中设计的任何硬件都为帧缓存实现了某种形式的压缩，这可以非常快速地清除帧缓存。不清除帧缓存也可能会关闭压缩，即使在单GPU系统上，也会使应用程序运行得更慢。在多GPU系统上，问题更严重。如果没有清除帧缓存，则OpenGL无法获知再次开始绘制时，你将要重写所有内容。在这种情况下，在它可以执行第一个绘图命令之前，OpenGL 必须等待前一帧完成（在另一个GPU上），然后将结果传输到新的GPU，以便其未被重写的其他部分包含有效数据。
- 在一帧中写入缓存对象，然后在另一帧中使用写入的结果。这种做法可能导致同步和传输。例如，如果实现本书前面介绍的物理模拟算法之一，可能会发现应用程序并没有提速，因为算法的每个步骤都依赖于前一帧中生成的数据。如果应用程序意识到它运行在两个GPU上，我们可能希望有效地并行运行两个物理模拟副本，第二个比第一个快半步，并且偶尔会同步它们。
- 将条件渲染与一个GPU生成的阻塞查询结果一起使用，用于确定另一个GPU上的命令的执行。同样，此行为将导致 GPU 同步。虽然传递阻塞查询结果的数据量可能不大，但同步可能对性能产生破坏性影响。如果可以的话，可以在帧的早期发出遮挡查询，然后在帧的后期使用查询结果；或者使用两组遮挡查询，以便可以使用两帧前发出的查询结果。不要忘记，如果存在更多 GPU，则需要延长该使用结果的延迟时间。

遗憾的是，没有标准的方法来确定应用程序是否在多 GPU 系统上运行，或存在多少个 GPU。虽然存在一些扩展用于此目的，其他扩展允许创建上下文并明确地将其渲染到多 GPU 集的一个 GPU 中。如果这些扩展可用，可以尝试是否能够通过将场景的不同场景渲染到不同的 GPU 中，然后明确地合并结果的方式来提升应用程序的性能。

使用多线程

OpenGL 是多线程的，并且具有定义明确的线程模型。每个线程都拥有一个“当前上下文”，并且通过在线程中调用 wglMakeCurrent()、glXMakeCurrent()或平台等效操作来切换线程的上下文。如果线程的上下文是当前上下文，线程就可以创建对象，编译着色器，加载纹理，甚至可以同时渲染到窗口中。这是 OpenGL 驱动程序内部实现的任何多线程的补充。实际上，如果在调试器或其他分析工具中查看运行的应用程序，则可能会发现显卡的 OpenGL 驱动程序中有多个线程的启动过程。

虽然 OpenGL 确实有一个支持良好的多线程系统和一个定义良好的对象共享模型，该模型允许当前在不同线程中的多个上下文使用同一组对象，但这可能不是我们想要的。例如，简单地决定创建两个上下文，在两个线程中各创建一个当前上下文，然后其中一个用于加载纹理和编译着色器而另一个进行渲染，这听起来非常诱人。但是，如果执行此操作，我们可能会发现无法获得期望的性能提升。最终，有一个 GPU 和一个命令缓存，OpenGL 将保证所有内容都以明确定义的顺序进行渲染。这意味着大多数对 OpenGL 的访问都将被序列化，并且同步和协调来自多个线程对 OpenGL 访问的开销可能会远远超过在应用中使用多 CPU 的好处。

为了避免序列化问题，创建两个或多个上下文并在单个线程中使用 wglMakeCurrent()（或平台等效的操作）切换它们，这种说法听起来也很诱人。虽然这确实有助于将状态更改从一个上下文隔离到另一个上下文，但切换上下文是一项代价高昂的操作。特别是，大多数窗口系统指定在切换上下文时附带有隐式刷新。

尽管如此，在 OpenGL 应用程序中使用多个线程其实有很多种方法。首先，大多数复杂的应用程序将具有可以卸载到其他线程的非图形任务（例如人工智能、声音效果、对象管理、输入和网络处理、物理模拟等）。如果创建一个 OpenGL 上下文并在主“渲染”线程中将其设置为当前上下文，那么该线程将是唯一一个实际与 OpenGL 对话的线程，它将成为所有图形的仲裁者。

接下来，假设要将文件中的一些纹理数据上传到纹理对象中。在这里，主 OpenGL 线程将创建一个缓存对象，将其绑定到 GL_PIXEL_UNPACK_BUFFER 目标，然后映射它以便进行写入。之后，它将向工作线程发出缓存已准备好写入的信号，并向其发送指向写入缓存的指针。然后，工作线程将通过从主线程接收的指针从文件读取纹理数据并写入缓存对象，并在完成加载纹理时发送信号通知主线程。此时，主线程可以调用 glTexSubImage2D()将现在加载的数据从缓存复制到目标纹理对象中。

这种技术也可以应用于存储在缓存对象中的任何数据，包括顶点和索引数据，存储在统一块中的着色器常量、纹理的图像数据和图像，甚至是通过 GL_DRAW_INDIRECT_BUFFER 目标绘制命令的参数。我们可以利用它来获得优势，使渲染引擎变为由数据驱动。在渲染线程中，创建两组由应用程序动态更新的缓存。在渲染一帧之前，为下一帧映射所有缓存。当然，我们也可以在映射下一帧的缓存时，绑定新缓存以进行渲染。现在，在一个或多个工作线程中，为下一帧准备所有数据，执行 CPU 裁剪，实现动态顶点生成，更新常量和设置绘图参数。每批绘制都需要将常数放在统一缓存内的新偏移处。我们可以使用 CPU 上的原子添加以线程安全的方式在这些缓存中分配空间。

当工作线程忙于为下一帧做好准备时，OpenGL 线程正在渲染当前帧。该线程遍历工作线程生成的绘制清单，为每个绘制绑定所需的对象，如纹理、缓存（或部分缓存）等，然后发出绘制命令。如果可以将纹理合并到纹理数组中，并将数组中的偏移量存储在统一块中，那么甚至数据准备的工作也可以卸载到其他线程中。结果是，场景遍历、裁剪、数据准备等工作完全被卸载到工作线程中，并且应该在多个 CPU 核心上（注意，应该保留一些 CPU 时间给声音、AI、物理、通信等）很好地扩展，只有主 OpenGL 线程会实际调用任何 OpenGL 命令。但是，主线程的工作负载非常小，因为它只执行缓存映射和取消映射，更改和绘制基本状态，并且不执行任何其他工作。在此与大多数 OpenGL 驱动程序中高效的多线程实现中，在大多数情况下，应该可以实现跨多个 CPU 内核的良好扩展。

丢掉你不需要多内容

图形应用程序可能使用大量内存。纹理、帧缓存附件以及用于顶点和其他数据的缓存都会消耗大量资源。在前面的小节中，我们建议在开始渲染之前始终清除帧缓存。这是帧缓存的压缩等优化可以生效的一部分。这也是一个通知 OpenGL 的信号，表示我们已经使用完帧缓存的内容，并且它可以自由地将该内存供其他内容重用。如果需要的话，OpenGL 可以很容易地重新创建清除的帧缓存附件。

依靠提示和建议进行优化会很顺利，但效果并不理想。实际上，OpenGL 允许我们更明确地告诉它应该保留哪些资源以及哪些资源可以自由丢弃。首先，对于纹理，我们有两个函数，即 glInvalidate TexImage()和 glInvalidateTexSubImage()。它们的原型是

```
void glInvalidateTexImage(GLuint texture,
                          GLint level);

void glInvalidateTexSubImage(GLuint texture,
                             GLint level,
                             GLint xoffset,
                             GLint yoffset,
                             GLint zoffset,
                             GLsizei width,
                             GLsizei height,
                             GLsizei depth);
```

第一个函数 glInvalidateTexImage()告诉 OpenGL 我们已经使用了整个纹理的 mipmap 级别。纹理对象的名称应在 texture 参数中给出，并在 level 参数中给出 mipmap 级别。当调用这个函数时，OpenGL 知道它可以自由地丢弃图像中的数据（虽然纹理本身仍保持被分配状态）。此时，

纹理内容的 mipmap 级别变为未定义。例如，在多 GPU 设置中，OpenGL 不需要将数据从一个 GPU 复制到另一个 GPU，以使纹理在整个系统中保持同步。第二个函数 glInvalidate TexSubImage()则略微柔和一些，因为它只会使由 xoffset、yoffset、zoffset、width、height 和 depth 参数所指定的区域无效。前 3 个参数指定区域的原点坐标，后 3 个参数指定区域的大小，这些参数与 glTex SubImage3D()中的含义相同。

接下来，对于缓存对象也有类似的函数，例如 glInvalidateBufferData()和 glInvalidateBufferSubData()。它们的原型是

```
void glInvalidateBufferData(GLuint buffer);

void glInvalidateBufferSubData(GLuint buffer,
                               GLintptr offset,
                               GLsizeiptr length);
```

与 glInvalidateTexImage()一样，glInvalidateBufferData()将丢弃名字由 buffer 参数传入的缓存对象中包含的全部数据。调用此函数后，缓存中的全部内容将变为未定义，但仍然保持由 OpenGL 分配并拥有。例如，如果使用变换反馈将数据存储到中间缓存中，然后立即通过调用 glDrawTransformFeedback()使用缓存进行绘制时，就可以调用此函数。在调用 glDrawTransformFeedback()之后，可以调用 glInvalidateBufferData()来告知 OpenGL 我们已完成使用数据，并且它可以自由地重新使用缓存进行另一次处理。第二个函数 glInvalidateBufferSubData()是更精细的版本，它只会丢弃 offset 和 length 参数定义的缓存中内容。

最后两个函数基本上对帧缓冲附件执行相同的操作，它们是 glInvalidateFramebuffer()和 glInvalidateSubFramebuffer()。它们的原型是

```
void glInvalidateFramebuffer(GLenum target,
                             GLsizei numAttachments,
                             const GLenum * attachments);

void glInvalidateSubFramebuffer(GLenum target,
                                GLsizei numAttachments,
                                const GLenum * attachments,
                                GLint x,
                                GLint y,
                                GLint width,
                                GLint height);
```

对于这两个函数，target 是操作的目标，可以是 GL_FRAMEBUFFER，GL_DRAW_FRAMEBUFFER 或 GL_READ_FRAMEBUFFER（其中 GL_FRAMEBUFFER 被视为等同于 GL_DRAW_FRAMEBUFFER）。numAttachments 参数是 attachments 指向的数组中的元素数，该数组是要被无效化的附件清单。数组中的元素应该是类似 GL_COLOR_ATTACHMENT0，GL_DEPTH_ATTACHMENT 或 GL_STENCIL_ATTACHMENT 等值。

如果要使当前没有绑定的帧缓存的内容失效，那么可以调用 glInvalidateNamedFramebufferData()或 glInvalidateNamedFramebufferSubData()，其原型是

```
void glInvalidateNamedFramebufferData(GLuint framebuffer,
                                      GLsizei numAttachments,
                                      const GLenum *attachments);
```

```
void glInvalidateNamedFramebufferSubData(GLuint framebuffer,
                                         GLsizei numAttachments,
                                         const GLenum *attachments,
                                         GLint x,
                                         GLint y,
                                         GLsizei width,
                                         GLsizei height);
```

这两个函数的工作方式与采用目标参数的变体完全相同，只是它们直接影响 framebuffer 参数中给出的帧缓冲对象，而不是通过绑定点来间接影响它们。

glInvalidateFramebuffer()和 glInvalidateNamedFramebufferData()抛出 attachments 数组中每个附件的内容。但是，glInvalidateSubFramebuffer()和 glInvalidateNamedFramebufferSubData()函数同样要温和些，它们允许用户只丢弃 attachments 帧缓冲附件的一个区域。该区域由 x、y、width 和 height 参数指定。

无效资源允许 OpenGL 执行许多操作，否则可能会产生负面影响。例如：

- OpenGL 可以回收已失效且不再使用的缓存或纹理的内存。
- 它可以避免资源间的数据拷贝，尤其是在多 GPU 系统中。
- 它可以将帧缓冲附件返回到压缩状态，而不必使其内容有效。

通常，在完成资源内容使用但稍后可能会将其重新用于其他内容时，应调用其中一个失效函数。在最坏的情况下，OpenGL 会忽略调用并且什么都不做。在最好的情况下，我们可以避免可能发生的昂贵的副本、清除、分页操作或内存不足。

14.4 总结

在本章中，我们了解了许多可用于提高 OpenGL 程序性能的技术，包括 OpenGL 中的多线程，即通过共享指向多个线程之间的映射缓存的指针，使用多线程来向 OpenGL 提供数据，并通过分离逻辑来决定从调用 OpenGL 函数的代码中呈现什么。我们还学习了如何以间接渲染的形式将更多工作从 CPU 转移到 GPU，以及如何使 GPU 在与程序进行非常少的交互的情况下为自身提供数据。另外，我们考虑如何避免调用昂贵的 OpenGL 函数，例如 glMapBufferRange()，否则可能会导致 CPU 和 GPU 内存之间的停顿或复制。

我们已经讨论了几种分析应用程序性能的方法，并探讨如何使其运行得更快，以及如何尽可能高效地使用图形处理资源。有了这些知识，我们应该能够充分利用 OpenGL 并编写出高性能的程序。

CHAPTER 15

第15章 调试和稳定性

本章内容

- 如何在程序未按预期工作时找出问题所在。
- 如何实现尽可能高的性能。
- 如何提高程序的安全性和健壮性。

到目前为止，我们已经学习了很多关于 OpenGL 的知识。你也许已经开始编写一些相对复杂的程序，但它们可能刚开始无法正常工作，即使可以正常工作也可能无法像你预期的那样高效运行。本章我们会讨论两项重要的技能：调试和性能调优。前者帮助你正确运行程序，后者使你的程序运行得更高效。这两项技能对于编写运行在各种硬件平台上的高质量程序都很重要。

15.1 调试你的程序

需要渲染操作时，发明一个漂亮的新算法来实现它是一件很常见的事情。初始化纹理、顶点、帧缓存和其他需要的数据，调用绘制命令，然后你可能什么都看不到或者看到意料外的结果。这一节我们将介绍两个非常强大的调试程序助手。第一个是“调试上下文”，它是 OpenGL 的一种模式，可以提供关于 OpenGL API 使用的完整错误检查和报告。第二个是一个免费的调试工具集，在这些工具中运行应用程序可以使你清楚地了解程序内部的行为以及对 OpenGL 的使用。某些工具甚至可以提供一些改进建议，使得应用程序的运行效率更高。

调试上下文

当创建一个 OpenGL 上下文时，可以从多种模式中选择一种，其中一个模式就是“调试上下文”。当创建一个调试上下文时，OpenGL 将会在应用程序和最终由驱动载入 GPU 的正常访问路径间创建额外的层；这些层将做严格的错误检查、分析参数、记录错误和其他一些一般情况下对于正式发布的版本来说开销无法接受的信息。创建调试上下文的方法是与平台相关的，本书提供的应用框架代为处理了这件事情，因此我们可以使用 sb7 应用类来创建一个调试上下文。如清单 15.1 所示，为了显式地创建一个调试上下文，重写 sb7::application::init()函数并打开应用信息结构中的调试开关。

清单 15.1 使用 sb7 框架创建一个调试上下文

```
void my_application::init()
{
    sb7::application::init();

    info.flags.debug = 1;
}
```

在调试编译时，sb7 基类将会自动打开调试开关；如果调试上下文可用，其将创建一个，而不需要我们执行任何其他操作。如果你希望在发布版本中使用调试上下文（或者希望在调试版本程序中强制关闭调试上下文），需要重写 init()函数，如清单 15.1 所示。

一旦创建了调试上下文，就需要明确一个在出现问题时通知应用程序的方法。为此，OpenGL 使用回调函数，该函数使用函数指针指定。回调函数指针类型的定义是：

```
typedef void (APIENTRY * GLDEBUGPROC)(GLenum source,
                                      GLenum type,
                                      GLuint id,
                                      GLenum severity,
                                      GLsizei length,
                                      const GLchar* message,
                                      void* userParam);
```

该函数被定义为具有与 OpenGL API 函数相同的调用约定，这正是 APIENTRY 宏的目的，它由 OpenGL 头文件定义，正确地对应不同的编译平台。要实现调试回调，首先创建一个具有上述签名的函数，然后调用 glDebugMessageCallback()，其原型是

```
void glDebugMessageCallback(GLDEBUGPROC callback,
                            void * userParam);
```

在该函数中，callable 参数是指向调试回调函数的指针，userParam 参数会被保存在 OpenGL 内部，并作为参数传入回调函数。清单 15.2 是使用该函数的一个示例。

清单 15.2 设置调试回调函数

```
static void APIENTRY simple_print_callback(GLenum source,
                                           GLenum type,
                                           GLuint id,
                                           GLenum severity,
                                           GLsizei length,
                                           const GLchar* message,
                                           void* userParam)
{
    printf("Debug message with source 0x%04X, type 0x%04X, "
           "id %u, severity 0x%0X, '%s'\n",
           source, type, id, severity, message);
}

void initialize_debug_output()
{
    glDebugMessageCallback(&simple_print_callback, NULL);
}
```

一旦设置了回调函数，OpenGL 就会在需要向程序反馈信息时调用它。我们应该小心避免在回调函数内部调用任何 OpenGL 函数，这是非法的，一旦这些函数调用出错（可能会导致又一次调用回调函数），将会形成一个死循环并导致程序崩溃。在清单 15.2 的例子中，我们仅仅使用 C 语言的 printf 函数输出了一条包含输入参数原始数据的信息。如前文所述，在调试版本程序中，sb7 应用框架初始化了一个默认的回调函数，该回调函数只会简单打印收到的信息；如果想要更好地控制输出的信息格式，或者没有使用 sb7 应用框架的话，可以使用回调函数中的参数来实现这些控制。

在回调函数中，source 参数表明了该消息在 OpenGL 中的产生位置，可以是下列值之一。

- GL_DEBUG_SOURCE_API 表示该消息是由于使用 OpenGL API 生成的，例如你传入了非法参数。该信息将会表明哪一个参数错误、为什么错误以及其正确的取值范围。
- GL_DEBUG_SOURCE_SHADER_COMPILER 通常被 OpenGL 用于向应用程序发送编译错误和警告信息。一般情况下，这些信息与着色器和主程序日志中的内容相同。
- GL_DEBUG_SOURCE_WINDOW_SYSTEM 表示该问题是由于与窗口系统或操作系统交互而导致的。
- GL_DEBUG_SOURCE_THIRD_PARTY 表示该信息来源于一个工具、程序库或 OpenGL 驱动之外的其他源。
- GL_DEBUG_SOURCE_APPLICATION 表示该信息来自于应用程序。我们可以将其插入到日志中，后面将继续介绍。
- GL_DEBUG_SOURCE_OTHER 表示不属于上述任何类别的其他类别。

type 参数提供了关于该消息的进一步信息，可以是下列值之一。

- GL_DEBUG_TYPE_ERROR 表示发生了一个错误。例如，如果消息来源是 OpenGL API，glGetError()函数可能会返回错误编码；如果消息来源是着色器编译器，该消息可能意味着某一个着色器编译失败。
- GL_DEBUG_TYPE_DEPRECATED_BEHAVIOR 意味着用户尝试使用了标记为弃用的功能（这意味着它们可能从未来的 OpenGL 版本中删除）。
- GL_DEBUG_TYPE_UNDEFINED_BEHAVIOR 表示应用程序中的某些部分将会导致未定义行为；即使程序使用当前 OpenGL 实现可正确运行，但由于其不是标准做法，依然可能会在其他环境中产生问题。
- GL_DEBUG_TYPE_PERFORMANCE 是 OpenGL 的性能警告信息。该信息可能还包含一些改进建议。
- GL_DEBUG_TYPE_PORTABILITY 表示使用 OpenGL 的方式正确，但可能仅在所依赖的 OpenGL 实现中工作良好，这意味着代码可能不可移植。
- GL_DEBUG_TYPE_MARKER 被用于向 OpenGL 命令流中插入事件，可供工具和其他调试辅助工具提取使用。
- GL_DEBUG_TYPE_PUSH_GROUP 和 GL_DEBUG_TYPE_POP_GROUP 在调用 glPush

DebugGroup()和 glPopDebugGroup()函数时产生，这类消息将在本章后面阐述。

- GL_DEBUG_TYPE_OTHER 表示不属于上述任何类别的其他类别。

Severity 参数表示消息的重要程度，可选值为 GL_DEBUG_SEVERITY_LOW、GL_DEBUG_SEVERITY_MEDIUM 和 GL_DEBUG_SEVERITY_HIGH，分别表示消息优先级为低、中或高。该值还可以取值为 GL_DEBUG_SEVERITY_NOTIFICATION，表示该信息仅用于收集信息，没有负面含义。

除 source、type 和 severity 参数处，每条消息都拥有一个不重复的唯一标识符，以参数 id 传入回调函数；其实际值虽然由实现定义，但可被用于表示一条特定消息。其他传入调试回调函数的参数分别是，length 参数表示消息体字符串的长度，message 参数是指向消息体字符串的指针，userParam 参数是调用 glDebugMessageCallback()函数时传入的参数。对于参数 userParam，我们可以传递任何数据，例如一个对象的指针、一个文件句柄或可由一个指针表示的其他任何类型的数据。

我们可以通过调用 glDebugMessageControl()函数来告知 OpenGL 希望接收哪些类型的消息，其原型如下：

```
void glDebugMessageControl(GLenum source,
                           GLenum type,
                           GLenum severity,
                           GLsizei count,
                           const GLuint * ids,
                           GLboolean enabled);
```

参数 source、type 和 severity 共同组成了一个过滤条件，用于选择函数将处理的调试消息组。这些参数的可选值与前面描述的调试回调函数的同名参数相同；此外，这些参数的任何组合均可被设置为 GL_DONT_CARE。如果其中一个参数是 GL_DONT_CARE，则忽略它以进行筛选。否则，任何消息的源、类型或严重性等与传递值匹配的任何消息都将被包含在过滤器中。如果参数 id 不是 NULL，则表示一个指向计数消息标志符数组的指针，任何标识符在这个数组清单中的消息，都将被视为过滤器的一部分。

一旦配置好了过滤器，当参数 enabled 值为 GL_TRUE 时，满足过滤条件的消息将被报告；否则，当其值为 GL_FALSE 时，将关闭消息报告。使用 glDebugMessageControl()函数，我们可以有效地打开或关闭某些消息组的报告。例如，若需保留全部高严重性的消息，但滤除由于着色器编译器产生的消息，可以调用：

```
// Enable all messages with high severity
glDebugMessageControl(GL_DONT_CARE,              // Source
                      GL_DONT_CARE,              // Type
                      GL_DEBUG_SEVERITY_HIGH,    // Severity
                      0, NULL,                   // Count, ids
                      GL_TRUE);                  // Enable

// Disable messages from the shader compiler
glDebugMessageControl(GL_DEBUG_SOURCE_SHADER_COMPILER,
                      GL_DONT_CARE,
                      GL_DONT_CARE,
                      0, NULL,
                      GL_FALSE);
```

除 OpenGL 实现可能生成的调试消息外，还可以向调试输出流中插入自己的消息，执行此操作时，将调用回调函数。我们可以使用与其他一般调试消息相同的日志机制来记录这些消息。调用以下函数便可向调试输出日志中插入你自己的消息

```
void glDebugMessageInsert(GLenum source,
                          GLenum type,
                          GLuint id,
                          GLenum severity,
                          GLsizei length,
                          const char * message);
```

同样的，参数 source、type、id 和 severity 与调试回调函数中对应参数语义相同。事实上，我们甚至可以在这些参数中传递诸如 GL_DEBUG_SOURCE_SHADER_COMPILER 源代码，尽管 GL_DEBUG_SOURCE_APPLICATION 是为应用预留的，而 GL_DEBUG_SOURCE_THIRD_PARTY 是为第三方工具库预留的。OpenGL 本身不会使用这些源代码生成消息。大部分调试消息都是对于异常操作的警告，而 GL_DEBUG_TYPE_MARKER 是为那些提示类消息预留的，工具可以拦截这类消息流并进行特殊处理。length 参数包含 message 参数指向的字符串长度。如果 length 为 0，message 会被认为是一个“\0”结尾的字符串。

我们可以把消息分为有层次的组，即调试分组。工具接收到调试输出后可能会在日志查看器中对于不同组的消息使用不同缩进或不同颜色。当 OpenGL 启动时会使用默认分组，其他分组可以通过将其压入调试分组栈中来创建。为了实现分组，调用

```
void glPushDebugGroup(GLenum source,
                      GLuint id,
                      GLsizei length,
                      const char * message);
```

调用该函数时，当前调试状态将会被复制到调试栈顶，同时将生成一条调试消息并发送到回调函数。该消息类型为 GL_DEBUG_TYPE_PUSH_GROUP，优先级为 GL_DEBUG_SEVERITY_NOTIFICATION。其源和标识符分别由参数 source 和 id 指定。与 glDebugMessageInsert()函数相同，参数 message 和 length 分别表示消息字符串首地址和消息长度；如果 length 为 0，message 会被认为是一个“\0”结尾的字符串。

当你想退出一个调试分组时，调用

```
void glPopDebugGroup(void);
```

同样，调用 glPopDebugGroup()会产生一条调试消息，该消息的 type 参数为 GL_DEBUG_TYPE_POP_GROUP，其他参数与入栈时提供的参数相同。

当 OpenGL 生成调试消息时，其通常通过编号（即传递给 OpenGL 函数的名字）关联一些对象，例如纹理、缓存、帧缓存等。如果需要在数百行日志条目中搜索特定纹理的用法，可能会有些混乱。为了使该操作更方便，可以调用 glObjectLabel()或 glObjectPtrLabel()函数为对象赋予可读的名字，其函数原型如下：

```
void glObjectLabel(GLenum identifier,
                   GLuint name,
                   GLsizei length,
```

```
                    const char * label);

void glObjectPtrLabel(void * ptr,
                      GLsizei length,
                      const char * label);
```

调用 glObjectLabel()函数时，参数 identifier 是被 name 关联的对象的类型，name 是对象的名称。参数 identifier 可以是下列值之一。

- GL_BUFFER，如果 name 表示一个缓存对象。
- GL_FRAMEBUFFER，如果 name 表示一个帧缓存对象。
- GL_PROGRAM_PIPELINE，如果 name 表示一个程序管线对象。
- GL_PROGRAM，如果 name 表示一个程序对象。
- GL_QUERY，如果 name 表示一个查询对象。
- GL_RENDERBUFFER，如果 name 表示一个渲染缓存对象。
- GL_SAMPLER，如果 name 表示一个采样器对象。
- GL_SHADER，如果 name 表示一个着色器对象。
- GL_TEXTURE，如果 name 表示一个纹理对象。
- GL_TRANSFORM_FEEDBACK，如果 name 表示一个转化回执对象。
- GL_VERTEX_ARRAY，如果 name 表示一个顶点数组对象。

对于 glObjectPtrLabel()函数，对象由一个指针标识。该函数仅可用于在 OpenGL 中有指针类型的对象，即同步对象。

对于这两个函数而言，参数 label 和 length 分别指定了对象的名称和字符串长度。如果 length 的值为 0，参数 label 被认为是一个由“\0”结尾的字符串。一旦为对象指定一个名称，OpenGL 将会在调试消息中使用这个名称而非原始数字。例如，我们可以将纹理类型的调试对象命名为它们来源文件的文件名。

15.2 安全性和健壮性

最近，运行不受信任的内容已成为 OpenGL 编程中的一个重要部分。随着 WebGL 的出现，Web 浏览器会定期运行从任意 Web 站点加载的着色器，并在 Web 页面的上下文中执行用 JavaScript 编写的 OpenGL 程序。在这种环境中，为浏览器和其他应用程序提供一定程度的安全机制变得非常重要，否则可能会使 OpenGL 受到恶意第三方程序的入侵。为解决这一问题，OpenGL 具有许多安全机制，可帮助防止意外滥用，捕获编程错误。

15.2.1 图像重置

现代 CPU 和操作系统非常擅长在同一时间运行多个不同任务。多数较新的 CPU 拥有多个核心，而且操作系统处理线程和进程的能力非常好，以至于可以同时运行几百个应用程序而不会发生卡顿。当然，如果追求的是绝对性能，一个强大的 CPU 是必不可少的，操作系统会尽可能调度资源来使你的应用程序更快速地运行。

为了同时运行比电脑中 CPU 数量更多的应用程序，操作系统会为进程和线程分配其所需的 CPU 时间以保证公平性。CPU 基本是无状态的，中断、优先级等类似机制能使用户可以及时终止异常的任务，以保证任何进程无法干扰其他应用乃至整个操作系统的运行。目前的 CPU 和操作系统离完美还差得很远，遗憾的是，目前的 GPU 和图像驱动离完美也差得很远。

当一个进程占用了所有的 GPU 时间时，最好的做法就是结束所有占用图形处理器的程序、重置所有数据并尝试重启系统。事实上，如果我们运行清单 15.3 中所示的非常简单的顶点着色器代码，可能会看到屏幕闪烁，其他应用程序都停止工作或者整个系统卡死（取决于你的操作系统和 GPU）。请评估风险后运行这个着色器（运行着色器之前需要保存正在进行的工作！）。

清单 15.3 无限循环的着色器

```
#version 450 core

void main(void)
{
    for (;;)
    {
        /* Spin forever */
    }
}
```

清单 15.3 中所示的着色器是一个简单的例子，显然其永远无法终止。问题在于如果运行这种代码，大部分 GPU 不能很好地处理这种情形并且会停止工作，这种情形就是挂起。以浏览器为例，它们尝试检测这种“永不停止”的着色器并停止恶意（或仅仅是错误的）程序以防止损耗 GPU。然而，它们也并不完美，需要 OpenGL 的协助。

如果在程序中运行这个着色器，它将会影响计算机上运行的其他应用程序。同理，如果其他应用运行类似的着色器，也会影响到当前的工作，届时上下文会丢失，所有的状态都被删除，纹理消失，任何正在进行的渲染工作都会停止。这种情况下，需要停止上下文，删除它并重启。可以调用以下函数以检测这种情况：

```
GLenum glGetGraphicsResetStatus();
```

函数 GLenum glGetGraphicsResetStatus()的返回值是下列 4 个错误码之一，表示上下文关于图像挂起的状态。

- GL_NO_ERROR：是我们熟悉的一切正常的编码，也是当一切正常运行时我们期望得到的结果。
- GL_GUILTY_CONTEXT_RESET：因为发生了挂起，GPU 被重置，上下文丢失，并且这是用户的错！执行的上一步操作很可能就是导致问题的原因，我们也许应该终止程序。

- GL_INNOCENT_CONTEXT_RESET：上下文被重置，但这并不是我们的错。其他原因导致了严重的错误，但假如应用程序终止，我们可以安全地重新初始化所有内容并尝试恢复之前的工作。
- GL_UNKNOWN_CONTEXT_RESET：上下文已重置，但 OpenGL 无法判断是否是用户的问题导致的。可以尝试重新初始化并重启应用程序，但如果挂起仍在发生，问题的来源也许是用户，应该终止程序并尽可能清理数据。

没有必要频繁检测这个状态。如果一切正常，glGetGraphicsResetStatus()函数会一直返回 GL_NO_ERROR，所以频繁调用这个函数不会改善安全、受信任的应用程序的运行状况。对于每一帧调用一次也许是一个好办法。通常 GPU 出现挂起时，OpenGL 或操作系统需要数秒来感知，这在高性能应用中可能意味着数百帧的时间。调用 glGetGraphicsResetStatus()可能足以确保一切正常。

有效地检测 GPU 的挂起对于 OpenGL 驱动来说是相当困难的，在某些情况下很难高效地实现，所以在创建上下文时需要权衡健壮性和性能，这需要平台相关的手段。

取决于 GPU、操作系统、驱动版本和应用启动时的行为，GPU 重置可能无法完全检测到。为了确定运行环境的行为，需要调用 glGetIntegerv()函数，并将参数 GL_RESET_NOTIFICATION_STRATEGY 作为要检索的参数，其将返回下列两个值之一。

- GL_NO_RESET_NOTIFICATION 表示 OpenGL 永远不会通知 GPU 重置状态。GlGetGraphicsResetStatus()函数永远返回 GL_NO_ERROR。这可能因为 OpenGL 上下文没有能力检测 GPU 是否被重置，或者 GPU 本身是防挂起的，通常前者可能性更大。
- GL_LOSE_CONTEXT_ON_RESET 表示如果检测到了 GPU 重置，如前文所述，将会丢失上下文。

对于 GL_RESET_NOTIFICATION_STRATEGY，目前仅有这两个可选值，但以后可能会增加其他值，例如，也许可以终止一个单一的绘制操作而不用重置整个上下文。

当一次 GPU 重置发生时，上下文中的内容变为未定义，你唯一能做的事情就是删除它并重新创建。继续使用该上下文的任何操作都会产生一个 GL_CONTEXT_LOST 错误。从技术角度讲，在一个被重置的上下文中继续调用 OpenGL 函数是非法的，除了 glGetError()和 glGetGraphicsResetStatus()仍会返回正确值以通知用户发生了重置；其他正在等待 GPU 响应的函数，例如 glClientWaitSync()将会立即返回，以使应用程序继续运行。

15.2.2 读取边界检查

在 OpenGL 中，有一些函数可以将数据读回到应用程序的内存中以创建指针，但 OpenGL 会计算内存大小。示例是 glReadPixels()和 glGetTexImage()函数，对于这两个函数，OpenGL 返回的数据总量（即写入到应用内存的数据量）取决于当前上下文状态和传入函数的格式参数，该参数包括像素包的行数、高度和间隔。理论上，如果了解所有这些状态，可以计算出返回的数据总量。但在很多情况下，这是不可能的。例如 glGetCompressedTexImage()函数返回压缩后的纹理数据，但是如果压缩算法根据要压缩的数据采用可变长度的编码方式会怎样，或者用户在一个扩展中启用了某个机制使得所有读取数据被加倍会怎样呢？麻烦接踵而至。

正如这些场景所暗示的，很容易产生缓存溢出问题，其中 OpenGL 到达缓存的末尾并覆盖其他可能重要的数据。

因此，OpenGL 提供了一系列函数，使用户可以指定可接受的最大数据量。用户可以计算出期望得到的数据量，向上保留一点冗余量，然后将缓存大小传入 OpenGL 函数；此时，OpenGL 承诺不会写入超出缓存容量的数据，但如果指定的缓存过小，其会产生异常并直接返回而不执行任何操作。

函数 glReadPixels()带有边界检查的版本签名是

```
void glReadnPixels(GLint x, GLint y,
                   GLsizei width, GLsizei height,
                   GLenum format, GLenum type,
                   GLsizei bufSize, void *data);
```

注意，glReadnPixels()有一个新的参数 bufSize，即需要传入的 data 缓存大小。任何情况下，无论上下文状态如何，OpenGL 都不会向 data 写入超过 bugSize 个字节。

在读取纹理时，OpenGL 提供了两个函数，一个用于压缩纹理，另一个用于解压纹理：

```
void glGetnCompressedTexImage(GLenum target, GLint lod,
                              GLsizei bufSize, void *img);

void glGetnTexImage(GLenum target, GLint level,
                    GLenum format, GLenum type,
                    GLsizei bufSize, void *img);
```

同样，注意 glGetnCompressedTexImage()和 glGetnTexImage()函数都包含额外的参数 bufSize。

在上述所有例子中（glReadnPixels()、glGetnTexImage()和 glGetnCompressedTexImage()），如果参数 bufSize 过小而无法保存结果数据，OpenGL 会产生一个 GL_INVALID_OPERATION 错误。OpenGL 中还有很多以 glGet 开头的函数，但它们要么返回固定的数据量，要么已经有了明确的数据规模，要么返回的数据量很容易计算，要么有返回的数据上限。这些情况下，没有必要提供一个特殊的（需要提供缓存大小的）函数。

我们可以决定是否优先使用这些函数而不是它们的非大小对应的函数。但由于 glReadnPixels()、glGetnTexImage()和 glGetnCompressedTexImage()不应该是代码中的性能关键部分，它们显然比没有边界检查的版本更安全。鉴于此，使用这几个函数应该是一个开发的好习惯。

15.3 总结

这一章中介绍了多个调试技巧，包括在应用程序中使用调试上下文和帮助我们解决问题的一些工具。我们也讨论了一些提升程序健壮性的方法，比如通过向 OpenGL 提供信息以避免缓存溢出及其他类似问题。然后就可以确定程序的哪些地方运行出了问题（因为用户的错误或其他原因）。

通过确保程序不会产生任何错误、在调试上下文中运行时不产生警告、行为完全符合预期、可以应对 GPU 内部错误，就可以扩大程序兼容的硬件范围，最终扩大了潜在用户规模。

附录 A　超级宝典工具

本书的源代码不仅包含书中可用于多种平台的大多数示例，而且还包含可用于创建这些示例所用的.SBM 和.KTX 文件的许多工具。你可以使用这些工具来创建和操作 SBM 文件和 KTX 文件，并在自己的应用程序中使用。

A.1　ktxtool 的功能

ktxtool 程序可以用于处理.KTX 文件，其用法如下：

```
ktxtool -i <inputfile> [-i <inputfile>*] [-o output file] {options}
```

通过使用-i 选项指定输入文件，将它们发送到 ktxtool。通过包含多个-i 选项可以指定多个输入文件。--info 选项在读取输入文件时可以显示有关输入文件的信息。例如，Aliens.ktx 纹理文件，其中包含第 5 章“Alien Rain”示例中使用的填充满的小怪物阵列纹理，你可以看到以下内容：

```
$ ktxtool.exe -i aliens.ktx --info
endianness            = 0x04030201
gltype                = 0x00001401 (GL_UNSIGNED_BYTE)
gltypesize            = 0x00000001
glformat              = 0x000080E1 (GL_BGRA)
glinternalformat      = 0x00008058 (GL_RGBA8)
glbaseinternalformat  = 0x000080E1 (GL_BGRA)
pixelwidth            = 0x00000100
pixelheight           = 0x00000100
pixeldepth            = 0x00000000
arrayelements         = 0x00000040
faces                 = 0x00000000
miplevels             = 0x00000001
keypairbytes          = 0x00000000
```

从 ktxtool 的输出中可以看到，Aliens.ktx 文件是一个数组纹理，其中包含以无符号字节存储的 GL_BGRA 数据，大小为 0 × 100 × 0 × 100（256 × 256）像素，并且阵列中有 0 × 40（64）切片。该纹理不包含 mipmap，并且在键对中没有存储其他数据。

--fromraw 选项允许通过指定要包含在文件头中的所有参数来从原始数据中创建 KTX 文件，

该参数位于指定的原始数据之前。首先，将所有输入文件中的原始数据加载并附加在一起，以形成一个大的 blob（二进制类型的大对象）。接下来，用以下参数为输出文件分配属性。

- --width 指定输出纹理的宽度，单位为像素。
- --height 指定输出纹理的高度，单位为像素。
- --depth 指定输出纹理的深度，单位为像素。
- --slices 指定输出数组纹理中的切片数。
- --glformat 指定 OpenGL 格式，并放置在标头的 glformat 字段中。
- --gltype 指定 OpenGL 类型，并放置在标头的 gltype 字段中。
- --glinternalformat 指定 OpenGL 格式，并放置在标头的 glinternalformat 字段中。

例如，以下命令将原始文件 data.raw 转换为具有 32 个切片和数据格式 GL_R32F 的 256 × 256 的 2D 阵列纹理，然后将其保存到 array.ktx 输出文件中：

```
$ ktxtool.exe -i data.raw --fromraw -o array.ktx --width 256 --height 256 \
--slices 32 --glformat GL_RED --gltype GL_FLOAT --glinternalformat GL_R32F
```

ktxtool 将自动找出基本内部格式和所需的数据大小。请注意，ktxtool 不会对参数进行任何数据处理或验证，它只是将被告知的内容放在标头中，这可能会导致无效的 KTX 文件。

--toraw 选项将以另一种方式获取数据，即从文件中删除.KTX 标头并将原始数据写入输出。

接下来，我们介绍--makearray、--make3d 和--makecube 选项，这些选项可以从单独的 KTX 文件构造数组纹理、3D 纹理和立方体贴图。要使用这些选项，输入纹理必须彼此兼容，并与结果输出兼容。

首先，--makearray 将采用一维或一维阵列纹理序列并从中创建一个新的一维阵列纹理，或采用一维 2D 或 2D 阵列纹理序列并从中创建一个新的 2D 阵列纹理。对于一维纹理，所有纹理的宽度必须相同。对于 2D 纹理，所有纹理的宽度和高度必须相同。所有输入纹理必须具有相同的数据格式。输入的纹理数据按照指定输入的顺序进行连接。如果在输入中遇到数组纹理，则将它们的切片简单地连接到结果数组纹理的末尾。例如，以下命令将获取 slice1.ktx、slice2.ktx 和 slice3.ktx 文件，并在 array.ktx 中根据它们创建三层数组纹理：

```
$ ktxtool.exe -i slice1.ktx -i slice2.ktx -i slice3.ktx -o array.ktx --makearray
```

同样，ktxtool 不进行格式转换。如果文件的数据格式不匹配，则 ktxtool 只会拒绝创建输出文件。--make3d 选项与--makearray 选项类似，除了它创建 3D 纹理而不是数组纹理。仅接受 2D 或 3D 输入纹理，并且每个纹理必须具有相同的宽度，高度和数据格式。输入纹理的所有切片都按输入的顺序堆叠。

A.2 dds2ktx 的功能

dds2ktx 用于将 DDS 格式文件转换为 KTX 文件。DDS 是许多内容创建工具中使用的文件格式，用于存储在 DirectX 应用程序中使用的纹理。“DDS”代表 DirectDraw Surface。尽管 API 一直不推荐使用 DirectDraw，但该格式仍然存在，并且能够表示 Direct3D 可以使用的几乎所有纹理格式。OpenGL 实际上还支持每种 Direct3D 纹理类型和格式，并且可以将其表示为.KTX 文件。

dds2ktx 具有两个参数——输入文件名和输出文件名，它尝试将 DDS 文件盲转换为 KTX 文件。它解码 DDS 文件头，将参数转换为 KTX 文件头，然后将数据从 DDS 文件转储到 KTX 文件中，它很少执行错误检查或健全性检查。但是，它确实支持使用常见的内容创建工具（包括多个纹理压缩器）来生成 DDS 文件，然后可以将其转换为 KTX 文件，以与本书的 KTX 加载程序一起使用。

A.3 sb6mtool 的功能

sb6mtool 是用于处理本书中使用的.SBM 模型文件的通用工具。命令行参数和语法类似于 ktxtool 实用程序使用的参数和语法，使用--input 或-i 参数指定一个或多个输入文件，每个参数后跟一个文件名。

--info 参数指示 sb6mtool 转储有关对象的信息。例如，要转储有关第 7 章中小行星字段示例中使用的 asteroids.sbm 对象文件的信息，我们可以写出以下命令：

```
$ sb6mtool --input asteroids.sbm --info
FILE: asteroids.sbm
Raw data size: 888100 bytes
No indices
Vertex count = 44352, data offset = 0x00000424
Attribute count: 2
    Attribute 0:
        name        = position
        size        = 3
        format      = 0x1406 (GL_FLOAT)
        stride      = 0
        flags       = 0x00000000
        data_offset = 0x00000000
    Attribute 1:
        name        = normal
        size        = 4
        format      = 0x140B (GL_HALF_FLOAT)
        stride      = 0
        flags       = 0x00000000
        data_offset = 0x00081F00
Number of sub-objects: 100
    Sub-object 0: first 0, count 432
    Sub-object 1: first 432, count 576
    Sub-object 2: first 1008, count 576
    Sub-object 3: first 1584, count 576
    Sub-object 4: first 2160, count 432
    Sub-object 5: first 2592, count 504
    Sub-object 6: first 3096, count 432
    Sub-object 7: first 3528, count 576
    Sub-object 8: first 4104, count 432
    Sub-object 9: first 4536, count 576
<...>
```

```
Sub-object 89: first 39528, count 504
Sub-object 90: first 40032, count 576
Sub-object 91: first 40608, count 288
Sub-object 92: first 40896, count 432
Sub-object 93: first 41328, count 288
Sub-object 94: first 41616, count 504
Sub-object 95: first 42120, count 432
Sub-object 96: first 42552, count 432
Sub-object 97: first 42984, count 504
Sub-object 98: first 43488, count 288
Sub-object 99: first 43776, count 576
```

我们可以看到，asteroids.sbm 文件包含大约 850KB 的原始数据。有两个名为 position 和 normal 的顶点属性，数据没有索引，并且文件包含 100 个子对象，列出了每个子对象的起始顶点和顶点计数，此特定文件中的每个子对象都是示例应用程序中唯一的小行星之一。

除了打印输出文件中的信息以外，我们还需要指定输出文件。为此，我们使用--output 命令行选项，后跟文件名。通过使用-convertattrib 命令行选项，可以转换一个或多个模型属性的格式。此选项采用属性名称，后跟 OpenGL 格式枚举数之一。例如，要将位置属性转换为 GL_RGB16F（半精度 16 位浮点数据的 3 个组成部分）并将输出写入名为 asteroids2.sbm 的输出文件，我们写出以下命令：

```
$ sb6mtool --input asteroids.sbm --output asteroids2.sbm \
          --convertattrib position GL_RGB16F
```

如果只想完全删除一个属性，则可以使用--deleteattrib 命令行选项。这里只是采用要删除的属性的名称，例如，要删除正常属性，我们写以下命令：

```
$ sb6mtool --input asteroids.sbm --output asteroids2.sbm \
          --deleteattrib normal
```

sb6mtool 还可以将对象缝合在一起，成为同一文件的子对象。为此，所有输入文件必须具有相同的编号、布局和属性类型。只需在命令行上指定所有输入文件，每个文件都有自己的--input 参数；再设置输出文件；然后使用--makesubobj 命令。例如，要将一堆岩石模型缝合在一起以形成一个小行星场，可以写出以下命令：

```
$ sb6mtool --input rock1.sbm \
          --input rock2.sbm \
          --input rock3.sbm \
          --input rock4.sbm \
          --input rock5.sbm \
          --input rock6.sbm \
          --input rock7.sbm \
          --output asteroids.sbm --makesubobj
```

该工具将按照指定的顺序获取每个文件中的所有子对象，并将其填充到一个大的输出文件中。甚至可以继续读取并输出到同一文件，以将越来越多的数据附加到文件的末尾。这正是制作小行星字段示例随附的 asteroids.sbm 文件的方式。

CHAPTER

附录 B　SBM 文件格式

SBM 模块文件格式是专为本书设计的一种简单的几何数据文件格式，该格式基于组块且可扩展，此处定义了几种组块类型以供本书示例使用。本附录记录了文件格式，SBM 文件以文件头开始，然后是若干组块，每个组块以组块文件头开始，接下来是可被组块引用的原始数据。结构中的多字节字段被定义为小端字节顺序，所有结构都紧密包装。

B.1 文件头

所有 SBM 文件均按照以下形式的文件头开始：

```
typedef struct SB6M_HEADER_t
{
    union
    {
        unsigned int    magic;
        char            magic_name[4];
    };
    unsigned int        size;
    unsigned int        num_chunks;
    unsigned int        flags;
} SB6M_HEADER;
```

magic 和 magic_name 字段包含在一个集合中，因此占用文件头相同的 4 字节。SBM 文件以魔数 0x4d364253 开头，当将其编码为 32 位小端数字时，会导致 magic_name 字段包含字符{'S', 'B'，'6'，'M'}（SuperBible 6 模型——该格式是为本书第六版设计的，没有太大变化）。如果此文件正在大端系统上加载，则该字段将包含{'M'，'6'，'B'，'S'}。

接下来的“size”字段，以字节为单位对文件头的大小进行编码，这代表从文件头的开头到第一个组块的开头的字节偏移量，如下一节所述。SB6_HEADER 结构的大小被定义为 16 字节，因此通常为 0x10。在文件头和第一个组块之间存储数据是合法的，加载程序应将 size 的值添加到文件头的位置以查找第一个组块。

num_chunks 字段用于存储 SBM 文件中包含的组块数。加载程序跳过未识别的组块是合法的。因此，当完全解析组块清单时，num_chunks 字段必须是已知的，并确认组块 ID 对于每一个有效组块是可用的。

最后一个字段 flags，是对一系列 flag 进行编码的位域，这些 flag 进一步定义了 SB6M 文件。在这里，若未定义任何 flag，则该字段应设置为零。

B.2 块头

以下文件头是一组组块清单，每一个组块的开始是以下格式的块头：

```
typedef struct SB6M_CHUNK_HEADER_t
{
    union
    {
        unsigned int    chunk_type;
        char            chunk_name[4];
    };
    unsigned int        size;
} SB6M_CHUNK_HEADER;
```

同样，chunk_type 和 chunk_name 字段同属一个集合，共享内存中的存储空间。chunk_type 字段对块的类型进行编码，并且每个块的类型都是唯一的，后面有进一步描述。出于调试目的，结构定义中包含了 chunk_name 字段。size 字段存储了块中包含的字节数，包括文件头。在当前块头开始时，文件中的下一个块的 size 字段字节开始编码。加载程序可以通过简单地将 size 字段字节添加到当前文件指针来跳过无法识别的块，尽管这可能会导致加载错误或渲染错误。此外，size 字段应始终为 4 的倍数，以确保从文件的开头，块始终保持 4 字节对齐的偏移量。

B.3 定义块

本节记录了此时已定义的块。

B.3.1 数据块

数据块用于存储原始数据。每个模型至少应具有一个数据块。预期情况下，模型加载器会将文件中的数据加载到缓存对象中，以便从中进行渲染。数据块的结构如下：

```
typedef struct SB6M_DATA_CHUNK_t
{
    SB6M_CHUNK_HEADER        header;
    unsigned int             encoding;
    unsigned int             data_offset;
    unsigned int             data_length;
} SB6M_DATA_CHUNK;
```

块的第一个成员（所有块均如此）是块头。块头的 chunk_type 字段为 0x41544144，因此 chunk_name 字段将包含{'D'，'A'，'T'，'A'}。data_offset 字段以字节为单位提供从块开头开始的偏移量。通常，此字段为 20 字节。数据块的块头对于以后的新版文件格式来说是可扩展的，不需要新的块 ID。data_length 字段是数据的最终长度，这可能与块头中的 size 字段不同——块头的 size 字段是从数据块的开头到下一个块开头的字节数，而 data_length 字段是存储的数据的长度。

编码字段包含数据编码记号。它必须是以下记号值之一：

```
typedef enum SB6M_DATA_ENCODING_t
{
    SB6M_DATA_ENCODING_RAW              = 0
} SB6M_DATA_ENCODING;
```

目前仅定义了 SB6M_DATA_ENCODING_RAW 记号，它表示数据已逐字存储在文件中，应直接加载到缓存对象中。例如，可以为压缩数据分配其他记号。如果定义了压缩编码方案，则解码文件所需的所有信息都应存储在数据块中，其中 data_length 字段仍表示数据的最终未压缩大小。

B.3.2 索引数据块

索引数据块对存储在文件数据块中的索引数据的引用进行编码[1]。其结构如下：

```
typedef struct SB6M_CHUNK_INDEX_DATA_t
{
    SB6M_CHUNK_HEADER       header;
    unsigned int            index_type;
    unsigned int            index_count;
    unsigned int            index_data_offset;
} SB6M_CHUNK_INDEX_DATA;
```

索引数据块块头的 chunk_type 字段为 0x58444e49，chunk_name 字段将包含{'I'，'N'，'D'，'X'}。索引数据块的正常大小为 20 字节，因此尽管在块之间存储任意数据是合法的，但标头的 size 字段预计为 0x14。

以下字段对索引数据进行了描述，index_type 对确定类型的 OpenGL 记号的值进行编码。索引类型的合法值为 0x1401（GL_UNSIGNED_BYTE）、0x1403（GL_UNSIGNED_SHORT）和 0x1405（GL_UNSIGNED_INT）。除此之外，其他值也可于此字段中进行编码，但不受支持且为专有值。

加载程序通常无法加载 SBM 文件，或将未更改的值传递给 OpenGL，从而导致未扩展的程序执行无法正确呈现。

文件中含有 index_count 字段存储的索引数。为了确定索引数据的总大小，必须从 index_type 字段中确定索引的元素大小，然后将其乘以 index_count 字段。index_data_offset 字段存储了索引数据开始时的以第一个数据块开头的偏移量（以字节为单位）。

如果 SBM 文件没有索引数据块，则假定生成的顶点数据不需要索引，并且可以通过调用

1 在 SBM 文件格式的早期版本中未定义数据块，并且数据的偏移量被解释为文件本身的偏移量。如果未找到数据块，则向后兼容的加载程序可以这种方式解释偏移量，但是所有新创建的文件都应至少包含一个数据块。

glDrawArrays()进行绘制。否则，将由索引块定义的索引数据调用 glDrawElements()或另一个类似的函数，以对顶点数组进行索引。

B.3.3 顶点数据块

原始顶点数据存储在 SBM 文件中，由顶点数据块引用，其结构如下：

```
typedef struct SB6M_CHUNK_VERTEX_DATA_t
{
    SB6M_CHUNK_HEADER    header;
    unsigned int         data_size;
    unsigned int         data_offset;
    unsigned int         total_vertices;
} SB6M_CHUNK_VERTEX_DATA;
```

顶点数据块块头的 chunk_type 为 0x58545256，与格式为{'V'，'R'，'T'，'X'}的 chunk_name 相对应。顶点数据块的大小预计为 20（0x14）字节。data_size 成员包含顶点数据的原始大小（以字节为单位），而 data_offset 字段包含从顶点数据的第一个数据块开始的偏移量（以字节为单位）。顶点数据块中编码的顶点总数存储在 total_vertices 中。

B.3.4 顶点属性块

顶点属性块存储对顶点属性的定义，它由一个块头和一个可变大小的顶点属性声明数组组成。其结构如下：

```
typedef struct SB6M_VERTEX_ATTRIB_CHUNK_t
{
    SB6M_CHUNK_HEADER           header;
    unsigned int                attrib_count;
    SB6M_VERTEX_ATTRIB_DECL     attrib_data[1];
} SB6M_VERTEX_ATTRIB_CHUNK;
```

顶点属性的 chunk_type 字段为 0x42525441，对应 chunk_name 格式{'A'，'T'，'R'，'B'}。顶点属性块的大小是可变的，取决于块中包含的顶点属性的数量，该数量存储在 attrib_count 字段中。这里将 attrib_data 字段声明为大小为 1 的数组，但实际上是具有 attrib_count 元素的可变长度数组。假定文件中至少包含一个顶点属性，因此需要声明最低数值。

attrib_data 字段是 SB6M_VERTEX_ATTRIB_DECL 结构的数组，其定义为：

```
typedef struct SB6M_VERTEX_ATTRIB_DECL_t
{
    char                name[64];
    unsigned int        size;
    unsigned int        type;
    unsigned int        stride;
    unsigned int        flags;
    unsigned int        data_offset;
} SB6M_VERTEX_ATTRIB_DECL;
```

每个属性都有一个最长 64 个字符的命名（包括终止 NUL 字符），并存储在命名字段中。size

字段标识出由属性编码的每个顶点的元素数，其类型包含定义属性数据类型的 OpenGL 记号值。例如 0x1406（GL_FLOAT）、0x1400（GL_BYTE）和 0x140B（GL_HALF_FLOAT），在此可以使用任何合法的 OpenGL 类型记号。一般来说，加载程序会将此字段转换为 GLenum 记号，并将其传递给未修改的 OpenGL。stride 字段会对元素起点相距的字节数进行编码。与 OpenGL 中一样，跨度值为零表示数据紧密压缩。同样，该值可以直接传递给未经修改的 OpenGL。

flag 字段是对顶点属性信息进行编码的位字段。目前已定义的 flag 为：

```
#define SB6M_VERTEX_ATTRIB_FLAG_NORMALIZED      0x00000001
#define SB6M_VERTEX_ATTRIB_FLAG_INTEGER         0x00000002
```

如果 flag 包含 SB6M_VERTEX_ATTRIB_FLAG_NORMALIZED，则假定该属性为规范化的整数数据，并且此信息将传递给 OpenGL。例如，通过调用 glVertexAttribPointer()将规范化的参数设置为 GL_TRUE。如果 flag 包含 SB6M_VERTEX_ATTRIB_FLAG_INTEGER，则假定顶点属性为整数属性。在这种情况下，加载程序应使用诸如 glVertexAttribIPointer()之类的函数初始化顶点属性，而不是使用 glVertexAttribPointer()。

最后，data_offset 字段以字节为单位，对顶点属性数据的起始位置与文件中第一个数据块的起始位置的偏移量进行编码。属性数据在文件中的绝对位置（假设编码设置为 SB6M_DATA_ENCODING_RAW 的数据块）为：

```
(uintptr_t)data_chunk                  // Address of data chunk
       + data_chunk->data_offset       // plus offset of data in chunk
       + attribute->data_offset;       // plus relative offset of attribute
```

B.3.5 注释块

提供注释块以允许将任意数据存储在 SBM 文件中。在确保其绝对不会被用于任何影响模型渲染的行为时，不要求对注释块进行解析。

```
typedef struct SB6M_CHUNK_COMMENT_t
{
    SB6M_CHUNK_HEADER           header;
    char                        comment[4];
} SB6M_CHUNK_COMMENT;
```

注释块块头的 chunk_type 字段为 0x544E4D43，对应 chunk_name 格式为{'C', 'M', 'N', 'T'}。尽管可以将文本、元数据甚至渲染信息嵌入专有块中，但解析器仍可能跳过注释块。请注意，即使注释块中存储的数据不是 4 的倍数，注释块的总大小也应为 4 的倍数。否则，应填充该块以便与下一个块准确对齐。

B.3.6 对象清单块

对象清单块代表单个 SBM 文件中的子对象。每个 SBM 文件可能包含许多子对象，子对象共享一个顶点声明，并且它们的顶点和索引数据包含在同一缓存中。

```
typedef struct SB6M_CHUNK_SUB_OBJECT_LIST_t
{
    SB6M_CHUNK_HEADER            header;
    unsigned int                 count;
    SB6M_SUB_OBJECT_DECL         sub_object[1];
} SB6M_CHUNK_SUB_OBJECT_LIST;
```

子对象清单块块头 chunk_type 字段为 0x54534C4F，对应 chunk_name 格式{'O', 'L', 'S', 'T'}。count 字段指定 SBM 文件中包含多少个子对象，count 字段之后是一个或多个 SB6M_SUB_OBJECT_DECL 结构的数组，其定义为：

```
typedef struct SB6M_SUB_OBJECT_DECL_t
{
    unsigned int                 first;
    unsigned int                 count;
} SB6M_SUB_OBJECT_DECL;
```

每个子对象的组成包括第一顶点和该对象中顶点的计数，并分别存储在 first 和 count 字段中。如果为对象数据建立索引，则 first 和 count 字段分别指定子对象中的第一个索引和索引数。如果对象没有索引数据，则 first 和 count 指定子对象中的第一个顶点和顶点数。

B.4　示例

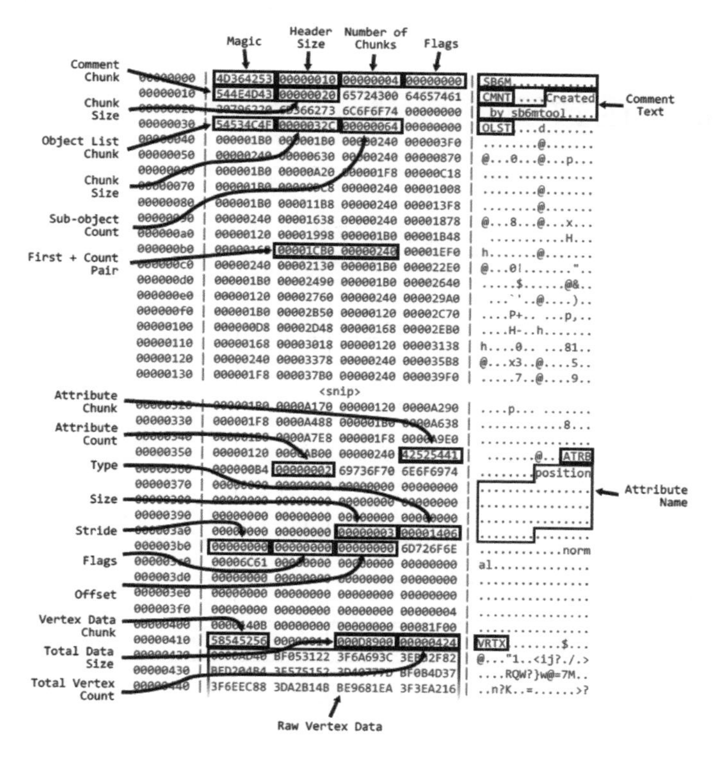

图 A.1　SBM 文件的转储

CHAPTER

附录C OpenGL的功能和版本

20多年来，OpenGL进行了不断地更新和提升，每次修订都为核心规范添加了更多功能。尽管本书涉及的是OpenGL 4.5版，但此处介绍的许多示例和主题均适用于该标准的早期版本。OpenGL的设计宗旨在于为多种硬件上运行程序时选择一个基准线——正确运行应用程序所必需的OpenGL版本。然后，用户可以选择其他功能（可能来自OpenGL的扩展包或较新版本），这些功能可以增强应用程序的性能或功能，可以选择性安装。

本附录中的表格提供了有关OpenGL版本的指南，介绍了各版本的专有函数、功能和记号。它还包括一系列扩展功能的介绍，以及各个OpenGL版本中对功能和函数的介绍。本书仅涵盖OpenGL 4.0及更高版本，这是一个合理的基准，我们不建议在新应用程序中使用OpenGL 4.0之前的版本。

C.1 OpenGL函数表

表C.1 OpenGL函数

函数	可用版本							
	3.2	3.3	4.0	4.1	4.2	4.3	4.4	4.5
glActiveShaderProgram()	—	—	—	√	√	√	√	√
glActiveTexture()	√	√	√	√	√	√	√	√
glAttachShader()	√	√	√	√	√	√	√	√
glBeginConditionalRender()	√	√	√	√	√	√	√	√
glBeginQuery()	√	√	√	√	√	√	√	√
glBeginQueryIndexed()	—	—	√	√	√	√	√	√
glBeginTransformFeedback()	√	√	√	√	√	√	√	√
glBindAttribLocation()	√	√	√	√	√	√	√	√
glBindBuffer()	√	√	√	√	√	√	√	√
glBindBufferBase()	√	√	√	√	√	√	√	√
glBindBufferRange()	√	√	√	√	√	√	√	√

续表

函数	可用版本							
	3.2	3.3	4.0	4.1	4.2	4.3	4.4	4.5
glBindBuffersBase()	—	—	—	—	—	—	√	√
glBindBuffersRange()	—	—	—	—	—	—	√	√
glBindFragDataLocation()	√	√	√	√	√	√	√	√
glBindFragDataLocationIndexed()	√	√	√	√	√	√	√	√
glBindFramebuffer()	√	√	√	√	√	√	√	√
glBindImageTexture()	—	—	—	—	√	√	√	√
glBindImageTextures()	—	—	—	—	—	—	√	√

C.2 OpenGL 扩展引进函数

表 C.2 OpenGL 扩展（核心）

扩展	核心版本	描述
GL_ARB_base_instance	4.2	允许实例化绘制的实例索引偏移。 引入以下函数： **glDrawArraysInstancedBaseInstance()** **glDrawElementsInstancedBaseInstance()** **glDrawElementsInstancedBaseVertexBaseInstance()**
GL_ARB_blend_func_extended	3.3	在 OpenGL 中添加双源混合，引入以下函数： **glBindFragDataLocationIndexed()** **glGetFragDataIndex()**
GL_ARB_buffer_storage	4.4	提供对缓存内存分配的细粒度控制，引入不可变的缓存存储。 添加以下函数： **glBufferStorage()**
GL_ARB_clear_buffer_object	4.3	允许直接清除部分缓存对象。引入以下函数： **glClearBufferData()** **glClearBufferSubData()**
GL_ARB_clear_texture	4.4	允许在不附加到帧缓存对象的情况下清除部分纹理。添加以下函数： **glClearTexImage()** **glClearTexSubImage()**
GL_ARB_clip_control	4.5	提供剪辑空间映射到窗口空间的控制。添加以下函数： **glClipControl()**
GL_ARB_conditional_render_inverted	4.5	允许一定情况下渲染的动作倒置，未添加新函数
GL_KHR_context_flush_control	4.5	在 OpenGL 上下文之间切换时可执行冲洗控制，需要相应的视窗系统扩展
GL_ARB_compressed_texture_pixel_storage	4.2	应用程序在可传输过程中设置压缩图像的打包和对齐
GL_ARB_compute_shader	4.3	添加计算着色器到 OpenGL 中。添加以下函数： **glDispatchCompute()** **glDispatchComputeIndirect()**

续表

扩展	核心版本	描述
GL_ARB_cull_distance	4.5	允许剔除基元，而不是根据顶点裁剪距离对其进行剪切，将 gl_CullDistance 添加到 GLSL
GL_ARB_debug_output	4.3	可使用应用程序提供的回调函数，用于接收纯文本诊断消息，OpenGL 可使用该消息来报错和提供其他信息。添加以下函数： **glDebugMessageControl()** **glDebugMessageInsert()** **glDebugMessageCallback()** **glGetDebugMessageLog()**
GL_ARB_depth_clamp	3.2	原本在平面近处或远处会被裁剪的片段改为固定其上
GL_ARB_derivative_control	4.5	提供专有函数以便着色器执行粗略或精细导数计算，仅限着色语言
GL_ARB_direct_state_access	4.5	OpenGL 对象在没有绑定到上下文的情况下也可进行操作。OpenGL 添加了许多新功能
GL_ARB_draw_buffers_blend	4.0	允许帧缓存对象的每个附件有自己的混合因子和方程式。添加以下函数： **glBlendEquationi()** **glBlendEquationSeparatei()** **glBlendFunci()** **glBlendFuncSeparatei()**
GL_ARB_draw_elements_base_vertex	3.2	允许已指示的绘图指令消耗的顶点索引进行绘图指定量的偏移。添加以下函数： **glDrawElementsBaseVertex()** **glDrawRangeElementsBaseVertex()** **glDrawElementsInstancedBaseVertex()** **glMultiDrawElementsBaseVertex()**
GL_ARB_ES2_compatibility	4.1	OpenGL ES 2.0 添加了功能性，否则桌面 OpenGL 将不具备此项功能。添加以下函数： **glReleaseShaderCompiler()** **glShaderBinary()** **glGetShaderPrecisionFormat()** **glDepthRangef()** **glClearDepthf()**
GL_ARB_ES3_1_compatibility	4.5	OpenGL ES 3.1 添加了功能性，否则桌面 OpenGL 将不具备此项功能。添加以下函数： **glMemoryBarrierByRegion()**
GL_ARB_explicit_uniform_location	4.3	允许在着色器文本中指定均衡器的位置，而不是由 OpenGL 分配，仅限着色语言
GL_ARB_fragment_coord_conventions	3.2	允许片段着色器为 gl_FragCoord 指定协议
GL_ARB_fragment_layer_viewport	4.3	提供要渲染到的当前图层和视口索引到片段着色器的输入。仅限着色语言
GL_ARB_framebuffer_no_attachments	4.3	允许渲染到没有附件的帧缓存中，并提供指定帧缓存的虚拟尺寸的功能。添加以下函数： **glFramebufferParameteri()** **glGetFramebufferParameteriv()**

续表

扩展	核心版本	描述
GL_ARB_geometry_shader4	3.2	将几何着色器添加到 OpenGL。添加以下函数： **glProgramParameteri()** **glFramebufferTexture()** **glFramebufferTextureLayer()** **glFramebufferTextureFace()**
GL_ARB_get_program_binary	4.1	提供一种在 OpenGL 程序执行时检索程序对象的二进制表示形式的方法。提供以下功能： **glGetProgramBinary()** **glProgramBinary()** **glProgramParameteri()**
GL_ARB_get_texture_sub_image	4.5	允许应用程序回读纹理的子区域。添加以下函数： **glGetTextureSubImage()** **glGetCompressedTextureSubImage()**
GL_ARB_gpu_shader5	4.0	向 GLSL 着色语言添加了许多新功能和内置函数
GL_ARB_gpu_shader_fp64	4.0	向 GLSL 引入了双精度浮点支持，添加 **glUniform*()**.的双精度变量
GL_ARB_instanced_arrays	3.3	允许实例化绘图中的不同实例使用不同版本的顶点属性。添加以下函数： **glVertexAttribDivisor()**
GL_ARB_internalformat_query	4.2	允许应用程序检索有关纹理格式属性的信息。添加以下函数： **glGetInternalformativ()**
GL_ARB_invalidate_subdata	4.3	提供指示 OpenGL 可能丢弃数据的功能。添加以下函数： **glInvalidateTexSubImage()** **glInvalidateTexImage()** **glInvalidateBufferSubData()** **glInvalidateBufferData()** **glInvalidateFramebuffer()** **glInvalidateSubFramebuffer()**
GL_ARB_multi_bind	4.4	添加函数以在一个调用中绑定多个缓存、纹理或图像。添加以下函数： **glBindBuffersBase()** **glBindBuffersRange()** **glBindTextures()** **glBindSamplers()** **glBindImageTextures()** **glBindVertexBuffers()**
GL_ARB_multi_draw_indirect	4.3	允许使用内存中的数据进行多次绘制。添加以下函数： **glMultiDrawArraysIndirect()** **glMultiDrawElementsIndirect()**
GL_ARB_occlusion_query2	3.3	添加布尔遮挡查询（GL_ANY_SAMPLES_PASSED）
GL_ARB_program_interface_query	4.3	提供一个 refreflection API，用于从程序中查询信息。添加以下函数： **glGetProgramInterfaceiv()** **glGetProgramResourceIndex()** **glGetProgramResourceName()** **glGetProgramResourceiv()** **glGetProgramResourceLocation()** **glGetProgramResourceLocationIndex()**

续表

扩展	核心版本	描述
GL_ARB_provoking_vertex	3.2	提供顶点引发新图元的控制。添加以下函数： **glProvokingVertex()**
GL_KHR_robustness	4.5	允许应用程序确定 OpenGL 是否由于其行为而崩溃，并提供范围检查的数据访问功能。 添加以下函数： **glGetGraphicsResetStatus()** **glReadnPixels()** **glGetnUniformiv()** **glGetnUniformfv()** **glGetnUniformuiv()**
GL_ARB_sampler_objects	3.3	将采样参数分离到可以重复使用的新对象中。添加以下函数： **glGenSamplers()** **glDeleteSamplers()** **glIsSampler()** **glBindSampler()** **glSamplerParameter*()** **glGetSamplerParameter*()**
GL_ARB_sample_shading	4.0	允许片段着色器以采样率运行。 添加以下函数： **glMinSampleShading()**
GL_ARB_seamless_cube_map	3.2	增加了对跨立方体贴图的面进行线性采样的支持
GL_ARB_separate_shader_objects	4.1	允许链接和交换不同的着色器阶段，而无须重新链接整个程序对象。添加以下函数： **glUseProgramStages()** **glActiveShaderProgram()** **glCreateShaderProgramv()** **glBindProgramPipeline()** **glDeleteProgramPipelines()** **glGenProgramPipelines()** **glIsProgramPipeline()** **glGetProgramPipelineiv()** **glProgramUniform*()** **glProgramUniformMatrix*()** **glValidateProgramPipeline()** **glGetProgramPipelineInfoLog()**
GL_ARB_shader_atomic_counters	4.2	将原子计数器添加到 GLSL，并将原子计数器缓存添加到 OpenGL。添加以下函数： **glGetActiveAtomicCounterBufferiv()**
GL_ARB_shader_bit_encoding	3.3	将整数和浮点数之间的强制类型转换添加到 GLSL。仅限着色语言
GL_ARB_shader_image_load_store	4.2	允许着色器写入纹理。添加以下函数： **glBindImageTexture()** **glMemoryBarrier()**
GL_ARB_shader_precision	4.1	严格定义着色器中的浮点精度。 仅限着色语言

续表

扩展	核心版本	描述
GL_ARB_shader_subroutine	4.0	将着色器子例程添加到 GLSL。添加以下函数： **glGetSubroutineUniformLocation()** **glGetSubroutineIndex()** **glGetActiveSubroutineUniformiv()** **glGetActiveSubroutineUniformName()** **glGetActiveSubroutineName()** **glUniformSubroutinesuiv()** **glGetProgramStageiv()**
GL_ARB_shader_storage_buffer_object	4.3	引入了直接从着色器读取、写入和执行缓存原子操作的功能。添加以下函数： **glShaderStorageBlockBinding()**
GL_ARB_shader_texture_image_samples	4.5	允许通过 GLSL 着色器确定多样本纹理中的样本数量。 仅限着色语言
GL_ARB_stencil_texturing	4.3	提供对深度-模板交错纹理的模板组件的访问
GL_ARB_sync	3.2	将同步原语添加到 OpenGL。 添加以下函数： **glFenceSync()** **glIsSync()** **glDeleteSync()** **glClientWaitSync()** **glWaitSync()** **glGetInteger64()** v **glGetSynciv()**
GL_ARB_tessellation_shader	4.0	向 OpenGL 引入细分。添加以下函数： **glPatchParameter()**
GL_ARB_texture_barrier	4.5	提供对纹理对象进行操作的内存屏障。 添加以下函数： **glTextureBarrier()**
GL_ARB_texture_buffer_object_rgb32	4.0	允许以 96 位格式访问纹理缓存
GL_ARB_texture_buffer_range	4.3	允许将缓存对象的子范围绑定到缓存纹理。添加以下函数： **glTexBufferRange()**
GL_ARB_texture_cube_map_array	4.0	将立方体贴图数组纹理添加到 OpenGL
GL_ARB_texture_gather	4.0	向 GLSL 添加 TextureGather
GL_ARB_texture_multisample	3.2	添加多样本纹理和帧缓存附件。添加以下函数： **glTexImage2DMultisample()** **glTexImage3DMultisample()** **glGetMultisamplefv()** **glSampleMaski()**
GL_ARB_texture_query_lod	4.0	添加 textureQueryLOD GLSL 函数。 仅限着色语言
GL_ARB_texture_rgb10_a2ui	3.3	添加 GL_RGB10_A2UI 纹理格式
GL_ARB_texture_storage	4.2	提供对纹理内存分配的更精细控制。添加以下函数： **glTexStorage1D()** **glTexStorage2D()** **glTexStorage3D()**
GL_ARB_texture_storage_multisample	4.3	扩展 GL_ARB_texture_storage 以包括多样本纹理。添加以下函数： **glTexStorage2DMultisample()** **glTexStorage3DMultisample()**

续表

扩展	核心版本	描述
GL_ARB_texture_swizzle	3.3	在提交给着色器之前，允许通道之间交换纹理数据
GL_ARB_texture_view	4.3	将纹理视图添加到 OpenGL。添加以下函数： **glTextureView()**
GL_ARB_timer_query	3.3	添加了从 OpenGL 角度允许查询时间的机制。添加以下函数： **glQueryCounter()** **glGetInteger64v()** **glGetQueryObjectui64v()**
GL_ARB_transform_feedback2	4.0	添加变换反馈对象，并允许其内容自动绘制。 **glBindTransformFeedback()** **glDeleteTransformFeedbacks()** **glGenTransformFeedbacks()** **glIsTransformFeedback()** **glPauseTransformFeedback()** **glResumeTransformFeedback()** **glDrawTransformFeedback()**
GL_ARB_transform_feedback3	4.0	公开由几何着色器产生的多个变换反馈流。添加以下函数： **glDrawTransformFeedbackStream()** **glBeginQueryIndexed()** **glEndQueryIndexed()** **glGetQueryIndexediv()**
GL_ARB_transform_feedback_instanced	4.2	添加实例化功能以转换反馈。添加以下函数： **glDrawTransformFeedbackInstanced()** **glDrawTransformFeedbackStreamInstanced()**
GL_ARB_vertex_array_bgra	3.2	允许大小为 GL_BGRA 的 BGRA 使用四通道顶点属性
GL_ARB_vertex_attrib_64bit	4.1	向 OpenGL 添加了 64 位顶点属性支持。添加以下函数： **glVertexAttribL*()** **glVertexAttribLPointer()** **glGetVertexAttribLdv()**
GL_ARB_vertex_attrib_binding	4.3	将顶点缓存绑定与顶点格式分开。添加以下函数： **glBindVertexBuffer()** **glVertexAttribIFormat()** **glVertexAttribLFormat()** **glVertexAttribBinding()** **glVertexBindingDivisor()**
GL_ARB_vertex_type_2_10_10_10_rev	3.3	添加压缩的顶点属性。添加以下函数： **glVertexAttribP*()**
GL_ARB_viewport_array	4.1	添加索引视口和剪裁矩形。 添加以下函数： **glViewportArrayv()** **glViewportIndexedf()** **glViewportIndexedfv()** **glScissorArrayv()** **glScissorIndexed()** **glScissorIndexedv()** **glDepthRangeArrayv()** **glDepthRangeIndexed()** **glGetFloati_v()** **glGetDoublei_v()**